中国油茶遗传资源

（下册）

姚小华　任华东　◎主编

科学出版社

北　京

内 容 简 介

本书是中国开展“全国油茶遗传资源调查编目”工作的重要成果，全书分为五章。第一至第四章为概述，概要介绍了山茶属植物起源、分类及全球分布状况，简要介绍了中国开展油茶遗传资源调查情况；围绕油用资源的发掘与利用，基于油茶遗传资源调查结果，重点分析了中国山茶属油用物种及种内遗传变异多样性，系统描述了中国重要油用物种的资源特点、地理分布、植物学特征、籽油特性及保存保护与利用现状。第五章为各论，本部分采用图文混编方式全面收录介绍了中国现有主要油茶选育资源（农家品种、选育良种、优良无性系）及在全国油茶遗传资源调查中发现的具潜在油用开发价值的野生资源（油茶古树、特异性状个体）的分布、植物学形态特征、种实特性、籽油含量、脂肪酸组分及当前利用状况等信息。

本书科学、系统、全面地反映了当今中国油茶遗传资源状况及资源发掘利用最新研究成果，图文并茂，收录资源丰富，信息全面翔实，可供从事油茶资源评鉴、创新利用研究的科技人员、资源管理人员，以及从事油茶生产的基层科技工作者和高等院校相关专业的师生参考。

审图号：GS（2019）978 号

图书在版编目（CIP）数据

中国油茶遗传资源：全 2 册 / 姚小华，任华东主编. —北京：科学出版社，2020.4

ISBN 978-7-03-064661-3

Ⅰ. ①中… Ⅱ. ①姚… ②任 … Ⅲ. ①油茶－种质资源－中国
Ⅳ. ①S794.404

中国版本图书馆 CIP 数据核字（2020）第044734号

责任编辑：张会格 / 责任校对：郑金红
责任印制：肖　兴 / 设计制作：金舵手世纪

科 学 出 版 社 出版
北京东黄城根北街16号
邮政编码：100717
http://www.sciencep.com

北京九天鸿程印刷有限责任公司 印刷
科学出版社发行　各地新华书店经销
*
2020年 4 月第　一　版　开本：889 × 1194　1/16
2020年 4 月第一次印刷　印张：89 3/4
字数：2 888 000

定价：1280.00元（全2册）

（如有印装质量问题，我社负责调换）

《中国油茶遗传资源》编委会

PREFACE

前言

植物遗传资源承载着植物高度的遗传多样性及基因资源，是植物遗传繁衍和生物多样性的载体，是人类社会赖以生存的重要基础性自然资源。遗传资源是基因工程的源泉性资源，是生物遗传改良的基础物质，有效保护并挖掘利用植物遗传资源是全人类共同的责任和义务。油茶是山茶属油用资源的泛称，是中国特有且极为宝贵的自然财富。中国的油茶籽油以其特有的经济价值和品质闻名于世，是国家木本粮油产业发展中具有重要地位的战略性资源。中国作为世界山茶属物种的起源及栽培利用中心，拥有丰富的野生种自然变异资源和地方栽培品种资源，具有丰富的遗传多样性，蕴藏有与油用目标相关的丰富遗传资源，包括大量可供油用开发的野生物种及其种内变异资源。中国丰富的油茶遗传资源为油茶产业的可持续发展提供了可靠的遗传物质基础，基于丰富的资源，中国油茶遗传资源的评鉴挖掘与新品种选育取得了显著成就，产业科技总体处于世界领先水平，也因此成为油茶产业大国，栽培面积和产量均居世界绝对优势地位。为全面掌握我国油茶遗传资源分布、储量、性状特点及利用现状，有效挖掘具有开发利用价值的基因资源，实现油茶资源的有效保护与高效利用，国家林业局于2012年印发《关于开展全国油茶遗传资源调查编目工作的通知》（林技发〔2012〕161号），启动了全国油茶遗传资源调查编目工作，国家林业局科技发展中心牵头组织制定了《油茶遗传资源调查编目技术规程》（LY/T 2247—2014），成立了油茶遗传资源调查技术委员会，在全国有油茶分布的17个省（自治区、直辖市）开展了油茶遗传资源调查编目工作。

植物遗传资源调查编目是一项基础科学工程，油茶作为我国林木遗传资源调查编目首个启动的林木资源，调查编目工作得到了国家林业和草原局（原国家林业局）的高度重视，在国家林业和草原局科技发展中心的直接组织下，全国17个省（自治区、直辖市）按照统一部署，分别组成领导小组、技术小组和调查团队，按《油茶遗传资源调查编目技术规程》全面组织实施，全国从事油茶科研与生产的近500位科技人员参与了项目的野外调查、内业整理及数据库信息录入等工作。经全体项目参加人员五年的努力，完成了既定的任务目标，累计调查各类资源3058份，发现了一批具有直接驯化利用或潜在育种利用价值的新资源。本书是对全国油茶遗传资源调查编目工作的全面总结与凝练，由全国油茶遗传资源调查编目项目技术支持单位（中国林业科学研究院亚热带林业研究所）牵头组织参与项目调查的各省（自治区、直辖市）专家组成编撰团队，对项目调查收集的资源信息进行了全面的整理、分析与凝练，在此基础上编撰形成本书稿。在书稿编写过程中，得到安徽省林业科学研究院、重庆市林业科学研究院、福建省林业科学研究院、广东省林业科学研究院、广西壮族自治区林业科学研究院、贵州省林业科学研究院、海南省林业科学研究所、湖北省林业科学研究院、湖南省林业科学院、江苏省林业科学研究院、江西省林业科学院、陕西省林业技术推广总站、四川省林业科学研究院、云南省林业科学院、浙江省林业科学研究院、中国林业科学研究院亚热带林业研究所、中南林业科技大学等单位（以上单位按首字拼音排序）从事油茶研究的专家和相关省份林业主管部门及基层一线技术人员的通力合作与支持。同时，本书也得到全国油茶遗传资源调查技术委员会各位专家的支持与帮助，相关专家为本书稿的编写提出了宝贵的意见和建议。全书分为五章。第一至第四章为中国油茶遗传资源状况报告，本部分主要概述全国油茶资源的分布、油茶物种资源及种内变异资源的多样性、油茶遗传资源的挖掘利用研究现状、山茶属主要油用物种特征及挖掘利用与保护状况等。第五章为本次调查获得的主要油茶遗传资源性状特征编目图谱，分别就各遗传资源的性状特征、保存保护状况进行图文并茂的介绍。

在本书编写过程中，力求章节结构系统，文字表述简洁，图像真实直观，数据资料全面、准确、实用。期望本书的编撰出版能为油茶遗传资源的管理与保护并挖掘利用及开展相关基础研究提供较为全面、完整的资源信息，促进油茶科研和生产的发展。

在本书即将成稿之时，我们以崇敬的心情，感谢庄瑞林先生、何方教授、韩宁林研究员、高继银研究员、杜天真教授、赵学民高级工程师等油茶研究开拓者们前期创下的坚实资源研究基础并为油茶遗传资源调查及本书编撰提供有益的意见和建议，感谢所有为本书编撰提供大量前期研究资料的专家、学者。本书得到了有关各省各级林业部门对油茶遗传资源调查工作的强力支持与积极配合，科学出版社的领导及有关编辑给予尽心支持和指导，在此谨表谢忱！此外，本次油茶遗传资源调查编目工作除编著人员外尚有大量的外业调查辅助人员参与野外资源调查，对他们的贡献在此也一并致谢！

由于编者水平有限，书中难免存有不足之处，真诚盼望读者给予斧正。

编者

2018年8月

目录

CONCENTS

前言

第二节　野生特异个体资源

1. 普通油茶 *Camellia oleifera* Abel

（1）具高产果量、大果、高出籽率、高油酸资源

①普油-咸宁6号单株

资源编号：421202_010_0001	归属物种：*Camellia oleifera* Abel	
资源类型：野生资源（特异单株）	主要用途：油用栽培，遗传育种材料	
保存地点：湖北省咸宁市咸安区	保存方式：原地保存、保护	
性 状 特 征		
资源特点：高产果量，大果，高出籽率，高油酸		
树　　姿：半开张	盛 花 期：10月下旬	果面特征：凹凸
嫩枝绒毛：有	花瓣颜色：白色	平均单果重（g）：30.00
芽鳞颜色：黄绿色	萼片绒毛：有	鲜出籽率（%）：52.03
芽 绒 毛：有	雌雄蕊相对高度：雌高	种皮颜色：褐色
嫩叶颜色：绿色	花柱裂位：中裂	种仁含油率（%）：43.80
老叶颜色：中绿色	柱头裂数：4	
叶　　形：椭圆形	子房绒毛：有	油酸含量（%）：85.40
叶缘特征：波状	果熟日期：10月下旬	亚油酸含量（%）：5.00
叶尖形状：钝尖	果　　形：圆球形	亚麻酸含量（%）：0.30
叶基形状：近圆形	果皮颜色：青色	硬脂酸含量（%）：2.70
平均叶长（cm）：5.82	平均叶宽（cm）：3.10	棕榈酸含量（%）：6.10

（2）具高产果量、大果、高出籽率资源

②普油-泰顺优株7号

资源编号：330329_010_0007	归属物种：*Camellia oleifera* Abel	
资源类型：野生资源（特异单株）	主要用途：油用栽培，遗传育种材料	
保存地点：浙江省泰顺县	保存方式：原地保存、保护	
性 状 特 征		
资源特点：高产果量，大果，高出籽率		
树　　姿：半开张	盛 花 期：10月中下旬至11月上旬	果面特征：光滑
嫩枝绒毛：有	花瓣颜色：白色	平均单果重（g）：35.44
芽鳞颜色：浅绿色	萼片绒毛：有	鲜出籽率（%）：50.20
芽 绒 毛：有	雌雄蕊相对高度：雄高	种皮颜色：褐色
嫩叶颜色：绿色	花柱裂位：浅裂	种仁含油率（%）：46.60
老叶颜色：中绿色	柱头裂数：3或4	
叶　　形：椭圆形	子房绒毛：有	油酸含量（%）：84.60
叶缘特征：平	果熟日期：10月下旬	亚油酸含量（%）：5.10
叶尖形状：渐尖	果　　形：卵球形	亚麻酸含量（%）：0.30
叶基形状：楔形	果皮颜色：青色	硬脂酸含量（%）：2.00
平均叶长（cm）：6.81	平均叶宽（cm）：3.34	棕榈酸含量（%）：7.30

普油-琼海3号

资源编号：469002_010_0003	归属物种：*Camellia oleifera* Abel	
资源类型：野生资源（特异单株）	主要用途：油用栽培，遗传育种材料	
保存地点：海南省琼海市	保存方式：原地保存、保护	
性状特征		
资源特点：高产果量，大果，高出籽率		
树　　姿：开张	盛 花 期：11月中旬	果面特征：凹凸
嫩枝绒毛：有	花瓣颜色：白色	平均单果重（g）：59.15
芽鳞颜色：紫绿色	萼片绒毛：有	鲜出籽率（%）：52.61
芽 绒 毛：有	雌雄蕊相对高度：雌高	种皮颜色：黑褐色
嫩叶颜色：红色	花柱裂位：深裂	种仁含油率（%）：29.60
老叶颜色：深绿色	柱头裂数：3	
叶　　形：椭圆形	子房绒毛：有	油酸含量（%）：82.70
叶缘特征：波状	果熟日期：10月中旬	亚油酸含量（%）：6.30
叶尖形状：钝尖	果　　形：扁圆球形	亚麻酸含量（%）：0.30
叶基形状：楔形	果皮颜色：青色、黄棕色	硬脂酸含量（%）：1.90
平均叶长（cm）：5.70	平均叶宽（cm）：2.70	棕榈酸含量（%）：8.50

21号

资源编号：450107_010_0256		归属物种：*Camellia oleifera* Abel
资源类型：野生资源（特异单株）		主要用途：油用栽培，遗传育种材料
保存地点：广西壮族自治区南宁市西乡塘区		保存方式：保存基地植株保存
性状特征		
资源特点：高产果量，大果，高出籽率		
树　　姿：半开张	平均叶长（cm）：7.50	平均叶宽（cm）：2.80
嫩枝绒毛：有	叶基形状：楔形	果熟日期：11月下旬
芽 绒 毛：有	盛 花 期：11月中旬	果　　形：圆球形或近圆球形
芽鳞颜色：黄绿色	花瓣颜色：白色	果皮颜色：黄绿色
嫩叶颜色：绿色	萼片绒毛：有	果面特征：光滑
老叶颜色：绿色	雌雄蕊相对高度：雄高	平均单果重（g）：46.32
叶　　形：披针形	花柱裂位：深裂	种皮颜色：棕褐色
叶缘特征：平	柱头裂数：3	鲜出籽率（%）：53.39
叶尖形状：渐尖	子房绒毛：有	种仁含油率（%）：46.40

5 普油-松阳优株6号

资源编号：331124_010_0006	归属物种：*Camellia oleifera* Abel	
资源类型：野生资源（特异单株）	主要用途：油用栽培，遗传育种材料	
保存地点：浙江省松阳县	保存方式：原地保存、保护	
性状特征		
资源特点：高产果量，大果，高出籽率		
树　　姿：直立	平均叶长（cm）：7.05	平均叶宽（cm）：3.36
嫩枝绒毛：有	叶基形状：半圆形	果熟日期：10月中下旬
芽 绒 毛：有	盛 花 期：10月中下旬	果　　形：卵球形
芽鳞颜色：黄绿色	花瓣颜色：白色	果皮颜色：青色
嫩叶颜色：绿色	萼片绒毛：有	果面特征：光滑
老叶颜色：中绿色	雌雄蕊相对高度：雌高	平均单果重（g）：43.51
叶　　形：椭圆形	花柱裂位：中裂	种皮颜色：黑色
叶缘特征：平	柱头裂数：4	鲜出籽率（%）：50.29
叶尖形状：渐尖	子房绒毛：有	

⑥ 普油-赣南沙石009号

资源编号：360702_010_0029	归属物种：*Camellia oleifera* Abel	
资源类型：野生资源（特异单株）	主要用途：油用栽培，遗传育种材料	
保存地点：江西省赣州市章贡区	保存方式：省级种质资源保存基地，异地保存	
性 状 特 征		
资源特点：高产果量，大果，高出籽率		
树　　姿：开张	平均叶长（cm）：5.49	平均叶宽（cm）：2.63
嫩枝绒毛：有	叶基形状：楔形	果熟日期：10月中旬
芽 绒 毛：有	盛 花 期：10月下旬	果　　形：卵球形
芽鳞颜色：绿色	花瓣颜色：白色	果皮颜色：红色
嫩叶颜色：绿色	萼片绒毛：有	果面特征：光滑
老叶颜色：中绿色	雌雄蕊相对高度：雌高	平均单果重（g）：35.70
叶　　形：长椭圆形	花柱裂位：中裂	种皮颜色：黑色
叶缘特征：平	柱头裂数：3	鲜出籽率（%）：53.02
叶尖形状：渐尖	子房绒毛：有	

⑦ 普油-望谟选4号

资源编号：522326_010_0004	归属物种：*Camellia oleifera* Abel	
资源类型：野生资源（特异单株）	主要用途：油用栽培，遗传育种材料	
保存地点：贵州省望谟县	保存方式：原地保存、保护	
性 状 特 征		
资源特点：高产果量，大果，高出籽率		
树　　姿：开张	平均叶长（cm）：6.59	平均叶宽（cm）：2.50
嫩枝绒毛：有	叶基形状：楔形	果熟日期：10月下旬
芽 绒 毛：有	盛 花 期：11月上旬	果　　形：扁圆球形
芽鳞颜色：黄绿色	花瓣颜色：白色	果皮颜色：青红色
嫩叶颜色：绿色	萼片绒毛：有	果面特征：光滑
老叶颜色：深绿色	雌雄蕊相对高度：雄高	平均单果重（g）：32.55
叶　　形：椭圆形	花柱裂位：中裂	种皮颜色：黑色
叶缘特征：平	柱头裂数：3	鲜出籽率（%）：51.95
叶尖形状：渐尖	子房绒毛：有	

普油－望谟选8号

资源编号：522326_010_0008	归属物种：*Camellia oleifera* Abel	
资源类型：野生资源（特异单株）	主要用途：油用栽培，遗传育种材料	
保存地点：贵州省望谟县	保存方式：原地保存、保护	
	性状特征	
资源特点：高产果量，大果，高出籽率		
树　　姿：半开张	平均叶长（cm）：7.00	平均叶宽（cm）：3.30
嫩枝绒毛：有	叶基形状：楔形	果熟日期：10月下旬
芽 绒 毛：有	盛 花 期：11月上旬	果　　形：扁圆球形
芽鳞颜色：黄绿色	花瓣颜色：白色	果皮颜色：青红色
嫩叶颜色：绿色	萼片绒毛：有	果面特征：光滑
老叶颜色：深绿色	雌雄蕊相对高度：等高	平均单果重（g）：30.17
叶　　形：长椭圆形	花柱裂位：中裂	种皮颜色：黑色
叶缘特征：平	柱头裂数：3	鲜出籽率（%）：54.96
叶尖形状：渐尖	子房绒毛：有	

（3）具高产果量、大果、高含油率资源

闽科12号

资源编号：350121_010_0044	归属物种：*Camellia oleifera* Abel	
资源类型：野生资源（特异单株）	主要用途：油用栽培，遗传育种材料	
保存地点：福建省闽侯县	保存方式：省级种质资源保存基地，异地保存	
性状特征		
资源特点：高产果量，大果，高含油率		
树　　姿：开张	盛 花 期：11月中旬	果面特征：光滑
嫩枝绒毛：有	花瓣颜色：白色	平均单果重（g）：60.00
芽鳞颜色：黄绿色	萼片绒毛：有	鲜出籽率（%）：40.50
芽 绒 毛：有	雌雄蕊相对高度：雌高	种皮颜色：深褐色或黑色
嫩叶颜色：青绿色	花柱裂位：中裂	种仁含油率（%）：46.65
老叶颜色：中绿色	柱头裂数：4	
叶　　形：长椭圆形	子房绒毛：有	油酸含量（%）：70.10
叶缘特征：波状	果熟日期：11月上中旬	亚油酸含量（%）：17.20
叶尖形状：渐尖或钝尖	果　　形：圆球形或卵球形	亚麻酸含量（%）：0.40
叶基形状：楔形	果皮颜色：青色、红青色	硬脂酸含量（%）：1.10
平均叶长（cm）：8.50	平均叶宽（cm）：3.55	棕榈酸含量（%）：10.70

10

闽科13号

资源编号：350121_010_0046	归属物种：*Camellia oleifera* Abel	
资源类型：野生资源（特异单株）	主要用途：油用栽培，遗传育种材料	
保存地点：福建省闽侯县	保存方式：省级种质资源保存基地，异地保存	
性状特征		
资源特点：高产果量，大果，高含油率		
树　　姿：开张	盛 花 期：11月中旬	果面特征：光滑
嫩枝绒毛：有	花瓣颜色：白色	平均单果重（g）：46.00
芽鳞颜色：黄绿色	萼片绒毛：有	鲜出籽率（%）：42.66
芽 绒 毛：有	雌雄蕊相对高度：雌高或等高	种皮颜色：深褐色或黑色
嫩叶颜色：青绿色	花柱裂位：中裂	种仁含油率（%）：45.78
老叶颜色：中绿色	柱头裂数：4	
叶　　形：长椭圆形	子房绒毛：有	油酸含量（%）：82.80
叶缘特征：波状	果熟日期：10月下旬至11月上旬	亚油酸含量（%）：6.50
叶尖形状：渐尖	果　　形：圆球形或卵球形	亚麻酸含量（%）：0.20
叶基形状：楔形	果皮颜色：青黄色、红青色	硬脂酸含量（%）：1.90
平均叶长（cm）：6.25	平均叶宽（cm）：3.10	棕榈酸含量（%）：8.00

（4）具高产果量、大果、高油酸资源

11 普油-柯城优株2号

资源编号：330802_010_0002	归属物种：*Camellia oleifera* Abel	
资源类型：野生资源（特异单株）	主要用途：油用栽培，遗传育种材料	
保存地点：浙江省衢州市柯城区	保存方式：原地保存、保护	
性状特征		
资源特点：高产果量，大果，高油酸		
树　　姿：半开张	盛 花 期：10月中下旬至11月上旬	果面特征：糙
嫩枝绒毛：有	花瓣颜色：白色	平均单果重（g）：35.90
芽鳞颜色：黄绿色	萼片绒毛：有	鲜出籽率（%）：37.02
芽 绒 毛：有	雌雄蕊相对高度：雄高	种皮颜色：黑色
嫩叶颜色：深绿色	花柱裂位：浅裂	种仁含油率（%）：48.10
老叶颜色：中绿色	柱头裂数：3	
叶　　形：近圆形	子房绒毛：有	油酸含量（%）：87.20
叶缘特征：平	果熟日期：10月底	亚油酸含量（%）：2.40
叶尖形状：渐尖	果　　形：卵球形	亚麻酸含量（%）：0.10
叶基形状：半圆形	果皮颜色：青红色	硬脂酸含量（%）：2.40
平均叶长（cm）：6.60	平均叶宽（cm）：3.44	棕榈酸含量（%）：7.10

12 普油-柯城优株4号

资源编号：330802_010_0004	归属物种：*Camellia oleifera* Abel	
资源类型：野生资源（特异单株）	主要用途：油用栽培，遗传育种材料	
保存地点：浙江省衢州市柯城区	保存方式：原地保存、保护	
	性状特征	
资源特点：高产果量，大果，高油酸		
树　　姿：半开张	盛 花 期：10月中下旬至11月上旬	果面特征：糙
嫩枝绒毛：有	花瓣颜色：白色	平均单果重（g）：50.14
芽鳞颜色：玉白色	萼片绒毛：有	鲜出籽率（%）：40.07
芽 绒 毛：有	雌雄蕊相对高度：雄高	种皮颜色：黑色
嫩叶颜色：墨绿色	花柱裂位：浅裂	种仁含油率（%）：42.60
老叶颜色：中绿色	柱头裂数：3	
叶　　形：椭圆形	子房绒毛：有	油酸含量（%）：85.20
叶缘特征：平	果熟日期：10月底	亚油酸含量（%）：4.40
叶尖形状：渐尖	果　　形：卵球形	亚麻酸含量（%）：0.10
叶基形状：近圆形	果皮颜色：青色	硬脂酸含量（%）：1.80
平均叶长（cm）：6.44	平均叶宽（cm）：3.38	棕榈酸含量（%）：7.80

13

普油-琼海2号

资源编号：469002_010_0002	归属物种：*Camellia oleifera* Abel	
资源类型：野生资源（特异单株）	主要用途：油用栽培，遗传育种材料	
保存地点：海南省琼海市	保存方式：原地保存、保护	
性状特征		
资源特点：高产果量，大果，高油酸		
树　　姿：开张	盛 花 期：11月上旬	果面特征：凹凸
嫩枝绒毛：有	花瓣颜色：白色	平均单果重（g）：81.72
芽鳞颜色：绿色	萼片绒毛：有	鲜出籽率（%）：37.40
芽 绒 毛：有	雌雄蕊相对高度：等高	种皮颜色：褐色
嫩叶颜色：红色	花柱裂位：深裂	种仁含油率（%）：33.10
老叶颜色：深绿色	柱头裂数：3	
叶　　形：椭圆形	子房绒毛：有	油酸含量（%）：85.10
叶缘特征：平	果熟日期：10月中旬	亚油酸含量（%）：7.30
叶尖形状：渐尖	果　　形：扁圆球形	亚麻酸含量（%）：0.30
叶基形状：楔形	果皮颜色：青色	硬脂酸含量（%）：1.50
平均叶长（cm）：5.60	平均叶宽（cm）：2.80	棕榈酸含量（%）：10.30

14 普油-屯昌1号

资源编号：469022_010_0001	归属物种：*Camellia oleifera* Abel	
资源类型：野生资源（特异单株）	主要用途：油用栽培，遗传育种材料	
保存地点：海南省屯昌县	保存方式：原地保存、保护	
性状特征		
资源特点：高产果量，大果，高油酸		
树　　姿：半开张	盛 花 期：11月中旬	果面特征：凹凸
嫩枝绒毛：有	花瓣颜色：白色	平均单果重（g）：38.99
芽鳞颜色：绿色	萼片绒毛：有	鲜出籽率（%）：39.68
芽 绒 毛：有	雌雄蕊相对高度：等高	种皮颜色：褐色
嫩叶颜色：红色	花柱裂位：浅裂	种仁含油率（%）：45.70
老叶颜色：中绿色	柱头裂数：4	
叶　　形：长椭圆形	子房绒毛：有	油酸含量（%）：86.20
叶缘特征：波状	果熟日期：10月中旬	亚油酸含量（%）：11.10
叶尖形状：渐尖	果　　形：扁圆球形	亚麻酸含量（%）：0.40
叶基形状：楔形	果皮颜色：黄棕色	硬脂酸含量（%）：2.80
平均叶长（cm）：6.30	平均叶宽（cm）：2.40	棕榈酸含量（%）：9.80

15 普油-莲都优株5号

资源编号：331102_010_0005	归属物种：*Camellia oleifera* Abel	
资源类型：野生资源（特异单株）	主要用途：油用栽培，遗传育种材料	
保存地点：浙江省丽水市莲都区	保存方式：原地保存、保护	
	性状特征	
资源特点：高产果量，大果，高油酸		
树　　姿：直立	平均叶长（cm）：7.38	平均叶宽（cm）：3.62
嫩枝绒毛：有	叶基形状：楔形	果熟日期：10月中下旬
芽 绒 毛：有	盛 花 期：11月中下旬	果　　形：卵球形
芽鳞颜色：黄绿色	花瓣颜色：白色	果皮颜色：青红色
嫩叶颜色：绿色	萼片绒毛：有	果面特征：光滑
老叶颜色：中绿色	雌雄蕊相对高度：雄高	平均单果重（g）：41.45
叶　　形：椭圆形	花柱裂位：中裂	种皮颜色：黑色
叶缘特征：平	柱头裂数：3	鲜出籽率（%）：38.99
叶尖形状：渐尖	子房绒毛：有	种仁含油率（%）：34.20

（5）具高产果量、高出籽率、高含油率资源

16 浙林15号

资源编号：330825_010_0015	归属物种：*Camellia oleifera* Abel	
资源类型：野生资源（特异单株）	主要用途：油用栽培，遗传育种材料	
保存地点：浙江省龙游县	保存方式：省级种质资源保存基地，异地保存	
	性状特征	
资源特点：高产果量，高出籽率，高含油率		
树　　姿：直立	盛 花 期：11月上旬	果面特征：光滑
嫩枝绒毛：有	花瓣颜色：白色	平均单果重（g）：28.20
芽鳞颜色：绿色	萼片绒毛：有	鲜出籽率（%）：52.48
芽 绒 毛：有	雌雄蕊相对高度：等高	种皮颜色：褐色
嫩叶颜色：黄绿色	花柱裂位：深裂	种仁含油率（%）：52.57
老叶颜色：中绿色	柱头裂数：4	
叶　　形：椭圆形	子房绒毛：有	油酸含量（%）：83.41
叶缘特征：平	果熟日期：10月中下旬	亚油酸含量（%）：5.47
叶尖形状：渐尖	果　　形：卵球形	亚麻酸含量（%）：0.23
叶基形状：楔形	果皮颜色：青色	硬脂酸含量（%）：2.76
平均叶长（cm）：5.30	平均叶宽（cm）：2.50	棕榈酸含量（%）：7.46

17 小果油茶-歙县1号优株

资源编号：341004_010_0009	归属物种：*Camellia oleifera* Abel	
资源类型：野生资源（特异单株）	主要用途：油用栽培，遗传育种材料	
保存地点：安徽省黄山市徽州区	保存方式：原地保存、保护	
性状特征		
资源特点：高产果量，高出籽率，高含油率		
树　　姿：开张	盛 花 期：10月中旬	果面特征：光滑
嫩枝绒毛：有	花瓣颜色：白色	平均单果重（g）：4.49
芽鳞颜色：黄绿色	萼片绒毛：有	鲜出籽率（%）：55.90
芽 绒 毛：无	雌雄蕊相对高度：雄高	种皮颜色：棕色
嫩叶颜色：黄绿色	花柱裂位：浅裂	种仁含油率（%）：41.60
老叶颜色：中绿色	柱头裂数：3	
叶　　形：椭圆形	子房绒毛：有	油酸含量（%）：82.30
叶缘特征：波状	果熟日期：10月下旬	亚油酸含量（%）：6.50
叶尖形状：钝尖	果　　形：橘形	亚麻酸含量（%）：0.30
叶基形状：楔形	果皮颜色：泛黄色	硬脂酸含量（%）：1.70
平均叶长（cm）：5.77	平均叶宽（cm）：2.87	棕榈酸含量（%）：8.50

18 闽龙31号

资源编号：350121_010_0052	归属物种：*Camellia meiocarpa* Hu	
资源类型：野生资源（特异单株）	主要用途：油用栽培，遗传育种材料	
保存地点：福建省闽侯县	保存方式：省级种质资源保存基地，异地保存	
性状特征		
资源特点：高产果量，高出籽率，高含油率		
树　　姿：半开张	盛 花 期：11月上旬	果面特征：光滑
嫩枝绒毛：无	花瓣颜色：白色	平均单果重（g）：9.24
芽鳞颜色：黄绿色	萼片绒毛：无	鲜出籽率（%）：61.19
芽 绒 毛：无	雌雄蕊相对高度：雌高	种皮颜色：深褐色或黑色
嫩叶颜色：青绿色	花柱裂位：中裂	种仁含油率（%）：51.12
老叶颜色：黄绿色	柱头裂数：3	
叶　　形：长椭圆形	子房绒毛：有	油酸含量（%）：77.70
叶缘特征：波状	果熟日期：10月下旬	亚油酸含量（%）：10.60
叶尖形状：钝尖	果　　形：圆球形或卵球形	亚麻酸含量（%）：0.40
叶基形状：楔形	果皮颜色：青黄色	硬脂酸含量（%）：1.60
平均叶长（cm）：4.75	平均叶宽（cm）：1.60	棕榈酸含量（%）：9.00

19 普油-赣宜温汤农004号

资源编号：360902_010_0005	归属物种：*Camellia oleifera* Abel	
资源类型：野生资源（特异单株）	主要用途：油用栽培，遗传育种材料	
保存地点：江西省宜春市袁州区	保存方式：原地保存、保护	
性状特征		
资源特点：高产果量，高出籽率，高含油率		
树　　姿：半开张	盛 花 期：10月中下旬	果面特征：凹凸
嫩枝绒毛：有	花瓣颜色：白色	平均单果重（g）：5.09
芽鳞颜色：紫绿色	萼片绒毛：无	鲜出籽率（%）：51.93
芽 绒 毛：无	雌雄蕊相对高度：雄高	种皮颜色：褐色
嫩叶颜色：绿色	花柱裂位：中裂	种仁含油率（%）：59.38
老叶颜色：深绿色	柱头裂数：3	
叶　　形：长椭圆形	子房绒毛：有	油酸含量（%）：80.99
叶缘特征：平	果熟日期：10月下旬	亚油酸含量（%）：1.26
叶尖形状：渐尖	果　　形：椭球形	亚麻酸含量（%）：—
叶基形状：近圆形	果皮颜色：红色	硬脂酸含量（%）：2.38
平均叶长（cm）：5.10	平均叶宽（cm）：2.20	棕榈酸含量（%）：11.04

20

普油-赣宜温汤农006号

资源编号：360902_010_0007	归属物种：*Camellia oleifera* Abel	
资源类型：野生资源（特异单株）	主要用途：油用栽培，遗传育种材料	
保存地点：江西省宜春市袁州区	保存方式：原地保存、保护	
性状特征		
资源特点：高产果量，高出籽率，高含油率		
树　　姿：开张	盛 花 期：10月中下旬	果面特征：光滑
嫩枝绒毛：有	花瓣颜色：白色	平均单果重（g）：3.49
芽鳞颜色：紫绿色	萼片绒毛：无	鲜出籽率（%）：63.76
芽 绒 毛：无	雌雄蕊相对高度：雄高	种皮颜色：褐色
嫩叶颜色：绿色	花柱裂位：浅裂	种仁含油率（%）：50.13
老叶颜色：中绿色	柱头裂数：3	
叶　　形：椭圆形	子房绒毛：有	油酸含量（%）：76.09
叶缘特征：波状	果熟日期：10月下旬	亚油酸含量（%）：3.99
叶尖形状：渐尖	果　　形：扁圆球形	亚麻酸含量（%）：—
叶基形状：楔形	果皮颜色：红色	硬脂酸含量（%）：3.73
平均叶长（cm）：5.20	平均叶宽（cm）：2.20	棕榈酸含量（%）：12.99

21

普通-黔江4号

资源编号：500114_010_0004	归属物种：*Camellia oleifera* Abel	
资源类型：野生资源（特异单株）	主要用途：油用栽培，遗传育种材料	
保存地点：重庆市黔江区	保存方式：原地保存、保护	
性状特征		
资源特点：高产果量，高出籽率，高含油率		
树　　姿：半开张	盛 花 期：11月中旬	果面特征：光滑
嫩枝绒毛：有	花瓣颜色：白色	平均单果重（g）：9.57
芽鳞颜色：绿色	萼片绒毛：有	鲜出籽率（%）：51.72
芽 绒 毛：有	雌雄蕊相对高度：等高	种皮颜色：棕褐色
嫩叶颜色：绿色	花柱裂位：中裂	种仁含油率（%）：50.30
老叶颜色：中绿色	柱头裂数：3	
叶　　形：椭圆形	子房绒毛：有	油酸含量（%）：0.80
叶缘特征：平	果熟日期：10月下旬	亚油酸含量（%）：0.08
叶尖形状：钝尖	果　　形：圆球形	亚麻酸含量（%）：—
叶基形状：近圆形	果皮颜色：红色	硬脂酸含量（%）：—
平均叶长（cm）：7.04	平均叶宽（cm）：3.22	棕榈酸含量（%）：—

（6）具高产果量、大果资源

22 普油-溧水002号优株

资源编号：320124_010_0002	归属物种：*Camellia oleifera* Abel	
资源类型：野生资源（特异单株）	主要用途：油用栽培，遗传育种材料	
保存地点：江苏省南京市溧水区	保存方式：原地保存、保护	
性状特征		
资源特点：高产果量，大果		
树　　姿：半开张	盛花期：12月中旬	果面特征：光滑
嫩枝绒毛：有	花瓣颜色：白色	平均单果重（g）：40.32
芽鳞颜色：绿色	萼片绒毛：有	鲜出籽率（%）：10.27
芽绒毛：有	雌雄蕊相对高度：雌高	种皮颜色：棕色
嫩叶颜色：绿色	花柱裂位：浅裂	种仁含油率（%）：45.00
老叶颜色：深绿色	柱头裂数：5	
叶　　形：椭圆形	子房绒毛：有	油酸含量（%）：79.20
叶缘特征：波状	果熟日期：11月上旬	亚油酸含量（%）：9.70
叶尖形状：渐尖	果　　形：圆球形或卵球形	亚麻酸含量（%）：0.30
叶基形状：楔形	果皮颜色：青色	硬脂酸含量（%）：1.40
平均叶长（cm）：7.40	平均叶宽（cm）：3.30	棕榈酸含量（%）：8.70

23 普油-句容001

资源编号：321183_010_0001	归属物种：*Camellia oleifera* Abel	
资源类型：野生资源（特异单株）	主要用途：油用栽培，遗传育种材料	
保存地点：江苏省句容市	保存方式：原地保存、保护	
性状特征		
资源特点：高产果量，大果		
树　　姿：直立	盛 花 期：10月下旬	果面特征：糠秕
嫩枝绒毛：有	花瓣颜色：白色	平均单果重（g）：34.89
芽鳞颜色：绿色	萼片绒毛：有	鲜出籽率（%）：14.19
芽 绒 毛：有	雌雄蕊相对高度：雌高	种皮颜色：褐色
嫩叶颜色：绿色	花柱裂位：中裂	种仁含油率（%）：49.00
老叶颜色：深绿色	柱头裂数：3	
叶　　形：长椭圆形	子房绒毛：有	油酸含量（%）：82.30
叶缘特征：平	果熟日期：10月下旬	亚油酸含量（%）：7.10
叶尖形状：渐尖	果　　形：圆球形或卵球形	亚麻酸含量（%）：0.40
叶基形状：楔形	果皮颜色：青色	硬脂酸含量（%）：1.70
平均叶长（cm）：6.10	平均叶宽（cm）：2.80	棕榈酸含量（%）：8.00

24 普油-句容002

资源编号：321183_010_0002	归属物种：*Camellia oleifera* Abel	
资源类型：野生资源（特异单株）	主要用途：油用栽培，遗传育种材料	
保存地点：江苏省句容市	保存方式：原地保存、保护	
性状特征		
资源特点：高产果量，大果		
树　　姿：半开张	盛 花 期：10月中旬	果面特征：光滑
嫩枝绒毛：有	花瓣颜色：白色	平均单果重（g）：37.50
芽鳞颜色：绿色	萼片绒毛：有	鲜出籽率（%）：16.03
芽 绒 毛：有	雌雄蕊相对高度：雌高	种皮颜色：棕褐色
嫩叶颜色：红色	花柱裂位：中裂	种仁含油率（%）：29.00
老叶颜色：中绿色	柱头裂数：4	
叶　　形：椭圆形	子房绒毛：有	油酸含量（%）：74.30
叶缘特征：平	果熟日期：10月下旬	亚油酸含量（%）：14.30
叶尖形状：渐尖	果　　形：圆球形或卵球形	亚麻酸含量（%）：0.40
叶基形状：近圆形	果皮颜色：青色	硬脂酸含量（%）：1.30
平均叶长（cm）：6.30	平均叶宽（cm）：2.70	棕榈酸含量（%）：9.10

25 普油-句容003

资源编号：321183_010_0003	归属物种：*Camellia oleifera* Abel	
资源类型：野生资源（特异单株）	主要用途：油用栽培，遗传育种材料	
保存地点：江苏省句容市	保存方式：原地保存、保护	
	性状特征	
资源特点：高产果量，大果		
树　　姿：半开张	盛 花 期：12月中旬	果面特征：光滑
嫩枝绒毛：有	花瓣颜色：白色	平均单果重（g）：40.98
芽鳞颜色：绿色	萼片绒毛：有	鲜出籽率（%）：10.03
芽 绒 毛：无	雌雄蕊相对高度：雌高	种皮颜色：褐色
嫩叶颜色：红色	花柱裂位：浅裂	种仁含油率（%）：44.00
老叶颜色：黄绿色	柱头裂数：3	
叶　　形：椭圆形	子房绒毛：无	油酸含量（%）：77.10
叶缘特征：波状	果熟日期：10月中旬	亚油酸含量（%）：10.90
叶尖形状：渐尖	果　　形：圆球形或卵球形	亚麻酸含量（%）：0.40
叶基形状：近圆形	果皮颜色：青色	硬脂酸含量（%）：1.50
平均叶长（cm）：6.40	平均叶宽（cm）：2.90	棕榈酸含量（%）：9.40

26 普油-句容004

资源编号：321183_010_0004	归属物种：*Camellia oleifera* Abel	
资源类型：野生资源（特异单株）	主要用途：油用栽培，遗传育种材料	
保存地点：江苏省句容市	保存方式：原地保存、保护	
性 状 特 征		
资源特点：高产果量，大果		
树　　姿：开张	盛 花 期：12月中旬	果面特征：光滑
嫩枝绒毛：有	花瓣颜色：白色	平均单果重（g）：38.03
芽鳞颜色：黄绿色	萼片绒毛：有	鲜出籽率（%）：9.94
芽 绒 毛：有	雌雄蕊相对高度：雌高	种皮颜色：棕色
嫩叶颜色：绿色	花柱裂位：中裂	种仁含油率（%）：25.00
老叶颜色：深绿色	柱头裂数：3	
叶　　形：长椭圆形	子房绒毛：有	油酸含量（%）：72.40
叶缘特征：平	果熟日期：10月下旬	亚油酸含量（%）：16.50
叶尖形状：渐尖	果　　形：圆球形或卵球形	亚麻酸含量（%）：0.70
叶基形状：近圆形	果皮颜色：青色	硬脂酸含量（%）：1.10
平均叶长（cm）：6.50	平均叶宽（cm）：3.10	棕榈酸含量（%）：8.60

27 普油-淳安优株5号

资源编号：330127_010_0005	归属物种：*Camellia oleifera* Abel	
资源类型：野生资源（特异单株）	主要用途：油用栽培，遗传育种材料	
保存地点：浙江省淳安县	保存方式：原地保存、保护	
性状特征		
资源特点：高产果量，大果		
树　　姿：下垂	盛 花 期：11月下旬至12月上旬	果面特征：光滑
嫩枝绒毛：有	花瓣颜色：白色	平均单果重（g）：30.30
芽鳞颜色：黄绿色	萼片绒毛：有	鲜出籽率（%）：47.62
芽 绒 毛：有	雌雄蕊相对高度：雄高	种皮颜色：棕黑色
嫩叶颜色：黄绿色	花柱裂位：中裂	种仁含油率（%）：46.80
老叶颜色：中绿色	柱头裂数：3	
叶　　形：近圆形	子房绒毛：有	油酸含量（%）：84.00
叶缘特征：平	果熟日期：11月中旬	亚油酸含量（%）：7.00
叶尖形状：钝尖	果　　形：卵球形	亚麻酸含量（%）：0.30
叶基形状：近圆形	果皮颜色：青色	硬脂酸含量（%）：1.50
平均叶长（cm）：5.51	平均叶宽（cm）：3.06	棕榈酸含量（%）：6.90

28

普油-淳安优株11号

资源编号：330127_010_0011	归属物种：*Camellia oleifera* Abel	
资源类型：野生资源（特异单株）	主要用途：油用栽培，遗传育种材料	
保存地点：浙江省淳安县	保存方式：原地保存、保护	
性状特征		
资源特点：高产果量，大果		
树　　姿：直立	盛 花 期：11月下旬至12月上旬	果面特征：光滑
嫩枝绒毛：有	花瓣颜色：白色	平均单果重（g）：32.37
芽鳞颜色：黄绿色	萼片绒毛：有	鲜出籽率（%）：46.96
芽 绒 毛：有	雌雄蕊相对高度：雌高	种皮颜色：黑色
嫩叶颜色：黄绿色	花柱裂位：深裂	种仁含油率（%）：38.20
老叶颜色：中绿色	柱头裂数：3或4	
叶　　形：椭圆形	子房绒毛：有	油酸含量（%）：83.10
叶缘特征：平	果熟日期：11月中旬	亚油酸含量（%）：6.70
叶尖形状：钝尖	果　　形：圆球形（顶部凸出）	亚麻酸含量（%）：0.30
叶基形状：近圆形	果皮颜色：黄红色	硬脂酸含量（%）：2.00
平均叶长（cm）：6.00	平均叶宽（cm）：2.72	棕榈酸含量（%）：7.20

29 普油-苍南优株5号

资源编号：330327_010_0005	归属物种：*Camellia oleifera* Abel	
资源类型：野生资源（特异单株）	主要用途：油用栽培，遗传育种材料	
保存地点：浙江省苍南县	保存方式：原地保存、保护	
性状特征		
资源特点：高产果量，大果		
树　　姿：直立	盛 花 期：10月中下旬至11月上旬	果面特征：光滑
嫩枝绒毛：有	花瓣颜色：白色	平均单果重（g）：35.25
芽鳞颜色：绿色	萼片绒毛：有	鲜出籽率（%）：33.56
芽 绒 毛：有	雌雄蕊相对高度：雌高	种皮颜色：黑褐色
嫩叶颜色：青色	花柱裂位：中裂	种仁含油率（%）：35.70
老叶颜色：中绿色	柱头裂数：4	
叶　　形：长椭圆形	子房绒毛：有	油酸含量（%）：78.60
叶缘特征：平	果熟日期：10月下旬	亚油酸含量（%）：9.50
叶尖形状：钝尖	果　　形：圆球形	亚麻酸含量（%）：0.30
叶基形状：楔形	果皮颜色：青色	硬脂酸含量（%）：0.30
平均叶长（cm）：6.42	平均叶宽（cm）：2.54	棕榈酸含量（%）：9.20

30 普油-苍南优株6号

资源编号：330327_010_0006	归属物种：*Camellia oleifera* Abel	
资源类型：野生资源（特异单株）	主要用途：油用栽培，遗传育种材料	
保存地点：浙江省苍南县	保存方式：原地保存、保护	
	性状特征	
资源特点：高产果量，大果		
树　　姿：直立	盛 花 期：10月中下旬至11月上旬	果面特征：光滑
嫩枝绒毛：有	花瓣颜色：白色	平均单果重（g）：38.45
芽鳞颜色：绿色	萼片绒毛：有	鲜出籽率（%）：36.57
芽 绒 毛：有	雌雄蕊相对高度：雄高	种皮颜色：黑褐色
嫩叶颜色：墨绿色	花柱裂位：中裂	种仁含油率（%）：35.90
老叶颜色：中绿色	柱头裂数：3	
叶　　形：近圆形	子房绒毛：有	油酸含量（%）：81.00
叶缘特征：平	果熟日期：10月下旬	亚油酸含量（%）：6.60
叶尖形状：渐尖	果　　形：圆球形	亚麻酸含量（%）：0.20
叶基形状：近圆形	果皮颜色：青黄色	硬脂酸含量（%）：1.80
平均叶长（cm）：6.10	平均叶宽（cm）：3.30	棕榈酸含量（%）：9.40

31 普油-苍南优株9号

资源编号：330327_010_0009		归属物种：*Camellia oleifera* Abel
资源类型：野生资源（特异单株）		主要用途：油用栽培，遗传育种材料
保存地点：浙江省苍南县		保存方式：原地保存、保护
	性状特征	
资源特点：高产果量，大果		
树　　姿：直立	盛 花 期：10月中下旬至11月上旬	果面特征：光滑
嫩枝绒毛：有	花瓣颜色：白色	平均单果重（g）：31.44
芽鳞颜色：黄色	萼片绒毛：有	鲜出籽率（%）：36.26
芽 绒 毛：有	雌雄蕊相对高度：雄高	种皮颜色：黑色
嫩叶颜色：绿色	花柱裂位：浅裂	种仁含油率（%）：48.40
老叶颜色：中绿色	柱头裂数：3	
叶　　形：近圆形	子房绒毛：有	油酸含量（%）：83.10
叶缘特征：平	果熟日期：10月下旬	亚油酸含量（%）：5.40
叶尖形状：渐尖	果　　形：卵球形	亚麻酸含量（%）：0.20
叶基形状：近圆形	果皮颜色：青色	硬脂酸含量（%）：2.00
平均叶长（cm）：6.12	平均叶宽（cm）：3.25	棕榈酸含量（%）：8.60

32 普油－泰顺优株8号

资源编号：330329_010_0008	归属物种：*Camellia oleifera* Abel	
资源类型：野生资源（特异单株）	主要用途：油用栽培，遗传育种材料	
保存地点：浙江省泰顺县	保存方式：原地保存、保护	
性状特征		
资源特点：高产果量，大果		
树　　姿：半开张	盛 花 期：10月中下旬至11月上旬	果面特征：光滑
嫩枝绒毛：有	花瓣颜色：白色	平均单果重（g）：33.20
芽鳞颜色：玉白色	萼片绒毛：有	鲜出籽率（%）：34.22
芽 绒 毛：有	雌雄蕊相对高度：雄高	种皮颜色：褐色
嫩叶颜色：墨绿色	花柱裂位：浅裂	种仁含油率（%）：41.20
老叶颜色：中绿色	柱头裂数：3或4	
叶　　形：椭圆形	子房绒毛：有	油酸含量（%）：83.30
叶缘特征：平	果熟日期：10月下旬	亚油酸含量（%）：6.40
叶尖形状：钝尖	果　　形：卵球形	亚麻酸含量（%）：0.20
叶基形状：楔形	果皮颜色：青色	硬脂酸含量（%）：1.80
平均叶长（cm）：5.93	平均叶宽（cm）：2.79	棕榈酸含量（%）：7.50

33 普油-永康优株4号

资源编号：330784_010_0004	归属物种：*Camellia oleifera* Abel	
资源类型：野生资源（特异单株）	主要用途：油用栽培，遗传育种材料	
保存地点：浙江省永康市	保存方式：原地保存、保护	
	性状特征	
资源特点：高产果量，大果		
树　　姿：半开张	盛 花 期：10月中下旬至11月上旬	果面特征：光滑
嫩枝绒毛：有	花瓣颜色：白色	平均单果重（g）：35.21
芽鳞颜色：灰绿色	萼片绒毛：有	鲜出籽率（%）：34.00
芽 绒 毛：有	雌雄蕊相对高度：雌高	种皮颜色：褐色
嫩叶颜色：绿色	花柱裂位：浅裂	种仁含油率（%）：40.20
老叶颜色：中绿色	柱头裂数：3	
叶　　形：椭圆形	子房绒毛：有	油酸含量（%）：84.20
叶缘特征：平	果熟日期：10月底	亚油酸含量（%）：4.70
叶尖形状：渐尖	果　　形：卵球形	亚麻酸含量（%）：0.20
叶基形状：楔形	果皮颜色：青色	硬脂酸含量（%）：2.00
平均叶长（cm）：7.11	平均叶宽（cm）：3.02	棕榈酸含量（%）：8.10

34 普油-永康优株7号

资源编号：330784_010_0007	归属物种：*Camellia oleifera* Abel	
资源类型：野生资源（特异单株）	主要用途：油用栽培，遗传育种材料	
保存地点：浙江省永康市	保存方式：原地保存、保护	
性 状 特 征		
资源特点：高产果量，大果		
树　　姿：直立	盛 花 期：10月中下旬至11月上旬	果面特征：粗糙
嫩枝绒毛：有	花瓣颜色：白色	平均单果重（g）：39.33
芽鳞颜色：黄绿色	萼片绒毛：有	鲜出籽率（%）：41.75
芽 绒 毛：有	雌雄蕊相对高度：雄高	种皮颜色：黑色
嫩叶颜色：绿色	花柱裂位：浅裂	种仁含油率（%）：48.70
老叶颜色：中绿色	柱头裂数：3	
叶　　形：椭圆形	子房绒毛：有	油酸含量（%）：82.50
叶缘特征：平	果熟日期：10月底	亚油酸含量（%）：6.50
叶尖形状：渐尖	果　　形：卵球形	亚麻酸含量（%）：0.30
叶基形状：半圆	果皮颜色：青色	硬脂酸含量（%）：1.90
平均叶长（cm）：5.52	平均叶宽（cm）：2.83	棕榈酸含量（%）：8.10

35 普油-开化优株3号

资源编号：330824_010_0003	归属物种：*Camellia oleifera* Abel	
资源类型：野生资源（特异单株）	主要用途：油用栽培，遗传育种材料	
保存地点：浙江省开化县	保存方式：原地保存、保护	
性状特征		
资源特点：高产果量，大果		
树　　姿：半开张	盛 花 期：10月中下旬至11月上旬	果面特征：粗糙
嫩枝绒毛：有	花瓣颜色：白色	平均单果重（g）：31.11
芽鳞颜色：黄绿色	萼片绒毛：有	鲜出籽率（%）：40.89
芽 绒 毛：有	雌雄蕊相对高度：雄高	种皮颜色：褐色
嫩叶颜色：青色	花柱裂位：浅裂	种仁含油率（%）：48.10
老叶颜色：中绿色	柱头裂数：3	
叶　　形：椭圆形	子房绒毛：有	油酸含量（%）：83.60
叶缘特征：平	果熟日期：10月底	亚油酸含量（%）：6.00
叶尖形状：渐尖	果　　形：卵球形	亚麻酸含量（%）：0.30
叶基形状：近圆形	果皮颜色：青色	硬脂酸含量（%）：2.00
平均叶长（cm）：7.12	平均叶宽（cm）：3.28	棕榈酸含量（%）：7.40

36 普油-临海优株7号

资源编号：331082_010_0007	归属物种：*Camellia oleifera* Abel	
资源类型：野生资源（特异单株）	主要用途：油用栽培，遗传育种材料	
保存地点：浙江省临海市	保存方式：原地保存、保护	
	性状特征	
资源特点：高产果量，大果		
树　　姿：直立	盛 花 期：11月中下旬	果面特征：光滑
嫩枝绒毛：有	花瓣颜色：白色	平均单果重（g）：36.89
芽鳞颜色：黄色	萼片绒毛：有	鲜出籽率（%）：39.71
芽 绒 毛：有	雌雄蕊相对高度：雌高	种皮颜色：黑色
嫩叶颜色：绿色	花柱裂位：浅裂	种仁含油率（%）：44.90
老叶颜色：中绿色	柱头裂数：3	
叶　　形：椭圆形	子房绒毛：有	油酸含量（%）：85.00
叶缘特征：平	果熟日期：10月中下旬	亚油酸含量（%）：4.90
叶尖形状：渐尖	果　　形：卵球形	亚麻酸含量（%）：0.20
叶基形状：楔形	果皮颜色：红色	硬脂酸含量（%）：1.90
平均叶长（cm）：8.33	平均叶宽（cm）：3.97	棕榈酸含量（%）：7.10

37 普油-莲都优株3号

资源编号：331102_010_0003	归属物种：*Camellia oleifera* Abel	
资源类型：野生资源（特异单株）	主要用途：油用栽培，遗传育种材料	
保存地点：浙江省丽水市莲都区	保存方式：原地保存、保护	
	性状特征	
资源特点：高产果量，大果		
树　　姿：半开张	盛 花 期：11月中下旬	果面特征：粗糙
嫩枝绒毛：有	花瓣颜色：白色	平均单果重（g）：31.02
芽鳞颜色：绿色	萼片绒毛：有	鲜出籽率（%）：42.71
芽 绒 毛：有	雌雄蕊相对高度：雌高	种皮颜色：黑色
嫩叶颜色：绿色	花柱裂位：浅裂	种仁含油率（%）：46.90
老叶颜色：中绿色	柱头裂数：3	
叶　　形：椭圆形	子房绒毛：有	油酸含量（%）：84.40
叶缘特征：平	果熟日期：10月中下旬	亚油酸含量（%）：5.00
叶尖形状：钝尖	果　　形：卵球形	亚麻酸含量（%）：0.20
叶基形状：近圆形	果皮颜色：青色	硬脂酸含量（%）：2.20
平均叶长（cm）：5.91	平均叶宽（cm）：2.39	棕榈酸含量（%）：7.50

38 普油-莲都优株4号

资源编号：331102_010_0004	归属物种：*Camellia oleifera* Abel	
资源类型：野生资源（特异单株）	主要用途：油用栽培，遗传育种材料	
保存地点：浙江省丽水市莲都区	保存方式：原地保存、保护	
	性 状 特 征	
资源特点：高产果量，大果		
树　　姿：开张	盛 花 期：11月中下旬	果面特征：光滑
嫩枝绒毛：有	花瓣颜色：白色	平均单果重（g）：41.76
芽鳞颜色：绿色	萼片绒毛：有	鲜出籽率（%）：41.88
芽 绒 毛：有	雌雄蕊相对高度：雌高	种皮颜色：褐色
嫩叶颜色：绿色	花柱裂位：浅裂	种仁含油率（%）：42.40
老叶颜色：中绿色	柱头裂数：3	
叶　　形：近圆形	子房绒毛：有	油酸含量（%）：81.30
叶缘特征：平	果熟日期：10月中下旬	亚油酸含量（%）：7.70
叶尖形状：渐尖	果　　形：卵球形	亚麻酸含量（%）：0.20
叶基形状：楔形	果皮颜色：青红色	硬脂酸含量（%）：1.60
平均叶长（cm）：7.32	平均叶宽（cm）：2.94	棕榈酸含量（%）：8.50

39

普油-缙云优株5号

资源编号：331122_010_0005	归属物种：*Camellia oleifera* Abel	
资源类型：野生资源（特异单株）	主要用途：油用栽培，遗传育种材料	
保存地点：浙江省缙云县	保存方式：原地保存、保护	
性状特征		
资源特点：高产果量，大果		
树　　姿：开张	盛 花 期：10月中下旬至11月上旬	果面特征：糠秕
嫩枝绒毛：有	花瓣颜色：白色	平均单果重（g）：32.76
芽鳞颜色：黄色	萼片绒毛：有	鲜出籽率（%）：47.80
芽 绒 毛：有	雌雄蕊相对高度：等高	种皮颜色：黑色
嫩叶颜色：绿色	花柱裂位：浅裂	种仁含油率（%）：39.60
老叶颜色：中绿色	柱头裂数：3	
叶　　形：椭圆形	子房绒毛：有	油酸含量（%）：83.00
叶缘特征：平	果熟日期：10月中下旬	亚油酸含量（%）：6.10
叶尖形状：渐尖	果　　形：圆球形	亚麻酸含量（%）：0.10
叶基形状：楔形	果皮颜色：青色	硬脂酸含量（%）：1.60
平均叶长（cm）：6.97	平均叶宽（cm）：3.30	棕榈酸含量（%）：8.30

40 普油-遂昌优株4号

资源编号：331123_010_0004	归属物种：*Camellia oleifera* Abel	
资源类型：野生资源（特异单株）	主要用途：油用栽培，遗传育种材料	
保存地点：浙江省遂昌县	保存方式：原地保存、保护	
	性状特征	
资源特点：高产果量，大果		
树　　姿：开张	盛 花 期：11 月中下旬	果面特征：光滑
嫩枝绒毛：有	花瓣颜色：白色	平均单果重（g）：32.74
芽鳞颜色：浅黄色	萼片绒毛：有	鲜出籽率（%）：42.82
芽 绒 毛：有	雌雄蕊相对高度：雌高	种皮颜色：黑色
嫩叶颜色：绿色	花柱裂位：浅裂	种仁含油率（%）：49.90
老叶颜色：中绿色	柱头裂数：3	
叶　　形：椭圆形	子房绒毛：有	油酸含量（%）：84.20
叶缘特征：平	果熟日期：10 月中下旬	亚油酸含量（%）：5.20
叶尖形状：渐尖	果　　形：圆球形	亚麻酸含量（%）：0.10
叶基形状：楔形	果皮颜色：青红色	硬脂酸含量（%）：1.90
平均叶长（cm）：6.73	平均叶宽（cm）：3.02	棕榈酸含量（%）：7.70

41 普油-遂昌优株8号

资源编号：331123_010_0008	归属物种：*Camellia oleifera* Abel	
资源类型：野生资源（特异单株）	主要用途：油用栽培，遗传育种材料	
保存地点：浙江省遂昌县	保存方式：原地保存、保护	
性状特征		
资源特点：高产果量，大果		
树　　姿：直立	盛 花 期：11月中下旬	果面特征：光滑
嫩枝绒毛：有	花瓣颜色：白色	平均单果重（g）：33.58
芽鳞颜色：黄色	萼片绒毛：有	鲜出籽率（%）：37.88
芽 绒 毛：有	雌雄蕊相对高度：雄高	种皮颜色：黑色
嫩叶颜色：绿色	花柱裂位：浅裂	种仁含油率（%）：43.10
老叶颜色：中绿色	柱头裂数：3或4	
叶　　形：椭圆形	子房绒毛：有	油酸含量（%）：82.30
叶缘特征：平	果熟日期：10月中下旬	亚油酸含量（%）：7.40
叶尖形状：渐尖	果　　形：圆卵球形	亚麻酸含量（%）：0.20
叶基形状：楔形	果皮颜色：青色	硬脂酸含量（%）：1.40
平均叶长（cm）：5.79	平均叶宽（cm）：3.04	棕榈酸含量（%）：7.80

42 闽科11号

资源编号：350121_010_0043		归属物种：*Camellia oleifera* Abel
资源类型：野生资源（特异单株）		主要用途：油用栽培，遗传育种材料
保存地点：福建省闽侯县		保存方式：省级种质资源保存基地，异地保存
性状特征		
资源特点：高产果量，大果		
树　　姿：开张	盛 花 期：11月中旬	果面特征：光滑
嫩枝绒毛：有	花瓣颜色：白色	平均单果重（g）：33.00
芽鳞颜色：黄绿色	萼片绒毛：有	鲜出籽率（%）：45.86
芽 绒 毛：有	雌雄蕊相对高度：雄高	种皮颜色：黑色
嫩叶颜色：红绿色	花柱裂位：全裂	种仁含油率（%）：41.10
老叶颜色：中绿色	柱头裂数：4	
叶　　形：长椭圆形	子房绒毛：有	油酸含量（%）：81.10
叶缘特征：波状	果熟日期：11月上旬	亚油酸含量（%）：7.10
叶尖形状：渐尖或钝尖	果　　形：圆球形或扁圆球形	亚麻酸含量（%）：0.30
叶基形状：楔形或近圆形	果皮颜色：黄青色、黄色	硬脂酸含量（%）：1.90
平均叶长（cm）：5.50	平均叶宽（cm）：2.50	棕榈酸含量（%）：9.10

43 闽科16号

资源编号：350121_010_0045	归属物种：*Camellia oleifera* Abel	
资源类型：野生资源（特异单株）	主要用途：油用栽培，遗传育种材料	
保存地点：福建省闽侯县	保存方式：省级种质资源保存基地，异地保存	
性状特征		
资源特点：高产果量，大果		
树　　姿：开张	盛 花 期：11月中旬	果面特征：光滑
嫩枝绒毛：有	花瓣颜色：白色	平均单果重（g）：39.58
芽鳞颜色：黄绿色	萼片绒毛：有	鲜出籽率（%）：44.45
芽 绒 毛：有	雌雄蕊相对高度：雄高	种皮颜色：深褐色或黑色
嫩叶颜色：黄绿色	花柱裂位：浅裂	种仁含油率（%）：43.30
老叶颜色：中绿色	柱头裂数：4	
叶　　形：长椭圆形	子房绒毛：有	油酸含量（%）：84.50
叶缘特征：波状	果熟日期：11月上旬	亚油酸含量（%）：5.00
叶尖形状：渐尖	果　　形：圆球形或卵球形	亚麻酸含量（%）：0.20
叶基形状：近圆形	果皮颜色：黄红色、青黄色	硬脂酸含量（%）：2.70
平均叶长（cm）：7.40	平均叶宽（cm）：3.60	棕榈酸含量（%）：7.00

44 闽科14号

资源编号：350121_010_0047	归属物种：*Camellia oleifera* Abel	
资源类型：野生资源（特异单株）	主要用途：油用栽培，遗传育种材料	
保存地点：福建省闽侯县	保存方式：原地保护；省级种质资源保存基地，异地保存	
性状特征		
资源特点：高产果量，大果		
树　　姿：开张	盛 花 期：11月上中旬	果面特征：光滑
嫩枝绒毛：有	花瓣颜色：白色	平均单果重（g）：36.50
芽鳞颜色：黄绿色	萼片绒毛：有	鲜出籽率（%）：41.44
芽 绒 毛：有	雌雄蕊相对高度：等高	种皮颜色：深褐色或黑色
嫩叶颜色：青绿色	花柱裂位：中裂	种仁含油率（%）：42.30
老叶颜色：中绿色	柱头裂数：4	
叶　　形：长椭圆形	子房绒毛：有	油酸含量（%）：76.10
叶缘特征：波状	果熟日期：10月下旬至12月上旬	亚油酸含量（%）：11.30
叶尖形状：渐尖	果　　形：圆球形或卵球形	亚麻酸含量（%）：0.30
叶基形状：楔形	果皮颜色：青黄色、青红色	硬脂酸含量（%）：1.60
平均叶长（cm）：6.10	平均叶宽（cm）：3.30	棕榈酸含量（%）：10.30

45 泰油1号

资源编号：350429_010_0001	归属物种：*Camellia oleifera* Abel	
资源类型：野生资源（特异单株）	主要用途：油用栽培，遗传育种材料	
保存地点：福建省泰宁县	保存方式：原地保护；省级种质资源保存基地，异地保存	
性状特征		
资源特点：高产果量，大果		
树　　姿：半开张	盛 花 期：11月中下旬	果面特征：光滑
嫩枝绒毛：有	花瓣颜色：白色	平均单果重（g）：55.00
芽鳞颜色：玉白色	萼片绒毛：有	鲜出籽率（%）：27.18
芽 绒 毛：有	雌雄蕊相对高度：雌高	种皮颜色：深褐色或黑色
嫩叶颜色：黄绿色	花柱裂位：中裂	种仁含油率（%）：42.20
老叶颜色：中绿色	柱头裂数：4	
叶　　形：椭圆形、长椭圆形	子房绒毛：有	油酸含量（%）：82.80
叶缘特征：波状	果熟日期：10月下旬至11月上旬	亚油酸含量（%）：6.90
叶尖形状：渐尖	果　　形：圆球形	亚麻酸含量（%）：0.30
叶基形状：楔形	果皮颜色：红色	硬脂酸含量（%）：2.20
平均叶长（cm）：6.50	平均叶宽（cm）：3.00	棕榈酸含量（%）：7.20

46 泰油2号

资源编号：350429_010_0002	归属物种：*Camellia oleifera* Abel	
资源类型：野生资源（特异单株）	主要用途：油用栽培，遗传育种材料	
保存地点：福建省泰宁县	保存方式：原地保护；省级种质资源保存基地，异地保存	
性 状 特 征		
资源特点：高产果量，大果		
树　　姿：半开张	盛 花 期：11月中下旬	果面特征：糠秕
嫩枝绒毛：有	花瓣颜色：白色	平均单果重（g）：60.93
芽鳞颜色：玉白色	萼片绒毛：有	鲜出籽率（%）：37.22
芽 绒 毛：有	雌雄蕊相对高度：雌高	种皮颜色：黑色
嫩叶颜色：绿色	花柱裂位：中裂	种仁含油率（%）：32.90
老叶颜色：深绿色	柱头裂数：4	
叶　　形：椭圆形	子房绒毛：有	油酸含量（%）：82.80
叶缘特征：波状	果熟日期：11月上旬	亚油酸含量（%）：6.90
叶尖形状：渐尖	果　　形：倒卵球形、圆柱形	亚麻酸含量（%）：0.30
叶基形状：楔形	果皮颜色：青红色	硬脂酸含量（%）：2.20
平均叶长（cm）：6.33	平均叶宽（cm）：2.85	棕榈酸含量（%）：7.20

47 普油-新县优株1号

资源编号：411523_010_0003	归属物种：*Camellia oleifera* Abel	
资源类型：野生资源（特异单株）	主要用途：油用栽培，遗传育种材料	
保存地点：河南省新县	保存方式：原地保存、保护	
	性状特征	
资源特点：高产果量，大果		
树　　姿：开张	盛 花 期：10月中旬	果面特征：光滑
嫩枝绒毛：有	花瓣颜色：白色	平均单果重（g）：36.13
芽鳞颜色：绿色	萼片绒毛：有	鲜出籽率（%）：33.55
芽 绒 毛：有	雌雄蕊相对高度：雄高	种皮颜色：棕色
嫩叶颜色：绿色	花柱裂位：浅裂	种仁含油率（%）：44.20
老叶颜色：深绿色	柱头裂数：3	
叶　　形：近圆形	子房绒毛：有	油酸含量（%）：84.20
叶缘特征：平	果熟日期：10月上旬	亚油酸含量（%）：5.80
叶尖形状：渐尖	果　　形：卵球形	亚麻酸含量（%）：0.30
叶基形状：楔形	果皮颜色：青色	硬脂酸含量（%）：2.40
平均叶长（cm）：6.95	平均叶宽（cm）：3.59	棕榈酸含量（%）：6.80

48 普油 - 阳新兴国 21 号优株

资源编号：420222_010_0015	归属物种：*Camellia oleifera* Abel	
资源类型：野生资源（特异单株）	主要用途：油用栽培，遗传育种材料	
保存地点：湖北省阳新县	保存方式：原地保存、保护	
性状特征		
资源特点：高产果量，大果		
树　　姿：开张	盛 花 期：11 月中旬	果面特征：光滑
嫩枝绒毛：有	花瓣颜色：白色	平均单果重（g）：36.17
芽鳞颜色：黄绿色	萼片绒毛：有	鲜出籽率（%）：44.26
芽 绒 毛：有	雌雄蕊相对高度：雄高	种皮颜色：黑色
嫩叶颜色：绿色	花柱裂位：中裂	种仁含油率（%）：44.60
老叶颜色：中绿色	柱头裂数：4	
叶　　形：长椭圆形	子房绒毛：有	油酸含量（%）：81.40
叶缘特征：平	果熟日期：10 月中旬	亚油酸含量（%）：7.50
叶尖形状：钝尖	果　　形：圆球形	亚麻酸含量（%）：0.30
叶基形状：楔形	果皮颜色：青色	硬脂酸含量（%）：1.80
平均叶长（cm）：7.66	平均叶宽（cm）：4.40	棕榈酸含量（%）：8.50

49 普油-阳新兴国30号优株

资源编号：420222_010_0017	归属物种：*Camellia oleifera* Abel	
资源类型：野生资源（特异单株）	主要用途：油用栽培，遗传育种材料	
保存地点：湖北省阳新县	保存方式：原地保存、保护	
性状特征		
资源特点：高产果量，大果		
树　　姿：开张	盛 花 期：12月下旬	果面特征：光滑
嫩枝绒毛：有	花瓣颜色：白色	平均单果重（g）：68.10
芽鳞颜色：黄绿色	萼片绒毛：有	鲜出籽率（%）：45.62
芽 绒 毛：有	雌雄蕊相对高度：雌高	种皮颜色：黑色
嫩叶颜色：绿色	花柱裂位：浅裂	种仁含油率（%）：33.50
老叶颜色：黄绿色	柱头裂数：4	
叶　　形：长椭圆形	子房绒毛：有	油酸含量（%）：72.00
叶缘特征：平	果熟日期：10月下旬	亚油酸含量（%）：15.40
叶尖形状：钝尖	果　　形：扁圆球形	亚麻酸含量（%）：0.40
叶基形状：楔形	果皮颜色：红色	硬脂酸含量（%）：1.60
平均叶长（cm）：8.28	平均叶宽（cm）：3.60	棕榈酸含量（%）：10.20

50 普油-阳新太子2号优株

资源编号：420222_010_0018	归属物种：*Camellia oleifera* Abel	
资源类型：野生资源（特异单株）	主要用途：油用栽培，遗传育种材料	
保存地点：湖北省阳新县	保存方式：原地保存、保护	
性状特征		
资源特点：高产果量，大果		
树　　姿：开张	盛 花 期：11月下旬	果面特征：光滑
嫩枝绒毛：有	花瓣颜色：白色	平均单果重（g）：30.06
芽鳞颜色：黄绿色	萼片绒毛：有	鲜出籽率（%）：46.81
芽 绒 毛：有	雌雄蕊相对高度：雌高	种皮颜色：褐色
嫩叶颜色：绿色	花柱裂位：浅裂	种仁含油率（%）：43.20
老叶颜色：黄绿色	柱头裂数：3	
叶　　形：椭圆形	子房绒毛：有	油酸含量（%）：83.40
叶缘特征：平	果熟日期：10月下旬	亚油酸含量（%）：6.40
叶尖形状：钝尖	果　　形：圆球形	亚麻酸含量（%）：0.30
叶基形状：楔形	果皮颜色：黄棕色	硬脂酸含量（%）：1.50
平均叶长（cm）：6.24	平均叶宽（cm）：3.62	棕榈酸含量（%）：8.10

51 普油-谷城1567号单株

资源编号：420625_010_0002	归属物种：*Camellia oleifera* Abel	
资源类型：野生资源（特异单株）	主要用途：油用栽培，遗传育种材料	
保存地点：湖北省谷城县	保存方式：原地保存、保护	
性状特征		
资源特点：高产果量，大果		
树　　姿：开张	盛 花 期：11月上旬	果面特征：光滑
嫩枝绒毛：有	花瓣颜色：白色	平均单果重（g）：30.39
芽鳞颜色：黄绿色	萼片绒毛：有	鲜出籽率（%）：44.36
芽 绒 毛：有	雌雄蕊相对高度：雄高	种皮颜色：褐色
嫩叶颜色：绿色	花柱裂位：全裂	种仁含油率（%）：36.30
老叶颜色：中绿色	柱头裂数：4	
叶　　形：椭圆形	子房绒毛：有	油酸含量（%）：78.10
叶缘特征：平	果熟日期：10月中旬	亚油酸含量（%）：10.30
叶尖形状：钝尖	果　　形：圆球形	亚麻酸含量（%）：0.60
叶基形状：近圆形	果皮颜色：红色	硬脂酸含量（%）：1.20
平均叶长（cm）：6.74	平均叶宽（cm）：3.36	棕榈酸含量（%）：9.20

52 普油-谷城31号单株

资源编号：420625_010_0005	归属物种：*Camellia oleifera* Abel	
资源类型：野生资源（特异单株）	主要用途：油用栽培，遗传育种材料	
保存地点：湖北省谷城县	保存方式：原地保存、保护	
	性状特征	
资源特点：高产果量，大果		
树　　姿：开张	盛 花 期：11月中旬	果面特征：光滑
嫩枝绒毛：有	花瓣颜色：白色	平均单果重（g）：35.51
芽鳞颜色：黄绿色	萼片绒毛：有	鲜出籽率（%）：31.46
芽 绒 毛：有	雌雄蕊相对高度：雌高	种皮颜色：棕褐色
嫩叶颜色：红色	花柱裂位：浅裂	种仁含油率（%）：34.60
老叶颜色：中绿色	柱头裂数：3	
叶　　形：椭圆形	子房绒毛：有	油酸含量（%）：78.00
叶缘特征：平	果熟日期：11月上旬	亚油酸含量（%）：12.10
叶尖形状：渐尖	果　　形：圆球形	亚麻酸含量（%）：0.30
叶基形状：近圆形	果皮颜色：青色	硬脂酸含量（%）：0.90
平均叶长（cm）：6.54	平均叶宽（cm）：3.96	棕榈酸含量（%）：8.20

53 普油-谷城222号单株

资源编号：420625_010_0010	归属物种：*Camellia oleifera* Abel	
资源类型：野生资源（特异单株）	主要用途：油用栽培，遗传育种材料	
保存地点：湖北省谷城县	保存方式：原地保存、保护	
	性状特征	
资源特点：高产果量，大果		
树　　姿：半开张	盛 花 期：11月上旬	果面特征：光滑
嫩枝绒毛：有	花瓣颜色：白色	平均单果重（g）：36.78
芽鳞颜色：黄绿色	萼片绒毛：有	鲜出籽率（%）：47.82
芽 绒 毛：有	雌雄蕊相对高度：等高	种皮颜色：棕褐色
嫩叶颜色：绿色	花柱裂位：浅裂	种仁含油率（%）：47.90
老叶颜色：中绿色	柱头裂数：4	
叶　　形：椭圆形	子房绒毛：有	油酸含量（%）：81.90
叶缘特征：平	果熟日期：10月下旬	亚油酸含量（%）：8.00
叶尖形状：渐尖	果　　形：圆球形	亚麻酸含量（%）：0.40
叶基形状：近圆形	果皮颜色：红色	硬脂酸含量（%）：1.50
平均叶长（cm）：7.42	平均叶宽（cm）：3.42	棕榈酸含量（%）：7.80

54

普油-五指山2号

资源编号：469001_010_0002	归属物种：*Camellia oleifera* Abel	
资源类型：野生资源（特异单株）	主要用途：油用栽培，遗传育种材料	
保存地点：海南省五指山市	保存方式：原地保存、保护	
性状特征		
资源特点：高产果量，大果		
树　　姿：开张	盛 花 期：11 月上旬	果面特征：凹凸
嫩枝绒毛：有	花瓣颜色：白色	平均单果重（g）：83.21
芽鳞颜色：绿色	萼片绒毛：有	鲜出籽率（%）：35.98
芽 绒 毛：有	雌雄蕊相对高度：雌高	种皮颜色：棕色、褐色
嫩叶颜色：绿色	花柱裂位：中裂	种仁含油率（%）：36.50
老叶颜色：中绿色	柱头裂数：4	
叶　　形：披针形	子房绒毛：有	油酸含量（%）：77.50
叶缘特征：波状	果熟日期：10 月上旬	亚油酸含量（%）：8.80
叶尖形状：渐尖	果　　形：扁圆球形、倒卵球形	亚麻酸含量（%）：0.30
叶基形状：楔形	果皮颜色：黄棕色	硬脂酸含量（%）：2.10
平均叶长（cm）：7.63	平均叶宽（cm）：3.40	棕榈酸含量（%）：10.80

55 普油-琼海1号

资源编号：469002_010_0001	归属物种：*Camellia oleifera* Abel	
资源类型：野生资源（特异单株）	主要用途：油用栽培，遗传育种材料	
保存地点：海南省琼海市	保存方式：原地保存、保护	
性状特征		
资源特点：高产果量，大果		
树　　姿：半开张	盛 花 期：11月上旬	果面特征：糠秕
嫩枝绒毛：有	花瓣颜色：白色	平均单果重（g）：43.95
芽鳞颜色：黄绿色	萼片绒毛：有	鲜出籽率（%）：40.23
芽 绒 毛：无	雌雄蕊相对高度：雄高	种皮颜色：棕褐色
嫩叶颜色：红色	花柱裂位：中裂	种仁含油率（%）：33.70
老叶颜色：深绿色	柱头裂数：3	
叶　　形：椭圆形	子房绒毛：有	油酸含量（%）：75.00
叶缘特征：波状	果熟日期：10月上旬	亚油酸含量（%）：10.30
叶尖形状：钝尖	果　　形：圆球形	亚麻酸含量（%）：0.20
叶基形状：楔形	果皮颜色：红色、青色	硬脂酸含量（%）：3.10
平均叶长（cm）：6.40	平均叶宽（cm）：3.30	棕榈酸含量（%）：11.00

56 普油-儋州1号

资源编号：469003_010_0001	归属物种：*Camellia oleifera* Abel	
资源类型：野生资源（特异单株）	主要用途：油用栽培，遗传育种材料	
保存地点：海南省儋州市	保存方式：原地保存、保护	
性状特征		
资源特点：高产果量，大果		
树　　姿：半开张	盛 花 期：11月上旬	果面特征：凹凸
嫩枝绒毛：有	花瓣颜色：白色	平均单果重（g）：38.41
芽鳞颜色：绿色	萼片绒毛：有	鲜出籽率（%）：34.16
芽 绒 毛：有	雌雄蕊相对高度：等高	种皮颜色：褐色
嫩叶颜色：绿色	花柱裂位：中裂	种仁含油率（%）：37.20
老叶颜色：中绿色	柱头裂数：3	
叶　　形：长椭圆形	子房绒毛：有	油酸含量（%）：79.80
叶缘特征：波状	果熟日期：10月上旬	亚油酸含量（%）：6.60
叶尖形状：钝尖	果　　形：扁圆球形、倒卵球形、圆球形	亚麻酸含量（%）：0.20
叶基形状：楔形	果皮颜色：青色	硬脂酸含量（%）：2.40
平均叶长（cm）：5.87	平均叶宽（cm）：2.53	棕榈酸含量（%）：10.70

57 普油-定安2号

资源编号：469021_010_0002	归属物种：*Camellia oleifera* Abel	
资源类型：野生资源（特异单株）	主要用途：油用栽培，遗传育种材料	
保存地点：海南省定安县	保存方式：原地保存、保护	
性状特征		
资源特点：高产果量，大果		
树　　姿：半开张	盛 花 期：11月上旬	果面特征：凹凸
嫩枝绒毛：有	花瓣颜色：白色	平均单果重（g）：39.14
芽鳞颜色：绿色	萼片绒毛：有	鲜出籽率（%）：44.28
芽 绒 毛：有	雌雄蕊相对高度：等高	种皮颜色：黑褐色
嫩叶颜色：红色	花柱裂位：全裂	种仁含油率（%）：49.40
老叶颜色：深绿色	柱头裂数：3	
叶　　形：长椭圆形	子房绒毛：有	油酸含量（%）：83.20
叶缘特征：波状	果熟日期：10月上旬	亚油酸含量（%）：7.90
叶尖形状：渐尖	果　　形：扁圆球形	亚麻酸含量（%）：0.20
叶基形状：楔形	果皮颜色：青色	硬脂酸含量（%）：3.10
平均叶长（cm）：6.17	平均叶宽（cm）：2.63	棕榈酸含量（%）：10.80

58

普油-定安3号

资源编号：469021_010_0003	归属物种：*Camellia oleifera* Abel	
资源类型：野生资源（特异单株）	主要用途：油用栽培，遗传育种材料	
保存地点：海南省定安县	保存方式：原地保存、保护	
性 状 特 征		
资源特点：高产果量，大果		
树　　姿：半开张	盛 花 期：11月上旬	果面特征：凹凸
嫩枝绒毛：有	花瓣颜色：白色	平均单果重（g）：52.36
芽鳞颜色：绿色	萼片绒毛：有	鲜出籽率（%）：33.21
芽 绒 毛：有	雌雄蕊相对高度：雄高	种皮颜色：褐色
嫩叶颜色：红色	花柱裂位：浅裂	种仁含油率（%）：34.10
老叶颜色：深绿色	柱头裂数：3	
叶　　形：长椭圆形	子房绒毛：有	油酸含量（%）：78.50
叶缘特征：平	果熟日期：10月上旬	亚油酸含量（%）：10.30
叶尖形状：渐尖	果　　形：扁圆球形	亚麻酸含量（%）：0.30
叶基形状：楔形	果皮颜色：青色	硬脂酸含量（%）：2.90
平均叶长（cm）：5.57	平均叶宽（cm）：2.70	棕榈酸含量（%）：11.60

59

普油-定安4号

资源编号：469021_010_0004	归属物种：*Camellia oleifera* Abel	
资源类型：野生资源（特异单株）	主要用途：油用栽培，遗传育种材料	
保存地点：海南省定安县	保存方式：原地保存、保护	
性状特征		
资源特点：高产果量，大果		
树　　姿：半开张	盛 花 期：11月上旬	果面特征：凹凸
嫩枝绒毛：有	花瓣颜色：白色	平均单果重（g）：48.95
芽鳞颜色：绿色	萼片绒毛：有	鲜出籽率（%）：36.71
芽 绒 毛：有	雌雄蕊相对高度：等高	种皮颜色：棕色、棕褐色
嫩叶颜色：绿色	花柱裂位：深裂	种仁含油率（%）：32.30
老叶颜色：深绿色	柱头裂数：4	
叶　　形：椭圆形	子房绒毛：有	油酸含量（%）：81.50
叶缘特征：波状	果熟日期：10月上旬	亚油酸含量（%）：6.20
叶尖形状：渐尖	果　　形：扁圆球形	亚麻酸含量（%）：0.20
叶基形状：楔形	果皮颜色：青色、黄棕色	硬脂酸含量（%）：2.10
平均叶长（cm）：5.61	平均叶宽（cm）：2.66	棕榈酸含量（%）：9.50

60 普油-屯昌2号

资源编号：469022_010_0002	归属物种：*Camellia oleifera* Abel	
资源类型：野生资源（特异单株）	主要用途：油用栽培，遗传育种材料	
保存地点：海南省屯昌县	保存方式：原地保存、保护	
性状特征		
资源特点：高产果量，大果		
树　　姿：半开张	盛 花 期：11月上旬	果面特征：凹凸
嫩枝绒毛：有	花瓣颜色：白色	平均单果重（g）：47.24
芽鳞颜色：绿色	萼片绒毛：有	鲜出籽率（%）：45.96
芽 绒 毛：有	雌雄蕊相对高度：雄高	种皮颜色：黑褐色
嫩叶颜色：绿色	花柱裂位：浅裂	种仁含油率（%）：39.90
老叶颜色：中绿色	柱头裂数：3	
叶　　形：长椭圆形	子房绒毛：有	油酸含量（%）：84.30
叶缘特征：波状	果熟日期：10月上旬	亚油酸含量（%）：10.60
叶尖形状：渐尖	果　　形：卵球形、倒卵球形、圆球形	亚麻酸含量（%）：0.20
叶基形状：楔形	果皮颜色：青色、黄棕色	硬脂酸含量（%）：2.30
平均叶长（cm）：6.37	平均叶宽（cm）：2.83	棕榈酸含量（%）：11.00

61 普油-临高1号

资源编号：469024_010_0001	归属物种：*Camellia oleifera* Abel	
资源类型：野生资源（特异单株）	主要用途：油用栽培，遗传育种材料	
保存地点：海南省临高县	保存方式：原地保存、保护	
性状特征		
资源特点：高产果量，大果		
树　　姿：半开张	盛 花 期：11月上旬	果面特征：凹凸
嫩枝绒毛：有	花瓣颜色：白色	平均单果重（g）：75.96
芽鳞颜色：绿色	萼片绒毛：有	鲜出籽率（%）：32.85
芽 绒 毛：有	雌雄蕊相对高度：等高	种皮颜色：褐色
嫩叶颜色：红色	花柱裂位：中裂	种仁含油率（%）：41.10
老叶颜色：中绿色	柱头裂数：3	
叶　　形：椭圆形	子房绒毛：有	油酸含量（%）：81.10
叶缘特征：波状	果熟日期：10月上旬	亚油酸含量（%）：6.40
叶尖形状：渐尖	果　　形：扁圆球形	亚麻酸含量（%）：0.20
叶基形状：楔形	果皮颜色：青色	硬脂酸含量（%）：3.50
平均叶长（cm）：6.23	平均叶宽（cm）：3.07	棕榈酸含量（%）：10.10

62

普油-临高2号

资源编号：469024_010_0002	归属物种：*Camellia oleifera* Abel	
资源类型：野生资源（特异单株）	主要用途：油用栽培，遗传育种材料	
保存地点：海南省临高县	保存方式：原地保存、保护	
性状特征		
资源特点：高产果量，大果		
树　　姿：半开张	盛 花 期：11月上旬	果面特征：凹凸
嫩枝绒毛：有	花瓣颜色：白色	平均单果重（g）：53.83
芽鳞颜色：绿色	萼片绒毛：有	鲜出籽率（%）：35.67
芽 绒 毛：有	雌雄蕊相对高度：雌高	种皮颜色：棕色、褐色
嫩叶颜色：红色	花柱裂位：中裂	种仁含油率（%）：43.20
老叶颜色：中绿色	柱头裂数：3	
叶　　形：长椭圆形	子房绒毛：有	油酸含量（%）：80.10
叶缘特征：波状	果熟日期：10月中旬	亚油酸含量（%）：6.20
叶尖形状：渐尖	果　　形：扁圆球形、倒卵球形	亚麻酸含量（%）：0.30
叶基形状：楔形	果皮颜色：青色	硬脂酸含量（%）：2.50
平均叶长（cm）：6.43	平均叶宽（cm）：2.47	棕榈酸含量（%）：10.50

63 普油-保亭2号

资源编号：469029_010_0002		归属物种：*Camellia oleifera* Abel
资源类型：野生资源（特异单株）		主要用途：油用栽培，遗传育种材料
保存地点：海南省保亭黎族苗族自治县		保存方式：原地保存、保护
	性状特征	
资源特点：高产果量，大果		
树　　姿：半开张	盛 花 期：11月中旬	果面特征：光滑、糠秕
嫩枝绒毛：有	花瓣颜色：白色	平均单果重（g）：50.59
芽鳞颜色：绿色	萼片绒毛：有	鲜出籽率（%）：39.45
芽 绒 毛：有	雌雄蕊相对高度：等高	种皮颜色：褐色
嫩叶颜色：红色	花柱裂位：中裂	种仁含油率（%）：36.30
老叶颜色：深绿色	柱头裂数：3	
叶　　形：椭圆形	子房绒毛：有	油酸含量（%）：75.70
叶缘特征：波状	果熟日期：10月中旬	亚油酸含量（%）：10.80
叶尖形状：钝尖	果　　形：扁圆球形	亚麻酸含量（%）：0.30
叶基形状：楔形	果皮颜色：青色、黄棕色	硬脂酸含量（%）：2.50
平均叶长（cm）：5.40	平均叶宽（cm）：2.60	棕榈酸含量（%）：10.40

64 普油-琼中4号

资源编号：469030_010_0004	归属物种：*Camellia oleifera* Abel	
资源类型：野生资源（特异单株）	主要用途：油用栽培，遗传育种材料	
保存地点：海南省琼中县	保存方式：原地保存、保护	
性状特征		
资源特点：高产果量，大果		
树　　姿：半开张	盛 花 期：11月上旬	果面特征：凹凸
嫩枝绒毛：有	花瓣颜色：白色	平均单果重（g）：63.10
芽鳞颜色：绿色	萼片绒毛：有	鲜出籽率（%）：28.61
芽 绒 毛：有	雌雄蕊相对高度：等高	种皮颜色：褐色
嫩叶颜色：红色	花柱裂位：中裂	种仁含油率（%）：48.40
老叶颜色：中绿色	柱头裂数：4	
叶　　形：椭圆形	子房绒毛：有	油酸含量（%）：81.90
叶缘特征：波状	果熟日期：10月上旬	亚油酸含量（%）：7.50
叶尖形状：钝尖	果　　形：扁圆球形	亚麻酸含量（%）：0.30
叶基形状：楔形	果皮颜色：青色	硬脂酸含量（%）：2.90
平均叶长（cm）：6.20	平均叶宽（cm）：2.80	棕榈酸含量（%）：9.60

65 普通油茶－富宁优树1号

资源编号：532628_010_0012	归属物种：*Camellia oleifera* Abel	
资源类型：野生资源（特异单株）	主要用途：油用栽培，遗传育种材料	
保存地点：云南省富宁县	保存方式：原地保存、保护	
	性状特征	
资源特点：高产果量，大果		
树　　姿：半开张	盛花期：11月上旬	果面特征：光滑
嫩枝绒毛：有	花瓣颜色：白色	平均单果重（g）：45.19
芽鳞颜色：黄绿色	萼片绒毛：有	鲜出籽率（%）：42.82
芽绒毛：有	雌雄蕊相对高度：雌高	种皮颜色：黑色
嫩叶颜色：红色	花柱裂位：浅裂	种仁含油率（%）：47.70
老叶颜色：中绿色	柱头裂数：3	
叶　　形：长椭圆形	子房绒毛：有	油酸含量（%）：83.00
叶缘特征：平	果熟日期：10月中旬	亚油酸含量（%）：5.90
叶尖形状：渐尖	果　　形：圆球形	亚麻酸含量（%）：0.20
叶基形状：楔形	果皮颜色：红色	硬脂酸含量（%）：2.60
平均叶长（cm）：6.42	平均叶宽（cm）：3.34	棕榈酸含量（%）：7.60

普通油茶优株高峰27号

资源编号：450107_010_0056		归属物种：*Camellia oleifera* Abel
资源类型：野生资源（特异单株）		主要用途：油用栽培，遗传育种材料
保存地点：广西壮族自治区南宁市西乡塘区		保存方式：国家级种质资源保存基地，异地保存
	性 状 特 征	
资源特点：高产果量，大果		
树　　姿：开张	平均叶长（cm）：5.90	平均叶宽（cm）：2.30
嫩枝绒毛：有	叶基形状：楔形	果熟日期：10月下旬
芽 绒 毛：有	盛 花 期：11月中旬	果　　形：圆球形或近圆球形
芽鳞颜色：黄绿色	花瓣颜色：白色	果皮颜色：青绿色
嫩叶颜色：红褐色	萼片绒毛：有	果面特征：光滑
老叶颜色：绿色	雌雄蕊相对高度：雄高	平均单果重（g）：39.24
叶　　形：椭圆形	花柱裂位：浅裂	种皮颜色：棕褐色
叶缘特征：平	柱头裂数：3	鲜出籽率（%）：47.48
叶尖形状：渐尖	子房绒毛：有	种仁含油率（%）：46.80

普通油茶优株高峰29号

资源编号：450107_010_0059		归属物种：*Camellia oleifera* Abel
资源类型：野生资源（特异单株）		主要用途：油用栽培，遗传育种材料
保存地点：广西壮族自治区南宁市西乡塘区		保存方式：国家级种质资源保存基地，异地保存
	性 状 特 征	
资源特点：高产果量，大果		
树　　姿：半开张	平均叶长（cm）：6.40	平均叶宽（cm）：2.40
嫩枝绒毛：有	叶基形状：楔形	果熟日期：10月下旬
芽 绒 毛：有	盛 花 期：11月中旬	果　　形：圆球形或近圆球形
芽鳞颜色：黄绿色	花瓣颜色：白色	果皮颜色：青绿色
嫩叶颜色：绿色	萼片绒毛：有	果面特征：光滑
老叶颜色：绿色	雌雄蕊相对高度：雌高	平均单果重（g）：53.23
叶　　形：椭圆形	花柱裂位：浅裂	种皮颜色：棕褐色
叶缘特征：波状	柱头裂数：3	鲜出籽率（%）：41.16
叶尖形状：渐尖	子房绒毛：有	种仁含油率（%）：46.50

普通油茶优株高峰31号

资源编号：450107_010_0061		归属物种：*Camellia oleifera* Abel	
资源类型：野生资源（特异单株）		主要用途：油用栽培，遗传育种材料	
保存地点：广西壮族自治区南宁市西乡塘区		保存方式：国家级种质资源保存基地，异地保存	

性状特征

资源特点：高产果量，大果

树　　姿	半开张	平均叶长（cm）	7.20	平均叶宽（cm）	2.60
嫩枝绒毛	有	叶基形状	楔形	果熟日期	10月下旬
芽 绒 毛	有	盛 花 期	11月中旬	果　　形	圆球形或近圆球形
芽鳞颜色	黄绿色	花瓣颜色	白色	果皮颜色	青绿色
嫩叶颜色	绿色	萼片绒毛	有	果面特征	光滑
老叶颜色	绿色	雌雄蕊相对高度	雌高	平均单果重（g）	39.50
叶　　形	椭圆形	花柱裂位	浅裂	种皮颜色	棕褐色
叶缘特征	波状	柱头裂数	3	鲜出籽率（%）	42.61
叶尖形状	渐尖	子房绒毛	有	种仁含油率（%）	44.20

69

资源编号：450107_010_0231		归属物种：*Camellia oleifera* Abel	
资源类型：野生资源（特异单株）		主要用途：油用栽培，遗传育种材料	
保存地点：广西壮族自治区南宁市西乡塘区		保存方式：国家级种质资源保存基地，异地保存	

性状特征

资源特点：高产果量，大果

树　　姿	半开张	平均叶长（cm）	7.00	平均叶宽（cm）	3.80
嫩枝绒毛	有	叶基形状	楔形	果熟日期	10月中旬
芽 绒 毛	有	盛 花 期	11月中旬	果　　形	圆球形或近圆球形
芽鳞颜色	绿色	花瓣颜色	白色	果皮颜色	青色、红色
嫩叶颜色	绿色	萼片绒毛	有	果面特征	光滑
老叶颜色	绿色	雌雄蕊相对高度	雄高	平均单果重（g）	30.96
叶　　形	长椭圆形	花柱裂位	深裂	种皮颜色	棕褐色
叶缘特征	平	柱头裂数	3	鲜出籽率（%）	42.05
叶尖形状	渐尖	子房绒毛	有	种仁含油率（%）	44.70

70 普通油茶优株高峰25号

资源编号：450107_010_0260	归属物种：*Camellia oleifera* Abel	
资源类型：野生资源（特异单株）	主要用途：油用栽培，遗传育种材料	
保存地点：广西壮族自治区南宁市西乡塘区	保存方式：国家级种质资源保存基地，异地保存	
性状特征		
资源特点：高产果量，大果		
树　　姿：半开张	平均叶长（cm）：5.80	平均叶宽（cm）：3.20
嫩枝绒毛：有	叶基形状：楔形	果熟日期：11月下旬
芽 绒 毛：有	盛 花 期：11月中旬	果　　形：圆球形或近圆球形
芽鳞颜色：黄绿色	花瓣颜色：白色	果皮颜色：黄绿色
嫩叶颜色：绿色	萼片绒毛：有	果面特征：光滑
老叶颜色：绿色	雌雄蕊相对高度：雄高	平均单果重（g）：54.48
叶　　形：椭圆形	花柱裂位：深裂	种皮颜色：棕褐色
叶缘特征：平	柱头裂数：3	鲜出籽率（%）：30.29
叶尖形状：渐尖	子房绒毛：有	种仁含油率（%）：48.70

普油-赣南沙石004号

资源编号：360702_010_0024	归属物种：*Camellia oleifera* Abel	
资源类型：野生资源（特异单株）	主要用途：油用栽培，遗传育种材料	
保存地点：江西省赣州市章贡区	保存方式：省级种质资源保存基地，异地保存	
	性状特征	
资源特点：高产果量，大果		
树　　姿：半开张	平均叶长（cm）：5.39	平均叶宽（cm）：2.90
嫩枝绒毛：有	叶基形状：楔形	果熟日期：10月中旬
芽 绒 毛：有	盛 花 期：10月下旬	果　　形：倒卵球形
芽鳞颜色：绿色	花瓣颜色：白色	果皮颜色：红色
嫩叶颜色：绿色	萼片绒毛：有	果面特征：光滑
老叶颜色：深绿色	雌雄蕊相对高度：雌高	平均单果重（g）：34.44
叶　　形：椭圆形	花柱裂位：中裂	种皮颜色：棕褐色
叶缘特征：平	柱头裂数：3	鲜出籽率（%）：38.72
叶尖形状：渐尖	子房绒毛：有	

普油-赣南沙石006号

资源编号：360702_010_0026	归属物种：*Camellia oleifera* Abel	
资源类型：野生资源（特异单株）	主要用途：油用栽培，遗传育种材料	
保存地点：江西省赣州市章贡区	保存方式：省级种质资源保存基地，异地保存	
	性状特征	
资源特点：高产果量，大果		
树　　姿：开张	平均叶长（cm）：5.58	平均叶宽（cm）：2.30
嫩枝绒毛：有	叶基形状：楔形	果熟日期：10月中旬
芽 绒 毛：有	盛 花 期：10月下旬	果　　形：圆球形
芽鳞颜色：绿色	花瓣颜色：白色	果皮颜色：红色
嫩叶颜色：绿色	萼片绒毛：有	果面特征：光滑
老叶颜色：中绿色	雌雄蕊相对高度：雌高	平均单果重（g）：30.89
叶　　形：长椭圆形	花柱裂位：中裂	种皮颜色：褐色
叶缘特征：平	柱头裂数：3	鲜出籽率（%）：45.29
叶尖形状：渐尖	子房绒毛：有	

73 普油-大龙华4号

资源编号：441423_010_0004	归属物种：*Camellia oleifera* Abel	
资源类型：野生资源（特异单株）	主要用途：油用栽培，遗传育种材料	
保存地点：广东省丰顺县	保存方式：原地保存、保护	
性状特征		
资源特点：高产果量，大果		
树　　姿：直立	平均叶长（cm）：5.36	平均叶宽（cm）：2.68
嫩枝绒毛：有	叶基形状：近圆形	果熟日期：10月下旬
芽 绒 毛：有	盛 花 期：11月中旬	果　　形：卵球形
芽鳞颜色：绿色	花瓣颜色：白色	果皮颜色：黄棕色
嫩叶颜色：绿色	萼片绒毛：有	果面特征：光滑
老叶颜色：深绿色	雌雄蕊相对高度：雄高	平均单果重（g）：31.78
叶　　形：椭圆形、近圆形	花柱裂位：中裂	种皮颜色：棕褐色
叶缘特征：平	柱头裂数：3	鲜出籽率（%）：36.44
叶尖形状：钝尖、圆尖、渐尖	子房绒毛：有	

74

普油-上举镇龙文3号

资源编号：441426_010_0005	归属物种：*Camellia oleifera* Abel	
资源类型：野生资源（特异单株）	主要用途：油用栽培，遗传育种材料	
保存地点：广东省平远县	保存方式：原地保存、保护	
性 状 特 征		
资源特点：高产果量，大果		
树　　姿：半开张	平均叶长（cm）：5.91	平均叶宽（cm）：2.33
嫩枝绒毛：有	叶基形状：楔形、近圆形	果熟日期：10月下旬
芽 绒 毛：有	盛 花 期：11月中旬	果　　形：扁圆球形
芽鳞颜色：黄绿色	花瓣颜色：白色	果皮颜色：青黄色、青红色
嫩叶颜色：绿色	萼片绒毛：无	果面特征：光滑
老叶颜色：深绿色	雌雄蕊相对高度：雄高	平均单果重（g）：31.80
叶　　形：椭圆形、长椭圆形	花柱裂位：浅裂	种皮颜色：褐色
叶缘特征：波状	柱头裂数：4	鲜出籽率（%）：31.51
叶尖形状：圆尖、渐尖	子房绒毛：无	

75 普油－上举镇龙文9号

资源编号：441426_010_0011	归属物种：*Camellia oleifera* Abel	
资源类型：野生资源（特异单株）	主要用途：油用栽培，遗传育种材料	
保存地点：广东省平远县	保存方式：原地保存、保护	
性状特征		
资源特点：高产果量，大果		
树　姿：开张	平均叶长（cm）：6.74	平均叶宽（cm）：2.64
嫩枝绒毛：有	叶基形状：楔形、近圆形	果熟日期：10月中旬
芽绒毛：有	盛花期：11月下旬	果　形：卵球形
芽鳞颜色：绿色	花瓣颜色：白色	果皮颜色：青黄色
嫩叶颜色：绿色	萼片绒毛：无	果面特征：光滑
老叶颜色：深绿色、中绿色	雌雄蕊相对高度：雄高	平均单果重（g）：30.60
叶　形：椭圆形、长椭圆形	花柱裂位：浅裂	种皮颜色：棕色、黄色
叶缘特征：波状	柱头裂数：3	鲜出籽率（%）：32.29
叶尖形状：渐尖、圆尖	子房绒毛：无	

76 普油-上举镇龙文样1号

资源编号：441426_010_0013	归属物种：*Camellia oleifera* Abel	
资源类型：野生资源（特异单株）	主要用途：油用栽培，遗传育种材料	
保存地点：广东省平远县	保存方式：原地保存、保护	
性状特征		
资源特点：高产果量，大果		
树　　姿：半开张	平均叶长（cm）：6.55	平均叶宽（cm）：2.84
嫩枝绒毛：有	叶基形状：近圆形、楔形	果熟日期：10月下旬
芽 绒 毛：有	盛 花 期：11月中旬	果　　形：卵球形
芽鳞颜色：白色	花瓣颜色：白色	果皮颜色：青黄色
嫩叶颜色：深绿色	萼片绒毛：有	果面特征：光滑、糠秕
老叶颜色：深绿色、中绿色	雌雄蕊相对高度：雄高	平均单果重（g）：31.66
叶　　形：椭圆形	花柱裂位：浅裂	种皮颜色：棕褐色
叶缘特征：波状	柱头裂数：3	鲜出籽率（%）：30.61
叶尖形状：钝尖、圆尖	子房绒毛：有	

77 普油－上举镇龙文样4号

资源编号：441426_010_0016	归属物种：*Camellia oleifera* Abel	
资源类型：野生资源（特异单株）	主要用途：油用栽培，遗传育种材料	
保存地点：广东省平远县	保存方式：原地保存、保护	
性状特征		
资源特点：高产果量，大果		
树　　姿：半开张	平均叶长（cm）：6.90	平均叶宽（cm）：3.38
嫩枝绒毛：有	叶基形状：近圆形、楔形、圆形	果熟日期：10月下旬
芽 绒 毛：有	盛 花 期：11月中旬	果　　形：卵球形
芽鳞颜色：白色	花瓣颜色：白色	果皮颜色：黄红色
嫩叶颜色：深绿色	萼片绒毛：有	果面特征：糠秕、光滑
老叶颜色：深绿色、中绿色	雌雄蕊相对高度：雄高	平均单果重（g）：34.69
叶　　形：椭圆形、近圆形	花柱裂位：浅裂	种皮颜色：黑色
叶缘特征：平、波状	柱头裂数：3	鲜出籽率（%）：35.89
叶尖形状：圆尖、渐尖、钝尖	子房绒毛：有	

78 普油-仁居镇大坳上2号

资源编号：441426_010_0024	归属物种：*Camellia oleifera* Abel	
资源类型：野生资源（特异单株）	主要用途：油用栽培，遗传育种材料	
保存地点：广东省平远县	保存方式：原地保存、保护	
	性状特征	
资源特点：高产果量，大果		
树　　姿：直立	平均叶长（cm）：7.49	平均叶宽（cm）：3.28
嫩枝绒毛：有	叶基形状：近圆形、楔形	果熟日期：10月下旬
芽 绒 毛：有	盛 花 期：11月中旬	果　　形：近圆球形
芽鳞颜色：黄绿色	花瓣颜色：白色	果皮颜色：青红色
嫩叶颜色：绿色	萼片绒毛：有	果面特征：光滑
老叶颜色：深绿色	雌雄蕊相对高度：雄高	平均单果重（g）：30.55
叶　　形：椭圆形、长椭圆形	花柱裂位：浅裂	种皮颜色：黑黄色、棕色、黄色
叶缘特征：波状	柱头裂数：3	鲜出籽率（%）：36.92
叶尖形状：渐尖	子房绒毛：无	

79 普油－仁居镇大坳上3号

资源编号：441426_010_0025	归属物种：*Camellia oleifera* Abel	
资源类型：野生资源（特异单株）	主要用途：油用栽培，遗传育种材料	
保存地点：广东省平远县	保存方式：原地保存、保护	
性状特征		
资源特点：高产果量，大果		
树　　姿：直立	平均叶长（cm）：6.06	平均叶宽（cm）：2.97
嫩枝绒毛：有	叶基形状：近圆形	果熟日期：10月下旬
芽 绒 毛：有	盛 花 期：11月中旬	果　　形：扁圆球形
芽鳞颜色：黄绿色	花瓣颜色：白色	果皮颜色：青红色
嫩叶颜色：绿色	萼片绒毛：无	果面特征：光滑
老叶颜色：深绿色	雌雄蕊相对高度：雄高	平均单果重（g）：37.64
叶　　形：椭圆形、近圆形	花柱裂位：浅裂	种皮颜色：黑色
叶缘特征：波状、平	柱头裂数：3	鲜出籽率（%）：33.82
叶尖形状：圆尖、钝尖、渐尖	子房绒毛：无毛	

80

普通油茶优株高峰26号

资源编号：450107_010_0055		归属物种：*Camellia oleifera* Abel
资源类型：野生资源（特异单株）		主要用途：油用栽培，遗传育种材料
保存地点：广西壮族自治区南宁市西乡塘区		保存方式：国家级种质资源保存基地，异地保存
性状特征		
资源特点：高产果量，大果		
树　　姿：开张	平均叶长（cm）：5.80	平均叶宽（cm）：2.40
嫩枝绒毛：有	叶基形状：楔形	果熟日期：10月下旬
芽 绒 毛：有	盛 花 期：11月中旬	果　　形：圆球形
芽鳞颜色：黄绿色	花瓣颜色：白色	果皮颜色：青绿色
嫩叶颜色：红褐色	萼片绒毛：有	果面特征：光滑
老叶颜色：中绿色	雌雄蕊相对高度：雄高	平均单果重（g）：50.89
叶　　形：椭圆形	花柱裂位：浅裂	种皮颜色：黑色
叶缘特征：波状	柱头裂数：4	鲜出籽率（%）：39.22
叶尖形状：渐尖	子房绒毛：有	

81 普通油茶优株高峰28号

资源编号：450107_010_0058		归属物种：*Camellia oleifera* Abel
资源类型：野生资源（特异单株）		主要用途：油用栽培，遗传育种材料
保存地点：广西壮族自治区南宁市西乡塘区		保存方式：国家级种质资源保存基地，异地保存
	性状特征	
资源特点：高产果量，大果		
树　　姿：开张	平均叶长（cm）：6.60	平均叶宽（cm）：3.40
嫩枝绒毛：有	叶基形状：楔形	果熟日期：10月下旬
芽 绒 毛：有	盛 花 期：11月中旬	果　　形：圆球形
芽鳞颜色：黄绿色	花瓣颜色：白色	果皮颜色：青绿色
嫩叶颜色：绿色	萼片绒毛：有	果面特征：光滑
老叶颜色：中绿色	雌雄蕊相对高度：雌高	平均单果重（g）：48.43
叶　　形：椭圆形	花柱裂位：浅裂	种皮颜色：棕黑色
叶缘特征：波状	柱头裂数：3	鲜出籽率（%）：39.44
叶尖形状：渐尖	子房绒毛：有	

82 普通油茶优株高峰32号

资源编号：450107_010_0062		归属物种：*Camellia oleifera* Abel
资源类型：野生资源（特异单株）		主要用途：油用栽培，遗传育种材料
保存地点：广西壮族自治区南宁市西乡塘区		保存方式：国家级种质资源保存基地，异地保存
	性状特征	
资源特点：高产果量，大果		
树　　姿：半开张	平均叶长（cm）：6.90	平均叶宽（cm）：2.80
嫩枝绒毛：有	叶基形状：楔形	果熟日期：10月下旬
芽 绒 毛：有	盛 花 期：11月中旬	果　　形：圆球形
芽鳞颜色：黄绿色	花瓣颜色：白色	果皮颜色：青绿色
嫩叶颜色：绿色	萼片绒毛：有	果面特征：光滑
老叶颜色：中绿色	雌雄蕊相对高度：雄高	平均单果重（g）：34.89
叶　　形：椭圆形	花柱裂位：浅裂	种皮颜色：黑色
叶缘特征：波状	柱头裂数：4	鲜出籽率（%）：32.67
叶尖形状：渐尖	子房绒毛：有	

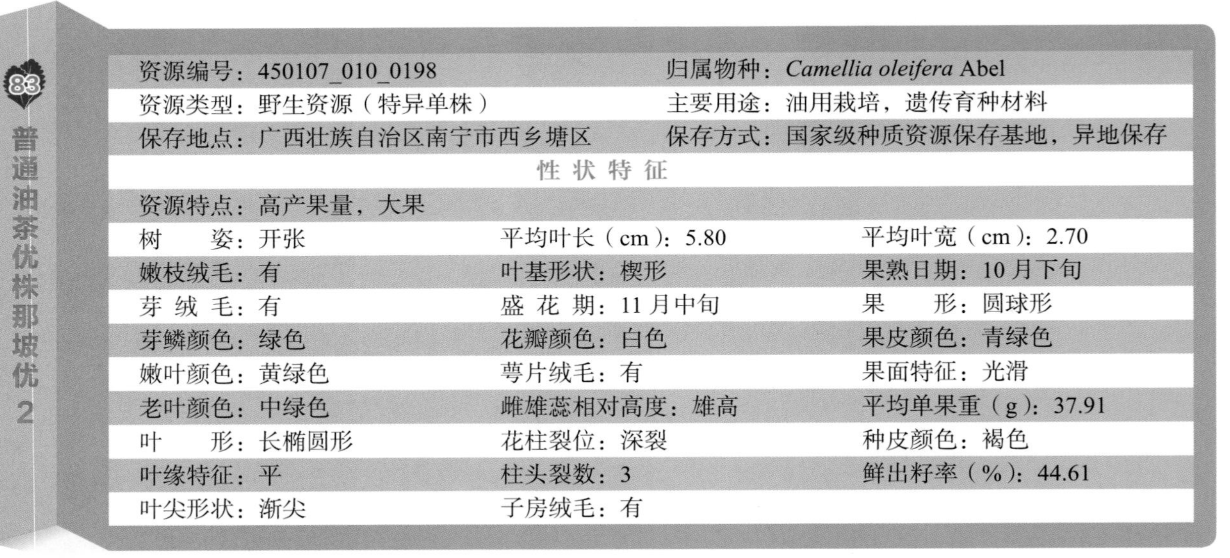

83 普通油茶优株那坡优2

资源编号：450107_010_0198		归属物种：*Camellia oleifera* Abel
资源类型：野生资源（特异单株）		主要用途：油用栽培，遗传育种材料
保存地点：广西壮族自治区南宁市西乡塘区		保存方式：国家级种质资源保存基地，异地保存
	性状特征	
资源特点：高产果量，大果		
树　　姿：开张	平均叶长（cm）：5.80	平均叶宽（cm）：2.70
嫩枝绒毛：有	叶基形状：楔形	果熟日期：10月下旬
芽 绒 毛：有	盛 花 期：11月中旬	果　　形：圆球形
芽鳞颜色：绿色	花瓣颜色：白色	果皮颜色：青绿色
嫩叶颜色：黄绿色	萼片绒毛：有	果面特征：光滑
老叶颜色：中绿色	雌雄蕊相对高度：雄高	平均单果重（g）：37.91
叶　　形：长椭圆形	花柱裂位：深裂	种皮颜色：褐色
叶缘特征：平	柱头裂数：3	鲜出籽率（%）：44.61
叶尖形状：渐尖	子房绒毛：有	

84 普通油茶优株2×23-优1

资源编号：450107_010_0208		归属物种：*Camellia oleifera* Abel
资源类型：野生资源（特异单株）		主要用途：油用栽培，遗传育种材料
保存地点：广西壮族自治区南宁市西乡塘区		保存方式：国家级种质资源保存基地，异地保存
	性状特征	
资源特点：高产果量，大果		
树　　姿：开张	平均叶长（cm）：6.20	平均叶宽（cm）：2.40
嫩枝绒毛：有	叶基形状：楔形	果熟日期：10月上旬
芽 绒 毛：有	盛 花 期：10月中旬	果　　形：圆球形
芽鳞颜色：黄绿色	花瓣颜色：白色	果皮颜色：青绿色
嫩叶颜色：黄绿色	萼片绒毛：有	果面特征：光滑
老叶颜色：中绿色	雌雄蕊相对高度：雄高	平均单果重（g）：50.16
叶　　形：长椭圆形	花柱裂位：深裂	种皮颜色：褐色
叶缘特征：平	柱头裂数：3	鲜出籽率（%）：42.09
叶尖形状：渐尖	子房绒毛：有	

85 普通油茶优株三门江56-1

资源编号：450107_010_0210		归属物种：*Camellia oleifera* Abel
资源类型：野生资源（特异单株）		主要用途：油用栽培，遗传育种材料
保存地点：广西壮族自治区南宁市西乡塘区		保存方式：国家级种质资源保存基地，异地保存
	性 状 特 征	
资源特点：高产果量，大果		
树　　姿：开张	平均叶长（cm）：6.20	平均叶宽（cm）：2.50
嫩枝绒毛：有	叶基形状：楔形	果熟日期：10月上旬
芽 绒 毛：有	盛 花 期：10月中旬	果　　形：圆球形
芽鳞颜色：黄绿色	花瓣颜色：白色	果皮颜色：青绿色
嫩叶颜色：黄绿色	萼片绒毛：有	果面特征：光滑
老叶颜色：中绿色	雌雄蕊相对高度：雄高	平均单果重（g）：59.48
叶　　形：椭圆形	花柱裂位：深裂	种皮颜色：黑褐色
叶缘特征：平	柱头裂数：3	鲜出籽率（%）：43.98
叶尖形状：渐尖	子房绒毛：有	

86 普通油茶优株高峰5号

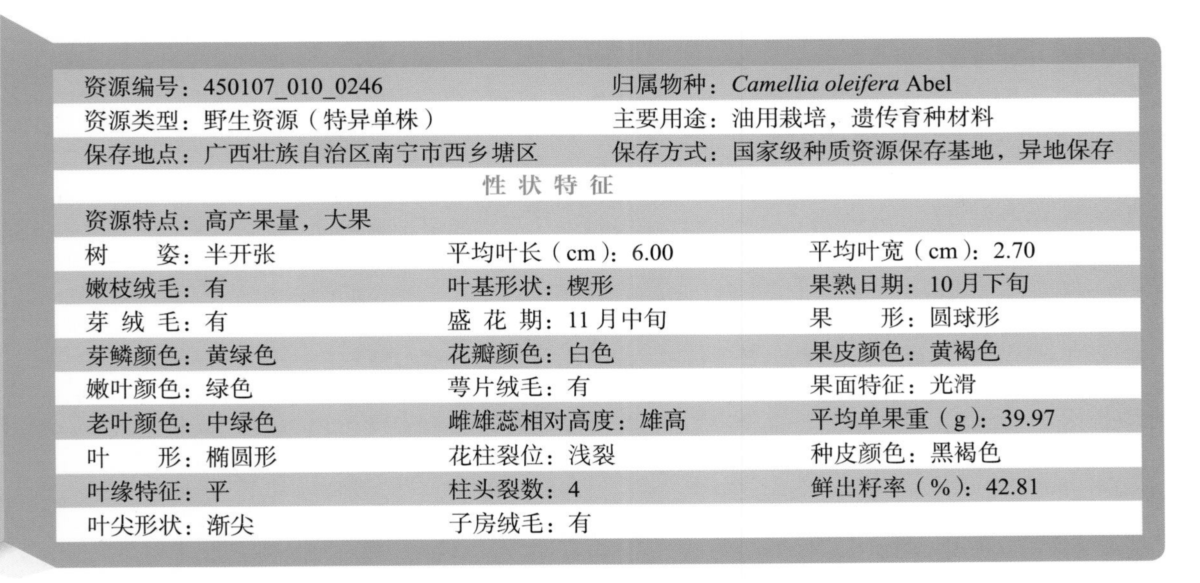

资源编号：450107_010_0246		归属物种：*Camellia oleifera* Abel
资源类型：野生资源（特异单株）		主要用途：油用栽培，遗传育种材料
保存地点：广西壮族自治区南宁市西乡塘区		保存方式：国家级种质资源保存基地，异地保存
	性 状 特 征	
资源特点：高产果量，大果		
树　　姿：半开张	平均叶长（cm）：6.00	平均叶宽（cm）：2.70
嫩枝绒毛：有	叶基形状：楔形	果熟日期：10月下旬
芽 绒 毛：有	盛 花 期：11月中旬	果　　形：圆球形
芽鳞颜色：黄绿色	花瓣颜色：白色	果皮颜色：黄褐色
嫩叶颜色：绿色	萼片绒毛：有	果面特征：光滑
老叶颜色：中绿色	雌雄蕊相对高度：雄高	平均单果重（g）：39.97
叶　　形：椭圆形	花柱裂位：浅裂	种皮颜色：黑褐色
叶缘特征：平	柱头裂数：4	鲜出籽率（%）：42.81
叶尖形状：渐尖	子房绒毛：有	

87 普通油茶优株高峰6号

资源编号：450107_010_0247		归属物种：*Camellia oleifera* Abel
资源类型：野生资源（特异单株）		主要用途：油用栽培，遗传育种材料
保存地点：广西壮族自治区南宁市西乡塘区		保存方式：国家级种质资源保存基地，异地保存
性状特征		
资源特点：高产果量，大果		
树　　姿：开张	平均叶长（cm）：7.20	平均叶宽（cm）：2.60
嫩枝绒毛：有	叶基形状：楔形	果熟日期：10月下旬
芽 绒 毛：有	盛 花 期：11月中旬	果　　形：圆球形
芽鳞颜色：黄绿色	花瓣颜色：白色	果皮颜色：黄褐色
嫩叶颜色：绿色	萼片绒毛：有	果面特征：光滑
老叶颜色：中绿色	雌雄蕊相对高度：雄高	平均单果重（g）：36.81
叶　　形：披针形	花柱裂位：浅裂	种皮颜色：黑褐色
叶缘特征：平	柱头裂数：3	鲜出籽率（%）：43.74
叶尖形状：渐尖	子房绒毛：有	

88

普通油茶优株高峰4号

资源编号：450107_010_0248		归属物种：*Camellia oleifera* Abel
资源类型：野生资源（特异单株）		主要用途：油用栽培，遗传育种材料
保存地点：广西壮族自治区南宁市西乡塘区		保存方式：国家级种质资源保存基地，异地保存
	性状特征	
资源特点：高产果量，大果		
树　　姿：开张	平均叶长（cm）：6.50	平均叶宽（cm）：3.00
嫩枝绒毛：有	叶基形状：楔形	果熟日期：10月下旬
芽 绒 毛：有	盛 花 期：11月中旬	果　　形：圆球形
芽鳞颜色：黄绿色	花瓣颜色：白色	果皮颜色：青绿色
嫩叶颜色：绿色	萼片绒毛：有	果面特征：光滑
老叶颜色：中绿色	雌雄蕊相对高度：雄高	平均单果重（g）：36.10
叶　　形：长椭圆形	花柱裂位：深裂	种皮颜色：棕褐色
叶缘特征：平	柱头裂数：3	鲜出籽率（%）：37.06
叶尖形状：渐尖	子房绒毛：有	

89 普通油茶优株高峰8号

资源编号：450107_010_0249		归属物种：*Camellia oleifera* Abel
资源类型：野生资源（特异单株）		主要用途：油用栽培，遗传育种材料
保存地点：广西壮族自治区南宁市西乡塘区		保存方式：国家级种质资源保存基地，异地保存
性状特征		
资源特点：高产果量，大果		
树　　姿：开张	平均叶长（cm）：7.40	平均叶宽（cm）：3.10
嫩枝绒毛：有	叶基形状：楔形	果熟日期：10月下旬
芽 绒 毛：有	盛 花 期：11月中旬	果　　形：圆球形
芽鳞颜色：黄绿色	花瓣颜色：白色	果皮颜色：青绿色
嫩叶颜色：绿色	萼片绒毛：有	果面特征：光滑
老叶颜色：中绿色	雌雄蕊相对高度：雄高	平均单果重（g）：57.59
叶　　形：长椭圆形	花柱裂位：深裂	种皮颜色：棕褐色
叶缘特征：平	柱头裂数：3	鲜出籽率（%）：34.10
叶尖形状：渐尖	子房绒毛：有	

90 普通油茶优株高峰9号

资源编号：450107_010_0250		归属物种：*Camellia oleifera* Abel
资源类型：野生资源（特异单株）		主要用途：油用栽培，遗传育种材料
保存地点：广西壮族自治区南宁市西乡塘区		保存方式：国家级种质资源保存基地，异地保存
	性状特征	
资源特点：高产果量，大果		
树　　姿：开张	平均叶长（cm）：6.70	平均叶宽（cm）：3.80
嫩枝绒毛：有	叶基形状：楔形	果熟日期：10月下旬
芽 绒 毛：有	盛 花 期：11月中旬	果　　形：圆球形
芽鳞颜色：黄绿色	花瓣颜色：白色	果皮颜色：青绿色
嫩叶颜色：绿色	萼片绒毛：有	果面特征：光滑
老叶颜色：中绿色	雌雄蕊相对高度：雄高	平均单果重（g）：50.34
叶　　形：椭圆形	花柱裂位：深裂	种皮颜色：黑褐色
叶缘特征：平	柱头裂数：3	鲜出籽率（%）：34.78
叶尖形状：渐尖	子房绒毛：有	

91 普通油茶优株高峰10号

资源编号：450107_010_0251		归属物种：*Camellia oleifera* Abel
资源类型：野生资源（特异单株）		主要用途：油用栽培，遗传育种材料
保存地点：广西壮族自治区南宁市西乡塘区		保存方式：国家级种质资源保存基地，异地保存
	性状特征	
资源特点：高产果量，大果		
树　　姿：开张	平均叶长（cm）：6.90	平均叶宽（cm）：2.60
嫩枝绒毛：有	叶基形状：楔形	果熟日期：10月下旬
芽 绒 毛：有	盛 花 期：11月中旬	果　　形：圆球形
芽鳞颜色：黄绿色	花瓣颜色：白色	果皮颜色：青色
嫩叶颜色：绿色	萼片绒毛：有	果面特征：光滑
老叶颜色：中绿色	雌雄蕊相对高度：雄高	平均单果重（g）：55.59
叶　　形：长椭圆形	花柱裂位：深裂	种皮颜色：黑色
叶缘特征：平	柱头裂数：3	鲜出籽率（%）：30.38
叶尖形状：渐尖	子房绒毛：有	

92 普通油茶优株高峰20号

资源编号：450107_010_0255		归属物种：*Camellia oleifera* Abel
资源类型：野生资源（特异单株）		主要用途：油用栽培，遗传育种材料
保存地点：广西壮族自治区南宁市西乡塘区		保存方式：国家级种质资源保存基地，异地保存
	性状特征	
资源特点：高产果量，大果		
树　　姿：开张	平均叶长（cm）：6.50	平均叶宽（cm）：3.10
嫩枝绒毛：有	叶基形状：楔形	果熟日期：11月下旬
芽 绒 毛：有	盛 花 期：11月中旬	果　　形：圆球形
芽鳞颜色：黄绿色	花瓣颜色：白色	果皮颜色：黄绿色
嫩叶颜色：绿色	萼片绒毛：有	果面特征：光滑
老叶颜色：中绿色	雌雄蕊相对高度：雄高	平均单果重（g）：44.87
叶　　形：椭圆形	花柱裂位：深裂	种皮颜色：棕黑色
叶缘特征：平	柱头裂数：3	鲜出籽率（%）：29.89
叶尖形状：渐尖	子房绒毛：有	

资源编号：450107_010_0257		归属物种：*Camellia oleifera* Abel
资源类型：野生资源（特异单株）		主要用途：油用栽培，遗传育种材料
保存地点：广西壮族自治区南宁市西乡塘区		保存方式：国家级种质资源保存基地，异地保存
	性状特征	
资源特点：高产果量，大果		
树　　姿：开张	平均叶长（cm）：4.60	平均叶宽（cm）：2.40
嫩枝绒毛：有	叶基形状：楔形	果熟日期：11月下旬
芽 绒 毛：有	盛 花 期：11月中旬	果　　形：圆球形
芽鳞颜色：黄绿色	花瓣颜色：白色	果皮颜色：黄绿色
嫩叶颜色：绿色	萼片绒毛：有	果面特征：光滑
老叶颜色：中绿色	雌雄蕊相对高度：雄高	平均单果重（g）：40.56
叶　　形：椭圆形	花柱裂位：深裂	种皮颜色：棕黑色
叶缘特征：平	柱头裂数：3	鲜出籽率（%）：36.93
叶尖形状：渐尖	子房绒毛：有	

94 普通油茶优株高峰23号

资源编号：450107_010_0258		归属物种：*Camellia oleifera* Abel
资源类型：野生资源（特异单株）		主要用途：油用栽培，遗传育种材料
保存地点：广西壮族自治区南宁市西乡塘区		保存方式：国家级种质资源保存基地，异地保存
	性状特征	
资源特点：高产果量，大果		
树　　姿：开张	平均叶长（cm）：6.80	平均叶宽（cm）：2.80
嫩枝绒毛：有	叶基形状：楔形	果熟日期：11月下旬
芽 绒 毛：有	盛 花 期：11月中旬	果　　形：倒卵球形
芽鳞颜色：黄绿色	花瓣颜色：白色	果皮颜色：青红色
嫩叶颜色：绿色	萼片绒毛：有	果面特征：光滑
老叶颜色：中绿色	雌雄蕊相对高度：雄高	平均单果重（g）：51.14
叶　　形：椭圆形	花柱裂位：浅裂	种皮颜色：棕黑色
叶缘特征：平	柱头裂数：3	鲜出籽率（%）：36.90
叶尖形状：渐尖	子房绒毛：有	

95

普通油茶优株高峰24号

资源编号：450107_010_0259		归属物种：*Camellia oleifera* Abel
资源类型：野生资源（特异单株）		主要用途：油用栽培，遗传育种材料
保存地点：广西壮族自治区南宁市西乡塘区		保存方式：国家级种质资源保存基地，异地保存
	性 状 特 征	
资源特点：高产果量，大果		
树　　姿：半开张	平均叶长（cm）：7.50	平均叶宽（cm）：2.60
嫩枝绒毛：有	叶基形状：楔形	果熟日期：11月下旬
芽 绒 毛：有	盛 花 期：11月中旬	果　　形：圆球形
芽鳞颜色：黄绿色	花瓣颜色：白色	果皮颜色：青红色
嫩叶颜色：绿色	萼片绒毛：有	果面特征：光滑
老叶颜色：中绿色	雌雄蕊相对高度：雌高	平均单果重（g）：43.93
叶　　形：长椭圆形	花柱裂位：深裂	种皮颜色：黑褐色
叶缘特征：平	柱头裂数：4	鲜出籽率（%）：40.31
叶尖形状：渐尖	子房绒毛：有	

96 普油-霸王岭1号

资源编号：469026_010_0001	归属物种：*Camellia oleifera* Abel	
资源类型：野生资源（特异单株）	主要用途：油用栽培，遗传育种材料	
保存地点：海南省昌江黎族自治县	保存方式：原地保存、保护	
性状特征		
资源特点：高产果量，大果		
树　　姿：半开张	平均叶长（cm）：6.10	平均叶宽（cm）：2.57
嫩枝绒毛：有	叶基形状：楔形	果熟日期：10月上旬
芽 绒 毛：有	盛 花 期：11月上旬	果　　形：扁圆球形、圆球形
芽鳞颜色：绿色	花瓣颜色：白色	果皮颜色：青色、黄棕色
嫩叶颜色：绿色	萼片绒毛：有	果面特征：凹凸
老叶颜色：中绿色	雌雄蕊相对高度：等高	平均单果重（g）：39.29
叶　　形：椭圆形	花柱裂位：中裂	种皮颜色：黑褐色
叶缘特征：波状	柱头裂数：3	鲜出籽率（%）：36.63
叶尖形状：渐尖	子房绒毛：有	

97 普油-吊罗山1号

资源编号：469028_010_0001	归属物种：*Camellia oleifera* Abel	
资源类型：野生资源（特异单株）	主要用途：油用栽培，遗传育种材料	
保存地点：海南省陵水县	保存方式：原地保存、保护	
性状特征		
资源特点：高产果量，大果		
树　　姿：直立	平均叶长（cm）：5.60	平均叶宽（cm）：2.30
嫩枝绒毛：有	叶基形状：楔形	果熟日期：10月上旬
芽 绒 毛：有	盛 花 期：11月上旬	果　　形：扁圆球形、倒卵球形
芽鳞颜色：绿色	花瓣颜色：白色	果皮颜色：青色、黄棕色
嫩叶颜色：绿色	萼片绒毛：有	果面特征：凹凸
老叶颜色：深绿色	雌雄蕊相对高度：雌高	平均单果重（g）：43.96
叶　　形：长椭圆形	花柱裂位：深裂	种皮颜色：棕褐色、褐色
叶缘特征：波状	柱头裂数：3	鲜出籽率（%）：32.98
叶尖形状：渐尖	子房绒毛：有	

98 普油-保亭1号

资源编号：469029_010_0001		归属物种：*Camellia oleifera* Abel
资源类型：野生资源（特异单株）		主要用途：油用栽培，遗传育种材料
保存地点：海南省保亭黎族苗族自治县		保存方式：原地保存、保护
	性状特征	
资源特点：高产果量，大果		
树　　姿：开张	平均叶长（cm）：6.60	平均叶宽（cm）：3.40
嫩枝绒毛：有	叶基形状：楔形	果熟日期：10月上旬
芽 绒 毛：有	盛 花 期：11月中旬	果　　形：扁圆球形、倒卵球形
芽鳞颜色：玉白色	花瓣颜色：白色	果皮颜色：青色、黄棕色
嫩叶颜色：红色	萼片绒毛：有	果面特征：糠秕
老叶颜色：深绿色	雌雄蕊相对高度：等高	平均单果重（g）：55.19
叶　　形：披针形	花柱裂位：中裂	种皮颜色：褐色
叶缘特征：波状	柱头裂数：3	鲜出籽率（%）：27.90
叶尖形状：渐尖	子房绒毛：有	

99 普油-望谟选9号

资源编号：522326_010_0009	归属物种：*Camellia oleifera* Abel	
资源类型：野生资源（特异单株）	主要用途：油用栽培，遗传育种材料	
保存地点：贵州省望谟县	保存方式：原地保存、保护	
性状特征		
资源特点：高产果量，大果		
树　　姿：半开张	平均叶长（cm）：7.10	平均叶宽（cm）：3.50
嫩枝绒毛：有	叶基形状：楔形	果熟日期：10月下旬
芽 绒 毛：有	盛 花 期：11月上旬	果　　形：扁圆球形
芽鳞颜色：黄绿色	花瓣颜色：白色	果皮颜色：青红色
嫩叶颜色：绿色	萼片绒毛：有	果面特征：光滑
老叶颜色：深绿色	雌雄蕊相对高度：等高	平均单果重（g）：30.45
叶　　形：长椭圆形	花柱裂位：浅裂	种皮颜色：棕褐色
叶缘特征：平	柱头裂数：3	鲜出籽率（%）：44.56
叶尖形状：渐尖	子房绒毛：有	

普油-望谟选11号

资源编号：522326_010_0011	归属物种：*Camellia oleifera* Abel	
资源类型：野生资源（特异单株）	主要用途：油用栽培，遗传育种材料	
保存地点：贵州省望谟县	保存方式：原地保存、保护	
	性状特征	
资源特点：高产果量，大果		
树　　姿：直立	平均叶长（cm）：7.20	平均叶宽（cm）：3.50
嫩枝绒毛：有	叶基形状：楔形	果熟日期：10月下旬
芽 绒 毛：有	盛 花 期：11月上旬	果　　形：扁圆球形
芽鳞颜色：黄绿色	花瓣颜色：白色	果皮颜色：青红色
嫩叶颜色：绿色	萼片绒毛：有	果面特征：光滑
老叶颜色：深绿色	雌雄蕊相对高度：等高	平均单果重（g）：31.39
叶　　形：椭圆形	花柱裂位：浅裂	种皮颜色：黑色
叶缘特征：平	柱头裂数：3	鲜出籽率（%）：47.18
叶尖形状：渐尖	子房绒毛：有	

101 普油-望谟选18号

资源编号：522326_010_0018	归属物种：*Camellia oleifera* Abel	
资源类型：野生资源（特异单株）	主要用途：油用栽培，遗传育种材料	
保存地点：贵州省望谟县	保存方式：原地保存、保护	
性 状 特 征		
资源特点：高产果量，大果		
树　　姿：半开张	平均叶长（cm）：7.00	平均叶宽（cm）：3.50
嫩枝绒毛：有	叶基形状：楔形	果熟日期：10月中旬
芽 绒 毛：有	盛 花 期：11月上旬	果　　形：扁圆球形
芽鳞颜色：绿色	花瓣颜色：白色	果皮颜色：青色
嫩叶颜色：绿色	萼片绒毛：有	果面特征：光滑
老叶颜色：深绿色	雌雄蕊相对高度：雄高	平均单果重（g）：35.25
叶　　形：长椭圆形	花柱裂位：浅裂	种皮颜色：黑褐色
叶缘特征：平	柱头裂数：3	鲜出籽率（%）：36.03
叶尖形状：渐尖	子房绒毛：有	

102 普油-册亨选1号

资源编号：522327_010_0001	归属物种：*Camellia oleifera* Abel	
资源类型：野生资源（特异单株）	主要用途：油用栽培，遗传育种材料	
保存地点：贵州省册亨县	保存方式：原地保存、保护	
	性状特征	
资源特点：高产果量，大果		
树　　姿：半开张	平均叶长（cm）：6.70	平均叶宽（cm）：2.80
嫩枝绒毛：有	叶基形状：楔形	果熟日期：10月下旬
芽 绒 毛：有	盛 花 期：11月上旬	果　　形：扁圆球形
芽鳞颜色：绿色	花瓣颜色：白色	果皮颜色：青红色
嫩叶颜色：绿色	萼片绒毛：有	果面特征：光滑
老叶颜色：深绿色	雌雄蕊相对高度：雄高	平均单果重（g）：35.40
叶　　形：椭圆形	花柱裂位：浅裂	种皮颜色：黑褐色
叶缘特征：平	柱头裂数：3	鲜出籽率（%）：42.71
叶尖形状：钝尖	子房绒毛：有	

103

普油-册亨选5号

资源编号：522327_010_0005	归属物种：*Camellia oleifera* Abel	
资源类型：野生资源（特异单株）	主要用途：油用栽培，遗传育种材料	
保存地点：贵州省册亨县	保存方式：原地保存、保护	
	性状特征	
资源特点：高产果量，大果		
树　　姿：开张	平均叶长（cm）：7.50	平均叶宽（cm）：3.29
嫩枝绒毛：有	叶基形状：楔形	果熟日期：11月中旬
芽 绒 毛：有	盛 花 期：11月上旬	果　　形：近圆球形
芽鳞颜色：绿色	花瓣颜色：白色	果皮颜色：青红色
嫩叶颜色：绿色	萼片绒毛：有	果面特征：光滑
老叶颜色：深绿色	雌雄蕊相对高度：等高	平均单果重（g）：32.21
叶　　形：椭圆形	花柱裂位：浅裂	种皮颜色：黑色
叶缘特征：平	柱头裂数：3	鲜出籽率（%）：43.84
叶尖形状：渐尖	子房绒毛：有	

普油-白市选4号

资源编号：522627_010_0004	归属物种：*Camellia oleifera* Abel	
资源类型：野生资源（特异单株）	主要用途：油用栽培，遗传育种材料	
保存地点：贵州省天柱县	保存方式：原地保存、保护	
	性状特征	
资源特点：高产果量，大果		
树　　姿：开张	平均叶长（cm）：7.89	平均叶宽（cm）：3.87
嫩枝绒毛：有	叶基形状：楔形	果熟日期：10月中旬
芽 绒 毛：无	盛 花 期：11月上旬	果　　形：近圆球形
芽鳞颜色：玉白色	花瓣颜色：白色	果皮颜色：青黄色
嫩叶颜色：红色	萼片绒毛：有	果面特征：光滑
老叶颜色：深绿色	雌雄蕊相对高度：等高	平均单果重（g）：30.75
叶　　形：椭圆形	花柱裂位：深裂	种皮颜色：棕褐色
叶缘特征：平	柱头裂数：4	鲜出籽率（%）：34.63
叶尖形状：渐尖	子房绒毛：有	

普油-从江选11号

资源编号：522633_010_0011	归属物种：*Camellia oleifera* Abel	
资源类型：野生资源（特异单株）	主要用途：油用栽培，遗传育种材料	
保存地点：贵州省从江县	保存方式：原地保存、保护	
	性状特征	
资源特点：高产果量，大果		
树　　姿：半开张	平均叶长（cm）：5.40	平均叶宽（cm）：2.70
嫩枝绒毛：有	叶基形状：近圆形	果熟日期：10月中旬
芽 绒 毛：有	盛 花 期：10月中旬	果　　形：近圆球形
芽鳞颜色：紫绿色	花瓣颜色：白色	果皮颜色：青黄色
嫩叶颜色：绿色	萼片绒毛：有	果面特征：光滑
老叶颜色：深绿色	雌雄蕊相对高度：雄高	平均单果重（g）：35.00
叶　　形：椭圆形	花柱裂位：全裂	种皮颜色：褐色
叶缘特征：平	柱头裂数：3	鲜出籽率（%）：43.37
叶尖形状：圆尖	子房绒毛：有	

106

普油-从江选12号

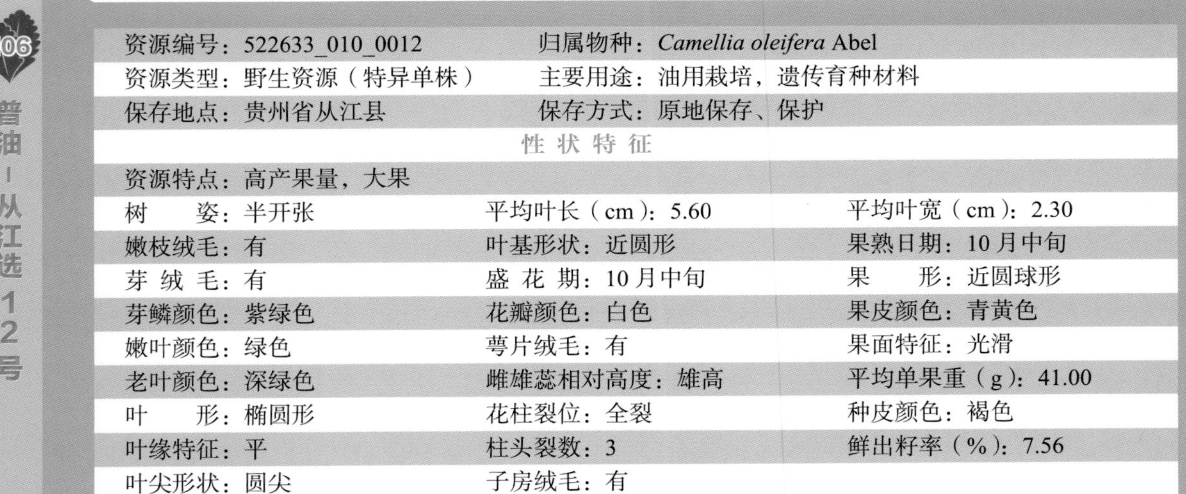

资源编号：522633_010_0012	归属物种：*Camellia oleifera* Abel	
资源类型：野生资源（特异单株）	主要用途：油用栽培，遗传育种材料	
保存地点：贵州省从江县	保存方式：原地保存、保护	
性状特征		
资源特点：高产果量，大果		
树　　姿：半开张	平均叶长（cm）：5.60	平均叶宽（cm）：2.30
嫩枝绒毛：有	叶基形状：近圆形	果熟日期：10月中旬
芽 绒 毛：有	盛 花 期：10月中旬	果　　形：近圆球形
芽鳞颜色：紫绿色	花瓣颜色：白色	果皮颜色：青黄色
嫩叶颜色：绿色	萼片绒毛：有	果面特征：光滑
老叶颜色：深绿色	雌雄蕊相对高度：雄高	平均单果重（g）：41.00
叶　　形：椭圆形	花柱裂位：全裂	种皮颜色：褐色
叶缘特征：平	柱头裂数：3	鲜出籽率（%）：7.56
叶尖形状：圆尖	子房绒毛：有	

（7）具高产果量、高出籽率资源

107 普油-东善桥002号优株

资源编号：320115_010_0002	归属物种：*Camellia oleifera* Abel	
资源类型：野生资源（特异单株）	主要用途：油用栽培，遗传育种材料	
保存地点：江苏省南京市江宁区	保存方式：原地保存、保护	
性状特征		
资源特点：高产果量，高出籽率		
树　　姿：直立	盛 花 期：12月中旬	果面特征：光滑
嫩枝绒毛：有	花瓣颜色：白色	平均单果重（g）：22.85
芽鳞颜色：黄绿色	萼片绒毛：有	鲜出籽率（%）：54.97
芽 绒 毛：有	雌雄蕊相对高度：雄高	种皮颜色：棕褐色
嫩叶颜色：绿色	花柱裂位：浅裂	种仁含油率（%）：43.00
老叶颜色：深绿色	柱头裂数：5	
叶　　形：椭圆形	子房绒毛：有	油酸含量（%）：84.20
叶缘特征：平	果熟日期：11月上旬	亚油酸含量（%）：5.60
叶尖形状：渐尖	果　　形：圆球形或卵球形	亚麻酸含量（%）：0.30
叶基形状：楔形	果皮颜色：红色	硬脂酸含量（%）：2.90
平均叶长（cm）：6.10	平均叶宽（cm）：3.80	棕榈酸含量（%）：6.40

108

普油-东善桥006号优株

资源编号：320115_010_0006	归属物种：*Camellia oleifera* Abel	
资源类型：野生资源（特异单株）	主要用途：油用栽培，遗传育种材料	
保存地点：江苏省南京市江宁区	保存方式：原地保存、保护	
性 状 特 征		
资源特点：高产果量，高出籽率		
树　　姿：开张	盛 花 期：12月中旬	果面特征：糠秕
嫩枝绒毛：有	花瓣颜色：白色	平均单果重（g）：17.70
芽鳞颜色：黄绿色	萼片绒毛：有	鲜出籽率（%）：51.02
芽 绒 毛：有	雌雄蕊相对高度：等高	种皮颜色：黑色
嫩叶颜色：红色	花柱裂位：中裂	种仁含油率（%）：46.00
老叶颜色：深绿色	柱头裂数：3	
叶　　形：长椭圆形	子房绒毛：有	油酸含量（%）：82.00
叶缘特征：平	果熟日期：11月上旬	亚油酸含量（%）：11.00
叶尖形状：渐尖	果　　形：圆球形或卵球形	亚麻酸含量（%）：0.30
叶基形状：楔形	果皮颜色：黄棕色	硬脂酸含量（%）：1.60
平均叶长（cm）：5.00	平均叶宽（cm）：2.40	棕榈酸含量（%）：8.00

109 普油-溧水004号优株

资源编号：320124_010_0004	归属物种：*Camellia oleifera* Abel	
资源类型：野生资源（特异单株）	主要用途：油用栽培，遗传育种材料	
保存地点：江苏省南京市溧水区	保存方式：原地保存、保护	
性状特征		
资源特点：高产果量，高出籽率		
树　　姿：直立	盛 花 期：12月中旬	果面特征：糠秕
嫩枝绒毛：有	花瓣颜色：白色	平均单果重（g）：26.40
芽鳞颜色：绿色	萼片绒毛：有	鲜出籽率（%）：50.68
芽 绒 毛：有	雌雄蕊相对高度：雄高	种皮颜色：棕褐色
嫩叶颜色：绿色	花柱裂位：深裂	种仁含油率（%）：46.00
老叶颜色：深绿色	柱头裂数：4	
叶　　形：椭圆形	子房绒毛：有	油酸含量（%）：83.90
叶缘特征：波状	果熟日期：11月上旬	亚油酸含量（%）：5.40
叶尖形状：渐尖	果　　形：圆球形或卵球形	亚麻酸含量（%）：0.20
叶基形状：近圆形	果皮颜色：黄棕色	硬脂酸含量（%）：3.10
平均叶长（cm）：6.50	平均叶宽（cm）：4.20	棕榈酸含量（%）：6.90

110

普油-溧水007号优株

资源编号：320124_010_0007	归属物种：*Camellia oleifera* Abel	
资源类型：野生资源（特异单株）	主要用途：油用栽培，遗传育种材料	
保存地点：江苏省南京市溧水区	保存方式：原地保存、保护	
性状特征		
资源特点：高产果量，高出籽率		
树　　姿：开张	盛 花 期：12月中旬	果面特征：光滑
嫩枝绒毛：有	花瓣颜色：白色	平均单果重（g）：23.27
芽鳞颜色：绿色	萼片绒毛：有	鲜出籽率（%）：57.37
芽 绒 毛：有	雌雄蕊相对高度：雄高	种皮颜色：褐色
嫩叶颜色：绿色	花柱裂位：浅裂	种仁含油率（%）：42.00
老叶颜色：深绿色	柱头裂数：5	
叶　　形：长椭圆形	子房绒毛：有	油酸含量（%）：76.40
叶缘特征：平	果熟日期：11月上旬	亚油酸含量（%）：12.20
叶尖形状：渐尖	果　　形：圆球形或卵球形	亚麻酸含量（%）：0.30
叶基形状：楔形	果皮颜色：青色	硬脂酸含量（%）：1.20
平均叶长（cm）：8.50	平均叶宽（cm）：4.20	棕榈酸含量（%）：9.30

111 普油-高淳002号优株

资源编号：320125_010_0002	归属物种：*Camellia oleifera* Abel	
资源类型：野生资源（特异单株）	主要用途：油用栽培，遗传育种材料	
保存地点：江苏省南京市高淳区	保存方式：原地保存、保护	
性状特征		
资源特点：高产果量，高出籽率		
树　　姿：半开张	盛 花 期：11月中旬	果面特征：糠秕
嫩枝绒毛：有	花瓣颜色：白色	平均单果重（g）：19.37
芽鳞颜色：绿色	萼片绒毛：有	鲜出籽率（%）：57.72
芽 绒 毛：有	雌雄蕊相对高度：雄高	种皮颜色：棕褐色
嫩叶颜色：绿色	花柱裂位：浅裂	种仁含油率（%）：37.00
老叶颜色：深绿色	柱头裂数：3	
叶　　形：长椭圆形	子房绒毛：有	油酸含量（%）：80.50
叶缘特征：平	果熟日期：10月下旬	亚油酸含量（%）：9.30
叶尖形状：渐尖	果　　形：圆球形或卵球形	亚麻酸含量（%）：0.30
叶基形状：楔形	果皮颜色：黄棕色	硬脂酸含量（%）：1.20
平均叶长（cm）：6.50	平均叶宽（cm）：3.10	棕榈酸含量（%）：8.00

普油-高淳003号优株

资源编号：320125_010_0003	归属物种：*Camellia oleifera* Abel	
资源类型：野生资源（特异单株）	主要用途：油用栽培，遗传育种材料	
保存地点：江苏省南京市高淳区	保存方式：原地保存、保护	
	性状特征	
资源特点：高产果量，高出籽率		
树　　姿：开张	盛花期：11月中旬	果面特征：光滑
嫩枝绒毛：有	花瓣颜色：白色	平均单果重（g）：16.25
芽鳞颜色：黄绿色	萼片绒毛：有	鲜出籽率（%）：62.65
芽绒毛：有	雌雄蕊相对高度：雌高	种皮颜色：棕褐色
嫩叶颜色：绿色	花柱裂位：浅裂	种仁含油率（%）：38.00
老叶颜色：深绿色	柱头裂数：4	
叶　　形：长椭圆形	子房绒毛：有	油酸含量（%）：82.00
叶缘特征：平	果熟日期：10月下旬	亚油酸含量（%）：8.10
叶尖形状：渐尖	果　　形：圆球形或卵球形	亚麻酸含量（%）：0.30
叶基形状：楔形	果皮颜色：黄棕色	硬脂酸含量（%）：1.40
平均叶长（cm）：6.90	平均叶宽（cm）：3.10	棕榈酸含量（%）：7.50

113 普油-高淳004号优株

资源编号：320125_010_0004	归属物种：*Camellia oleifera* Abel	
资源类型：野生资源（特异单株）	主要用途：油用栽培，遗传育种材料	
保存地点：江苏省南京市高淳区	保存方式：原地保存、保护	
	性状特征	
资源特点：高产果量，高出籽率		
树　　姿：半开张	盛 花 期：11月中旬	果面特征：光滑
嫩枝绒毛：有	花瓣颜色：白色	平均单果重（g）：18.74
芽鳞颜色：黄绿色	萼片绒毛：有	鲜出籽率（%）：60.51
芽 绒 毛：有	雌雄蕊相对高度：雄高	种皮颜色：棕褐色
嫩叶颜色：绿色	花柱裂位：浅裂	种仁含油率（%）：38.00
老叶颜色：深绿色	柱头裂数：4	
叶　　形：长椭圆形	子房绒毛：有	油酸含量（%）：83.60
叶缘特征：平	果熟日期：10月下旬	亚油酸含量（%）：7.30
叶尖形状：渐尖	果　　形：扁圆球形	亚麻酸含量（%）：0.20
叶基形状：楔形	果皮颜色：红色	硬脂酸含量（%）：1.70
平均叶长（cm）：6.70	平均叶宽（cm）：3.10	棕榈酸含量（%）：7.70

114

普油-宜兴005号优株

资源编号：320282_010_0005	归属物种：*Camellia oleifera* Abel	
资源类型：野生资源（特异单株）	主要用途：油用栽培，遗传育种材料	
保存地点：江苏省宜兴市	保存方式：原地保存、保护	
	性状特征	
资源特点：高产果量，高出籽率		
树　　姿：直立	盛 花 期：12月中旬	果面特征：光滑
嫩枝绒毛：有	花瓣颜色：白色	平均单果重（g）：13.64
芽鳞颜色：黄绿色	萼片绒毛：有	鲜出籽率（%）：60.48
芽 绒 毛：有	雌雄蕊相对高度：雄高	种皮颜色：褐色
嫩叶颜色：绿色	花柱裂位：浅裂	种仁含油率（%）：45.00
老叶颜色：深绿色	柱头裂数：4	
叶　　形：长椭圆形	子房绒毛：有	油酸含量（%）：77.10
叶缘特征：平	果熟日期：10月下旬	亚油酸含量（%）：11.30
叶尖形状：渐尖	果　　形：圆球形或卵球形	亚麻酸含量（%）：0.40
叶基形状：楔形	果皮颜色：红色	硬脂酸含量（%）：1.30
平均叶长（cm）：6.00	平均叶宽（cm）：3.10	棕榈酸含量（%）：9.40

115

普油-宜兴006号优株

资源编号：320282_010_0006	归属物种：*Camellia oleifera* Abel	
资源类型：野生资源（特异单株）	主要用途：油用栽培，遗传育种材料	
保存地点：江苏省宜兴市	保存方式：原地保存、保护	
性状特征		
资源特点：高产果量，高出籽率		
树　　姿：直立	盛 花 期：12月中旬	果面特征：光滑
嫩枝绒毛：有	花瓣颜色：白色	平均单果重（g）：15.88
芽鳞颜色：绿色	萼片绒毛：有	鲜出籽率（%）：51.32
芽 绒 毛：有	雌雄蕊相对高度：雄高	种皮颜色：褐色
嫩叶颜色：黄绿色	花柱裂位：浅裂	种仁含油率（%）：46.00
老叶颜色：深绿色	柱头裂数：4	
叶　　形：长椭圆形	子房绒毛：有	油酸含量（%）：84.00
叶缘特征：平	果熟日期：10月下旬	亚油酸含量（%）：5.50
叶尖形状：渐尖	果　　形：圆球形或卵球形	亚麻酸含量（%）：0.30
叶基形状：楔形	果皮颜色：青色	硬脂酸含量（%）：1.90
平均叶长（cm）：5.60	平均叶宽（cm）：2.80	棕榈酸含量（%）：7.60

116

普油-宜兴007号优株

资源编号：320282_010_0007	归属物种：*Camellia oleifera* Abel	
资源类型：野生资源（特异单株）	主要用途：油用栽培，遗传育种材料	
保存地点：江苏省宜兴市	保存方式：原地保存、保护	
性状特征		
资源特点：高产果量，高出籽率		
树　　姿：直立	盛 花 期：12月中旬	果面特征：光滑
嫩枝绒毛：有	花瓣颜色：白色	平均单果重（g）：11.21
芽鳞颜色：绿色	萼片绒毛：有	鲜出籽率（%）：59.14
芽 绒 毛：有	雌雄蕊相对高度：雄高	种皮颜色：褐色
嫩叶颜色：绿色	花柱裂位：浅裂	种仁含油率（%）：46.00
老叶颜色：深绿色	柱头裂数：4	
叶　　形：长椭圆形	子房绒毛：有	油酸含量（%）：83.80
叶缘特征：平	果熟日期：10月下旬	亚油酸含量（%）：5.30
叶尖形状：渐尖	果　　形：圆球形或卵球形	亚麻酸含量（%）：0.30
叶基形状：楔形	果皮颜色：青色	硬脂酸含量（%）：2.50
平均叶长（cm）：4.80	平均叶宽（cm）：2.70	棕榈酸含量（%）：7.60

117 普油-溧阳005号优株

资源编号：320481_010_0005	归属物种：*Camellia oleifera* Abel	
资源类型：野生资源（特异单株）	主要用途：油用栽培，遗传育种材料	
保存地点：江苏省溧阳市	保存方式：原地保存、保护	
性状特征		
资源特点：高产果量，高出籽率		
树　　姿：直立	盛 花 期：12月中旬	果面特征：糠秕
嫩枝绒毛：有	花瓣颜色：白色	平均单果重（g）：3.20
芽鳞颜色：黄绿色	萼片绒毛：有	鲜出籽率（%）：79.38
芽 绒 毛：有	雌雄蕊相对高度：雌高	种皮颜色：棕色
嫩叶颜色：绿色	花柱裂位：浅裂	种仁含油率（%）：43.00
老叶颜色：深绿色	柱头裂数：5	
叶　　形：长椭圆形	子房绒毛：有	油酸含量（%）：81.30
叶缘特征：平	果熟日期：11月上旬	亚油酸含量（%）：7.20
叶尖形状：渐尖	果　　形：圆球形或卵球形	亚麻酸含量（%）：0.30
叶基形状：楔形	果皮颜色：黄棕色	硬脂酸含量（%）：1.90
平均叶长（cm）：5.60	平均叶宽（cm）：2.50	棕榈酸含量（%）：8.70

普油－连云港004号优株

资源编号：320705_010_0004	归属物种：*Camellia oleifera* Abel	
资源类型：野生资源（特异单株）	主要用途：油用栽培，遗传育种材料	
保存地点：江苏省连云港市海州区	保存方式：原地保存、保护	
性状特征		
资源特点：高产果量，高出籽率		
树　　姿：半开张	盛 花 期：12月中旬	果面特征：光滑
嫩枝绒毛：有	花瓣颜色：白色	平均单果重（g）：17.10
芽鳞颜色：黄绿色	萼片绒毛：有	鲜出籽率（%）：53.68
芽 绒 毛：有	雌雄蕊相对高度：等高	种皮颜色：褐色
嫩叶颜色：绿色	花柱裂位：中裂	种仁含油率（%）：39.00
老叶颜色：深绿色	柱头裂数：4	
叶　　形：长椭圆形	子房绒毛：有	油酸含量（%）：81.40
叶缘特征：平	果熟日期：10月下旬	亚油酸含量（%）：7.60
叶尖形状：渐尖	果　　形：倒卵球形	亚麻酸含量（%）：0.30
叶基形状：楔形	果皮颜色：红色	硬脂酸含量（%）：2.20
平均叶长（cm）：6.20	平均叶宽（cm）：3.20	棕榈酸含量（%）：8.00

119 普油-连云港005号优株

资源编号：320705_010_0005	归属物种：*Camellia oleifera* Abel	
资源类型：野生资源（特异单株）	主要用途：油用栽培，遗传育种材料	
保存地点：江苏省连云港市海州区	保存方式：原地保存、保护	
性状特征		
资源特点：高产果量，高出籽率		
树　　姿：半开张	盛 花 期：12月中旬	果面特征：光滑
嫩枝绒毛：有	花瓣颜色：白色	平均单果重（g）：16.50
芽鳞颜色：玉白色	萼片绒毛：有	鲜出籽率（%）：50.55
芽 绒 毛：有	雌雄蕊相对高度：雌高	种皮颜色：褐色
嫩叶颜色：绿色	花柱裂位：浅裂	种仁含油率（%）：39.00
老叶颜色：黄绿色	柱头裂数：5	
叶　　形：长椭圆形	子房绒毛：有	油酸含量（%）：83.10
叶缘特征：平	果熟日期：10月下旬	亚油酸含量（%）：6.90
叶尖形状：渐尖	果　　形：卵球形	亚麻酸含量（%）：0.40
叶基形状：近圆形	果皮颜色：青色	硬脂酸含量（%）：1.70
平均叶长（cm）：5.20	平均叶宽（cm）：2.40	棕榈酸含量（%）：7.30

120

普油-连云港007号优株

资源编号：320705_010_0007	归属物种：*Camellia oleifera* Abel	
资源类型：野生资源（特异单株）	主要用途：油用栽培，遗传育种材料	
保存地点：江苏省连云港市海州区	保存方式：原地保存、保护	
性状特征		
资源特点：高产果量，高出籽率		
树　　姿：开张	盛 花 期：12月中旬	果面特征：光滑
嫩枝绒毛：有	花瓣颜色：白色	平均单果重（g）：17.66
芽鳞颜色：黄绿色	萼片绒毛：有	鲜出籽率（%）：61.27
芽 绒 毛：有	雌雄蕊相对高度：雄高	种皮颜色：棕褐色
嫩叶颜色：绿色	花柱裂位：深裂	种仁含油率（%）：37.00
老叶颜色：深绿色	柱头裂数：3	
叶　　形：长椭圆形	子房绒毛：有	油酸含量（%）：83.50
叶缘特征：平	果熟日期：10月下旬	亚油酸含量（%）：5.90
叶尖形状：渐尖	果　　形：圆球形或卵球形	亚麻酸含量（%）：0.30
叶基形状：楔形	果皮颜色：红色	硬脂酸含量（%）：2.20
平均叶长（cm）：7.40	平均叶宽（cm）：3.50	棕榈酸含量（%）：7.50

121

普油-连云港009号优株

资源编号：320705_010_0009	归属物种：*Camellia oleifera* Abel	
资源类型：野生资源（特异单株）	主要用途：油用栽培，遗传育种材料	
保存地点：江苏省连云港市连云区	保存方式：原地保存、保护	
	性状特征	
资源特点：高产果量，高出籽率		
树　　姿：半开张	盛 花 期：12月中旬	果面特征：光滑
嫩枝绒毛：有	花瓣颜色：白色	平均单果重（g）：14.34
芽鳞颜色：黄绿色	萼片绒毛：有	鲜出籽率（%）：56.07
芽 绒 毛：有	雌雄蕊相对高度：等高	种皮颜色：褐色
嫩叶颜色：绿色	花柱裂位：中裂	种仁含油率（%）：37.00
老叶颜色：黄绿色	柱头裂数：3	
叶　　形：长椭圆形	子房绒毛：有	油酸含量（%）：75.80
叶缘特征：平	果熟日期：10月下旬	亚油酸含量（%）：12.40
叶尖形状：渐尖	果　　形：圆球形或卵球形	亚麻酸含量（%）：0.40
叶基形状：楔形	果皮颜色：青色	硬脂酸含量（%）：1.10
平均叶长（cm）：5.40	平均叶宽（cm）：3.30	棕榈酸含量（%）：9.70

122 普油-连云港010号优株

资源编号：320705_010_0010	归属物种：*Camellia oleifera* Abel	
资源类型：野生资源（特异单株）	主要用途：油用栽培，遗传育种材料	
保存地点：江苏省连云港市连云区	保存方式：原地保存、保护	
性状特征		
资源特点：高产果量，高出籽率		
树　　姿：半开张	盛 花 期：12月中旬	果面特征：光滑
嫩枝绒毛：有	花瓣颜色：白色	平均单果重（g）：15.00
芽鳞颜色：绿色	萼片绒毛：有	鲜出籽率（%）：55.47
芽 绒 毛：有	雌雄蕊相对高度：雄高	种皮颜色：棕褐色
嫩叶颜色：红色	花柱裂位：中裂	种仁含油率（%）：36.00
老叶颜色：深绿色	柱头裂数：5	
叶　　形：长椭圆形	子房绒毛：有	油酸含量（%）：78.60
叶缘特征：平	果熟日期：10月下旬	亚油酸含量（%）：9.70
叶尖形状：渐尖	果　　形：圆球形或卵球形	亚麻酸含量（%）：0.30
叶基形状：楔形	果皮颜色：青色	硬脂酸含量（%）：1.60
平均叶长（cm）：6.20	平均叶宽（cm）：3.20	棕榈酸含量（%）：9.20

123

普油-建德优株1号

资源编号：330182_010_0001	归属物种：*Camellia oleifera* Abel	
资源类型：野生资源（特异单株）	主要用途：油用栽培，遗传育种材料	
保存地点：浙江省建德市	保存方式：原地保存、保护	
性状特征		
资源特点：高产果量，高出籽率		
树　　姿：下垂	盛 花 期：11月下旬至12月初	果面特征：光滑
嫩枝绒毛：有	花瓣颜色：白色	平均单果重（g）：18.56
芽鳞颜色：黄绿色	萼片绒毛：有	鲜出籽率（%）：51.62
芽 绒 毛：有	雌雄蕊相对高度：雄高	种皮颜色：褐色
嫩叶颜色：深绿色	花柱裂位：浅裂	种仁含油率（%）：35.70
老叶颜色：中绿色	柱头裂数：3或4	
叶　　形：近圆形	子房绒毛：有	油酸含量（%）：76.70
叶缘特征：平	果熟日期：11月中旬	亚油酸含量（%）：11.70
叶尖形状：渐尖	果　　形：卵球形	亚麻酸含量（%）：0.30
叶基形状：近圆形	果皮颜色：青红色	硬脂酸含量（%）：1.30
平均叶长（cm）：5.26	平均叶宽（cm）：2.98	棕榈酸含量（%）：9.30

普油-泰顺优株6号

资源编号：330329_010_0006	归属物种：*Camellia oleifera* Abel	
资源类型：野生资源（特异单株）	主要用途：油用栽培，遗传育种材料	
保存地点：浙江省泰顺县	保存方式：原地保存、保护	
	性状特征	
资源特点：高产果量，高出籽率		
树　　姿：半开张	盛 花 期：10月中下旬至11月上旬	果面特征：光滑
嫩枝绒毛：有	花瓣颜色：白色	平均单果重（g）：26.34
芽鳞颜色：绿色	萼片绒毛：有	鲜出籽率（%）：54.97
芽 绒 毛：有	雌雄蕊相对高度：雄高	种皮颜色：黑色
嫩叶颜色：绿色	花柱裂位：浅裂	种仁含油率（%）：43.00
老叶颜色：中绿色	柱头裂数：3或4	
叶　　形：椭圆形	子房绒毛：有	油酸含量（%）：84.50
叶缘特征：平	果熟日期：10月下旬	亚油酸含量（%）：5.30
叶尖形状：渐尖	果　　形：卵球形	亚麻酸含量（%）：0.20
叶基形状：楔形	果皮颜色：红色	硬脂酸含量（%）：1.80
平均叶长（cm）：6.91	平均叶宽（cm）：2.72	棕榈酸含量（%）：7.50

125

普油-开化优株10号

资源编号：330824_010_0010	归属物种：*Camellia oleifera* Abel	
资源类型：野生资源（特异单株）	主要用途：油用栽培，遗传育种材料	
保存地点：浙江省开化县	保存方式：原地保存、保护	
	性 状 特 征	
资源特点：高产果量，高出籽率		
树　　姿：下垂	盛 花 期：10月中下旬至11月上旬	果面特征：光滑
嫩枝绒毛：有	花瓣颜色：白色	平均单果重（g）：15.28
芽鳞颜色：黄绿色	萼片绒毛：有	鲜出籽率（%）：62.43
芽 绒 毛：有	雌雄蕊相对高度：雌高	种皮颜色：褐色
嫩叶颜色：青色	花柱裂位：浅裂	种仁含油率（%）：39.50
老叶颜色：中绿色	柱头裂数：3	
叶　　形：椭圆形	子房绒毛：有	油酸含量（%）：76.90
叶缘特征：平	果熟日期：10月底	亚油酸含量（%）：9.50
叶尖形状：钝尖	果　　形：卵球形	亚麻酸含量（%）：0.20
叶基形状：近圆形	果皮颜色：青色	硬脂酸含量（%）：1.50
平均叶长（cm）：6.36	平均叶宽（cm）：3.19	棕榈酸含量（%）：11.00

普油－天台优株4号

资源编号：331023_010_0004	归属物种：*Camellia oleifera* Abel	
资源类型：野生资源（特异单株）	主要用途：油用栽培，遗传育种材料	
保存地点：浙江省天台县	保存方式：原地保存、保护	
	性状特征	
资源特点：高产果量，高出籽率		
树　　姿：直立	盛 花 期：11月中下旬	果面特征：光滑
嫩枝绒毛：有	花瓣颜色：白色	平均单果重（g）：17.18
芽鳞颜色：绿色	萼片绒毛：有	鲜出籽率（%）：50.06
芽 绒 毛：有	雌雄蕊相对高度：雄高	种皮颜色：褐色
嫩叶颜色：绿色	花柱裂位：浅裂	种仁含油率（%）：39.70
老叶颜色：中绿色	柱头裂数：3	
叶　　形：椭圆形	子房绒毛：有	油酸含量（%）：82.80
叶缘特征：平	果熟日期：10月中下旬	亚油酸含量（%）：5.50
叶尖形状：渐尖	果　　形：倒卵球形	亚麻酸含量（%）：0.20
叶基形状：近圆形	果皮颜色：青色	硬脂酸含量（%）：1.50
平均叶长（cm）：8.14	平均叶宽（cm）：3.33	棕榈酸含量（%）：9.20

普油－天台优株8号

资源编号：331023_010_0008	归属物种：*Camellia oleifera* Abel	
资源类型：野生资源（特异单株）	主要用途：油用栽培，遗传育种材料	
保存地点：浙江省天台县	保存方式：原地保存、保护	
性 状 特 征		
资源特点：高产果量，高出籽率		
树　　姿：直立	盛 花 期：11月中下旬	果面特征：光滑、粗糙
嫩枝绒毛：有	花瓣颜色：白色	平均单果重（g）：13.91
芽鳞颜色：绿色	萼片绒毛：有	鲜出籽率（%）：52.19
芽 绒 毛：有	雌雄蕊相对高度：雄高	种皮颜色：黑褐色
嫩叶颜色：深绿色	花柱裂位：浅裂	种仁含油率（%）：45.00
老叶颜色：中绿色	柱头裂数：3	
叶　　形：椭圆形	子房绒毛：有	油酸含量（%）：83.20
叶缘特征：平	果熟日期：10月中下旬	亚油酸含量（%）：4.80
叶尖形状：钝尖	果　　形：卵球形	亚麻酸含量（%）：0.20
叶基形状：近圆形	果皮颜色：青红色	硬脂酸含量（%）：2.40
平均叶长（cm）：5.62	平均叶宽（cm）：2.64	棕榈酸含量（%）：8.60

普油－天台优株9号

资源编号：331023_010_0009	归属物种：*Camellia oleifera* Abel	
资源类型：野生资源（特异单株）	主要用途：油用栽培，遗传育种材料	
保存地点：浙江省天台县	保存方式：原地保存、保护	
性状特征		
资源特点：高产果量，高出籽率		
树　　姿：直立	盛 花 期：11月中下旬	果面特征：光滑
嫩枝绒毛：有	花瓣颜色：白色	平均单果重（g）：18.56
芽鳞颜色：黄绿色	萼片绒毛：有	鲜出籽率（%）：52.69
芽 绒 毛：无	雌雄蕊相对高度：雌高	种皮颜色：黑色
嫩叶颜色：黄绿色	花柱裂位：浅裂	种仁含油率（%）：41.00
老叶颜色：中绿色	柱头裂数：3或4	
叶　　形：椭圆形	子房绒毛：有	油酸含量（%）：82.00
叶缘特征：平	果熟日期：10月中下旬	亚油酸含量（%）：6.80
叶尖形状：渐尖	果　　形：卵球形	亚麻酸含量（%）：0.20
叶基形状：楔形	果皮颜色：黄色	硬脂酸含量（%）：1.70
平均叶长（cm）：7.09	平均叶宽（cm）：3.03	棕榈酸含量（%）：8.40

普油－遂昌优株6号

资源编号：331123_010_0006	归属物种：*Camellia oleifera* Abel	
资源类型：野生资源（特异单株）	主要用途：油用栽培，遗传育种材料	
保存地点：浙江省遂昌县	保存方式：原地保存、保护	
性状特征		
资源特点：高产果量，高出籽率		
树　　姿：紧密	盛 花 期：11月中下旬	果面特征：光滑
嫩枝绒毛：有	花瓣颜色：白色	平均单果重（g）：20.71
芽鳞颜色：玉白色	萼片绒毛：有	鲜出籽率（%）：55.24
芽 绒 毛：有	雌雄蕊相对高度：雄高	种皮颜色：黑色
嫩叶颜色：黄绿色	花柱裂位：浅裂	种仁含油率（%）：46.20
老叶颜色：中绿色	柱头裂数：3	
叶　　形：椭圆形	子房绒毛：有	油酸含量（%）：83.80
叶缘特征：平	果熟日期：10月中下旬	亚油酸含量（%）：4.00
叶尖形状：钝尖	果　　形：卵球形	亚麻酸含量（%）：0.10
叶基形状：近圆形	果皮颜色：青红色	硬脂酸含量（%）：2.10
平均叶长（cm）：5.39	平均叶宽（cm）：2.31	棕榈酸含量（%）：9.30

130

泰顺粉红油茶-遂昌优株15号

资源编号：331123_010_0025	归属物种：*Camellia taishunensis* Hu	
资源类型：野生资源（特异单株）	主要用途：油用栽培，遗传育种材料	
保存地点：浙江省遂昌县	保存方式：原地保存、保护	
性 状 特 征		
资源特点：高产果量，高出籽率		
树　　姿：下垂	盛 花 期：11月中下旬	果面特征：光滑
嫩枝绒毛：无	花瓣颜色：粉色	平均单果重（g）：1.39
芽鳞颜色：绿色	萼片绒毛：有	鲜出籽率（%）：52.52
芽 绒 毛：无	雌雄蕊相对高度：雄高	种皮颜色：棕色
嫩叶颜色：中绿色	花柱裂位：浅裂	种仁含油率（%）：43.80
老叶颜色：深绿色	柱头裂数：3	
叶　　形：椭圆形	子房绒毛：有	油酸含量（%）：78.90
叶缘特征：平	果熟日期：11月下旬	亚油酸含量（%）：10.30
叶尖形状：近尖	果　　形：圆球形	亚麻酸含量（%）：0.30
叶基形状：近圆形	果皮颜色：青色、黄红色	硬脂酸含量（%）：1.80
平均叶长（cm）：3.68	平均叶宽（cm）：1.97	棕榈酸含量（%）：7.90

131 普油-阳新兴国5号优株

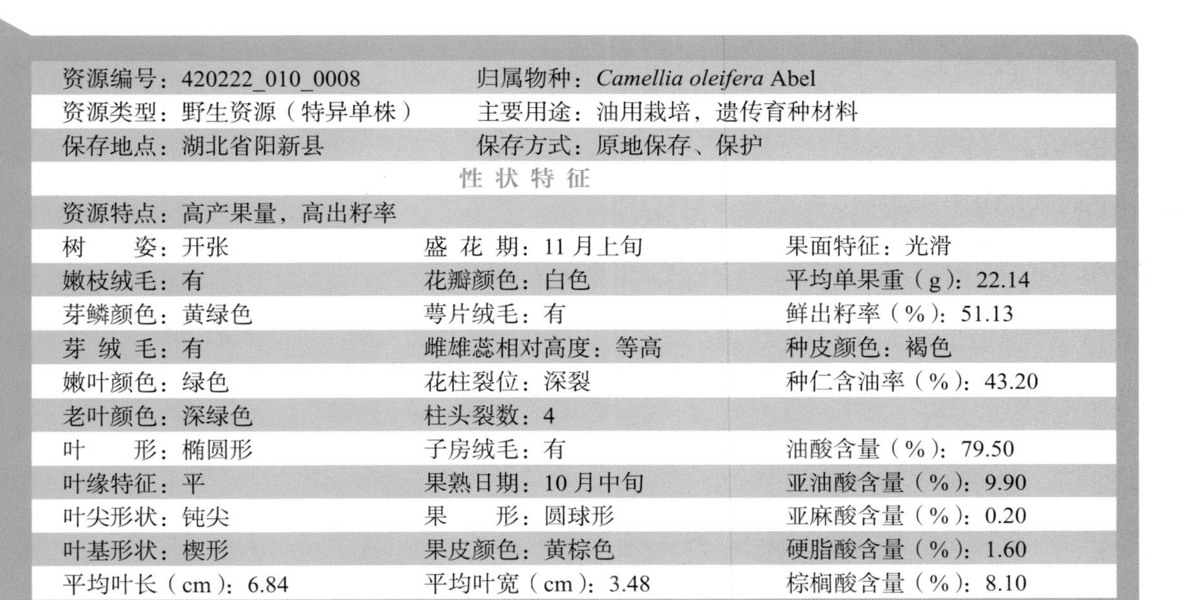

资源编号：420222_010_0008	归属物种：*Camellia oleifera* Abel	
资源类型：野生资源（特异单株）	主要用途：油用栽培，遗传育种材料	
保存地点：湖北省阳新县	保存方式：原地保存、保护	
	性状特征	
资源特点：高产果量，高出籽率		
树　　姿：开张	盛 花 期：11月上旬	果面特征：光滑
嫩枝绒毛：有	花瓣颜色：白色	平均单果重（g）：22.14
芽鳞颜色：黄绿色	萼片绒毛：有	鲜出籽率（%）：51.13
芽 绒 毛：有	雌雄蕊相对高度：等高	种皮颜色：褐色
嫩叶颜色：绿色	花柱裂位：深裂	种仁含油率（%）：43.20
老叶颜色：深绿色	柱头裂数：4	
叶　　形：椭圆形	子房绒毛：有	油酸含量（%）：79.50
叶缘特征：平	果熟日期：10月中旬	亚油酸含量（%）：9.90
叶尖形状：钝尖	果　　形：圆球形	亚麻酸含量（%）：0.20
叶基形状：楔形	果皮颜色：黄棕色	硬脂酸含量（%）：1.60
平均叶长（cm）：6.84	平均叶宽（cm）：3.48	棕榈酸含量（%）：8.10

132 普油-阳新太子5号优株

资源编号：420222_010_0020	归属物种：*Camellia oleifera* Abel	
资源类型：野生资源（特异单株）	主要用途：油用栽培，遗传育种材料	
保存地点：湖北省阳新县	保存方式：原地保存、保护	
	性状特征	
资源特点：高产果量，高出籽率		
树　　姿：开张	盛 花 期：10月下旬	果面特征：光滑
嫩枝绒毛：有	花瓣颜色：白色	平均单果重（g）：10.92
芽鳞颜色：黄绿色	萼片绒毛：有	鲜出籽率（%）：53.75
芽 绒 毛：无	雌雄蕊相对高度：雄高	种皮颜色：黑色
嫩叶颜色：绿色	花柱裂位：浅裂	种仁含油率（%）：43.30
老叶颜色：深绿色	柱头裂数：3	
叶　　形：披针形	子房绒毛：有	油酸含量（%）：75.70
叶缘特征：平	果熟日期：10月下旬	亚油酸含量（%）：12.20
叶尖形状：钝尖	果　　形：圆球形	亚麻酸含量（%）：0.20
叶基形状：楔形	果皮颜色：黄棕色	硬脂酸含量（%）：1.90
平均叶长（cm）：5.56	平均叶宽（cm）：2.44	棕榈酸含量（%）：9.50

资源编号：331123_010_0022	归属物种：*Camellia taishunensis* Hu	
资源类型：野生资源（特异单株）	主要用途：油用栽培，遗传育种材料	
保存地点：浙江省遂昌县	保存方式：原地保存、保护	
	性状特征	
资源特点：高产果量，高出籽率		
树　　姿：半开张	平均叶长（cm）：4.34	平均叶宽（cm）：1.87
嫩枝绒毛：无	叶基形状：近圆形	果熟日期：11月下旬
芽 绒 毛：无	盛 花 期：11月中下旬	果　　形：倒卵球形
芽鳞颜色：黄绿色	花瓣颜色：玫红色	果皮颜色：青色
嫩叶颜色：深绿色	萼片绒毛：有	果面特征：光滑
老叶颜色：深绿色	雌雄蕊相对高度：雄高	平均单果重（g）：0.82
叶　　形：椭圆形	花柱裂位：浅裂	种皮颜色：棕色
叶缘特征：平	柱头裂数：3	鲜出籽率（%）：54.88
叶尖形状：圆尖	子房绒毛：有	种仁含油率（%）：38.70

134 泰顺粉红油茶-遂昌优株13号

资源编号：331123_010_0023	归属物种：*Camellia taishunensis* Hu	
资源类型：野生资源（特异单株）	主要用途：油用栽培，遗传育种材料	
保存地点：浙江省遂昌县	保存方式：原地保存、保护	
	性状特征	
资源特点：高产果量，高出籽率		
树　　姿：半开张	平均叶长（cm）：4.63	平均叶宽（cm）：2.21
嫩枝绒毛：无	叶基形状：楔形	果熟日期：11月下旬
芽 绒 毛：无	盛 花 期：11月中下旬	果　　形：倒卵球形
芽鳞颜色：黄绿色	花瓣颜色：玫红色	果皮颜色：青色
嫩叶颜色：中绿色	萼片绒毛：有	果面特征：光滑
老叶颜色：深绿色	雌雄蕊相对高度：雄高	平均单果重（g）：1.32
叶　　形：椭圆形	花柱裂位：浅裂	种皮颜色：棕褐色
叶缘特征：平	柱头裂数：3	鲜出籽率（%）：50.76
叶尖形状：钝尖	子房绒毛：有	种仁含油率（%）：34.30

135 泰顺粉红油茶－遂昌优株14号

资源编号：331123_010_0024	归属物种：*Camellia taishunensis* Hu	
资源类型：野生资源（特异单株）	主要用途：油用栽培，遗传育种材料	
保存地点：浙江省遂昌县	保存方式：原地保存、保护	
	性状特征	
资源特点：高产果量，高出籽率		
树　　姿：半开张	平均叶长（cm）：4.23	平均叶宽（cm）：2.00
嫩枝绒毛：无	叶基形状：楔形	果熟日期：11月下旬
芽 绒 毛：无	盛 花 期：11月中下旬	果　　形：倒卵球形
芽鳞颜色：绿色	花瓣颜色：粉白色	果皮颜色：青色
嫩叶颜色：深绿色	萼片绒毛：有	果面特征：光滑
老叶颜色：深绿色	雌雄蕊相对高度：雄高	平均单果重（g）：1.55
叶　　形：椭圆形	花柱裂位：浅裂	种皮颜色：褐色
叶缘特征：平	柱头裂数：3	鲜出籽率（%）：58.71
叶尖形状：钝尖	子房绒毛：有	种仁含油率（%）：51.90

136 普油-赣宜温汤农005号

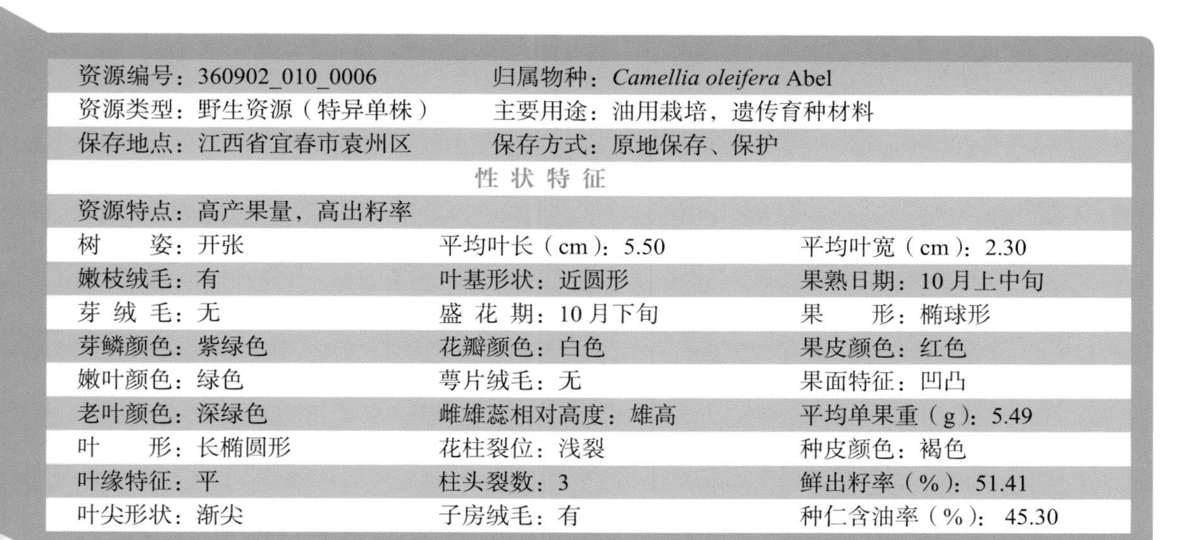

资源编号：360902_010_0006	归属物种：*Camellia oleifera* Abel	
资源类型：野生资源（特异单株）	主要用途：油用栽培，遗传育种材料	
保存地点：江西省宜春市袁州区	保存方式：原地保存、保护	
性状特征		
资源特点：高产果量，高出籽率		
树　　姿：开张	平均叶长（cm）：5.50	平均叶宽（cm）：2.30
嫩枝绒毛：有	叶基形状：近圆形	果熟日期：10月上中旬
芽 绒 毛：无	盛 花 期：10月下旬	果　　形：椭球形
芽鳞颜色：紫绿色	花瓣颜色：白色	果皮颜色：红色
嫩叶颜色：绿色	萼片绒毛：无	果面特征：凹凸
老叶颜色：深绿色	雌雄蕊相对高度：雄高	平均单果重（g）：5.49
叶　　形：长椭圆形	花柱裂位：浅裂	种皮颜色：褐色
叶缘特征：平	柱头裂数：3	鲜出籽率（%）：51.41
叶尖形状：渐尖	子房绒毛：有	种仁含油率（%）：45.30

137 普油-彭水4号

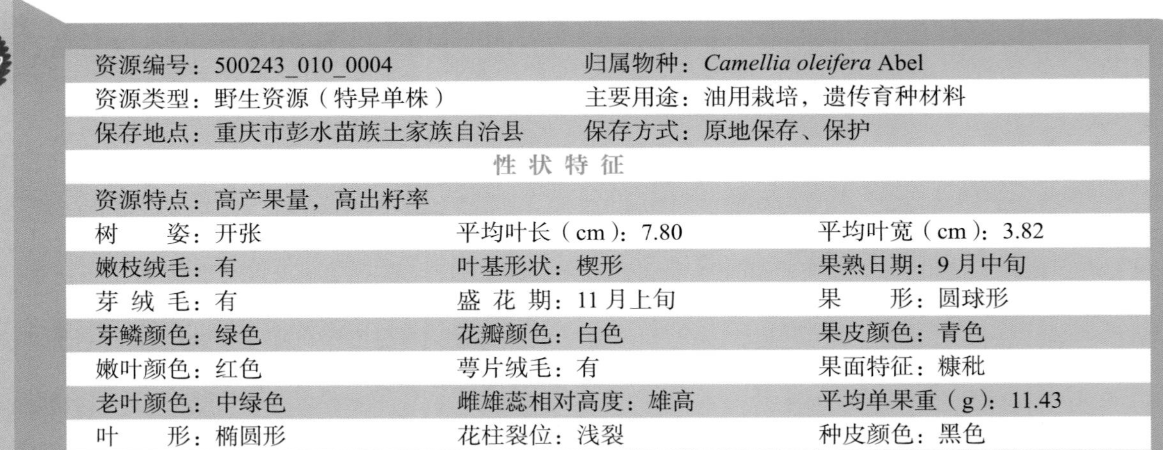

资源编号：500243_010_0004	归属物种：*Camellia oleifera* Abel	
资源类型：野生资源（特异单株）	主要用途：油用栽培，遗传育种材料	
保存地点：重庆市彭水苗族土家族自治县	保存方式：原地保存、保护	
	性状特征	
资源特点：高产果量，高出籽率		
树　　姿：开张	平均叶长（cm）：7.80	平均叶宽（cm）：3.82
嫩枝绒毛：有	叶基形状：楔形	果熟日期：9月中旬
芽 绒 毛：有	盛 花 期：11月上旬	果　　形：圆球形
芽鳞颜色：绿色	花瓣颜色：白色	果皮颜色：青色
嫩叶颜色：红色	萼片绒毛：有	果面特征：糠秕
老叶颜色：中绿色	雌雄蕊相对高度：雄高	平均单果重（g）：11.43
叶　　形：椭圆形	花柱裂位：浅裂	种皮颜色：黑色
叶缘特征：平	柱头裂数：3	鲜出籽率（%）：55.91
叶尖形状：渐尖	子房绒毛：有	

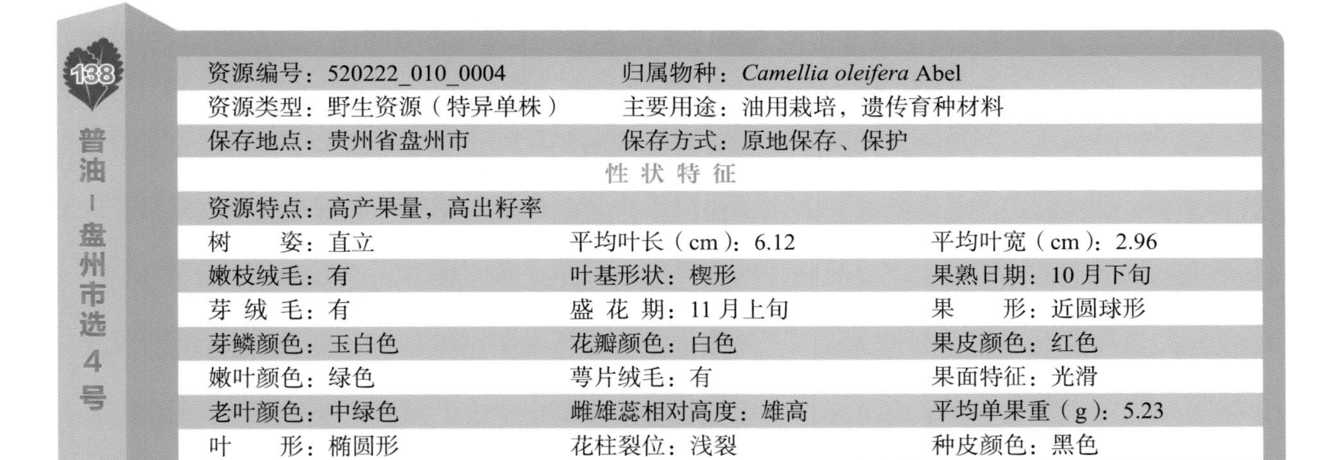

138

普油-盘州市选4号

资源编号：520222_010_0004	归属物种：*Camellia oleifera* Abel	
资源类型：野生资源（特异单株）	主要用途：油用栽培，遗传育种材料	
保存地点：贵州省盘州市	保存方式：原地保存、保护	
	性 状 特 征	
资源特点：高产果量，高出籽率		
树　　姿：直立	平均叶长（cm）：6.12	平均叶宽（cm）：2.96
嫩枝绒毛：有	叶基形状：楔形	果熟日期：10月下旬
芽 绒 毛：有	盛 花 期：11月上旬	果　　形：近圆球形
芽鳞颜色：玉白色	花瓣颜色：白色	果皮颜色：红色
嫩叶颜色：绿色	萼片绒毛：有	果面特征：光滑
老叶颜色：中绿色	雌雄蕊相对高度：雄高	平均单果重（g）：5.23
叶　　形：椭圆形	花柱裂位：浅裂	种皮颜色：黑色
叶缘特征：波状	柱头裂数：3	鲜出籽率（%）：59.46
叶尖形状：渐尖	子房绒毛：有	

普油-盘州市选7号

资源编号：520222_010_0007	归属物种：*Camellia oleifera* Abel	
资源类型：野生资源（特异单株）	主要用途：油用栽培，遗传育种材料	
保存地点：贵州省盘州市	保存方式：原地保存、保护	
性状特征		
资源特点：高产果量，高出籽率		
树　　姿：半开张	平均叶长（cm）：8.56	平均叶宽（cm）：4.06
嫩枝绒毛：有	叶基形状：楔形	果熟日期：10月下旬
芽 绒 毛：有	盛 花 期：11月上旬	果　　形：近圆球形
芽鳞颜色：玉白色	花瓣颜色：白色	果皮颜色：红色
嫩叶颜色：绿色	萼片绒毛：有	果面特征：光滑
老叶颜色：深绿色	雌雄蕊相对高度：等高	平均单果重（g）：5.96
叶　　形：长椭圆形	花柱裂位：浅裂	种皮颜色：棕褐色
叶缘特征：波状	柱头裂数：3	鲜出籽率（%）：50.50
叶尖形状：渐尖	子房绒毛：有	

普油－望谟选3号

资源编号：522326_010_0003	归属物种：*Camellia oleifera* Abel	
资源类型：野生资源（特异单株）	主要用途：油用栽培，遗传育种材料	
保存地点：贵州省望谟县	保存方式：原地保存、保护	
	性状特征	
资源特点：高产果量，高出籽率		
树　　姿：开张	平均叶长（cm）：6.36	平均叶宽（cm）：3.04
嫩枝绒毛：有	叶基形状：楔形	果熟日期：10月下旬
芽 绒 毛：有	盛 花 期：11月中旬	果　　形：扁圆球形
芽鳞颜色：绿色	花瓣颜色：白色	果皮颜色：青红色
嫩叶颜色：绿色	萼片绒毛：有	果面特征：光滑
老叶颜色：深绿色	雌雄蕊相对高度：雄高	平均单果重（g）：29.47
叶　　形：椭圆形	花柱裂位：浅裂	种皮颜色：黑色
叶缘特征：平	柱头裂数：3	鲜出籽率（%）：58.03
叶尖形状：渐尖	子房绒毛：有	

普油-望谟选14号

资源编号：522326_010_0014	归属物种：*Camellia oleifera* Abel	
资源类型：野生资源（特异单株）	主要用途：油用栽培，遗传育种材料	
保存地点：贵州省望谟县	保存方式：原地保存、保护	
性状特征		
资源特点：高产果量，高出籽率		
树　　姿：半开张	平均叶长（cm）：7.10	平均叶宽（cm）：3.10
嫩枝绒毛：有	叶基形状：楔形	果熟日期：10月下旬
芽 绒 毛：有	盛 花 期：11月上旬	果　　形：椭球形
芽鳞颜色：黄绿色	花瓣颜色：白色	果皮颜色：青红色
嫩叶颜色：绿色	萼片绒毛：有	果面特征：光滑
老叶颜色：深绿色	雌雄蕊相对高度：等高	平均单果重（g）：26.27
叶　　形：椭圆形	花柱裂位：中裂	种皮颜色：棕褐色
叶缘特征：平	柱头裂数：3	鲜出籽率（%）：50.13
叶尖形状：渐尖	子房绒毛：有	

普油-望谟选20号

资源编号：522326_010_0020	归属物种：*Camellia oleifera* Abel	
资源类型：野生资源（特异单株）	主要用途：油用栽培，遗传育种材料	
保存地点：贵州省望谟县	保存方式：原地保存、保护	
性状特征		
资源特点：高产果量，高出籽率		
树　　姿：半开张	平均叶长（cm）：7.20	平均叶宽（cm）：3.80
嫩枝绒毛：有	叶基形状：楔形	果熟日期：10月下旬
芽 绒 毛：有	盛 花 期：11月上旬	果　　形：近圆球形
芽鳞颜色：绿色	花瓣颜色：白色	果皮颜色：红色
嫩叶颜色：绿色	萼片绒毛：有	果面特征：光滑
老叶颜色：深绿色	雌雄蕊相对高度：雄高	平均单果重（g）：15.38
叶　　形：椭圆形	花柱裂位：浅裂	种皮颜色：棕褐色
叶缘特征：平	柱头裂数：3	鲜出籽率（%）：52.73
叶尖形状：钝尖	子房绒毛：有	

普油-望谟选23号

资源编号：522326_010_0023	归属物种：*Camellia oleifera* Abel	
资源类型：野生资源（特异单株）	主要用途：油用栽培，遗传育种材料	
保存地点：贵州省望谟县	保存方式：原地保存、保护	
性状特征		
资源特点：高产果量，高出籽率		
树　　姿：半开张	平均叶长（cm）：7.10	平均叶宽（cm）：3.50
嫩枝绒毛：有	叶基形状：楔形	果熟日期：10月下旬
芽 绒 毛：有	盛 花 期：11月上旬	果　　形：近圆球形
芽鳞颜色：玉白色	花瓣颜色：白色	果皮颜色：青红色
嫩叶颜色：绿色	萼片绒毛：有	果面特征：光滑
老叶颜色：深绿色	雌雄蕊相对高度：等高	平均单果重（g）：23.98
叶　　形：椭圆形	花柱裂位：浅裂	种皮颜色：黑褐色
叶缘特征：平	柱头裂数：3	鲜出籽率（%）：51.63
叶尖形状：渐尖	子房绒毛：有	

普油-锦屏选4号

资源编号：522628_010_0004	归属物种：*Camellia oleifera* Abel	
资源类型：野生资源（特异单株）	主要用途：油用栽培，遗传育种材料	
保存地点：贵州省锦屏县	保存方式：原地保存、保护	
性状特征		
资源特点：高产果量，高出籽率		
树　　姿：半开张	平均叶长（cm）：5.13	平均叶宽（cm）：2.27
嫩枝绒毛：有	叶基形状：楔形	果熟日期：10月中旬
芽 绒 毛：有	盛 花 期：11月上旬	果　　形：椭球形
芽鳞颜色：玉白色	花瓣颜色：白色	果皮颜色：红色
嫩叶颜色：绿色	萼片绒毛：有	果面特征：光滑
老叶颜色：中绿色	雌雄蕊相对高度：雄高	平均单果重（g）：4.57
叶　　形：椭圆形	花柱裂位：浅裂	种皮颜色：黑色
叶缘特征：波状	柱头裂数：3	鲜出籽率（%）：57.11
叶尖形状：渐尖	子房绒毛：有	

145 普油-锦屏选6号

资源编号：522628_010_0006	归属物种：*Camellia oleifera* Abel	
资源类型：野生资源（特异单株）	主要用途：油用栽培，遗传育种材料	
保存地点：贵州省锦屏县	保存方式：原地保存、保护	
	性状特征	
资源特点：高产果量，高出籽率		
树　　姿：半开张	平均叶长（cm）：6.82	平均叶宽（cm）：2.72
嫩枝绒毛：有	叶基形状：楔形	果熟日期：10月中旬
芽 绒 毛：有	盛 花 期：11月上旬	果　　形：近圆球形
芽鳞颜色：玉白色	花瓣颜色：白色	果皮颜色：红色、青色
嫩叶颜色：绿色	萼片绒毛：有	果面特征：光滑
老叶颜色：中绿色	雌雄蕊相对高度：雄高	平均单果重（g）：7.12
叶　　形：椭圆形	花柱裂位：浅裂	种皮颜色：棕色
叶缘特征：波状	柱头裂数：3	鲜出籽率（%）：50.70
叶尖形状：渐尖	子房绒毛：有	

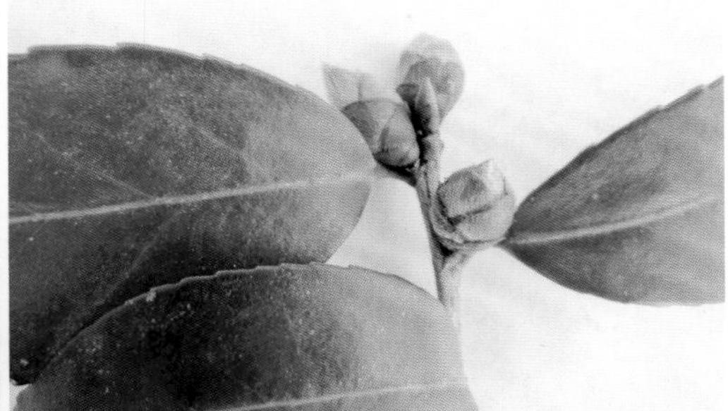

普油-东风选2号

资源编号：522631_010_0002	归属物种：*Camellia oleifera* Abel	
资源类型：野生资源（特异单株）	主要用途：油用栽培，遗传育种材料	
保存地点：贵州省黎平县	保存方式：原地保存、保护	
性状特征		
资源特点：高产果量，高出籽率		
树　　姿：开张	平均叶长（cm）：6.63	平均叶宽（cm）：3.04
嫩枝绒毛：有	叶基形状：楔形	果熟日期：10月中旬
芽 绒 毛：有	盛 花 期：10月下旬	果　　形：扁圆球形
芽鳞颜色：绿色	花瓣颜色：白色	果皮颜色：红黄色
嫩叶颜色：绿色	萼片绒毛：有	果面特征：光滑
老叶颜色：深绿色	雌雄蕊相对高度：等高	平均单果重（g）：10.13
叶　　形：长椭圆形	花柱裂位：中裂	种皮颜色：褐色
叶缘特征：波状	柱头裂数：3	鲜出籽率（%）：51.73
叶尖形状：渐尖	子房绒毛：有	

普油-东风选6号

资源编号：522631_010_0006	归属物种：*Camellia oleifera* Abel	
资源类型：野生资源（特异单株）	主要用途：油用栽培，遗传育种材料	
保存地点：贵州省黎平县	保存方式：原地保存、保护	
性状特征		
资源特点：高产果量，高出籽率		
树　　姿：开张	平均叶长（cm）：6.84	平均叶宽（cm）：5.70
嫩枝绒毛：有	叶基形状：近圆形	果熟日期：10月下旬
芽 绒 毛：有	盛 花 期：10月下旬	果　　形：扁圆球形
芽鳞颜色：绿色	花瓣颜色：白色	果皮颜色：红黄色
嫩叶颜色：绿色	萼片绒毛：有	果面特征：光滑
老叶颜色：深绿色	雌雄蕊相对高度：雄高	平均单果重（g）：6.47
叶　　形：近圆形	花柱裂位：浅裂	种皮颜色：黑色
叶缘特征：波状	柱头裂数：3	鲜出籽率（%）：51.47
叶尖形状：钝尖	子房绒毛：有	

普油-东风选8号

资源编号：522631_010_0008	归属物种：*Camellia oleifera* Abel	
资源类型：野生资源（特异单株）	主要用途：油用栽培，遗传育种材料	
保存地点：贵州省黎平县	保存方式：原地保存、保护	
性状特征		
资源特点：高产果量，高出籽率		
树　　姿：开张	平均叶长（cm）：5.23	平均叶宽（cm）：2.62
嫩枝绒毛：有	叶基形状：楔形	果熟日期：10月下旬
芽 绒 毛：有	盛 花 期：10月中旬	果　　形：扁圆球形
芽鳞颜色：绿色	花瓣颜色：白色	果皮颜色：红黄色
嫩叶颜色：绿色	萼片绒毛：有	果面特征：光滑
老叶颜色：深绿色	雌雄蕊相对高度：雄高	平均单果重（g）：6.70
叶　　形：长椭圆形	花柱裂位：浅裂	种皮颜色：黑色
叶缘特征：波状	柱头裂数：3	鲜出籽率（%）：50.45
叶尖形状：渐尖	子房绒毛：有	

普油-东风选9号

资源编号：522631_010_0009	归属物种：*Camellia oleifera* Abel	
资源类型：野生资源（特异单株）	主要用途：油用栽培，遗传育种材料	
保存地点：贵州省黎平县	保存方式：原地保存、保护	
	性状特征	
资源特点：高产果量，高出籽率		
树　　姿：开张	平均叶长（cm）：6.06	平均叶宽（cm）：3.16
嫩枝绒毛：有	叶基形状：楔形	果熟日期：10月中旬
芽 绒 毛：有	盛 花 期：10月下旬	果　　形：扁圆球形
芽鳞颜色：绿色	花瓣颜色：白色	果皮颜色：红黄色
嫩叶颜色：绿色	萼片绒毛：有	果面特征：光滑
老叶颜色：深绿色	雌雄蕊相对高度：等高	平均单果重（g）：6.67
叶　　形：椭圆形	花柱裂位：中裂	种皮颜色：黑色
叶缘特征：波状	柱头裂数：3	鲜出籽率（%）：53.07
叶尖形状：渐尖	子房绒毛：有	

普油-东风选11号

资源编号：522631_010_0011	归属物种：*Camellia oleifera* Abel	
资源类型：野生资源（特异单株）	主要用途：油用栽培，遗传育种材料	
保存地点：贵州省黎平县	保存方式：原地保存、保护	
性状特征		
资源特点：高产果量，高出籽率		
树　　姿：开张	平均叶长（cm）：5.80	平均叶宽（cm）：2.85
嫩枝绒毛：有	叶基形状：楔形	果熟日期：10月中旬
芽 绒 毛：有	盛 花 期：10月下旬	果　　形：扁圆球形
芽鳞颜色：绿色	花瓣颜色：白色	果皮颜色：红黄色
嫩叶颜色：绿色	萼片绒毛：有	果面特征：光滑
老叶颜色：深绿色	雌雄蕊相对高度：雄高	平均单果重（g）：3.58
叶　　形：长椭圆形	花柱裂位：浅裂	种皮颜色：黑色
叶缘特征：波状	柱头裂数：3	鲜出籽率（%）：62.29
叶尖形状：渐尖	子房绒毛：有	

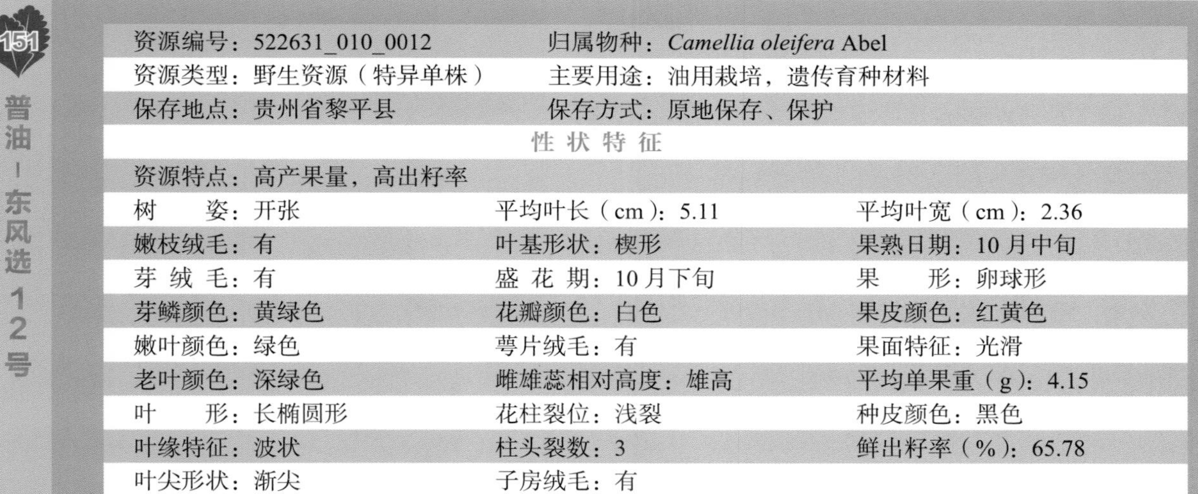

151 普油-东风选12号

资源编号：522631_010_0012	归属物种：*Camellia oleifera* Abel	
资源类型：野生资源（特异单株）	主要用途：油用栽培，遗传育种材料	
保存地点：贵州省黎平县	保存方式：原地保存、保护	
性状特征		
资源特点：高产果量，高出籽率		
树　　姿：开张	平均叶长（cm）：5.11	平均叶宽（cm）：2.36
嫩枝绒毛：有	叶基形状：楔形	果熟日期：10月中旬
芽 绒 毛：有	盛 花 期：10月下旬	果　　形：卵球形
芽鳞颜色：黄绿色	花瓣颜色：白色	果皮颜色：红黄色
嫩叶颜色：绿色	萼片绒毛：有	果面特征：光滑
老叶颜色：深绿色	雌雄蕊相对高度：雄高	平均单果重（g）：4.15
叶　　形：长椭圆形	花柱裂位：浅裂	种皮颜色：黑色
叶缘特征：波状	柱头裂数：3	鲜出籽率（%）：65.78
叶尖形状：渐尖	子房绒毛：有	

152 普油-东风选17号

资源编号：522631_010_0017	归属物种：*Camellia oleifera* Abel	
资源类型：野生资源（特异单株）	主要用途：油用栽培，遗传育种材料	
保存地点：贵州省黎平县	保存方式：原地保存、保护	
性状特征		
资源特点：高产果量，高出籽率		
树　　姿：开张	平均叶长（cm）：4.76	平均叶宽（cm）：2.66
嫩枝绒毛：有	叶基形状：楔形	果熟日期：10月中旬
芽 绒 毛：有	盛 花 期：10月下旬	果　　形：卵球形
芽鳞颜色：黄绿色	花瓣颜色：白色	果皮颜色：青黄色
嫩叶颜色：绿色	萼片绒毛：有	果面特征：光滑
老叶颜色：中绿色	雌雄蕊相对高度：等高	平均单果重（g）：3.47
叶　　形：披针形	花柱裂位：浅裂	种皮颜色：黑色
叶缘特征：波状	柱头裂数：3	鲜出籽率（%）：59.65
叶尖形状：渐尖	子房绒毛：有	

普油-榕江选1号

资源编号：522632_010_0001	归属物种：*Camellia oleifera* Abel	
资源类型：野生资源（特异单株）	主要用途：油用栽培，遗传育种材料	
保存地点：贵州省榕江县	保存方式：原地保存、保护	
性状特征		
资源特点：高产果量，高出籽率		
树　　姿：开张	平均叶长（cm）：5.61	平均叶宽（cm）：2.76
嫩枝绒毛：有	叶基形状：楔形	果熟日期：10月中旬
芽 绒 毛：无	盛 花 期：11月上旬	果　　形：近圆球形
芽鳞颜色：绿色	花瓣颜色：白色	果皮颜色：红色
嫩叶颜色：绿色	萼片绒毛：无	果面特征：光滑
老叶颜色：中绿色	雌雄蕊相对高度：雄高	平均单果重（g）：3.70
叶　　形：椭圆形	花柱裂位：浅裂	种皮颜色：棕褐色
叶缘特征：平	柱头裂数：3	鲜出籽率（%）：62.43
叶尖形状：渐尖	子房绒毛：有	

154

普油-榕江选3号

资源编号：522632_010_0003	归属物种：*Camellia oleifera* Abel	
资源类型：野生资源（特异单株）	主要用途：油用栽培，遗传育种材料	
保存地点：贵州省榕江县	保存方式：原地保存、保护	
	性状特征	
资源特点：高产果量，高出籽率		
树　　姿：开张	平均叶长（cm）：4.61	平均叶宽（cm）：2.55
嫩枝绒毛：有	叶基形状：楔形	果熟日期：10月中旬
芽 绒 毛：无	盛 花 期：11月上旬	果　　形：近圆球形
芽鳞颜色：绿色	花瓣颜色：白色	果皮颜色：红色
嫩叶颜色：绿色	萼片绒毛：无	果面特征：光滑
老叶颜色：中绿色	雌雄蕊相对高度：雄高	平均单果重（g）：3.88
叶　　形：椭圆形	花柱裂位：浅裂	种皮颜色：褐色
叶缘特征：平	柱头裂数：3	鲜出籽率（%）：69.33
叶尖形状：渐尖	子房绒毛：有	

155

普油-榕江选4号

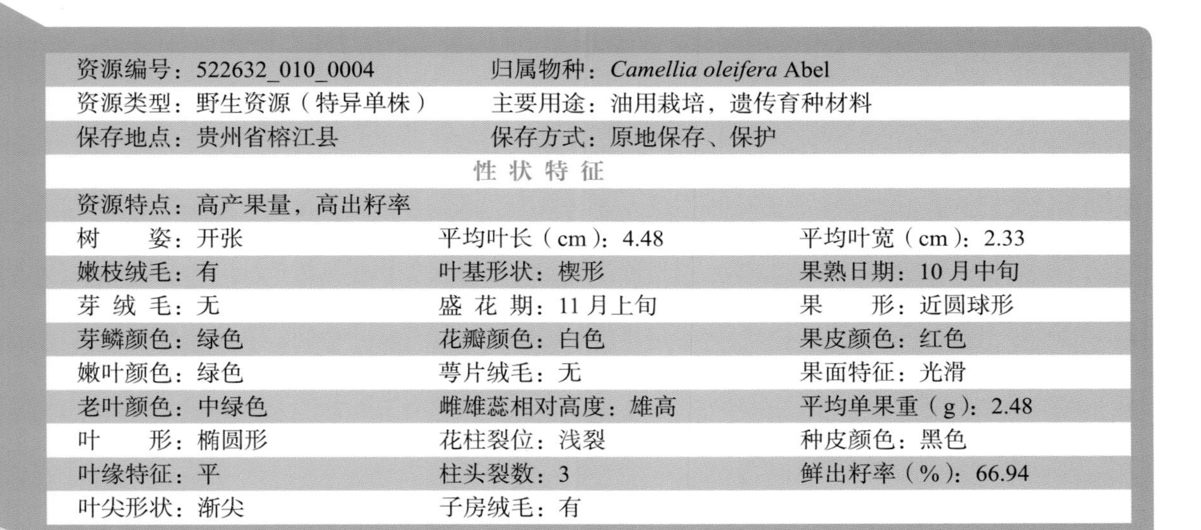

资源编号：522632_010_0004	归属物种：*Camellia oleifera* Abel	
资源类型：野生资源（特异单株）	主要用途：油用栽培，遗传育种材料	
保存地点：贵州省榕江县	保存方式：原地保存、保护	
性状特征		
资源特点：高产果量，高出籽率		
树　　姿：开张	平均叶长（cm）：4.48	平均叶宽（cm）：2.33
嫩枝绒毛：有	叶基形状：楔形	果熟日期：10月中旬
芽 绒 毛：无	盛 花 期：11月上旬	果　　形：近圆球形
芽鳞颜色：绿色	花瓣颜色：白色	果皮颜色：红色
嫩叶颜色：绿色	萼片绒毛：无	果面特征：光滑
老叶颜色：中绿色	雌雄蕊相对高度：雄高	平均单果重（g）：2.48
叶　　形：椭圆形	花柱裂位：浅裂	种皮颜色：黑色
叶缘特征：平	柱头裂数：3	鲜出籽率（%）：66.94
叶尖形状：渐尖	子房绒毛：有	

156 普油-榕江选5号

资源编号：522632_010_0005	归属物种：*Camellia oleifera* Abel	
资源类型：野生资源（特异单株）	主要用途：油用栽培，遗传育种材料	
保存地点：贵州省榕江县	保存方式：原地保存、保护	
	性状特征	
资源特点：高产果量，高出籽率		
树　　姿：开张	平均叶长（cm）：4.23	平均叶宽（cm）：2.31
嫩枝绒毛：有	叶基形状：楔形	果熟日期：10月中旬
芽绒毛：无	盛花期：10月中旬	果　　形：近圆球形
芽鳞颜色：绿色	花瓣颜色：白色	果皮颜色：青色
嫩叶颜色：红色	萼片绒毛：无	果面特征：光滑
老叶颜色：中绿色	雌雄蕊相对高度：雄高	平均单果重（g）：4.63
叶　　形：椭圆形	花柱裂位：浅裂	种皮颜色：棕色
叶缘特征：平	柱头裂数：3	鲜出籽率（%）：65.66
叶尖形状：渐尖	子房绒毛：有	

157 普油-榕江选6号

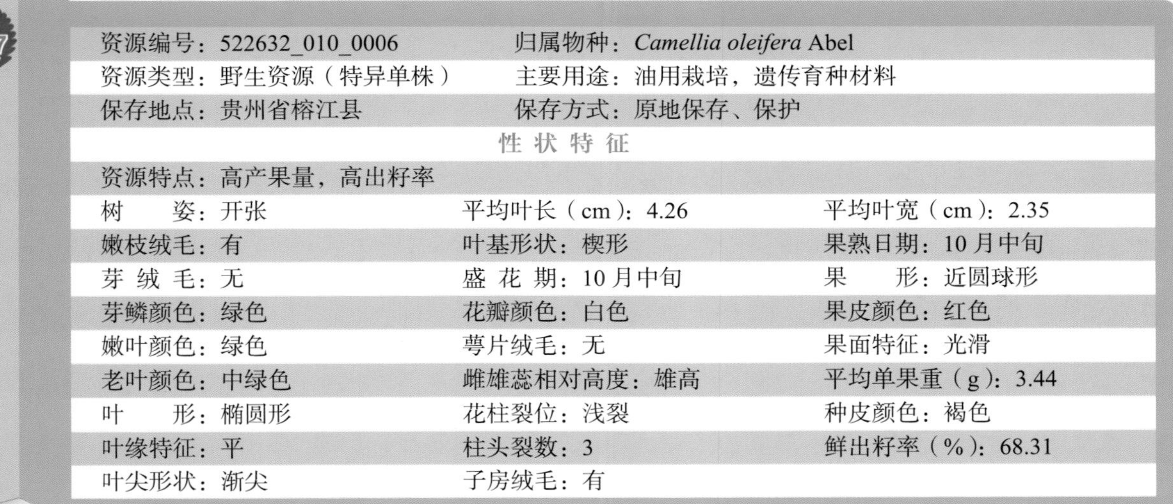

资源编号：522632_010_0006	归属物种：*Camellia oleifera* Abel	
资源类型：野生资源（特异单株）	主要用途：油用栽培，遗传育种材料	
保存地点：贵州省榕江县	保存方式：原地保存、保护	
性状特征		
资源特点：高产果量，高出籽率		
树　　姿：开张	平均叶长（cm）：4.26	平均叶宽（cm）：2.35
嫩枝绒毛：有	叶基形状：楔形	果熟日期：10月中旬
芽 绒 毛：无	盛 花 期：10月中旬	果　　形：近圆球形
芽鳞颜色：绿色	花瓣颜色：白色	果皮颜色：红色
嫩叶颜色：绿色	萼片绒毛：无	果面特征：光滑
老叶颜色：中绿色	雌雄蕊相对高度：雄高	平均单果重（g）：3.44
叶　　形：椭圆形	花柱裂位：浅裂	种皮颜色：褐色
叶缘特征：平	柱头裂数：3	鲜出籽率（%）：68.31
叶尖形状：渐尖	子房绒毛：有	

158

普油-榕江选7号

资源编号：522632_010_0007	归属物种：*Camellia oleifera* Abel	
资源类型：野生资源（特异单株）	主要用途：油用栽培，遗传育种材料	
保存地点：贵州省榕江县	保存方式：原地保存、保护	
	性状特征	
资源特点：高产果量，高出籽率		
树　　姿：开张	平均叶长（cm）：4.57	平均叶宽（cm）：2.70
嫩枝绒毛：有	叶基形状：楔形	果熟日期：10月中旬
芽 绒 毛：无	盛 花 期：11月上旬	果　　形：近圆球形
芽鳞颜色：绿色	花瓣颜色：白色	果皮颜色：红黄色
嫩叶颜色：绿色	萼片绒毛：无	果面特征：光滑
老叶颜色：中绿色	雌雄蕊相对高度：等高	平均单果重（g）：4.50
叶　　形：椭圆形	花柱裂位：浅裂	种皮颜色：黑色
叶缘特征：平	柱头裂数：3	鲜出籽率（%）：66.22
叶尖形状：渐尖	子房绒毛：有	

159 普油-榕江选8号

资源编号：522632_010_0008	归属物种：*Camellia oleifera* Abel	
资源类型：野生资源（特异单株）	主要用途：油用栽培，遗传育种材料	
保存地点：贵州省榕江县	保存方式：原地保存、保护	
性状特征		
资源特点：高产果量，高出籽率		
树　　姿：开张	平均叶长（cm）：4.39	平均叶宽（cm）：2.29
嫩枝绒毛：有	叶基形状：楔形	果熟日期：10月中旬
芽 绒 毛：无	盛 花 期：11月上旬	果　　形：近圆球形
芽鳞颜色：玉白色	花瓣颜色：白色	果皮颜色：红黄色
嫩叶颜色：绿色	萼片绒毛：无	果面特征：光滑
老叶颜色：中绿色	雌雄蕊相对高度：雄高	平均单果重（g）：2.89
叶　　形：椭圆形	花柱裂位：浅裂	种皮颜色：黑色
叶缘特征：平	柱头裂数：3	鲜出籽率（%）：67.47
叶尖形状：渐尖	子房绒毛：有	

160

普油-榕江选9号

资源编号：522632_010_0009	归属物种：*Camellia oleifera* Abel	
资源类型：野生资源（特异单株）	主要用途：油用栽培，遗传育种材料	
保存地点：贵州省榕江县	保存方式：原地保存、保护	
性状特征		
资源特点：高产果量，高出籽率		
树　　姿：开张	平均叶长（cm）：4.55	平均叶宽（cm）：2.62
嫩枝绒毛：有	叶基形状：楔形	果熟日期：10月中旬
芽 绒 毛：无	盛 花 期：11月上旬	果　　形：近圆球形
芽鳞颜色：玉白色	花瓣颜色：白色	果皮颜色：青红色
嫩叶颜色：绿色	萼片绒毛：无	果面特征：光滑
老叶颜色：中绿色	雌雄蕊相对高度：雄高	平均单果重（g）：3.27
叶　　形：椭圆形	花柱裂位：浅裂	种皮颜色：黑色
叶缘特征：平	柱头裂数：3或4	鲜出籽率（%）：63.91
叶尖形状：渐尖	子房绒毛：有	

普油-榕江选10号

资源编号：522632_010_0010	归属物种：*Camellia oleifera* Abel	
资源类型：野生资源（特异单株）	主要用途：油用栽培，遗传育种材料	
保存地点：贵州省榕江县	保存方式：原地保存、保护	
性 状 特 征		
资源特点：高产果量，高出籽率		
树　　姿：开张	平均叶长（cm）：5.28	平均叶宽（cm）：2.50
嫩枝绒毛：有	叶基形状：楔形	果熟日期：10月中旬
芽 绒 毛：无	盛 花 期：11月上旬	果　　形：近圆球形
芽鳞颜色：玉白色	花瓣颜色：白色	果皮颜色：青色
嫩叶颜色：绿色	萼片绒毛：无	果面特征：光滑
老叶颜色：中绿色	雌雄蕊相对高度：雄高	平均单果重（g）：5.00
叶　　形：椭圆形	花柱裂位：浅裂	种皮颜色：黑色
叶缘特征：平	柱头裂数：3	鲜出籽率（%）：64.60
叶尖形状：渐尖	子房绒毛：有	

162 普油-榕江选11号

资源编号：522632_010_0011	归属物种：*Camellia oleifera* Abel	
资源类型：野生资源（特异单株）	主要用途：油用栽培，遗传育种材料	
保存地点：贵州省榕江县	保存方式：原地保存、保护	
性状特征		
资源特点：高产果量，高出籽率		
树　　姿：直立	平均叶长（cm）：5.24	平均叶宽（cm）：3.33
嫩枝绒毛：有	叶基形状：楔形	果熟日期：10月中旬
芽 绒 毛：无	盛 花 期：11月上旬	果　　形：扁圆球形、近圆球形
芽鳞颜色：绿色	花瓣颜色：白色	果皮颜色：青色
嫩叶颜色：红色	萼片绒毛：无	果面特征：光滑
老叶颜色：中绿色	雌雄蕊相对高度：等高	平均单果重（g）：5.83
叶　　形：椭圆形	花柱裂位：浅裂	种皮颜色：青色
叶缘特征：平	柱头裂数：3	鲜出籽率（%）：66.38
叶尖形状：渐尖	子房绒毛：有	

163 普油-榕江选12号

资源编号：522632_010_0012	归属物种：*Camellia oleifera* Abel	
资源类型：野生资源（特异单株）	主要用途：油用栽培，遗传育种材料	
保存地点：贵州省榕江县	保存方式：原地保存、保护	
	性状特征	
资源特点：高产果量，高出籽率		
树　　姿：半开张	平均叶长（cm）：5.64	平均叶宽（cm）：2.82
嫩枝绒毛：有	叶基形状：楔形	果熟日期：10月中旬
芽 绒 毛：无	盛 花 期：11月上旬	果　　形：近圆球形
芽鳞颜色：玉白色	花瓣颜色：白色	果皮颜色：红色
嫩叶颜色：绿色	萼片绒毛：无	果面特征：光滑
老叶颜色：深绿色	雌雄蕊相对高度：等高	平均单果重（g）：3.99
叶　　形：椭圆形	花柱裂位：浅裂	种皮颜色：黑色
叶缘特征：平	柱头裂数：3	鲜出籽率（%）：56.39
叶尖形状：渐尖	子房绒毛：有	

164 普油-榕江选13号

资源编号：522632_010_0013	归属物种：*Camellia oleifera* Abel	
资源类型：野生资源（特异单株）	主要用途：油用栽培，遗传育种材料	
保存地点：贵州省榕江县	保存方式：原地保存、保护	
性状特征		
资源特点：高产果量，高出籽率		
树　　姿：半开张	平均叶长（cm）：3.85	平均叶宽（cm）：2.29
嫩枝绒毛：有	叶基形状：楔形	果熟日期：10月中旬
芽 绒 毛：无	盛 花 期：11月上旬	果　　形：近圆球形
芽鳞颜色：绿色	花瓣颜色：白色	果皮颜色：青黄色
嫩叶颜色：绿色	萼片绒毛：无	果面特征：光滑
老叶颜色：中绿色	雌雄蕊相对高度：等高	平均单果重（g）：2.72
叶　　形：椭圆形	花柱裂位：浅裂	种皮颜色：黑色
叶缘特征：平	柱头裂数：3	鲜出籽率（%）：59.56
叶尖形状：渐尖	子房绒毛：有	

165

普油-榕江选14号

资源编号：522632_010_0014	归属物种：*Camellia oleifera* Abel	
资源类型：野生资源（特异单株）	主要用途：油用栽培，遗传育种材料	
保存地点：贵州省榕江县	保存方式：原地保存、保护	
	性状特征	
资源特点：高产果量，高出籽率		
树　　姿：半开张	平均叶长（cm）：4.91	平均叶宽（cm）：2.90
嫩枝绒毛：有	叶基形状：楔形	果熟日期：10月中旬
芽 绒 毛：有	盛 花 期：10月下旬	果　　形：扁圆球形、近圆球形
芽鳞颜色：绿色	花瓣颜色：白色	果皮颜色：青黄色
嫩叶颜色：红色	萼片绒毛：无	果面特征：光滑
老叶颜色：中绿色	雌雄蕊相对高度：雄高	平均单果重（g）：3.19
叶　　形：椭圆形	花柱裂位：浅裂	种皮颜色：黑色
叶缘特征：平	柱头裂数：3	鲜出籽率（%）：66.77
叶尖形状：渐尖	子房绒毛：有	

166

普油-榕江选16号

资源编号：522632_010_0016	归属物种：*Camellia oleifera* Abel	
资源类型：野生资源（特异单株）	主要用途：油用栽培，遗传育种材料	
保存地点：贵州省榕江县	保存方式：原地保存、保护	
性 状 特 征		
资源特点：高产果量，高出籽率		
树　　姿：开张	平均叶长（cm）：4.86	平均叶宽（cm）：3.16
嫩枝绒毛：有	叶基形状：楔形	果熟日期：10月中旬
芽 绒 毛：无	盛 花 期：10月下旬	果　　形：扁圆球形、近圆球形
芽鳞颜色：绿色	花瓣颜色：白色	果皮颜色：青色、红色
嫩叶颜色：红色	萼片绒毛：无	果面特征：光滑
老叶颜色：中绿色	雌雄蕊相对高度：雄高	平均单果重（g）：3.56
叶　　形：椭圆形	花柱裂位：浅裂	种皮颜色：褐色
叶缘特征：平	柱头裂数：3	鲜出籽率（%）：66.01
叶尖形状：渐尖	子房绒毛：有	

普油-榕江选18号

资源编号：522632_010_0018	归属物种：*Camellia oleifera* Abel	
资源类型：野生资源（特异单株）	主要用途：油用栽培，遗传育种材料	
保存地点：贵州省榕江县	保存方式：原地保存、保护	
	性状特征	
资源特点：高产果量，高出籽率		
树　　姿：开张	平均叶长（cm）：4.89	平均叶宽（cm）：2.39
嫩枝绒毛：有	叶基形状：楔形	果熟日期：10月中旬
芽 绒 毛：有	盛 花 期：10月下旬	果　　形：近圆球形
芽鳞颜色：绿色	花瓣颜色：白色	果皮颜色：青黄色
嫩叶颜色：红色	萼片绒毛：无	果面特征：光滑
老叶颜色：中绿色	雌雄蕊相对高度：雄高	平均单果重（g）：3.84
叶　　形：椭圆形	花柱裂位：浅裂	种皮颜色：褐色
叶缘特征：平	柱头裂数：3	鲜出籽率（%）：65.63
叶尖形状：渐尖	子房绒毛：有	

168 普油-榕江选19号

资源编号：522632_010_0019	归属物种：*Camellia oleifera* Abel	
资源类型：野生资源（特异单株）	主要用途：油用栽培，遗传育种材料	
保存地点：贵州省榕江县	保存方式：原地保存、保护	
性状特征		
资源特点：高产果量，高出籽率		
树　　姿：半开张	平均叶长（cm）：5.19	平均叶宽（cm）：2.55
嫩枝绒毛：有	叶基形状：楔形	果熟日期：10月中旬
芽 绒 毛：无	盛 花 期：10月下旬	果　　形：近圆球形
芽鳞颜色：绿色	花瓣颜色：白色	果皮颜色：红色
嫩叶颜色：红色	萼片绒毛：无	果面特征：光滑
老叶颜色：中绿色	雌雄蕊相对高度：雄高	平均单果重（g）：4.23
叶　　形：椭圆形	花柱裂位：浅裂	种皮颜色：黑色
叶缘特征：平	柱头裂数：3	鲜出籽率（%）：65.48
叶尖形状：渐尖	子房绒毛：有	

169

普油-榕江选20号

资源编号：522632_010_0020	归属物种：*Camellia oleifera* Abel	
资源类型：野生资源（特异单株）	主要用途：油用栽培，遗传育种材料	
保存地点：贵州省榕江县	保存方式：原地保存、保护	
性状特征		
资源特点：高产果量，高出籽率		
树　　姿：开张	平均叶长（cm）：5.17	平均叶宽（cm）：3.10
嫩枝绒毛：有	叶基形状：楔形	果熟日期：10月中旬
芽 绒 毛：无	盛 花 期：10月下旬	果　　形：近圆球形、椭球形
芽鳞颜色：绿色	花瓣颜色：白色	果皮颜色：青色
嫩叶颜色：红色	萼片绒毛：无	果面特征：光滑
老叶颜色：中绿色	雌雄蕊相对高度：雄高	平均单果重（g）：3.24
叶　　形：椭圆形	花柱裂位：浅裂	种皮颜色：黑色
叶缘特征：平	柱头裂数：4	鲜出籽率（%）：60.19
叶尖形状：渐尖	子房绒毛：有	

（8）具高产果量、高含油率资源

170

普油-泰顺优株2号

资源编号：330329_010_0002	归属物种：*Camellia oleifera* Abel	
资源类型：野生资源（特异单株）	主要用途：油用栽培，遗传育种材料	
保存地点：浙江省泰顺县	保存方式：原地保存、保护	
	性状特征	
资源特点：高产果量，高含油率		
树　　姿：直立	盛 花 期：10月中下旬至11月上旬	果面特征：光滑
嫩枝绒毛：有	花瓣颜色：白色	平均单果重（g）：16.34
芽鳞颜色：黄色	萼片绒毛：有	鲜出籽率（%）：39.41
芽 绒 毛：有	雌雄蕊相对高度：雄高	种皮颜色：黑色
嫩叶颜色：绿色	花柱裂位：中裂	种仁含油率（%）：52.38
老叶颜色：中绿色	柱头裂数：4	
叶　　形：长椭圆形	子房绒毛：有	油酸含量（%）：81.40
叶缘特征：平	果熟日期：10月下旬	亚油酸含量（%）：6.92
叶尖形状：渐尖	果　　形：卵球形	亚麻酸含量（%）：6.92
叶基形状：楔形	果皮颜色：红色	硬脂酸含量（%）：1.45
平均叶长（cm）：7.10	平均叶宽（cm）：2.62	棕榈酸含量（%）：9.06

171 普油-开化优株4号

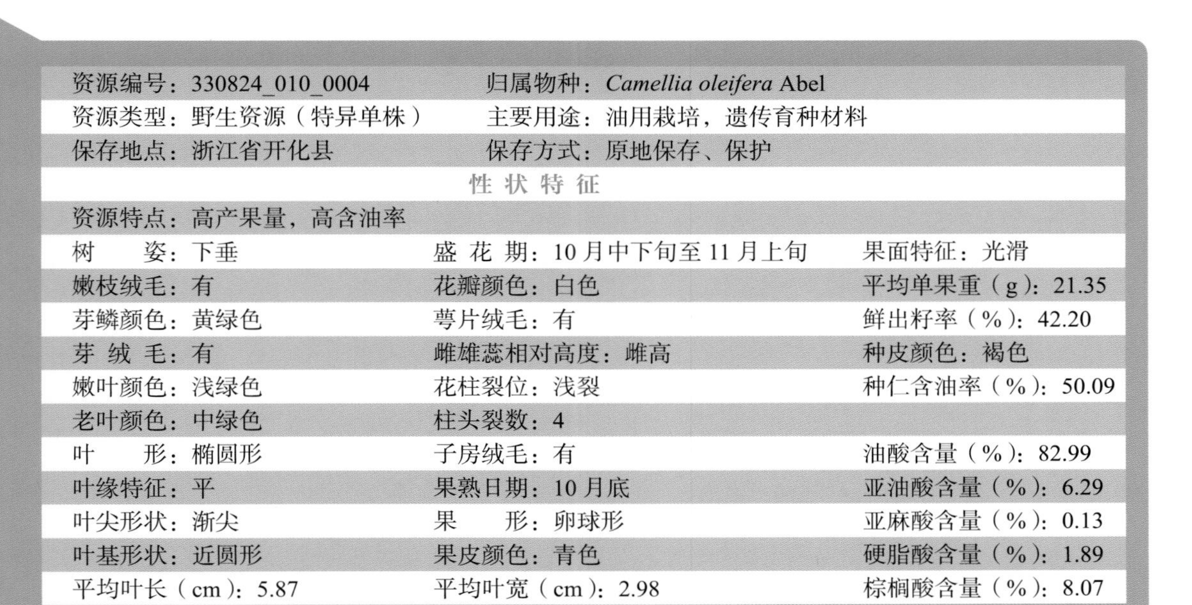

资源编号：330824_010_0004	归属物种：*Camellia oleifera* Abel	
资源类型：野生资源（特异单株）	主要用途：油用栽培，遗传育种材料	
保存地点：浙江省开化县	保存方式：原地保存、保护	
	性 状 特 征	
资源特点：高产果量，高含油率		
树　　姿：下垂	盛 花 期：10月中下旬至11月上旬	果面特征：光滑
嫩枝绒毛：有	花瓣颜色：白色	平均单果重（g）：21.35
芽鳞颜色：黄绿色	萼片绒毛：有	鲜出籽率（%）：42.20
芽 绒 毛：有	雌雄蕊相对高度：雌高	种皮颜色：褐色
嫩叶颜色：浅绿色	花柱裂位：浅裂	种仁含油率（%）：50.09
老叶颜色：中绿色	柱头裂数：4	
叶　　形：椭圆形	子房绒毛：有	油酸含量（%）：82.99
叶缘特征：平	果熟日期：10月底	亚油酸含量（%）：6.29
叶尖形状：渐尖	果　　形：卵球形	亚麻酸含量（%）：0.13
叶基形状：近圆形	果皮颜色：青色	硬脂酸含量（%）：1.89
平均叶长（cm）：5.87	平均叶宽（cm）：2.98	棕榈酸含量（%）：8.07

浙林2号

资源编号：330825_010_0002	归属物种：*Camellia oleifera* Abel	
资源类型：野生资源（特异单株）	主要用途：油用栽培，遗传育种材料	
保存地点：浙江省龙游县	保存方式：省级种质资源保存基地，异地保存	
性状特征		
资源特点：高产果量，高含油率		
树　　姿：半开张	盛 花 期：11月上旬	果面特征：光滑
嫩枝绒毛：有	花瓣颜色：白色	平均单果重（g）：19.25
芽鳞颜色：绿色	萼片绒毛：有	鲜出籽率（%）：41.14
芽 绒 毛：有	雌雄蕊相对高度：雌高	种皮颜色：褐色
嫩叶颜色：中绿色	花柱裂位：深裂	种仁含油率（%）：53.08
老叶颜色：深绿色	柱头裂数：4	
叶　　形：椭圆形	子房绒毛：有	油酸含量（%）：82.59
叶缘特征：平	果熟日期：10月中下旬	亚油酸含量（%）：5.75
叶尖形状：渐尖	果　　形：卵球形	亚麻酸含量（%）：0.30
叶基形状：楔形	果皮颜色：青色	硬脂酸含量（%）：2.80
平均叶长（cm）：6.35	平均叶宽（cm）：2.70	棕榈酸含量（%）：7.80

浙林10号

资源编号：330825_010_0010	归属物种：*Camellia oleifera* Abel	
资源类型：野生资源（特异单株）	主要用途：油用栽培，遗传育种材料	
保存地点：浙江省龙游县	保存方式：省级种质资源保存基地，异地保存	
性状特征		
资源特点：高产果量，高含油率		
树　　姿：开张	盛 花 期：11月上旬	果面特征：光滑
嫩枝绒毛：有	花瓣颜色：白色	平均单果重（g）：15.65
芽鳞颜色：绿色	萼片绒毛：有	鲜出籽率（%）：33.23
芽 绒 毛：有	雌雄蕊相对高度：雄高	种皮颜色：褐色
嫩叶颜色：中绿色	花柱裂位：中裂	种仁含油率（%）：70.63
老叶颜色：深绿色	柱头裂数：4	
叶　　形：近圆形	子房绒毛：有	油酸含量（%）：80.74
叶缘特征：平	果熟日期：10月中下旬	亚油酸含量（%）：6.38
叶尖形状：渐尖	果　　形：卵球形	亚麻酸含量（%）：0.27
叶基形状：近圆形	果皮颜色：青色	硬脂酸含量（%）：2.90
平均叶长（cm）：6.20	平均叶宽（cm）：4.20	棕榈酸含量（%）：8.81

174

浙林11号

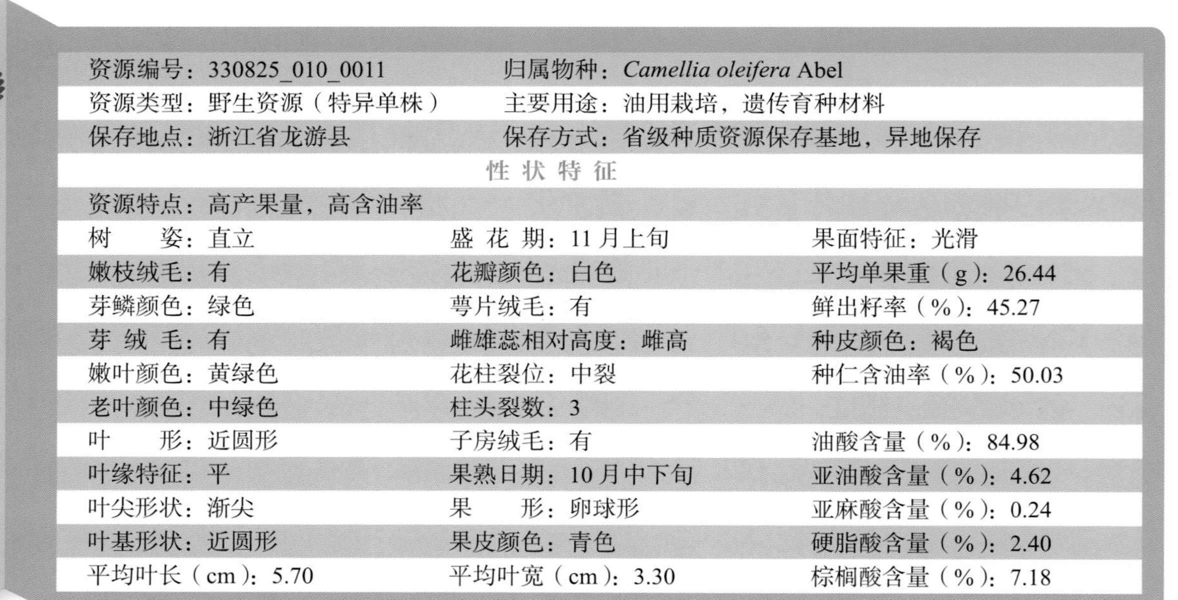

资源编号：330825_010_0011	归属物种：*Camellia oleifera* Abel	
资源类型：野生资源（特异单株）	主要用途：油用栽培，遗传育种材料	
保存地点：浙江省龙游县	保存方式：省级种质资源保存基地，异地保存	
性状特征		
资源特点：高产果量，高含油率		
树　　姿：直立	盛 花 期：11月上旬	果面特征：光滑
嫩枝绒毛：有	花瓣颜色：白色	平均单果重（g）：26.44
芽鳞颜色：绿色	萼片绒毛：有	鲜出籽率（%）：45.27
芽 绒 毛：有	雌雄蕊相对高度：雌高	种皮颜色：褐色
嫩叶颜色：黄绿色	花柱裂位：中裂	种仁含油率（%）：50.03
老叶颜色：中绿色	柱头裂数：3	
叶　　形：近圆形	子房绒毛：有	油酸含量（%）：84.98
叶缘特征：平	果熟日期：10月中下旬	亚油酸含量（%）：4.62
叶尖形状：渐尖	果　　形：卵球形	亚麻酸含量（%）：0.24
叶基形状：近圆形	果皮颜色：青色	硬脂酸含量（%）：2.40
平均叶长（cm）：5.70	平均叶宽（cm）：3.30	棕榈酸含量（%）：7.18

175 浙林16号

资源编号：330825_010_0016	归属物种：*Camellia oleifera* Abel	
资源类型：野生资源（特异单株）	主要用途：油用栽培，遗传育种材料	
保存地点：浙江省龙游县	保存方式：省级种质资源保存基地，异地保存	
	性状特征	
资源特点：高产果量，高含油率		
树　　姿：半开张	盛 花 期：11月上旬	果面特征：光滑
嫩枝绒毛：有	花瓣颜色：白色	平均单果重（g）：15.81
芽鳞颜色：绿色	萼片绒毛：有	鲜出籽率（%）：35.17
芽 绒 毛：有	雌雄蕊相对高度：等高	种皮颜色：褐色
嫩叶颜色：深绿色	花柱裂位：深裂	种仁含油率（%）：51.95
老叶颜色：深绿色	柱头裂数：3	
叶　　形：近圆形	子房绒毛：有	油酸含量（%）：84.31
叶缘特征：平	果熟日期：10月中下旬	亚油酸含量（%）：2.88
叶尖形状：钝尖	果　　形：卵球形	亚麻酸含量（%）：0.12
叶基形状：楔形	果皮颜色：青色	硬脂酸含量（%）：3.99
平均叶长（cm）：5.70	平均叶宽（cm）：3.50	棕榈酸含量（%）：7.85

176

普油-阳新兴国2号优株

资源编号：420222_010_0005	归属物种：*Camellia oleifera* Abel	
资源类型：野生资源（特异单株）	主要用途：油用栽培，遗传育种材料	
保存地点：湖北省阳新县	保存方式：原地保存、保护	
	性状特征	
资源特点：高产果量，高含油率		
树　　姿：开张	盛 花 期：11月中旬	果面特征：光滑
嫩枝绒毛：有	花瓣颜色：白色	平均单果重（g）：14.75
芽鳞颜色：黄绿色	萼片绒毛：有	鲜出籽率（%）：42.44
芽 绒 毛：有	雌雄蕊相对高度：雄高	种皮颜色：黑色
嫩叶颜色：绿色	花柱裂位：浅裂	种仁含油率（%）：50.30
老叶颜色：中绿色	柱头裂数：4	
叶　　形：长椭圆形	子房绒毛：有	油酸含量（%）：81.20
叶缘特征：波状	果熟日期：10月上旬	亚油酸含量（%）：8.30
叶尖形状：钝尖	果　　形：圆球形	亚麻酸含量（%）：0.20
叶基形状：楔形	果皮颜色：黄棕色	硬脂酸含量（%）：1.70
平均叶长（cm）：5.38	平均叶宽（cm）：2.50	棕榈酸含量（%）：8.00

普油-阳新兴国4号优株

资源编号：420222_010_0007	归属物种：*Camellia oleifera* Abel	
资源类型：野生资源（特异单株）	主要用途：油用栽培，遗传育种材料	
保存地点：湖北省阳新县	保存方式：原地保存、保护	
性状特征		
资源特点：高产果量，高含油率		
树　　姿：开张	盛 花 期：10月中旬	果面特征：光滑
嫩枝绒毛：有	花瓣颜色：白色	平均单果重（g）：15.48
芽鳞颜色：黄绿色	萼片绒毛：有	鲜出籽率（%）：41.47
芽 绒 毛：有	雌雄蕊相对高度：雌高	种皮颜色：黑色
嫩叶颜色：绿色	花柱裂位：中裂	种仁含油率（%）：53.10
老叶颜色：中绿色	柱头裂数：4	
叶　　形：长椭圆形	子房绒毛：有	油酸含量（%）：83.00
叶缘特征：平	果熟日期：10月中旬	亚油酸含量（%）：6.20
叶尖形状：钝尖	果　　形：圆球形	亚麻酸含量（%）：0.20
叶基形状：楔形	果皮颜色：红色	硬脂酸含量（%）：2.00
平均叶长（cm）：6.26	平均叶宽（cm）：3.08	棕榈酸含量（%）：8.00

普油-阳新兴国6号优株

资源编号：420222_010_0009	归属物种：*Camellia oleifera* Abel	
资源类型：野生资源（特异单株）	主要用途：油用栽培，遗传育种材料	
保存地点：湖北省阳新县	保存方式：原地保存、保护	
性状特征		
资源特点：高产果量，高含油率		
树　　姿：开张	盛 花 期：10月中旬	果面特征：光滑
嫩枝绒毛：有	花瓣颜色：白色	平均单果重（g）：15.63
芽鳞颜色：黄绿色	萼片绒毛：有	鲜出籽率（%）：32.69
芽 绒 毛：有	雌雄蕊相对高度：雄高	种皮颜色：黑色
嫩叶颜色：绿色	花柱裂位：中裂	种仁含油率（%）：50.70
老叶颜色：黄绿色	柱头裂数：4	
叶　　形：长椭圆形	子房绒毛：有	油酸含量（%）：76.10
叶缘特征：平	果熟日期：10月中旬	亚油酸含量（%）：11.00
叶尖形状：钝尖	果　　形：圆球形	亚麻酸含量（%）：0.20
叶基形状：楔形	果皮颜色：红色	硬脂酸含量（%）：2.60
平均叶长（cm）：6.52	平均叶宽（cm）：3.22	棕榈酸含量（%）：9.50

普油-阳新兴国9号优株

资源编号：420222_010_0010	归属物种：*Camellia oleifera* Abel	
资源类型：野生资源（特异单株）	主要用途：油用栽培，遗传育种材料	
保存地点：湖北省阳新县	保存方式：原地保存、保护	
	性状特征	
资源特点：高产果量，高含油率		
树　　姿：开张	盛花期：11月上旬	果面特征：糠秕
嫩枝绒毛：有	花瓣颜色：白色	平均单果重（g）：14.46
芽鳞颜色：黄绿色	萼片绒毛：有	鲜出籽率（%）：36.65
芽绒毛：有	雌雄蕊相对高度：雄高	种皮颜色：黑色
嫩叶颜色：绿色	花柱裂位：浅裂	种仁含油率（%）：50.90
老叶颜色：中绿色	柱头裂数：3	
叶　　形：椭圆形	子房绒毛：有	油酸含量（%）：80.90
叶缘特征：平	果熟日期：10月下旬	亚油酸含量（%）：8.30
叶尖形状：圆尖	果　　形：圆球形	亚麻酸含量（%）：0.30
叶基形状：楔形	果皮颜色：青色	硬脂酸含量（%）：1.90
平均叶长（cm）：5.18	平均叶宽（cm）：3.36	棕榈酸含量（%）：8.00

180 普油-谷城1523号单株

资源编号：420625_010_0008	归属物种：*Camellia oleifera* Abel	
资源类型：野生资源（特异单株）	主要用途：油用栽培，遗传育种材料	
保存地点：湖北省谷城县	保存方式：原地保存、保护	
性状特征		
资源特点：高产果量，高含油率		
树　　姿：开张	盛 花 期：11月上旬	果面特征：光滑
嫩枝绒毛：有	花瓣颜色：白色	平均单果重（g）：24.90
芽鳞颜色：黄绿色	萼片绒毛：有	鲜出籽率（%）：33.73
芽 绒 毛：有	雌雄蕊相对高度：雄高	种皮颜色：褐色
嫩叶颜色：绿色	花柱裂位：浅裂	种仁含油率（%）：52.80
老叶颜色：中绿色	柱头裂数：3	
叶　　形：椭圆形	子房绒毛：有	油酸含量（%）：78.80
叶缘特征：平	果熟日期：10月下旬	亚油酸含量（%）：10.40
叶尖形状：渐尖	果　　形：椭球形	亚麻酸含量（%）：0.30
叶基形状：近圆形	果皮颜色：红色	硬脂酸含量（%）：1.30
平均叶长（cm）：6.98	平均叶宽（cm）：3.50	棕榈酸含量（%）：8.70

普油-咸宁13号单株

资源编号：421202_010_0003	归属物种：*Camellia oleifera* Abel	
资源类型：野生资源（特异单株）	主要用途：油用栽培，遗传育种材料	
保存地点：湖北省咸宁市咸安区	保存方式：原地保存、保护	
性状特征		
资源特点：高产果量，高含油率		
树　　姿：开张	盛 花 期：10月中下旬	果面特征：光滑
嫩枝绒毛：无	花瓣颜色：红色	平均单果重（g）：10.40
芽鳞颜色：紫红色	萼片绒毛：有	鲜出籽率（%）：41.73
芽 绒 毛：无	雌雄蕊相对高度：雄高	种皮颜色：褐色
嫩叶颜色：红褐色	花柱裂位：浅裂	种仁含油率（%）：51.70
老叶颜色：中绿色	柱头裂数：3	
叶　　形：椭圆形	子房绒毛：有	油酸含量（%）：80.70
叶缘特征：细锯齿	果熟日期：11月上旬	亚油酸含量（%）：7.80
叶尖形状：渐尖	果　　形：近球形	亚麻酸含量（%）：0.20
叶基形状：楔形或近圆形	果皮颜色：青色或青红色	硬脂酸含量（%）：2.20
平均叶长（cm）：4.24	平均叶宽（cm）：2.08	棕榈酸含量（%）：8.60

普油-酉阳5号

资源编号：500242_010_0005	归属物种：*Camellia oleifera* Abel	
资源类型：野生资源（特异单株）	主要用途：油用栽培，遗传育种材料	
保存地点：重庆市酉阳土家族苗族自治县	保存方式：原地保存、保护	
性状特征		
资源特点：高产果量，高含油率		
树　　姿：开张	盛 花 期：11月中旬	果面特征：光滑
嫩枝绒毛：有	花瓣颜色：白色	平均单果重（g）：—
芽鳞颜色：绿色	萼片绒毛：有	鲜出籽率（%）：—
芽 绒 毛：有	雌雄蕊相对高度：雄高	种皮颜色：棕褐色
嫩叶颜色：绿色	花柱裂位：浅裂	种仁含油率（%）：50.30
老叶颜色：中绿色	柱头裂数：4	
叶　　形：椭圆形	子房绒毛：有	油酸含量（%）：0.82
叶缘特征：平	果熟日期：10月上旬	亚油酸含量（%）：0.07
叶尖形状：钝尖	果　　形：圆球形	亚麻酸含量（%）：—
叶基形状：近圆形	果皮颜色：红色	硬脂酸含量（%）：—
平均叶长（cm）：7.20	平均叶宽（cm）：3.68	棕榈酸含量（%）：—

普油-德昌优树1号

资源编号：513424_010_0001	归属物种：*Camellia oleifera* Abel	
资源类型：野生资源（特异单株）	主要用途：油用栽培，遗传育种材料	
保存地点：四川省德昌县	保存方式：原地保存、保护	
性状特征		
资源特点：高产果量，高含油率		
树　　姿：半开张	盛 花 期：10月中旬	果面特征：光滑
嫩枝绒毛：有	花瓣颜色：白色	平均单果重（g）：—
芽鳞颜色：黄绿色	萼片绒毛：有	鲜出籽率（%）：—
芽 绒 毛：有	雌雄蕊相对高度：雄高	种皮颜色：褐色
嫩叶颜色：绿色	花柱裂位：浅裂	种仁含油率（%）：62.50
老叶颜色：中绿色	柱头裂数：3	
叶　　形：近圆形	子房绒毛：有	油酸含量（%）：78.50
叶缘特征：波状	果熟日期：9月中旬	亚油酸含量（%）：6.30
叶尖形状：渐尖	果　　形：椭圆球形	亚麻酸含量（%）：4.30
叶基形状：楔形	果皮颜色：黄绿色	硬脂酸含量（%）：2.50
平均叶长（cm）：6.70	平均叶宽（cm）：3.50	棕榈酸含量（%）：8.20

普油-德昌优树2号

资源编号：513424_010_0002	归属物种：*Camellia oleifera* Abel	
资源类型：野生资源（特异单株）	主要用途：油用栽培，遗传育种材料	
保存地点：四川省德昌县	保存方式：原地保存、保护	
性状特征		
资源特点：高产果量，高含油率		
树　　姿：半开张	盛 花 期：10月中旬	果面特征：光滑
嫩枝绒毛：有	花瓣颜色：白色	平均单果重（g）：—
芽鳞颜色：黄绿色	萼片绒毛：有	鲜出籽率（%）：—
芽 绒 毛：有	雌雄蕊相对高度：雄高	种皮颜色：褐色
嫩叶颜色：绿色	花柱裂位：浅裂	种仁含油率（%）：60.70
老叶颜色：中绿色	柱头裂数：3	
叶　　形：近圆形	子房绒毛：有	油酸含量（%）：76.20
叶缘特征：波状	果熟日期：9月中旬	亚油酸含量（%）：6.90
叶尖形状：渐尖	果　　形：圆球形	亚麻酸含量（%）：4.50
叶基形状：楔形	果皮颜色：红绿色	硬脂酸含量（%）：2.00
平均叶长（cm）：6.20	平均叶宽（cm）：3.30	棕榈酸含量（%）：8.00

185

普通油茶-广南老树1号

资源编号：532627_010_0010	归属物种：*Camellia oleifera* Abel	
资源类型：野生资源（特异单株）	主要用途：油用栽培，遗传育种材料	
保存地点：云南省广南县	保存方式：原地保存、保护	
性状特征		
资源特点：高产果量，高含油率		
树　　姿：开张	盛 花 期：11月上旬	果面特征：光滑
嫩枝绒毛：有	花瓣颜色：白色	平均单果重（g）：17.65
芽鳞颜色：黄绿色	萼片绒毛：有	鲜出籽率（%）：42.21
芽 绒 毛：有	雌雄蕊相对高度：雌高	种皮颜色：黑色
嫩叶颜色：红色	花柱裂位：浅裂	种仁含油率（%）：50.70
老叶颜色：中绿色	柱头裂数：3	
叶　　形：长椭圆形	子房绒毛：有	油酸含量（%）：82.66
叶缘特征：平	果熟日期：10月中旬	亚油酸含量（%）：7.83
叶尖形状：渐尖	果　　形：圆球形	亚麻酸含量（%）：—
叶基形状：楔形	果皮颜色：红色、绿色	硬脂酸含量（%）：1.66
平均叶长（cm）：5.60	平均叶宽（cm）：3.20	棕榈酸含量（%）：7.21

普油-淳安优株6号

资源编号：330127_010_0006	归属物种：*Camellia oleifera* Abel	
资源类型：野生资源（特异单株）	主要用途：油用栽培，遗传育种材料	
保存地点：浙江省淳安县	保存方式：原地保存、保护	
性状特征		
资源特点：高产果量，高含油率		
树　　姿：半下垂	平均叶长（cm）：4.89	平均叶宽（cm）：2.61
嫩枝绒毛：有	叶基形状：楔形	果熟日期：11月中旬
芽 绒 毛：有	盛 花 期：11月下旬至12月上旬	果　　形：扁圆球形、圆球形
芽鳞颜色：黄绿色	花瓣颜色：白色	果皮颜色：黄红色
嫩叶颜色：中绿色	萼片绒毛：有	果面特征：光滑
老叶颜色：中绿色	雌雄蕊相对高度：雄高	平均单果重（g）：18.51
叶　　形：近圆形	花柱裂位：深裂	种皮颜色：黑色
叶缘特征：平	柱头裂数：3	鲜出籽率（%）：49.00
叶尖形状：钝尖	子房绒毛：有	种仁含油率（%）：53.21

187 浙林5号

资源编号：330825_010_0005	归属物种：*Camellia oleifera* Abel	
资源类型：野生资源（特异单株）	主要用途：油用栽培，遗传育种材料	
保存地点：浙江省龙游县	保存方式：省级种质资源保存基地，异地保存	
性状特征		
资源特点：高产果量，高含油率		
树　　姿：开张	平均叶长（cm）：5.65	平均叶宽（cm）：2.42
嫩枝绒毛：有	叶基形状：楔形	果熟日期：10月中下旬
芽 绒 毛：有	盛 花 期：11月上旬	果　　形：卵球形
芽鳞颜色：绿色	花瓣颜色：白色	果皮颜色：青色
嫩叶颜色：黄绿色	萼片绒毛：有	果面特征：光滑
老叶颜色：中绿色	雌雄蕊相对高度：雄高	平均单果重（g）：13.70
叶　　形：近圆形	花柱裂位：深裂	种皮颜色：褐色
叶缘特征：平	柱头裂数：4	鲜出籽率（%）：32.55
叶尖形状：钝尖	子房绒毛：有	种仁含油率（%）：51.43

（9）具高产果量、高油酸资源

普油－溧水003号优株

资源编号：320124_010_0003	归属物种：*Camellia oleifera* Abel	
资源类型：野生资源（特异单株）	主要用途：油用栽培，遗传育种材料	
保存地点：江苏省南京市溧水区	保存方式：原地保存、保护	
性状特征		
资源特点：高产果量，高油酸		
树　　姿：直立	盛 花 期：12月中旬	果面特征：光滑
嫩枝绒毛：有	花瓣颜色：白色	平均单果重（g）：21.23
芽鳞颜色：绿色	萼片绒毛：有	鲜出籽率（%）：44.94
芽 绒 毛：有	雌雄蕊相对高度：雄高	种皮颜色：棕色
嫩叶颜色：绿色	花柱裂位：深裂	种仁含油率（%）：44.00
老叶颜色：深绿色	柱头裂数：3	
叶　　形：椭圆形	子房绒毛：有	油酸含量（%）：85.70
叶缘特征：平	果熟日期：11月上旬	亚油酸含量（%）：3.70
叶尖形状：渐尖	果　　形：圆球形或卵球形	亚麻酸含量（%）：0.20
叶基形状：楔形	果皮颜色：红色	硬脂酸含量（%）：2.80
平均叶长（cm）：5.70	平均叶宽（cm）：3.40	棕榈酸含量（%）：7.00

普油-淳安优株7号

资源编号：330127_010_0007	归属物种：*Camellia oleifera* Abel	
资源类型：野生资源（特异单株）	主要用途：油用栽培，遗传育种材料	
保存地点：浙江省淳安县	保存方式：原地保存、保护	
	性状特征	
资源特点：高产果量，高油酸		
树　　姿：半下垂	盛 花 期：11月下旬至12月初	果面特征：光滑
嫩枝绒毛：有	花瓣颜色：白色	平均单果重（g）：23.71
芽鳞颜色：黄绿色	萼片绒毛：有	鲜出籽率（%）：49.14
芽 绒 毛：有	雌雄蕊相对高度：等高	种皮颜色：黑色
嫩叶颜色：深绿色	花柱裂位：浅裂	种仁含油率（%）：48.80
老叶颜色：中绿色	柱头裂数：4	
叶　　形：椭圆形	子房绒毛：有	油酸含量（%）：87.20
叶缘特征：平	果熟日期：11月中旬	亚油酸含量（%）：3.30
叶尖形状：渐尖	果　　形：卵球形	亚麻酸含量（%）：0.20
叶基形状：近圆形	果皮颜色：黄色	硬脂酸含量（%）：2.40
平均叶长（cm）：4.99	平均叶宽（cm）：2.46	棕榈酸含量（%）：6.30

普油-永康优株3号

资源编号：330784_010_0003	归属物种：*Camellia oleifera* Abel	
资源类型：野生资源（特异单株）	主要用途：油用栽培，遗传育种材料	
保存地点：浙江省永康市	保存方式：原地保存、保护	
性状特征		
资源特点：高产果量，高油酸		
树　　姿：半开张	盛 花 期：10月中下旬至11月上旬	果面特征：粗糙
嫩枝绒毛：有	花瓣颜色：白色	平均单果重（g）：23.46
芽鳞颜色：黄绿色	萼片绒毛：有	鲜出籽率（%）：41.90
芽 绒 毛：有	雌雄蕊相对高度：雌高	种皮颜色：黑色
嫩叶颜色：绿色	花柱裂位：浅裂	种仁含油率（%）：37.50
老叶颜色：中绿色	柱头裂数：3	
叶　　形：椭圆形	子房绒毛：有	油酸含量（%）：86.20
叶缘特征：平	果熟日期：10月底	亚油酸含量（%）：3.90
叶尖形状：渐尖	果　　形：卵球形	亚麻酸含量（%）：0.20
叶基形状：楔形	果皮颜色：青色	硬脂酸含量（%）：2.40
平均叶长（cm）：7.70	平均叶宽（cm）：3.20	棕榈酸含量（%）：6.50

191 普油-三门优株8号

资源编号：331022_010_0008		归属物种：*Camellia oleifera* Abel
资源类型：野生资源（特异单株）		主要用途：油用栽培，遗传育种材料
保存地点：浙江省三门县		保存方式：原地保存、保护
	性状特征	
资源特点：高产果量，高油酸		
树　　姿：直立	盛 花 期：11月中下旬	果面特征：光滑
嫩枝绒毛：有	花瓣颜色：白色	平均单果重（g）：19.92
芽鳞颜色：棕色	萼片绒毛：有	鲜出籽率（%）：42.02
芽 绒 毛：有	雌雄蕊相对高度：雄高	种皮颜色：黑色
嫩叶颜色：绿色	花柱裂位：浅裂	种仁含油率（%）：44.70
老叶颜色：中绿色	柱头裂数：3	
叶　　形：椭圆形	子房绒毛：有	油酸含量（%）：85.20
叶缘特征：平	果熟日期：10月中下旬	亚油酸含量（%）：3.60
叶尖形状：渐尖	果　　形：卵球形	亚麻酸含量（%）：0.20
叶基形状：近圆形	果皮颜色：青红色	硬脂酸含量（%）：3.20
平均叶长（cm）：5.26	平均叶宽（cm）：2.76	棕榈酸含量（%）：7.00

192 普油-仙居优株2号

资源编号：331024_010_0002		归属物种：*Camellia oleifera* Abel
资源类型：野生资源（特异单株）		主要用途：油用栽培，遗传育种材料
保存地点：浙江省仙居县		保存方式：原地保存、保护
	性状特征	
资源特点：高产果量，高油酸		
树　　姿：半开张	盛 花 期：11月中下旬	果面特征：光滑
嫩枝绒毛：有	花瓣颜色：白色	平均单果重（g）：16.37
芽鳞颜色：绿色	萼片绒毛：有	鲜出籽率（%）：36.53
芽 绒 毛：有	雌雄蕊相对高度：雌高	种皮颜色：黑色
嫩叶颜色：绿色	花柱裂位：浅裂	种仁含油率（%）：38.80
老叶颜色：中绿色	柱头裂数：3或4	
叶　　形：椭圆形	子房绒毛：有	油酸含量（%）：86.10
叶缘特征：平	果熟日期：10月中下旬	亚油酸含量（%）：3.40
叶尖形状：钝尖	果　　形：卵球形	亚麻酸含量（%）：0.20
叶基形状：近圆形	果皮颜色：青色	硬脂酸含量（%）：2.40
平均叶长（cm）：5.93	平均叶宽（cm）：3.26	棕榈酸含量（%）：7.00

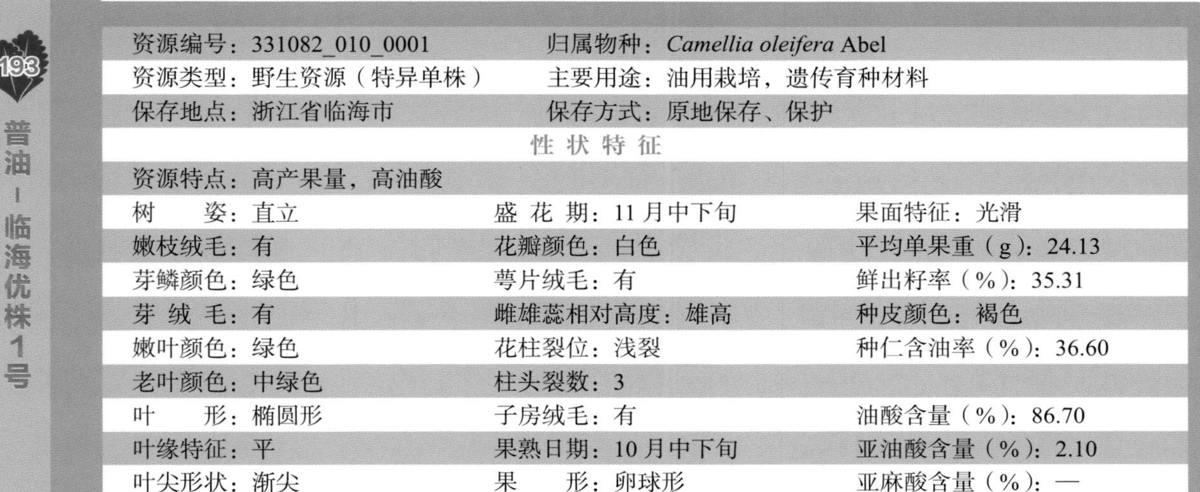

193 普油-临海优株1号

资源编号：331082_010_0001	归属物种：*Camellia oleifera* Abel	
资源类型：野生资源（特异单株）	主要用途：油用栽培，遗传育种材料	
保存地点：浙江省临海市	保存方式：原地保存、保护	
性状特征		
资源特点：高产果量，高油酸		
树　　姿：直立	盛 花 期：11月中下旬	果面特征：光滑
嫩枝绒毛：有	花瓣颜色：白色	平均单果重（g）：24.13
芽鳞颜色：绿色	萼片绒毛：有	鲜出籽率（%）：35.31
芽 绒 毛：有	雌雄蕊相对高度：雄高	种皮颜色：褐色
嫩叶颜色：绿色	花柱裂位：浅裂	种仁含油率（%）：36.60
老叶颜色：中绿色	柱头裂数：3	
叶　　形：椭圆形	子房绒毛：有	油酸含量（%）：86.70
叶缘特征：平	果熟日期：10月中下旬	亚油酸含量（%）：2.10
叶尖形状：渐尖	果　　形：卵球形	亚麻酸含量（%）：—
叶基形状：楔形	果皮颜色：青红色	硬脂酸含量（%）：1.50
平均叶长（cm）：5.49	平均叶宽（cm）：2.57	棕榈酸含量（%）：8.60

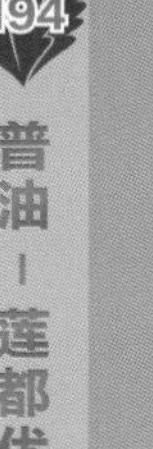

194 普油-莲都优株2号

资源编号：331102_010_0002	归属物种：*Camellia oleifera* Abel	
资源类型：野生资源（特异单株）	主要用途：油用栽培，遗传育种材料	
保存地点：浙江省丽水市莲都区	保存方式：原地保存、保护	
	性状特征	
资源特点：高产果量，高油酸		
树　　姿：开张	盛 花 期：11月中下旬	果面特征：光滑
嫩枝绒毛：有	花瓣颜色：白色	平均单果重（g）：29.08
芽鳞颜色：玉白色	萼片绒毛：有	鲜出籽率（%）：36.76
芽 绒 毛：有	雌雄蕊相对高度：雄高	种皮颜色：黑色
嫩叶颜色：绿色	花柱裂位：浅裂	种仁含油率（%）：44.10
老叶颜色：中绿色	柱头裂数：3	
叶　　形：椭圆形	子房绒毛：有	油酸含量（%）：85.30
叶缘特征：平	果熟日期：10月中下旬	亚油酸含量（%）：4.10
叶尖形状：钝尖	果　　形：扁圆球形	亚麻酸含量（%）：4.10
叶基形状：近圆形	果皮颜色：青色	硬脂酸含量（%）：2.70
平均叶长（cm）：6.44	平均叶宽（cm）：2.67	棕榈酸含量（%）：6.90

195

普油-莲都优株6号

资源编号：331102_010_0006	归属物种：*Camellia oleifera* Abel	
资源类型：野生资源（特异单株）	主要用途：油用栽培，遗传育种材料	
保存地点：浙江省丽水市莲都区	保存方式：原地保存、保护	
	性状特征	
资源特点：高产果量，高油酸		
树　　姿：半开张	盛 花 期：11月中下旬	果面特征：光滑
嫩枝绒毛：有	花瓣颜色：白色	平均单果重（g）：23.54
芽鳞颜色：玉白色	萼片绒毛：有	鲜出籽率（%）：32.50
芽 绒 毛：有	雌雄蕊相对高度：雄高	种皮颜色：褐色
嫩叶颜色：深绿色	花柱裂位：浅裂	种仁含油率（%）：33.50
老叶颜色：中绿色	柱头裂数：3	
叶　　形：椭圆形	子房绒毛：有	油酸含量（%）：86.70
叶缘特征：平	果熟日期：10月中下旬	亚油酸含量（%）：0.30
叶尖形状：钝尖	果　　形：卵球形	亚麻酸含量（%）：—
叶基形状：楔形	果皮颜色：青色	硬脂酸含量（%）：3.30
平均叶长（cm）：6.14	平均叶宽（cm）：2.83	棕榈酸含量（%）：8.60

196 普油-遂昌优株7号

资源编号：331123_010_0007	归属物种：*Camellia oleifera* Abel	
资源类型：野生资源（特异单株）	主要用途：油用栽培，遗传育种材料	
保存地点：浙江省遂昌县	保存方式：原地保存、保护	
性状特征		
资源特点：高产果量，高油酸		
树　　姿：紧密	盛 花 期：11 月中下旬	果面特征：光滑
嫩枝绒毛：有	花瓣颜色：白色	平均单果重（g）：22.78
芽鳞颜色：绿色	萼片绒毛：有	鲜出籽率（%）：45.26
芽 绒 毛：有	雌雄蕊相对高度：雌高	种皮颜色：黑色
嫩叶颜色：绿色	花柱裂位：中裂	种仁含油率（%）：46.50
老叶颜色：中绿色	柱头裂数：3	
叶　　形：椭圆形	子房绒毛：有	油酸含量（%）：85.10
叶缘特征：平	果熟日期：10 月中下旬	亚油酸含量（%）：4.00
叶尖形状：渐尖	果　　形：圆球形	亚麻酸含量（%）：0.20
叶基形状：近圆形	果皮颜色：青红色	硬脂酸含量（%）：2.40
平均叶长（cm）：6.24	平均叶宽（cm）：2.70	棕榈酸含量（%）：7.60

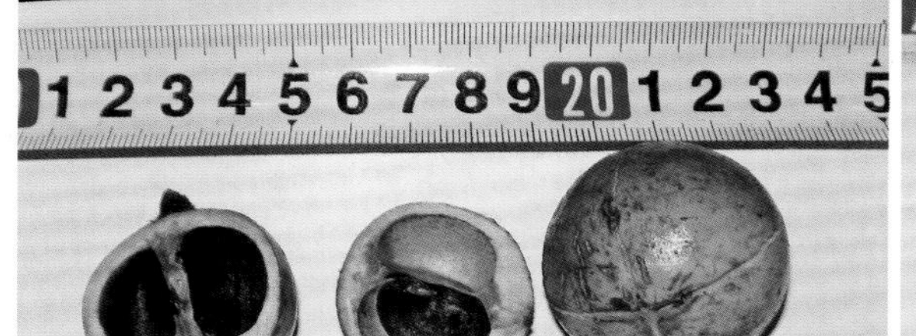

197 普油-浉河优株1号

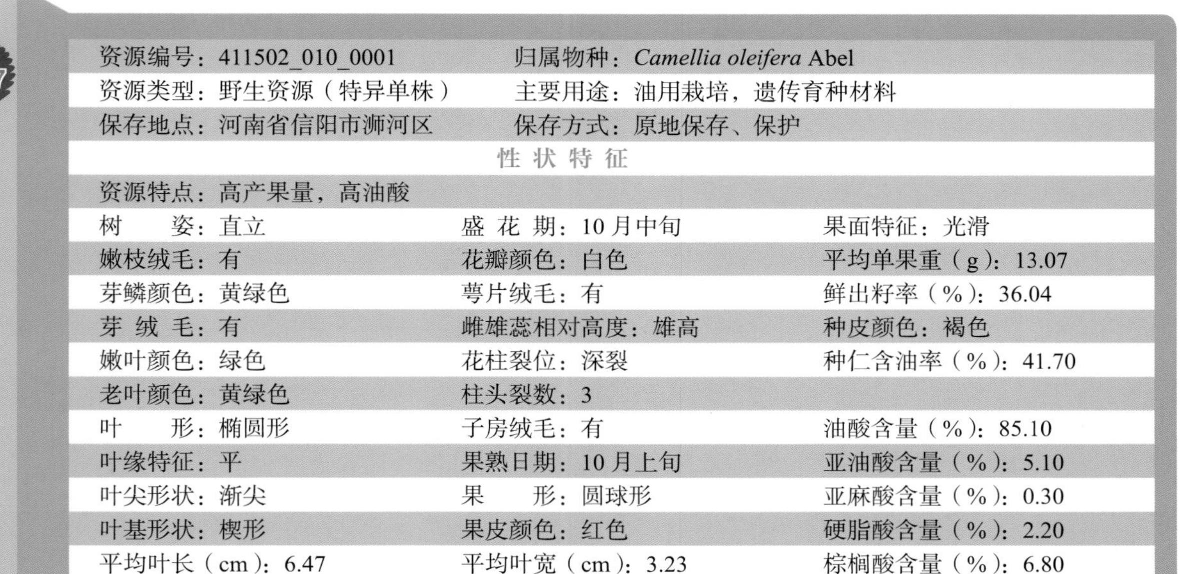

资源编号：411502_010_0001	归属物种：*Camellia oleifera* Abel	
资源类型：野生资源（特异单株）	主要用途：油用栽培，遗传育种材料	
保存地点：河南省信阳市浉河区	保存方式：原地保存、保护	
	性状特征	
资源特点：高产果量，高油酸		
树　　姿：直立	盛 花 期：10月中旬	果面特征：光滑
嫩枝绒毛：有	花瓣颜色：白色	平均单果重（g）：13.07
芽鳞颜色：黄绿色	萼片绒毛：有	鲜出籽率（%）：36.04
芽 绒 毛：有	雌雄蕊相对高度：雄高	种皮颜色：褐色
嫩叶颜色：绿色	花柱裂位：深裂	种仁含油率（%）：41.70
老叶颜色：黄绿色	柱头裂数：3	
叶　　形：椭圆形	子房绒毛：有	油酸含量（%）：85.10
叶缘特征：平	果熟日期：10月上旬	亚油酸含量（%）：5.10
叶尖形状：渐尖	果　　形：圆球形	亚麻酸含量（%）：0.30
叶基形状：楔形	果皮颜色：红色	硬脂酸含量（%）：2.20
平均叶长（cm）：6.47	平均叶宽（cm）：3.23	棕榈酸含量（%）：6.80

198

普油-商城优株6号

资源编号：411524_010_0013	归属物种：*Camellia oleifera* Abel	
资源类型：野生资源（特异单株）	主要用途：油用栽培，遗传育种材料	
保存地点：河南省商城县	保存方式：原地保存、保护	
	性状特征	
资源特点：高产果量，高油酸		
树　　姿：直立	盛 花 期：10月下旬	果面特征：光滑
嫩枝绒毛：有	花瓣颜色：白色	平均单果重（g）：14.26
芽鳞颜色：紫绿色	萼片绒毛：有	鲜出籽率（%）：36.75
芽 绒 毛：有	雌雄蕊相对高度：等高	种皮颜色：褐色
嫩叶颜色：绿色	花柱裂位：中裂	种仁含油率（%）：44.80
老叶颜色：中绿色	柱头裂数：3	
叶　　形：椭圆形	子房绒毛：有	油酸含量（%）：85.10
叶缘特征：平	果熟日期：10月中旬	亚油酸含量（%）：4.90
叶尖形状：渐尖	果　　形：圆球形	亚麻酸含量（%）：0.30
叶基形状：楔形	果皮颜色：红色	硬脂酸含量（%）：2.60
平均叶长（cm）：4.80	平均叶宽（cm）：2.40	棕榈酸含量（%）：6.60

199 普油-固始优株1号

资源编号：411525_010_0001	归属物种：*Camellia oleifera* Abel	
资源类型：野生资源（特异单株）	主要用途：油用栽培，遗传育种材料	
保存地点：河南省固始县	保存方式：原地保存、保护	
	性状特征	
资源特点：高产果量，高油酸		
树　　姿：开张	盛 花 期：10月下旬	果面特征：糠秕
嫩枝绒毛：有	花瓣颜色：白色	平均单果重（g）：12.90
芽鳞颜色：黄绿色	萼片绒毛：有	鲜出籽率（%）：47.98
芽 绒 毛：有	雌雄蕊相对高度：雌高	种皮颜色：棕褐色
嫩叶颜色：绿色	花柱裂位：浅裂	种仁含油率（%）：42.40
老叶颜色：黄绿色	柱头裂数：3	
叶　　形：近圆形	子房绒毛：有	油酸含量（%）：86.50
叶缘特征：平	果熟日期：10月中旬	亚油酸含量（%）：3.00
叶尖形状：渐尖	果　　形：椭球形	亚麻酸含量（%）：0.30
叶基形状：楔形	果皮颜色：黄棕色	硬脂酸含量（%）：3.10
平均叶长（cm）：5.28	平均叶宽（cm）：2.66	棕榈酸含量（%）：6.60

（10）具高产果量资源

200 普油-东善桥001号优株

资源编号：320115_010_0001	归属物种：*Camellia oleifera* Abel	
资源类型：野生资源（特异单株）	主要用途：油用栽培，遗传育种材料	
保存地点：江苏省南京市江宁区	保存方式：原地保存、保护	
性状特征		
资源特点：高产果量		
树　　姿：直立	盛 花 期：12月中旬	果面特征：光滑
嫩枝绒毛：有	花瓣颜色：白色	平均单果重（g）：15.14
芽鳞颜色：绿色	萼片绒毛：有	鲜出籽率（%）：48.15
芽 绒 毛：有	雌雄蕊相对高度：雄高	种皮颜色：黑色
嫩叶颜色：绿色	花柱裂位：浅裂	种仁含油率（%）：42.00
老叶颜色：深绿色	柱头裂数：5	
叶　　形：椭圆形	子房绒毛：有	油酸含量（%）：79.90
叶缘特征：平	果熟日期：11月上旬	亚油酸含量（%）：9.20
叶尖形状：渐尖	果　　形：圆球形或卵球形	亚麻酸含量（%）：0.30
叶基形状：楔形	果皮颜色：青色	硬脂酸含量（%）：1.60
平均叶长（cm）：5.80	平均叶宽（cm）：2.80	棕榈酸含量（%）：8.40

201 普油-东善桥003号优株

资源编号：320115_010_0003	归属物种：*Camellia oleifera* Abel	
资源类型：野生资源（特异单株）	主要用途：油用栽培，遗传育种材料	
保存地点：江苏省南京市江宁区	保存方式：原地保存、保护	
	性状特征	
资源特点：高产果量		
树　　姿：开张	盛花期：12月中旬	果面特征：光滑
嫩枝绒毛：有	花瓣颜色：白色	平均单果重（g）：12.22
芽鳞颜色：绿色	萼片绒毛：有	鲜出籽率（%）：41.57
芽绒毛：无	雌雄蕊相对高度：雄高	种皮颜色：黑色
嫩叶颜色：绿色	花柱裂位：浅裂	种仁含油率（%）：44.00
老叶颜色：中绿色	柱头裂数：5	
叶　　形：长椭圆形	子房绒毛：有	油酸含量（%）：84.50
叶缘特征：平	果熟日期：11月上旬	亚油酸含量（%）：5.00
叶尖形状：渐尖	果　　形：圆球形或卵球形	亚麻酸含量（%）：0.30
叶基形状：楔形	果皮颜色：红色	硬脂酸含量（%）：2.50
平均叶长（cm）：5.60	平均叶宽（cm）：2.70	棕榈酸含量（%）：7.20

202 普油-东善桥004号优株

资源编号：320115_010_0004	归属物种：*Camellia oleifera* Abel	
资源类型：野生资源（特异单株）	主要用途：油用栽培，遗传育种材料	
保存地点：江苏省南京市江宁区	保存方式：原地保存、保护	
	性状特征	
资源特点：高产果量		
树　　姿：直立	盛 花 期：12月中旬	果面特征：光滑
嫩枝绒毛：有	花瓣颜色：白色	平均单果重（g）：8.12
芽鳞颜色：黄绿色	萼片绒毛：有	鲜出籽率（%）：39.90
芽 绒 毛：有	雌雄蕊相对高度：雄高	种皮颜色：棕褐色
嫩叶颜色：红色	花柱裂位：浅裂	种仁含油率（%）：41.00
老叶颜色：深绿色	柱头裂数：5	
叶　　形：长椭圆形	子房绒毛：有	油酸含量（%）：80.50
叶缘特征：平	果熟日期：11月上旬	亚油酸含量（%）：8.50
叶尖形状：渐尖	果　　形：圆球形或卵球形	亚麻酸含量（%）：0.30
叶基形状：楔形	果皮颜色：红色	硬脂酸含量（%）：1.90
平均叶长（cm）：4.80	平均叶宽（cm）：2.60	棕榈酸含量（%）：8.20

203 普油-东善桥005号优株

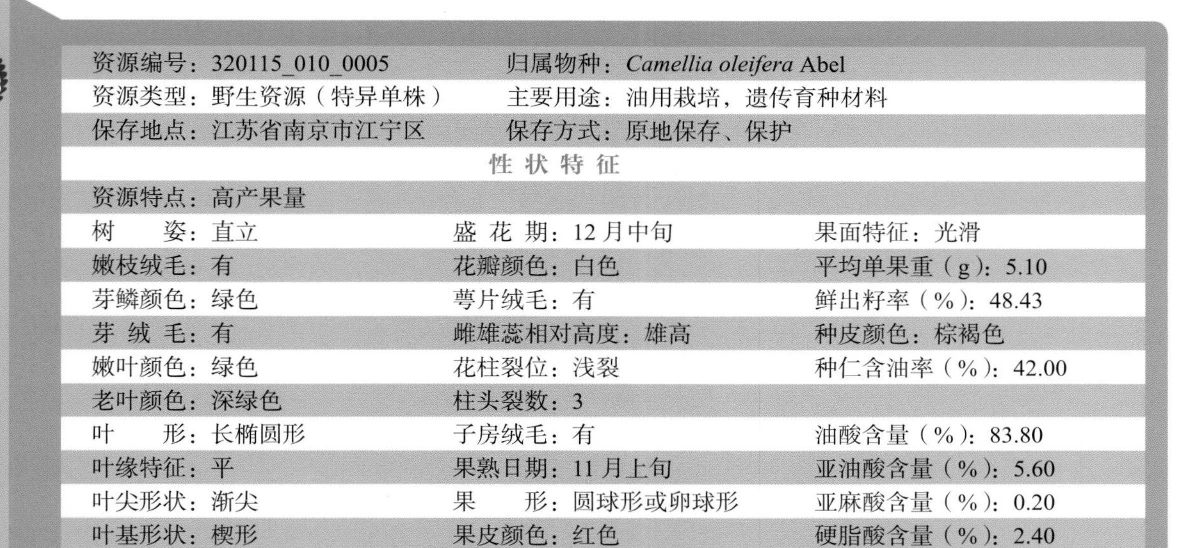

资源编号：320115_010_0005	归属物种：*Camellia oleifera* Abel	
资源类型：野生资源（特异单株）	主要用途：油用栽培，遗传育种材料	
保存地点：江苏省南京市江宁区	保存方式：原地保存、保护	
	性状特征	
资源特点：高产果量		
树　　姿：直立	盛 花 期：12月中旬	果面特征：光滑
嫩枝绒毛：有	花瓣颜色：白色	平均单果重（g）：5.10
芽鳞颜色：绿色	萼片绒毛：有	鲜出籽率（%）：48.43
芽 绒 毛：有	雌雄蕊相对高度：雄高	种皮颜色：棕褐色
嫩叶颜色：绿色	花柱裂位：浅裂	种仁含油率（%）：42.00
老叶颜色：深绿色	柱头裂数：3	
叶　　形：长椭圆形	子房绒毛：有	油酸含量（%）：83.80
叶缘特征：平	果熟日期：11月上旬	亚油酸含量（%）：5.60
叶尖形状：渐尖	果　　形：圆球形或卵球形	亚麻酸含量（%）：0.20
叶基形状：楔形	果皮颜色：红色	硬脂酸含量（%）：2.40
平均叶长（cm）：4.90	平均叶宽（cm）：1.90	棕榈酸含量（%）：7.50

204 普油-东善桥007号优株

资源编号：320115_010_0007	归属物种：*Camellia oleifera* Abel	
资源类型：野生资源（特异单株）	主要用途：油用栽培，遗传育种材料	
保存地点：江苏省南京市江宁区	保存方式：原地保存、保护	
性状特征		
资源特点：高产果量		
树　　姿：直立	盛 花 期：12月中旬	果面特征：光滑
嫩枝绒毛：有	花瓣颜色：白色	平均单果重（g）：11.98
芽鳞颜色：绿色	萼片绒毛：有	鲜出籽率（%）：43.91
芽 绒 毛：有	雌雄蕊相对高度：雄高	种皮颜色：棕色
嫩叶颜色：红色	花柱裂位：深裂	种仁含油率（%）：46.00
老叶颜色：深绿色	柱头裂数：3	
叶　　形：长椭圆形	子房绒毛：有	油酸含量（%）：83.70
叶缘特征：平	果熟日期：11月上旬	亚油酸含量（%）：5.50
叶尖形状：渐尖	果　　形：圆球形或卵球形	亚麻酸含量（%）：0.30
叶基形状：楔形	果皮颜色：红色	硬脂酸含量（%）：2.60
平均叶长（cm）：5.80	平均叶宽（cm）：2.80	棕榈酸含量（%）：7.40

205

普油-东善桥008号优株

资源编号：320115_010_0008	归属物种：*Camellia oleifera* Abel	
资源类型：野生资源（特异单株）	主要用途：油用栽培，遗传育种材料	
保存地点：江苏省南京市江宁区	保存方式：原地保存、保护	
性状特征		
资源特点：高产果量		
树　　姿：开张	盛 花 期：12月中旬	果面特征：光滑
嫩枝绒毛：有	花瓣颜色：白色	平均单果重（g）：7.31
芽鳞颜色：黄绿色	萼片绒毛：有	鲜出籽率（%）：42.68
芽 绒 毛：有	雌雄蕊相对高度：雄高	种皮颜色：黑色
嫩叶颜色：绿色	花柱裂位：浅裂	种仁含油率（%）：43.00
老叶颜色：深绿色	柱头裂数：4	
叶　　形：椭圆形	子房绒毛：有	油酸含量（%）：78.80
叶缘特征：平	果熟日期：11月上旬	亚油酸含量（%）：9.60
叶尖形状：渐尖	果　　形：圆球形或卵球形	亚麻酸含量（%）：0.30
叶基形状：楔形	果皮颜色：红色	硬脂酸含量（%）：1.70
平均叶长（cm）：5.60	平均叶宽（cm）：2.70	棕榈酸含量（%）：9.10

普油-溧水001号优株

资源编号：320124_010_0001	归属物种：*Camellia oleifera* Abel	
资源类型：野生资源（特异单株）	主要用途：油用栽培，遗传育种材料	
保存地点：江苏省南京市溧水区	保存方式：原地保存、保护	
性状特征		
资源特点：高产果量		
树　　姿：开张	盛 花 期：12月中旬	果面特征：光滑
嫩枝绒毛：有	花瓣颜色：白色	平均单果重（g）：28.70
芽鳞颜色：黄绿色	萼片绒毛：无	鲜出籽率（%）：9.20
芽 绒 毛：有	雌雄蕊相对高度：雄高	种皮颜色：褐色
嫩叶颜色：红色	花柱裂位：中裂	种仁含油率（%）：42.00
老叶颜色：黄绿色	柱头裂数：5	
叶　　形：椭圆形	子房绒毛：无	油酸含量（%）：81.20
叶缘特征：平	果熟日期：11月上旬	亚油酸含量（%）：6.60
叶尖形状：渐尖	果　　形：圆球形或卵球形	亚麻酸含量（%）：0.30
叶基形状：近圆形	果皮颜色：青色	硬脂酸含量（%）：2.70
平均叶长（cm）：7.30	平均叶宽（cm）：3.40	棕榈酸含量（%）：8.70

普油-溧水005号优株

资源编号：320124_010_0005	归属物种：*Camellia oleifera* Abel	
资源类型：野生资源（特异单株）	主要用途：油用栽培，遗传育种材料	
保存地点：江苏省南京市溧水区	保存方式：原地保存、保护	
性状特征		
资源特点：高产果量		
树　　姿：直立	盛 花 期：12月中旬	果面特征：光滑
嫩枝绒毛：有	花瓣颜色：白色	平均单果重（g）：28.05
芽鳞颜色：绿色	萼片绒毛：有	鲜出籽率（%）：41.35
芽 绒 毛：有	雌雄蕊相对高度：雄高	种皮颜色：褐色
嫩叶颜色：绿色	花柱裂位：浅裂	种仁含油率（%）：44.00
老叶颜色：深绿色	柱头裂数：5	
叶　　形：长椭圆形	子房绒毛：有	油酸含量（%）：83.30
叶缘特征：平	果熟日期：11月上旬	亚油酸含量（%）：5.90
叶尖形状：渐尖	果　　形：圆球形或卵球形	亚麻酸含量（%）：0.30
叶基形状：楔形	果皮颜色：青色	硬脂酸含量（%）：2.10
平均叶长（cm）：8.30	平均叶宽（cm）：4.20	棕榈酸含量（%）：7.80

208

普油-溧水006号优株

资源编号：320124_010_0006	归属物种：*Camellia oleifera* Abel	
资源类型：野生资源（特异单株）	主要用途：油用栽培，遗传育种材料	
保存地点：江苏省南京市溧水区	保存方式：原地保存、保护	
性状特征		
资源特点：高产果量		
树　　姿：开张	盛 花 期：12月中旬	果面特征：光滑
嫩枝绒毛：有	花瓣颜色：白色	平均单果重（g）：22.73
芽鳞颜色：黄绿色	萼片绒毛：有	鲜出籽率（%）：40.08
芽 绒 毛：有	雌雄蕊相对高度：雄高	种皮颜色：褐色
嫩叶颜色：绿色	花柱裂位：浅裂	种仁含油率（%）：47.00
老叶颜色：深绿色	柱头裂数：5	
叶　　形：长椭圆形	子房绒毛：有	油酸含量（%）：77.70
叶缘特征：平	果熟日期：11月上旬	亚油酸含量（%）：11.10
叶尖形状：渐尖	果　　形：椭球形	亚麻酸含量（%）：0.40
叶基形状：楔形	果皮颜色：红色	硬脂酸含量（%）：1.30
平均叶长（cm）：7.60	平均叶宽（cm）：3.50	棕榈酸含量（%）：8.80

209 普油-高淳001号优株

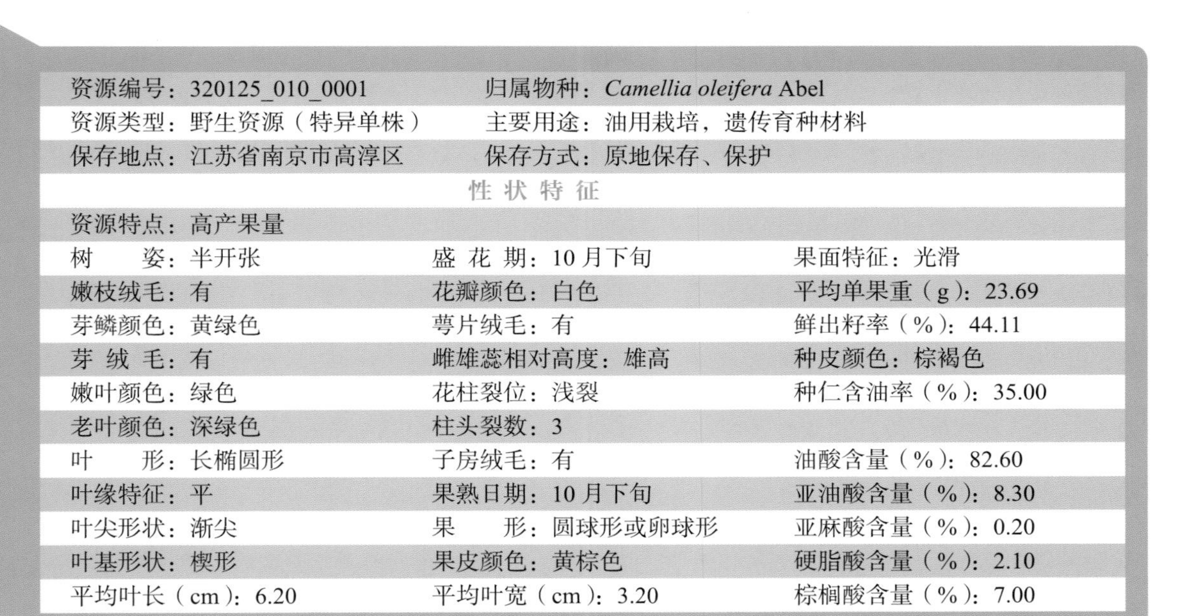

资源编号：320125_010_0001	归属物种：*Camellia oleifera* Abel	
资源类型：野生资源（特异单株）	主要用途：油用栽培，遗传育种材料	
保存地点：江苏省南京市高淳区	保存方式：原地保存、保护	
性状特征		
资源特点：高产果量		
树　　姿：半开张	盛 花 期：10月下旬	果面特征：光滑
嫩枝绒毛：有	花瓣颜色：白色	平均单果重（g）：23.69
芽鳞颜色：黄绿色	萼片绒毛：有	鲜出籽率（%）：44.11
芽 绒 毛：有	雌雄蕊相对高度：雄高	种皮颜色：棕褐色
嫩叶颜色：绿色	花柱裂位：浅裂	种仁含油率（%）：35.00
老叶颜色：深绿色	柱头裂数：3	
叶　　形：长椭圆形	子房绒毛：有	油酸含量（%）：82.60
叶缘特征：平	果熟日期：10月下旬	亚油酸含量（%）：8.30
叶尖形状：渐尖	果　　形：圆球形或卵球形	亚麻酸含量（%）：0.20
叶基形状：楔形	果皮颜色：黄棕色	硬脂酸含量（%）：2.10
平均叶长（cm）：6.20	平均叶宽（cm）：3.20	棕榈酸含量（%）：7.00

210

普油-宜兴001号优株

资源编号：320282_010_0001	归属物种：*Camellia oleifera* Abel	
资源类型：野生资源（特异单株）	主要用途：油用栽培，遗传育种材料	
保存地点：江苏省宜兴市	保存方式：原地保存、保护	
性状特征		
资源特点：高产果量		
树　　姿：开张	盛 花 期：12月中旬	果面特征：光滑
嫩枝绒毛：有	花瓣颜色：白色	平均单果重（g）：12.14
芽鳞颜色：绿色	萼片绒毛：有	鲜出籽率（%）：44.40
芽 绒 毛：无	雌雄蕊相对高度：雄高	种皮颜色：褐色
嫩叶颜色：红色	花柱裂位：中裂	种仁含油率（%）：43.00
老叶颜色：深绿色	柱头裂数：3	
叶　　形：长椭圆形	子房绒毛：有	油酸含量（%）：76.80
叶缘特征：平	果熟日期：10月下旬	亚油酸含量（%）：12.20
叶尖形状：渐尖	果　　形：圆球形或卵球形	亚麻酸含量（%）：0.30
叶基形状：楔形	果皮颜色：青色	硬脂酸含量（%）：1.50
平均叶长（cm）：6.60	平均叶宽（cm）：3.70	棕榈酸含量（%）：8.50

普油-宜兴002号优株

资源编号：320282_010_0002	归属物种：*Camellia oleifera* Abel	
资源类型：野生资源（特异单株）	主要用途：油用栽培，遗传育种材料	
保存地点：江苏省宜兴市	保存方式：原地保存、保护	
性状特征		
资源特点：高产果量		
树　　姿：开张	盛 花 期：12月中旬	果面特征：光滑
嫩枝绒毛：有	花瓣颜色：白色	平均单果重（g）：12.32
芽鳞颜色：绿色	萼片绒毛：有	鲜出籽率（%）：41.15
芽 绒 毛：有	雌雄蕊相对高度：雄高	种皮颜色：褐色
嫩叶颜色：红色	花柱裂位：浅裂	种仁含油率（%）：36.00
老叶颜色：深绿色	柱头裂数：3	
叶　　形：长椭圆形	子房绒毛：有	油酸含量（%）：80.00
叶缘特征：平	果熟日期：10月下旬	亚油酸含量（%）：8.80
叶尖形状：渐尖	果　　形：圆球形或卵球形	亚麻酸含量（%）：0.40
叶基形状：楔形	果皮颜色：黄棕色	硬脂酸含量（%）：2.30
平均叶长（cm）：6.20	平均叶宽（cm）：2.90	棕榈酸含量（%）：8.00

212 普油-宜兴003号优株

资源编号：320282_010_0003	归属物种：*Camellia oleifera* Abel	
资源类型：野生资源（特异单株）	主要用途：油用栽培，遗传育种材料	
保存地点：江苏省宜兴市	保存方式：原地保存、保护	
	性状特征	
资源特点：高产果量		
树　　姿：半开张	盛花期：12月中旬	果面特征：光滑
嫩枝绒毛：有	花瓣颜色：白色	平均单果重（g）：13.22
芽鳞颜色：绿色	萼片绒毛：有	鲜出籽率（%）：39.03
芽绒毛：有	雌雄蕊相对高度：等高	种皮颜色：褐色
嫩叶颜色：红色	花柱裂位：中裂	种仁含油率（%）：40.00
老叶颜色：深绿色	柱头裂数：3	
叶　　形：长椭圆形	子房绒毛：有	油酸含量（%）：81.60
叶缘特征：平	果熟日期：10月下旬	亚油酸含量（%）：7.50
叶尖形状：渐尖	果　　形：圆球形或卵球形	亚麻酸含量（%）：0.20
叶基形状：楔形	果皮颜色：黄棕色	硬脂酸含量（%）：2.80
平均叶长（cm）：6.60	平均叶宽（cm）：3.70	棕榈酸含量（%）：7.30

213 普油-宜兴004号优株

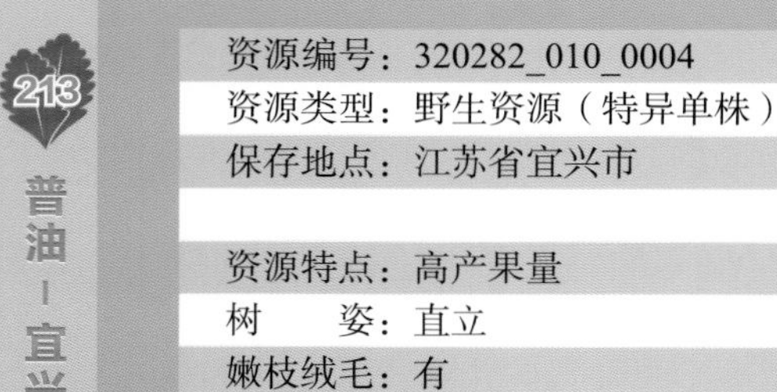

资源编号：320282_010_0004	归属物种：*Camellia oleifera* Abel	
资源类型：野生资源（特异单株）	主要用途：油用栽培，遗传育种材料	
保存地点：江苏省宜兴市	保存方式：原地保存、保护	
	性状特征	
资源特点：高产果量		
树　　姿：直立	盛 花 期：12月中旬	果面特征：光滑
嫩枝绒毛：有	花瓣颜色：白色	平均单果重（g）：19.43
芽鳞颜色：黄绿色	萼片绒毛：有	鲜出籽率（%）：38.81
芽 绒 毛：有	雌雄蕊相对高度：雄高	种皮颜色：褐色
嫩叶颜色：绿色	花柱裂位：浅裂	种仁含油率（%）：41.00
老叶颜色：深绿色	柱头裂数：4	
叶　　形：长椭圆形	子房绒毛：有	油酸含量（%）：80.90
叶缘特征：平	果熟日期：10月下旬	亚油酸含量（%）：8.10
叶尖形状：渐尖	果　　形：圆球形或卵球形	亚麻酸含量（%）：0.20
叶基形状：楔形	果皮颜色：红色	硬脂酸含量（%）：1.60
平均叶长（cm）：5.80	平均叶宽（cm）：3.10	棕榈酸含量（%）：8.50

214 普油-宜兴008号优株

资源编号：320282_010_0008	归属物种：*Camellia oleifera* Abel	
资源类型：野生资源（特异单株）	主要用途：油用栽培，遗传育种材料	
保存地点：江苏省宜兴市	保存方式：原地保存、保护	
性状特征		
资源特点：高产果量		
树　　姿：半开张	盛 花 期：12月中旬	果面特征：光滑
嫩枝绒毛：有	花瓣颜色：白色	平均单果重（g）：22.57
芽鳞颜色：黄绿色	萼片绒毛：有	鲜出籽率（%）：39.43
芽 绒 毛：有	雌雄蕊相对高度：雄高	种皮颜色：黑色
嫩叶颜色：红色	花柱裂位：全裂	种仁含油率（%）：42.00
老叶颜色：深绿色	柱头裂数：4	
叶　　形：长椭圆形	子房绒毛：有	油酸含量（%）：84.10
叶缘特征：平	果熟日期：10月下旬	亚油酸含量（%）：6.00
叶尖形状：渐尖	果　　形：圆球形或卵球形	亚麻酸含量（%）：0.40
叶基形状：楔形	果皮颜色：青色	硬脂酸含量（%）：1.80
平均叶长（cm）：6.40	平均叶宽（cm）：2.60	棕榈酸含量（%）：7.10

215 普油－溧阳001号优株

资源编号：320481_010_0001	归属物种：*Camellia oleifera* Abel	
资源类型：野生资源（特异单株）	主要用途：油用栽培，遗传育种材料	
保存地点：江苏省溧阳市	保存方式：原地保存、保护	
	性状特征	
资源特点：高产果量		
树　　姿：直立	盛 花 期：12月中旬	果面特征：光滑
嫩枝绒毛：有	花瓣颜色：白色	平均单果重（g）：6.68
芽鳞颜色：黄绿色	萼片绒毛：有	鲜出籽率（%）：49.40
芽 绒 毛：有	雌雄蕊相对高度：雄高	种皮颜色：棕色
嫩叶颜色：绿色	花柱裂位：浅裂	种仁含油率（%）：37.00
老叶颜色：深绿色	柱头裂数：3	
叶　　形：长椭圆形	子房绒毛：有	油酸含量（%）：77.60
叶缘特征：平	果熟日期：11月上旬	亚油酸含量（%）：11.10
叶尖形状：渐尖	果　　形：圆球形或卵球形	亚麻酸含量（%）：0.30
叶基形状：楔形	果皮颜色：青色	硬脂酸含量（%）：1.30
平均叶长（cm）：5.70	平均叶宽（cm）：2.80	棕榈酸含量（%）：9.00

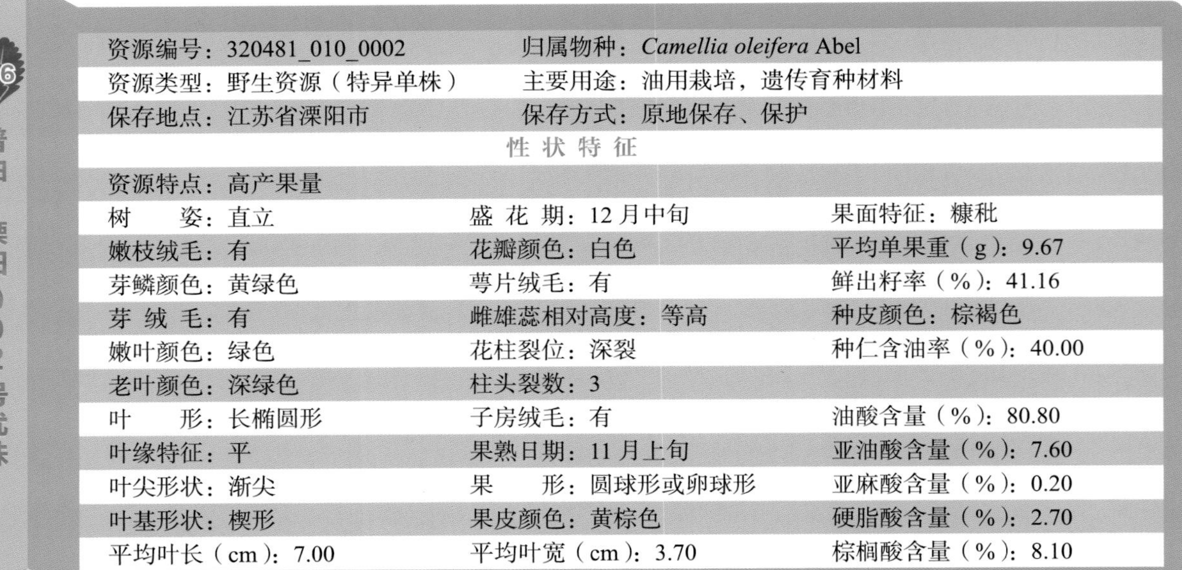

216 普油-溧阳002号优株

资源编号：320481_010_0002	归属物种：*Camellia oleifera* Abel	
资源类型：野生资源（特异单株）	主要用途：油用栽培，遗传育种材料	
保存地点：江苏省溧阳市	保存方式：原地保存、保护	
	性状特征	
资源特点：高产果量		
树　　姿：直立	盛 花 期：12月中旬	果面特征：糠秕
嫩枝绒毛：有	花瓣颜色：白色	平均单果重（g）：9.67
芽鳞颜色：黄绿色	萼片绒毛：有	鲜出籽率（%）：41.16
芽 绒 毛：有	雌雄蕊相对高度：等高	种皮颜色：棕褐色
嫩叶颜色：绿色	花柱裂位：深裂	种仁含油率（%）：40.00
老叶颜色：深绿色	柱头裂数：3	
叶　　形：长椭圆形	子房绒毛：有	油酸含量（%）：80.80
叶缘特征：平	果熟日期：11月上旬	亚油酸含量（%）：7.60
叶尖形状：渐尖	果　　形：圆球形或卵球形	亚麻酸含量（%）：0.20
叶基形状：楔形	果皮颜色：黄棕色	硬脂酸含量（%）：2.70
平均叶长（cm）：7.00	平均叶宽（cm）：3.70	棕榈酸含量（%）：8.10

217 普油-溧阳003号优株

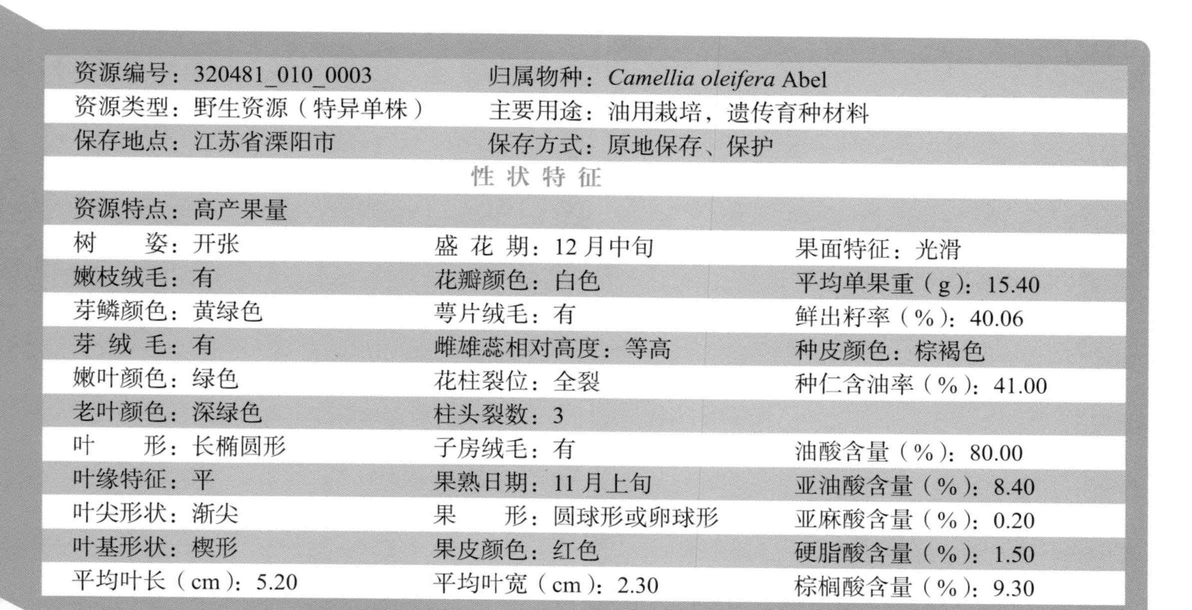

资源编号：320481_010_0003	归属物种：*Camellia oleifera* Abel	
资源类型：野生资源（特异单株）	主要用途：油用栽培，遗传育种材料	
保存地点：江苏省溧阳市	保存方式：原地保存、保护	
性状特征		
资源特点：高产果量		
树　　姿：开张	盛 花 期：12月中旬	果面特征：光滑
嫩枝绒毛：有	花瓣颜色：白色	平均单果重（g）：15.40
芽鳞颜色：黄绿色	萼片绒毛：有	鲜出籽率（%）：40.06
芽 绒 毛：有	雌雄蕊相对高度：等高	种皮颜色：棕褐色
嫩叶颜色：绿色	花柱裂位：全裂	种仁含油率（%）：41.00
老叶颜色：深绿色	柱头裂数：3	
叶　　形：长椭圆形	子房绒毛：有	油酸含量（%）：80.00
叶缘特征：平	果熟日期：11月上旬	亚油酸含量（%）：8.40
叶尖形状：渐尖	果　　形：圆球形或卵球形	亚麻酸含量（%）：0.20
叶基形状：楔形	果皮颜色：红色	硬脂酸含量（%）：1.50
平均叶长（cm）：5.20	平均叶宽（cm）：2.30	棕榈酸含量（%）：9.30

218

普油-溧阳004号优株

资源编号：320481_010_0004	归属物种：*Camellia oleifera* Abel	
资源类型：野生资源（特异单株）	主要用途：油用栽培，遗传育种材料	
保存地点：江苏省溧阳市	保存方式：原地保存、保护	
	性状特征	
资源特点：高产果量		
树　　姿：直立	盛 花 期：12月中旬	果面特征：糠秕
嫩枝绒毛：有	花瓣颜色：白色	平均单果重（g）：13.71
芽鳞颜色：绿色	萼片绒毛：有	鲜出籽率（%）：34.50
芽 绒 毛：有	雌雄蕊相对高度：等高	种皮颜色：褐色
嫩叶颜色：红色	花柱裂位：中裂	种仁含油率（%）：40.00
老叶颜色：深绿色	柱头裂数：3	
叶　　形：长椭圆形	子房绒毛：有	油酸含量（%）：79.60
叶缘特征：平	果熟日期：11月上旬	亚油酸含量（%）：8.80
叶尖形状：渐尖	果　　形：圆球形或卵球形	亚麻酸含量（%）：0.30
叶基形状：楔形	果皮颜色：黄棕色	硬脂酸含量（%）：1.80
平均叶长（cm）：5.80	平均叶宽（cm）：3.20	棕榈酸含量（%）：9.00

219

普油-连云港001号优株

资源编号：320705_010_0001	归属物种：*Camellia oleifera* Abel	
资源类型：野生资源（特异单株）	主要用途：油用栽培，遗传育种材料	
保存地点：江苏省连云港市海州区	保存方式：原地保存、保护	
性状特征		
资源特点：高产果量		
树　　姿：半开张	盛 花 期：12月中旬	果面特征：光滑
嫩枝绒毛：有	花瓣颜色：白色	平均单果重（g）：13.55
芽鳞颜色：黄绿色	萼片绒毛：有	鲜出籽率（%）：34.46
芽 绒 毛：有	雌雄蕊相对高度：雄高	种皮颜色：棕褐色
嫩叶颜色：绿色	花柱裂位：浅裂	种仁含油率（%）：38.00
老叶颜色：深绿色	柱头裂数：3	
叶　　形：长椭圆形	子房绒毛：有	油酸含量（%）：79.60
叶缘特征：平	果熟日期：10月下旬	亚油酸含量（%）：9.10
叶尖形状：渐尖	果　　形：圆球形或卵球形	亚麻酸含量（%）：0.30
叶基形状：楔形	果皮颜色：红色	硬脂酸含量（%）：1.70
平均叶长（cm）：5.90	平均叶宽（cm）：3.00	棕榈酸含量（%）：8.60

220 普油-连云港002号优株

资源编号：320705_010_0002	归属物种：*Camellia oleifera* Abel	
资源类型：野生资源（特异单株）	主要用途：油用栽培，遗传育种材料	
保存地点：江苏省连云港市海州区	保存方式：原地保存、保护	
性状特征		
资源特点：高产果量		
树　　姿：半开张	盛 花 期：12月中旬	果面特征：光滑
嫩枝绒毛：有	花瓣颜色：白色	平均单果重（g）：20.93
芽鳞颜色：绿色	萼片绒毛：有	鲜出籽率（%）：38.37
芽 绒 毛：有	雌雄蕊相对高度：雄高	种皮颜色：棕褐色
嫩叶颜色：绿色	花柱裂位：浅裂	种仁含油率（%）：39.00
老叶颜色：深绿色	柱头裂数：4	
叶　　形：椭圆形	子房绒毛：有	油酸含量（%）：81.40
叶缘特征：平	果熟日期：10月下旬	亚油酸含量（%）：7.60
叶尖形状：渐尖	果　　形：扁圆球形	亚麻酸含量（%）：0.30
叶基形状：楔形	果皮颜色：青色	硬脂酸含量（%）：2.20
平均叶长（cm）：7.00	平均叶宽（cm）：3.40	棕榈酸含量（%）：8.00

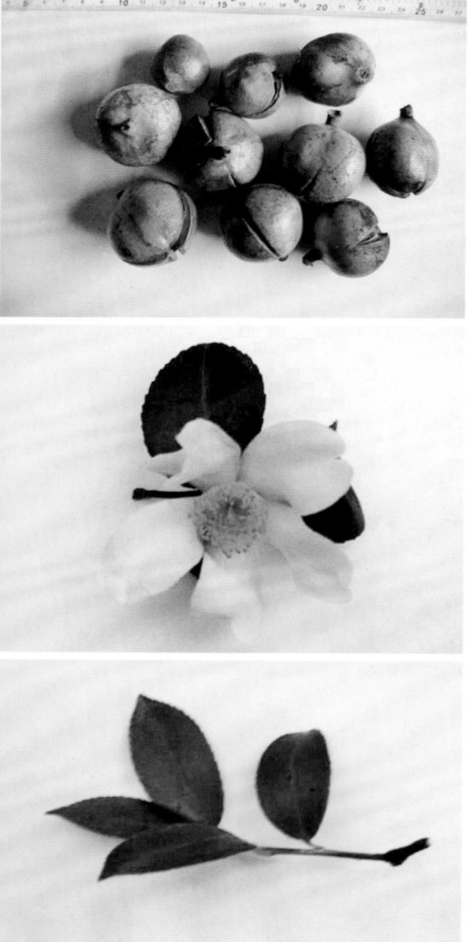

221 普油-连云港003号优株

资源编号：320705_010_0003	归属物种：*Camellia oleifera* Abel	
资源类型：野生资源（特异单株）	主要用途：油用栽培，遗传育种材料	
保存地点：江苏省连云港市海州区	保存方式：原地保存、保护	
	性状特征	
资源特点：高产果量		
树　　姿：半开张	盛花期：12月中旬	果面特征：糠秕
嫩枝绒毛：有	花瓣颜色：白色	平均单果重（g）：25.06
芽鳞颜色：黄绿色	萼片绒毛：有	鲜出籽率（%）：48.44
芽绒毛：有	雌雄蕊相对高度：雄高	种皮颜色：棕褐色
嫩叶颜色：绿色	花柱裂位：浅裂	种仁含油率（%）：37.00
老叶颜色：深绿色	柱头裂数：3	
叶　　形：长椭圆形	子房绒毛：有	油酸含量（%）：79.60
叶缘特征：平	果熟日期：10月下旬	亚油酸含量（%）：9.10
叶尖形状：渐尖	果　　形：圆球形或卵球形	亚麻酸含量（%）：0.30
叶基形状：楔形	果皮颜色：青色	硬脂酸含量（%）：1.70
平均叶长（cm）：6.40	平均叶宽（cm）：3.20	棕榈酸含量（%）：8.60

普油-连云港006号优株

资源编号：320705_010_0006	归属物种：*Camellia oleifera* Abel	
资源类型：野生资源（特异单株）	主要用途：油用栽培，遗传育种材料	
保存地点：江苏省连云港市海州区	保存方式：原地保存、保护	
	性状特征	
资源特点：高产果量		
树　　姿：直立	盛 花 期：12月中旬	果面特征：光滑
嫩枝绒毛：有	花瓣颜色：白色	平均单果重（g）：17.64
芽鳞颜色：黄绿色	萼片绒毛：有	鲜出籽率（%）：43.65
芽 绒 毛：有	雌雄蕊相对高度：雄高	种皮颜色：褐色
嫩叶颜色：绿色	花柱裂位：浅裂	种仁含油率（%）：40.00
老叶颜色：深绿色	柱头裂数：3	
叶　　形：长椭圆形	子房绒毛：有	油酸含量（%）：77.70
叶缘特征：平	果熟日期：10月下旬	亚油酸含量（%）：9.80
叶尖形状：渐尖	果　　形：圆球形或卵球形	亚麻酸含量（%）：0.40
叶基形状：楔形	果皮颜色：红色	硬脂酸含量（%）：2.00
平均叶长（cm）：5.50	平均叶宽（cm）：2.60	棕榈酸含量（%）：9.60

普油－连云港008号优株

资源编号：320705_010_0008	归属物种：*Camellia oleifera* Abel	
资源类型：野生资源（特异单株）	主要用途：油用栽培，遗传育种材料	
保存地点：江苏省连云港市连云区	保存方式：原地保存、保护	
	性状特征	
资源特点：高产果量		
树　　姿：半开张	盛 花 期：12月中旬	果面特征：光滑
嫩枝绒毛：有	花瓣颜色：白色	平均单果重（g）：17.29
芽鳞颜色：绿色	萼片绒毛：有	鲜出籽率（%）：48.47
芽 绒 毛：有	雌雄蕊相对高度：雄高	种皮颜色：棕褐色
嫩叶颜色：黄绿色	花柱裂位：浅裂	种仁含油率（%）：39.00
老叶颜色：深绿色	柱头裂数：4	
叶　　形：长椭圆形	子房绒毛：有	油酸含量（%）：78.50
叶缘特征：平	果熟日期：10月下旬	亚油酸含量（%）：9.50
叶尖形状：渐尖	果　　形：圆球形或卵球形	亚麻酸含量（%）：0.30
叶基形状：楔形	果皮颜色：青色	硬脂酸含量（%）：1.90
平均叶长（cm）：5.40	平均叶宽（cm）：2.70	棕榈酸含量（%）：9.40

224 普油-连云港011号优株

资源编号：320705_010_0011	归属物种：*Camellia oleifera* Abel	
资源类型：野生资源（特异单株）	主要用途：油用栽培，遗传育种材料	
保存地点：江苏省连云港市连云区	保存方式：原地保存、保护	
	性状特征	
资源特点：高产果量		
树　　姿：半开张	盛 花 期：12月中旬	果面特征：光滑
嫩枝绒毛：有	花瓣颜色：白色	平均单果重（g）：17.32
芽鳞颜色：绿色	萼片绒毛：有	鲜出籽率（%）：46.65
芽 绒 毛：有	雌雄蕊相对高度：雄高	种皮颜色：棕褐色
嫩叶颜色：红色	花柱裂位：中裂	种仁含油率（%）：38.00
老叶颜色：深绿色	柱头裂数：3	
叶　　形：长椭圆形	子房绒毛：有	油酸含量（%）：78.00
叶缘特征：平	果熟日期：10月下旬	亚油酸含量（%）：10.10
叶尖形状：渐尖	果　　形：圆球形或卵球形	亚麻酸含量（%）：0.30
叶基形状：楔形	果皮颜色：红色	硬脂酸含量（%）：1.80
平均叶长（cm）：5.60	平均叶宽（cm）：2.80	棕榈酸含量（%）：9.30

普油-连云港012号优株

资源编号：320705_010_0012	归属物种：*Camellia oleifera* Abel	
资源类型：野生资源（特异单株）	主要用途：油用栽培，遗传育种材料	
保存地点：江苏省连云港市	保存方式：原地保存、保护	
	性 状 特 征	
资源特点：高产果量		
树　　姿：半开张	盛 花 期：12月中旬	果面特征：光滑
嫩枝绒毛：有	花瓣颜色：白色	平均单果重（g）：14.24
芽鳞颜色：绿色	萼片绒毛：有	鲜出籽率（%）：45.08
芽 绒 毛：有	雌雄蕊相对高度：雄高	种皮颜色：褐色
嫩叶颜色：红色	花柱裂位：中裂	种仁含油率（%）：40.00
老叶颜色：深绿色	柱头裂数：3	
叶　　形：长椭圆形	子房绒毛：有	油酸含量（%）：82.80
叶缘特征：平	果熟日期：10月下旬	亚油酸含量（%）：6.70
叶尖形状：渐尖	果　　形：圆球形或卵球形	亚麻酸含量（%）：0.30
叶基形状：楔形	果皮颜色：红色	硬脂酸含量（%）：2.10
平均叶长（cm）：5.70	平均叶宽（cm）：2.80	棕榈酸含量（%）：7.60

226 普油-连云港013号优株

资源编号：320705_010_0013	归属物种：*Camellia oleifera* Abel	
资源类型：野生资源（特异单株）	主要用途：油用栽培，遗传育种材料	
保存地点：江苏省连云港市	保存方式：原地保存、保护	
	性状特征	
资源特点：高产果量		
树　　姿：半开张	盛 花 期：12月中旬	果面特征：光滑
嫩枝绒毛：有	花瓣颜色：白色	平均单果重（g）：14.67
芽鳞颜色：绿色	萼片绒毛：有	鲜出籽率（%）：48.13
芽 绒 毛：有	雌雄蕊相对高度：等高	种皮颜色：黑色
嫩叶颜色：红色	花柱裂位：中裂	种仁含油率（%）：41.00
老叶颜色：深绿色	柱头裂数：4	
叶　　形：长椭圆形	子房绒毛：有	油酸含量（%）：82.10
叶缘特征：平	果熟日期：10月下旬	亚油酸含量（%）：7.40
叶尖形状：渐尖	果　　形：扁圆球形	亚麻酸含量（%）：0.30
叶基形状：楔形	果皮颜色：红色	硬脂酸含量（%）：1.90
平均叶长（cm）：5.60	平均叶宽（cm）：2.80	棕榈酸含量（%）：7.80

普油-淳安优株1号

资源编号：330127_010_0001	归属物种：*Camellia oleifera* Abel	
资源类型：野生资源（特异单株）	主要用途：油用栽培，遗传育种材料	
保存地点：浙江省淳安县	保存方式：原地保存、保护	
	性状特征	
资源特点：高产果量		
树　　姿：半下垂	盛 花 期：11月下旬至12月初	果面特征：光滑
嫩枝绒毛：有	花瓣颜色：白色	平均单果重（g）：26.18
芽鳞颜色：黄绿色	萼片绒毛：有	鲜出籽率（%）：44.39
芽 绒 毛：有	雌雄蕊相对高度：雌高	种皮颜色：浓黑，饱满
嫩叶颜色：黄绿色	花柱裂位：中裂	种仁含油率（%）：41.80
老叶颜色：中绿色	柱头裂数：5	
叶　　形：椭圆形	子房绒毛：有	油酸含量（%）：81.90
叶缘特征：平	果熟日期：11月中旬	亚油酸含量（%）：6.90
叶尖形状：钝尖	果　　形：卵球形	亚麻酸含量（%）：0.20
叶基形状：楔形	果皮颜色：黄红色	硬脂酸含量（%）：1.90
平均叶长（cm）：5.82	平均叶宽（cm）：2.68	棕榈酸含量（%）：8.70

普油-淳安优株2号

资源编号：330127_010_0002	归属物种：*Camellia oleifera* Abel	
资源类型：野生资源（特异单株）	主要用途：油用栽培，遗传育种材料	
保存地点：浙江省淳安县	保存方式：原地保存、保护	
	性 状 特 征	
资源特点：高产果量		
树　　姿：下垂	盛 花 期：11月下旬至12月初	果面特征：光滑
嫩枝绒毛：有	花瓣颜色：白色	平均单果重（g）：21.47
芽鳞颜色：黄绿色	萼片绒毛：有	鲜出籽率（%）：42.20
芽 绒 毛：有	雌雄蕊相对高度：雄高	种皮颜色：褐色
嫩叶颜色：黄绿色	花柱裂位：浅裂	种仁含油率（%）：37.40
老叶颜色：中绿色	柱头裂数：3	
叶　　形：椭圆形	子房绒毛：有	油酸含量（%）：80.20
叶缘特征：平	果熟日期：11月中旬	亚油酸含量（%）：9.20
叶尖形状：钝尖	果　　形：圆球形	亚麻酸含量（%）：0.30
叶基形状：近圆形	果皮颜色：青色	硬脂酸含量（%）：1.50
平均叶长（cm）：5.88	平均叶宽（cm）：2.74	棕榈酸含量（%）：8.20

229

普油－淳安优株3号

资源编号：330127_010_0003	归属物种：*Camellia oleifera* Abel	
资源类型：野生资源（特异单株）	主要用途：油用栽培，遗传育种材料	
保存地点：浙江省淳安县	保存方式：原地保存、保护	
	性状特征	
资源特点：高产果量		
树　　姿：下垂	盛 花 期：11月下旬至12月初	果面特征：光滑
嫩枝绒毛：有	花瓣颜色：白色	平均单果重（g）：17.87
芽鳞颜色：黄绿色	萼片绒毛：有	鲜出籽率（%）：39.45
芽 绒 毛：有	雌雄蕊相对高度：雌高	种皮颜色：棕黑色
嫩叶颜色：黄绿色	花柱裂位：中裂	种仁含油率（%）：48.90
老叶颜色：中绿色	柱头裂数：4	
叶　　形：椭圆形	子房绒毛：有	油酸含量（%）：81.40
叶缘特征：平	果熟日期：11月中旬	亚油酸含量（%）：7.90
叶尖形状：钝尖	果　　形：椭球形	亚麻酸含量（%）：0.20
叶基形状：楔形	果皮颜色：黄青色	硬脂酸含量（%）：2.20
平均叶长（cm）：5.46	平均叶宽（cm）：2.77	棕榈酸含量（%）：7.70

230 普油-淳安优株4号

资源编号：330127_010_0004	归属物种：*Camellia oleifera* Abel	
资源类型：野生资源（特异单株）	主要用途：油用栽培，遗传育种材料	
保存地点：浙江省淳安县	保存方式：原地保存、保护	
	性状特征	
资源特点：高产果量		
树　　姿：半下垂	盛 花 期：11月下旬至12月初	果面特征：光滑
嫩枝绒毛：有	花瓣颜色：白色	平均单果重（g）：27.89
芽鳞颜色：黄绿色	萼片绒毛：有	鲜出籽率（%）：49.91
芽 绒 毛：有	雌雄蕊相对高度：雄高	种皮颜色：黑色，浓黑饱满
嫩叶颜色：黄绿色	花柱裂位：浅裂	种仁含油率（%）：37.70
老叶颜色：中绿色	柱头裂数：3	
叶　　形：椭圆形	子房绒毛：有	油酸含量（%）：80.20
叶缘特征：平	果熟日期：11月中旬	亚油酸含量（%）：9.10
叶尖形状：钝尖	果　　形：扁圆球形	亚麻酸含量（%）：0.30
叶基形状：近圆形	果皮颜色：黄红色	硬脂酸含量（%）：1.40
平均叶长（cm）：5.12	平均叶宽（cm）：2.22	棕榈酸含量（%）：8.10

231 普油-淳安优株8号

资源编号：330127_010_0008	归属物种：*Camellia oleifera* Abel	
资源类型：野生资源（特异单株）	主要用途：油用栽培，遗传育种材料	
保存地点：浙江省淳安县	保存方式：原地保存、保护	
	性 状 特 征	
资源特点：高产果量		
树　　姿：开张	盛 花 期：11月下旬至12月初	果面特征：光滑
嫩枝绒毛：有	花瓣颜色：白色	平均单果重（g）：24.25
芽鳞颜色：黄绿色	萼片绒毛：有	鲜出籽率（%）：48.08
芽 绒 毛：有	雌雄蕊相对高度：雌高	种皮颜色：黑色（浓黑）
嫩叶颜色：深绿色	花柱裂位：浅裂	种仁含油率（%）：27.00
老叶颜色：中绿色	柱头裂数：3	
叶　　形：近圆形	子房绒毛：有	油酸含量（%）：78.30
叶缘特征：平	果熟日期：11月中旬	亚油酸含量（%）：9.80
叶尖形状：钝尖	果　　形：圆球形、卵球形	亚麻酸含量（%）：0.40
叶基形状：近圆形	果皮颜色：青红色	硬脂酸含量（%）：1.50
平均叶长（cm）：4.75	平均叶宽（cm）：2.66	棕榈酸含量（%）：9.10

普油-淳安优株9号

资源编号：330127_010_0009	归属物种：*Camellia oleifera* Abel	
资源类型：野生资源（特异单株）	主要用途：油用栽培，遗传育种材料	
保存地点：浙江省淳安县	保存方式：原地保存、保护	
	性状特征	
资源特点：高产果量		
树　　姿：开张	盛 花 期：11月下旬至12月初	果面特征：光滑
嫩枝绒毛：有	花瓣颜色：白色	平均单果重（g）：19.89
芽鳞颜色：黄绿色	萼片绒毛：有	鲜出籽率（%）：49.02
芽 绒 毛：有	雌雄蕊相对高度：雌高	种皮颜色：黑色（浓黑色）
嫩叶颜色：黄绿色	花柱裂位：浅裂	种仁含油率（%）：36.10
老叶颜色：中绿色	柱头裂数：3或4	
叶　　形：近圆形	子房绒毛：有	油酸含量（%）：82.50
叶缘特征：平	果熟日期：11月中旬	亚油酸含量（%）：6.90
叶尖形状：钝尖	果　　形：卵球形	亚麻酸含量（%）：0.30
叶基形状：近圆形	果皮颜色：青红色	硬脂酸含量（%）：1.50
平均叶长（cm）：5.08	平均叶宽（cm）：2.80	棕榈酸含量（%）：8.00

普油-淳安优株10号

资源编号：330127_010_0010		归属物种：*Camellia oleifera* Abel
资源类型：野生资源（特异单株）		主要用途：油用栽培，遗传育种材料
保存地点：浙江省淳安县		保存方式：原地保存、保护
	性状特征	
资源特点：高产果量		
树　　姿：半下垂	盛花期：11月下旬至12月初	果面特征：光滑
嫩枝绒毛：有	花瓣颜色：白色	平均单果重（g）：23.68
芽鳞颜色：黄绿色	萼片绒毛：有	鲜出籽率（%）：41.05
芽绒毛：有	雌雄蕊相对高度：雌高	种皮颜色：棕褐色
嫩叶颜色：黄绿色	花柱裂位：浅裂	种仁含油率（%）：26.20
老叶颜色：中绿色	柱头裂数：3或4	
叶　　形：椭圆形	子房绒毛：有	油酸含量（%）：76.70
叶缘特征：平	果熟日期：11月中旬	亚油酸含量（%）：12.70
叶尖形状：钝尖	果　　形：圆球形	亚麻酸含量（%）：0.40
叶基形状：楔形	果皮颜色：绿色	硬脂酸含量（%）：1.10
平均叶长（cm）：6.13	平均叶宽（cm）：2.56	棕榈酸含量（%）：8.40

普油-建德优株2号

资源编号：330182_010_0002	归属物种：*Camellia oleifera* Abel	
资源类型：野生资源（特异单株）	主要用途：油用栽培，遗传育种材料	
保存地点：浙江省建德市	保存方式：原地保存、保护	
	性状特征	
资源特点：高产果量		
树　　姿：下垂	盛 花 期：11月下旬至12月初	果面特征：光滑
嫩枝绒毛：有	花瓣颜色：白色	平均单果重（g）：15.25
芽鳞颜色：黄绿色	萼片绒毛：有	鲜出籽率（%）：45.11
芽 绒 毛：有	雌雄蕊相对高度：雌高	种皮颜色：褐黑色
嫩叶颜色：中绿色	花柱裂位：浅裂	种仁含油率（%）：37.10
老叶颜色：中绿色	柱头裂数：3或4	
叶　　形：近圆形	子房绒毛：有	油酸含量（%）：78.60
叶缘特征：平	果熟日期：11月中旬	亚油酸含量（%）：10.80
叶尖形状：钝尖	果　　形：卵球形	亚麻酸含量（%）：0.40
叶基形状：近圆形	果皮颜色：青色	硬脂酸含量（%）：1.30
平均叶长（cm）：4.86	平均叶宽（cm）：2.46	棕榈酸含量（%）：8.30

普油-建德优株3号

资源编号：330182_010_0003	归属物种：*Camellia oleifera* Abel	
资源类型：野生资源（特异单株）	主要用途：油用栽培，遗传育种材料	
保存地点：浙江省建德市	保存方式：原地保存、保护	
	性状特征	
资源特点：高产果量		
树　　姿：半下垂	盛 花 期：11月下旬至12月初	果面特征：光滑
嫩枝绒毛：有	花瓣颜色：白色	平均单果重（g）：13.15
芽鳞颜色：黄绿色	萼片绒毛：有	鲜出籽率（%）：37.11
芽 绒 毛：有	雌雄蕊相对高度：雌高	种皮颜色：棕色
嫩叶颜色：深绿色	花柱裂位：浅裂	种仁含油率（%）：37.70
老叶颜色：中绿色	柱头裂数：3	
叶　　形：椭圆形	子房绒毛：有	油酸含量（%）：77.90
叶缘特征：平	果熟日期：11月中旬	亚油酸含量（%）：10.80
叶尖形状：钝尖	果　　形：圆球形	亚麻酸含量（%）：0.30
叶基形状：近圆形	果皮颜色：青色	硬脂酸含量（%）：1.20
平均叶长（cm）：6.25	平均叶宽（cm）：2.71	棕榈酸含量（%）：9.10

普油-建德优株4号

资源编号：330182_010_0004	归属物种：*Camellia oleifera* Abel	
资源类型：野生资源（特异单株）	主要用途：油用栽培，遗传育种材料	
保存地点：浙江省建德市	保存方式：原地保存、保护	
	性状特征	
资源特点：高产果量		
树　　姿：半下垂	盛花期：11月下旬至12月初	果面特征：光滑
嫩枝绒毛：有	花瓣颜色：白色	平均单果重（g）：20.97
芽鳞颜色：黄绿色	萼片绒毛：有	鲜出籽率（%）：45.68
芽绒毛：有	雌雄蕊相对高度：雄高	种皮颜色：棕黑色
嫩叶颜色：深绿色	花柱裂位：深裂	种仁含油率（%）：34.40
老叶颜色：中绿色	柱头裂数：3	
叶　　形：椭圆形	子房绒毛：有	油酸含量（%）：76.40
叶缘特征：平	果熟日期：11月中旬	亚油酸含量（%）：12.60
叶尖形状：钝尖	果　　形：圆球形	亚麻酸含量（%）：0.40
叶基形状：近圆形	果皮颜色：青色	硬脂酸含量（%）：1.20
平均叶长（cm）：4.47	平均叶宽（cm）：2.20	棕榈酸含量（%）：8.80

237 普油－建德优株5号

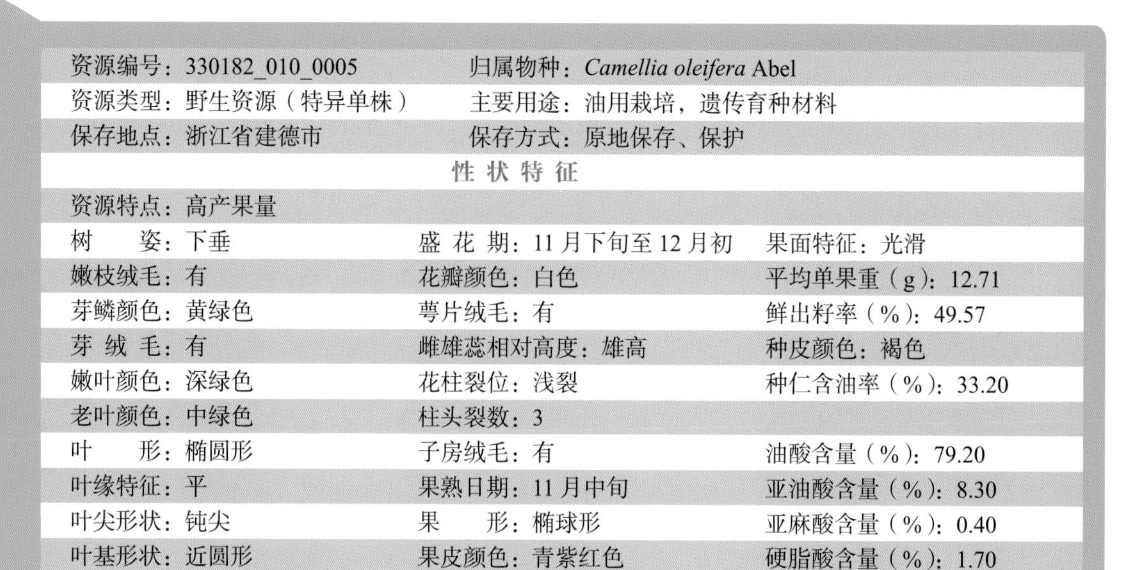

资源编号：330182_010_0005	归属物种：*Camellia oleifera* Abel	
资源类型：野生资源（特异单株）	主要用途：油用栽培，遗传育种材料	
保存地点：浙江省建德市	保存方式：原地保存、保护	
性状特征		
资源特点：高产果量		
树　　姿：下垂	盛 花 期：11月下旬至12月初	果面特征：光滑
嫩枝绒毛：有	花瓣颜色：白色	平均单果重（g）：12.71
芽鳞颜色：黄绿色	萼片绒毛：有	鲜出籽率（%）：49.57
芽 绒 毛：有	雌雄蕊相对高度：雄高	种皮颜色：褐色
嫩叶颜色：深绿色	花柱裂位：浅裂	种仁含油率（%）：33.20
老叶颜色：中绿色	柱头裂数：3	
叶　　形：椭圆形	子房绒毛：有	油酸含量（%）：79.20
叶缘特征：平	果熟日期：11月中旬	亚油酸含量（%）：8.30
叶尖形状：钝尖	果　　形：椭球形	亚麻酸含量（%）：0.40
叶基形状：近圆形	果皮颜色：青紫红色	硬脂酸含量（%）：1.70
平均叶长（cm）：5.46	平均叶宽（cm）：2.59	棕榈酸含量（%）：9.40

238

普油-建德优株6号

资源编号：330182_010_0006	归属物种：*Camellia oleifera* Abel	
资源类型：野生资源（特异单株）	主要用途：油用栽培，遗传育种材料	
保存地点：浙江省建德市	保存方式：原地保存、保护	
	性状特征	
资源特点：高产果量		
树　　姿：下垂	盛 花 期：11月下旬至12月初	果面特征：光滑
嫩枝绒毛：有	花瓣颜色：白色	平均单果重（g）：9.46
芽鳞颜色：黄绿色	萼片绒毛：有	鲜出籽率（%）：33.40
芽 绒 毛：有	雌雄蕊相对高度：雄高	种皮颜色：棕色
嫩叶颜色：中绿色	花柱裂位：浅裂	种仁含油率（%）：26.50
老叶颜色：中绿色	柱头裂数：4	
叶　　形：椭圆形	子房绒毛：有	油酸含量（%）：78.80
叶缘特征：平	果熟日期：11月中旬	亚油酸含量（%）：10.20
叶尖形状：钝尖	果　　形：卵球形	亚麻酸含量（%）：0.40
叶基形状：楔形	果皮颜色：青色	硬脂酸含量（%）：1.60
平均叶长（cm）：4.34	平均叶宽（cm）：1.59	棕榈酸含量（%）：8.20

普油-建德优株7号

资源编号：330182_010_0007	归属物种：*Camellia oleifera* Abel	
资源类型：野生资源（特异单株）	主要用途：油用栽培，遗传育种材料	
保存地点：浙江省建德市	保存方式：原地保存、保护	
	性 状 特 征	
资源特点：高产果量		
树　　姿：下垂	盛 花 期：11月下旬至12月初	果面特征：光滑
嫩枝绒毛：有	花瓣颜色：白色	平均单果重（g）：18.89
芽鳞颜色：黄绿色	萼片绒毛：有	鲜出籽率（%）：40.97
芽 绒 毛：有	雌雄蕊相对高度：雌高	种皮颜色：褐色
嫩叶颜色：深绿色	花柱裂位：浅裂	种仁含油率（%）：37.30
老叶颜色：中绿色	柱头裂数：4	
叶　　形：椭圆形	子房绒毛：有	油酸含量（%）：79.50
叶缘特征：平	果熟日期：11月中旬	亚油酸含量（%）：9.30
叶尖形状：钝尖	果　　形：卵球形	亚麻酸含量（%）：0.30
叶基形状：近圆形	果皮颜色：青红色	硬脂酸含量（%）：1.40
平均叶长（cm）：5.85	平均叶宽（cm）：2.55	棕榈酸含量（%）：9.00

普油-建德优株8号

资源编号：330182_010_0008	归属物种：*Camellia oleifera* Abel	
资源类型：野生资源（特异单株）	主要用途：油用栽培，遗传育种材料	
保存地点：浙江省建德市	保存方式：原地保存、保护	
	性状特征	
资源特点：高产果量		
树　　姿：半下垂	盛 花 期：11月下旬至12月初	果面特征：光滑
嫩枝绒毛：有	花瓣颜色：白色	平均单果重（g）：14.59
芽鳞颜色：黄绿色	萼片绒毛：有	鲜出籽率（%）：42.84
芽 绒 毛：有	雌雄蕊相对高度：雌高	种皮颜色：棕色
嫩叶颜色：中绿色	花柱裂位：浅裂	种仁含油率（%）：43.00
老叶颜色：中绿色	柱头裂数：3	
叶　　形：近圆形	子房绒毛：有	油酸含量（%）：79.90
叶缘特征：平	果熟日期：11月中旬	亚油酸含量（%）：8.60
叶尖形状：钝尖	果　　形：圆球形	亚麻酸含量（%）：0.30
叶基形状：近圆形	果皮颜色：青红色	硬脂酸含量（%）：1.40
平均叶长（cm）：4.66	平均叶宽（cm）：2.43	棕榈酸含量（%）：9.00

普油-永嘉优株3号

资源编号：330324_010_0003		归属物种：*Camellia oleifera* Abel
资源类型：野生资源（特异单株）		主要用途：油用栽培，遗传育种材料
保存地点：浙江省永嘉县		保存方式：原地保存、保护
	性状特征	
资源特点：高产果量		
树　　姿：直立	盛花期：10月中下旬至11月上旬	果面特征：光滑
嫩枝绒毛：有	花瓣颜色：白色	平均单果重（g）：19.15
芽鳞颜色：绿色	萼片绒毛：有	鲜出籽率（%）：44.65
芽绒毛：有	雌雄蕊相对高度：雄高	种皮颜色：褐色
嫩叶颜色：绿色	花柱裂位：浅裂	种仁含油率（%）：33.50
老叶颜色：中绿色	柱头裂数：3	
叶　　形：椭圆形	子房绒毛：有	油酸含量（%）：76.40
叶缘特征：平	果熟日期：10月下旬	亚油酸含量（%）：9.20
叶尖形状：渐尖	果　　形：圆球形	亚麻酸含量（%）：0.30
叶基形状：近圆形	果皮颜色：青色	硬脂酸含量（%）：1.40
平均叶长（cm）：6.79	平均叶宽（cm）：2.84	棕榈酸含量（%）：11.30

242 普油-永嘉优株4号

资源编号：330324_010_0004	归属物种：*Camellia oleifera* Abel	
资源类型：野生资源（特异单株）	主要用途：油用栽培，遗传育种材料	
保存地点：浙江省永嘉县	保存方式：原地保存、保护	
	性状特征	
资源特点：高产果量		
树　　姿：半开张	盛 花 期：10月中下旬至11月上旬	果面特征：光滑
嫩枝绒毛：有	花瓣颜色：白色	平均单果重（g）：19.11
芽鳞颜色：黄绿色	萼片绒毛：有	鲜出籽率（%）：41.03
芽 绒 毛：有	雌雄蕊相对高度：雄高	种皮颜色：褐色
嫩叶颜色：深绿色	花柱裂位：中裂	种仁含油率（%）：40.30
老叶颜色：中绿色	柱头裂数：3	
叶　　形：长椭圆形	子房绒毛：有	油酸含量（%）：82.30
叶缘特征：平	果熟日期：10月下旬	亚油酸含量（%）：6.20
叶尖形状：渐尖	果　　形：不规则（有棱）	亚麻酸含量（%）：0.30
叶基形状：楔形	果皮颜色：青红色	硬脂酸含量（%）：1.70
平均叶长（cm）：6.53	平均叶宽（cm）：2.52	棕榈酸含量（%）：8.70

普油-永嘉优株5号

资源编号：330324_010_0005	归属物种：*Camellia oleifera* Abel	
资源类型：野生资源（特异单株）	主要用途：油用栽培，遗传育种材料	
保存地点：浙江省永嘉县	保存方式：原地保存、保护	
性状特征		
资源特点：高产果量		
树　　姿：半开张	盛 花 期：10月中下旬至11月上旬	果面特征：光滑
嫩枝绒毛：有	花瓣颜色：白色	平均单果重（g）：16.42
芽鳞颜色：绿色	萼片绒毛：有	鲜出籽率（%）：34.47
芽 绒 毛：有	雌雄蕊相对高度：雄高	种皮颜色：棕色
嫩叶颜色：绿色	花柱裂位：浅裂	种仁含油率（%）：42.40
老叶颜色：中绿色	柱头裂数：4	
叶　　形：椭圆形	子房绒毛：有	油酸含量（%）：82.00
叶缘特征：平	果熟日期：10月下旬	亚油酸含量（%）：7.00
叶尖形状：渐尖	果　　形：圆球形	亚麻酸含量（%）：0.40
叶基形状：楔形	果皮颜色：青色	硬脂酸含量（%）：1.50
平均叶长（cm）：7.45	平均叶宽（cm）：3.09	棕榈酸含量（%）：8.40

普油-永嘉优株6号

资源编号：330324_010_0006		归属物种：*Camellia oleifera* Abel
资源类型：野生资源（特异单株）		主要用途：油用栽培，遗传育种材料
保存地点：浙江省永嘉县		保存方式：原地保存、保护
	性状特征	
资源特点：高产果量		
树　　姿：直立	盛 花 期：10月中下旬至11月上旬	果面特征：光滑
嫩枝绒毛：有	花瓣颜色：白色	平均单果重（g）：19.27
芽鳞颜色：绿色	萼片绒毛：有	鲜出籽率（%）：36.95
芽 绒 毛：有	雌雄蕊相对高度：等高	种皮颜色：黑色
嫩叶颜色：绿色	花柱裂位：浅裂	种仁含油率（%）：39.20
老叶颜色：中绿色	柱头裂数：3	
叶　　形：椭圆形	子房绒毛：有	油酸含量（%）：80.80
叶缘特征：平	果熟日期：10月下旬	亚油酸含量（%）：7.00
叶尖形状：渐尖	果　　形：卵球形	亚麻酸含量（%）：0.30
叶基形状：楔形	果皮颜色：红色	硬脂酸含量（%）：1.50
平均叶长（cm）：7.18	平均叶宽（cm）：2.91	棕榈酸含量（%）：9.50

普油-永嘉优株7号

资源编号：330324_010_0007	归属物种：*Camellia oleifera* Abel	
资源类型：野生资源（特异单株）	主要用途：油用栽培，遗传育种材料	
保存地点：浙江省永嘉县	保存方式：原地保存、保护	
	性状特征	
资源特点：高产果量		
树　　姿：直立	盛 花 期：10月中下旬至11月上旬	果面特征：光滑
嫩枝绒毛：有	花瓣颜色：白色	平均单果重（g）：18.78
芽鳞颜色：绿色	萼片绒毛：有（白色）	鲜出籽率（%）：35.89
芽 绒 毛：有	雌雄蕊相对高度：雄高	种皮颜色：褐色
嫩叶颜色：黄绿色	花柱裂位：浅裂	种仁含油率（%）：36.40
老叶颜色：中绿色	柱头裂数：3	
叶　　形：长椭圆形	子房绒毛：有	油酸含量（%）：82.20
叶缘特征：平	果熟日期：10月下旬	亚油酸含量（%）：6.60
叶尖形状：渐尖	果　　形：圆球形	亚麻酸含量（%）：0.40
叶基形状：楔形	果皮颜色：青色	硬脂酸含量（%）：2.20
平均叶长（cm）：7.00	平均叶宽（cm）：2.57	棕榈酸含量（%）：7.70

246

普油-苍南优株1号

资源编号：330327_010_0001	归属物种：*Camellia oleifera* Abel	
资源类型：野生资源（特异单株）	主要用途：油用栽培，遗传育种材料	
保存地点：浙江省苍南县	保存方式：原地保存、保护	
	性状特征	
资源特点：高产果量		
树　　姿：半开张	盛 花 期：10月中下旬至11月上旬	果面特征：光滑
嫩枝绒毛：有	花瓣颜色：白色	平均单果重（g）：22.74
芽鳞颜色：黄绿色	萼片绒毛：有	鲜出籽率（%）：35.31
芽 绒 毛：有	雌雄蕊相对高度：等高	种皮颜色：褐色
嫩叶颜色：黄绿色	花柱裂位：浅裂	种仁含油率（%）：40.50
老叶颜色：中绿色	柱头裂数：3	
叶　　形：椭圆形	子房绒毛：有	油酸含量（%）：81.20
叶缘特征：平	果熟日期：10月下旬	亚油酸含量（%）：6.70
叶尖形状：渐尖	果　　形：圆球形	亚麻酸含量（%）：0.20
叶基形状：近圆形	果皮颜色：红色	硬脂酸含量（%）：1.80
平均叶长（cm）：5.40	平均叶宽（cm）：2.65	棕榈酸含量（%）：9.30

普油-苍南优株2号

资源编号：330327_010_0002	归属物种：*Camellia oleifera* Abel	
资源类型：野生资源（特异单株）	主要用途：油用栽培，遗传育种材料	
保存地点：浙江省苍南县	保存方式：原地保存、保护	
	性 状 特 征	
资源特点：高产果量		
树　　姿：半开张	盛 花 期：10月中下旬至11月上旬	果面特征：光滑
嫩枝绒毛：有	花瓣颜色：白色	平均单果重（g）：15.33
芽鳞颜色：玉白色	萼片绒毛：有	鲜出籽率（%）：44.16
芽 绒 毛：有	雌雄蕊相对高度：雌高	种皮颜色：黑褐色
嫩叶颜色：黄绿色	花柱裂位：浅裂	种仁含油率（%）：46.10
老叶颜色：中绿色	柱头裂数：3	
叶　　形：长椭圆形	子房绒毛：有	油酸含量（%）：83.30
叶缘特征：平	果熟日期：10月下旬	亚油酸含量（%）：5.30
叶尖形状：钝尖	果　　形：圆球形	亚麻酸含量（%）：0.20
叶基形状：近圆形	果皮颜色：青色	硬脂酸含量（%）：2.10
平均叶长（cm）：5.54	平均叶宽（cm）：2.39	棕榈酸含量（%）：8.30

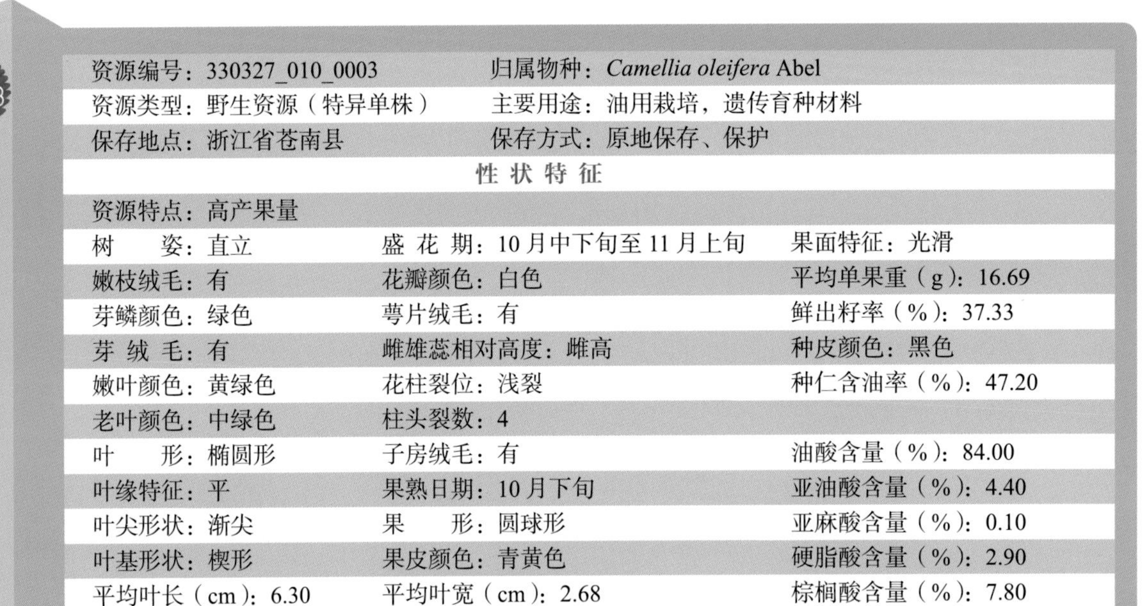

248 普油-苍南优株3号

资源编号：330327_010_0003	归属物种：*Camellia oleifera* Abel	
资源类型：野生资源（特异单株）	主要用途：油用栽培，遗传育种材料	
保存地点：浙江省苍南县	保存方式：原地保存、保护	
	性 状 特 征	
资源特点：高产果量		
树　　姿：直立	盛 花 期：10月中下旬至11月上旬	果面特征：光滑
嫩枝绒毛：有	花瓣颜色：白色	平均单果重（g）：16.69
芽鳞颜色：绿色	萼片绒毛：有	鲜出籽率（%）：37.33
芽 绒 毛：有	雌雄蕊相对高度：雌高	种皮颜色：黑色
嫩叶颜色：黄绿色	花柱裂位：浅裂	种仁含油率（%）：47.20
老叶颜色：中绿色	柱头裂数：4	
叶　　形：椭圆形	子房绒毛：有	油酸含量（%）：84.00
叶缘特征：平	果熟日期：10月下旬	亚油酸含量（%）：4.40
叶尖形状：渐尖	果　　形：圆球形	亚麻酸含量（%）：0.10
叶基形状：楔形	果皮颜色：青黄色	硬脂酸含量（%）：2.90
平均叶长（cm）：6.30	平均叶宽（cm）：2.68	棕榈酸含量（%）：7.80

普油－苍南优株4号

资源编号：330327_010_0004		归属物种：*Camellia oleifera* Abel
资源类型：野生资源（特异单株）		主要用途：油用栽培，遗传育种材料
保存地点：浙江省苍南县		保存方式：原地保存、保护
	性 状 特 征	
资源特点：高产果量		
树　　姿：开张	盛 花 期：10月中下旬至11月上旬	果面特征：光滑
嫩枝绒毛：有	花瓣颜色：白色	平均单果重（g）：12.57
芽鳞颜色：绿色	萼片绒毛：有	鲜出籽率（%）：44.39
芽 绒 毛：有	雌雄蕊相对高度：雌高	种皮颜色：红褐色
嫩叶颜色：黄绿色	花柱裂位：浅裂	种仁含油率（%）：40.50
老叶颜色：中绿色	柱头裂数：3	
叶　　形：长椭圆形	子房绒毛：有	油酸含量（%）：83.60
叶缘特征：平	果熟日期：10月下旬	亚油酸含量（%）：5.20
叶尖形状：渐尖	果　　形：倒卵球形	亚麻酸含量（%）：0.20
叶基形状：楔形	果皮颜色：青色	硬脂酸含量（%）：2.30
平均叶长（cm）：5.01	平均叶宽（cm）：2.13	棕榈酸含量（%）：8.00

普油-苍南优株7号

资源编号：330327_010_0007	归属物种：*Camellia oleifera* Abel	
资源类型：野生资源（特异单株）	主要用途：油用栽培，遗传育种材料	
保存地点：浙江省苍南县	保存方式：原地保存、保护	
	性状特征	
资源特点：高产果量		
树　　姿：半开张	盛花期：10月中下旬至11月上旬	果面特征：光滑
嫩枝绒毛：有	花瓣颜色：白色	平均单果重（g）：21.30
芽鳞颜色：绿色	萼片绒毛：有	鲜出籽率（%）：37.42
芽绒毛：有	雌雄蕊相对高度：雌高	种皮颜色：黑色
嫩叶颜色：深绿色	花柱裂位：浅裂	种仁含油率（%）：40.80
老叶颜色：中绿色	柱头裂数：3	
叶　　形：椭圆形	子房绒毛：有	油酸含量（%）：83.50
叶缘特征：平	果熟日期：10月下旬	亚油酸含量（%）：0.20
叶尖形状：钝尖	果　　形：卵球形	亚麻酸含量（%）：—
叶基形状：近圆形	果皮颜色：青色	硬脂酸含量（%）：2.80
平均叶长（cm）：6.24	平均叶宽（cm）：2.91	棕榈酸含量（%）：10.70

普油-苍南优株8号

资源编号：330327_010_0008	归属物种：*Camellia oleifera* Abel	
资源类型：野生资源（特异单株）	主要用途：油用栽培，遗传育种材料	
保存地点：浙江省苍南县	保存方式：原地保存、保护	
	性 状 特 征	
资源特点：高产果量		
树　　姿：直立	盛 花 期：10月中下旬至11月上旬	果面特征：光滑
嫩枝绒毛：有	花瓣颜色：白色	平均单果重（g）：25.51
芽鳞颜色：绿色	萼片绒毛：有	鲜出籽率（%）：43.00
芽 绒 毛：有	雌雄蕊相对高度：雌高	种皮颜色：黑色
嫩叶颜色：绿色	花柱裂位：浅裂	种仁含油率（%）：36.60
老叶颜色：中绿色	柱头裂数：3	
叶　　形：椭圆形	子房绒毛：有	油酸含量（%）：83.70
叶缘特征：平	果熟日期：10月下旬	亚油酸含量（%）：6.00
叶尖形状：渐尖	果　　形：卵球形	亚麻酸含量（%）：0.20
叶基形状：近圆形	果皮颜色：青色	硬脂酸含量（%）：1.40
平均叶长（cm）：5.83	平均叶宽（cm）：2.56	棕榈酸含量（%）：7.80

252 普油-文成优株1号

资源编号：330328_010_0001	归属物种：*Camellia oleifera* Abel	
资源类型：野生资源（特异单株）	主要用途：油用栽培，遗传育种材料	
保存地点：浙江省文成县	保存方式：原地保存、保护	
性状特征		
资源特点：高产果量		
树　　姿：直立	盛 花 期：10月中下旬至11月上旬	果面特征：光滑
嫩枝绒毛：有	花瓣颜色：白色	平均单果重（g）：19.59
芽鳞颜色：黄色	萼片绒毛：有	鲜出籽率（%）：35.58
芽 绒 毛：有	雌雄蕊相对高度：雄高	种皮颜色：黑色
嫩叶颜色：绿色	花柱裂位：浅裂	种仁含油率（%）：36.80
老叶颜色：中绿色	柱头裂数：3	
叶　　形：近圆形	子房绒毛：有	油酸含量（%）：80.80
叶缘特征：平	果熟日期：10月下旬	亚油酸含量（%）：7.60
叶尖形状：渐尖	果　　形：扁卵球形	亚麻酸含量（%）：0.30
叶基形状：近圆形	果皮颜色：青色	硬脂酸含量（%）：1.20
平均叶长（cm）：7.25	平均叶宽（cm）：3.66	棕榈酸含量（%）：9.30

普油-文成优株2号

资源编号：330328_010_0002		归属物种：*Camellia oleifera* Abel
资源类型：野生资源（特异单株）		主要用途：油用栽培，遗传育种材料
保存地点：浙江省文成县		保存方式：原地保存、保护
	性状特征	
资源特点：高产果量		
树　　姿：直立	盛 花 期：10月中下旬至11月上旬	果面特征：光滑
嫩枝绒毛：有	花瓣颜色：白色	平均单果重（g）：18.27
芽鳞颜色：绿色	萼片绒毛：有	鲜出籽率（%）：49.75
芽 绒 毛：有	雌雄蕊相对高度：雄高	种皮颜色：黑色
嫩叶颜色：绿色	花柱裂位：浅裂	种仁含油率（%）：41.20
老叶颜色：中绿色	柱头裂数：4	
叶　　形：近圆形	子房绒毛：有	油酸含量（%）：81.00
叶缘特征：平	果熟日期：10月下旬	亚油酸含量（%）：7.50
叶尖形状：渐尖	果　　形：卵球形	亚麻酸含量（%）：0.30
叶基形状：楔形	果皮颜色：青色	硬脂酸含量（%）：1.40
平均叶长（cm）：6.12	平均叶宽（cm）：3.11	棕榈酸含量（%）：9.00

普油-文成优株3号

资源编号：330328_010_0003		归属物种：*Camellia oleifera* Abel
资源类型：野生资源（特异单株）		主要用途：油用栽培，遗传育种材料
保存地点：浙江省文成县		保存方式：原地保存、保护
	性状特征	
资源特点：高产果量		
树　　姿：半开张	盛 花 期：10月中下旬至11月上旬	果面特征：光滑
嫩枝绒毛：有	花瓣颜色：白色	平均单果重（g）：19.04
芽鳞颜色：玉白色	萼片绒毛：有	鲜出籽率（%）：43.91
芽 绒 毛：有	雌雄蕊相对高度：雌高	种皮颜色：黑色
嫩叶颜色：黄绿色	花柱裂位：浅裂	种仁含油率（%）：39.30
老叶颜色：中绿色	柱头裂数：3	
叶　　形：椭圆形	子房绒毛：有	油酸含量（%）：83.80
叶缘特征：平	果熟日期：10月下旬	亚油酸含量（%）：5.50
叶尖形状：渐尖	果　　形：卵球形	亚麻酸含量（%）：0.30
叶基形状：近圆形	果皮颜色：青红色	硬脂酸含量（%）：2.00
平均叶长（cm）：5.90	平均叶宽（cm）：2.39	棕榈酸含量（%）：7.50

普油－文成优株4号

资源编号：330328_010_0004		归属物种：*Camellia oleifera* Abel
资源类型：野生资源（特异单株）		主要用途：油用栽培，遗传育种材料
保存地点：浙江省文成县		保存方式：原地保存、保护
	性状特征	
资源特点：高产果量		
树　　姿：直立	盛 花 期：10月中下旬至11月上旬	果面特征：光滑
嫩枝绒毛：有	花瓣颜色：白色	平均单果重（g）：9.73
芽鳞颜色：黄色	萼片绒毛：有	鲜出籽率（%）：33.81
芽 绒 毛：有	雌雄蕊相对高度：雌高	种皮颜色：褐色
嫩叶颜色：绿色	花柱裂位：中裂	种仁含油率（%）：38.80
老叶颜色：中绿色	柱头裂数：3	
叶　　形：椭圆形	子房绒毛：有	油酸含量（%）：80.50
叶缘特征：平	果熟日期：10月下旬	亚油酸含量（%）：7.50
叶尖形状：渐尖	果　　形：卵球形	亚麻酸含量（%）：0.40
叶基形状：楔形	果皮颜色：青色	硬脂酸含量（%）：2.30
平均叶长（cm）：7.52	平均叶宽（cm）：3.12	棕榈酸含量（%）：8.80

256 普油-文成优株5号

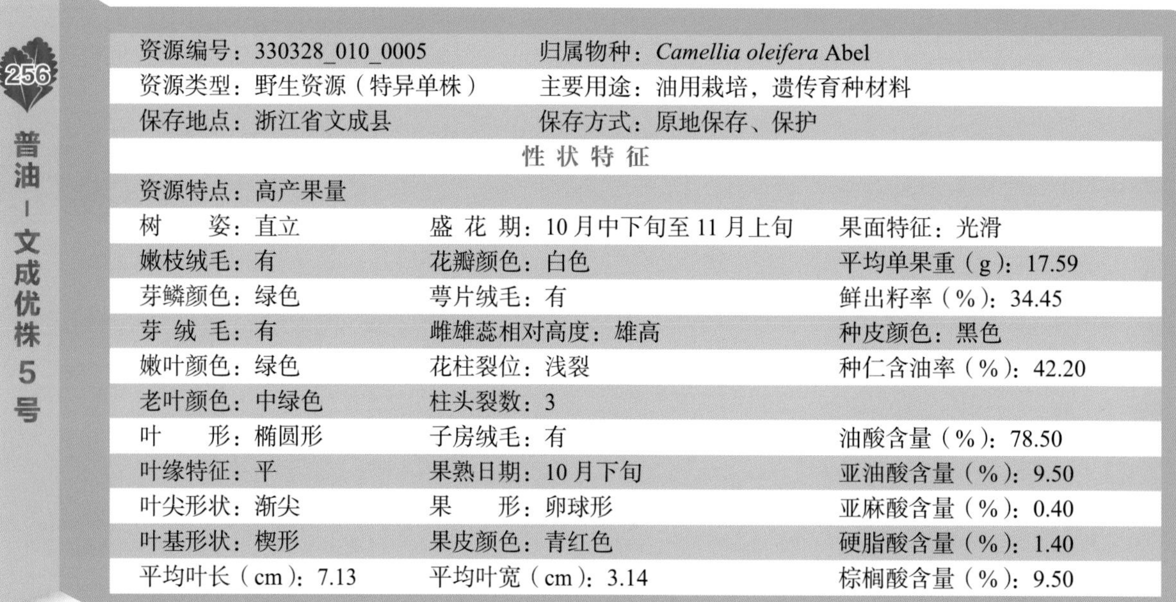

资源编号：330328_010_0005	归属物种：*Camellia oleifera* Abel	
资源类型：野生资源（特异单株）	主要用途：油用栽培，遗传育种材料	
保存地点：浙江省文成县	保存方式：原地保存、保护	
	性状特征	
资源特点：高产果量		
树　　姿：直立	盛 花 期：10月中下旬至11月上旬	果面特征：光滑
嫩枝绒毛：有	花瓣颜色：白色	平均单果重（g）：17.59
芽鳞颜色：绿色	萼片绒毛：有	鲜出籽率（%）：34.45
芽 绒 毛：有	雌雄蕊相对高度：雄高	种皮颜色：黑色
嫩叶颜色：绿色	花柱裂位：浅裂	种仁含油率（%）：42.20
老叶颜色：中绿色	柱头裂数：3	
叶　　形：椭圆形	子房绒毛：有	油酸含量（%）：78.50
叶缘特征：平	果熟日期：10月下旬	亚油酸含量（%）：9.50
叶尖形状：渐尖	果　　形：卵球形	亚麻酸含量（%）：0.40
叶基形状：楔形	果皮颜色：青红色	硬脂酸含量（%）：1.40
平均叶长（cm）：7.13	平均叶宽（cm）：3.14	棕榈酸含量（%）：9.50

普油-泰顺优株1号

资源编号：330329_010_0001		归属物种：*Camellia oleifera* Abel
资源类型：野生资源（特异单株）		主要用途：油用栽培，遗传育种材料
保存地点：浙江省泰顺县		保存方式：原地保存、保护
	性 状 特 征	
资源特点：高产果量		
树　　姿：开张	盛 花 期：10月中下旬至11月上旬	果面特征：光滑
嫩枝绒毛：有	花瓣颜色：白色	平均单果重（g）：19.41
芽鳞颜色：黄色	萼片绒毛：有	鲜出籽率（%）：36.53
芽 绒 毛：有	雌雄蕊相对高度：雄高	种皮颜色：黑色
嫩叶颜色：绿色	花柱裂位：中裂	种仁含油率（%）：38.60
老叶颜色：中绿色	柱头裂数：3	
叶　　形：椭圆形	子房绒毛：有	油酸含量（%）：84.40
叶缘特征：平	果熟日期：10月下旬	亚油酸含量（%）：5.10
叶尖形状：渐尖	果　　形：卵球形	亚麻酸含量（%）：0.20
叶基形状：楔形	果皮颜色：红色	硬脂酸含量（%）：1.40
平均叶长（cm）：6.68	平均叶宽（cm）：2.94	棕榈酸含量（%）：8.20

普油-泰顺优株4号

资源编号：330329_010_0004	归属物种：*Camellia oleifera* Abel	
资源类型：野生资源（特异单株）	主要用途：油用栽培，遗传育种材料	
保存地点：浙江省泰顺县	保存方式：原地保存、保护	
	性状特征	
资源特点：高产果量		
树　　姿：半开张	盛 花 期：10月中下旬至11月上旬	果面特征：光滑
嫩枝绒毛：有	花瓣颜色：白色	平均单果重（g）：14.86
芽鳞颜色：绿色	萼片绒毛：有	鲜出籽率（%）：40.04
芽 绒 毛：有	雌雄蕊相对高度：雌高	种皮颜色：黑色
嫩叶颜色：绿色	花柱裂位：浅裂	种仁含油率（%）：42.30
老叶颜色：中绿色	柱头裂数：3	
叶　　形：近圆形	子房绒毛：有	油酸含量（%）：82.40
叶缘特征：平	果熟日期：10月下旬	亚油酸含量（%）：6.00
叶尖形状：渐尖	果　　形：卵球形	亚麻酸含量（%）：0.20
叶基形状：楔形	果皮颜色：青红色	硬脂酸含量（%）：1.90
平均叶长（cm）：5.73	平均叶宽（cm）：2.99	棕榈酸含量（%）：8.90

普油-泰顺优株5号

资源编号：330329_010_0005	归属物种：*Camellia oleifera* Abel	
资源类型：野生资源（特异单株）	主要用途：油用栽培，遗传育种材料	
保存地点：浙江省泰顺县	保存方式：原地保存、保护	
	性 状 特 征	
资源特点：高产果量		
树 姿：直立	盛 花 期：10月中下旬至11月上旬	果面特征：光滑
嫩枝绒毛：有	花瓣颜色：白色	平均单果重（g）：22.21
芽鳞颜色：浅黄色	萼片绒毛：有	鲜出籽率（%）：45.43
芽 绒 毛：有	雌雄蕊相对高度：雌高	种皮颜色：黑色
嫩叶颜色：绿色	花柱裂位：浅裂	种仁含油率（%）：41.60
老叶颜色：中绿色	柱头裂数：3或4	
叶 形：椭圆形	子房绒毛：有	油酸含量（%）：81.60
叶缘特征：平	果熟日期：10月下旬	亚油酸含量（%）：7.20
叶尖形状：渐尖	果 形：卵球形	亚麻酸含量（%）：0.30
叶基形状：楔形	果皮颜色：青色	硬脂酸含量（%）：1.80
平均叶长（cm）：5.97	平均叶宽（cm）：2.77	棕榈酸含量（%）：8.40

普油-武义优株3号

资源编号：330723_010_0003		归属物种：*Camellia oleifera* Abel
资源类型：野生资源（特异单株）		主要用途：油用栽培，遗传育种材料
保存地点：浙江省武义县		保存方式：原地保存、保护
	性状特征	
资源特点：高产果量		
树　　姿：半开张	盛 花 期：10月中下旬至11月上旬	果面特征：光滑
嫩枝绒毛：有	花瓣颜色：白色	平均单果重（g）：13.06
芽鳞颜色：黄绿色	萼片绒毛：有	鲜出籽率（%）：47.55
芽 绒 毛：有	雌雄蕊相对高度：雌高	种皮颜色：褐色
嫩叶颜色：绿色、黄绿色	花柱裂位：深裂	种仁含油率（%）：47.30
老叶颜色：中绿色	柱头裂数：3	
叶　　形：椭圆形	子房绒毛：有	油酸含量（%）：81.40
叶缘特征：平	果熟日期：10月下旬	亚油酸含量（%）：6.00
叶尖形状：渐尖	果　　形：卵球形	亚麻酸含量（%）：0.30
叶基形状：楔形	果皮颜色：红色	硬脂酸含量（%）：2.30
平均叶长（cm）：7.48	平均叶宽（cm）：3.32	棕榈酸含量（%）：9.10

普油 - 永康优株 1 号

资源编号：330784_010_0001		归属物种：*Camellia oleifera* Abel
资源类型：野生资源（特异单株）		主要用途：油用栽培，遗传育种材料
保存地点：浙江省永康市		保存方式：原地保存、保护
	性 状 特 征	
资源特点：高产果量		
树　　姿：半开张	盛 花 期：10 月中下旬至 11 月上旬	果面特征：光滑
嫩枝绒毛：有	花瓣颜色：白色	平均单果重（g）：18.48
芽鳞颜色：黄色	萼片绒毛：有	鲜出籽率（%）：35.88
芽 绒 毛：有	雌雄蕊相对高度：等高	种皮颜色：黑色
嫩叶颜色：绿色	花柱裂位：浅裂	种仁含油率（%）：38.60
老叶颜色：中绿色	柱头裂数：4	
叶　　形：椭圆形	子房绒毛：有	油酸含量（%）：82.70
叶缘特征：平	果熟日期：10 月底	亚油酸含量（%）：4.00
叶尖形状：渐尖	果　　形：卵球形	亚麻酸含量（%）：0.10
叶基形状：楔形	果皮颜色：青色	硬脂酸含量（%）：3.80
平均叶长（cm）：6.60	平均叶宽（cm）：3.03	棕榈酸含量（%）：8.30

普油-永康优株6号

资源编号：330784_010_0006	归属物种：*Camellia oleifera* Abel	
资源类型：野生资源（特异单株）	主要用途：油用栽培，遗传育种材料	
保存地点：浙江省永康市	保存方式：原地保存、保护	
	性状特征	
资源特点：高产果量		
树　　姿：半开张	盛 花 期：10月中下旬至11月上旬	果面特征：光滑
嫩枝绒毛：有	花瓣颜色：白色	平均单果重（g）：16.27
芽鳞颜色：绿色	萼片绒毛：有	鲜出籽率（%）：32.76
芽 绒 毛：有	雌雄蕊相对高度：雌高	种皮颜色：黑色
嫩叶颜色：绿色	花柱裂位：浅裂	种仁含油率（%）：44.40
老叶颜色：中绿色	柱头裂数：3	
叶　　形：椭圆形	子房绒毛：有	油酸含量（%）：82.80
叶缘特征：平	果熟日期：10月底	亚油酸含量（%）：5.50
叶尖形状：渐尖	果　　形：卵球形	亚麻酸含量（%）：0.20
叶基形状：半圆形	果皮颜色：青色	硬脂酸含量（%）：2.40
平均叶长（cm）：5.99	平均叶宽（cm）：3.01	棕榈酸含量（%）：8.30

普油-柯城优株1号

资源编号：330802_010_0001		归属物种：*Camellia oleifera* Abel
资源类型：野生资源（特异单株）		主要用途：油用栽培，遗传育种材料
保存地点：浙江省衢州市柯城区		保存方式：原地保存、保护
性状特征		
资源特点：高产果量		
树　　姿：半开张	盛 花 期：10月中下旬至11月上旬	果面特征：光滑
嫩枝绒毛：有	花瓣颜色：白色	平均单果重（g）：17.81
芽鳞颜色：黄绿色	萼片绒毛：有	鲜出籽率（%）：46.21
芽 绒 毛：有	雌雄蕊相对高度：雌高	种皮颜色：黑色
嫩叶颜色：绿色	花柱裂位：浅裂	种仁含油率（%）：37.40
老叶颜色：中绿色	柱头裂数：3	
叶　　形：椭圆形	子房绒毛：有	油酸含量（%）：80.40
叶缘特征：平	果熟日期：10月底	亚油酸含量（%）：7.70
叶尖形状：渐尖	果　　形：卵球形	亚麻酸含量（%）：0.20
叶基形状：楔形	果皮颜色：青色	硬脂酸含量（%）：1.80
平均叶长（cm）：7.56	平均叶宽（cm）：3.19	棕榈酸含量（%）：9.00

264 普油-柯城优株3号

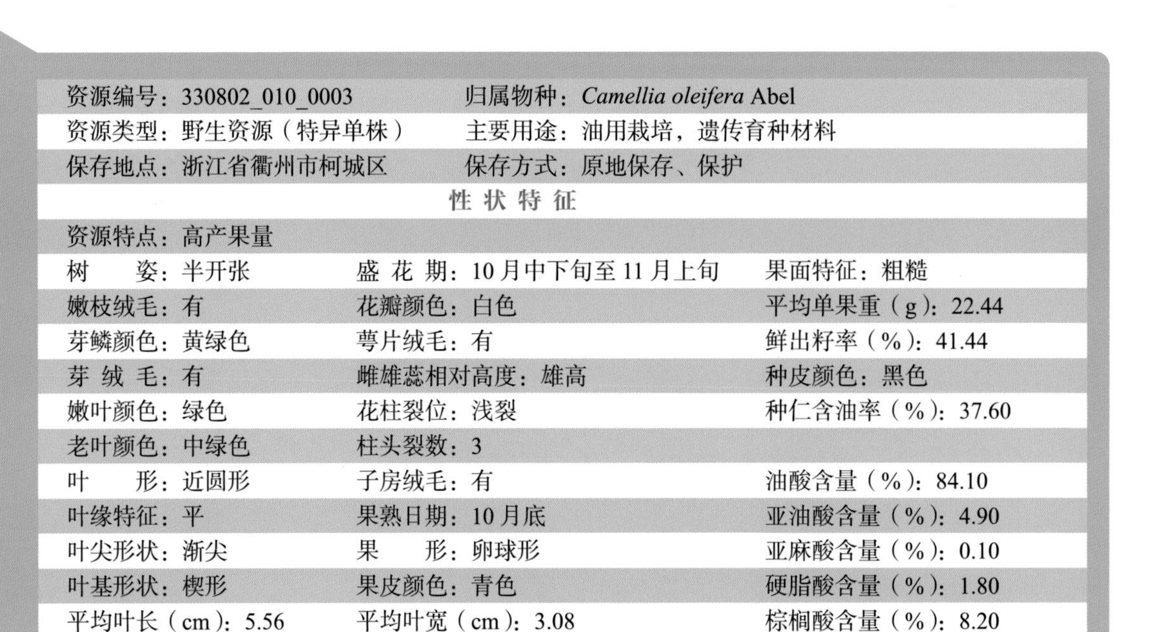

资源编号：330802_010_0003	归属物种：*Camellia oleifera* Abel	
资源类型：野生资源（特异单株）	主要用途：油用栽培，遗传育种材料	
保存地点：浙江省衢州市柯城区	保存方式：原地保存、保护	
性 状 特 征		
资源特点：高产果量		
树　　姿：半开张	盛 花 期：10月中下旬至11月上旬	果面特征：粗糙
嫩枝绒毛：有	花瓣颜色：白色	平均单果重（g）：22.44
芽鳞颜色：黄绿色	萼片绒毛：有	鲜出籽率（%）：41.44
芽 绒 毛：有	雌雄蕊相对高度：雄高	种皮颜色：黑色
嫩叶颜色：绿色	花柱裂位：浅裂	种仁含油率（%）：37.60
老叶颜色：中绿色	柱头裂数：3	
叶　　形：近圆形	子房绒毛：有	油酸含量（%）：84.10
叶缘特征：平	果熟日期：10月底	亚油酸含量（%）：4.90
叶尖形状：渐尖	果　　形：卵球形	亚麻酸含量（%）：0.10
叶基形状：楔形	果皮颜色：青色	硬脂酸含量（%）：1.80
平均叶长（cm）：5.56	平均叶宽（cm）：3.08	棕榈酸含量（%）：8.20

265 普油-柯城优株5号

资源编号：330802_010_0005	归属物种：*Camellia oleifera* Abel	
资源类型：野生资源（特异单株）	主要用途：油用栽培，遗传育种材料	
保存地点：浙江省衢州市柯城区	保存方式：原地保存、保护	
性状特征		
资源特点：高产果量		
树　　姿：半开张	盛 花 期：10月中下旬至11月上旬	果面特征：粗糙
嫩枝绒毛：有	花瓣颜色：白色	平均单果重（g）：25.67
芽鳞颜色：黄绿色	萼片绒毛：有	鲜出籽率（%）：47.76
芽 绒 毛：有	雌雄蕊相对高度：雌高	种皮颜色：黑色
嫩叶颜色：绿色	花柱裂位：浅裂	种仁含油率（%）：38.50
老叶颜色：中绿色	柱头裂数：3	
叶　　形：椭圆形	子房绒毛：有	油酸含量（%）：79.20
叶缘特征：平	果熟日期：10月底	亚油酸含量（%）：8.60
叶尖形状：渐尖	果　　形：卵球形	亚麻酸含量（%）：0.20
叶基形状：楔形	果皮颜色：青色	硬脂酸含量（%）：1.30
平均叶长（cm）：6.96	平均叶宽（cm）：2.53	棕榈酸含量（%）：9.90

266 普油-开化优株2号

资源编号：330824_010_0002		归属物种：*Camellia oleifera* Abel
资源类型：野生资源（特异单株）		主要用途：油用栽培，遗传育种材料
保存地点：浙江省开化县		保存方式：原地保存、保护
	性状特征	
资源特点：高产果量		
树　　姿：下垂	盛花期：10月中下旬至11月上旬	果面特征：光滑
嫩枝绒毛：有	花瓣颜色：白色	平均单果重（g）：21.87
芽鳞颜色：黄绿色	萼片绒毛：有	鲜出籽率（%）：32.92
芽绒毛：有	雌雄蕊相对高度：雄高	种皮颜色：褐色
嫩叶颜色：浅绿色	花柱裂位：浅裂	种仁含油率（%）：47.10
老叶颜色：中绿色	柱头裂数：3或4	
叶　　形：椭圆形	子房绒毛：有	油酸含量（%）：80.60
叶缘特征：平	果熟日期：10月底	亚油酸含量（%）：7.60
叶尖形状：钝尖	果　　形：卵球形	亚麻酸含量（%）：0.20
叶基形状：近圆形	果皮颜色：黄棕色	硬脂酸含量（%）：1.50
平均叶长（cm）：6.89	平均叶宽（cm）：3.66	棕榈酸含量（%）：9.40

267 普油-开化优株6号

资源编号：330824_010_0006	归属物种：*Camellia oleifera* Abel	
资源类型：野生资源（特异单株）	主要用途：油用栽培，遗传育种材料	
保存地点：浙江省开化县	保存方式：原地保存、保护	
性状特征		
资源特点：高产果量		
树　　姿：直立	盛 花 期：10月中下旬至11月上旬	果面特征：光滑
嫩枝绒毛：有	花瓣颜色：白色	平均单果重（g）：21.79
芽鳞颜色：黄绿色	萼片绒毛：有	鲜出籽率（%）：40.06
芽 绒 毛：有	雌雄蕊相对高度：雄高	种皮颜色：黑褐色
嫩叶颜色：浅绿色	花柱裂位：浅裂	种仁含油率（%）：43.40
老叶颜色：中绿色	柱头裂数：3	
叶　　形：椭圆形	子房绒毛：有	油酸含量（%）：83.60
叶缘特征：平	果熟日期：10月底	亚油酸含量（%）：5.10
叶尖形状：钝尖	果　　形：椭球形	亚麻酸含量（%）：0.20
叶基形状：近圆形	果皮颜色：青色	硬脂酸含量（%）：2.10
平均叶长（cm）：6.25	平均叶宽（cm）：3.27	棕榈酸含量（%）：8.40

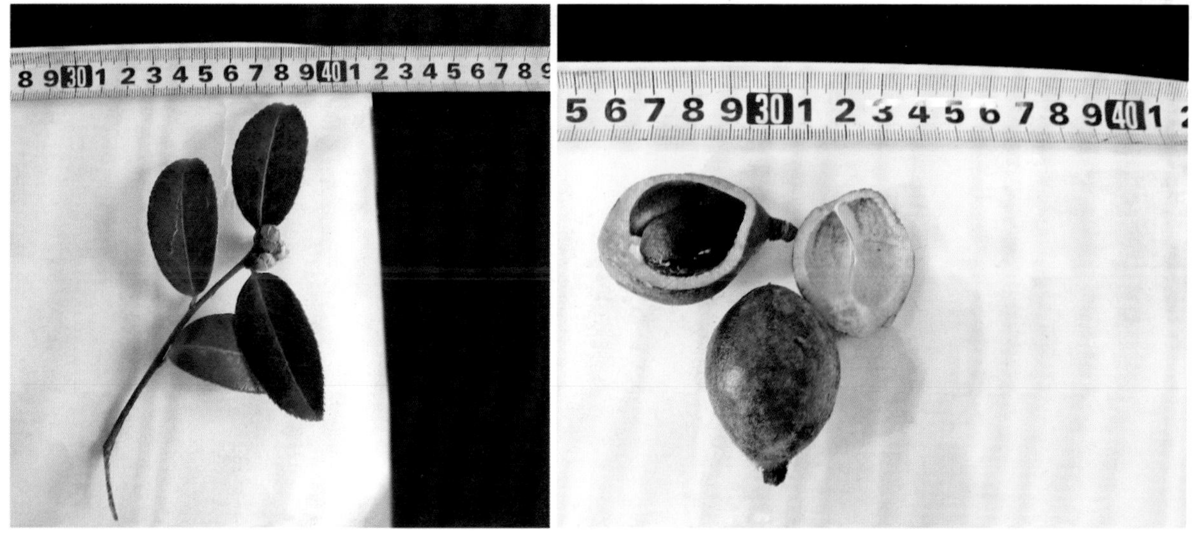

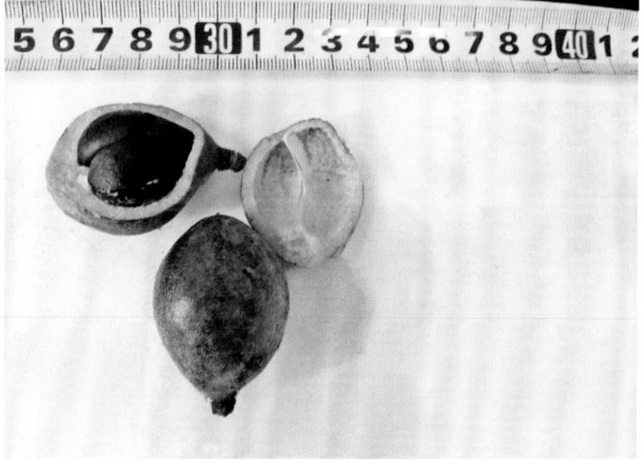

268

普油-开化优株8号

资源编号：330824_010_0008		归属物种：*Camellia oleifera* Abel
资源类型：野生资源（特异单株）		主要用途：油用栽培，遗传育种材料
保存地点：浙江省开化县		保存方式：原地保存、保护
	性状特征	
资源特点：高产果量		
树　　姿：下垂	盛 花 期：10月中下旬至11月上旬	果面特征：光滑
嫩枝绒毛：有	花瓣颜色：白色	平均单果重（g）：15.96
芽鳞颜色：黄绿色	萼片绒毛：有	鲜出籽率（%）：44.74
芽 绒 毛：有	雌雄蕊相对高度：雄高	种皮颜色：褐色
嫩叶颜色：浅绿色	花柱裂位：浅裂	种仁含油率（%）：40.90
老叶颜色：中绿色	柱头裂数：3或4	
叶　　形：椭圆形	子房绒毛：有	油酸含量（%）：83.00
叶缘特征：平	果熟日期：10月底	亚油酸含量（%）：5.90
叶尖形状：钝尖	果　　形：卵球形	亚麻酸含量（%）：0.10
叶基形状：楔形	果皮颜色：青色	硬脂酸含量（%）：1.80
平均叶长（cm）：6.38	平均叶宽（cm）：3.32	棕榈酸含量（%）：8.40

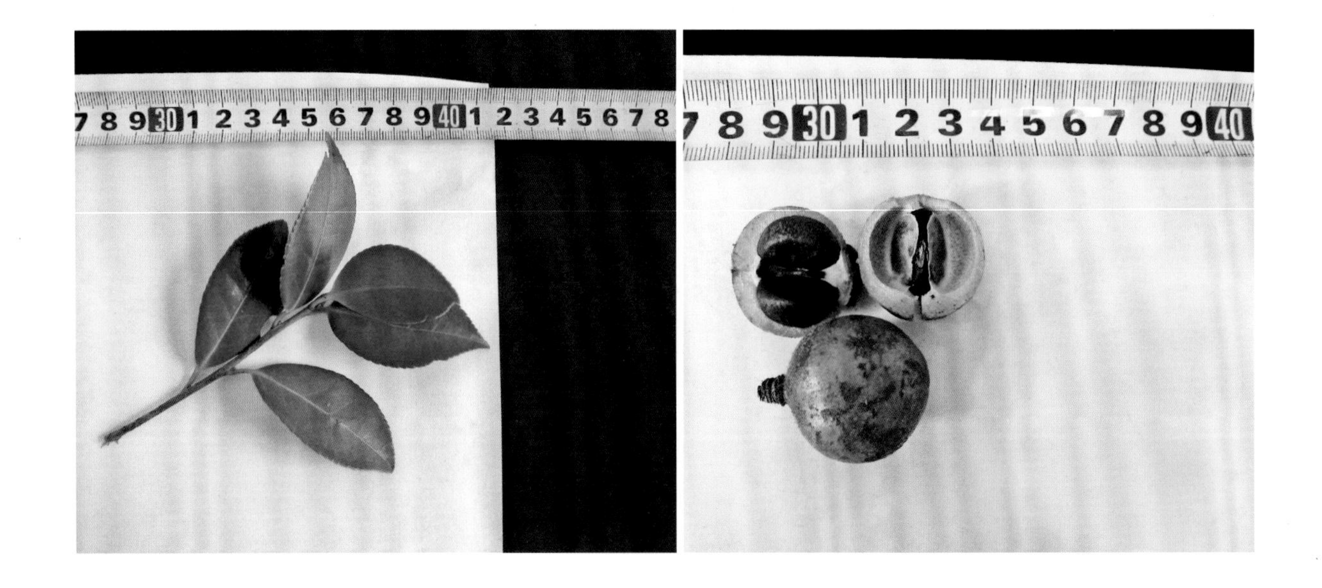

普油-开化优株11号

资源编号：330824_010_0011	归属物种：*Camellia oleifera* Abel	
资源类型：野生资源（特异单株）	主要用途：油用栽培，遗传育种材料	
保存地点：浙江省开化县	保存方式：原地保存、保护	
性状特征		
资源特点：高产果量		
树　　姿：下垂	盛 花 期：10月中下旬至11月上旬	果面特征：光滑
嫩枝绒毛：有	花瓣颜色：白色	平均单果重（g）：19.25
芽鳞颜色：黄绿色	萼片绒毛：有	鲜出籽率（%）：41.87
芽 绒 毛：有	雌雄蕊相对高度：雄高	种皮颜色：褐色
嫩叶颜色：浅绿色	花柱裂位：浅裂	种仁含油率（%）：49.40
老叶颜色：中绿色	柱头裂数：3	
叶　　形：椭圆形	子房绒毛：有	油酸含量（%）：81.90
叶缘特征：平	果熟日期：10月底	亚油酸含量（%）：5.90
叶尖形状：钝尖	果　　形：卵球形	亚麻酸含量（%）：0.10
叶基形状：近圆形	果皮颜色：青色	硬脂酸含量（%）：2.00
平均叶长（cm）：6.08	平均叶宽（cm）：3.30	棕榈酸含量（%）：9.40

270 普油-开化优株12号

资源编号：330824_010_0012	归属物种：*Camellia oleifera* Abel	
资源类型：野生资源（特异单株）	主要用途：油用栽培，遗传育种材料	
保存地点：浙江省开化县	保存方式：原地保存、保护	
性状特征		
资源特点：高产果量		
树　　姿：下垂	盛 花 期：10月中下旬至11月上旬	果面特征：光滑
嫩枝绒毛：有	花瓣颜色：白色	平均单果重（g）：24.83
芽鳞颜色：黄绿色	萼片绒毛：有	鲜出籽率（%）：34.84
芽 绒 毛：有	雌雄蕊相对高度：雄高	种皮颜色：褐色
嫩叶颜色：浅绿色	花柱裂位：浅裂	种仁含油率（%）：41.60
老叶颜色：中绿色	柱头裂数：3	
叶　　形：椭圆形	子房绒毛：有	油酸含量（%）：84.50
叶缘特征：平	果熟日期：10月底	亚油酸含量（%）：5.20
叶尖形状：钝尖	果　　形：卵球形	亚麻酸含量（%）：0.20
叶基形状：近圆形	果皮颜色：青色	硬脂酸含量（%）：1.90
平均叶长（cm）：8.00	平均叶宽（cm）：4.42	棕榈酸含量（%）：7.50

普油-开化优株13号

资源编号：330824_010_0013		归属物种：*Camellia oleifera* Abel
资源类型：野生资源（特异单株）		主要用途：油用栽培，遗传育种材料
保存地点：浙江省开化县		保存方式：原地保存、保护
	性 状 特 征	
资源特点：高产果量		
树　　姿：下垂	盛 花 期：10月中下旬至11月上旬	果面特征：粗糙
嫩枝绒毛：有	花瓣颜色：白色	平均单果重（g）：28.49
芽鳞颜色：黄绿色	萼片绒毛：有	鲜出籽率（%）：46.79
芽 绒 毛：有	雌雄蕊相对高度：雄高	种皮颜色：褐色
嫩叶颜色：浅绿色	花柱裂位：浅裂	种仁含油率（%）：37.20
老叶颜色：中绿色	柱头裂数：3或4	
叶　　形：椭圆形	子房绒毛：有	油酸含量（%）：81.50
叶缘特征：平	果熟日期：10月底	亚油酸含量（%）：6.50
叶尖形状：钝尖	果　　形：圆球形	亚麻酸含量（%）：0.10
叶基形状：近圆形	果皮颜色：青红色	硬脂酸含量（%）：1.40
平均叶长（cm）：7.20	平均叶宽（cm）：3.55	棕榈酸含量（%）：9.50

浙林1号

资源编号：330825_010_0001	归属物种：*Camellia oleifera* Abel	
资源类型：野生资源（特异单株）	主要用途：油用栽培，遗传育种材料	
保存地点：浙江省龙游县	保存方式：省级种质资源保存基地，异地保存	
	性状特征	
资源特点：高产果量		
树　　姿：直立	盛 花 期：11月上旬	果面特征：光滑
嫩枝绒毛：有	花瓣颜色：白色	平均单果重（g）：16.68
芽鳞颜色：绿色	萼片绒毛：有	鲜出籽率（%）：46.34
芽 绒 毛：有	雌雄蕊相对高度：雌高	种皮颜色：褐色
嫩叶颜色：黄绿色	花柱裂位：浅裂	种仁含油率（%）：49.30
老叶颜色：中绿色	柱头裂数：4	
叶　　形：椭圆形	子房绒毛：有	油酸含量（%）：80.80
叶缘特征：平	果熟日期：10月中下旬	亚油酸含量（%）：6.40
叶尖形状：渐尖	果　　形：卵球形	亚麻酸含量（%）：0.30
叶基形状：楔形	果皮颜色：青色	硬脂酸含量（%）：3.10
平均叶长（cm）：5.54	平均叶宽（cm）：2.39	棕榈酸含量（%）：8.70

273 浙林3号

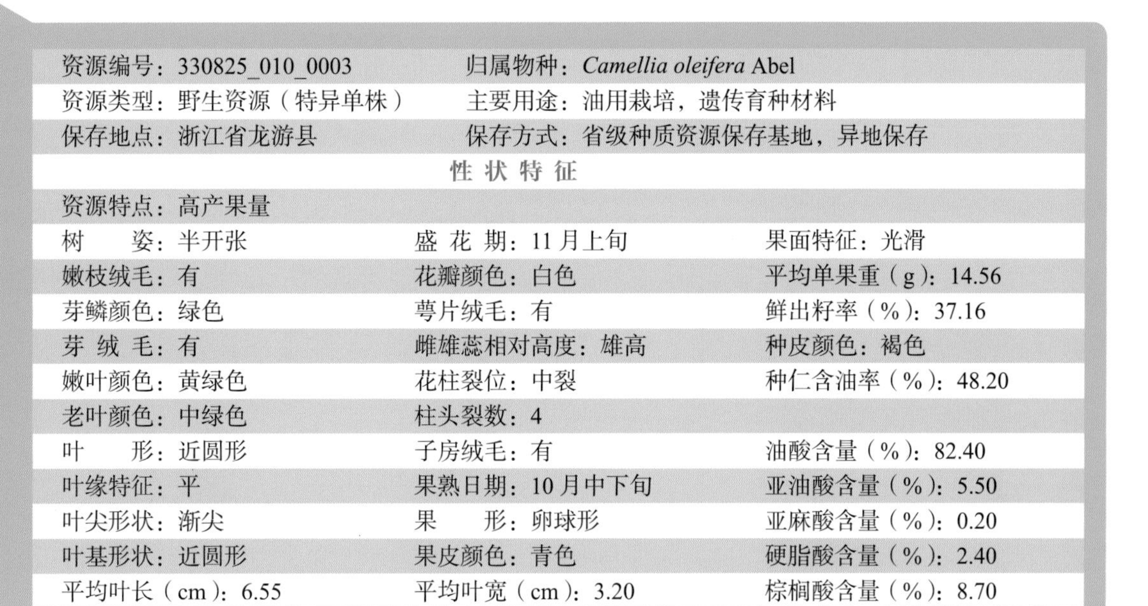

资源编号：330825_010_0003	归属物种：*Camellia oleifera* Abel	
资源类型：野生资源（特异单株）	主要用途：油用栽培，遗传育种材料	
保存地点：浙江省龙游县	保存方式：省级种质资源保存基地，异地保存	
性状特征		
资源特点：高产果量		
树　　姿：半开张	盛 花 期：11月上旬	果面特征：光滑
嫩枝绒毛：有	花瓣颜色：白色	平均单果重（g）：14.56
芽鳞颜色：绿色	萼片绒毛：有	鲜出籽率（%）：37.16
芽 绒 毛：有	雌雄蕊相对高度：雄高	种皮颜色：褐色
嫩叶颜色：黄绿色	花柱裂位：中裂	种仁含油率（%）：48.20
老叶颜色：中绿色	柱头裂数：4	
叶　　形：近圆形	子房绒毛：有	油酸含量（%）：82.40
叶缘特征：平	果熟日期：10月中下旬	亚油酸含量（%）：5.50
叶尖形状：渐尖	果　　形：卵球形	亚麻酸含量（%）：0.20
叶基形状：近圆形	果皮颜色：青色	硬脂酸含量（%）：2.40
平均叶长（cm）：6.55	平均叶宽（cm）：3.20	棕榈酸含量（%）：8.70

浙林8号

资源编号：330825_010_0008	归属物种：*Camellia oleifera* Abel	
资源类型：野生资源（特异单株）	主要用途：油用栽培，遗传育种材料	
保存地点：浙江省龙游县	保存方式：省级种质资源保存基地，异地保存	
性状特征		
资源特点：高产果量		
树　　姿：半开张	盛 花 期：11月上旬	果面特征：光滑
嫩枝绒毛：有	花瓣颜色：白色	平均单果重（g）：24.66
芽鳞颜色：绿色	萼片绒毛：有	鲜出籽率（%）：41.57
芽 绒 毛：有	雌雄蕊相对高度：雄高	种皮颜色：褐色
嫩叶颜色：中绿色	花柱裂位：深裂	种仁含油率（%）：48.30
老叶颜色：深绿色	柱头裂数：3	
叶　　形：近圆形	子房绒毛：有	油酸含量（%）：82.90
叶缘特征：波状	果熟日期：10月中下旬	亚油酸含量（%）：5.30
叶尖形状：渐尖	果　　形：卵球形	亚麻酸含量（%）：0.20
叶基形状：楔形	果皮颜色：青色	硬脂酸含量（%）：2.60
平均叶长（cm）：6.63	平均叶宽（cm）：3.27	棕榈酸含量（%）：8.30

浙林9号

资源编号：330825_010_0009	归属物种：*Camellia oleifera* Abel	
资源类型：野生资源（特异单株）	主要用途：油用栽培，遗传育种材料	
保存地点：浙江省龙游县	保存方式：省级种质资源保存基地，异地保存	
	性 状 特 征	
资源特点：高产果量		
树　　姿：直立	盛 花 期：11月上旬	果面特征：光滑
嫩枝绒毛：有	花瓣颜色：白色	平均单果重（g）：14.56
芽鳞颜色：绿色	萼片绒毛：有	鲜出籽率（%）：40.52
芽 绒 毛：有	雌雄蕊相对高度：雄高	种皮颜色：褐色
嫩叶颜色：黄绿色	花柱裂位：浅裂	种仁含油率（%）：42.90
老叶颜色：中绿色	柱头裂数：3	
叶　　形：近圆形	子房绒毛：有	油酸含量（%）：82.50
叶缘特征：波状	果熟日期：10月中下旬	亚油酸含量（%）：5.20
叶尖形状：钝尖	果　　形：卵球形	亚麻酸含量（%）：0.20
叶基形状：近圆形	果皮颜色：青色	硬脂酸含量（%）：2.90
平均叶长（cm）：5.75	平均叶宽（cm）：2.72	棕榈酸含量（%）：8.30

276 浙林12号

资源编号：330825_010_0012	归属物种：*Camellia oleifera* Abel	
资源类型：野生资源（特异单株）	主要用途：油用栽培，遗传育种材料	
保存地点：浙江省龙游县	保存方式：省级种质资源保存基地，异地保存	
性状特征		
资源特点：高产果量		
树　　姿：直立	盛 花 期：11月上旬	果面特征：棱面
嫩枝绒毛：有	花瓣颜色：白色	平均单果重（g）：20.41
芽鳞颜色：绿色	萼片绒毛：有	鲜出籽率（%）：38.17
芽 绒 毛：有	雌雄蕊相对高度：雄高	种皮颜色：褐色
嫩叶颜色：黄绿色	花柱裂位：深裂	种仁含油率（%）：41.70
老叶颜色：中绿色	柱头裂数：5	
叶　　形：近圆形	子房绒毛：有	油酸含量（%）：81.00
叶缘特征：平	果熟日期：10月中下旬	亚油酸含量（%）：6.90
叶尖形状：渐尖	果　　形：卵球形	亚麻酸含量（%）：0.20
叶基形状：近圆形	果皮颜色：青色	硬脂酸含量（%）：2.40
平均叶长（cm）：6.40	平均叶宽（cm）：3.20	棕榈酸含量（%）：8.70

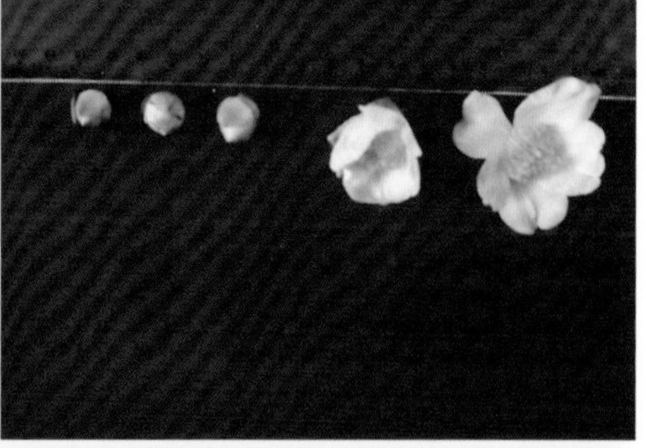

浙林13号

资源编号：330825_010_0013	归属物种：*Camellia oleifera* Abel	
资源类型：野生资源（特异单株）	主要用途：油用栽培，遗传育种材料	
保存地点：浙江省龙游县	保存方式：省级种质资源保存基地，异地保存	
性状特征		
资源特点：高产果量		
树　　姿：直立	盛 花 期：11月上旬	果面特征：光滑
嫩枝绒毛：有	花瓣颜色：白色	平均单果重（g）：20.08
芽鳞颜色：绿色	萼片绒毛：有	鲜出籽率（%）：44.27
芽 绒 毛：有	雌雄蕊相对高度：雄高	种皮颜色：褐色
嫩叶颜色：黄绿色	花柱裂位：浅裂	种仁含油率（%）：45.40
老叶颜色：中绿色	柱头裂数：4	
叶　　形：近圆形	子房绒毛：有	油酸含量（%）：78.90
叶缘特征：平	果熟日期：10月中下旬	亚油酸含量（%）：9.10
叶尖形状：渐尖	果　　形：卵球形	亚麻酸含量（%）：0.30
叶基形状：楔形	果皮颜色：青色	硬脂酸含量（%）：1.90
平均叶长（cm）：4.20	平均叶宽（cm）：3.30	棕榈酸含量（%）：9.00

浙林14号

资源编号：330825_010_0014	归属物种：*Camellia oleifera* Abel	
资源类型：野生资源（特异单株）	主要用途：油用栽培，遗传育种材料	
保存地点：浙江省龙游县	保存方式：省级种质资源保存基地，异地保存	
	性状特征	
资源特点：高产果量		
树　姿：半开张	盛 花 期：11月上旬	果面特征：光滑
嫩枝绒毛：有	花瓣颜色：白色	平均单果重（g）：22.57
芽鳞颜色：绿色	萼片绒毛：有	鲜出籽率（%）：48.87
芽 绒 毛：有	雌雄蕊相对高度：雄高	种皮颜色：褐色
嫩叶颜色：中绿色	花柱裂位：中裂	种仁含油率（%）：38.10
老叶颜色：深绿色	柱头裂数：4	
叶　形：椭圆形	子房绒毛：有	油酸含量（%）：79.70
叶缘特征：平	果熟日期：10月中下旬	亚油酸含量（%）：8.10
叶尖形状：钝尖	果　形：卵球形	亚麻酸含量（%）：0.30
叶基形状：楔形	果皮颜色：青色	硬脂酸含量（%）：3.00
平均叶长（cm）：6.50	平均叶宽（cm）：2.90	棕榈酸含量（%）：8.40

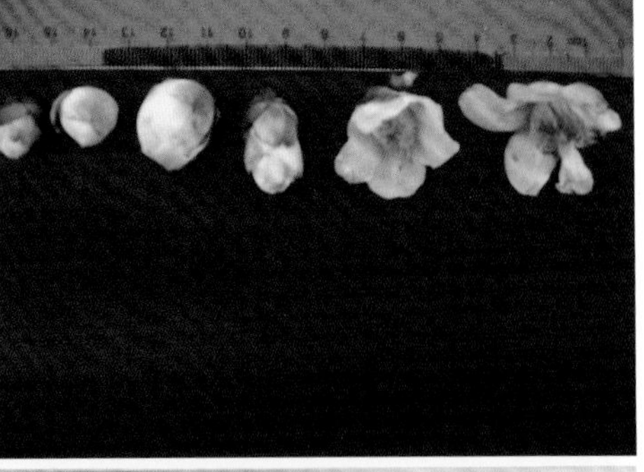

279 浙林17号

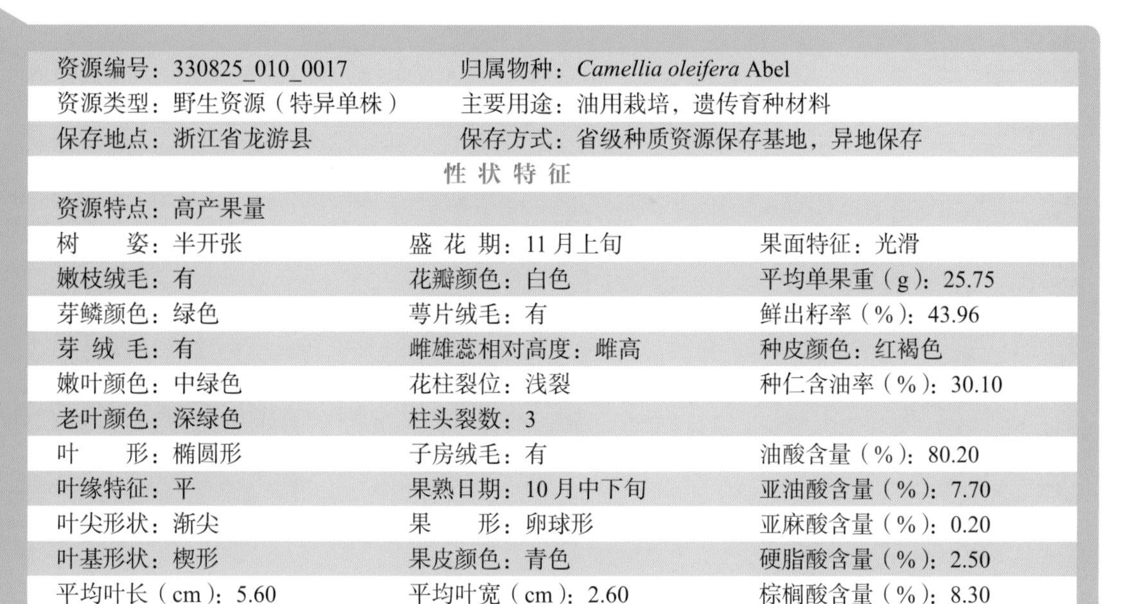

资源编号：330825_010_0017	归属物种：*Camellia oleifera* Abel	
资源类型：野生资源（特异单株）	主要用途：油用栽培，遗传育种材料	
保存地点：浙江省龙游县	保存方式：省级种质资源保存基地，异地保存	
性 状 特 征		
资源特点：高产果量		
树　　姿：半开张	盛 花 期：11月上旬	果面特征：光滑
嫩枝绒毛：有	花瓣颜色：白色	平均单果重（g）：25.75
芽鳞颜色：绿色	萼片绒毛：有	鲜出籽率（%）：43.96
芽 绒 毛：有	雌雄蕊相对高度：雌高	种皮颜色：红褐色
嫩叶颜色：中绿色	花柱裂位：浅裂	种仁含油率（%）：30.10
老叶颜色：深绿色	柱头裂数：3	
叶　　形：椭圆形	子房绒毛：有	油酸含量（%）：80.20
叶缘特征：平	果熟日期：10月中下旬	亚油酸含量（%）：7.70
叶尖形状：渐尖	果　　形：卵球形	亚麻酸含量（%）：0.20
叶基形状：楔形	果皮颜色：青色	硬脂酸含量（%）：2.50
平均叶长（cm）：5.60	平均叶宽（cm）：2.60	棕榈酸含量（%）：8.30

普油-龙游优株4号

资源编号：330825_010_0067		归属物种：*Camellia oleifera* Abel
资源类型：野生资源（特异单株）		主要用途：油用栽培，遗传育种材料
保存地点：浙江省龙游县		保存方式：原地保存、保护
	性 状 特 征	
资源特点：高产果量		
树　　姿：半开张	盛 花 期：10月中下旬至11月上旬	果面特征：光滑
嫩枝绒毛：有	花瓣颜色：白色	平均单果重（g）：14.89
芽鳞颜色：黄绿色	萼片绒毛：有	鲜出籽率（%）：47.15
芽 绒 毛：有	雌雄蕊相对高度：雌高	种皮颜色：褐色
嫩叶颜色：浅绿色	花柱裂位：浅裂	种仁含油率（%）：42.00
老叶颜色：深绿色	柱头裂数：3	
叶　　形：椭圆形	子房绒毛：有	油酸含量（%）：81.50
叶缘特征：平	果熟日期：10月中下旬	亚油酸含量（%）：6.60
叶尖形状：渐尖	果　　形：卵球形	亚麻酸含量（%）：0.20
叶基形状：楔形	果皮颜色：青红色	硬脂酸含量（%）：1.50
平均叶长（cm）：4.76	平均叶宽（cm）：2.25	棕榈酸含量（%）：9.50

普油-龙游优株5号

资源编号：330825_010_0068	归属物种：*Camellia oleifera* Abel	
资源类型：野生资源（特异单株）	主要用途：油用栽培，遗传育种材料	
保存地点：浙江省龙游县	保存方式：原地保存、保护	
性 状 特 征		
资源特点：高产果量		
树　　姿：半开张	盛 花 期：10月中下旬至11月上旬	果面特征：光滑
嫩枝绒毛：有	花瓣颜色：白色	平均单果重（g）：22.76
芽鳞颜色：黄绿色	萼片绒毛：有	鲜出籽率（%）：45.74
芽 绒 毛：有	雌雄蕊相对高度：雌高	种皮颜色：褐色
嫩叶颜色：浅绿色	花柱裂位：浅裂	种仁含油率（%）：34.60
老叶颜色：黄绿色	柱头裂数：4	
叶　　形：椭圆形	子房绒毛：有	油酸含量（%）：83.20
叶缘特征：平	果熟日期：10月中下旬	亚油酸含量（%）：5.90
叶尖形状：渐尖	果　　形：卵球形	亚麻酸含量（%）：0.30
叶基形状：楔形	果皮颜色：青色	硬脂酸含量（%）：1.50
平均叶长（cm）：5.51	平均叶宽（cm）：2.37	棕榈酸含量（%）：8.40

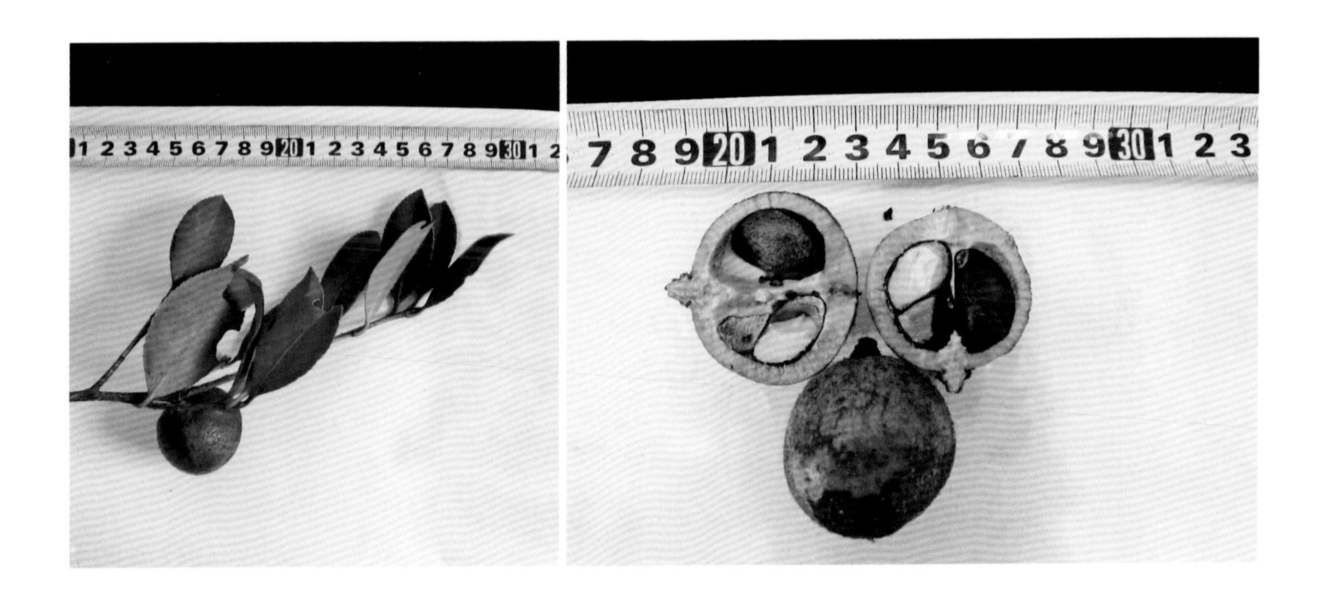

282

普油-龙游优株6号

资源编号：330825_010_0069	归属物种：*Camellia oleifera* Abel	
资源类型：野生资源（特异单株）	主要用途：油用栽培，遗传育种材料	
保存地点：浙江省龙游县	保存方式：原地保存、保护	
性 状 特 征		
资源特点：高产果量		
树　　姿：半开张	盛 花 期：10月中下旬至11月上旬	果面特征：光滑
嫩枝绒毛：有	花瓣颜色：白色	平均单果重（g）：13.04
芽鳞颜色：黄绿色	萼片绒毛：有	鲜出籽率（%）：38.65
芽 绒 毛：有	雌雄蕊相对高度：雄高	种皮颜色：褐色
嫩叶颜色：浅绿色	花柱裂位：浅裂	种仁含油率（%）：42.00
老叶颜色：黄绿色	柱头裂数：3	
叶　　形：椭圆形	子房绒毛：有	油酸含量（%）：84.20
叶缘特征：平	果熟日期：10月中下旬	亚油酸含量（%）：4.80
叶尖形状：渐尖	果　　形：圆球形	亚麻酸含量（%）：0.20
叶基形状：楔形	果皮颜色：青色	硬脂酸含量（%）：2.20
平均叶长（cm）：6.35	平均叶宽（cm）：2.35	棕榈酸含量（%）：7.90

283 普油-三门优株1号

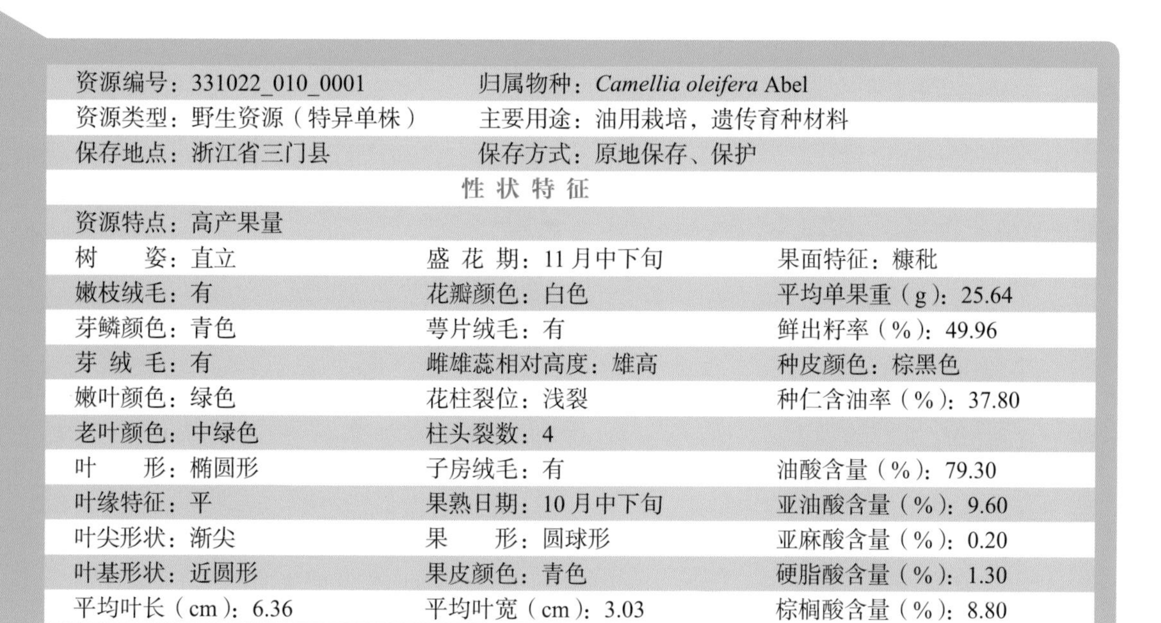

资源编号：331022_010_0001	归属物种：*Camellia oleifera* Abel	
资源类型：野生资源（特异单株）	主要用途：油用栽培，遗传育种材料	
保存地点：浙江省三门县	保存方式：原地保存、保护	
性状特征		
资源特点：高产果量		
树　　姿：直立	盛 花 期：11月中下旬	果面特征：糠秕
嫩枝绒毛：有	花瓣颜色：白色	平均单果重（g）：25.64
芽鳞颜色：青色	萼片绒毛：有	鲜出籽率（%）：49.96
芽 绒 毛：有	雌雄蕊相对高度：雄高	种皮颜色：棕黑色
嫩叶颜色：绿色	花柱裂位：浅裂	种仁含油率（%）：37.80
老叶颜色：中绿色	柱头裂数：4	
叶　　形：椭圆形	子房绒毛：有	油酸含量（%）：79.30
叶缘特征：平	果熟日期：10月中下旬	亚油酸含量（%）：9.60
叶尖形状：渐尖	果　　形：圆球形	亚麻酸含量（%）：0.20
叶基形状：近圆形	果皮颜色：青色	硬脂酸含量（%）：1.30
平均叶长（cm）：6.36	平均叶宽（cm）：3.03	棕榈酸含量（%）：8.80

284 普油-三门优株5号

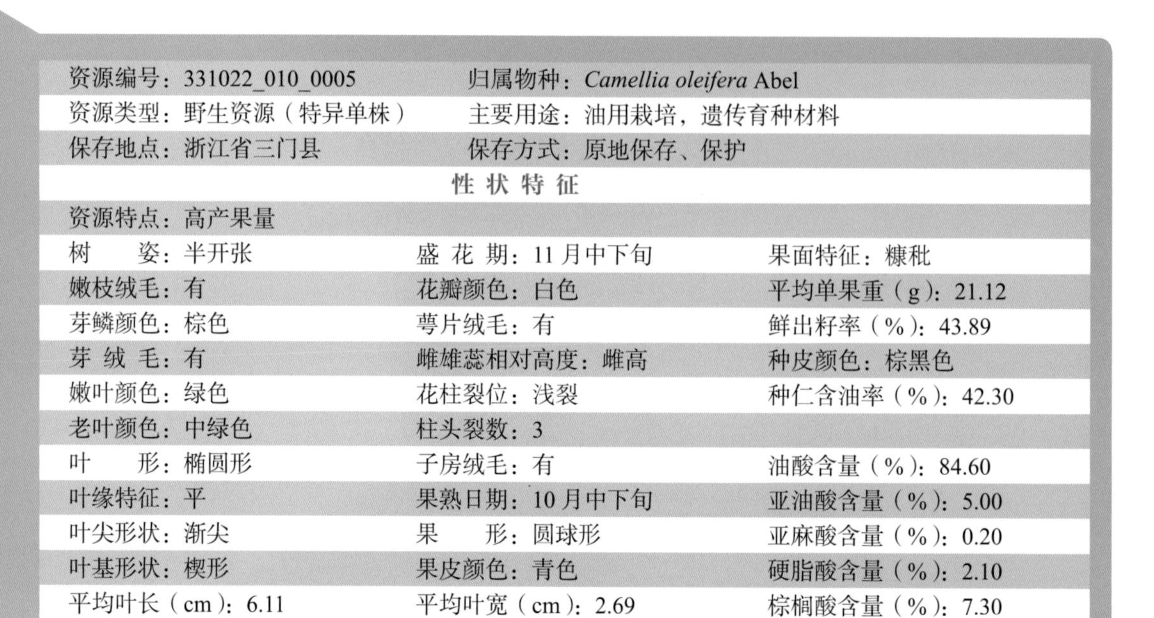

资源编号：331022_010_0005	归属物种：*Camellia oleifera* Abel	
资源类型：野生资源（特异单株）	主要用途：油用栽培，遗传育种材料	
保存地点：浙江省三门县	保存方式：原地保存、保护	
	性 状 特 征	
资源特点：高产果量		
树　　姿：半开张	盛 花 期：11月中下旬	果面特征：糠秕
嫩枝绒毛：有	花瓣颜色：白色	平均单果重（g）：21.12
芽鳞颜色：棕色	萼片绒毛：有	鲜出籽率（%）：43.89
芽 绒 毛：有	雌雄蕊相对高度：雌高	种皮颜色：棕黑色
嫩叶颜色：绿色	花柱裂位：浅裂	种仁含油率（%）：42.30
老叶颜色：中绿色	柱头裂数：3	
叶　　形：椭圆形	子房绒毛：有	油酸含量（%）：84.60
叶缘特征：平	果熟日期：10月中下旬	亚油酸含量（%）：5.00
叶尖形状：渐尖	果　　形：圆球形	亚麻酸含量（%）：0.20
叶基形状：楔形	果皮颜色：青色	硬脂酸含量（%）：2.10
平均叶长（cm）：6.11	平均叶宽（cm）：2.69	棕榈酸含量（%）：7.30

普油-三门优株6号

资源编号：331022_010_0006	归属物种：*Camellia oleifera* Abel	
资源类型：野生资源（特异单株）	主要用途：油用栽培，遗传育种材料	
保存地点：浙江省三门县	保存方式：原地保存、保护	
	性 状 特 征	
资源特点：高产果量		
树　　姿：半开张	盛 花 期：11月中下旬	果面特征：光滑
嫩枝绒毛：有	花瓣颜色：白色	平均单果重（g）：23.58
芽鳞颜色：青色	萼片绒毛：有	鲜出籽率（%）：45.00
芽 绒 毛：有	雌雄蕊相对高度：雌高	种皮颜色：黑色
嫩叶颜色：绿色	花柱裂位：浅裂	种仁含油率（%）：46.20
老叶颜色：中绿色	柱头裂数：3	
叶　　形：椭圆形	子房绒毛：有	油酸含量（%）：84.80
叶缘特征：平	果熟日期：10月中下旬	亚油酸含量（%）：4.40
叶尖形状：渐尖	果　　形：圆球形	亚麻酸含量（%）：0.20
叶基形状：近圆形	果皮颜色：青色	硬脂酸含量（%）：2.10
平均叶长（cm）：5.70	平均叶宽（cm）：2.77	棕榈酸含量（%）：7.80

普油－天台优株2号

资源编号：331023_010_0002	归属物种：*Camellia oleifera* Abel	
资源类型：野生资源（特异单株）	主要用途：油用栽培，遗传育种材料	
保存地点：浙江省天台县	保存方式：原地保存、保护	
性状特征		
资源特点：高产果量		
树　　姿：直立	盛 花 期：11月中下旬	果面特征：光滑
嫩枝绒毛：有	花瓣颜色：白色	平均单果重（g）：22.35
芽鳞颜色：青色	萼片绒毛：有	鲜出籽率（%）：44.61
芽 绒 毛：有	雌雄蕊相对高度：雌高	种皮颜色：黑色
嫩叶颜色：深绿色	花柱裂位：浅裂	种仁含油率（%）：46.90
老叶颜色：中绿色	柱头裂数：3或4	
叶　　形：椭圆形	子房绒毛：有	油酸含量（%）：82.60
叶缘特征：平	果熟日期：10月中下旬	亚油酸含量（%）：6.20
叶尖形状：钝尖	果　　形：卵球形	亚麻酸含量（%）：0.20
叶基形状：近圆形	果皮颜色：青色	硬脂酸含量（%）：1.40
平均叶长（cm）：7.18	平均叶宽（cm）：3.05	棕榈酸含量（%）：8.70

普油－天台优株3号

资源编号：331023_010_0003	归属物种：*Camellia oleifera* Abel	
资源类型：野生资源（特异单株）	主要用途：油用栽培，遗传育种材料	
保存地点：浙江省天台县	保存方式：原地保存、保护	
	性 状 特 征	
资源特点：高产果量		
树　　姿：半开张	盛 花 期：11月中下旬	果面特征：光滑
嫩枝绒毛：有	花瓣颜色：白色	平均单果重（g）：14.59
芽鳞颜色：绿色	萼片绒毛：有	鲜出籽率（%）：41.74
芽 绒 毛：有	雌雄蕊相对高度：雄高	种皮颜色：黑色
嫩叶颜色：深绿色	花柱裂位：浅裂	种仁含油率（%）：38.50
老叶颜色：中绿色	柱头裂数：3	
叶　　形：椭圆形	子房绒毛：有	油酸含量（%）：82.00
叶缘特征：平	果熟日期：10月中下旬	亚油酸含量（%）：7.10
叶尖形状：钝尖	果　　形：卵球形	亚麻酸含量（%）：0.20
叶基形状：近圆形	果皮颜色：青色	硬脂酸含量（%）：1.90
平均叶长（cm）：6.24	平均叶宽（cm）：3.67	棕榈酸含量（%）：8.00

288 普油-天台优株6号

资源编号：331023_010_0006	归属物种：*Camellia oleifera* Abel	
资源类型：野生资源（特异单株）	主要用途：油用栽培，遗传育种材料	
保存地点：浙江省天台县	保存方式：原地保存、保护	
	性状特征	
资源特点：高产果量		
树　　姿：直立	盛 花 期：11月中下旬	果面特征：光滑
嫩枝绒毛：有	花瓣颜色：白色	平均单果重（g）：18.46
芽鳞颜色：绿色	萼片绒毛：有	鲜出籽率（%）：35.48
芽 绒 毛：有	雌雄蕊相对高度：雌高	种皮颜色：黑色
嫩叶颜色：青绿色	花柱裂位：浅裂	种仁含油率（%）：45.70
老叶颜色：中绿色	柱头裂数：3	
叶　　形：椭圆形	子房绒毛：有	油酸含量（%）：83.80
叶缘特征：平	果熟日期：10月中下旬	亚油酸含量（%）：4.30
叶尖形状：渐尖	果　　形：卵球形	亚麻酸含量（%）：0.10
叶基形状：楔形	果皮颜色：青色	硬脂酸含量（%）：1.90
平均叶长（cm）：6.81	平均叶宽（cm）：3.02	棕榈酸含量（%）：9.10

普油-天台优株10号

资源编号：331023_010_0010	归属物种：*Camellia oleifera* Abel	
资源类型：野生资源（特异单株）	主要用途：油用栽培，遗传育种材料	
保存地点：浙江省天台县	保存方式：原地保存、保护	
	性 状 特 征	
资源特点：高产果量		
树　　姿：半开张	盛 花 期：11月中下旬	果面特征：光滑
嫩枝绒毛：有	花瓣颜色：白色	平均单果重（g）：23.16
芽鳞颜色：绿色	萼片绒毛：有	鲜出籽率（%）：32.12
芽 绒 毛：有	雌雄蕊相对高度：雌高	种皮颜色：黑色
嫩叶颜色：绿色	花柱裂位：浅裂	种仁含油率（%）：38.60
老叶颜色：中绿色	柱头裂数：3	
叶　　形：椭圆形	子房绒毛：有	油酸含量（%）：80.80
叶缘特征：平	果熟日期：10月中下旬	亚油酸含量（%）：7.30
叶尖形状：渐尖	果　　形：卵球形	亚麻酸含量（%）：0.10
叶基形状：楔形	果皮颜色：青色	硬脂酸含量（%）：1.60
平均叶长（cm）：7.20	平均叶宽（cm）：2.99	棕榈酸含量（%）：9.10

290

普油-仙居优株4号

资源编号：331024_010_0004	归属物种：*Camellia oleifera* Abel	
资源类型：野生资源（特异单株）	主要用途：油用栽培，遗传育种材料	
保存地点：浙江省仙居县	保存方式：原地保存、保护	
	性状特征	
资源特点：高产果量		
树　　姿：半开张	盛 花 期：11月中下旬	果面特征：光滑
嫩枝绒毛：有	花瓣颜色：白色	平均单果重（g）：15.19
芽鳞颜色：黄绿色	萼片绒毛：有	鲜出籽率（%）：39.10
芽 绒 毛：有	雌雄蕊相对高度：雌高	种皮颜色：黑色
嫩叶颜色：黄绿色	花柱裂位：浅裂	种仁含油率（%）：39.00
老叶颜色：中绿色	柱头裂数：3或4	
叶　　形：长椭圆形	子房绒毛：有	油酸含量（%）：83.30
叶缘特征：平	果熟日期：10月中下旬	亚油酸含量（%）：6.30
叶尖形状：渐尖	果　　形：卵球形	亚麻酸含量（%）：0.20
叶基形状：楔形	果皮颜色：青色	硬脂酸含量（%）：1.80
平均叶长（cm）：5.64	平均叶宽（cm）：2.33	棕榈酸含量（%）：7.60

普油－仙居优株5号

资源编号：331024_010_0005	归属物种：*Camellia oleifera* Abel	
资源类型：野生资源（特异单株）	主要用途：油用栽培，遗传育种材料	
保存地点：浙江省仙居县	保存方式：原地保存、保护	
性状特征		
资源特点：高产果量		
树　　姿：半开张	盛 花 期：11月中下旬	果面特征：光滑
嫩枝绒毛：有	花瓣颜色：白色	平均单果重（g）：19.39
芽鳞颜色：黄绿色	萼片绒毛：有	鲜出籽率（%）：40.79
芽 绒 毛：有	雌雄蕊相对高度：雌高	种皮颜色：黑色
嫩叶颜色：绿色	花柱裂位：浅裂	种仁含油率（%）：32.30
老叶颜色：中绿色	柱头裂数：3或4	
叶　　形：椭圆形	子房绒毛：有	油酸含量（%）：82.90
叶缘特征：平	果熟日期：10月中下旬	亚油酸含量（%）：6.60
叶尖形状：钝尖	果　　形：卵球形	亚麻酸含量（%）：0.30
叶基形状：近圆形	果皮颜色：青红色	硬脂酸含量（%）：1.90
平均叶长（cm）：5.97	平均叶宽（cm）：3.09	棕榈酸含量（%）：7.50

292 普油-仙居优株6号

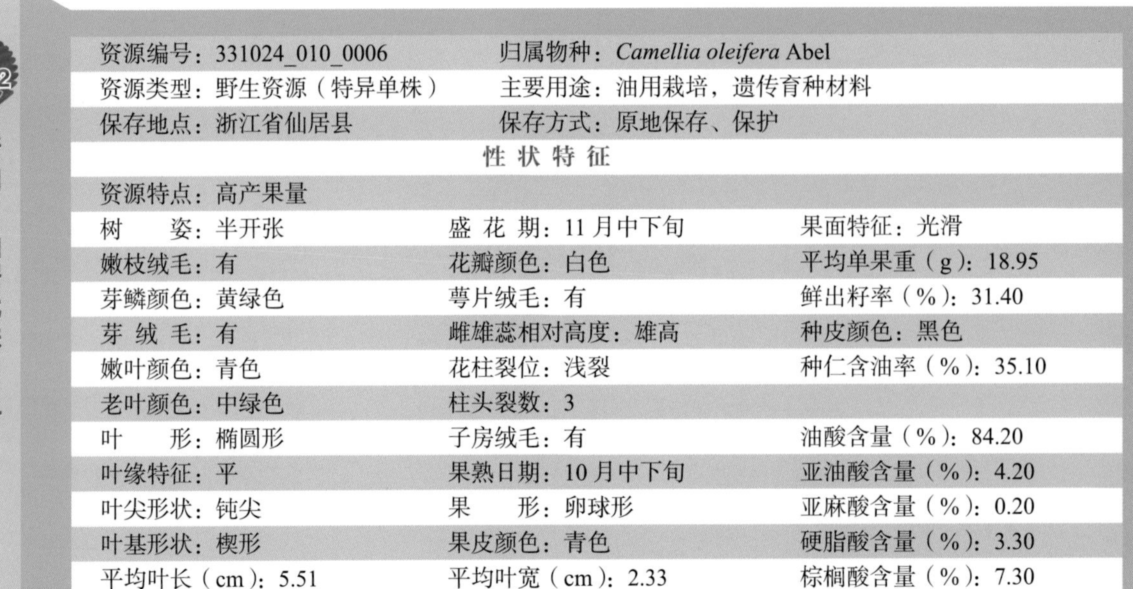

资源编号：331024_010_0006	归属物种：*Camellia oleifera* Abel	
资源类型：野生资源（特异单株）	主要用途：油用栽培，遗传育种材料	
保存地点：浙江省仙居县	保存方式：原地保存、保护	
	性 状 特 征	
资源特点：高产果量		
树　　姿：半开张	盛 花 期：11月中下旬	果面特征：光滑
嫩枝绒毛：有	花瓣颜色：白色	平均单果重（g）：18.95
芽鳞颜色：黄绿色	萼片绒毛：有	鲜出籽率（%）：31.40
芽 绒 毛：有	雌雄蕊相对高度：雄高	种皮颜色：黑色
嫩叶颜色：青色	花柱裂位：浅裂	种仁含油率（%）：35.10
老叶颜色：中绿色	柱头裂数：3	
叶　　形：椭圆形	子房绒毛：有	油酸含量（%）：84.20
叶缘特征：平	果熟日期：10月中下旬	亚油酸含量（%）：4.20
叶尖形状：钝尖	果　　形：卵球形	亚麻酸含量（%）：0.20
叶基形状：楔形	果皮颜色：青色	硬脂酸含量（%）：3.30
平均叶长（cm）：5.51	平均叶宽（cm）：2.33	棕榈酸含量（%）：7.30

普油-临海优株2号

资源编号：331082_010_0002	归属物种：*Camellia oleifera* Abel	
资源类型：野生资源（特异单株）	主要用途：油用栽培，遗传育种材料	
保存地点：浙江省临海市	保存方式：原地保存、保护	
性 状 特 征		
资源特点：高产果量		
树　　姿：直立	盛 花 期：11月中下旬	果面特征：光滑
嫩枝绒毛：有	花瓣颜色：白色	平均单果重（g）：24.89
芽鳞颜色：绿色	萼片绒毛：有	鲜出籽率（%）：37.65
芽 绒 毛：有	雌雄蕊相对高度：雄高	种皮颜色：黑色
嫩叶颜色：绿色	花柱裂位：浅裂	种仁含油率（%）：30.60
老叶颜色：中绿色	柱头裂数：3	
叶　　形：椭圆形	子房绒毛：有	油酸含量（%）：82.00
叶缘特征：平	果熟日期：10月中下旬	亚油酸含量（%）：4.10
叶尖形状：渐尖	果　　形：圆球形	亚麻酸含量（%）：—
叶基形状：楔形	果皮颜色：青色	硬脂酸含量（%）：1.40
平均叶长（cm）：6.44	平均叶宽（cm）：2.42	棕榈酸含量（%）：11.20

294 普油-临海优株3号

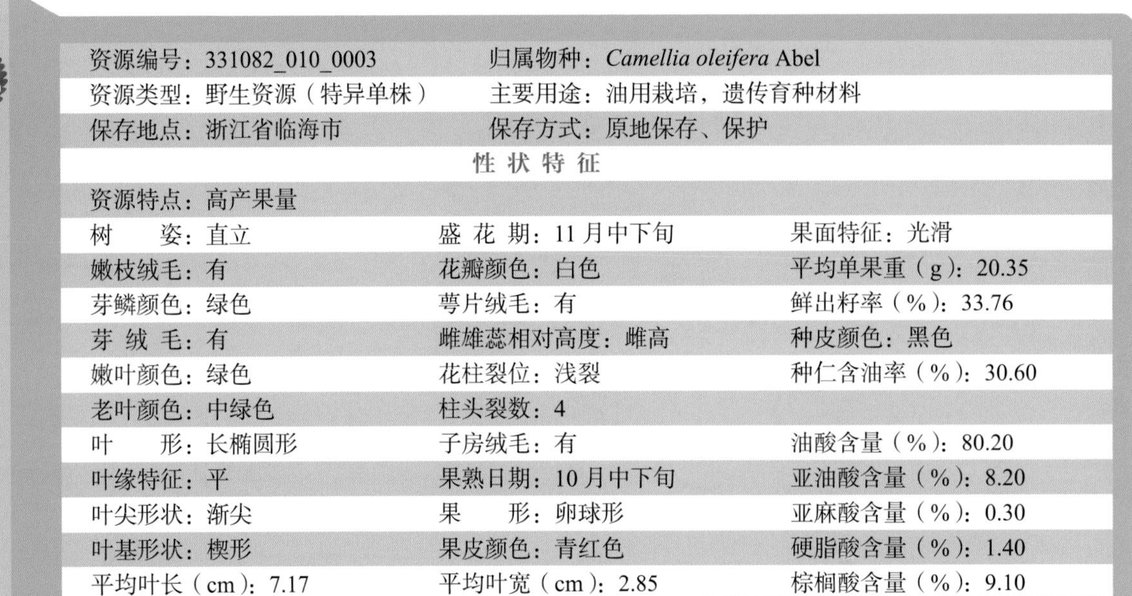

资源编号：331082_010_0003	归属物种：*Camellia oleifera* Abel	
资源类型：野生资源（特异单株）	主要用途：油用栽培，遗传育种材料	
保存地点：浙江省临海市	保存方式：原地保存、保护	
	性 状 特 征	
资源特点：高产果量		
树　　姿：直立	盛 花 期：11月中下旬	果面特征：光滑
嫩枝绒毛：有	花瓣颜色：白色	平均单果重（g）：20.35
芽鳞颜色：绿色	萼片绒毛：有	鲜出籽率（%）：33.76
芽 绒 毛：有	雌雄蕊相对高度：雌高	种皮颜色：黑色
嫩叶颜色：绿色	花柱裂位：浅裂	种仁含油率（%）：30.60
老叶颜色：中绿色	柱头裂数：4	
叶　　形：长椭圆形	子房绒毛：有	油酸含量（%）：80.20
叶缘特征：平	果熟日期：10月中下旬	亚油酸含量（%）：8.20
叶尖形状：渐尖	果　　形：卵球形	亚麻酸含量（%）：0.30
叶基形状：楔形	果皮颜色：青红色	硬脂酸含量（%）：1.40
平均叶长（cm）：7.17	平均叶宽（cm）：2.85	棕榈酸含量（%）：9.10

普油-临海优株4号

资源编号：331082_010_0004	归属物种：*Camellia oleifera* Abel	
资源类型：野生资源（特异单株）	主要用途：油用栽培，遗传育种材料	
保存地点：浙江省临海市	保存方式：原地保存、保护	
性状特征		
资源特点：高产果量		
树　　姿：直立	盛 花 期：11月中下旬	果面特征：光滑
嫩枝绒毛：有	花瓣颜色：白色	平均单果重（g）：23.14
芽鳞颜色：绿色	萼片绒毛：有	鲜出籽率（%）：41.62
芽 绒 毛：有	雌雄蕊相对高度：雌高	种皮颜色：黑色
嫩叶颜色：黄绿色	花柱裂位：深裂	种仁含油率（%）：42.50
老叶颜色：中绿色	柱头裂数：3	
叶　　形：椭圆形	子房绒毛：有	油酸含量（%）：83.50
叶缘特征：平	果熟日期：10月中下旬	亚油酸含量（%）：4.60
叶尖形状：渐尖	果　　形：卵球形	亚麻酸含量（%）：0.30
叶基形状：楔形	果皮颜色：青红色	硬脂酸含量（%）：2.60
平均叶长（cm）：6.76	平均叶宽（cm）：3.07	棕榈酸含量（%）：8.20

普油-临海优株6号

资源编号：331082_010_0006	归属物种：*Camellia oleifera* Abel	
资源类型：野生资源（特异单株）	主要用途：油用栽培，遗传育种材料	
保存地点：浙江省临海市	保存方式：原地保存、保护	
	性状特征	
资源特点：高产果量		
树　　姿：直立	盛 花 期：11月中下旬	果面特征：光滑
嫩枝绒毛：有	花瓣颜色：白色	平均单果重（g）：26.07
芽鳞颜色：绿色	萼片绒毛：有	鲜出籽率（%）：31.88
芽 绒 毛：有	雌雄蕊相对高度：雄高	种皮颜色：黑色
嫩叶颜色：绿色	花柱裂位：浅裂	种仁含油率（%）：42.10
老叶颜色：中绿色	柱头裂数：3	
叶　　形：椭圆形	子房绒毛：有	油酸含量（%）：78.40
叶缘特征：平	果熟日期：10月中下旬	亚油酸含量（%）：9.30
叶尖形状：渐尖	果　　形：卵球形	亚麻酸含量（%）：0.30
叶基形状：楔形	果皮颜色：青色	硬脂酸含量（%）：1.50
平均叶长（cm）：6.68	平均叶宽（cm）：3.15	棕榈酸含量（%）：9.70

普油-莲都优株7号

资源编号：331102_010_0007	归属物种：*Camellia oleifera* Abel	
资源类型：野生资源（特异单株）	主要用途：油用栽培，遗传育种材料	
保存地点：浙江省丽水市莲都区	保存方式：原地保存、保护	
	性 状 特 征	
资源特点：高产果量		
树　　姿：开张	盛 花 期：11月中下旬	果面特征：光滑
嫩枝绒毛：有	花瓣颜色：白色	平均单果重（g）：15.14
芽鳞颜色：绿色	萼片绒毛：有	鲜出籽率（%）：34.61
芽 绒 毛：有	雌雄蕊相对高度：雌高	种皮颜色：黑色
嫩叶颜色：绿色	花柱裂位：浅裂	种仁含油率（%）：33.70
老叶颜色：中绿色	柱头裂数：3	
叶　　形：椭圆形	子房绒毛：有	油酸含量（%）：79.40
叶缘特征：平	果熟日期：10月中下旬	亚油酸含量（%）：8.70
叶尖形状：渐尖	果　　形：卵球形	亚麻酸含量（%）：0.20
叶基形状：近圆形	果皮颜色：青色	硬脂酸含量（%）：1.60
平均叶长（cm）：6.47	平均叶宽（cm）：2.79	棕榈酸含量（%）：9.40

普油-莲都优株8号

资源编号：331102_010_0008	归属物种：*Camellia oleifera* Abel	
资源类型：野生资源（特异单株）	主要用途：油用栽培，遗传育种材料	
保存地点：浙江省丽水市莲都区	保存方式：原地保存、保护	
	性 状 特 征	
资源特点：高产果量		
树　　姿：半开张	盛 花 期：11月中下旬	果面特征：光滑
嫩枝绒毛：有	花瓣颜色：白色	平均单果重（g）：13.13
芽鳞颜色：绿色	萼片绒毛：有	鲜出籽率（%）：41.96
芽 绒 毛：有	雌雄蕊相对高度：雌高	种皮颜色：棕色
嫩叶颜色：绿色	花柱裂位：浅裂	种仁含油率（%）：44.90
老叶颜色：中绿色	柱头裂数：3	
叶　　形：椭圆形	子房绒毛：有	油酸含量（%）：82.30
叶缘特征：平	果熟日期：10月中下旬	亚油酸含量（%）：5.90
叶尖形状：渐尖	果　　形：卵球形	亚麻酸含量（%）：0.20
叶基形状：楔形	果皮颜色：青色	硬脂酸含量（%）：2.10
平均叶长（cm）：5.21	平均叶宽（cm）：2.22	棕榈酸含量（%）：8.90

普油－莲都优株9号

资源编号：331102_010_0009	归属物种：*Camellia oleifera* Abel	
资源类型：野生资源（特异单株）	主要用途：油用栽培，遗传育种材料	
保存地点：浙江省丽水市莲都区	保存方式：原地保存、保护	
	性 状 特 征	
资源特点：高产果量		
树　　姿：开张	盛 花 期：11月中下旬	果面特征：光滑
嫩枝绒毛：有	花瓣颜色：白色	平均单果重（g）：26.48
芽鳞颜色：绿色	萼片绒毛：有	鲜出籽率（%）：32.44
芽 绒 毛：有	雌雄蕊相对高度：雄高	种皮颜色：褐色
嫩叶颜色：绿色	花柱裂位：中裂	种仁含油率（%）：34.80
老叶颜色：中绿色	柱头裂数：3	
叶　　形：椭圆形	子房绒毛：有	油酸含量（%）：83.00
叶缘特征：平	果熟日期：10月中下旬	亚油酸含量（%）：4.70
叶尖形状：钝尖	果　　形：卵球形	亚麻酸含量（%）：0.10
叶基形状：近圆形	果皮颜色：青色	硬脂酸含量（%）：2.90
平均叶长（cm）：5.52	平均叶宽（cm）：2.77	棕榈酸含量（%）：8.40

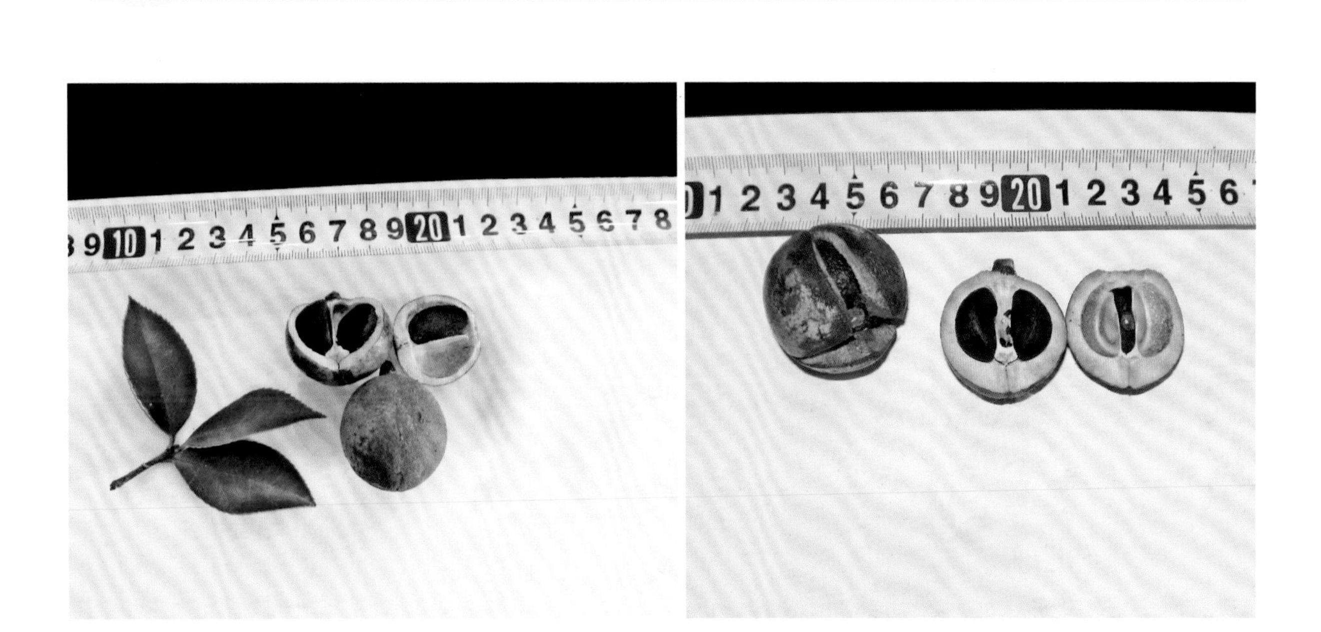

普油-缙云优株6号

资源编号：331122_010_0006	归属物种：*Camellia oleifera* Abel	
资源类型：野生资源（特异单株）	主要用途：油用栽培，遗传育种材料	
保存地点：浙江省缙云县	保存方式：原地保存、保护	
性状特征		
资源特点：高产果量		
树　　姿：开张	盛 花 期：10月中下旬至11月上旬	果面特征：糠秕
嫩枝绒毛：有	花瓣颜色：白色	平均单果重（g）：21.77
芽鳞颜色：黄色	萼片绒毛：有	鲜出籽率（%）：34.41
芽 绒 毛：有	雌雄蕊相对高度：雌高	种皮颜色：棕色
嫩叶颜色：绿色	花柱裂位：浅裂	种仁含油率（%）：47.20
老叶颜色：中绿色	柱头裂数：3	
叶　　形：椭圆形	子房绒毛：有	油酸含量（%）：84.90
叶缘特征：平	果熟日期：10月中下旬	亚油酸含量（%）：4.70
叶尖形状：渐尖	果　　形：圆球形、卵球形	亚麻酸含量（%）：0.20
叶基形状：楔形	果皮颜色：青色	硬脂酸含量（%）：1.90
平均叶长（cm）：7.50	平均叶宽（cm）：3.18	棕榈酸含量（%）：7.70

普油-遂昌优株1号

资源编号：331123_010_0001	归属物种：*Camellia oleifera* Abel	
资源类型：野生资源（特异单株）	主要用途：油用栽培，遗传育种材料	
保存地点：浙江省遂昌县	保存方式：原地保存、保护	
	性 状 特 征	
资源特点：高产果量		
树　　姿：开张	盛 花 期：11月中下旬	果面特征：光滑
嫩枝绒毛：有	花瓣颜色：白色	平均单果重（g）：26.30
芽鳞颜色：浅绿色	萼片绒毛：有	鲜出籽率（%）：49.01
芽 绒 毛：有	雌雄蕊相对高度：等高	种皮颜色：黑色
嫩叶颜色：绿色	花柱裂位：浅裂	种仁含油率（%）：48.40
老叶颜色：中绿色	柱头裂数：3或4	
叶　　形：椭圆形	子房绒毛：有	油酸含量（%）：84.80
叶缘特征：平	果熟日期：10月中下旬	亚油酸含量（%）：4.40
叶尖形状：渐尖	果　　形：卵球形	亚麻酸含量（%）：0.10
叶基形状：半圆形	果皮颜色：青红色	硬脂酸含量（%）：2.20
平均叶长（cm）：6.07	平均叶宽（cm）：3.15	棕榈酸含量（%）：7.70

普油-遂昌优株2号

资源编号：331123_010_0002	归属物种：*Camellia oleifera* Abel	
资源类型：野生资源（特异单株）	主要用途：油用栽培，遗传育种材料	
保存地点：浙江省遂昌县	保存方式：原地保存、保护	
	性状特征	
资源特点：高产果量		
树　　姿：开张	盛 花 期：11月中下旬	果面特征：光滑
嫩枝绒毛：有	花瓣颜色：白色	平均单果重（g）：24.77
芽鳞颜色：黄色	萼片绒毛：有	鲜出籽率（%）：41.82
芽 绒 毛：有	雌雄蕊相对高度：雌高	种皮颜色：褐色
嫩叶颜色：绿色	花柱裂位：浅裂	种仁含油率（%）：28.50
老叶颜色：中绿色	柱头裂数：3或4	
叶　　形：椭圆形	子房绒毛：有	油酸含量（%）：78.00
叶缘特征：平	果熟日期：10月中下旬	亚油酸含量（%）：9.70
叶尖形状：渐尖	果　　形：卵球形	亚麻酸含量（%）：0.30
叶基形状：楔形	果皮颜色：青红色	硬脂酸含量（%）：1.20
平均叶长（cm）：6.71	平均叶宽（cm）：3.15	棕榈酸含量（%）：10.00

普油-遂昌优株3号

资源编号：331123_010_0003	归属物种：*Camellia oleifera* Abel	
资源类型：野生资源（特异单株）	主要用途：油用栽培，遗传育种材料	
保存地点：浙江省遂昌县	保存方式：原地保存、保护	
	性状特征	
资源特点：高产果量		
树　　姿：开张	盛 花 期：11月中下旬	果面特征：光滑
嫩枝绒毛：有	花瓣颜色：白色	平均单果重（g）：20.41
芽鳞颜色：黄绿色	萼片绒毛：有	鲜出籽率（%）：42.19
芽 绒 毛：有	雌雄蕊相对高度：雌高	种皮颜色：棕色
嫩叶颜色：绿色	花柱裂位：浅裂	种仁含油率（%）：29.00
老叶颜色：中绿色	柱头裂数：3	
叶　　形：椭圆形	子房绒毛：有	油酸含量（%）：76.00
叶缘特征：平	果熟日期：10月中下旬	亚油酸含量（%）：10.90
叶尖形状：渐尖	果　　形：圆球形	亚麻酸含量（%）：0.30
叶基形状：楔形	果皮颜色：青红色	硬脂酸含量（%）：1.20
平均叶长（cm）：5.70	平均叶宽（cm）：2.50	棕榈酸含量（%）：10.60

普油 - 遂昌优株 5 号

资源编号：331123_010_0005	归属物种：*Camellia oleifera* Abel	
资源类型：野生资源（特异单株）	主要用途：油用栽培，遗传育种材料	
保存地点：浙江省遂昌县	保存方式：原地保存、保护	
	性状特征	
资源特点：高产果量		
树　　姿：直立	盛 花 期：11 月中下旬	果面特征：光滑
嫩枝绒毛：有	花瓣颜色：白色	平均单果重（g）：26.96
芽鳞颜色：玉白色	萼片绒毛：有	鲜出籽率（%）：47.77
芽 绒 毛：有	雌雄蕊相对高度：雌高	种皮颜色：黑色
嫩叶颜色：绿色	花柱裂位：浅裂	种仁含油率（%）：44.60
老叶颜色：中绿色	柱头裂数：3 或 4	
叶　　形：椭圆形	子房绒毛：有	油酸含量（%）：77.90
叶缘特征：平	果熟日期：10 月中下旬	亚油酸含量（%）：8.80
叶尖形状：渐尖	果　　形：卵球形	亚麻酸含量（%）：0.30
叶基形状：近圆形	果皮颜色：青色	硬脂酸含量（%）：2.40
平均叶长（cm）：7.02	平均叶宽（cm）：3.10	棕榈酸含量（%）：9.80

泰顺粉红油茶－遂昌优株5号

资源编号：331123_010_0015	归属物种：*Camellia taishunensis* Hu	
资源类型：野生资源（特异单株）	主要用途：油用栽培，遗传育种材料	
保存地点：浙江省遂昌县	保存方式：原地保存、保护	
	性 状 特 征	
资源特点：高产果量		
树　　姿：下垂	盛 花 期：11月中下旬	果面特征：光滑
嫩枝绒毛：无	花瓣颜色：红色	平均单果重（g）：—
芽鳞颜色：绿色	萼片绒毛：有	鲜出籽率（%）：—
芽 绒 毛：无	雌雄蕊相对高度：雄高	种皮颜色：棕色
嫩叶颜色：中绿色	花柱裂位：浅裂	种仁含油率（%）：43.80
老叶颜色：深绿色	柱头裂数：3	
叶　　形：椭圆形	子房绒毛：有	油酸含量（%）：78.90
叶缘特征：平	果熟日期：11月下旬	亚油酸含量（%）：10.30
叶尖形状：近尖	果　　形：圆球形	亚麻酸含量（%）：0.30
叶基形状：近圆形	果皮颜色：青色、黄红色	硬脂酸含量（%）：1.80
平均叶长（cm）：4.47	平均叶宽（cm）：1.97	棕榈酸含量（%）：7.90

普油－云和优株5号

资源编号：331125_010_0005	归属物种：*Camellia oleifera* Abel	
资源类型：野生资源（特异单株）	主要用途：油用栽培，遗传育种材料	
保存地点：浙江省云和县	保存方式：原地保存、保护	
	性 状 特 征	
资源特点：高产果量		
树　　姿：半开张	盛 花 期：11月下旬至12月初	果面特征：糠秕
嫩枝绒毛：有	花瓣颜色：白色	平均单果重（g）：29.30
芽鳞颜色：玉白色	萼片绒毛：有	鲜出籽率（%）：39.93
芽 绒 毛：有	雌雄蕊相对高度：雌高	种皮颜色：棕黑色
嫩叶颜色：深绿色	花柱裂位：浅裂	种仁含油率（%）：44.00
老叶颜色：中绿色	柱头裂数：3	
叶　　形：近圆形	子房绒毛：有	油酸含量（%）：77.80
叶缘特征：平	果熟日期：10月中下旬	亚油酸含量（%）：9.70
叶尖形状：钝尖	果　　形：卵球形	亚麻酸含量（%）：0.20
叶基形状：近圆形	果皮颜色：青色	硬脂酸含量（%）：1.40
平均叶长（cm）：6.59	平均叶宽（cm）：3.40	棕榈酸含量（%）：10.10

307

闽科10号

资源编号：350121_010_0048	归属物种：*Camellia oleifera* Abel	
资源类型：野生资源（特异单株）	主要用途：油用栽培，遗传育种材料	
保存地点：福建省闽侯县	保存方式：省级种质资源保存基地，异地保存	
	性状特征	
资源特点：高产果量		
树　　姿：半开张	盛 花 期：11月中下旬	果面特征：光滑
嫩枝绒毛：有	花瓣颜色：白色	平均单果重（g）：25.16
芽鳞颜色：黄绿色	萼片绒毛：有	鲜出籽率（%）：45.29
芽 绒 毛：有	雌雄蕊相对高度：等高或雌高	种皮颜色：深褐色或黑色
嫩叶颜色：黄绿色	花柱裂位：浅裂	种仁含油率（%）：42.30
老叶颜色：中绿色	柱头裂数：4	
叶　　形：长椭圆形	子房绒毛：有	油酸含量（%）：79.60
叶缘特征：波状	果熟日期：11月上旬	亚油酸含量（%）：7.60
叶尖形状：钝尖或渐尖	果　　形：卵球形	亚麻酸含量（%）：0.30
叶基形状：楔形	果皮颜色：深红色	硬脂酸含量（%）：2.00
平均叶长（cm）：6.14	平均叶宽（cm）：2.78	棕榈酸含量（%）：7.70

308

普油-赣上漆工农001号

资源编号：361126_010_0001	归属物种：*Camellia oleifera* Abel	
资源类型：野生资源（特异单株）	主要用途：油用栽培，遗传育种材料	
保存地点：江西省弋阳县	保存方式：原地保存、保护	
	性 状 特 征	
资源特点：高产果量		
树　　姿：直立	盛 花 期：10月中旬	果面特征：光滑
嫩枝绒毛：有	花瓣颜色：白色	平均单果重（g）：22.91
芽鳞颜色：玉白色	萼片绒毛：有	鲜出籽率（%）：36.53
芽 绒 毛：有	雌雄蕊相对高度：雄高	种皮颜色：褐色
嫩叶颜色：红色	花柱裂位：浅裂	种仁含油率（%）：44.00
老叶颜色：黄绿色	柱头裂数：3	
叶　　形：椭圆形	子房绒毛：有	油酸含量（%）：80.80
叶缘特征：平	果熟日期：10月上旬	亚油酸含量（%）：0.80
叶尖形状：钝尖	果　　形：卵球形	亚麻酸含量（%）：—
叶基形状：楔形	果皮颜色：红色	硬脂酸含量（%）：2.10
平均叶长（cm）：4.87	平均叶宽（cm）：2.42	棕榈酸含量（%）：13.10

309 普油-浉河优株2号

资源编号：411502_010_0002	归属物种：*Camellia oleifera* Abel	
资源类型：野生资源（特异单株）	主要用途：油用栽培，遗传育种材料	
保存地点：河南省信阳市浉河区	保存方式：原地保存、保护	
	性状特征	
资源特点：高产果量		
树　　姿：半开张	盛 花 期：10月下旬	果面特征：光滑
嫩枝绒毛：有	花瓣颜色：白色	平均单果重（g）：20.63
芽鳞颜色：黄绿色	萼片绒毛：有	鲜出籽率（%）：44.16
芽 绒 毛：有	雌雄蕊相对高度：雄高	种皮颜色：褐色
嫩叶颜色：绿色	花柱裂位：深裂	种仁含油率（%）：36.10
老叶颜色：黄绿色	柱头裂数：3	
叶　　形：近圆形	子房绒毛：有	油酸含量（%）：81.10
叶缘特征：平	果熟日期：11月上旬	亚油酸含量（%）：9.40
叶尖形状：渐尖	果　　形：扁圆球形	亚麻酸含量（%）：0.40
叶基形状：楔形	果皮颜色：青色	硬脂酸含量（%）：1.50
平均叶长（cm）：6.10	平均叶宽（cm）：4.20	棕榈酸含量（%）：7.10

普油－罗山优株1号

资源编号：411521_010_0001	归属物种：*Camellia oleifera* Abel	
资源类型：野生资源（特异单株）	主要用途：油用栽培，遗传育种材料	
保存地点：河南省罗山县	保存方式：原地保存、保护	
	性状特征	
资源特点：高产果量		
树　　姿：半开张	盛 花 期：11月上旬	果面特征：光滑
嫩枝绒毛：有	花瓣颜色：白色	平均单果重（g）：10.49
芽鳞颜色：黄绿色	萼片绒毛：有	鲜出籽率（%）：40.99
芽 绒 毛：有	雌雄蕊相对高度：等高	种皮颜色：棕褐色
嫩叶颜色：绿色	花柱裂位：浅裂	种仁含油率（%）：41.10
老叶颜色：中绿色	柱头裂数：3	
叶　　形：近圆形	子房绒毛：有	油酸含量（%）：81.70
叶缘特征：平	果熟日期：10月上旬	亚油酸含量（%）：7.90
叶尖形状：渐尖	果　　形：椭球形	亚麻酸含量（%）：0.40
叶基形状：楔形	果皮颜色：青色	硬脂酸含量（%）：1.30
平均叶长（cm）：4.91	平均叶宽（cm）：2.69	棕榈酸含量（%）：8.30

311 普油-罗山优株2号

资源编号：411521_010_0002	归属物种：*Camellia oleifera* Abel	
资源类型：野生资源（特异单株）	主要用途：油用栽培，遗传育种材料	
保存地点：河南省罗山县	保存方式：原地保存、保护	
	性状特征	
资源特点：高产果量		
树　　姿：开张	盛 花 期：10月中旬	果面特征：光滑
嫩枝绒毛：有	花瓣颜色：白色	平均单果重（g）：11.93
芽鳞颜色：黄绿色	萼片绒毛：有	鲜出籽率（%）：44.68
芽 绒 毛：有	雌雄蕊相对高度：雌高	种皮颜色：棕褐色
嫩叶颜色：绿色	花柱裂位：中裂	种仁含油率（%）：43.90
老叶颜色：中绿色	柱头裂数：3	
叶　　形：椭圆形	子房绒毛：有	油酸含量（%）：83.60
叶缘特征：平	果熟日期：10月中旬	亚油酸含量（%）：6.20
叶尖形状：渐尖	果　　形：卵球形	亚麻酸含量（%）：0.20
叶基形状：楔形	果皮颜色：青色	硬脂酸含量（%）：2.50
平均叶长（cm）：5.82	平均叶宽（cm）：2.45	棕榈酸含量（%）：7.10

普油-罗山优株3号

资源编号：411521_010_0003	归属物种：*Camellia oleifera* Abel	
资源类型：野生资源（特异单株）	主要用途：油用栽培，遗传育种材料	
保存地点：河南省罗山县	保存方式：原地保存、保护	
性状特征		
资源特点：高产果量		
树　　姿：半开张	盛 花 期：10月中旬	果面特征：凹凸
嫩枝绒毛：有	花瓣颜色：白色	平均单果重（g）：19.97
芽鳞颜色：黄绿色	萼片绒毛：有	鲜出籽率（%）：39.86
芽 绒 毛：有	雌雄蕊相对高度：雄高	种皮颜色：褐色
嫩叶颜色：绿色	花柱裂位：浅裂	种仁含油率（%）：43.10
老叶颜色：中绿色	柱头裂数：3	
叶　　形：椭圆形	子房绒毛：有	油酸含量（%）：83.30
叶缘特征：平	果熟日期：10月上旬	亚油酸含量（%）：6.50
叶尖形状：渐尖	果　　形：卵球形	亚麻酸含量（%）：0.20
叶基形状：楔形	果皮颜色：青色	硬脂酸含量（%）：2.30
平均叶长（cm）：6.53	平均叶宽（cm）：2.77	棕榈酸含量（%）：7.20

普油-新县优株2号

资源编号：411523_010_0004	归属物种：*Camellia oleifera* Abel	
资源类型：野生资源（特异单株）	主要用途：油用栽培，遗传育种材料	
保存地点：河南省新县	保存方式：原地保存、保护	
	性状特征	
资源特点：高产果量		
树　　姿：开张	盛 花 期：10月中旬	果面特征：光滑
嫩枝绒毛：有	花瓣颜色：白色	平均单果重（g）：12.42
芽鳞颜色：黄绿色	萼片绒毛：有	鲜出籽率（%）：25.36
芽 绒 毛：有	雌雄蕊相对高度：雄高	种皮颜色：棕褐色
嫩叶颜色：绿色	花柱裂位：浅裂	种仁含油率（%）：38.00
老叶颜色：中绿色	柱头裂数：4	
叶　　形：近圆形	子房绒毛：有	油酸含量（%）：80.30
叶缘特征：平	果熟日期：10月上旬	亚油酸含量（%）：8.70
叶尖形状：渐尖	果　　形：卵球形	亚麻酸含量（%）：0.30
叶基形状：楔形	果皮颜色：红色	硬脂酸含量（%）：1.90
平均叶长（cm）：7.63	平均叶宽（cm）：4.05	棕榈酸含量（%）：8.30

普油－新县优株3号

资源编号：411523_010_0005	归属物种：*Camellia oleifera* Abel	
资源类型：野生资源（特异单株）	主要用途：油用栽培，遗传育种材料	
保存地点：河南省新县	保存方式：原地保存、保护	
	性 状 特 征	
资源特点：高产果量		
树　　姿：半开张	盛 花 期：10月中旬	果面特征：光滑
嫩枝绒毛：有	花瓣颜色：白色	平均单果重（g）：5.52
芽鳞颜色：黄绿色	萼片绒毛：有	鲜出籽率（%）：26.27
芽 绒 毛：有	雌雄蕊相对高度：等高	种皮颜色：棕褐色
嫩叶颜色：绿色	花柱裂位：浅裂	种仁含油率（%）：37.70
老叶颜色：中绿色	柱头裂数：4	
叶　　形：椭圆形	子房绒毛：有	油酸含量（%）：79.40
叶缘特征：波状	果熟日期：10月上旬	亚油酸含量（%）：8.60
叶尖形状：渐尖	果　　形：卵球形	亚麻酸含量（%）：0.30
叶基形状：楔形	果皮颜色：红色	硬脂酸含量（%）：3.10
平均叶长（cm）：6.12	平均叶宽（cm）：2.48	棕榈酸含量（%）：8.10

315 普油-新县优株4号

资源编号：411523_010_0006	归属物种：*Camellia oleifera* Abel	
资源类型：野生资源（特异单株）	主要用途：油用栽培，遗传育种材料	
保存地点：河南省新县	保存方式：原地保存、保护	
	性状特征	
资源特点：高产果量		
树　　姿：开张	盛 花 期：10月中旬	果面特征：光滑
嫩枝绒毛：有	花瓣颜色：白色	平均单果重（g）：12.50
芽鳞颜色：黄绿色	萼片绒毛：有	鲜出籽率（%）：30.00
芽 绒 毛：有	雌雄蕊相对高度：等高	种皮颜色：棕色
嫩叶颜色：红色	花柱裂位：浅裂	种仁含油率（%）：39.70
老叶颜色：黄绿色	柱头裂数：4	
叶　　形：椭圆形	子房绒毛：有	油酸含量（%）：78.40
叶缘特征：平	果熟日期：10月上旬	亚油酸含量（%）：10.40
叶尖形状：渐尖	果　　形：卵球形	亚麻酸含量（%）：0.30
叶基形状：楔形	果皮颜色：红色	硬脂酸含量（%）：1.60
平均叶长（cm）：7.60	平均叶宽（cm）：3.50	棕榈酸含量（%）：8.80

普油-商城优株1号

资源编号：411524_010_0005	归属物种：*Camellia oleifera* Abel	
资源类型：野生资源（特异单株）	主要用途：油用栽培，遗传育种材料	
保存地点：河南省商城县	保存方式：原地保存、保护	
	性状特征	
资源特点：高产果量		
树　　姿：半开张	盛花期：11月上旬	果面特征：糠秕
嫩枝绒毛：有	花瓣颜色：白色	平均单果重（g）：27.97
芽鳞颜色：黄绿色	萼片绒毛：有	鲜出籽率（%）：46.48
芽绒毛：有	雌雄蕊相对高度：雄高	种皮颜色：棕褐色
嫩叶颜色：绿色	花柱裂位：浅裂	种仁含油率（%）：37.50
老叶颜色：中绿色	柱头裂数：3	
叶　　形：椭圆形	子房绒毛：有	油酸含量（%）：81.40
叶缘特征：平	果熟日期：10月中旬	亚油酸含量（%）：8.50
叶尖形状：渐尖	果　　形：椭球形	亚麻酸含量（%）：0.30
叶基形状：楔形	果皮颜色：青色	硬脂酸含量（%）：2.50
平均叶长（cm）：5.61	平均叶宽（cm）：2.49	棕榈酸含量（%）：8.00

普油-商城优株2号

资源编号：411524_010_0009	归属物种：*Camellia oleifera* Abel	
资源类型：野生资源（特异单株）	主要用途：油用栽培，遗传育种材料	
保存地点：河南省商城县	保存方式：原地保存、保护	
	性状特征	
资源特点：高产果量		
树　　姿：半开张	盛 花 期：11月上旬	果面特征：糠秕
嫩枝绒毛：有	花瓣颜色：白色	平均单果重（g）：18.84
芽鳞颜色：黄绿色	萼片绒毛：有	鲜出籽率（%）：32.64
芽 绒 毛：有	雌雄蕊相对高度：雌高	种皮颜色：褐色
嫩叶颜色：绿色	花柱裂位：浅裂	种仁含油率（%）：44.90
老叶颜色：黄绿色	柱头裂数：3	
叶　　形：近圆形	子房绒毛：有	油酸含量（%）：84.20
叶缘特征：平	果熟日期：10月中旬	亚油酸含量（%）：5.80
叶尖形状：渐尖	果　　形：圆球形	亚麻酸含量（%）：0.20
叶基形状：楔形	果皮颜色：青色	硬脂酸含量（%）：1.80
平均叶长（cm）：6.20	平均叶宽（cm）：3.30	棕榈酸含量（%）：7.50

普油-商城优株3号

资源编号：411524_010_0010	归属物种：*Camellia oleifera* Abel	
资源类型：野生资源（特异单株）	主要用途：油用栽培，遗传育种材料	
保存地点：河南省商城县	保存方式：原地保存、保护	
性状特征		
资源特点：高产果量		
树　　姿：半开张	盛 花 期：10月下旬	果面特征：光滑
嫩枝绒毛：有	花瓣颜色：白色	平均单果重（g）：12.46
芽鳞颜色：黄绿色	萼片绒毛：有	鲜出籽率（%）：35.87
芽 绒 毛：有	雌雄蕊相对高度：等高	种皮颜色：褐色
嫩叶颜色：绿色	花柱裂位：浅裂	种仁含油率（%）：45.90
老叶颜色：中绿色	柱头裂数：3	
叶　　形：椭圆形	子房绒毛：有	油酸含量（%）：80.80
叶缘特征：平	果熟日期：10月中旬	亚油酸含量（%）：8.00
叶尖形状：渐尖	果　　形：椭球形	亚麻酸含量（%）：0.20
叶基形状：楔形	果皮颜色：红色	硬脂酸含量（%）：1.70
平均叶长（cm）：5.57	平均叶宽（cm）：2.69	棕榈酸含量（%）：8.80

普油-商城优株4号

资源编号：411524_010_0011	归属物种：*Camellia oleifera* Abel	
资源类型：野生资源（特异单株）	主要用途：油用栽培，遗传育种材料	
保存地点：河南省商城县	保存方式：原地保存、保护	
	性状特征	
资源特点：高产果量		
树　　姿：开张	盛 花 期：11月下旬	果面特征：糠秕
嫩枝绒毛：有	花瓣颜色：白色	平均单果重（g）：16.25
芽鳞颜色：黄绿色	萼片绒毛：有	鲜出籽率（%）：42.65
芽 绒 毛：有	雌雄蕊相对高度：雄高	种皮颜色：褐色
嫩叶颜色：绿色	花柱裂位：浅裂	种仁含油率（%）：44.30
老叶颜色：黄绿色	柱头裂数：3	
叶　　形：近圆形	子房绒毛：有	油酸含量（%）：81.80
叶缘特征：平	果熟日期：10月中旬	亚油酸含量（%）：7.10
叶尖形状：渐尖	果　　形：圆球形	亚麻酸含量（%）：0.30
叶基形状：近圆形	果皮颜色：黄棕色	硬脂酸含量（%）：1.70
平均叶长（cm）：5.84	平均叶宽（cm）：3.15	棕榈酸含量（%）：8.50

普油-商城优株5号

资源编号：411524_010_0012	归属物种：*Camellia oleifera* Abel	
资源类型：野生资源（特异单株）	主要用途：油用栽培，遗传育种材料	
保存地点：河南省商城县	保存方式：原地保存、保护	
	性 状 特 征	
资源特点：高产果量		
树　　姿：直立	盛 花 期：10月下旬	果面特征：光滑
嫩枝绒毛：有	花瓣颜色：白色	平均单果重（g）：18.88
芽鳞颜色：黄绿色	萼片绒毛：有	鲜出籽率（%）：43.17
芽 绒 毛：有	雌雄蕊相对高度：等高	种皮颜色：棕褐色
嫩叶颜色：绿色	花柱裂位：浅裂	种仁含油率（%）：40.20
老叶颜色：中绿色	柱头裂数：3	
叶　　形：椭圆形	子房绒毛：有	油酸含量（%）：82.90
叶缘特征：平	果熟日期：10月中旬	亚油酸含量（%）：6.60
叶尖形状：渐尖	果　　形：倒卵球形	亚麻酸含量（%）：0.40
叶基形状：楔形	果皮颜色：红色	硬脂酸含量（%）：2.20
平均叶长（cm）：4.68	平均叶宽（cm）：2.33	棕榈酸含量（%）：7.40

普油-固始优株2号

资源编号：411525_010_0002	归属物种：*Camellia oleifera* Abel	
资源类型：野生资源（特异单株）	主要用途：油用栽培，遗传育种材料	
保存地点：河南省固始县	保存方式：原地保存、保护	
性 状 特 征		
资源特点：高产果量		
树　　姿：开张	盛 花 期：11月上旬	果面特征：光滑
嫩枝绒毛：有	花瓣颜色：白色	平均单果重（g）：14.77
芽鳞颜色：黄绿色	萼片绒毛：有	鲜出籽率（%）：39.74
芽 绒 毛：有	雌雄蕊相对高度：雌高	种皮颜色：褐色
嫩叶颜色：绿色	花柱裂位：浅裂	种仁含油率（%）：38.30
老叶颜色：黄绿色	柱头裂数：3	
叶　　形：近圆形	子房绒毛：有	油酸含量（%）：82.00
叶缘特征：平	果熟日期：10月中旬	亚油酸含量（%）：7.60
叶尖形状：渐尖	果　　形：卵球形	亚麻酸含量（%）：0.30
叶基形状：楔形	果皮颜色：青色	硬脂酸含量（%）：1.30
平均叶长（cm）：5.29	平均叶宽（cm）：2.83	棕榈酸含量（%）：8.10

322 普油-阳新龙港3号优株

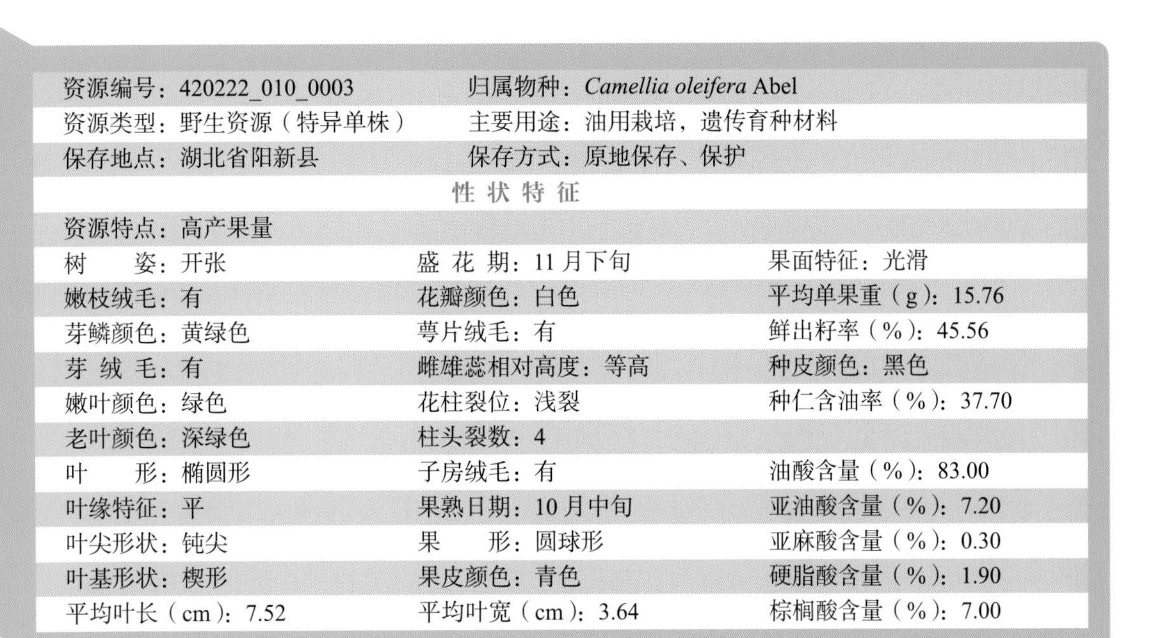

资源编号：420222_010_0003	归属物种：*Camellia oleifera* Abel	
资源类型：野生资源（特异单株）	主要用途：油用栽培，遗传育种材料	
保存地点：湖北省阳新县	保存方式：原地保存、保护	
	性状特征	
资源特点：高产果量		
树　　姿：开张	盛 花 期：11月下旬	果面特征：光滑
嫩枝绒毛：有	花瓣颜色：白色	平均单果重（g）：15.76
芽鳞颜色：黄绿色	萼片绒毛：有	鲜出籽率（%）：45.56
芽 绒 毛：有	雌雄蕊相对高度：等高	种皮颜色：黑色
嫩叶颜色：绿色	花柱裂位：浅裂	种仁含油率（%）：37.70
老叶颜色：深绿色	柱头裂数：4	
叶　　形：椭圆形	子房绒毛：有	油酸含量（%）：83.00
叶缘特征：平	果熟日期：10月中旬	亚油酸含量（%）：7.20
叶尖形状：钝尖	果　　形：圆球形	亚麻酸含量（%）：0.30
叶基形状：楔形	果皮颜色：青色	硬脂酸含量（%）：1.90
平均叶长（cm）：7.52	平均叶宽（cm）：3.64	棕榈酸含量（%）：7.00

普油 - 阳新龙港 7 号优株

资源编号：420222_010_0004	归属物种：*Camellia oleifera* Abel	
资源类型：野生资源（特异单株）	主要用途：油用栽培，遗传育种材料	
保存地点：湖北省阳新县	保存方式：原地保存、保护	
	性状特征	
资源特点：高产果量		
树　　姿：开张	盛 花 期：10 月下旬	果面特征：光滑
嫩枝绒毛：有	花瓣颜色：白色	平均单果重（g）：9.94
芽鳞颜色：黄绿色	萼片绒毛：有	鲜出籽率（%）：42.25
芽 绒 毛：有	雌雄蕊相对高度：雄高	种皮颜色：黑色
嫩叶颜色：绿色	花柱裂位：浅裂	种仁含油率（%）：37.50
老叶颜色：中绿色	柱头裂数：3	
叶　　形：长椭圆形	子房绒毛：有	油酸含量（%）：82.10
叶缘特征：平	果熟日期：10 月下旬	亚油酸含量（%）：7.00
叶尖形状：钝尖	果　　形：圆球形	亚麻酸含量（%）：0.30
叶基形状：楔形	果皮颜色：黄棕色	硬脂酸含量（%）：3.00
平均叶长（cm）：6.44	平均叶宽（cm）：2.74	棕榈酸含量（%）：6.90

324 普油-阳新兴国3号优株

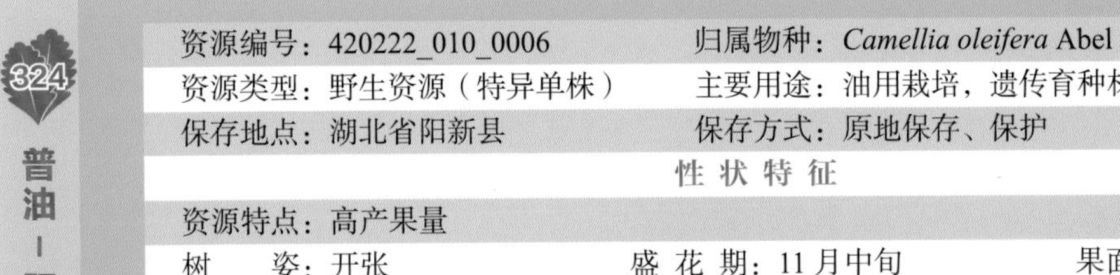

资源编号：420222_010_0006	归属物种：*Camellia oleifera* Abel	
资源类型：野生资源（特异单株）	主要用途：油用栽培，遗传育种材料	
保存地点：湖北省阳新县	保存方式：原地保存、保护	
	性状特征	
资源特点：高产果量		
树　　姿：开张	盛 花 期：11月中旬	果面特征：糠秕
嫩枝绒毛：有	花瓣颜色：白色	平均单果重（g）：18.30
芽鳞颜色：黄绿色	萼片绒毛：有	鲜出籽率（%）：47.87
芽 绒 毛：有	雌雄蕊相对高度：雄高	种皮颜色：黑色
嫩叶颜色：红色	花柱裂位：中裂	种仁含油率（%）：40.10
老叶颜色：深绿色	柱头裂数：4	
叶　　形：椭圆形	子房绒毛：有	油酸含量（%）：81.00
叶缘特征：波状	果熟日期：10月中旬	亚油酸含量（%）：8.40
叶尖形状：渐尖	果　　形：圆球形	亚麻酸含量（%）：0.30
叶基形状：楔形	果皮颜色：红色	硬脂酸含量（%）：1.80
平均叶长（cm）：6.72	平均叶宽（cm）：3.39	棕榈酸含量（%）：7.80

325 普油-阳新兴国11号优株

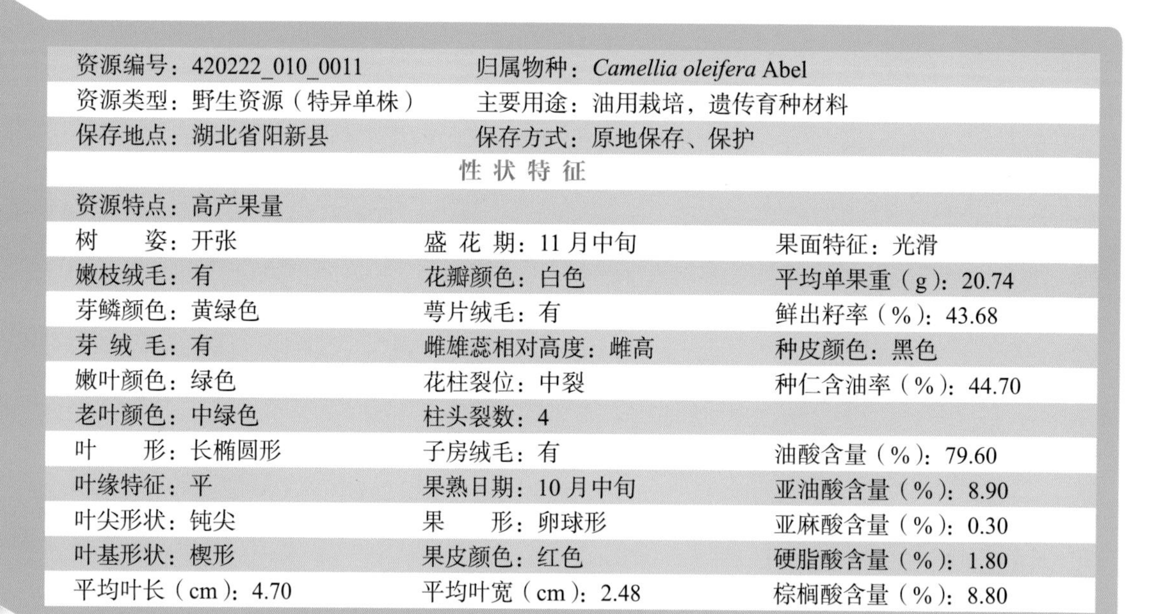

资源编号：420222_010_0011	归属物种：*Camellia oleifera* Abel	
资源类型：野生资源（特异单株）	主要用途：油用栽培，遗传育种材料	
保存地点：湖北省阳新县	保存方式：原地保存、保护	
	性状特征	
资源特点：高产果量		
树　　姿：开张	盛 花 期：11月中旬	果面特征：光滑
嫩枝绒毛：有	花瓣颜色：白色	平均单果重（g）：20.74
芽鳞颜色：黄绿色	萼片绒毛：有	鲜出籽率（%）：43.68
芽 绒 毛：有	雌雄蕊相对高度：雌高	种皮颜色：黑色
嫩叶颜色：绿色	花柱裂位：中裂	种仁含油率（%）：44.70
老叶颜色：中绿色	柱头裂数：4	
叶　　形：长椭圆形	子房绒毛：有	油酸含量（%）：79.60
叶缘特征：平	果熟日期：10月中旬	亚油酸含量（%）：8.90
叶尖形状：钝尖	果　　形：卵球形	亚麻酸含量（%）：0.30
叶基形状：楔形	果皮颜色：红色	硬脂酸含量（%）：1.80
平均叶长（cm）：4.70	平均叶宽（cm）：2.48	棕榈酸含量（%）：8.80

326 普油－阳新兴国15号优株

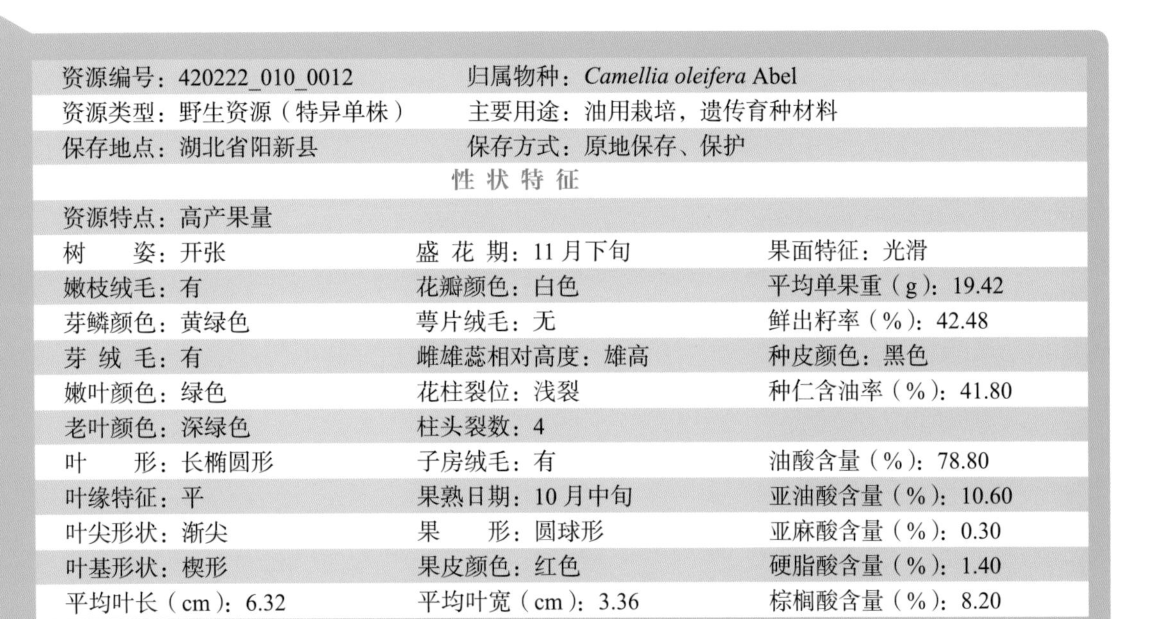

资源编号：420222_010_0012	归属物种：*Camellia oleifera* Abel	
资源类型：野生资源（特异单株）	主要用途：油用栽培，遗传育种材料	
保存地点：湖北省阳新县	保存方式：原地保存、保护	
	性状特征	
资源特点：高产果量		
树　　姿：开张	盛 花 期：11月下旬	果面特征：光滑
嫩枝绒毛：有	花瓣颜色：白色	平均单果重（g）：19.42
芽鳞颜色：黄绿色	萼片绒毛：无	鲜出籽率（%）：42.48
芽 绒 毛：有	雌雄蕊相对高度：雄高	种皮颜色：黑色
嫩叶颜色：绿色	花柱裂位：浅裂	种仁含油率（%）：41.80
老叶颜色：深绿色	柱头裂数：4	
叶　　形：长椭圆形	子房绒毛：有	油酸含量（%）：78.80
叶缘特征：平	果熟日期：10月中旬	亚油酸含量（%）：10.60
叶尖形状：渐尖	果　　形：圆球形	亚麻酸含量（%）：0.30
叶基形状：楔形	果皮颜色：红色	硬脂酸含量（%）：1.40
平均叶长（cm）：6.32	平均叶宽（cm）：3.36	棕榈酸含量（%）：8.20

327 普油-阳新兴国16号优株

资源编号：420222_010_0013	归属物种：*Camellia oleifera* Abel	
资源类型：野生资源（特异单株）	主要用途：油用栽培，遗传育种材料	
保存地点：湖北省阳新县	保存方式：原地保存、保护	
	性 状 特 征	
资源特点：高产果量		
树　　姿：开张	盛 花 期：11月下旬	果面特征：光滑
嫩枝绒毛：有	花瓣颜色：白色	平均单果重（g）：17.39
芽鳞颜色：黄绿色	萼片绒毛：有	鲜出籽率（%）：41.81
芽 绒 毛：有	雌雄蕊相对高度：雄高	种皮颜色：黑色
嫩叶颜色：绿色	花柱裂位：浅裂	种仁含油率（%）：44.20
老叶颜色：中绿色	柱头裂数：4	
叶　　形：椭圆形	子房绒毛：有	油酸含量（%）：82.00
叶缘特征：平	果熟日期：10月中旬	亚油酸含量（%）：6.80
叶尖形状：钝尖	果　　形：卵球形	亚麻酸含量（%）：0.20
叶基形状：楔形	果皮颜色：红色	硬脂酸含量（%）：2.60
平均叶长（cm）：6.34	平均叶宽（cm）：2.88	棕榈酸含量（%）：7.70

328

普油-阳新兴国17号优株

资源编号：420222_010_0014	归属物种：*Camellia oleifera* Abel	
资源类型：野生资源（特异单株）	主要用途：油用栽培，遗传育种材料	
保存地点：湖北省阳新县	保存方式：原地保存、保护	
	性 状 特 征	
资源特点：高产果量		
树　　姿：半开张	盛 花 期：11月下旬	果面特征：光滑
嫩枝绒毛：有	花瓣颜色：白色	平均单果重（g）：16.37
芽鳞颜色：黄绿色	萼片绒毛：有	鲜出籽率（%）：42.70
芽 绒 毛：有	雌雄蕊相对高度：雄高	种皮颜色：黑色
嫩叶颜色：绿色	花柱裂位：浅裂	种仁含油率（%）：42.50
老叶颜色：中绿色	柱头裂数：4	
叶　　形：长椭圆形	子房绒毛：有	油酸含量（%）：77.00
叶缘特征：平	果熟日期：10月中旬	亚油酸含量（%）：11.30
叶尖形状：钝尖	果　　形：卵球形	亚麻酸含量（%）：0.30
叶基形状：楔形	果皮颜色：红色	硬脂酸含量（%）：1.70
平均叶长（cm）：6.02	平均叶宽（cm）：3.02	棕榈酸含量（%）：9.10

329 普油-阳新兴国25号优株

资源编号：420222_010_0016	归属物种：*Camellia oleifera* Abel	
资源类型：野生资源（特异单株）	主要用途：油用栽培，遗传育种材料	
保存地点：湖北省阳新县	保存方式：原地保存、保护	
性状特征		
资源特点：高产果量		
树　　姿：开张	盛 花 期：10月下旬	果面特征：光滑
嫩枝绒毛：有	花瓣颜色：白色	平均单果重（g）：14.91
芽鳞颜色：黄绿色	萼片绒毛：有	鲜出籽率（%）：41.92
芽 绒 毛：有	雌雄蕊相对高度：雄高	种皮颜色：黑色
嫩叶颜色：绿色	花柱裂位：中裂	种仁含油率（%）：37.60
老叶颜色：中绿色	柱头裂数：4	
叶　　形：椭圆形	子房绒毛：有	油酸含量（%）：80.80
叶缘特征：平	果熟日期：10月中旬	亚油酸含量（%）：8.60
叶尖形状：钝尖	果　　形：圆球形	亚麻酸含量（%）：0.20
叶基形状：楔形	果皮颜色：黄棕色	硬脂酸含量（%）：1.80
平均叶长（cm）：6.10	平均叶宽（cm）：3.82	棕榈酸含量（%）：8.10

330 普油-阳新太子3号优株

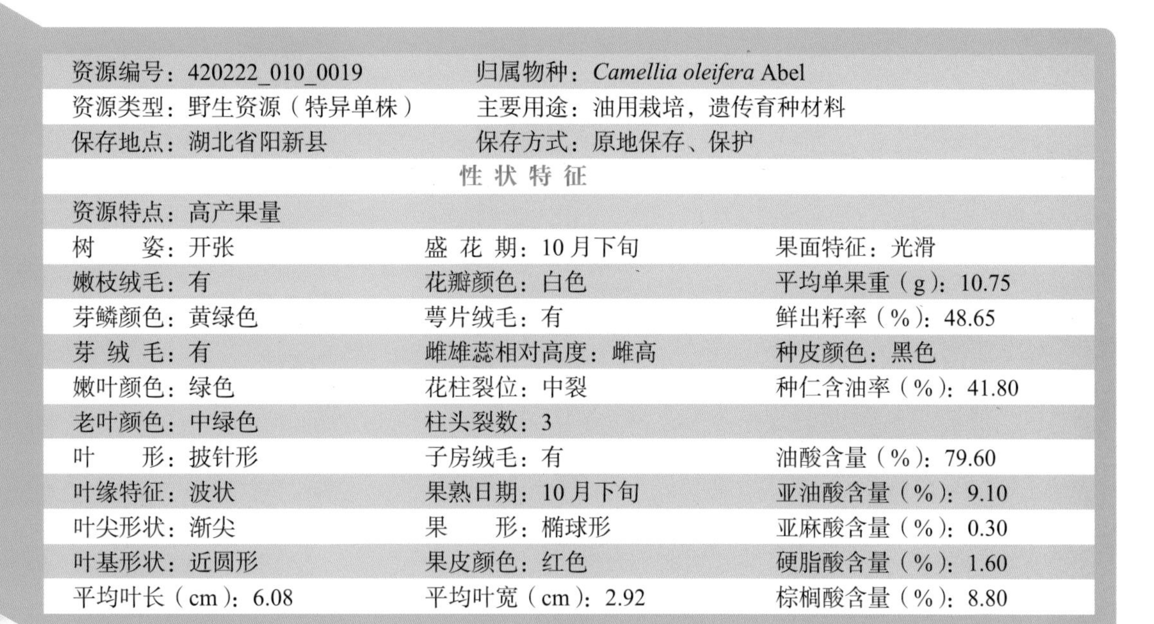

资源编号：420222_010_0019	归属物种：*Camellia oleifera* Abel	
资源类型：野生资源（特异单株）	主要用途：油用栽培，遗传育种材料	
保存地点：湖北省阳新县	保存方式：原地保存、保护	
	性状特征	
资源特点：高产果量		
树　　姿：开张	盛 花 期：10月下旬	果面特征：光滑
嫩枝绒毛：有	花瓣颜色：白色	平均单果重（g）：10.75
芽鳞颜色：黄绿色	萼片绒毛：有	鲜出籽率（%）：48.65
芽 绒 毛：有	雌雄蕊相对高度：雌高	种皮颜色：黑色
嫩叶颜色：绿色	花柱裂位：中裂	种仁含油率（%）：41.80
老叶颜色：中绿色	柱头裂数：3	
叶　　形：披针形	子房绒毛：有	油酸含量（%）：79.60
叶缘特征：波状	果熟日期：10月下旬	亚油酸含量（%）：9.10
叶尖形状：渐尖	果　　形：椭球形	亚麻酸含量（%）：0.30
叶基形状：近圆形	果皮颜色：红色	硬脂酸含量（%）：1.60
平均叶长（cm）：6.08	平均叶宽（cm）：2.92	棕榈酸含量（%）：8.80

普油-阳新太子6号优株

资源编号：420222_010_0021	归属物种：*Camellia oleifera* Abel	
资源类型：野生资源（特异单株）	主要用途：油用栽培，遗传育种材料	
保存地点：湖北省阳新县	保存方式：原地保存、保护	
	性 状 特 征	
资源特点：高产果量		
树　　姿：开张	盛 花 期：10月上旬	果面特征：光滑
嫩枝绒毛：有	花瓣颜色：白色	平均单果重（g）：8.38
芽鳞颜色：黄绿色	萼片绒毛：有	鲜出籽率（%）：35.56
芽 绒 毛：有	雌雄蕊相对高度：雄高	种皮颜色：黑色
嫩叶颜色：绿色	花柱裂位：浅裂	种仁含油率（%）：48.50
老叶颜色：深绿色	柱头裂数：3	
叶　　形：长椭圆形	子房绒毛：有	油酸含量（%）：81.50
叶缘特征：平	果熟日期：10月下旬	亚油酸含量（%）：7.30
叶尖形状：渐尖	果　　形：卵球形	亚麻酸含量（%）：0.20
叶基形状：楔形	果皮颜色：黄棕色	硬脂酸含量（%）：2.30
平均叶长（cm）：5.94	平均叶宽（cm）：2.90	棕榈酸含量（%）：8.20

332 普油-阳新白沙1号优株

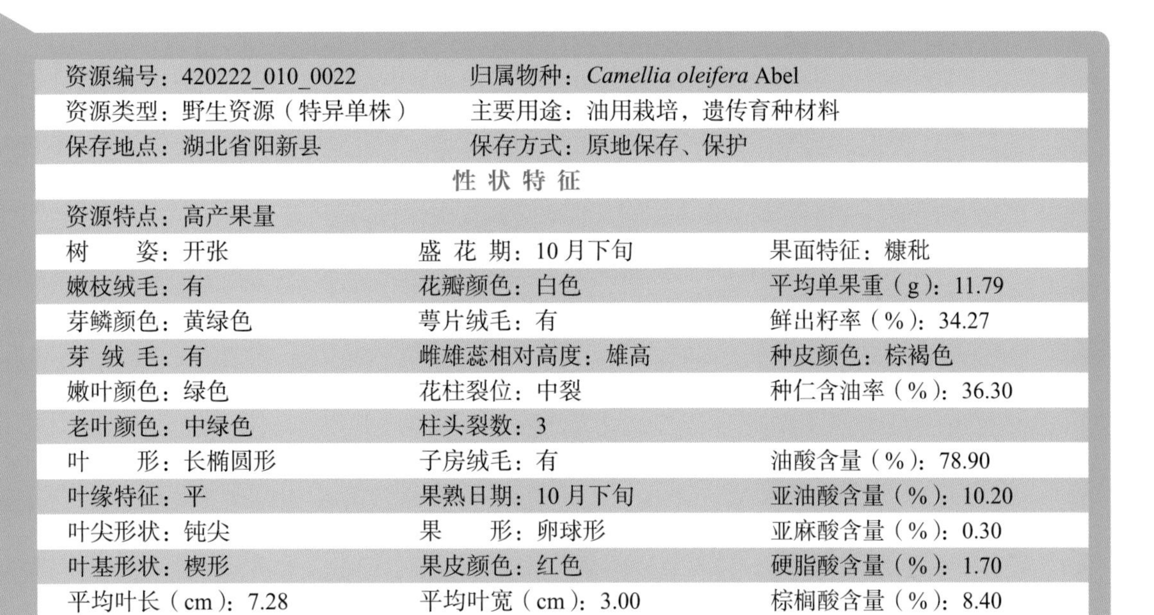

资源编号：420222_010_0022	归属物种：*Camellia oleifera* Abel	
资源类型：野生资源（特异单株）	主要用途：油用栽培，遗传育种材料	
保存地点：湖北省阳新县	保存方式：原地保存、保护	
性 状 特 征		
资源特点：高产果量		
树　　姿：开张	盛 花 期：10月下旬	果面特征：糠秕
嫩枝绒毛：有	花瓣颜色：白色	平均单果重（g）：11.79
芽鳞颜色：黄绿色	萼片绒毛：有	鲜出籽率（%）：34.27
芽 绒 毛：有	雌雄蕊相对高度：雄高	种皮颜色：棕褐色
嫩叶颜色：绿色	花柱裂位：中裂	种仁含油率（%）：36.30
老叶颜色：中绿色	柱头裂数：3	
叶　　形：长椭圆形	子房绒毛：有	油酸含量（%）：78.90
叶缘特征：平	果熟日期：10月下旬	亚油酸含量（%）：10.20
叶尖形状：钝尖	果　　形：卵球形	亚麻酸含量（%）：0.30
叶基形状：楔形	果皮颜色：红色	硬脂酸含量（%）：1.70
平均叶长（cm）：7.28	平均叶宽（cm）：3.00	棕榈酸含量（%）：8.40

普油-阳新白沙2号优株

资源编号：420222_010_0023	归属物种：*Camellia oleifera* Abel	
资源类型：野生资源（特异单株）	主要用途：油用栽培，遗传育种材料	
保存地点：湖北省阳新县	保存方式：原地保存、保护	
性状特征		
资源特点：高产果量		
树　　姿：开张	盛 花 期：10月下旬	果面特征：光滑
嫩枝绒毛：有	花瓣颜色：白色	平均单果重（g）：18.10
芽鳞颜色：黄绿色	萼片绒毛：有	鲜出籽率（%）：31.27
芽 绒 毛：有	雌雄蕊相对高度：等高	种皮颜色：褐色
嫩叶颜色：红色	花柱裂位：浅裂	种仁含油率（%）：36.40
老叶颜色：深绿色	柱头裂数：3	
叶　　形：长椭圆形	子房绒毛：有	油酸含量（%）：78.10
叶缘特征：平	果熟日期：10月中旬	亚油酸含量（%）：10.90
叶尖形状：钝尖	果　　形：扁圆球形	亚麻酸含量（%）：0.30
叶基形状：楔形	果皮颜色：红色	硬脂酸含量（%）：1.60
平均叶长（cm）：7.00	平均叶宽（cm）：3.40	棕榈酸含量（%）：8.60

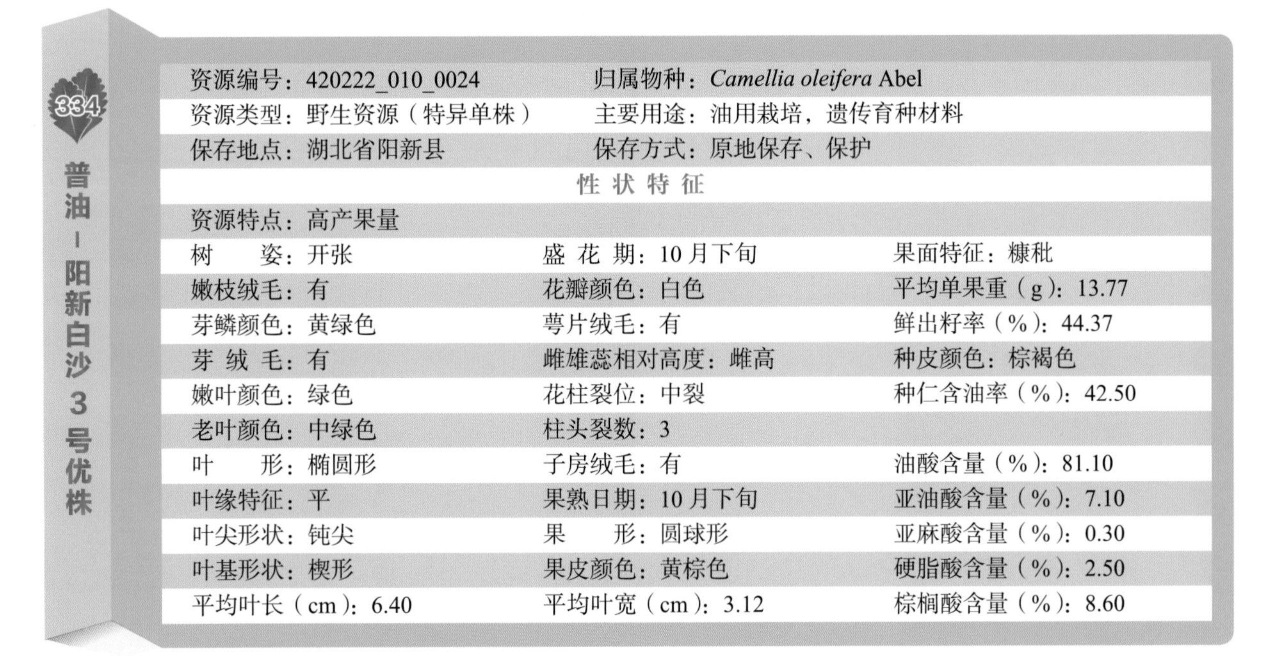

334 普油-阳新白沙3号优株

资源编号：420222_010_0024	归属物种：*Camellia oleifera* Abel	
资源类型：野生资源（特异单株）	主要用途：油用栽培，遗传育种材料	
保存地点：湖北省阳新县	保存方式：原地保存、保护	
	性状特征	
资源特点：高产果量		
树　　姿：开张	盛 花 期：10月下旬	果面特征：糠秕
嫩枝绒毛：有	花瓣颜色：白色	平均单果重（g）：13.77
芽鳞颜色：黄绿色	萼片绒毛：有	鲜出籽率（%）：44.37
芽 绒 毛：有	雌雄蕊相对高度：雌高	种皮颜色：棕褐色
嫩叶颜色：绿色	花柱裂位：中裂	种仁含油率（%）：42.50
老叶颜色：中绿色	柱头裂数：3	
叶　　形：椭圆形	子房绒毛：有	油酸含量（%）：81.10
叶缘特征：平	果熟日期：10月下旬	亚油酸含量（%）：7.10
叶尖形状：钝尖	果　　形：圆球形	亚麻酸含量（%）：0.30
叶基形状：楔形	果皮颜色：黄棕色	硬脂酸含量（%）：2.50
平均叶长（cm）：6.40	平均叶宽（cm）：3.12	棕榈酸含量（%）：8.60

335 普油-阳新白沙4号优株

资源编号：420222_010_0025	归属物种：*Camellia oleifera* Abel	
资源类型：野生资源（特异单株）	主要用途：油用栽培，遗传育种材料	
保存地点：湖北省阳新县	保存方式：原地保存、保护	
	性状特征	
资源特点：高产果量		
树　　姿：开张	盛 花 期：10月下旬	果面特征：光滑
嫩枝绒毛：有	花瓣颜色：白色	平均单果重（g）：16.76
芽鳞颜色：黄绿色	萼片绒毛：有	鲜出籽率（%）：41.41
芽 绒 毛：有	雌雄蕊相对高度：雌高	种皮颜色：黑色
嫩叶颜色：绿色	花柱裂位：浅裂	种仁含油率（%）：36.40
老叶颜色：深绿色	柱头裂数：3	
叶　　形：椭圆形	子房绒毛：有	油酸含量（%）：73.60
叶缘特征：平	果熟日期：10月中旬	亚油酸含量（%）：14.20
叶尖形状：钝尖	果　　形：圆球形	亚麻酸含量（%）：0.40
叶基形状：楔形	果皮颜色：黄棕色	硬脂酸含量（%）：1.20
平均叶长（cm）：6.20	平均叶宽（cm）：3.08	棕榈酸含量（%）：10.00

336 普油-阳新洋港46号优株

资源编号：420222_010_0026	归属物种：*Camellia oleifera* Abel	
资源类型：野生资源（特异单株）	主要用途：油用栽培，遗传育种材料	
保存地点：湖北省阳新县	保存方式：原地保存、保护	
性状特征		
资源特点：高产果量		
树　　姿：开张	盛 花 期：11月下旬	果面特征：光滑
嫩枝绒毛：有	花瓣颜色：白色	平均单果重（g）：17.61
芽鳞颜色：黄绿色	萼片绒毛：有	鲜出籽率（%）：45.66
芽 绒 毛：有	雌雄蕊相对高度：等高	种皮颜色：黑色
嫩叶颜色：绿色	花柱裂位：中裂	种仁含油率（%）：44.60
老叶颜色：中绿色	柱头裂数：3	
叶　　形：长椭圆形	子房绒毛：有	油酸含量（%）：77.60
叶缘特征：波状	果熟日期：10月下旬	亚油酸含量（%）：10.70
叶尖形状：钝尖	果　　形：圆球形	亚麻酸含量（%）：0.30
叶基形状：楔形	果皮颜色：黄棕色	硬脂酸含量（%）：1.80
平均叶长（cm）：7.52	平均叶宽（cm）：4.02	棕榈酸含量（%）：8.90

普油－阳新洋港48号优株

资源编号：420222_010_0027	归属物种：*Camellia oleifera* Abel	
资源类型：野生资源（特异单株）	主要用途：油用栽培，遗传育种材料	
保存地点：湖北省阳新县	保存方式：原地保存、保护	
	性状特征	
资源特点：高产果量		
树　　姿：开张	盛 花 期：11月上旬	果面特征：光滑
嫩枝绒毛：有	花瓣颜色：白色	平均单果重（g）：17.59
芽鳞颜色：黄绿色	萼片绒毛：有	鲜出籽率（%）：45.14
芽 绒 毛：有	雌雄蕊相对高度：等高	种皮颜色：棕褐色
嫩叶颜色：绿色	花柱裂位：浅裂	种仁含油率（%）：40.10
老叶颜色：中绿色	柱头裂数：3	
叶　　形：长椭圆形	子房绒毛：有	油酸含量（%）：77.80
叶缘特征：波状	果熟日期：10月下旬	亚油酸含量（%）：10.70
叶尖形状：钝尖	果　　形：卵球形	亚麻酸含量（%）：0.50
叶基形状：楔形	果皮颜色：青色	硬脂酸含量（%）：1.80
平均叶长（cm）：5.70	平均叶宽（cm）：3.04	棕榈酸含量（%）：8.50

338

普油-阳新排市9号单株

资源编号：420222_010_0030	归属物种：*Camellia oleifera* Abel	
资源类型：野生资源（特异单株）	主要用途：油用栽培，遗传育种材料	
保存地点：湖北省阳新县	保存方式：原地保存、保护	
	性状特征	
资源特点：高产果量		
树　　姿：开张	盛 花 期：10月下旬	果面特征：光滑
嫩枝绒毛：有	花瓣颜色：白色	平均单果重（g）：7.82
芽鳞颜色：黄绿色	萼片绒毛：有	鲜出籽率（%）：37.60
芽 绒 毛：有	雌雄蕊相对高度：雄高	种皮颜色：黑色
嫩叶颜色：绿色	花柱裂位：中裂	种仁含油率（%）：39.40
老叶颜色：中绿色	柱头裂数：4	
叶　　形：椭圆形	子房绒毛：有	油酸含量（%）：78.20
叶缘特征：波状	果熟日期：10月上旬	亚油酸含量（%）：10.20
叶尖形状：钝尖	果　　形：卵球形	亚麻酸含量（%）：0.30
叶基形状：楔形	果皮颜色：红色	硬脂酸含量（%）：1.70
平均叶长（cm）：5.84	平均叶宽（cm）：2.70	棕榈酸含量（%）：9.10

339

普油-阳新排市39号单株

资源编号：420222_010_0031	归属物种：*Camellia oleifera* Abel	
资源类型：野生资源（特异单株）	主要用途：油用栽培，遗传育种材料	
保存地点：湖北省阳新县	保存方式：原地保存、保护	
	性 状 特 征	
资源特点：高产果量		
树　　姿：开张	盛 花 期：10月下旬	果面特征：糠秕
嫩枝绒毛：有	花瓣颜色：白色	平均单果重（g）：7.54
芽鳞颜色：黄绿色	萼片绒毛：有	鲜出籽率（%）：34.62
芽 绒 毛：有	雌雄蕊相对高度：雌高	种皮颜色：褐色
嫩叶颜色：绿色	花柱裂位：浅裂	种仁含油率（%）：47.10
老叶颜色：中绿色	柱头裂数：3	
叶　　形：披针形	子房绒毛：有	油酸含量（%）：82.30
叶缘特征：平	果熟日期：10月上旬	亚油酸含量（%）：6.70
叶尖形状：钝尖	果　　形：卵球形	亚麻酸含量（%）：0.20
叶基形状：楔形	果皮颜色：青色	硬脂酸含量（%）：2.00
平均叶长（cm）：6.46	平均叶宽（cm）：2.82	棕榈酸含量（%）：8.30

340 普油-阳新排市10号单株

资源编号：420222_010_0032	归属物种：*Camellia oleifera* Abel	
资源类型：野生资源（特异单株）	主要用途：油用栽培，遗传育种材料	
保存地点：湖北省阳新县	保存方式：原地保存、保护	
性状特征		
资源特点：高产果量		
树　　姿：开张	盛 花 期：10月下旬	果面特征：光滑
嫩枝绒毛：有	花瓣颜色：白色	平均单果重（g）：7.20
芽鳞颜色：黄绿色	萼片绒毛：有	鲜出籽率（%）：41.53
芽 绒 毛：有	雌雄蕊相对高度：雌高	种皮颜色：褐色
嫩叶颜色：绿色	花柱裂位：中裂	种仁含油率（%）：39.00
老叶颜色：中绿色	柱头裂数：3	
叶　　形：长椭圆形	子房绒毛：无	油酸含量（%）：80.80
叶缘特征：波状	果熟日期：10月上旬	亚油酸含量（%）：8.90
叶尖形状：渐尖	果　　形：卵球形	亚麻酸含量（%）：0.40
叶基形状：楔形	果皮颜色：红色	硬脂酸含量（%）：1.70
平均叶长（cm）：6.03	平均叶宽（cm）：2.70	棕榈酸含量（%）：7.70

341 普油-阳新排市11号单株

资源编号：420222_010_0033	归属物种：*Camellia oleifera* Abel	
资源类型：野生资源（特异单株）	主要用途：油用栽培，遗传育种材料	
保存地点：湖北省阳新县	保存方式：原地保存、保护	
	性状特征	
资源特点：高产果量		
树　　姿：开张	盛 花 期：10月下旬	果面特征：光滑
嫩枝绒毛：有	花瓣颜色：白色	平均单果重（g）：7.70
芽鳞颜色：黄绿色	萼片绒毛：有	鲜出籽率（%）：43.90
芽 绒 毛：有	雌雄蕊相对高度：雌高	种皮颜色：褐色
嫩叶颜色：绿色	花柱裂位：浅裂	种仁含油率（%）：39.40
老叶颜色：中绿色	柱头裂数：3	
叶　　形：长椭圆形	子房绒毛：有	油酸含量（%）：80.50
叶缘特征：波状	果熟日期：10月上旬	亚油酸含量（%）：8.60
叶尖形状：钝尖	果　　形：卵球形	亚麻酸含量（%）：0.30
叶基形状：楔形	果皮颜色：黄棕色	硬脂酸含量（%）：1.60
平均叶长（cm）：6.04	平均叶宽（cm）：2.92	棕榈酸含量（%）：8.40

342 普油-阳新排市12号单株

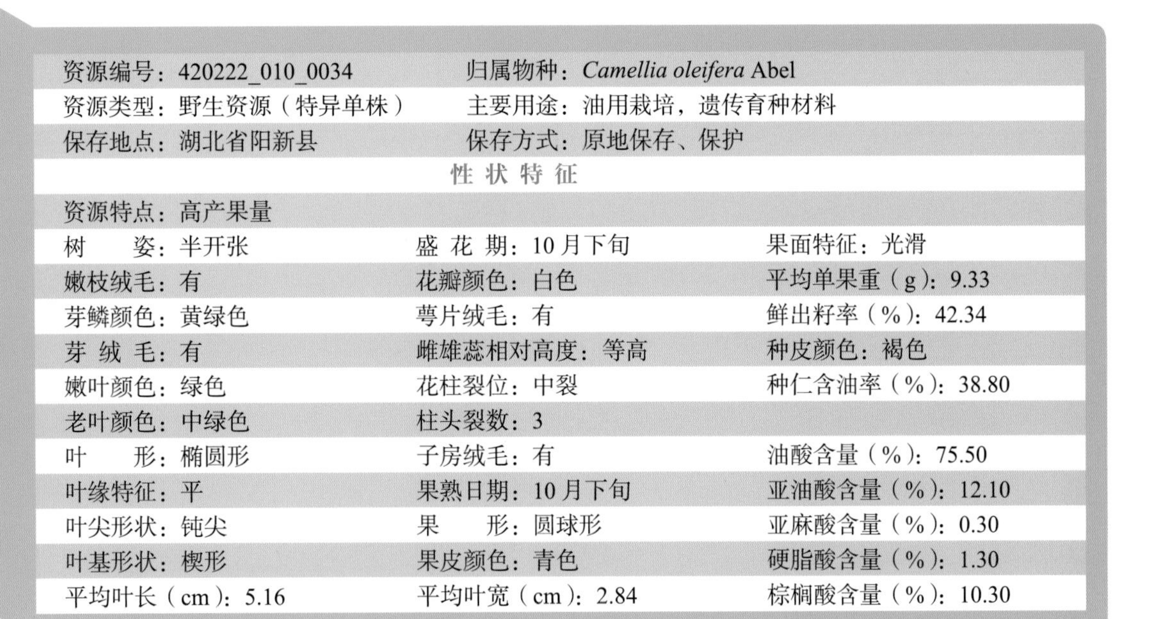

资源编号：420222_010_0034	归属物种：*Camellia oleifera* Abel	
资源类型：野生资源（特异单株）	主要用途：油用栽培，遗传育种材料	
保存地点：湖北省阳新县	保存方式：原地保存、保护	
性状特征		
资源特点：高产果量		
树　　姿：半开张	盛 花 期：10月下旬	果面特征：光滑
嫩枝绒毛：有	花瓣颜色：白色	平均单果重（g）：9.33
芽鳞颜色：黄绿色	萼片绒毛：有	鲜出籽率（%）：42.34
芽 绒 毛：有	雌雄蕊相对高度：等高	种皮颜色：褐色
嫩叶颜色：绿色	花柱裂位：中裂	种仁含油率（%）：38.80
老叶颜色：中绿色	柱头裂数：3	
叶　　形：椭圆形	子房绒毛：有	油酸含量（%）：75.50
叶缘特征：平	果熟日期：10月下旬	亚油酸含量（%）：12.10
叶尖形状：钝尖	果　　形：圆球形	亚麻酸含量（%）：0.30
叶基形状：楔形	果皮颜色：青色	硬脂酸含量（%）：1.30
平均叶长（cm）：5.16	平均叶宽（cm）：2.84	棕榈酸含量（%）：10.30

343 普油-谷城686号单株

资源编号：420625_010_0003	归属物种：*Camellia oleifera* Abel	
资源类型：野生资源（特异单株）	主要用途：油用栽培，遗传育种材料	
保存地点：湖北省谷城县	保存方式：原地保存、保护	
	性 状 特 征	
资源特点：高产果量		
树　　姿：开张	盛 花 期：11月上旬	果面特征：光滑
嫩枝绒毛：有	花瓣颜色：白色	平均单果重（g）：22.16
芽鳞颜色：黄绿色	萼片绒毛：有	鲜出籽率（%）：32.08
芽 绒 毛：有	雌雄蕊相对高度：雌高	种皮颜色：褐色
嫩叶颜色：红色	花柱裂位：浅裂	种仁含油率（%）：47.20
老叶颜色：中绿色	柱头裂数：3	
叶　　形：椭圆形	子房绒毛：有	油酸含量（%）：81.80
叶缘特征：平	果熟日期：10月下旬	亚油酸含量（%）：7.80
叶尖形状：渐尖	果　　形：圆球形	亚麻酸含量（%）：0.30
叶基形状：近圆形	果皮颜色：红色	硬脂酸含量（%）：1.50
平均叶长（cm）：7.34	平均叶宽（cm）：3.64	棕榈酸含量（%）：8.00

344 普油-谷城1516号单株

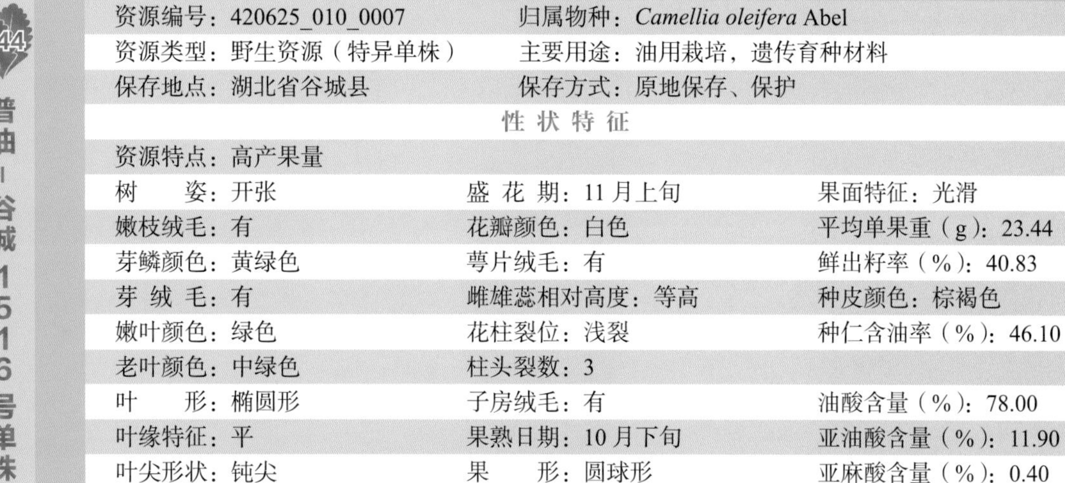

资源编号：420625_010_0007	归属物种：*Camellia oleifera* Abel	
资源类型：野生资源（特异单株）	主要用途：油用栽培，遗传育种材料	
保存地点：湖北省谷城县	保存方式：原地保存、保护	
	性状特征	
资源特点：高产果量		
树　　姿：开张	盛 花 期：11月上旬	果面特征：光滑
嫩枝绒毛：有	花瓣颜色：白色	平均单果重（g）：23.44
芽鳞颜色：黄绿色	萼片绒毛：有	鲜出籽率（%）：40.83
芽 绒 毛：有	雌雄蕊相对高度：等高	种皮颜色：棕褐色
嫩叶颜色：绿色	花柱裂位：浅裂	种仁含油率（%）：46.10
老叶颜色：中绿色	柱头裂数：3	
叶　　形：椭圆形	子房绒毛：有	油酸含量（%）：78.00
叶缘特征：平	果熟日期：10月下旬	亚油酸含量（%）：11.90
叶尖形状：钝尖	果　　形：圆球形	亚麻酸含量（%）：0.40
叶基形状：近圆形	果皮颜色：红色	硬脂酸含量（%）：1.20
平均叶长（cm）：7.08	平均叶宽（cm）：3.48	棕榈酸含量（%）：8.20

345 普油-谷城564号单株

资源编号：420625_010_0009	归属物种：*Camellia oleifera* Abel	
资源类型：野生资源（特异单株）	主要用途：油用栽培，遗传育种材料	
保存地点：湖北省谷城县	保存方式：原地保存、保护	
	性状特征	
资源特点：高产果量		
树　　姿：开张	盛 花 期：10月下旬	果面特征：光滑
嫩枝绒毛：有	花瓣颜色：白色	平均单果重（g）：16.47
芽鳞颜色：黄绿色	萼片绒毛：有	鲜出籽率（%）：36.19
芽 绒 毛：有	雌雄蕊相对高度：等高	种皮颜色：棕褐色
嫩叶颜色：绿色	花柱裂位：浅裂	种仁含油率（%）：47.70
老叶颜色：中绿色	柱头裂数：4	
叶　　形：椭圆形	子房绒毛：有	油酸含量（%）：83.60
叶缘特征：平	果熟日期：10月下旬	亚油酸含量（%）：6.90
叶尖形状：钝尖	果　　形：圆球形	亚麻酸含量（%）：0.30
叶基形状：近圆形	果皮颜色：红色	硬脂酸含量（%）：1.80
平均叶长（cm）：7.26	平均叶宽（cm）：3.42	棕榈酸含量（%）：7.00

346 普油-谷城1153号单株

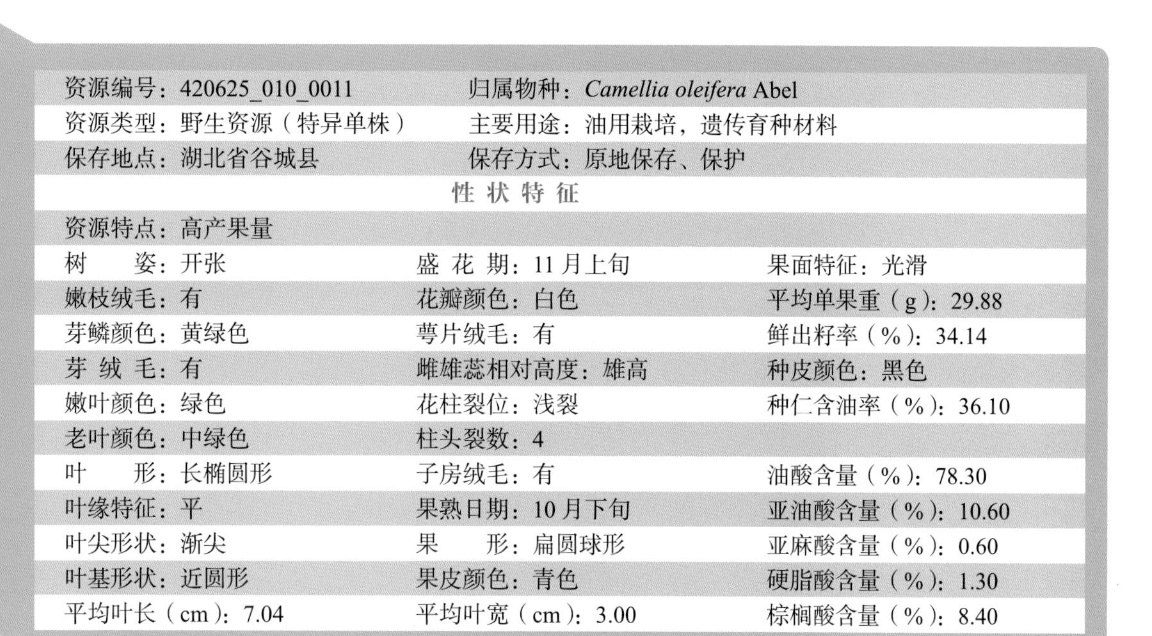

资源编号：420625_010_0011	归属物种：*Camellia oleifera* Abel	
资源类型：野生资源（特异单株）	主要用途：油用栽培，遗传育种材料	
保存地点：湖北省谷城县	保存方式：原地保存、保护	
性状特征		
资源特点：高产果量		
树　　姿：开张	盛 花 期：11月上旬	果面特征：光滑
嫩枝绒毛：有	花瓣颜色：白色	平均单果重（g）：29.88
芽鳞颜色：黄绿色	萼片绒毛：有	鲜出籽率（%）：34.14
芽 绒 毛：有	雌雄蕊相对高度：雄高	种皮颜色：黑色
嫩叶颜色：绿色	花柱裂位：浅裂	种仁含油率（%）：36.10
老叶颜色：中绿色	柱头裂数：4	
叶　　形：长椭圆形	子房绒毛：有	油酸含量（%）：78.30
叶缘特征：平	果熟日期：10月下旬	亚油酸含量（%）：10.60
叶尖形状：渐尖	果　　形：扁圆球形	亚麻酸含量（%）：0.60
叶基形状：近圆形	果皮颜色：青色	硬脂酸含量（%）：1.30
平均叶长（cm）：7.04	平均叶宽（cm）：3.00	棕榈酸含量（%）：8.40

347 小果油茶-咸宁11号单株

资源编号：421202_010_0002	归属物种：*Camellia oleifera* Abel	
资源类型：野生资源（特异单株）	主要用途：油用栽培，遗传育种材料	
保存地点：湖北省咸宁市咸安区	保存方式：原地保存、保护	
性状特征		
资源特点：高产果量		
树　　姿：开张	盛 花 期：11月上旬	果面特征：光滑
嫩枝绒毛：有	花瓣颜色：白色	平均单果重（g）：2.75
芽鳞颜色：绿色	萼片绒毛：有	鲜出籽率（%）：6.18
芽 绒 毛：有	雌雄蕊相对高度：雌高	种皮颜色：褐色
嫩叶颜色：绿色	花柱裂位：浅裂	种仁含油率（%）：28.80
老叶颜色：黄绿色	柱头裂数：3	
叶　　形：近圆形	子房绒毛：有	油酸含量（%）：78.20
叶缘特征：平	果熟日期：11月上旬	亚油酸含量（%）：11.80
叶尖形状：圆尖	果　　形：圆球形	亚麻酸含量（%）：0.50
叶基形状：近圆形	果皮颜色：黄棕色	硬脂酸含量（%）：1.80
平均叶长（cm）：4.00	平均叶宽（cm）：2.44	棕榈酸含量（%）：7.20

348 普油-咸宁14号单株

资源编号：421202_010_0006	归属物种：*Camellia oleifera* Abel	
资源类型：野生资源（特异单株）	主要用途：油用栽培，遗传育种材料	
保存地点：湖北省咸宁市咸安区	保存方式：原地保存、保护	
	性状特征	
资源特点：高产果量		
树　　姿：直立	盛 花 期：11月上旬	果面特征：光滑
嫩枝绒毛：有	花瓣颜色：白色	平均单果重（g）：10.10
芽鳞颜色：黄绿色	萼片绒毛：有	鲜出籽率（%）：40.00
芽 绒 毛：有	雌雄蕊相对高度：雄高	种皮颜色：棕褐色
嫩叶颜色：绿色	花柱裂位：浅裂	种仁含油率（%）：37.60
老叶颜色：中绿色	柱头裂数：3	
叶　　形：椭圆形	子房绒毛：有	油酸含量（%）：84.60
叶缘特征：波状	果熟日期：11月上旬	亚油酸含量（%）：6.20
叶尖形状：钝尖	果　　形：圆球形	亚麻酸含量（%）：0.40
叶基形状：近圆形	果皮颜色：红色	硬脂酸含量（%）：2.60
平均叶长（cm）：4.22	平均叶宽（cm）：2.08	棕榈酸含量（%）：5.80

普油-咸宁15号优株

资源编号：421202_010_0007	归属物种：*Camellia oleifera* Abel	
资源类型：野生资源（特异单株）	主要用途：油用栽培，遗传育种材料	
保存地点：湖北省咸宁市咸安区	保存方式：原地保存、保护	
	性状特征	
资源特点：高产果量		
树　　姿：开张	盛 花 期：11月中旬	果面特征：光滑
嫩枝绒毛：有	花瓣颜色：白色	平均单果重（g）：4.05
芽鳞颜色：绿色	萼片绒毛：有	鲜出籽率（%）：48.15
芽 绒 毛：有	雌雄蕊相对高度：雄高	种皮颜色：棕褐色
嫩叶颜色：绿色	花柱裂位：中裂	种仁含油率（%）：36.70
老叶颜色：黄绿色	柱头裂数：4	
叶　　形：椭圆形	子房绒毛：有	油酸含量（%）：76.40
叶缘特征：波状	果熟日期：11月上旬	亚油酸含量（%）：13.20
叶尖形状：渐尖	果　　形：卵球形	亚麻酸含量（%）：0.60
叶基形状：近圆形	果皮颜色：红色	硬脂酸含量（%）：1.10
平均叶长（cm）：4.96	平均叶宽（cm）：2.30	棕榈酸含量（%）：8.20

普油-梅南镇1号

资源编号：441421_010_0001	归属物种：*Camellia oleifera* Abel	
资源类型：野生资源（特异单株）	主要用途：油用栽培，遗传育种材料	
保存地点：广东省梅州市梅县区	保存方式：原地保存、保护	
	性状特征	
资源特点：高产果量		
树　　姿：半开张	盛 花 期：11月中旬	果面特征：光滑
嫩枝绒毛：有	花瓣颜色：白色	平均单果重（g）：27.89
芽鳞颜色：绿色	萼片绒毛：有	鲜出籽率（%）：42.70
芽 绒 毛：有	雌雄蕊相对高度：雄高	种皮颜色：棕褐色
嫩叶颜色：绿色	花柱裂位：浅裂	种仁含油率（%）：46.80
老叶颜色：深绿色	柱头裂数：3	
叶　　形：椭圆形、长椭圆形	子房绒毛：有	油酸含量（%）：79.80
叶缘特征：平	果熟日期：10月下旬	亚油酸含量（%）：9.10
叶尖形状：渐尖	果　　形：倒卵球形	亚麻酸含量（%）：—
叶基形状：楔形	果皮颜色：青色	硬脂酸含量（%）：2.00
平均叶长（cm）：7.67	平均叶宽（cm）：3.28	棕榈酸含量（%）：9.00

351 普油-甲子1号

资源编号：460107_010_0001	归属物种：*Camellia oleifera* Abel	
资源类型：野生资源（特异单株）	主要用途：油用栽培、遗传育种材料	
保存地点：海南省海口市琼山区	保存方式：原地保存、保护	
	性状特征	
资源特点：高产果量		
树　　姿：半开张	盛 花 期：11月上旬	果面特征：糠秕
嫩枝绒毛：有	花瓣颜色：白色	平均单果重（g）：27.63
芽鳞颜色：绿色	萼片绒毛：有	鲜出籽率（%）：31.45
芽 绒 毛：有	雌雄蕊相对高度：雄高	种皮颜色：褐色
嫩叶颜色：红色	花柱裂位：深裂	种仁含油率（%）：40.10
老叶颜色：深绿色	柱头裂数：3	
叶　　形：椭圆形	子房绒毛：有	油酸含量（%）：79.00
叶缘特征：平	果熟日期：10月上旬	亚油酸含量（%）：7.00
叶尖形状：渐尖	果　　形：扁圆球形、倒卵球形	亚麻酸含量（%）：0.30
叶基形状：楔形	果皮颜色：青色、黄棕色	硬脂酸含量（%）：2.20
平均叶长（cm）：5.46	平均叶宽（cm）：3.31	棕榈酸含量（%）：11.10

普油-甲子2号

资源编号：460107_010_0002	归属物种：*Camellia oleifera* Abel	
资源类型：野生资源（特异单株）	主要用途：油用栽培，遗传育种材料	
保存地点：海南省海口市琼山区	保存方式：原地保存、保护	
	性状特征	
资源特点：高产果量		
树　　姿：半开张	盛 花 期：11月上旬	果面特征：凹凸
嫩枝绒毛：有	花瓣颜色：白色	平均单果重（g）：29.76
芽鳞颜色：紫绿色	萼片绒毛：有	鲜出籽率（%）：35.62
芽 绒 毛：有	雌雄蕊相对高度：雌高	种皮颜色：黑褐色
嫩叶颜色：红色	花柱裂位：中裂	种仁含油率（%）：36.00
老叶颜色：中绿色	柱头裂数：4	
叶　　形：椭圆形	子房绒毛：有	油酸含量（%）：80.60
叶缘特征：波状	果熟日期：10月上旬	亚油酸含量（%）：6.50
叶尖形状：钝尖	果　　形：扁圆球形	亚麻酸含量（%）：0.20
叶基形状：楔形	果皮颜色：红色、青色、黄棕色	硬脂酸含量（%）：2.10
平均叶长（cm）：5.60	平均叶宽（cm）：2.76	棕榈酸含量（%）：10.20

353 普通-黔江1号

资源编号：500114_010_0001	归属物种：*Camellia oleifera* Abel	
资源类型：野生资源（特异单株）	主要用途：油用栽培，遗传育种材料	
保存地点：重庆市黔江区	保存方式：原地保存、保护	
	性状特征	
资源特点：高产果量		
树　　姿：半开张	盛 花 期：10月上旬	果面特征：光滑
嫩枝绒毛：有	花瓣颜色：白色	平均单果重（g）：12.57
芽鳞颜色：绿色	萼片绒毛：有	鲜出籽率（%）：47.49
芽 绒 毛：有	雌雄蕊相对高度：等高	种皮颜色：棕色
嫩叶颜色：绿色	花柱裂位：浅裂	种仁含油率（%）：50.00
老叶颜色：中绿色	柱头裂数：3	
叶　　形：椭圆形	子房绒毛：有	油酸含量（%）：80.00
叶缘特征：平	果熟日期：10月上旬	亚油酸含量（%）：10.00
叶尖形状：钝尖	果　　形：圆球形	亚麻酸含量（%）：—
叶基形状：近圆形	果皮颜色：红色	硬脂酸含量（%）：—
平均叶长（cm）：7.26	平均叶宽（cm）：3.44	棕榈酸含量（%）：—

普通-黔江2号

资源编号：500114_010_0002	归属物种：*Camellia oleifera* Abel	
资源类型：野生资源（特异单株）	主要用途：油用栽培，遗传育种材料	
保存地点：重庆市黔江区	保存方式：原地保存、保护	
	性状特征	
资源特点：高产果量		
树　　姿：半开张	盛 花 期：11月上旬	果面特征：光滑
嫩枝绒毛：有	花瓣颜色：白色	平均单果重（g）：7.55
芽鳞颜色：绿色	萼片绒毛：有	鲜出籽率（%）：43.31
芽 绒 毛：有	雌雄蕊相对高度：等高	种皮颜色：棕褐色
嫩叶颜色：绿色	花柱裂位：深裂	种仁含油率（%）：50.00
老叶颜色：中绿色	柱头裂数：4	
叶　　形：椭圆形	子房绒毛：有	油酸含量（%）：80.00
叶缘特征：平	果熟日期：10月中旬	亚油酸含量（%）：10.00
叶尖形状：钝尖	果　　形：卵球形	亚麻酸含量（%）：—
叶基形状：近圆形	果皮颜色：红色	硬脂酸含量（%）：—
平均叶长（cm）：7.44	平均叶宽（cm）：3.74	棕榈酸含量（%）：—

355 普通－黔江3号

资源编号：500114_010_0003		归属物种：*Camellia oleifera* Abel
资源类型：野生资源（特异单株）		主要用途：油用栽培，遗传育种材料
保存地点：重庆市黔江区		保存方式：原地保存、保护
	性状特征	
资源特点：高产果量		
树　　姿：半开张	盛 花 期：11月上旬	果面特征：光滑
嫩枝绒毛：有	花瓣颜色：白色	平均单果重（g）：12.02
芽鳞颜色：绿色	萼片绒毛：有	鲜出籽率（%）：46.34
芽 绒 毛：有	雌雄蕊相对高度：等高	种皮颜色：棕褐色
嫩叶颜色：绿色	花柱裂位：中裂	种仁含油率（%）：50.00
老叶颜色：中绿色	柱头裂数：3	
叶　　形：长椭圆形	子房绒毛：有	油酸含量（%）：0.80
叶缘特征：平	果熟日期：10月上旬	亚油酸含量（%）：0.10
叶尖形状：钝尖	果　　形：卵球形	亚麻酸含量（%）：—
叶基形状：楔形	果皮颜色：红色	硬脂酸含量（%）：—
平均叶长（cm）：8.34	平均叶宽（cm）：3.22	棕榈酸含量（%）：—

356

普油-酉阳1号

资源编号：500242_010_0001	归属物种：*Camellia oleifera* Abel	
资源类型：野生资源（特异单株）	主要用途：油用栽培，遗传育种材料	
保存地点：重庆市酉阳土家族苗族自治县	保存方式：原地保存、保护	
性状特征		
资源特点：高产果量		
树　　姿：半开张	盛 花 期：10月下旬	果面特征：光滑
嫩枝绒毛：有	花瓣颜色：白色	平均单果重（g）：14.62
芽鳞颜色：绿色	萼片绒毛：有	鲜出籽率（%）：—
芽 绒 毛：有	雌雄蕊相对高度：等高	种皮颜色：棕褐色
嫩叶颜色：绿色	花柱裂位：全裂	种仁含油率（%）：50.00
老叶颜色：中绿色	柱头裂数：3	
叶　　形：椭圆形	子房绒毛：有	油酸含量（%）：0.80
叶缘特征：平	果熟日期：10月上旬	亚油酸含量（%）：0.10
叶尖形状：钝尖	果　　形：卵球形	亚麻酸含量（%）：—
叶基形状：近圆形	果皮颜色：红色	硬脂酸含量（%）：—
平均叶长（cm）：6.48	平均叶宽（cm）：2.96	棕榈酸含量（%）：—

普油-酉阳2号

资源编号：500242_010_0002	归属物种：*Camellia oleifera* Abel	
资源类型：野生资源（特异单株）	主要用途：油用栽培，遗传育种材料	
保存地点：重庆市酉阳土家族苗族自治县	保存方式：原地保存、保护	
性状特征		
资源特点：高产果量		
树　　姿：开张	盛 花 期：10月下旬	果面特征：光滑
嫩枝绒毛：有	花瓣颜色：白色	平均单果重（g）：15.36
芽鳞颜色：绿色	萼片绒毛：有	鲜出籽率（%）：—
芽 绒 毛：有	雌雄蕊相对高度：等高	种皮颜色：棕褐色
嫩叶颜色：绿色	花柱裂位：中裂	种仁含油率（%）：50.00
老叶颜色：中绿色	柱头裂数：3	
叶　　形：椭圆形	子房绒毛：有	油酸含量（%）：80.00
叶缘特征：平	果熟日期：10月上旬	亚油酸含量（%）：10.00
叶尖形状：钝尖	果　　形：卵球形	亚麻酸含量（%）：—
叶基形状：近圆形	果皮颜色：红色	硬脂酸含量（%）：—
平均叶长（cm）：6.50	平均叶宽（cm）：3.10	棕榈酸含量（%）：—

358 普油-酉阳3号

资源编号：500242_010_0003	归属物种：*Camellia oleifera* Abel	
资源类型：野生资源（特异单株）	主要用途：油用栽培，遗传育种材料	
保存地点：重庆市酉阳土家族苗族自治县	保存方式：原地保存、保护	
性状特征		
资源特点：高产果量		
树　　姿：半开张	盛 花 期：11月上旬	果面特征：光滑
嫩枝绒毛：有	花瓣颜色：白色	平均单果重（g）：15.11
芽鳞颜色：绿色	萼片绒毛：有	鲜出籽率（%）：—
芽 绒 毛：有	雌雄蕊相对高度：等高	种皮颜色：棕褐色
嫩叶颜色：绿色	花柱裂位：中裂	种仁含油率（%）：50.00
老叶颜色：中绿色	柱头裂数：3	
叶　　形：椭圆形	子房绒毛：有	油酸含量（%）：80.00
叶缘特征：平	果熟日期：10月中旬	亚油酸含量（%）：10.00
叶尖形状：钝尖	果　　形：圆球形	亚麻酸含量（%）：—
叶基形状：近圆形	果皮颜色：红色	硬脂酸含量（%）：—
平均叶长（cm）：6.82	平均叶宽（cm）：2.78	棕榈酸含量（%）：—

普油-酉阳4号

资源编号：500242_010_0004	归属物种：*Camellia oleifera* Abel	
资源类型：野生资源（特异单株）	主要用途：油用栽培，遗传育种材料	
保存地点：重庆市酉阳土家族苗族自治县	保存方式：原地保存、保护	
性状特征		
资源特点：高产果量		
树　　姿：直立	盛 花 期：11月中旬	果面特征：光滑
嫩枝绒毛：有	花瓣颜色：白色	平均单果重（g）：12.45
芽鳞颜色：绿色	萼片绒毛：有	鲜出籽率（%）：—
芽 绒 毛：有	雌雄蕊相对高度：雌高	种皮颜色：棕褐色
嫩叶颜色：绿色	花柱裂位：浅裂	种仁含油率（%）：50.00
老叶颜色：中绿色	柱头裂数：3	
叶　　形：椭圆形	子房绒毛：有	油酸含量（%）：80.00
叶缘特征：平	果熟日期：10月上旬	亚油酸含量（%）：10.00
叶尖形状：钝尖	果　　形：圆球形	亚麻酸含量（%）：—
叶基形状：近圆形	果皮颜色：红色	硬脂酸含量（%）：—
平均叶长（cm）：6.90	平均叶宽（cm）：3.88	棕榈酸含量（%）：—

360 普油-六枝选1号

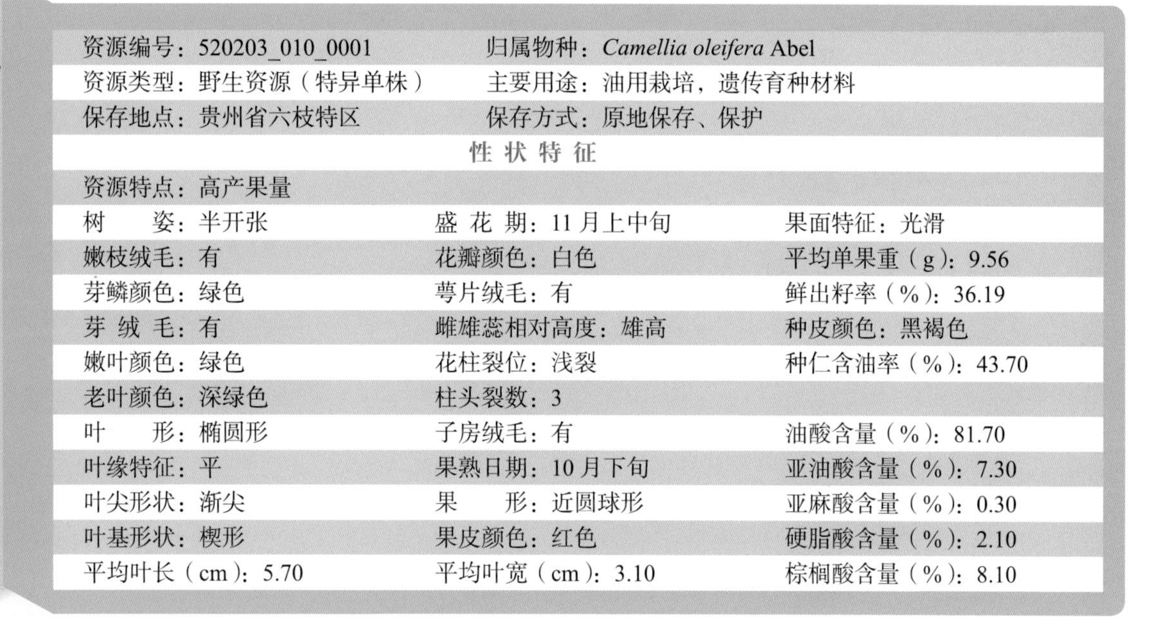

资源编号：520203_010_0001	归属物种：*Camellia oleifera* Abel	
资源类型：野生资源（特异单株）	主要用途：油用栽培，遗传育种材料	
保存地点：贵州省六枝特区	保存方式：原地保存、保护	
	性状特征	
资源特点：高产果量		
树　　姿：半开张	盛 花 期：11月上中旬	果面特征：光滑
嫩枝绒毛：有	花瓣颜色：白色	平均单果重（g）：9.56
芽鳞颜色：绿色	萼片绒毛：有	鲜出籽率（%）：36.19
芽 绒 毛：有	雌雄蕊相对高度：雄高	种皮颜色：黑褐色
嫩叶颜色：绿色	花柱裂位：浅裂	种仁含油率（%）：43.70
老叶颜色：深绿色	柱头裂数：3	
叶　　形：椭圆形	子房绒毛：有	油酸含量（%）：81.70
叶缘特征：平	果熟日期：10月下旬	亚油酸含量（%）：7.30
叶尖形状：渐尖	果　　形：近圆球形	亚麻酸含量（%）：0.30
叶基形状：楔形	果皮颜色：红色	硬脂酸含量（%）：2.10
平均叶长（cm）：5.70	平均叶宽（cm）：3.10	棕榈酸含量（%）：8.10

361 普油-六枝选2号

资源编号：520203_010_0002	归属物种：*Camellia oleifera* Abel	
资源类型：野生资源（特异单株）	主要用途：油用栽培，遗传育种材料	
保存地点：贵州省六枝特区	保存方式：原地保存、保护	
	性状特征	
资源特点：高产果量		
树　　姿：半开张	盛 花 期：11月上旬	果面特征：光滑
嫩枝绒毛：有	花瓣颜色：白色	平均单果重（g）：7.82
芽鳞颜色：绿色	萼片绒毛：有	鲜出籽率（%）：32.23
芽 绒 毛：有	雌雄蕊相对高度：等高	种皮颜色：黑褐色
嫩叶颜色：绿色	花柱裂位：浅裂	种仁含油率（%）：33.60
老叶颜色：深绿色	柱头裂数：3	
叶　　形：椭圆形	子房绒毛：有	油酸含量（%）：82.60
叶缘特征：平	果熟日期：11月下旬	亚油酸含量（%）：7.20
叶尖形状：渐尖	果　　形：扁圆球形	亚麻酸含量（%）：0.40
叶基形状：楔形	果皮颜色：红黄色	硬脂酸含量（%）：1.50
平均叶长（cm）：6.00	平均叶宽（cm）：3.30	棕榈酸含量（%）：7.80

362 普油-巴结选1号

资源编号：522301_010_0001	归属物种：*Camellia oleifera* Abel	
资源类型：野生资源（特异单株）	主要用途：油用栽培，遗传育种材料	
保存地点：贵州省兴义市	保存方式：原地保存、保护	
性状特征		
资源特点：高产果量		
树　　姿：开张	盛 花 期：11月上旬	果面特征：光滑
嫩枝绒毛：有	花瓣颜色：白色	平均单果重（g）：27.66
芽鳞颜色：绿色	萼片绒毛：有	鲜出籽率（%）：47.79
芽 绒 毛：无	雌雄蕊相对高度：雄高	种皮颜色：黑色
嫩叶颜色：绿色	花柱裂位：浅裂	种仁含油率（%）：43.30
老叶颜色：深绿色	柱头裂数：3	
叶　　形：长椭圆形	子房绒毛：有	油酸含量（%）：79.60
叶缘特征：平	果熟日期：10月中旬	亚油酸含量（%）：8.40
叶尖形状：渐尖	果　　形：近圆球形	亚麻酸含量（%）：0.40
叶基形状：楔形	果皮颜色：红色	硬脂酸含量（%）：2.50
平均叶长（cm）：6.88	平均叶宽（cm）：2.71	棕榈酸含量（%）：0.30

363 普油-白市选1号

资源编号：522627_010_0001		归属物种：*Camellia oleifera* Abel
资源类型：野生资源（特异单株）		主要用途：油用栽培，遗传育种材料
保存地点：贵州省天柱县		保存方式：原地保存、保护
	性 状 特 征	
资源特点：高产果量		
树　　姿：开张	盛 花 期：10月下旬	果面特征：光滑
嫩枝绒毛：有	花瓣颜色：白色	平均单果重（g）：14.86
芽鳞颜色：玉白色	萼片绒毛：有	鲜出籽率（%）：33.38
芽 绒 毛：无	雌雄蕊相对高度：雄高	种皮颜色：褐色、黑色
嫩叶颜色：红色	花柱裂位：浅裂	种仁含油率（%）：40.20
老叶颜色：深绿色	柱头裂数：4	
叶　　形：长椭圆形	子房绒毛：有	油酸含量（%）：80.10
叶缘特征：平	果熟日期：10月下旬	亚油酸含量（%）：20.10
叶尖形状：渐尖	果　　形：近圆球形、卵球形	亚麻酸含量（%）：8.20
叶基形状：楔形	果皮颜色：黄色、青黄色	硬脂酸含量（%）：10.20
平均叶长（cm）：8.12	平均叶宽（cm）：3.23	棕榈酸含量（%）：11.10

364 勉油1号

资源编号：610725_010_0001	归属物种：*Camellia oleifera* Abel	
资源类型：野生资源（特异单株）	主要用途：油用栽培，遗传育种材料	
保存地点：陕西省勉县	保存方式：原地保存、保护	
	性状特征	
资源特点：高产果量		
树　　姿：开张	盛 花 期：10月上中旬	果面特征：光滑
嫩枝绒毛：有	花瓣颜色：白色	平均单果重（g）：8.58
芽鳞颜色：黄绿色	萼片绒毛：有	鲜出籽率（%）：41.96
芽 绒 毛：有	雌雄蕊相对高度：多为雌高	种皮颜色：棕褐色
嫩叶颜色：绿色	花柱裂位：浅裂	种仁含油率（%）：39.10
老叶颜色：深绿色	柱头裂数：4	
叶　　形：长椭圆形	子房绒毛：有	油酸含量（%）：77.00
叶缘特征：平	果熟日期：10月中旬	亚油酸含量（%）：11.00
叶尖形状：渐尖	果　　形：倒卵球形	亚麻酸含量（%）：0.50
叶基形状：楔形	果皮颜色：青色	硬脂酸含量（%）：1.70
平均叶长（cm）：6.44	平均叶宽（cm）：3.39	棕榈酸含量（%）：9.20

365 勉油2号

资源编号：610725_010_0002	归属物种：*Camellia oleifera* Abel	
资源类型：野生资源（特异单株）	主要用途：油用栽培，遗传育种材料	
保存地点：陕西省勉县	保存方式：原地保存、保护	
	性状特征	
资源特点：高产果量		
树　　姿：开张	盛 花 期：11月上中旬	果面特征：光滑
嫩枝绒毛：有	花瓣颜色：白色	平均单果重（g）：12.10
芽鳞颜色：黄绿色	萼片绒毛：有	鲜出籽率（%）：37.19
芽 绒 毛：有	雌雄蕊相对高度：等高	种皮颜色：棕褐色
嫩叶颜色：绿色	花柱裂位：浅裂	种仁含油率（%）：31.90
老叶颜色：绿色	柱头裂数：3	
叶　　形：长椭圆形	子房绒毛：有	油酸含量（%）：76.50
叶缘特征：波状	果熟日期：10月中旬	亚油酸含量（%）：12.10
叶尖形状：渐尖	果　　形：椭球形	亚麻酸含量（%）：0.50
叶基形状：近圆形	果皮颜色：青红色	硬脂酸含量（%）：1.20
平均叶长（cm）：6.32	平均叶宽（cm）：3.41	棕榈酸含量（%）：9.20

366 普油-永嘉优株1号

资源编号：330324_010_0001	归属物种：*Camellia oleifera* Abel	
资源类型：野生资源（特异单株）	主要用途：油用栽培，遗传育种材料	
保存地点：浙江省永嘉县	保存方式：原地保存、保护	
性状特征		
资源特点：高产果量		
树　　姿：直立	平均叶长（cm）：11.90	平均叶宽（cm）：5.34
嫩枝绒毛：有	叶基形状：楔形	果熟日期：10月下旬
芽 绒 毛：有	盛 花 期：10月中下旬	果　　形：卵球形
芽鳞颜色：绿色	花瓣颜色：白色	果皮颜色：青红色
嫩叶颜色：绿色	萼片绒毛：有	果面特征：光滑
老叶颜色：中绿色	雌雄蕊相对高度：雄高	平均单果重（g）：17.43
叶　　形：椭圆形	花柱裂位：深裂	种皮颜色：黑褐色
叶缘特征：平	柱头裂数：3	鲜出籽率（%）：39.41
叶尖形状：渐尖	子房绒毛：有	种仁含油率（%）：37.70

普油-武义优株2号

资源编号：330723_010_0002	归属物种：*Camellia oleifera* Abel	
资源类型：野生资源（特异单株）	主要用途：油用栽培，遗传育种材料	
保存地点：浙江省武义县	保存方式：原地保存、保护	
	性状特征	
资源特点：高产果量		
树　　姿：半开张	平均叶长（cm）：6.76	平均叶宽（cm）：3.04
嫩枝绒毛：有	叶基形状：半圆形	果熟日期：10月下旬
芽 绒 毛：有	盛 花 期：10月中下旬	果　　形：卵球形
芽鳞颜色：浅黄色	花瓣颜色：白色	果皮颜色：青红色
嫩叶颜色：黄绿色、中绿色	萼片绒毛：有	果面特征：光滑
老叶颜色：中绿色	雌雄蕊相对高度：雄高	平均单果重（g）：15.88
叶　　形：椭圆形	花柱裂位：深裂	种皮颜色：黑色
叶缘特征：平	柱头裂数：4	鲜出籽率（%）：42.19
叶尖形状：渐尖	子房绒毛：有	种仁含油率（%）：36.40

浙林4号

资源编号：330825_010_0004	归属物种：*Camellia oleifera* Abel	
资源类型：野生资源（特异单株）	主要用途：油用栽培，遗传育种材料	
保存地点：浙江省龙游县	保存方式：省级种质资源保存基地，异地保存	
	性 状 特 征	
资源特点：高产果量		
树　　姿：直立	平均叶长（cm）：5.96	平均叶宽（cm）：3.20
嫩枝绒毛：有	叶基形状：楔形	果熟日期：10月中下旬
芽 绒 毛：有	盛 花 期：11月上旬	果　　形：卵球形
芽鳞颜色：绿色	花瓣颜色：白色	果皮颜色：青色
嫩叶颜色：黄绿色	萼片绒毛：有	果面特征：光滑
老叶颜色：深绿色	雌雄蕊相对高度：雄高	平均单果重（g）：16.63
叶　　形：近圆形	花柱裂位：深裂	种皮颜色：褐色
叶缘特征：波状	柱头裂数：3	鲜出籽率（%）：40.77
叶尖形状：渐尖	子房绒毛：有	种仁含油率（%）：42.20

369 浙林6号

资源编号：330825_010_0006	归属物种：*Camellia oleifera* Abel	
资源类型：野生资源（特异单株）	主要用途：油用栽培，遗传育种材料	
保存地点：浙江省龙游县	保存方式：省级种质资源保存基地，异地保存	
	性状特征	
资源特点：高产果量		
树　　姿：半开张	平均叶长（cm）：5.47	平均叶宽（cm）：2.72
嫩枝绒毛：有	叶基形状：楔形	果熟日期：10月中下旬
芽 绒 毛：有	盛 花 期：11月上旬	果　　形：卵球形
芽鳞颜色：绿色	花瓣颜色：白色	果皮颜色：青色
嫩叶颜色：中绿色	萼片绒毛：有	果面特征：光滑
老叶颜色：深绿色	雌雄蕊相对高度：雌高	平均单果重（g）：18.32
叶　　形：近圆形	花柱裂位：浅裂	种皮颜色：褐色
叶缘特征：平	柱头裂数：3	鲜出籽率（%）：44.32
叶尖形状：钝尖	子房绒毛：有	种仁含油率（%）：41.10

370 浙林7号

资源编号：330825_010_0007	归属物种：*Camellia oleifera* Abel	
资源类型：野生资源（特异单株）	主要用途：油用栽培，遗传育种材料	
保存地点：浙江省龙游县	保存方式：省级种质资源保存基地，异地保存	
性状特征		
资源特点：高产果量		
树　　姿：半开张	平均叶长（cm）：5.77	平均叶宽（cm）：2.86
嫩枝绒毛：有	叶基形状：近圆形	果熟日期：10月中下旬
芽 绒 毛：有	盛 花 期：11月上旬	果　　形：卵球形
芽鳞颜色：绿色	花瓣颜色：白色	果皮颜色：青色
嫩叶颜色：中绿色	萼片绒毛：有	果面特征：光滑
老叶颜色：深绿色	雌雄蕊相对高度：雌高	平均单果重（g）：17.04
叶　　形：近圆形	花柱裂位：中裂	种皮颜色：褐色
叶缘特征：波状	柱头裂数：5	鲜出籽率（%）：31.51
叶尖形状：渐尖	子房绒毛：有	种仁含油率（%）：49.10

371 普油-临海优株5号

资源编号：331082_010_0005	归属物种：*Camellia oleifera* Abel	
资源类型：野生资源（特异单株）	主要用途：油用栽培，遗传育种材料	
保存地点：浙江省临海市	保存方式：原地保存、保护	
	性状特征	
资源特点：高产果量		
树　　姿：半开张	平均叶长（cm）：7.71	平均叶宽（cm）：2.94
嫩枝绒毛：有	叶基形状：楔形	果熟日期：10月中下旬
芽 绒 毛：有	盛 花 期：11月中下旬	果　　形：卵球形
芽鳞颜色：黄色	花瓣颜色：白色	果皮颜色：青红色
嫩叶颜色：绿色	萼片绒毛：有	果面特征：光滑
老叶颜色：中绿色	雌雄蕊相对高度：雄高	平均单果重（g）：19.96
叶　　形：长椭圆形	花柱裂位：中裂	种皮颜色：黑色
叶缘特征：平	柱头裂数：3	鲜出籽率（%）：44.34
叶尖形状：渐尖	子房绒毛：有	种仁含油率（%）：36.70

372

普油-遂昌优株9号

资源编号：331123_010_0009	归属物种：*Camellia oleifera* Abel	
资源类型：野生资源（特异单株）	主要用途：油用栽培，遗传育种材料	
保存地点：浙江省遂昌县	保存方式：原地保存、保护	
性 状 特 征		
资源特点：高产果量		
树　　姿：开张	平均叶长（cm）：7.51	平均叶宽（cm）：2.74
嫩枝绒毛：有	叶基形状：楔形	果熟日期：10月中下旬
芽 绒 毛：有	盛 花 期：11月中下旬	果　　形：卵球形
芽鳞颜色：黄绿色	花瓣颜色：白色	果皮颜色：青色
嫩叶颜色：绿色	萼片绒毛：有	果面特征：光滑
老叶颜色：中绿色	雌雄蕊相对高度：雄高	平均单果重（g）：14.76
叶　　形：长椭圆形	花柱裂位：中裂	种皮颜色：褐色
叶缘特征：平	柱头裂数：3	鲜出籽率（%）：32.72
叶尖形状：渐尖	子房绒毛：有	种仁含油率（%）：31.10

373 泰顺粉红油茶-遂昌优株6号

资源编号：331123_010_0016	归属物种：*Camellia taishunensis* Hu	
资源类型：野生资源（特异单株）	主要用途：油用栽培，遗传育种材料	
保存地点：浙江省遂昌县	保存方式：原地保存、保护	
	性状特征	
资源特点：高产果量		
树　　姿：半开张	平均叶长（cm）：4.41	平均叶宽（cm）：2.73
嫩枝绒毛：无	叶基形状：近圆形	果熟日期：11月下旬
芽 绒 毛：无	盛 花 期：11月中下旬	果　　形：卵球形
芽鳞颜色：黄绿色	花瓣颜色：粉色	果皮颜色：青色
嫩叶颜色：中绿色	萼片绒毛：有	果面特征：光滑
老叶颜色：深绿色	雌雄蕊相对高度：雄高	平均单果重（g）：11.65
叶　　形：椭圆形	花柱裂位：浅裂	种皮颜色：黑色
叶缘特征：平	柱头裂数：3	鲜出籽率（%）：49.61
叶尖形状：钝尖	子房绒毛：有	种仁含油率（%）：29.40

374 普油-松阳优株1号

资源编号：331124_010_0001	归属物种：*Camellia oleifera* Abel	
资源类型：野生资源（特异单株）	主要用途：油用栽培，遗传育种材料	
保存地点：浙江省松阳县	保存方式：原地保存、保护	
	性状特征	
资源特点：高产果量		
树　　姿：开张	平均叶长（cm）：6.29	平均叶宽（cm）：3.03
嫩枝绒毛：有	叶基形状：楔形	果熟日期：10月中下旬
芽 绒 毛：有	盛 花 期：11月中下旬	果　　形：卵球形
芽鳞颜色：绿色	花瓣颜色：白色	果皮颜色：青色
嫩叶颜色：深绿色	萼片绒毛：有	果面特征：有棱
老叶颜色：中绿色	雌雄蕊相对高度：雌高	平均单果重（g）：9.13
叶　　形：椭圆形	花柱裂位：浅裂	种皮颜色：褐色
叶缘特征：平	柱头裂数：4	鲜出籽率（%）：37.24
叶尖形状：渐尖	子房绒毛：有	种仁含油率（%）：46.70

375 普通油茶优株高峰30号

资源编号：450107_010_0060		归属物种：*Camellia oleifera* Abel
资源类型：野生资源（特异单株）		主要用途：油用栽培，遗传育种材料
保存地点：广西壮族自治区南宁市西乡塘区		保存方式：省级种质资源保存基地，异地保存
性状特征		
资源特点：高产果量		
树　　姿：半开张	平均叶长（cm）：6.00	平均叶宽（cm）：2.60
嫩枝绒毛：有	叶基形状：楔形	果熟日期：10月下旬
芽 绒 毛：有	盛 花 期：11月中旬	果　　形：圆球形或近圆球形
芽鳞颜色：黄绿色	花瓣颜色：白色	果皮颜色：青绿色
嫩叶颜色：绿色	萼片绒毛：有	果面特征：光滑
老叶颜色：绿色	雌雄蕊相对高度：雌高	平均单果重（g）：20.09
叶　　形：椭圆形	花柱裂位：浅裂	种皮颜色：黑褐色
叶缘特征：波状	柱头裂数：3	鲜出籽率（%）：42.01
叶尖形状：渐尖	子房绒毛：有	种仁含油率（%）：43.10

376 普通油茶优株11×1-优1

资源编号：450107_010_0202		归属物种：*Camellia oleifera* Abel
资源类型：野生资源（特异单株）		主要用途：油用栽培，遗传育种材料
保存地点：广西壮族自治区南宁市西乡塘区		保存方式：国家级种质资源保存基地，异地保存
	性状特征	
资源特点：高产果量		
树　　姿：半开张	平均叶长（cm）：6.40	平均叶宽（cm）：3.30
嫩枝绒毛：有	叶基形状：楔形	果熟日期：10月下旬
芽 绒 毛：有	盛 花 期：11月上旬	果　　形：圆球形或近圆球形
芽鳞颜色：黄绿色	花瓣颜色：白色	果皮颜色：黄绿色
嫩叶颜色：黄绿色	萼片绒毛：有	果面特征：光滑
老叶颜色：绿色	雌雄蕊相对高度：雄高	平均单果重（g）：27.04
叶　　形：椭圆形	花柱裂位：深裂	种皮颜色：黑褐色
叶缘特征：波状	柱头裂数：3	鲜出籽率（%）：41.35
叶尖形状：渐尖	子房绒毛：有	种仁含油率（%）：44.00

377 普通油茶优株高峰19号

资源编号：450107_010_0254		归属物种：*Camellia oleifera* Abel
资源类型：野生资源（特异单株）		主要用途：油用栽培，遗传育种材料
保存地点：广西壮族自治区南宁市西乡塘区		保存方式：国家级种质资源保存基地，异地保存
	性状特征	
资源特点：高产果量		
树　　姿：半开张	平均叶长（cm）：6.30	平均叶宽（cm）：2.40
嫩枝绒毛：有	叶基形状：楔形	果熟日期：11月下旬
芽 绒 毛：有	盛 花 期：11月中旬	果　　形：圆球形或近圆球形
芽鳞颜色：黄绿色	花瓣颜色：白色	果皮颜色：黄绿色
嫩叶颜色：绿色	萼片绒毛：有	果面特征：光滑
老叶颜色：绿色	雌雄蕊相对高度：雄高	平均单果重（g）：29.70
叶　　形：长椭圆形	花柱裂位：深裂	种皮颜色：棕褐色
叶缘特征：平	柱头裂数：3	鲜出籽率（%）：47.71
叶尖形状：渐尖	子房绒毛：有	种仁含油率（%）：42.00

2. 高州油茶 *Camellia gauchowensis* Chang

（1）具高产果量、大果、高出籽率资源

378

高油-东岸镇大双优1号

资源编号：440981_006_0020	归属物种：*Camellia gauchowensis* Chang	
资源类型：野生资源（特异单株）	主要用途：油用栽培，遗传育种材料	
保存地点：广东省高州市	保存方式：原地保存、保护	
	性状特征	
资源特点：高产果量，大果，高出籽率		
树　　姿：开张	盛 花 期：12月上旬	果面特征：糠秕
嫩枝绒毛：无	花瓣颜色：白色	平均单果重（g）：102.76
芽鳞颜色：玉白色	萼片绒毛：有	鲜出籽率（%）：38.29
芽 绒 毛：有	雌雄蕊相对高度：雌高	种皮颜色：黑色
嫩叶颜色：紫红色	花柱裂位：中裂	种仁含油率（%）：43.50
老叶颜色：中绿色	柱头裂数：2	
叶　　形：近圆形	子房绒毛：有	油酸含量（%）：82.60
叶缘特征：波状	果熟日期：10月中旬	亚油酸含量（%）：5.10
叶尖形状：渐尖	果　　形：卵球形	亚麻酸含量（%）：—
叶基形状：近圆形	果皮颜色：黄棕色	硬脂酸含量（%）：0.90
平均叶长（cm）：10.54	平均叶宽（cm）：5.38	棕榈酸含量（%）：10.10

高油-平山镇田坪优1号

资源编号：440981_006_0075	归属物种：*Camellia gauchowensis* Chang	
资源类型：野生资源（特异单株）	主要用途：油用栽培，遗传育种材料	
保存地点：广东省高州市	保存方式：原地保存、保护	
性状特征		
资源特点：高产果量，大果，高出籽率		
树　　姿：半开张	盛 花 期：12月上旬	果面特征：糠秕
嫩枝绒毛：无	花瓣颜色：白色	平均单果重（g）：85.94
芽鳞颜色：玉白色	萼片绒毛：有	鲜出籽率（%）：32.87
芽 绒 毛：有	雌雄蕊相对高度：雌高	种皮颜色：棕褐色
嫩叶颜色：绿色	花柱裂位：中裂	种仁含油率（%）：39.00
老叶颜色：中绿色	柱头裂数：2	
叶　　形：长椭圆形	子房绒毛：有	油酸含量（%）：80.10
叶缘特征：平	果熟日期：10月中旬	亚油酸含量（%）：8.00
叶尖形状：渐尖	果　　形：卵球形	亚麻酸含量（%）：—
叶基形状：楔形	果皮颜色：黄棕色	硬脂酸含量（%）：1.70
平均叶长（cm）：9.92	平均叶宽（cm）：3.56	棕榈酸含量（%）：10.20

380 高油-谢鸡镇优1号

资源编号：440981_006_0077	归属物种：*Camellia gauchowensis* Chang	
资源类型：野生资源（特异单株）	主要用途：油用栽培，遗传育种材料	
保存地点：广东省高州市	保存方式：原地保存、保护	
性 状 特 征		
资源特点：高产果量，大果，高出籽率		
树　　姿：开张	盛 花 期：12月上旬	果面特征：糠秕
嫩枝绒毛：无	花瓣颜色：白色	平均单果重（g）：105.09
芽鳞颜色：玉白色	萼片绒毛：有	鲜出籽率（%）：34.72
芽 绒 毛：有	雌雄蕊相对高度：雌高	种皮颜色：棕色、黑色
嫩叶颜色：紫绿色	花柱裂位：全裂	种仁含油率（%）：23.90
老叶颜色：深绿色	柱头裂数：2	
叶　　形：长椭圆形	子房绒毛：有	油酸含量（%）：79.00
叶缘特征：波状	果熟日期：10月中旬	亚油酸含量（%）：8.90
叶尖形状：渐尖	果　　形：扁圆球形	亚麻酸含量（%）：—
叶基形状：近圆形	果皮颜色：青色	硬脂酸含量（%）：1.40
平均叶长（cm）：9.14	平均叶宽（cm）：3.41	棕榈酸含量（%）：10.70

381 高油-长坡镇样6号

资源编号：440981_006_0087	归属物种：*Camellia gauchowensis* Chang	
资源类型：野生资源（特异单株）	主要用途：油用栽培，遗传育种材料	
保存地点：广东省高州市	保存方式：原地保存、保护	
性状特征		
资源特点：高产果量，大果，高出籽率		
树　　姿：半开张	盛 花 期：12月上旬	果面特征：糠秕
嫩枝绒毛：无	花瓣颜色：白色	平均单果重（g）：95.93
芽鳞颜色：玉白色	萼片绒毛：有	鲜出籽率（%）：34.54
芽 绒 毛：有	雌雄蕊相对高度：雌高	种皮颜色：褐色
嫩叶颜色：紫绿色	花柱裂位：深裂、中裂	种仁含油率（%）：45.80
老叶颜色：深绿色	柱头裂数：3	
叶　　形：椭圆形	子房绒毛：有	油酸含量（%）：83.30
叶缘特征：平	果熟日期：10月中旬	亚油酸含量（%）：5.10
叶尖形状：渐尖	果　　形：扁圆球形、卵球形	亚麻酸含量（%）：—
叶基形状：楔形、近圆形	果皮颜色：青色	硬脂酸含量（%）：1.90
平均叶长（cm）：9.02	平均叶宽（cm）：3.90	棕榈酸含量（%）：9.60

382 高油－长坡镇大石冲优12号

资源编号：440981_006_0094	归属物种：*Camellia gauchowensis* Chang	
资源类型：野生资源（特异单株）	主要用途：油用栽培，遗传育种材料	
保存地点：广东省高州市	保存方式：原地保存、保护	
	性 状 特 征	
资源特点：高产果量，大果，高出籽率		
树　　姿：直立	盛 花 期：11月中旬	果面特征：糠秕
嫩枝绒毛：无	花瓣颜色：白色	平均单果重（g）：80.26
芽鳞颜色：玉白色	萼片绒毛：无	鲜出籽率（%）：42.32
芽 绒 毛：有	雌雄蕊相对高度：雄高	种皮颜色：棕褐色、褐色
嫩叶颜色：紫绿色	花柱裂位：中裂	种仁含油率（%）：34.70
老叶颜色：深绿色	柱头裂数：2	
叶　　形：椭圆形	子房绒毛：无	油酸含量（%）：84.00
叶缘特征：平	果熟日期：10月中旬	亚油酸含量（%）：5.90
叶尖形状：渐尖	果　　形：扁圆球形	亚麻酸含量（%）：—
叶基形状：近圆形、楔形	果皮颜色：青色	硬脂酸含量（%）：1.60
平均叶长（cm）：8.14	平均叶宽（cm）：3.88	棕榈酸含量（%）：8.40

高油-长坡镇大石冲优4号

资源编号：440981_006_0097	归属物种：*Camellia gauchowensis* Chang	
资源类型：野生资源（特异单株）	主要用途：油用栽培，遗传育种材料	
保存地点：广东省高州市	保存方式：原地保存、保护	
性状特征		
资源特点：高产果量，大果，高出籽率		
树　　姿：开张	盛 花 期：12月下旬	果面特征：糠秕
嫩枝绒毛：无	花瓣颜色：白色	平均单果重（g）：137.63
芽鳞颜色：玉白色	萼片绒毛：有	鲜出籽率（%）：30.57
芽 绒 毛：有	雌雄蕊相对高度：雌高	种皮颜色：棕褐色、褐色
嫩叶颜色：紫绿色	花柱裂位：浅裂	种仁含油率（%）：40.20
老叶颜色：深绿色、中绿色	柱头裂数：2	
叶　　形：近圆形	子房绒毛：有	油酸含量（%）：76.00
叶缘特征：平	果熟日期：10月中旬	亚油酸含量（%）：10.70
叶尖形状：渐尖、圆尖	果　　形：扁圆球形	亚麻酸含量（%）：—
叶基形状：近圆形、楔形	果皮颜色：黄棕色	硬脂酸含量（%）：1.70
平均叶长（cm）：7.13	平均叶宽（cm）：3.95	棕榈酸含量（%）：11.20

384 高油-长坡镇林邓优17号

资源编号：440981_006_0110	归属物种：*Camellia gauchowensis* Chang	
资源类型：野生资源（特异单株）	主要用途：油用栽培，遗传育种材料	
保存地点：广东省高州市	保存方式：原地保存、保护	
性状特征		
资源特点：高产果量，大果，高出籽率		
树　　姿：半开张	盛 花 期：12月上旬	果面特征：糠秕
嫩枝绒毛：无	花瓣颜色：白色	平均单果重（g）：80.80
芽鳞颜色：玉白色	萼片绒毛：有	鲜出籽率（%）：34.99
芽 绒 毛：有	雌雄蕊相对高度：雌高	种皮颜色：棕褐色、黑色
嫩叶颜色：紫绿色	花柱裂位：全裂	种仁含油率（%）：47.10
老叶颜色：黄绿色	柱头裂数：2	
叶　　形：长椭圆形	子房绒毛：有	油酸含量（%）：81.20
叶缘特征：平	果熟日期：10月中旬	亚油酸含量（%）：6.20
叶尖形状：钝尖	果　　形：倒卵球形	亚麻酸含量（%）：—
叶基形状：楔形	果皮颜色：青色	硬脂酸含量（%）：1.60
平均叶长（cm）：8.55	平均叶宽（cm）：3.24	棕榈酸含量（%）：10.50

385 高油-长坡镇样优8号

资源编号：440981_006_0090	归属物种：*Camellia gauchowensis* Chang	
资源类型：野生资源（特异单株）	主要用途：油用栽培，遗传育种材料	
保存地点：广东省高州市	保存方式：原地保存、保护	
性状特征		
资源特点：高产果量，大果，高出籽率		
树　　姿：半开张	平均叶长（cm）：7.43	平均叶宽（cm）：4.07
嫩枝绒毛：无	叶基形状：近圆形	果熟日期：10月中旬
芽 绒 毛：有	盛 花 期：12月下旬	果　　形：扁圆球形
芽鳞颜色：玉白色	花瓣颜色：白色	果皮颜色：青色
嫩叶颜色：绿色	萼片绒毛：有	果面特征：糠秕
老叶颜色：深绿色	雌雄蕊相对高度：雌高	平均单果重（g）：89.57
叶　　形：近圆形	花柱裂位：深裂	种皮颜色：棕褐色、黑色
叶缘特征：平	柱头裂数：2	鲜出籽率（%）：42.07
叶尖形状：渐尖	子房绒毛：有毛	

（2）具高产果量、大果、高含油率资源

386 高油-长坡镇林邓优4号

资源编号：440981_006_0106	归属物种：*Camellia gauchowensis* Chang	
资源类型：野生资源（特异单株）	主要用途：油用栽培，遗传育种材料	
保存地点：广东省高州市	保存方式：原地保存、保护	
性状特征		
资源特点：高产果量，大果，高含油率		
树　　姿：半开张	盛 花 期：12月上旬	果面特征：糠秕
嫩枝绒毛：无	花瓣颜色：白色	平均单果重（g）：82.56
芽鳞颜色：玉白色	萼片绒毛：有	鲜出籽率（%）：26.91
芽 绒 毛：有	雌雄蕊相对高度：雌高	种皮颜色：棕褐色、黑色
嫩叶颜色：淡绿色	花柱裂位：浅裂	种仁含油率（%）：57.81
老叶颜色：中绿色	柱头裂数：3	
叶　　形：椭圆形	子房绒毛：有	油酸含量（%）：83.93
叶缘特征：平	果熟日期：10月中旬	亚油酸含量（%）：5.01
叶尖形状：渐尖	果　　形：扁圆球形	亚麻酸含量（%）：0.24
叶基形状：楔形	果皮颜色：黄棕色	硬脂酸含量（%）：2.15
平均叶长（cm）：9.22	平均叶宽（cm）：3.64	棕榈酸含量（%）：8.61

387

高油-长坡镇林邓优23号

资源编号：440981_006_0152	归属物种：*Camellia gauchowensis* Chang	
资源类型：野生资源（特异单株）	主要用途：油用栽培，遗传育种材料	
保存地点：广东省高州市	保存方式：原地保存、保护	
性状特征		
资源特点：高产果量，大果，高含油率		
树　　姿：半开张	盛 花 期：11月下旬	果面特征：糠秕
嫩枝绒毛：无	花瓣颜色：白色	平均单果重（g）：81.37
芽鳞颜色：玉白色	萼片绒毛：有	鲜出籽率（%）：29.41
芽 绒 毛：有	雌雄蕊相对高度：雌高	种皮颜色：黑色
嫩叶颜色：淡绿色	花柱裂位：浅裂	种仁含油率（%）：50.08
老叶颜色：深绿色	柱头裂数：2	
叶　　形：披针形	子房绒毛：有	油酸含量（%）：83.90
叶缘特征：平	果熟日期：10月中旬	亚油酸含量（%）：6.00
叶尖形状：渐尖	果　　形：倒卵球形	亚麻酸含量（%）：—
叶基形状：楔形	果皮颜色：黄棕色	硬脂酸含量（%）：1.41
平均叶长（cm）：11.41	平均叶宽（cm）：3.69	棕榈酸含量（%）：8.57

（3）具高产果量、大果、高油酸资源

388 高油-长坡镇林邓优10号

资源编号：440981_006_0120	归属物种：*Camellia gauchowensis* Chang	
资源类型：野生资源（特异单株）	主要用途：油用栽培，遗传育种材料	
保存地点：广东省高州市	保存方式：原地保存、保护	
	性状特征	
资源特点：高产果量，大果，高油酸		
树　　姿：半开张	盛 花 期：12月中旬	果面特征：糠秕
嫩枝绒毛：无	花瓣颜色：白色	平均单果重（g）：108.24
芽鳞颜色：玉白色	萼片绒毛：有	鲜出籽率（%）：27.62
芽 绒 毛：有	雌雄蕊相对高度：雌高	种皮颜色：黑色、棕褐色
嫩叶颜色：紫绿色	花柱裂位：浅裂	种仁含油率（%）：42.90
老叶颜色：中绿色	柱头裂数：2	
叶　　形：椭圆形	子房绒毛：有	油酸含量（%）：86.50
叶缘特征：平	果熟日期：10月中旬	亚油酸含量（%）：4.20
叶尖形状：钝尖	果　　形：扁圆球形	亚麻酸含量（%）：—
叶基形状：楔形	果皮颜色：黄棕色	硬脂酸含量（%）：1.20
平均叶长（cm）：8.05	平均叶宽（cm）：3.10	棕榈酸含量（%）：7.50

（4）具高产果量、高出籽率、高含油率资源

389 高油－长坡镇大石冲优6号

资源编号：440981_006_0099	归属物种：*Camellia gauchowensis* Chang	
资源类型：野生资源（特异单株）	主要用途：油用栽培，遗传育种材料	
保存地点：广东省高州市	保存方式：原地保存、保护	
性状特征		
资源特点：高产果量，高出籽率，高含油率		
树　　姿：直立	盛 花 期：12月下旬	果面特征：糠秕
嫩枝绒毛：无	花瓣颜色：白色	平均单果重（g）：75.31
芽鳞颜色：玉白色	萼片绒毛：有	鲜出籽率（%）：36.83
芽 绒 毛：有	雌雄蕊相对高度：雄高	种皮颜色：黑色、棕褐色
嫩叶颜色：淡绿色	花柱裂位：全裂	种仁含油率（%）：50.24
老叶颜色：深绿色	柱头裂数：3	
叶　　形：近圆形	子房绒毛：有	油酸含量（%）：83.43
叶缘特征：平、波状	果熟日期：10月中旬	亚油酸含量（%）：4.50
叶尖形状：钝尖	果　　形：扁圆球形	亚麻酸含量（%）：—
叶基形状：近圆形	果皮颜色：青色	硬脂酸含量（%）：2.09
平均叶长（cm）：7.09	平均叶宽（cm）：4.15	棕榈酸含量（%）：9.08

390 高油－长坡镇林邓优9号

资源编号：440981_006_0127	归属物种：*Camellia gauchowensis* Chang	
资源类型：野生资源（特异单株）	主要用途：油用栽培，遗传育种材料	
保存地点：广东省高州市	保存方式：原地保存、保护	
性状特征		
资源特点：高产果量，高出籽率，高含油率		
树　　姿：开张	盛 花 期：12月上旬	果面特征：糠秕
嫩枝绒毛：无	花瓣颜色：白色	平均单果重（g）：60.41
芽鳞颜色：玉白色	萼片绒毛：有	鲜出籽率（%）：34.50
芽 绒 毛：有	雌雄蕊相对高度：雌高	种皮颜色：黑色、棕褐色
嫩叶颜色：紫绿色	花柱裂位：浅裂	种仁含油率（%）：56.04
老叶颜色：中绿色	柱头裂数：3	
叶　　形：长椭圆形	子房绒毛：有	油酸含量（%）：84.66
叶缘特征：平	果熟日期：10月中旬	亚油酸含量（%）：4.14
叶尖形状：渐尖	果　　形：扁圆球形	亚麻酸含量（%）：—
叶基形状：楔形	果皮颜色：黄棕色	硬脂酸含量（%）：2.29
平均叶长（cm）：10.49	平均叶宽（cm）：3.90	棕榈酸含量（%）：8.82

（5）具高产果量、大果资源

越油-澄迈2号

资源编号：469023_009_0002		归属物种：*Camellia vietnamensis* Huang ex Hu
资源类型：野生资源（特异单株）		主要用途：油用栽培，遗传育种材料
保存地点：海南省澄迈县		保存方式：原地保存、保护
性状特征		
资源特点：高产果量，大果		
树　　姿：半开张	盛 花 期：11月中旬	果面特征：凹凸
嫩枝绒毛：有	花瓣颜色：白色	平均单果重（g）：65.56
芽鳞颜色：紫绿色	萼片绒毛：有	鲜出籽率（%）：32.40
芽 绒 毛：有	雌雄蕊相对高度：等高	种皮颜色：棕色、棕褐色
嫩叶颜色：红色	花柱裂位：浅裂	种仁含油率（%）：34.50
老叶颜色：深绿色	柱头裂数：3	
叶　　形：椭圆形	子房绒毛：有	油酸含量（%）：79.60
叶缘特征：波状	果熟日期：10月上旬	亚油酸含量（%）：6.40
叶尖形状：钝尖	果　　形：扁圆球形、倒卵球形、圆球形	亚麻酸含量（%）：0.20
叶基形状：楔形	果皮颜色：青色、黄棕色	硬脂酸含量（%）：3.30
平均叶长（cm）：5.63	平均叶宽（cm）：2.60	棕榈酸含量（%）：10.10

高油-大坡镇大榕优1号

资源编号：440981_006_0006	归属物种：*Camellia gauchowensis* Chang	
资源类型：野生资源（特异单株）	主要用途：油用栽培，遗传育种材料	
保存地点：广东省高州市	保存方式：原地保存、保护	
性 状 特 征		
资源特点：高产果量，大果		
树　　姿：半开张	平均叶长（cm）：7.71	平均叶宽（cm）：3.97
嫩枝绒毛：无	叶基形状：近圆形	果熟日期：10月中旬
芽 绒 毛：有	盛 花 期：11月上旬	果　　形：扁圆球形
芽鳞颜色：玉白色	花瓣颜色：白色	果皮颜色：青色
嫩叶颜色：紫绿色	萼片绒毛：有	果面特征：糠秕
老叶颜色：黄绿色、中绿色	雌雄蕊相对高度：雌高	平均单果重（g）：102.63
叶　　形：椭圆形	花柱裂位：中裂	种皮颜色：褐色、黑色、棕色
叶缘特征：平	柱头裂数：2	鲜出籽率（%）：24.05
叶尖形状：钝尖、渐尖	子房绒毛：有	

393 高油-大坡镇周敬优2号

资源编号：440981_006_0015	归属物种：*Camellia gauchowensis* Chang	
资源类型：野生资源（特异单株）	主要用途：油用栽培，遗传育种材料	
保存地点：广东省高州市	保存方式：原地保存、保护	
性状特征		
资源特点：高产果量，大果		
树　　姿：开张	平均叶长（cm）：8.57	平均叶宽（cm）：3.77
嫩枝绒毛：无	叶基形状：楔形、近圆形	果熟日期：10月中旬
芽 绒 毛：有	盛 花 期：12月上旬	果　　形：圆球形
芽鳞颜色：玉白色	花瓣颜色：白色	果皮颜色：黄棕色
嫩叶颜色：紫绿色	萼片绒毛：有	果面特征：糠秕
老叶颜色：中绿色、深绿色	雌雄蕊相对高度：雄高	平均单果重（g）：102.03
叶　　形：椭圆形	花柱裂位：深裂	种皮颜色：棕褐色、黑色
叶缘特征：平	柱头裂数：2	鲜出籽率（%）：25.72
叶尖形状：渐尖、钝尖	子房绒毛：有	

394 高油-大坡镇周敬优6号

资源编号：440981_006_0019	归属物种：*Camellia gauchowensis* Chang	
资源类型：野生资源（特异单株）	主要用途：油用栽培，遗传育种材料	
保存地点：广东省高州市	保存方式：原地保存、保护	
性 状 特 征		
资源特点：高产果量，大果		
树　　姿：开张	平均叶长（cm）：9.02	平均叶宽（cm）：3.73
嫩枝绒毛：无	叶基形状：楔形、近圆形	果熟日期：10月中旬
芽 绒 毛：有	盛 花 期：12月中旬	果　　形：圆球形
芽鳞颜色：玉白色	花瓣颜色：白色	果皮颜色：黄棕色
嫩叶颜色：淡绿色	萼片绒毛：有	果面特征：糠秕
老叶颜色：深绿色	雌雄蕊相对高度：雌高	平均单果重（g）：88.55
叶　　形：椭圆形	花柱裂位：中裂	种皮颜色：黑色、棕褐色
叶缘特征：平	柱头裂数：3	鲜出籽率（%）：25.06
叶尖形状：渐尖	子房绒毛：有	

395 高油-东岸镇大双优10号

资源编号：440981_006_0025	归属物种：*Camellia gauchowensis* Chang	
资源类型：野生资源（特异单株）	主要用途：油用栽培，遗传育种材料	
保存地点：广东省高州市	保存方式：原地保存、保护	
性状特征		
资源特点：高产果量，大果		
树　　姿：直立	平均叶长（cm）：9.02	平均叶宽（cm）：4.16
嫩枝绒毛：无	叶基形状：近圆形、楔形	果熟日期：10月中旬
芽 绒 毛：有	盛 花 期：12月中旬	果　　形：卵球形、扁圆球形
芽鳞颜色：玉白色	花瓣颜色：白色	果皮颜色：青色
嫩叶颜色：绿色	萼片绒毛：有	果面特征：糠秕
老叶颜色：中绿色	雌雄蕊相对高度：雌高	平均单果重（g）：92.53
叶　　形：椭圆形	花柱裂位：浅裂、深裂、中裂	种皮颜色：黑色、棕色
叶缘特征：平	柱头裂数：2	鲜出籽率（%）：28.64
叶尖形状：钝尖、渐尖	子房绒毛：有	

高油－东岸镇大双优7号

资源编号：440981_006_0032	归属物种：*Camellia gauchowensis* Chang	
资源类型：野生资源（特异单株）	主要用途：油用栽培，遗传育种材料	
保存地点：广东省高州市	保存方式：原地保存、保护	
性状特征		
资源特点：高产果量，大果		
树　　姿：半开张	平均叶长（cm）：9.41	平均叶宽（cm）：4.73
嫩枝绒毛：无	叶基形状：近圆形	果熟日期：10月中旬
芽 绒 毛：有	盛 花 期：11月下旬	果　　形：扁圆球形
芽鳞颜色：玉白色	花瓣颜色：白色	果皮颜色：黄棕色
嫩叶颜色：绿色	萼片绒毛：有	果面特征：糠秕
老叶颜色：深绿色	雌雄蕊相对高度：雌高	平均单果重（g）：84.88
叶　　形：近圆形	花柱裂位：浅裂	种皮颜色：褐色
叶缘特征：平	柱头裂数：2	鲜出籽率（%）：26.14
叶尖形状：钝尖	子房绒毛：有	

高油-东岸镇大双优5号

资源编号：440981_006_0039	归属物种：*Camellia gauchowensis* Chang	
资源类型：野生资源（特异单株）	主要用途：油用栽培，遗传育种材料	
保存地点：广东省高州市	保存方式：原地保存、保护	
性状特征		
资源特点：高产果量，大果		
树　　姿：半开张	平均叶长（cm）：8.65	平均叶宽（cm）：4.27
嫩枝绒毛：无	叶基形状：近圆形	果熟日期：10月中旬
芽 绒 毛：有	盛 花 期：12月中旬	果　　形：圆球形
芽鳞颜色：绿色	花瓣颜色：白色	果皮颜色：黄棕色
嫩叶颜色：紫绿色	萼片绒毛：有	果面特征：糠秕
老叶颜色：中绿色、深绿色	雌雄蕊相对高度：雌高	平均单果重（g）：89.69
叶　　形：椭圆形	花柱裂位：浅裂	种皮颜色：黑色、棕褐色
叶缘特征：平	柱头裂数：2	鲜出籽率（%）：25.83
叶尖形状：钝尖	子房绒毛：有	

高油-古丁镇样15号

资源编号：440981_006_0044	归属物种：*Camellia gauchowensis* Chang	
资源类型：野生资源（特异单株）	主要用途：油用栽培，遗传育种材料	
保存地点：广东省高州市	保存方式：原地保存、保护	
	性状特征	
资源特点：高产果量，大果		
树　　姿：半开张	平均叶长（cm）：6.87	平均叶宽（cm）：3.35
嫩枝绒毛：无	叶基形状：近圆形	果熟日期：10月中旬
芽 绒 毛：有	盛 花 期：11月中旬	果　　形：卵球形
芽鳞颜色：玉白色	花瓣颜色：白色	果皮颜色：黄棕色
嫩叶颜色：紫绿色	萼片绒毛：有	果面特征：糠秕
老叶颜色：绿色	雌雄蕊相对高度：雌高	平均单果重（g）：99.41
叶　　形：椭圆形	花柱裂位：浅裂	种皮颜色：黑色、褐色
叶缘特征：波状	柱头裂数：2	鲜出籽率（%）：19.62
叶尖形状：渐尖	子房绒毛：无	

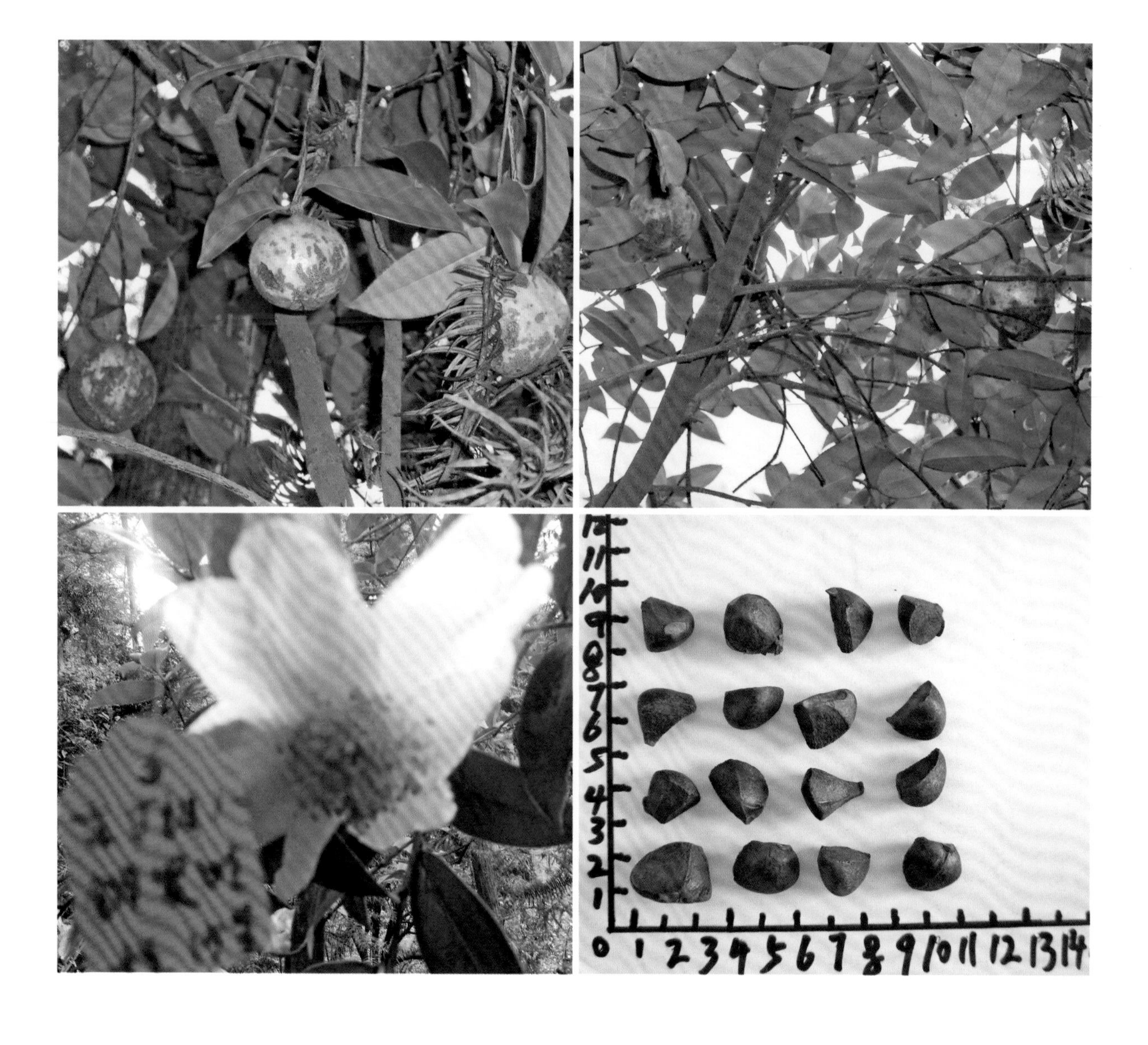

399 高油-古丁镇朗八优2号

资源编号：440981_006_0048	归属物种：*Camellia gauchowensis* Chang	
资源类型：野生资源（特异单株）	主要用途：油用栽培，遗传育种材料	
保存地点：广东省高州市	保存方式：原地保存、保护	
性状特征		
资源特点：高产果量，大果		
树　　姿：开张	平均叶长（cm）：9.02	平均叶宽（cm）：3.56
嫩枝绒毛：无	叶基形状：楔形	果熟日期：10月中旬
芽 绒 毛：有	盛 花 期：11月下旬	果　　形：卵球形
芽鳞颜色：玉白色	花瓣颜色：白色	果皮颜色：黄棕色
嫩叶颜色：紫绿色	萼片绒毛：有	果面特征：糠秕
老叶颜色：中绿色	雌雄蕊相对高度：雄高	平均单果重（g）：85.44
叶　　形：椭圆形	花柱裂位：浅裂	种皮颜色：黑色
叶缘特征：平、波状	柱头裂数：3	鲜出籽率（%）：18.32
叶尖形状：渐尖、钝尖	子房绒毛：无	

400

高油-古丁镇朗八优5号

资源编号：440981_006_0051	归属物种：*Camellia gauchowensis* Chang	
资源类型：野生资源（特异单株）	主要用途：油用栽培，遗传育种材料	
保存地点：广东省高州市	保存方式：原地保存、保护	
性 状 特 征		
资源特点：高产果量，大果		
树　　姿：直立	平均叶长（cm）：10.42	平均叶宽（cm）：3.93
嫩枝绒毛：无	叶基形状：楔形、近圆形	果熟日期：10月中旬
芽 绒 毛：有	盛 花 期：11月中旬	果　　形：卵球形
芽鳞颜色：玉白色	花瓣颜色：白色	果皮颜色：黄棕色
嫩叶颜色：淡绿色	萼片绒毛：有	果面特征：糠秕
老叶颜色：深绿色	雌雄蕊相对高度：雄高	平均单果重（g）：91.35
叶　　形：长椭圆形	花柱裂位：深裂、中裂	种皮颜色：棕褐色、褐色、黑色
叶缘特征：平	柱头裂数：3	鲜出籽率（%）：19.21
叶尖形状：渐尖	子房绒毛：无	

401 高油-古丁镇朗八优6号

资源编号：440981_006_0052	归属物种：*Camellia gauchowensis* Chang	
资源类型：野生资源（特异单株）	主要用途：油用栽培，遗传育种材料	
保存地点：广东省高州市	保存方式：原地保存、保护	
	性状特征	
资源特点：高产果量，大果		
树　　姿：开张	平均叶长（cm）：8.92	平均叶宽（cm）：3.41
嫩枝绒毛：无	叶基形状：楔形	果熟日期：10月中旬
芽 绒 毛：有	盛 花 期：11月下旬	果　　形：倒卵球形
芽鳞颜色：玉白色	花瓣颜色：白色	果皮颜色：黄棕色
嫩叶颜色：淡绿色	萼片绒毛：无	果面特征：糠秕
老叶颜色：中绿色	雌雄蕊相对高度：雄高	平均单果重（g）：88.86
叶　　形：长椭圆形	花柱裂位：浅裂	种皮颜色：棕色、黑色
叶缘特征：平	柱头裂数：3	鲜出籽率（%）：23.67
叶尖形状：渐尖	子房绒毛：无	

402

高油－古丁镇龙湾优 3 号

资源编号：440981_006_0053	归属物种：*Camellia gauchowensis* Chang	
资源类型：野生资源（特异单株）	主要用途：油用栽培，遗传育种材料	
保存地点：广东省高州市	保存方式：原地保存、保护	
性状特征		
资源特点：高产果量，大果		
树　　姿：直立	平均叶长（cm）：8.85	平均叶宽（cm）：3.63
嫩枝绒毛：无	叶基形状：楔形	果熟日期：10月中旬
芽 绒 毛：有	盛 花 期：11月上旬	果　　形：扁圆球形
芽鳞颜色：玉白色	花瓣颜色：白色	果皮颜色：青色
嫩叶颜色：紫绿色	萼片绒毛：有	果面特征：糠秕
老叶颜色：深绿色	雌雄蕊相对高度：雌高	平均单果重（g）：88.36
叶　　形：椭圆形	花柱裂位：浅裂	种皮颜色：褐色
叶缘特征：平	柱头裂数：3	鲜出籽率（%）：24.46
叶尖形状：渐尖	子房绒毛：有	

高油-古丁镇龙湾优4号

资源编号：440981_006_0054	归属物种：*Camellia gauchowensis* Chang	
资源类型：野生资源（特异单株）	主要用途：油用栽培，遗传育种材料	
保存地点：广东省高州市	保存方式：原地保存、保护	
	性状特征	
资源特点：高产果量，大果		
树　　姿：半开张	平均叶长（cm）：7.50	平均叶宽（cm）：3.57
嫩枝绒毛：无	叶基形状：楔形、近圆形	果熟日期：10月中旬
芽 绒 毛：有	盛 花 期：11月上旬	果　　形：扁圆球形、圆球形
芽鳞颜色：玉白色	花瓣颜色：白色	果皮颜色：青色
嫩叶颜色：紫绿色	萼片绒毛：有	果面特征：糠秕
老叶颜色：中绿色	雌雄蕊相对高度：雌高	平均单果重（g）：101.78
叶　　形：椭圆形	花柱裂位：浅裂、中裂	种皮颜色：棕色、棕褐色
叶缘特征：平	柱头裂数：2	鲜出籽率（%）：22.88
叶尖形状：钝尖	子房绒毛：有	

高油－古丁镇龙湾优6号

资源编号：440981_006_0056	归属物种：*Camellia gauchowensis* Chang	
资源类型：野生资源（特异单株）	主要用途：油用栽培，遗传育种材料	
保存地点：广东省高州市	保存方式：原地保存、保护	
性状特征		
资源特点：高产果量，大果		
树　　姿：半开张	平均叶长（cm）：8.10	平均叶宽（cm）：2.88
嫩枝绒毛：无	叶基形状：楔形	果熟日期：10月中旬
芽 绒 毛：有	盛 花 期：11月下旬	果　　形：扁圆球形
芽鳞颜色：玉白色	花瓣颜色：白色	果皮颜色：黄褐色
嫩叶颜色：淡绿色	萼片绒毛：有	果面特征：糠秕
老叶颜色：中绿色、深绿色	雌雄蕊相对高度：雌高	平均单果重（g）：117.19
叶　　形：长椭圆形	花柱裂位：深裂	种皮颜色：褐色、黑色
叶缘特征：平	柱头裂数：2	鲜出籽率（%）：22.46
叶尖形状：渐尖、钝尖	子房绒毛：有	

405 高油-古丁镇龙湾优19号

资源编号：440981_006_0057	归属物种：*Camellia gauchowensis* Chang	
资源类型：野生资源（特异单株）	主要用途：油用栽培，遗传育种材料	
保存地点：广东省高州市	保存方式：原地保存、保护	
	性状特征	
资源特点：高产果量，大果		
树　　姿：半开张	平均叶长（cm）：8.31	平均叶宽（cm）：3.85
嫩枝绒毛：无	叶基形状：近圆形、楔形	果熟日期：10月中旬
芽 绒 毛：有	盛 花 期：12月中旬	果　　形：扁圆球形
芽鳞颜色：玉白色	花瓣颜色：白色	果皮颜色：青色
嫩叶颜色：淡绿色	萼片绒毛：有	果面特征：糠秕
老叶颜色：中绿色	雌雄蕊相对高度：雌高	平均单果重（g）：140.85
叶　　形：椭圆形	花柱裂位：深裂	种皮颜色：棕色、褐色
叶缘特征：平	柱头裂数：2	鲜出籽率（%）：21.11
叶尖形状：钝尖	子房绒毛：有	

406 高油-平山镇古塘优2号

资源编号：440981_006_0064	归属物种：*Camellia gauchowensis* Chang	
资源类型：野生资源（特异单株）	主要用途：油用栽培，遗传育种材料	
保存地点：广东省高州市	保存方式：原地保存、保护	
	性状特征	
资源特点：高产果量，大果		
树　　姿：开张	平均叶长（cm）：10.76	平均叶宽（cm）：4.60
嫩枝绒毛：无	叶基形状：楔形	果熟日期：10月中旬
芽 绒 毛：有	盛 花 期：12月上旬	果　　形：倒卵球形
芽鳞颜色：玉白色	花瓣颜色：白色	果皮颜色：青色
嫩叶颜色：紫绿色	萼片绒毛：有	果面特征：糠秕
老叶颜色：深绿色	雌雄蕊相对高度：雌高	平均单果重（g）：146.99
叶　　形：椭圆形	花柱裂位：浅裂	种皮颜色：黑色、棕褐色
叶缘特征：波状	柱头裂数：3	鲜出籽率（%）：21.78
叶尖形状：渐尖	子房绒毛：有	

407 高油-平山镇古塘优4号

资源编号：440981_006_0066	归属物种：*Camellia gauchowensis* Chang	
资源类型：野生资源（特异单株）	主要用途：油用栽培，遗传育种材料	
保存地点：广东省高州市	保存方式：原地保存、保护	
	性状特征	
资源特点：高产果量，大果		
树　　姿：开张	平均叶长（cm）：9.98	平均叶宽（cm）：3.75
嫩枝绒毛：无	叶基形状：楔形	果熟日期：10月中旬
芽 绒 毛：有	盛 花 期：11月中旬	果　　形：椭球形
芽鳞颜色：玉白色	花瓣颜色：白色	果皮颜色：青色
嫩叶颜色：淡绿色	萼片绒毛：有	果面特征：糠秕
老叶颜色：深绿色	雌雄蕊相对高度：雌高	平均单果重（g）：88.53
叶　　形：长椭圆形	花柱裂位：浅裂	种皮颜色：黑色
叶缘特征：波状	柱头裂数：2	鲜出籽率（%）：26.23
叶尖形状：渐尖	子房绒毛：有	

408 高油-平山镇古塘优6号

资源编号：440981_006_0068	归属物种：*Camellia gauchowensis* Chang	
资源类型：野生资源（特异单株）	主要用途：油用栽培，遗传育种材料	
保存地点：广东省高州市	保存方式：原地保存、保护	
性状特征		
资源特点：高产果量，大果		
树　　姿：半开张	平均叶长（cm）：9.73	平均叶宽（cm）：4.15
嫩枝绒毛：无	叶基形状：楔形	果熟日期：10月中旬
芽 绒 毛：有	盛 花 期：11月上旬	果　　形：扁圆球形
芽鳞颜色：玉白色	花瓣颜色：白色	果皮颜色：青色
嫩叶颜色：绿色	萼片绒毛：有	果面特征：糠秕
老叶颜色：深绿色	雌雄蕊相对高度：雌高	平均单果重（g）：112.58
叶　　形：椭圆形	花柱裂位：深裂	种皮颜色：黑色
叶缘特征：波状	柱头裂数：2	鲜出籽率（%）：24.96
叶尖形状：渐尖	子房绒毛：有	

409 高油-平山镇样12号

资源编号：440981_006_0070	归属物种：*Camellia gauchowensis* Chang	
资源类型：野生资源（特异单株）	主要用途：油用栽培，遗传育种材料	
保存地点：广东省高州市	保存方式：原地保存、保护	
	性状特征	
资源特点：高产果量，大果		
树　　姿：直立	平均叶长（cm）：9.76	平均叶宽（cm）：3.97
嫩枝绒毛：无	叶基形状：楔形、近圆形	果熟日期：10月中旬
芽 绒 毛：有	盛 花 期：12月上旬	果　　形：圆球形
芽鳞颜色：玉白色	花瓣颜色：白色	果皮颜色：黄棕色
嫩叶颜色：紫绿色	萼片绒毛：有	果面特征：糠秕
老叶颜色：中绿色	雌雄蕊相对高度：雌高	平均单果重（g）：81.79
叶　　形：椭圆形	花柱裂位：深裂	种皮颜色：黑色、棕褐色
叶缘特征：平	柱头裂数：3	鲜出籽率（%）：19.66
叶尖形状：渐尖	子房绒毛：有	

410 高油-平山镇样4号

资源编号：440981_006_0073	归属物种：*Camellia gauchowensis* Chang	
资源类型：野生资源（特异单株）	主要用途：油用栽培，遗传育种材料	
保存地点：广东省高州市	保存方式：原地保存、保护	
	性状特征	
资源特点：高产果量，大果		
树　　姿：半开张	平均叶长（cm）：8.90	平均叶宽（cm）：3.65
嫩枝绒毛：无	叶基形状：楔形	果熟日期：10月中旬
芽 绒 毛：有	盛 花 期：12月中旬	果　　形：圆球形
芽鳞颜色：玉白色	花瓣颜色：白色	果皮颜色：黄棕色
嫩叶颜色：紫绿色	萼片绒毛：有	果面特征：糠秕
老叶颜色：黄绿色	雌雄蕊相对高度：雌高	平均单果重（g）：113.18
叶　　形：椭圆形	花柱裂位：深裂	种皮颜色：黑色、棕褐色
叶缘特征：平	柱头裂数：3	鲜出籽率（%）：21.88
叶尖形状：渐尖、钝尖	子房绒毛：有	

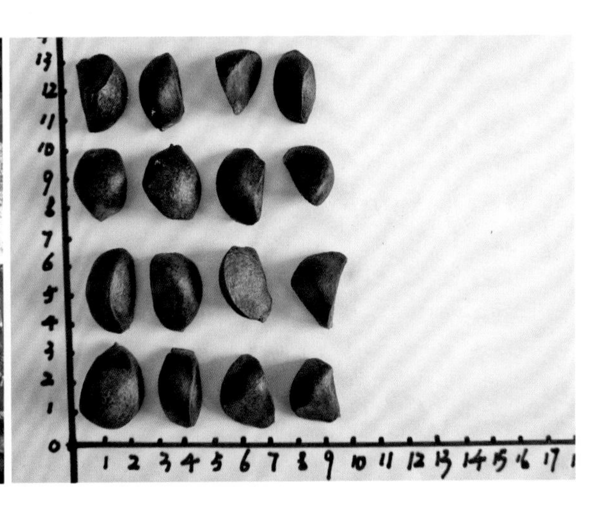

411 高油-新垌镇样51号

资源编号：440981_006_0082	归属物种：*Camellia gauchowensis* Chang	
资源类型：野生资源（特异单株）	主要用途：油用栽培，遗传育种材料	
保存地点：广东省高州市	保存方式：原地保存、保护	
性状特征		
资源特点：高产果量，大果		
树　　姿：伞形	平均叶长（cm）：11.03	平均叶宽（cm）：4.88
嫩枝绒毛：无	叶基形状：楔形	果熟日期：10月中旬
芽 绒 毛：有	盛 花 期：12月上旬	果　　形：卵球形
芽鳞颜色：玉白色	花瓣颜色：白色	果皮颜色：黄棕色
嫩叶颜色：紫绿色	萼片绒毛：有	果面特征：糠秕
老叶颜色：深绿色	雌雄蕊相对高度：雌高或雄高	平均单果重（g）：101.56
叶　　形：椭圆形	花柱裂位：全裂、中裂	种皮颜色：棕褐色
叶缘特征：平	柱头裂数：3	鲜出籽率（%）：16.72
叶尖形状：渐尖	子房绒毛：有	

412 高油-长坡镇大石冲优9号

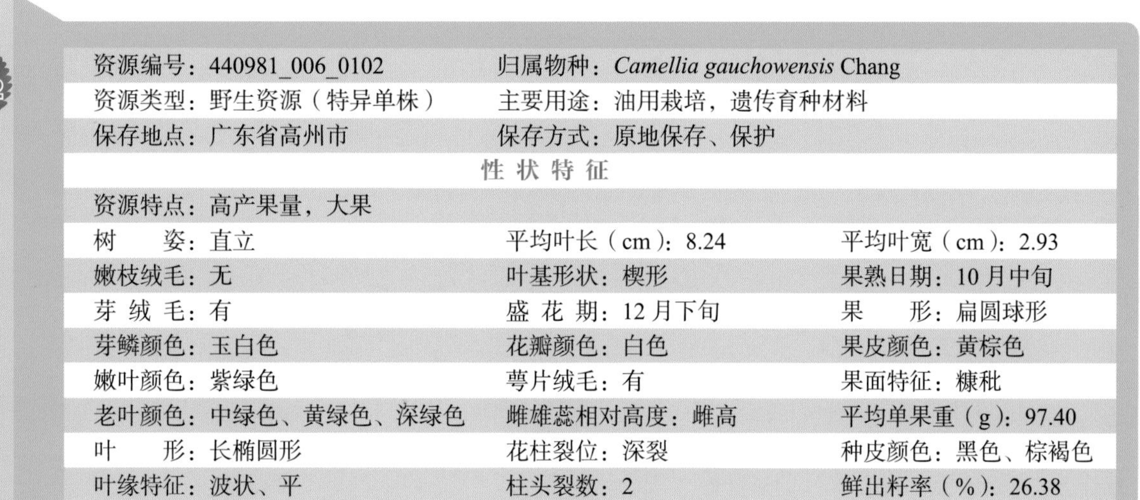

资源编号：440981_006_0102		归属物种：*Camellia gauchowensis* Chang			
资源类型：野生资源（特异单株）		主要用途：油用栽培，遗传育种材料			
保存地点：广东省高州市		保存方式：原地保存、保护			
性状特征					
资源特点：高产果量，大果					
树　　姿	直立	平均叶长（cm）	8.24	平均叶宽（cm）	2.93
嫩枝绒毛	无	叶基形状	楔形	果熟日期	10月中旬
芽 绒 毛	有	盛 花 期	12月下旬	果　　形	扁圆球形
芽鳞颜色	玉白色	花瓣颜色	白色	果皮颜色	黄棕色
嫩叶颜色	紫绿色	萼片绒毛	有	果面特征	糠秕
老叶颜色	中绿色、黄绿色、深绿色	雌雄蕊相对高度	雌高	平均单果重（g）	97.40
叶　　形	长椭圆形	花柱裂位	深裂	种皮颜色	黑色、棕褐色
叶缘特征	波状、平	柱头裂数	2	鲜出籽率（%）	26.38
叶尖形状	渐尖	子房绒毛	有		

高油-长坡镇林邓优2号

资源编号：440981_006_0104	归属物种：*Camellia gauchowensis* Chang	
资源类型：野生资源（特异单株）	主要用途：油用栽培，遗传育种材料	
保存地点：广东省高州市	保存方式：原地保存、保护	
性状特征		
资源特点：高产果量，大果		
树　　姿：半开张	平均叶长（cm）：10.78	平均叶宽（cm）：4.88
嫩枝绒毛：无	叶基形状：楔形	果熟日期：10月中旬
芽 绒 毛：有	盛 花 期：12月中旬	果　　形：圆球形
芽鳞颜色：玉白色	花瓣颜色：白色	果皮颜色：青色
嫩叶颜色：紫绿色	萼片绒毛：有	果面特征：糠秕
老叶颜色：中绿色	雌雄蕊相对高度：雄高	平均单果重（g）：101.53
叶　　形：椭圆形	花柱裂位：浅裂	种皮颜色：棕褐色、褐色
叶缘特征：平	柱头裂数：2	鲜出籽率（%）：20.24
叶尖形状：渐尖	子房绒毛：有	

414 高油-长坡镇林邓优6号

资源编号：440981_006_0108	归属物种：*Camellia gauchowensis* Chang	
资源类型：野生资源（特异单株）	主要用途：油用栽培，遗传育种材料	
保存地点：广东省高州市	保存方式：原地保存、保护	
性状特征		
资源特点：高产果量，大果		
树　　姿：半开张	平均叶长（cm）：9.38	平均叶宽（cm）：4.76
嫩枝绒毛：无	叶基形状：楔形	果熟日期：10月中旬
芽 绒 毛：有	盛 花 期：12月上旬	果　　形：圆球形
芽鳞颜色：玉白色	花瓣颜色：白色	果皮颜色：黄棕色
嫩叶颜色：淡绿色	萼片绒毛：有	果面特征：糠秕
老叶颜色：中绿色	雌雄蕊相对高度：雌高	平均单果重（g）：93.37
叶　　形：椭圆形	花柱裂位：中裂	种皮颜色：黑色
叶缘特征：平	柱头裂数：3	鲜出籽率（%）：27.34
叶尖形状：渐尖	子房绒毛：有	

415 高油-长坡镇林邓优15号

资源编号：440981_006_0114	归属物种：*Camellia gauchowensis* Chang	
资源类型：野生资源（特异单株）	主要用途：油用栽培，遗传育种材料	
保存地点：广东省高州市	保存方式：原地保存、保护	
	性 状 特 征	
资源特点：高产果量，大果		
树　　姿：开张	平均叶长（cm）：8.68	平均叶宽（cm）：3.43
嫩枝绒毛：无	叶基形状：楔形	果熟日期：10月中旬
芽 绒 毛：有	盛 花 期：12月中旬	果　　形：圆球形
芽鳞颜色：玉白色	花瓣颜色：白色	果皮颜色：棕黄色
嫩叶颜色：紫绿色	萼片绒毛：无	果面特征：糠秕
老叶颜色：中绿色	雌雄蕊相对高度：雄高	平均单果重（g）：96.66
叶　　形：椭圆形	花柱裂位：深裂、中裂	种皮颜色：棕褐色
叶缘特征：波状、平	柱头裂数：2	鲜出籽率（%）：25.86
叶尖形状：渐尖	子房绒毛：无	

416 高油-长坡镇林邓优12号

资源编号：440981_006_0122	归属物种：*Camellia gauchowensis* Chang	
资源类型：野生资源（特异单株）	主要用途：油用栽培，遗传育种材料	
保存地点：广东省高州市	保存方式：原地保存、保护	
	性 状 特 征	
资源特点：高产果量，大果		
树　　姿：半开张	平均叶长（cm）：8.77	平均叶宽（cm）：3.70
嫩枝绒毛：无	叶基形状：楔形	果熟日期：10月中旬
芽 绒 毛：有	盛 花 期：12月上旬	果　　形：扁圆球形
芽鳞颜色：玉白色	花瓣颜色：白色	果皮颜色：褐色
嫩叶颜色：紫绿色	萼片绒毛：有	果面特征：糠秕
老叶颜色：深绿色	雌雄蕊相对高度：雌高或雄高	平均单果重（g）：92.21
叶　　形：椭圆形	花柱裂位：浅裂、中裂	种皮颜色：褐色
叶缘特征：平	柱头裂数：2	鲜出籽率（%）：28.19
叶尖形状：渐尖	子房绒毛：有毛	

417 高油－长坡镇林邓优5号

资源编号：440981_006_0133	归属物种：*Camellia gauchowensis* Chang	
资源类型：野生资源（特异单株）	主要用途：油用栽培，遗传育种材料	
保存地点：广东省高州市	保存方式：原地保存、保护	
性状特征		
资源特点：高产果量，大果		
树　　姿：直立	平均叶长（cm）：7.84	平均叶宽（cm）：3.97
嫩枝绒毛：无	叶基形状：楔形	果熟日期：10月中旬
芽 绒 毛：有	盛 花 期：12月上旬	果　　形：扁圆球形
芽鳞颜色：玉白色	花瓣颜色：白色	果皮颜色：黄棕色
嫩叶颜色：紫绿色	萼片绒毛：有	果面特征：糠秕
老叶颜色：深绿色	雌雄蕊相对高度：雌高	平均单果重（g）：96.21
叶　　形：近圆形	花柱裂位：中裂	种皮颜色：黑色、棕褐色
叶缘特征：平	柱头裂数：2或3	鲜出籽率（%）：19.78
叶尖形状：钝尖	子房绒毛：有	

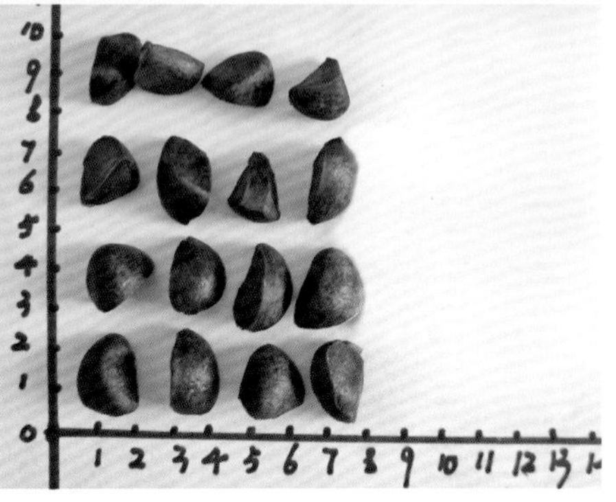

418

高油-长坡镇林邓优13号

资源编号：440981_006_0149	归属物种：*Camellia gauchowensis* Chang	
资源类型：野生资源（特异单株）	主要用途：油用栽培，遗传育种材料	
保存地点：广东省高州市	保存方式：原地保存、保护	
	性状特征	
资源特点：高产果量，大果		
树　　姿：开张	平均叶长（cm）：9.74	平均叶宽（cm）：4.00
嫩枝绒毛：无	叶基形状：楔形	果熟日期：10月中旬
芽 绒 毛：有	盛 花 期：11月下旬	果　　形：扁圆球形
芽鳞颜色：玉白色	花瓣颜色：白色	果皮颜色：青色
嫩叶颜色：紫绿色	萼片绒毛：有	果面特征：糠秕
老叶颜色：中绿色	雌雄蕊相对高度：雌高	平均单果重（g）：96.95
叶　　形：椭圆形	花柱裂位：中裂	种皮颜色：褐色、棕褐色
叶缘特征：平	柱头裂数：3	鲜出籽率（%）：25.03
叶尖形状：渐尖	子房绒毛：有	

（6）具高产果量、高出籽率资源

419 越油-文昌2号

资源编号：469005_009_0002	归属物种：*Camellia vietnamensis* Huang ex Hu	
资源类型：野生资源（特异单株）	主要用途：油用栽培，遗传育种材料	
保存地点：海南省文昌市	保存方式：原地保存、保护	
	性状特征	
资源特点：高产果量，高出籽率		
树　　姿：开张	盛 花 期：11月上旬	果面特征：凹凸
嫩枝绒毛：有	花瓣颜色：白色	平均单果重（g）：34.58
芽鳞颜色：绿色	萼片绒毛：有	鲜出籽率（%）：44.56
芽 绒 毛：有	雌雄蕊相对高度：雌高	种皮颜色：褐色
嫩叶颜色：红色	花柱裂位：中裂	种仁含油率（%）：43.20
老叶颜色：深绿色	柱头裂数：3	
叶　　形：椭圆形	子房绒毛：有	油酸含量（%）：81.60
叶缘特征：平	果熟日期：10月上旬	亚油酸含量（%）：7.50
叶尖形状：渐尖	果　　形：扁圆球形	亚麻酸含量（%）：0.20
叶基形状：楔形	果皮颜色：青色	硬脂酸含量（%）：1.90
平均叶长（cm）：6.30	平均叶宽（cm）：2.50	棕榈酸含量（%）：10.20

高油-龙洞A2号

资源编号：440106_006_0007	归属物种：*Camellia gauchowensis* Chang	
资源类型：野生资源（特异单株）	主要用途：油用栽培，遗传育种材料	
保存地点：广东省广州市天河区	保存方式：原地保存、保护	
性状特征		
资源特点：高产果量，高出籽率		
树　　姿：直立	平均叶长（cm）：9.32	平均叶宽（cm）：4.39
嫩枝绒毛：无	叶基形状：楔形	果熟日期：10月下旬
芽 绒 毛：有	盛 花 期：12月上旬	果　　形：扁圆球形
芽鳞颜色：玉白色	花瓣颜色：白色	果皮颜色：青黄色
嫩叶颜色：浅绿色	萼片绒毛：无	果面特征：糠秕
老叶颜色：深绿色	雌雄蕊相对高度：雄高	平均单果重（g）：67.75
叶　　形：椭圆形	花柱裂位：浅裂	种皮颜色：褐色、棕褐色
叶缘特征：平	柱头裂数：4	鲜出籽率（%）：35.31
叶尖形状：渐尖	子房绒毛：有	

高油-龙洞A3号

资源编号：440106_006_0008	归属物种：*Camellia gauchowensis* Chang	
资源类型：野生资源（特异单株）	主要用途：油用栽培，遗传育种材料	
保存地点：广东省广州市天河区	保存方式：原地保存、保护	
性状特征		
资源特点：高产果量，高出籽率		
树　　姿：开张	平均叶长（cm）：8.66	平均叶宽（cm）：3.98
嫩枝绒毛：无	叶基形状：楔形	果熟日期：11月上旬
芽 绒 毛：有	盛 花 期：12月中旬	果　　形：扁圆球形
芽鳞颜色：玉白色	花瓣颜色：白色	果皮颜色：青黄色
嫩叶颜色：浅绿色	萼片绒毛：无	果面特征：光滑、糠秕
老叶颜色：深绿色	雌雄蕊相对高度：雌高	平均单果重（g）：73.24
叶　　形：椭圆形	花柱裂位：深裂	种皮颜色：棕褐色
叶缘特征：波状	柱头裂数：3	鲜出籽率（%）：33.10
叶尖形状：渐尖	子房绒毛：有	

高油-龙洞A4号

资源编号：440106_006_0009	归属物种：*Camellia gauchowensis* Chang	
资源类型：野生资源（特异单株）	主要用途：油用栽培，遗传育种材料	
保存地点：广东省广州市天河区	保存方式：原地保存、保护	
	性状特征	
资源特点：高产果量，高出籽率		
树　　姿：直立	平均叶长（cm）：8.42	平均叶宽（cm）：3.66
嫩枝绒毛：无	叶基形状：楔形	果熟日期：11月上旬
芽 绒 毛：有	盛 花 期：12月下旬	果　　形：圆球形
芽鳞颜色：玉白色	花瓣颜色：白色	果皮颜色：青黄色
嫩叶颜色：浅绿色	萼片绒毛：无	果面特征：光滑
老叶颜色：深绿色	雌雄蕊相对高度：雌高	平均单果重（g）：36.54
叶　　形：椭圆形	花柱裂位：中裂	种皮颜色：褐色
叶缘特征：波状	柱头裂数：3	鲜出籽率（%）：33.52
叶尖形状：渐尖	子房绒毛：有	

高油-龙洞A5号

资源编号：440106_006_0010	归属物种：*Camellia gauchowensis* Chang	
资源类型：野生资源（特异单株）	主要用途：油用栽培，遗传育种材料	
保存地点：广东省广州市天河区	保存方式：原地保存、保护	
性状特征		
资源特点：高产果量，高出籽率		
树　　姿：开张	平均叶长（cm）：8.32	平均叶宽（cm）：3.99
嫩枝绒毛：无	叶基形状：近圆形	果熟日期：10月下旬
芽 绒 毛：有	盛 花 期：12月上旬	果　　形：扁圆球形
芽鳞颜色：玉白色	花瓣颜色：白色	果皮颜色：青黄色
嫩叶颜色：浅绿色	萼片绒毛：无	果面特征：光滑
老叶颜色：深绿色	雌雄蕊相对高度：雄高	平均单果重（g）：54.55
叶　　形：近圆形	花柱裂位：浅裂	种皮颜色：棕褐色
叶缘特征：平	柱头裂数：4	鲜出籽率（%）：37.54
叶尖形状：渐尖	子房绒毛：有	

高油－古丁镇样优33号

资源编号：440981_006_0061	归属物种：*Camellia gauchowensis* Chang	
资源类型：野生资源（特异单株）	主要用途：油用栽培，遗传育种材料	
保存地点：广东省高州市	保存方式：原地保存、保护	
性状特征		
资源特点：高产果量，高出籽率		
树　　姿：开张	平均叶长（cm）：8.50	平均叶宽（cm）：2.92
嫩枝绒毛：无	叶基形状：楔形、近圆形	果熟日期：10月中旬
芽 绒 毛：有	盛 花 期：12月上旬	果　　形：卵球形
芽鳞颜色：玉白色	花瓣颜色：白色	果皮颜色：青色
嫩叶颜色：淡绿色	萼片绒毛：有	果面特征：糠秕
老叶颜色：中绿色、深绿色	雌雄蕊相对高度：雌高	平均单果重（g）：70.46
叶　　形：长椭圆形	花柱裂位：浅裂	种皮颜色：棕褐色、黑色
叶缘特征：平	柱头裂数：2	鲜出籽率（%）：30.12
叶尖形状：渐尖	子房绒毛：有	

高油-古丁镇龙湾优2号

资源编号：440981_006_0062	归属物种：*Camellia gauchowensis* Chang
资源类型：野生资源（特异单株）	主要用途：油用栽培，遗传育种材料
保存地点：广东省高州市	保存方式：原地保存、保护

性状特征

资源特点：高产果量，高出籽率

树　　姿：半开张	平均叶长（cm）：7.31	平均叶宽（cm）：3.45
嫩枝绒毛：无	叶基形状：近圆形、楔形	果熟日期：10月中旬
芽 绒 毛：有	盛 花 期：12月中旬	果　　形：扁圆球形
芽鳞颜色：玉白色	花瓣颜色：白色	果皮颜色：青色
嫩叶颜色：紫绿色	萼片绒毛：有	果面特征：糠秕
老叶颜色：中绿色、深绿色	雌雄蕊相对高度：雌高	平均单果重（g）：57.68
叶　　形：椭圆形	花柱裂位：中裂	种皮颜色：褐色、棕褐色
叶缘特征：平	柱头裂数：2	鲜出籽率（%）：30.36
叶尖形状：渐尖	子房绒毛：有	

426

高油–谢鸡镇优2号

资源编号：440981_006_0078	归属物种：*Camellia gauchowensis* Chang	
资源类型：野生资源（特异单株）	主要用途：油用栽培，遗传育种材料	
保存地点：广东省高州市	保存方式：原地保存、保护	
性状特征		
资源特点：高产果量，高出籽率		
树　　姿：开张	平均叶长（cm）：8.30	平均叶宽（cm）：3.60
嫩枝绒毛：无	叶基形状：楔形	果熟日期：10月中旬
芽 绒 毛：有	盛 花 期：11月中旬	果　　形：椭球形
芽鳞颜色：玉白色	花瓣颜色：白色	果皮颜色：青色
嫩叶颜色：紫绿色	萼片绒毛：有	果面特征：糠秕
老叶颜色：深绿色	雌雄蕊相对高度：雌高或雄高	平均单果重（g）：73.93
叶　　形：椭圆形	花柱裂位：全裂、中裂	种皮颜色：黑色、褐色
叶缘特征：波状	柱头裂数：3	鲜出籽率（%）：32.04
叶尖形状：渐尖	子房绒毛：有	

高油-长坡镇林邓优3号

资源编号：440981_006_0105	归属物种：*Camellia gauchowensis* Chang	
资源类型：野生资源（特异单株）	主要用途：油用栽培，遗传育种材料	
保存地点：广东省高州市	保存方式：原地保存、保护	
性状特征		
资源特点：高产果量，高出籽率		
树　　姿：开张	平均叶长（cm）：9.06	平均叶宽（cm）：3.32
嫩枝绒毛：无	叶基形状：楔形	果熟日期：10月中旬
芽 绒 毛：有	盛 花 期：12月中旬	果　　形：卵球形
芽鳞颜色：玉白色	花瓣颜色：白色	果皮颜色：黄棕色
嫩叶颜色：淡绿色	萼片绒毛：有	果面特征：糠秕
老叶颜色：中绿色	雌雄蕊相对高度：雌高	平均单果重（g）：66.45
叶　　形：长椭圆形	花柱裂位：中裂	种皮颜色：黑色、褐色
叶缘特征：平	柱头裂数：3	鲜出籽率（%）：31.24
叶尖形状：渐尖	子房绒毛：有	

428 高油－长坡镇旺沙优15号

资源编号：440981_006_0129	归属物种：*Camellia gauchowensis* Chang	
资源类型：野生资源（特异单株）	主要用途：油用栽培，遗传育种材料	
保存地点：广东省高州市	保存方式：原地保存、保护	
性状特征		
资源特点：高产果量，高出籽率		
树　　姿：直立	平均叶长（cm）：10.59	平均叶宽（cm）：3.70
嫩枝绒毛：无	叶基形状：楔形	果熟日期：10月中旬
芽 绒 毛：有	盛 花 期：11月下旬	果　　形：圆球形
芽鳞颜色：玉白色	花瓣颜色：白色	果皮颜色：青色
嫩叶颜色：淡绿色	萼片绒毛：有	果面特征：糠秕
老叶颜色：深绿色	雌雄蕊相对高度：雌高	平均单果重（g）：65.51
叶　　形：长椭圆形	花柱裂位：全裂	种皮颜色：黑色、棕褐色
叶缘特征：平	柱头裂数：2	鲜出籽率（%）：32.06
叶尖形状：渐尖	子房绒毛：有	

429

高油-长坡镇旺沙优3号

资源编号：440981_006_0131	归属物种：*Camellia gauchowensis* Chang	
资源类型：野生资源（特异单株）	主要用途：油用栽培，遗传育种材料	
保存地点：广东省高州市	保存方式：原地保存、保护	
	性状特征	
资源特点：高产果量，高出籽率		
树　　姿：开张	平均叶长（cm）：9.01	平均叶宽（cm）：3.37
嫩枝绒毛：无	叶基形状：楔形、近圆形	果熟日期：10月中旬
芽 绒 毛：有	盛 花 期：12月上旬	果　　形：扁圆球形
芽鳞颜色：玉白色	花瓣颜色：白色	果皮颜色：黄棕色
嫩叶颜色：淡绿色	萼片绒毛：有	果面特征：糠秕
老叶颜色：中绿色	雌雄蕊相对高度：雌高	平均单果重（g）：68.51
叶　　形：长椭圆形	花柱裂位：浅裂	种皮颜色：黑色、棕褐色
叶缘特征：平	柱头裂数：2	鲜出籽率（%）：30.77
叶尖形状：渐尖、钝尖	子房绒毛：有	

高油-水口镇2号

资源编号：440983_006_0002	归属物种：*Camellia gauchowensis* Chang	
资源类型：野生资源（特异单株）	主要用途：油用栽培，遗传育种材料	
保存地点：广东省信宜市	保存方式：原地保存、保护	
性状特征		
资源特点：高产果量，高出籽率		
树　　姿：开张	平均叶长（cm）：6.72	平均叶宽（cm）：2.40
嫩枝绒毛：无	叶基形状：楔形	果熟日期：9～10月
芽 绒 毛：有	盛 花 期：12月中下旬	果　　形：扁圆球形
芽鳞颜色：绿色	花瓣颜色：白色	果皮颜色：青黄色
嫩叶颜色：绿色	萼片绒毛：有	果面特征：糠秕
老叶颜色：中绿色	雌雄蕊相对高度：雌高或雄高	平均单果重（g）：48.53
叶　　形：长椭圆形	花柱裂位：中裂、深裂	种皮颜色：棕褐色
叶缘特征：平	柱头裂数：3	鲜出籽率（%）：36.35
叶尖形状：渐尖	子房绒毛：有	

高油-水口镇3号

资源编号：440983_006_0003		归属物种：*Camellia gauchowensis* Chang
资源类型：野生资源（特异单株）		主要用途：油用栽培，遗传育种材料
保存地点：广东省信宜市		保存方式：原地保存、保护
	性状特征	
资源特点：高产果量，高出籽率		
树　　姿：开张	平均叶长（cm）：8.14	平均叶宽（cm）：3.28
嫩枝绒毛：无	叶基形状：近圆形、楔形	果熟日期：9～10月
芽 绒 毛：有	盛 花 期：12月中下旬	果　　形：扁圆球形
芽鳞颜色：绿色	花瓣颜色：白色	果皮颜色：青黄色
嫩叶颜色：绿色	萼片绒毛：有	果面特征：光滑
老叶颜色：中绿色、深绿色	雌雄蕊相对高度：雄高或雌高	平均单果重（g）：39.02
叶　　形：椭圆形	花柱裂位：浅裂、中裂	种皮颜色：棕褐色
叶缘特征：平、波状	柱头裂数：3	鲜出籽率（%）：31.09
叶尖形状：钝尖、渐尖、圆尖	子房绒毛：有	

432 高油-水口镇4号

资源编号：440983_006_0004	归属物种：*Camellia gauchowensis* Chang	
资源类型：野生资源（特异单株）	主要用途：油用栽培，遗传育种材料	
保存地点：广东省信宜市	保存方式：原地保存、保护	
性状特征		
资源特点：高产果量，高出籽率		
树　　姿：开张	平均叶长（cm）：7.20	平均叶宽（cm）：2.94
嫩枝绒毛：无	叶基形状：近圆形、楔形	果熟日期：9～10月
芽 绒 毛：有	盛 花 期：12月中下旬	果　　形：扁圆球形
芽鳞颜色：绿色	花瓣颜色：白色	果皮颜色：青黄色
嫩叶颜色：中绿色	萼片绒毛：有	果面特征：糠秕
老叶颜色：中绿色	雌雄蕊相对高度：雄高或雌高	平均单果重（g）：54.92
叶　　形：椭圆形	花柱裂位：深裂、中裂	种皮颜色：棕色
叶缘特征：平	柱头裂数：3	鲜出籽率（%）：33.96
叶尖形状：钝尖、渐尖	子房绒毛：有	

高油－水口镇13号

资源编号：440983_006_0013	归属物种：*Camellia gauchowensis* Chang	
资源类型：野生资源（特异单株）	主要用途：油用栽培，遗传育种材料	
保存地点：广东省信宜市	保存方式：原地保存、保护	
性 状 特 征		
资源特点：高产果量，高出籽率		
树　　姿：开张	平均叶长（cm）：6.81	平均叶宽（cm）：3.20
嫩枝绒毛：无	叶基形状：近圆形	果熟日期：9～10月
芽 绒 毛：有	盛 花 期：12月中下旬	果　　形：扁圆球形、卵球形
芽鳞颜色：绿色	花瓣颜色：白色	果皮颜色：黄棕色、褐色
嫩叶颜色：绿色	萼片绒毛：有	果面特征：光滑、糠秕
老叶颜色：中绿色	雌雄蕊相对高度：雌高或雄高	平均单果重（g）：41.52
叶　　形：椭圆形	花柱裂位：深裂、浅裂、中裂	种皮颜色：棕褐色
叶缘特征：平	柱头裂数：4	鲜出籽率（%）：32.80
叶尖形状：钝尖	子房绒毛：有	

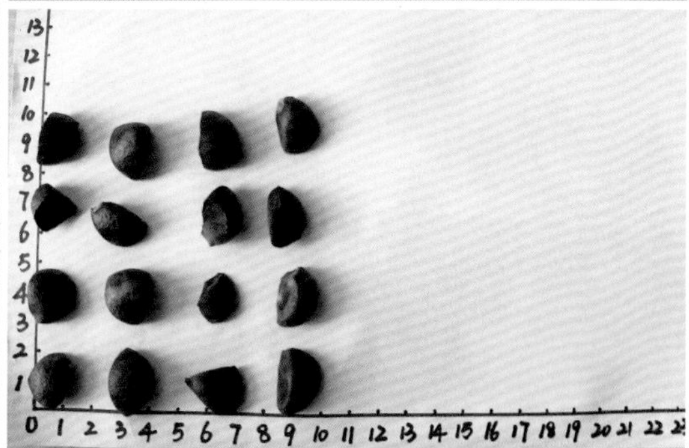

高油－贞山肇样4－4号

资源编号：441284_006_0009	归属物种：*Camellia gauchowensis* Chang	
资源类型：野生资源（特异单株）	主要用途：油用栽培，遗传育种材料	
保存地点：广东省四会市	保存方式：原地保存、保护	
性状特征		
资源特点：高产果量，高出籽率		
树　　姿：半开张	平均叶长（cm）：10.76	平均叶宽（cm）：5.12
嫩枝绒毛：无	叶基形状：楔形、近圆形	果熟日期：10月上旬
芽 绒 毛：有	盛 花 期：11月中旬	果　　形：圆球形、倒卵球形
芽鳞颜色：黄绿色	花瓣颜色：白色	果皮颜色：黄棕色、青色
嫩叶颜色：浅绿色	萼片绒毛：无	果面特征：糠秕、光滑
老叶颜色：深绿色	雌雄蕊相对高度：雄高	平均单果重（g）：61.77
叶　　形：椭圆形	花柱裂位：中裂、浅裂	种皮颜色：棕褐色、褐色
叶缘特征：平、波状	柱头裂数：3	鲜出籽率（%）：35.00
叶尖形状：渐尖、钝尖	子房绒毛：有	

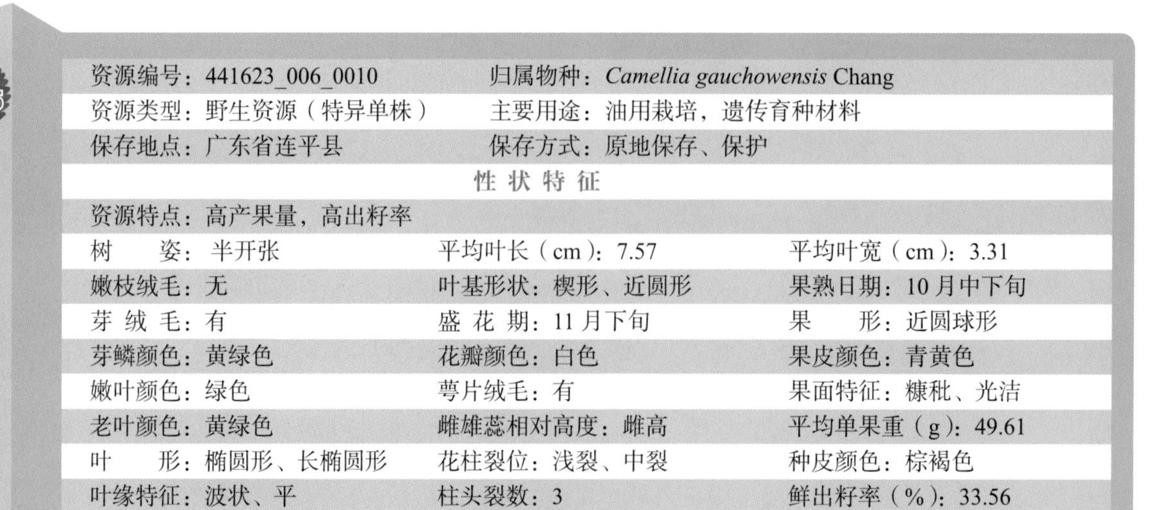

435 高油-连平林科所10号

资源编号：441623_006_0010	归属物种：*Camellia gauchowensis* Chang	
资源类型：野生资源（特异单株）	主要用途：油用栽培，遗传育种材料	
保存地点：广东省连平县	保存方式：原地保存、保护	
性状特征		
资源特点：高产果量，高出籽率		
树　　姿：半开张	平均叶长（cm）：7.57	平均叶宽（cm）：3.31
嫩枝绒毛：无	叶基形状：楔形、近圆形	果熟日期：10月中下旬
芽 绒 毛：有	盛 花 期：11月下旬	果　　形：近圆球形
芽鳞颜色：黄绿色	花瓣颜色：白色	果皮颜色：青黄色
嫩叶颜色：绿色	萼片绒毛：有	果面特征：糠秕、光洁
老叶颜色：黄绿色	雌雄蕊相对高度：雌高	平均单果重（g）：49.61
叶　　形：椭圆形、长椭圆形	花柱裂位：浅裂、中裂	种皮颜色：棕褐色
叶缘特征：波状、平	柱头裂数：3	鲜出籽率（%）：33.56
叶尖形状：渐尖、圆尖	子房绒毛：有	

436 高油-白沙镇YJ1号

资源编号：441702_006_0001	归属物种：*Camellia gauchowensis* Chang	
资源类型：野生资源（特异单株）	主要用途：油用栽培，遗传育种材料	
保存地点：广东省阳江市江城区	保存方式：原地保存、保护	
性状特征		
资源特点：高产果量，高出籽率		
树　　姿：半开张	平均叶长（cm）：7.56	平均叶宽（cm）：4.24
嫩枝绒毛：无	叶基形状：近圆形	果熟日期：10月上旬
芽 绒 毛：有	盛 花 期：12月中旬	果　　形：扁圆球形
芽鳞颜色：浅绿色	花瓣颜色：白色	果皮颜色：青色
嫩叶颜色：黄绿色	萼片绒毛：有	果面特征：糠秕
老叶颜色：中绿色	雌雄蕊相对高度：雄高或雌高	平均单果重（g）：32.64
叶　　形：近圆形	花柱裂位：未裂、中裂	种皮颜色：褐色
叶缘特征：平、波状	柱头裂数：3	鲜出籽率（%）：39.52
叶尖形状：渐尖	子房绒毛：有	

高油-白沙镇YJ3号

资源编号：441702_006_0002	归属物种：*Camellia gauchowensis* Chang	
资源类型：野生资源（特异单株）	主要用途：油用栽培，遗传育种材料	
保存地点：广东省阳江市江城区	保存方式：原地保存、保护	
性 状 特 征		
资源特点：高产果量，高出籽率		
树　　姿：直立	平均叶长（cm）：9.01	平均叶宽（cm）：3.96
嫩枝绒毛：无	叶基形状：楔形	果熟日期：10月上旬
芽 绒 毛：有	盛 花 期：12月中旬	果　　形：扁圆球形
芽鳞颜色：浅绿色	花瓣颜色：白色	果皮颜色：青色
嫩叶颜色：黄绿色	萼片绒毛：有	果面特征：糠秕
老叶颜色：中绿色	雌雄蕊相对高度：雌高	平均单果重（g）：55.53
叶　　形：椭圆形	花柱裂位：浅裂	种皮颜色：褐色
叶缘特征：平、波状	柱头裂数：4	鲜出籽率（%）：37.15
叶尖形状：渐尖	子房绒毛：有	

438 高油-白沙镇YJ5号

资源编号：441702_006_0003	归属物种：*Camellia gauchowensis* Chang	
资源类型：野生资源（特异单株）	主要用途：油用栽培，遗传育种材料	
保存地点：广东省阳江市江城区	保存方式：原地保存、保护	
	性状特征	
资源特点：高产果量，高出籽率		
树　　姿：半开张	平均叶长（cm）：6.49	平均叶宽（cm）：3.10
嫩枝绒毛：无	叶基形状：近圆形、楔形	果熟日期：10月上旬
芽 绒 毛：有	盛 花 期：12月中旬	果　　形：扁圆球形
芽鳞颜色：浅绿色	花瓣颜色：白色	果皮颜色：青色
嫩叶颜色：黄绿色	萼片绒毛：有	果面特征：糠秕
老叶颜色：中绿色	雌雄蕊相对高度：雄高或雌高	平均单果重（g）：50.05
叶　　形：椭圆形	花柱裂位：浅裂	种皮颜色：褐色
叶缘特征：平、波状	柱头裂数：3	鲜出籽率（%）：34.95
叶尖形状：渐尖	子房绒毛：有	

439 高油-白沙镇YJ6号

资源编号：441702_006_0004	归属物种：*Camellia gauchowensis* Chang	
资源类型：野生资源（特异单株）	主要用途：油用栽培，遗传育种材料	
保存地点：广东省阳江市江城区	保存方式：原地保存、保护	
性状特征		
资源特点：高产果量，高出籽率		
树　　姿：半开张	平均叶长（cm）：7.97	平均叶宽（cm）：3.23
嫩枝绒毛：无	叶基形状：楔形	果熟日期：10月上旬
芽 绒 毛：有	盛 花 期：12月中旬	果　　形：扁圆球形
芽鳞颜色：绿色	花瓣颜色：白色	果皮颜色：青黄色
嫩叶颜色：黄绿色	萼片绒毛：有	果面特征：糠秕
老叶颜色：中绿色	雌雄蕊相对高度：雄高	平均单果重（g）：61.16
叶　　形：长椭圆形	花柱裂位：深裂	种皮颜色：黄棕色、褐色
叶缘特征：平	柱头裂数：3	鲜出籽率（%）：38.44
叶尖形状：渐尖	子房绒毛：有	

440 高油－白沙镇YJ9号

资源编号：441702_006_0005	归属物种：*Camellia gauchowensis* Chang	
资源类型：野生资源（特异单株）	主要用途：油用栽培，遗传育种材料	
保存地点：广东省阳江市江城区	保存方式：原地保存、保护	
性状特征		
资源特点：高产果量，高出籽率		
树　　姿：开张	平均叶长（cm）：8.50	平均叶宽（cm）：4.22
嫩枝绒毛：无	叶基形状：近圆形、楔形	果熟日期：10月上旬
芽 绒 毛：有	盛 花 期：12月中旬	果　　形：扁圆球形
芽鳞颜色：浅绿色	花瓣颜色：白色	果皮颜色：青色
嫩叶颜色：黄绿色	萼片绒毛：有	果面特征：糠秕
老叶颜色：中绿色	雌雄蕊相对高度：雄高	平均单果重（g）：59.61
叶　　形：椭圆形	花柱裂位：深裂	种皮颜色：褐色、棕褐色
叶缘特征：平、波状	柱头裂数：4	鲜出籽率（%）：42.68
叶尖形状：渐尖	子房绒毛：有	

441 高油-白沙镇YJ21号

资源编号：441702_006_0008	归属物种：*Camellia gauchowensis* Chang	
资源类型：野生资源（特异单株）	主要用途：油用栽培，遗传育种材料	
保存地点：广东省阳江市江城区	保存方式：原地保存、保护	
性状特征		
资源特点：高产果量，高出籽率		
树　　姿：开张	平均叶长（cm）：6.48	平均叶宽（cm）：3.07
嫩枝绒毛：无	叶基形状：近圆形、楔形	果熟日期：10月上旬
芽 绒 毛：有	盛 花 期：12月中旬	果　　形：扁圆球形
芽鳞颜色：绿色	花瓣颜色：白色	果皮颜色：青色、青黄色
嫩叶颜色：黄绿色	萼片绒毛：有	果面特征：糠秕
老叶颜色：深绿色	雌雄蕊相对高度：雄高或雌高	平均单果重（g）：40.13
叶　　形：椭圆形	花柱裂位：浅裂、中裂	种皮颜色：褐色
叶缘特征：平	柱头裂数：3	鲜出籽率（%）：43.41
叶尖形状：渐尖、钝尖	子房绒毛：有	

442 高油－白沙镇YJ32号

资源编号：441702_006_0010	归属物种：*Camellia gauchowensis* Chang	
资源类型：野生资源（特异单株）	主要用途：油用栽培，遗传育种材料	
保存地点：广东省阳江市江城区	保存方式：原地保存、保护	
性状特征		
资源特点：高产果量，高出籽率		
树　　姿：开张	平均叶长（cm）：7.80	平均叶宽（cm）：3.09
嫩枝绒毛：无	叶基形状：楔形	果熟日期：10月上旬
芽 绒 毛：有	盛 花 期：12月中旬	果　　形：倒卵球形、扁圆球形
芽鳞颜色：浅绿色	花瓣颜色：白色	果皮颜色：青色
嫩叶颜色：黄绿色	萼片绒毛：有	果面特征：糠秕
老叶颜色：中绿色	雌雄蕊相对高度：雄高	平均单果重（g）：34.30
叶　　形：长椭圆形	花柱裂位：浅裂	种皮颜色：褐色、棕褐色
叶缘特征：平	柱头裂数：4	鲜出籽率（%）：34.14
叶尖形状：渐尖	子房绒毛：有	

（7）具高产果量、高含油率资源

443

高油-连平林科所8号

资源编号：441623_006_0008	归属物种：*Camellia gauchowensis* Chang	
资源类型：野生资源（特异单株）	主要用途：油用栽培，遗传育种材料	
保存地点：广东省连平县	保存方式：原地保存、保护	
性状特征		
资源特点：高产果量，高含油率		
树　　姿：半开张	盛 花 期：11 月下旬	果面特征：糠秕、光滑
嫩枝绒毛：无	花瓣颜色：白色	平均单果重（g）：68.09
芽鳞颜色：黄绿色	萼片绒毛：有	鲜出籽率（%）：28.30
芽 绒 毛：有	雌雄蕊相对高度：雌高	种皮颜色：白色
嫩叶颜色：绿色	花柱裂位：浅裂、中裂	种仁含油率（%）：51.29
老叶颜色：中绿色	柱头裂数：3	
叶　　形：椭圆形、长椭圆形	子房绒毛：有	油酸含量（%）：83.21
叶缘特征：波状、平	果熟日期：10 月中下旬	亚油酸含量（%）：5.13
叶尖形状：渐尖、钝尖	果　　形：扁圆球形	亚麻酸含量（%）：—
叶基形状：楔形	果皮颜色：青黄色	硬脂酸含量（%）：1.21
平均叶长（cm）：7.22	平均叶宽（cm）：3.00	棕榈酸含量（%）：10.39

（8）具高产果量资源

高油-大坡镇大榕优3号

资源编号：440981_006_0007	归属物种：*Camellia gauchowensis* Chang	
资源类型：野生资源（特异单株）	主要用途：油用栽培，遗传育种材料	
保存地点：广东省高州市	保存方式：原地保存、保护	
性状特征		
资源特点：高产果量		
树　　姿：开张	盛 花 期：11月中旬	果面特征：糠秕
嫩枝绒毛：无	花瓣颜色：白色	平均单果重（g）：77.12
芽鳞颜色：玉白色	萼片绒毛：有	鲜出籽率（%）：29.43
芽 绒 毛：有	雌雄蕊相对高度：雌高	种皮颜色：棕色、褐色
嫩叶颜色：淡绿色	花柱裂位：全裂	种仁含油率（%）：33.90
老叶颜色：中绿色	柱头裂数：2	
叶　　形：椭圆形	子房绒毛：有	油酸含量（%）：76.00
叶缘特征：平、波状	果熟日期：10月中旬	亚油酸含量（%）：7.90
叶尖形状：渐尖	果　　形：扁圆球形	亚麻酸含量（%）：—
叶基形状：楔形	果皮颜色：青色	硬脂酸含量（%）：4.70
平均叶长（cm）：9.36	平均叶宽（cm）：3.96	棕榈酸含量（%）：11.40

445 高油-大坡镇样优37号

资源编号：440981_006_0013	归属物种：*Camellia gauchowensis* Chang	
资源类型：野生资源（特异单株）	主要用途：油用栽培，遗传育种材料	
保存地点：广东省高州市	保存方式：原地保存、保护	
性状特征		
资源特点：高产果量		
树　　姿：半开张	盛 花 期：12月上旬	果面特征：糠秕
嫩枝绒毛：无	花瓣颜色：白色	平均单果重（g）：61.20
芽鳞颜色：玉白色	萼片绒毛：有	鲜出籽率（%）：28.50
芽 绒 毛：有	雌雄蕊相对高度：雄高	种皮颜色：黑色、棕褐色
嫩叶颜色：紫绿色	花柱裂位：浅裂	种仁含油率（%）：50.00
老叶颜色：黄绿色	柱头裂数：3	
叶　　形：近圆形	子房绒毛：有	油酸含量（%）：84.10
叶缘特征：波状、平	果熟日期：10月中旬	亚油酸含量（%）：3.80
叶尖形状：渐尖	果　　形：圆球形	亚麻酸含量（%）：—
叶基形状：近圆形、楔形	果皮颜色：青色	硬脂酸含量（%）：1.90
平均叶长（cm）：8.01	平均叶宽（cm）：4.24	棕榈酸含量（%）：8.60

446

高油-东岸镇大双优2号

资源编号：440981_006_0036	归属物种：*Camellia gauchowensis* Chang	
资源类型：野生资源（特异单株）	主要用途：油用栽培，遗传育种材料	
保存地点：广东省高州市	保存方式：原地保存、保护	
性 状 特 征		
资源特点：高产果量		
树　　姿：直立	盛 花 期：12月上旬	果面特征：糠秕
嫩枝绒毛：无	花瓣颜色：白色	平均单果重（g）：61.76
芽鳞颜色：玉白色	萼片绒毛：有	鲜出籽率（%）：27.64
芽 绒 毛：有	雌雄蕊相对高度：雌高	种皮颜色：黑色、褐色
嫩叶颜色：紫红色	花柱裂位：中裂、全裂	种仁含油率（%）：33.00
老叶颜色：深绿色	柱头裂数：2	
叶　　形：椭圆形	子房绒毛：有	油酸含量（%）：81.60
叶缘特征：平	果熟日期：10月中旬	亚油酸含量（%）：5.00
叶尖形状：渐尖、钝尖	果　　形：圆球形	亚麻酸含量（%）：—
叶基形状：楔形	果皮颜色：黄棕色	硬脂酸含量（%）：1.50
平均叶长（cm）：8.88	平均叶宽（cm）：3.74	棕榈酸含量（%）：10.30

高油-东岸镇大双优4号

资源编号：440981_006_0038	归属物种：*Camellia gauchowensis* Chang	
资源类型：野生资源（特异单株）	主要用途：油用栽培，遗传育种材料	
保存地点：广东省高州市	保存方式：原地保存、保护	
性状特征		
资源特点：高产果量		
树　　姿：开张	盛 花 期：12月上旬	果面特征：糠秕
嫩枝绒毛：无	花瓣颜色：白色	平均单果重（g）：64.75
芽鳞颜色：玉白色	萼片绒毛：有	鲜出籽率（%）：27.95
芽 绒 毛：有	雌雄蕊相对高度：雌高	种皮颜色：黑色、棕褐色
嫩叶颜色：紫红色	花柱裂位：深裂	种仁含油率（%）：41.50
老叶颜色：深绿色	柱头裂数：2	
叶　　形：椭圆形	子房绒毛：有	油酸含量（%）：84.90
叶缘特征：平	果熟日期：10月中旬	亚油酸含量（%）：5.10
叶尖形状：钝尖	果　　形：扁圆球形	亚麻酸含量（%）：—
叶基形状：近圆形	果皮颜色：青色	硬脂酸含量（%）：1.20
平均叶长（cm）：7.88	平均叶宽（cm）：3.87	棕榈酸含量（%）：8.80

448 高油-古丁镇样3号

资源编号：440981_006_0059	归属物种：*Camellia gauchowensis* Chang	
资源类型：野生资源（特异单株）	主要用途：油用栽培，遗传育种材料	
保存地点：广东省高州市	保存方式：原地保存、保护	
性状特征		
资源特点：高产果量		
树　　姿：半开张	盛 花 期：12月中旬	果面特征：糠秕
嫩枝绒毛：无	花瓣颜色：白色	平均单果重（g）：69.01
芽鳞颜色：玉白色	萼片绒毛：有	鲜出籽率（%）：28.88
芽 绒 毛：有	雌雄蕊相对高度：雌高	种皮颜色：褐色
嫩叶颜色：紫绿色	花柱裂位：浅裂	种仁含油率（%）：47.00
老叶颜色：中绿色	柱头裂数：2	
叶　　形：长椭圆形	子房绒毛：有	油酸含量（%）：85.00
叶缘特征：平、波状	果熟日期：10月中旬	亚油酸含量（%）：4.60
叶尖形状：钝尖	果　　形：扁圆球形	亚麻酸含量（%）：—
叶基形状：楔形	果皮颜色：青色	硬脂酸含量（%）：1.00
平均叶长（cm）：8.25	平均叶宽（cm）：3.09	棕榈酸含量（%）：9.20

高油-平山镇古塘优1号

资源编号：440981_006_0063	归属物种：*Camellia gauchowensis* Chang	
资源类型：野生资源（特异单株）	主要用途：油用栽培，遗传育种材料	
保存地点：广东省高州市	保存方式：原地保存、保护	
	性状特征	
资源特点：高产果量		
树　　姿：直立	盛 花 期：12月上旬	果面特征：糠秕
嫩枝绒毛：无	花瓣颜色：白色	平均单果重（g）：62.73
芽鳞颜色：玉白色	萼片绒毛：有	鲜出籽率（%）：29.30
芽 绒 毛：有	雌雄蕊相对高度：雌高	种皮颜色：黑色、棕褐色
嫩叶颜色：淡绿色	花柱裂位：浅裂、中裂	种仁含油率（%）：42.10
老叶颜色：深绿色	柱头裂数：3	
叶　　形：椭圆形	子房绒毛：有	油酸含量（%）：81.40
叶缘特征：波状	果熟日期：10月中旬	亚油酸含量（%）：6.80
叶尖形状：渐尖	果　　形：扁圆球形	亚麻酸含量（%）：—
叶基形状：楔形	果皮颜色：黄棕色	硬脂酸含量（%）：2.00
平均叶长（cm）：8.73	平均叶宽（cm）：3.78	棕榈酸含量（%）：9.30

450

高油-长坡镇林邓优24号

资源编号：440981_006_0153	归属物种：*Camellia gauchowensis* Chang	
资源类型：野生资源（特异单株）	主要用途：油用栽培，遗传育种材料	
保存地点：广东省高州市	保存方式：原地保存、保护	
性状特征		
资源特点：高产果量		
树　　姿：半开张	盛 花 期：12月上旬	果面特征：糠秕
嫩枝绒毛：无	花瓣颜色：白色	平均单果重（g）：67.86
芽鳞颜色：玉白色	萼片绒毛：有	鲜出籽率（%）：28.19
芽 绒 毛：有	雌雄蕊相对高度：雌高	种皮颜色：棕褐色、黑色
嫩叶颜色：淡绿色	花柱裂位：全裂	种仁含油率（%）：45.90
老叶颜色：中绿色	柱头裂数：2	
叶　　形：椭圆形	子房绒毛：有	油酸含量（%）：84.00
叶缘特征：平	果熟日期：10月中旬	亚油酸含量（%）：5.20
叶尖形状：渐尖	果　　形：扁圆球形	亚麻酸含量（%）：—
叶基形状：楔形	果皮颜色：黄棕色	硬脂酸含量（%）：1.80
平均叶长（cm）：9.42	平均叶宽（cm）：4.10	棕榈酸含量（%）：8.70

451 高油-长坡镇林邓优26号

资源编号：440981_006_0155	归属物种：*Camellia gauchowensis* Chang	
资源类型：野生资源（特异单株）	主要用途：油用栽培，遗传育种材料	
保存地点：广东省高州市	保存方式：原地保存、保护	
	性状特征	
资源特点：高产果量		
树　　姿：半开张	盛 花 期：12月上旬	果面特征：糠秕
嫩枝绒毛：无	花瓣颜色：白色	平均单果重（g）：67.39
芽鳞颜色：玉白色	萼片绒毛：有	鲜出籽率（%）：28.15
芽 绒 毛：有	雌雄蕊相对高度：雌高	种皮颜色：黑色、棕褐色
嫩叶颜色：紫绿色	花柱裂位：浅裂	种仁含油率（%）：44.80
老叶颜色：中绿色	柱头裂数：2	
叶　　形：长椭圆形	子房绒毛：有	油酸含量（%）：83.60
叶缘特征：平	果熟日期：10月中旬	亚油酸含量（%）：6.00
叶尖形状：渐尖	果　　形：圆球形	亚麻酸含量（%）：—
叶基形状：楔形	果皮颜色：黄棕色	硬脂酸含量（%）：1.40
平均叶长（cm）：11.24	平均叶宽（cm）：4.32	棕榈酸含量（%）：8.50

452 高油-连平林科所2号

资源编号：441623_006_0002	归属物种：*Camellia gauchowensis* Chang	
资源类型：野生资源（特异单株）	主要用途：油用栽培，遗传育种材料	
保存地点：广东省连平县	保存方式：原地保存、保护	
	性状特征	
资源特点：高产果量		
树　　姿：半开张	盛 花 期：11月下旬	果面特征：光滑
嫩枝绒毛：无	花瓣颜色：白色	平均单果重（g）：64.66
芽鳞颜色：黄绿色	萼片绒毛：有	鲜出籽率（%）：27.02
芽 绒 毛：有	雌雄蕊相对高度：雌高	种皮颜色：褐色
嫩叶颜色：绿色	花柱裂位：浅裂、中裂	种仁含油率（%）：42.00
老叶颜色：黄绿色	柱头裂数：3	
叶　　形：近圆形、椭圆形	子房绒毛：有	油酸含量（%）：84.30
叶缘特征：平、波状	果熟日期：10月中下旬	亚油酸含量（%）：5.10
叶尖形状：钝尖	果　　形：卵球形	亚麻酸含量（%）：—
叶基形状：近圆形、楔形	果皮颜色：黄色	硬脂酸含量（%）：0.90
平均叶长（cm）：6.23	平均叶宽（cm）：3.13	棕榈酸含量（%）：9.70

高油-连平林科所4号

资源编号：441623_006_0004	归属物种：*Camellia gauchowensis* Chang	
资源类型：野生资源（特异单株）	主要用途：油用栽培，遗传育种材料	
保存地点：广东省连平县	保存方式：原地保存、保护	
	性状特征	
资源特点：高产果量		
树　　姿：半开张	盛 花 期：11月下旬	果面特征：光滑、糠秕
嫩枝绒毛：无	花瓣颜色：白色	平均单果重（g）：62.06
芽鳞颜色：黄绿色	萼片绒毛：有	鲜出籽率（%）：27.12
芽 绒 毛：有	雌雄蕊相对高度：雌高	种皮颜色：棕褐色
嫩叶颜色：绿色	花柱裂位：浅裂、中裂	种仁含油率（%）：27.70
老叶颜色：中绿色	柱头裂数：3	
叶　　形：椭圆形、近圆形	子房绒毛：有	油酸含量（%）：78.20
叶缘特征：平、波状	果熟日期：10月中下旬	亚油酸含量（%）：8.40
叶尖形状：渐尖、钝尖、圆尖	果　　形：圆球形、卵球形	亚麻酸含量（%）：—
叶基形状：楔形	果皮颜色：黄色	硬脂酸含量（%）：1.30
平均叶长（cm）：8.60	平均叶宽（cm）：3.96	棕榈酸含量（%）：11.80

454 高油-溪山镇5号

资源编号：441623_006_0015	归属物种：*Camellia gauchowensis* Chang	
资源类型：野生资源（特异单株）	主要用途：油用栽培，遗传育种材料	
保存地点：广东省连平县	保存方式：原地保存、保护	
	性状特征	
资源特点：高产果量		
树　　姿：半开张	盛 花 期：11月下旬	果面特征：光滑
嫩枝绒毛：无	花瓣颜色：白色	平均单果重（g）：54.83
芽鳞颜色：玉白色	萼片绒毛：有	鲜出籽率（%）：28.80
芽 绒 毛：有	雌雄蕊相对高度：雄高	种皮颜色：黄棕色
嫩叶颜色：绿色	花柱裂位：中裂、浅裂	种仁含油率（%）：22.20
老叶颜色：绿色、深绿色	柱头裂数：3	
叶　　形：近圆形	子房绒毛：有	油酸含量（%）：80.30
叶缘特征：波状	果熟日期：11月上旬	亚油酸含量（%）：7.60
叶尖形状：渐尖、钝尖	果　　形：扁圆球形	亚麻酸含量（%）：—
叶基形状：楔形	果皮颜色：青黄色	硬脂酸含量（%）：1.10
平均叶长（cm）：5.67	平均叶宽（cm）：3.23	棕榈酸含量（%）：10.90

455 越油-文昌1号

资源编号：469005_009_0001	归属物种：*Camellia vietnamensis* Huang ex Hu	
资源类型：野生资源（特异单株）	主要用途：油用栽培，遗传育种材料	
保存地点：海南省文昌市	保存方式：原地保存、保护	
性状特征		
资源特点：高产果量		
树　　姿：半开张	盛 花 期：11月上旬	果面特征：凹凸
嫩枝绒毛：有	花瓣颜色：白色	平均单果重（g）：47.31
芽鳞颜色：黄绿色	萼片绒毛：有	鲜出籽率（%）：37.65
芽 绒 毛：有	雌雄蕊相对高度：等高	种皮颜色：黑褐色
嫩叶颜色：红色	花柱裂位：浅裂	种仁含油率（%）：41.40
老叶颜色：中绿色	柱头裂数：3	
叶　　形：椭圆形	子房绒毛：有	油酸含量（%）：84.80
叶缘特征：波状	果熟日期：10月上旬	亚油酸含量（%）：11.00
叶尖形状：钝尖	果　　形：扁圆球形	亚麻酸含量（%）：0.20
叶基形状：楔形	果皮颜色：青色	硬脂酸含量（%）：2.10
平均叶长（cm）：7.90	平均叶宽（cm）：2.80	棕榈酸含量（%）：11.90

456 越油-澄迈1号

资源编号：469023_009_0001	归属物种：*Camellia vietnamensis* Huang ex Hu	
资源类型：野生资源（特异单株）	主要用途：油用栽培，遗传育种材料	
保存地点：海南省澄迈县	保存方式：原地保存、保护	
	性状特征	
资源特点：高产果量		
树　　姿：半开张	盛 花 期：11月上旬	果面特征：凹凸
嫩枝绒毛：有	花瓣颜色：白色	平均单果重（g）：57.06
芽鳞颜色：绿色	萼片绒毛：有	鲜出籽率（%）：38.05
芽 绒 毛：有	雌雄蕊相对高度：雄高	种皮颜色：褐色
嫩叶颜色：红色	花柱裂位：深裂	种仁含油率（%）：41.70
老叶颜色：深绿色	柱头裂数：3	
叶　　形：椭圆形	子房绒毛：有	油酸含量（%）：81.70
叶缘特征：波状	果熟日期：10月上旬	亚油酸含量（%）：11.60
叶尖形状：钝尖	果　　形：扁圆球形	亚麻酸含量（%）：0.30
叶基形状：楔形	果皮颜色：青色、黄棕色	硬脂酸含量（%）：2.60
平均叶长（cm）：6.47	平均叶宽（cm）：3.20	棕榈酸含量（%）：9.70

457 越油-细水1号

资源编号：469025_009_0001	归属物种：*Camellia vietnamensis* Huang ex Hu	
资源类型：野生资源（特异单株）	主要用途：油用栽培，遗传育种材料	
保存地点：海南省白沙黎族自治县	保存方式：原地保存、保护	
	性状特征	
资源特点：高产果量		
树　　姿：半开张	盛 花 期：11月上旬	果面特征：凹凸
嫩枝绒毛：有	花瓣颜色：白色	平均单果重（g）：39.38
芽鳞颜色：黄绿色	萼片绒毛：有	鲜出籽率（%）：36.85
芽 绒 毛：有	雌雄蕊相对高度：雄高	种皮颜色：黑褐色
嫩叶颜色：红色	花柱裂位：中裂	种仁含油率（%）：41.70
老叶颜色：中绿色	柱头裂数：3	
叶　　形：椭圆形	子房绒毛：有	油酸含量（%）：82.90
叶缘特征：波状	果熟日期：10月上旬	亚油酸含量（%）：10.10
叶尖形状：渐尖	果　　形：扁圆球形	亚麻酸含量（%）：0.20
叶基形状：楔形	果皮颜色：黄棕色	硬脂酸含量（%）：2.50
平均叶长（cm）：6.13	平均叶宽（cm）：2.93	棕榈酸含量（%）：10.60

越油-尖峰岭3号

资源编号：469027_009_0003	归属物种：*Camellia vietnamensis* Huang ex Hu	
资源类型：野生资源（特异单株）	主要用途：油用栽培，遗传育种材料	
保存地点：海南省乐东黎族自治县	保存方式：原地保存、保护	
性状特征		
资源特点：高产果量		
树　　姿：直立	盛 花 期：11月上旬	果面特征：光滑
嫩枝绒毛：有	花瓣颜色：白色	平均单果重（g）：57.41
芽鳞颜色：黄绿色	萼片绒毛：有	鲜出籽率（%）：20.57
芽 绒 毛：有	雌雄蕊相对高度：雌高	种皮颜色：褐色
嫩叶颜色：红色	花柱裂位：中裂	种仁含油率（%）：46.80
老叶颜色：黄绿色	柱头裂数：4	
叶　　形：长椭圆形	子房绒毛：有	油酸含量（%）：78.80
叶缘特征：波状	果熟日期：10月上旬	亚油酸含量（%）：7.70
叶尖形状：渐尖	果　　形：倒卵球形	亚麻酸含量（%）：0.30
叶基形状：楔形	果皮颜色：青色	硬脂酸含量（%）：3.40
平均叶长（cm）：5.70	平均叶宽（cm）：2.40	棕榈酸含量（%）：9.50

459

越油-琼中3号

资源编号：469030_009_0003	归属物种：*Camellia vietnamensis* Huang ex Hu	
资源类型：野生资源（特异单株）	主要用途：油用栽培，遗传育种材料	
保存地点：海南省琼中黎族苗族自治县	保存方式：原地保存、保护	
性状特征		
资源特点：高产果量		
树　　姿：半开张	盛 花 期：11月中旬	果面特征：凹凸
嫩枝绒毛：有	花瓣颜色：白色	平均单果重（g）：47.10
芽鳞颜色：紫绿色	萼片绒毛：有	鲜出籽率（%）：36.24
芽 绒 毛：有	雌雄蕊相对高度：等高	种皮颜色：黑褐色
嫩叶颜色：红色	花柱裂位：中裂	种仁含油率（%）：41.70
老叶颜色：深绿色	柱头裂数：3	
叶　　形：椭圆形	子房绒毛：有	油酸含量（%）：83.90
叶缘特征：波状	果熟日期：10月中旬	亚油酸含量（%）：11.20
叶尖形状：钝尖	果　　形：扁圆球形	亚麻酸含量（%）：0.40
叶基形状：楔形	果皮颜色：青色、黄棕色	硬脂酸含量（%）：1.80
平均叶长（cm）：7.10	平均叶宽（cm）：3.07	棕榈酸含量（%）：9.20

越南油茶-赣九海会001号

资源编号：360402_009_0001	归属物种：*Camellia vietnamensis* Huang ex Hu	
资源类型：野生资源（特异单株）	主要用途：油用栽培，遗传育种材料	
保存地点：江西省九江市庐山市	保存方式：原地保存、保护	
性状特征		
资源特点：高产果量		
树　　姿：半开张	平均叶长（cm）：7.60	平均叶宽（cm）：3.40
嫩枝绒毛：有	叶基形状：楔形	果熟日期：11月
芽 绒 毛：无	盛 花 期：11月中下旬	果　　形：卵球形
芽鳞颜色：绿色	花瓣颜色：白色	果皮颜色：黄棕色
嫩叶颜色：绿色	萼片绒毛：有	果面特征：凹凸
老叶颜色：中绿色	雌雄蕊相对高度：雌高	平均单果重（g）：38.39
叶　　形：椭圆形	花柱裂位：中裂	种皮颜色：棕色
叶缘特征：波状	柱头裂数：4	鲜出籽率（%）：14.59
叶尖形状：渐尖	子房绒毛：有	种仁含油率（%）：39.10

高油-大坡镇样27号

资源编号：440981_006_0002	归属物种：*Camellia gauchowensis* Chang	
资源类型：野生资源（特异单株）	主要用途：油用栽培，遗传育种材料	
保存地点：广东省高州市	保存方式：原地保存、保护	
性状特征		
资源特点：高产果量		
树　　姿：半开张	平均叶长（cm）：6.09	平均叶宽（cm）：3.08
嫩枝绒毛：无	叶基形状：近圆形、楔形	果熟日期：10月中旬
芽 绒 毛：有	盛 花 期：11月下旬	果　　形：扁圆球形
芽鳞颜色：玉白色	花瓣颜色：白色	果皮颜色：青色
嫩叶颜色：淡绿色	萼片绒毛：有	果面特征：糠秕
老叶颜色：深绿色、中绿色	雌雄蕊相对高度：雄高	平均单果重（g）：78.55
叶　　形：近圆形	花柱裂位：深裂	种皮颜色：黑色、棕褐色
叶缘特征：平	柱头裂数：3	鲜出籽率（%）：24.68
叶尖形状：钝尖、渐尖	子房绒毛：有	

462 高油-大坡镇样51号

资源编号：440981_006_0004	归属物种：*Camellia gauchowensis* Chang	
资源类型：野生资源（特异单株）	主要用途：油用栽培，遗传育种材料	
保存地点：广东省高州市	保存方式：原地保存、保护	
性状特征		
资源特点：高产果量		
树　　姿：半开张	平均叶长（cm）：7.09	平均叶宽（cm）：3.56
嫩枝绒毛：无	叶基形状：近圆形	果熟日期：10月中旬
芽 绒 毛：有	盛 花 期：11月上旬	果　　形：扁圆球形
芽鳞颜色：玉白色	花瓣颜色：白色	果皮颜色：黄棕色
嫩叶颜色：紫绿色	萼片绒毛：有	果面特征：糠秕
老叶颜色：黄绿色	雌雄蕊相对高度：雄高	平均单果重（g）：49.03
叶　　形：近圆形	花柱裂位：浅裂、中裂	种皮颜色：褐色、黑色、棕色
叶缘特征：平	柱头裂数：3	鲜出籽率（%）：22.48
叶尖形状：渐尖	子房绒毛：有	

高油-大坡镇样26号

资源编号：440981_006_0009	归属物种：*Camellia gauchowensis* Chang	
资源类型：野生资源（特异单株）	主要用途：油用栽培，遗传育种材料	
保存地点：广东省高州市	保存方式：原地保存、保护	
	性状特征	
资源特点：高产果量		
树　　姿：半开张	平均叶长（cm）：7.71	平均叶宽（cm）：3.70
嫩枝绒毛：无	叶基形状：楔形、近圆形	果熟日期：10月中旬
芽 绒 毛：有	盛 花 期：12月上旬	果　　形：扁圆球形
芽鳞颜色：玉白色	花瓣颜色：白色	果皮颜色：青色
嫩叶颜色：淡绿色	萼片绒毛：有	果面特征：糠秕
老叶颜色：深绿色、中绿色	雌雄蕊相对高度：雌高	平均单果重（g）：73.89
叶　　形：椭圆形	花柱裂位：全裂	种皮颜色：黑色、褐色、棕褐色
叶缘特征：平、波状	柱头裂数：3	鲜出籽率（%）：22.09
叶尖形状：渐尖	子房绒毛：有	

464

高油-大坡镇样32号

资源编号：440981_006_0010	归属物种：*Camellia gauchowensis* Chang	
资源类型：野生资源（特异单株）	主要用途：油用栽培，遗传育种材料	
保存地点：广东省高州市	保存方式：原地保存、保护	
性状特征		
资源特点：高产果量		
树　　姿：半开张	平均叶长（cm）：7.72	平均叶宽（cm）：4.25
嫩枝绒毛：无	叶基形状：近圆形	果熟日期：10月中旬
芽 绒 毛：有	盛 花 期：12月中旬	果　　形：卵球形
芽鳞颜色：玉白色	花瓣颜色：白色	果皮颜色：青色
嫩叶颜色：紫绿色	萼片绒毛：有	果面特征：糠秕
老叶颜色：深绿色、中绿色	雌雄蕊相对高度：雄高	平均单果重（g）：64.86
叶　　形：近圆形	花柱裂位：中裂	种皮颜色：棕褐色、棕色
叶缘特征：平	柱头裂数：2	鲜出籽率（%）：16.81
叶尖形状：渐尖	子房绒毛：有	

465 高油-大坡镇周敬优3号

资源编号：440981_006_0016	归属物种：*Camellia gauchowensis* Chang	
资源类型：野生资源（特异单株）	主要用途：油用栽培，遗传育种材料	
保存地点：广东省高州市	保存方式：原地保存、保护	
性状特征		
资源特点：高产果量		
树　　姿：直立	平均叶长（cm）：7.12	平均叶宽（cm）：3.27
嫩枝绒毛：无	叶基形状：近圆形、楔形	果熟日期：10月中旬
芽 绒 毛：有	盛 花 期：12月中旬	果　　形：卵球形
芽鳞颜色：玉白色	花瓣颜色：白色	果皮颜色：青色
嫩叶颜色：紫绿色	萼片绒毛：有	果面特征：糠秕
老叶颜色：中绿色、深绿色	雌雄蕊相对高度：雌高	平均单果重（g）：67.43
叶　　形：椭圆形	花柱裂位：全裂	种皮颜色：黑色
叶缘特征：平	柱头裂数：2	鲜出籽率（%）：25.06
叶尖形状：渐尖	子房绒毛：有	

466

高油-大坡镇周敬优4号

资源编号：440981_006_0017	归属物种：*Camellia gauchowensis* Chang	
资源类型：野生资源（特异单株）	主要用途：油用栽培，遗传育种材料	
保存地点：广东省高州市	保存方式：原地保存、保护	
性状特征		
资源特点：高产果量		
树　　姿：半开张	平均叶长（cm）：8.34	平均叶宽（cm）：2.80
嫩枝绒毛：无	叶基形状：楔形	果熟日期：10月中旬
芽 绒 毛：有	盛 花 期：12月上旬	果　　形：卵球形
芽鳞颜色：玉白色	花瓣颜色：白色	果皮颜色：青色
嫩叶颜色：淡绿色	萼片绒毛：有	果面特征：糠秕
老叶颜色：深绿色、中绿色	雌雄蕊相对高度：雌高	平均单果重（g）：78.67
叶　　形：长椭圆形	花柱裂位：中裂	种皮颜色：棕褐色、黑色
叶缘特征：平	柱头裂数：2	鲜出籽率（%）：26.63
叶尖形状：渐尖	子房绒毛：有	

467 高油-大坡镇周敬优5号

资源编号：440981_006_0018	归属物种：*Camellia gauchowensis* Chang	
资源类型：野生资源（特异单株）	主要用途：油用栽培，遗传育种材料	
保存地点：广东省高州市	保存方式：原地保存、保护	
性状特征		
资源特点：高产果量		
树　　姿：开张	平均叶长（cm）：9.16	平均叶宽（cm）：4.68
嫩枝绒毛：无	叶基形状：近圆形	果熟日期：10月中旬
芽 绒 毛：有	盛 花 期：12月上旬	果　　形：倒卵球形
芽鳞颜色：玉白色	花瓣颜色：白色	果皮颜色：黄棕色
嫩叶颜色：紫绿色	萼片绒毛：有	果面特征：糠秕
老叶颜色：深绿色	雌雄蕊相对高度：雌高	平均单果重（g）：78.89
叶　　形：近圆形	花柱裂位：深裂	种皮颜色：黑色、棕色
叶缘特征：平	柱头裂数：2	鲜出籽率（%）：22.94
叶尖形状：渐尖	子房绒毛：有	

468 高油-古丁镇样14号

资源编号：440981_006_0043	归属物种：*Camellia gauchowensis* Chang	
资源类型：野生资源（特异单株）	主要用途：油用栽培，遗传育种材料	
保存地点：广东省高州市	保存方式：原地保存、保护	
	性状特征	
资源特点：高产果量		
树　　姿：半开张	平均叶长（cm）：8.91	平均叶宽（cm）：4.57
嫩枝绒毛：无	叶基形状：近圆形	果熟日期：10月中旬
芽 绒 毛：有	盛 花 期：11月下旬	果　　形：扁圆球形
芽鳞颜色：玉白色	花瓣颜色：白色	果皮颜色：黄棕色
嫩叶颜色：紫绿色	萼片绒毛：有	果面特征：糠秕
老叶颜色：中绿色	雌雄蕊相对高度：雌高	平均单果重（g）：71.89
叶　　形：椭圆形	花柱裂位：浅裂	种皮颜色：黑色、棕褐色
叶缘特征：波状	柱头裂数：2	鲜出籽率（%）：29.63
叶尖形状：渐尖	子房绒毛：无	

高油-古丁镇样8号

资源编号：440981_006_0045	归属物种：*Camellia gauchowensis* Chang	
资源类型：野生资源（特异单株）	主要用途：油用栽培，遗传育种材料	
保存地点：广东省高州市	保存方式：原地保存、保护	
性状特征		
资源特点：高产果量		
树　　姿：直立	平均叶长（cm）：6.75	平均叶宽（cm）：3.55
嫩枝绒毛：无	叶基形状：近圆形	果熟日期：10月中旬
芽 绒 毛：有	盛 花 期：11月中旬	果　　形：卵球形
芽鳞颜色：玉白色	花瓣颜色：白色	果皮颜色：青色
嫩叶颜色：淡绿色	萼片绒毛：无	果面特征：糠秕
老叶颜色：中绿色	雌雄蕊相对高度：雌高	平均单果重（g）：69.73
叶　　形：椭圆形	花柱裂位：浅裂	种皮颜色：黑色、棕色
叶缘特征：波状	柱头裂数：2	鲜出籽率（%）：23.45
叶尖形状：渐尖	子房绒毛：无	

高油-古丁镇朗八优3号

资源编号：440981_006_0049	归属物种：*Camellia gauchowensis* Chang	
资源类型：野生资源（特异单株）	主要用途：油用栽培，遗传育种材料	
保存地点：广东省高州市	保存方式：原地保存、保护	
性状特征		
资源特点：高产果量		
树　　姿：开张	平均叶长（cm）：7.80	平均叶宽（cm）：3.60
嫩枝绒毛：无	叶基形状：近圆形	果熟日期：10月中旬
芽 绒 毛：有	盛 花 期：11月中旬	果　　形：圆球形、卵球形
芽鳞颜色：玉白色	花瓣颜色：白色	果皮颜色：青色
嫩叶颜色：淡绿色	萼片绒毛：有	果面特征：糠秕
老叶颜色：深绿色	雌雄蕊相对高度：雄高	平均单果重（g）：63.13
叶　　形：椭圆形	花柱裂位：浅裂	种皮颜色：黑色、棕色
叶缘特征：平	柱头裂数：3	鲜出籽率（%）：25.25
叶尖形状：渐尖	子房绒毛：有	

高油-古丁镇朗八优4号

资源编号：440981_006_0050	归属物种：*Camellia gauchowensis* Chang	
资源类型：野生资源（特异单株）	主要用途：油用栽培，遗传育种材料	
保存地点：广东省高州市	保存方式：原地保存、保护	
性状特征		
资源特点：高产果量		
树　　姿：直立	平均叶长（cm）：6.88	平均叶宽（cm）：3.29
嫩枝绒毛：无	叶基形状：近圆形、楔形	果熟日期：10月中旬
芽 绒 毛：有	盛 花 期：11月下旬	果　　形：扁圆球形
芽鳞颜色：玉白色	花瓣颜色：白色	果皮颜色：青色
嫩叶颜色：淡绿色	萼片绒毛：有	果面特征：糠秕
老叶颜色：中绿色	雌雄蕊相对高度：雄高	平均单果重（g）：49.48
叶　　形：椭圆形	花柱裂位：浅裂	种皮颜色：黑色
叶缘特征：平	柱头裂数：3	鲜出籽率（%）：27.99
叶尖形状：钝尖	子房绒毛：有	

高油-古丁镇样21号

资源编号：440981_006_0058	归属物种：*Camellia gauchowensis* Chang	
资源类型：野生资源（特异单株）	主要用途：油用栽培，遗传育种材料	
保存地点：广东省高州市	保存方式：原地保存、保护	
性状特征		
资源特点：高产果量		
树　　姿：直立	平均叶长（cm）：7.64	平均叶宽（cm）：3.47
嫩枝绒毛：无	叶基形状：楔形、近圆形	果熟日期：10月中旬
芽 绒 毛：有	盛 花 期：12月上旬	果　　形：扁圆球形
芽鳞颜色：玉白色	花瓣颜色：白色	果皮颜色：青色
嫩叶颜色：紫绿色	萼片绒毛：有	果面特征：糠秕
老叶颜色：深绿色、中绿色	雌雄蕊相对高度：雌高	平均单果重（g）：62.98
叶　　形：椭圆形	花柱裂位：中裂	种皮颜色：棕褐色、褐色
叶缘特征：平	柱头裂数：2	鲜出籽率（%）：21.86
叶尖形状：渐尖	子房绒毛：有	

473 高油-平山镇古塘优3号

资源编号：440981_006_0065	归属物种：*Camellia gauchowensis* Chang	
资源类型：野生资源（特异单株）	主要用途：油用栽培，遗传育种材料	
保存地点：广东省高州市	保存方式：原地保存、保护	
性状特征		
资源特点：高产果量		
树　　姿：半开张	平均叶长（cm）：8.36	平均叶宽（cm）：3.55
嫩枝绒毛：无	叶基形状：楔形	果熟日期：10月中旬
芽 绒 毛：有	盛 花 期：11月下旬	果　　形：倒卵球形
芽鳞颜色：玉白色	花瓣颜色：白色	果皮颜色：青色
嫩叶颜色：紫绿色	萼片绒毛：有	果面特征：糠秕
老叶颜色：深绿色	雌雄蕊相对高度：雌高	平均单果重（g）：59.94
叶　　形：椭圆形	花柱裂位：浅裂	种皮颜色：棕色、棕褐色
叶缘特征：波状	柱头裂数：2	鲜出籽率（%）：26.11
叶尖形状：渐尖	子房绒毛：有	

474 高油-平山镇古塘优5号

资源编号：440981_006_0067	归属物种：*Camellia gauchowensis* Chang	
资源类型：野生资源（特异单株）	主要用途：油用栽培，遗传育种材料	
保存地点：广东省高州市	保存方式：原地保存、保护	
	性状特征	
资源特点：高产果量		
树　　姿：开张	平均叶长（cm）：9.07	平均叶宽（cm）：3.25
嫩枝绒毛：无	叶基形状：楔形	果熟日期：10月中旬
芽 绒 毛：有	盛 花 期：12月下旬	果　　形：卵球形
芽鳞颜色：玉白色	花瓣颜色：白色	果皮颜色：黄棕色
嫩叶颜色：紫绿色	萼片绒毛：有	果面特征：糠秕
老叶颜色：深绿色	雌雄蕊相对高度：雌高	平均单果重（g）：63.62
叶　　形：长椭圆形	花柱裂位：浅裂	种皮颜色：黑色
叶缘特征：波状	柱头裂数：2	鲜出籽率（%）：23.09
叶尖形状：渐尖	子房绒毛：有	

475 高油-平山镇古塘优7号

资源编号：440981_006_0069	归属物种：*Camellia gauchowensis* Chang	
资源类型：野生资源（特异单株）	主要用途：油用栽培，遗传育种材料	
保存地点：广东省高州市	保存方式：原地保存、保护	
性状特征		
资源特点：高产果量		
树　　姿：半开张	平均叶长（cm）：8.70	平均叶宽（cm）：3.47
嫩枝绒毛：无	叶基形状：楔形	果熟日期：10月中旬
芽 绒 毛：有	盛 花 期：12月上旬	果　　形：卵球形
芽鳞颜色：玉白色	花瓣颜色：白色	果皮颜色：黄棕色
嫩叶颜色：淡绿色	萼片绒毛：有	果面特征：糠秕
老叶颜色：深绿色	雌雄蕊相对高度：雌高	平均单果重（g）：72.60
叶　　形：椭圆形	花柱裂位：浅裂	种皮颜色：黑色
叶缘特征：波状	柱头裂数：2	鲜出籽率（%）：23.91
叶尖形状：渐尖	子房绒毛：有	

高油-新垌镇样21号

资源编号：440981_006_0080	归属物种：*Camellia gauchowensis* Chang	
资源类型：野生资源（特异单株）	主要用途：油用栽培，遗传育种材料	
保存地点：广东省高州市	保存方式：原地保存、保护	
性状特征		
资源特点：高产果量		
树　　姿：开张	平均叶长（cm）：8.75	平均叶宽（cm）：4.24
嫩枝绒毛：无	叶基形状：近圆形	果熟日期：10月中旬
芽 绒 毛：有	盛 花 期：12月下旬	果　　形：卵球形
芽鳞颜色：玉白色	花瓣颜色：白色	果皮颜色：青色
嫩叶颜色：紫绿色	萼片绒毛：有	果面特征：糠秕
老叶颜色：深绿色	雌雄蕊相对高度：雌高或雄高	平均单果重（g）：54.70
叶　　形：椭圆形	花柱裂位：全裂、中裂	种皮颜色：黑色
叶缘特征：平	柱头裂数：3	鲜出籽率（%）：21.30
叶尖形状：渐尖	子房绒毛：有	

477 高油-新垌镇样7号

资源编号：440981_006_0083	归属物种：*Camellia gauchowensis* Chang	
资源类型：野生资源（特异单株）	主要用途：油用栽培，遗传育种材料	
保存地点：广东省高州市	保存方式：原地保存、保护	
性状特征		
资源特点：高产果量		
树　　姿：开张	平均叶长（cm）：11.25	平均叶宽（cm）：3.56
嫩枝绒毛：无	叶基形状：楔形	果熟日期：10月中旬
芽 绒 毛：有	盛 花 期：11月中旬	果　　形：扁圆球形
芽鳞颜色：玉白色	花瓣颜色：白色	果皮颜色：青色
嫩叶颜色：紫绿色	萼片绒毛：有	果面特征：糠秕
老叶颜色：深绿色	雌雄蕊相对高度：雌高或雄高	平均单果重（g）：69.96
叶　　形：披针形	花柱裂位：全裂、中裂	种皮颜色：黑色、棕褐色
叶缘特征：平	柱头裂数：3	鲜出籽率（%）：21.57
叶尖形状：渐尖	子房绒毛：有	

高油-新垌镇样优1号

资源编号：440981_006_0084	归属物种：*Camellia gauchowensis* Chang	
资源类型：野生资源（特异单株）	主要用途：油用栽培，遗传育种材料	
保存地点：广东省高州市	保存方式：原地保存、保护	
	性状特征	
资源特点：高产果量		
树　　姿：半开张	平均叶长（cm）：10.37	平均叶宽（cm）：3.69
嫩枝绒毛：无	叶基形状：楔形	果熟日期：10月中旬
芽 绒 毛：有	盛 花 期：11月下旬	果　　形：扁圆球形
芽鳞颜色：玉白色	花瓣颜色：白色	果皮颜色：黄棕色
嫩叶颜色：紫绿色	萼片绒毛：有	果面特征：糠秕
老叶颜色：深绿色	雌雄蕊相对高度：雌高	平均单果重（g）：48.91
叶　　形：长椭圆形	花柱裂位：全裂、中裂	种皮颜色：棕褐色
叶缘特征：平	柱头裂数：3	鲜出籽率（%）：24.51
叶尖形状：渐尖	子房绒毛：有	

高油-新垌镇优2号

资源编号：440981_006_0085	归属物种：*Camellia gauchowensis* Chang	
资源类型：野生资源（特异单株）	主要用途：油用栽培，遗传育种材料	
保存地点：广东省高州市	保存方式：原地保存、保护	
性状特征		
资源特点：高产果量		
树　　姿：开张	平均叶长（cm）：9.16	平均叶宽（cm）：3.53
嫩枝绒毛：无	叶基形状：楔形	果熟日期：10月中旬
芽 绒 毛：有	盛 花 期：11月中旬	果　　形：圆球形
芽鳞颜色：玉白色	花瓣颜色：白色	果皮颜色：黄棕色
嫩叶颜色：紫绿色	萼片绒毛：有	果面特征：糠秕
老叶颜色：中绿色	雌雄蕊相对高度：雌高	平均单果重（g）：74.00
叶　　形：椭圆形	花柱裂位：全裂、中裂	种皮颜色：黑色
叶缘特征：波状	柱头裂数：3	鲜出籽率（%）：23.53
叶尖形状：渐尖	子房绒毛：有	

480 高油-长坡镇样优45号

资源编号：440981_006_0089	归属物种：*Camellia gauchowensis* Chang	
资源类型：野生资源（特异单株）	主要用途：油用栽培，遗传育种材料	
保存地点：广东省高州市	保存方式：原地保存、保护	
	性 状 特 征	
资源特点：高产果量		
树　　姿：开张	平均叶长（cm）：8.38	平均叶宽（cm）：3.47
嫩枝绒毛：无	叶基形状：近圆形、楔形	果熟日期：10月中旬
芽 绒 毛：有	盛 花 期：12月上旬	果　　形：扁圆球形
芽鳞颜色：玉白色	花瓣颜色：白色	果皮颜色：青色
嫩叶颜色：淡绿色	萼片绒毛：有	果面特征：糠秕
老叶颜色：深绿色	雌雄蕊相对高度：雄高	平均单果重（g）：64.39
叶　　形：椭圆形	花柱裂位：深裂	种皮颜色：棕褐色、黑色
叶缘特征：波状、平	柱头裂数：2	鲜出籽率（%）：28.14
叶尖形状：渐尖	子房绒毛：有	

481 高油-长坡镇样17号

资源编号：440981_006_0115	归属物种：*Camellia gauchowensis* Chang	
资源类型：野生资源（特异单株）	主要用途：油用栽培，遗传育种材料	
保存地点：广东省高州市	保存方式：原地保存、保护	
	性状特征	
资源特点：高产果量		
树　　姿：开张	平均叶长（cm）：9.60	平均叶宽（cm）：3.95
嫩枝绒毛：无	叶基形状：楔形	果熟日期：10月中旬
芽绒毛：有	盛花期：11月下旬	果　　形：圆球形
芽鳞颜色：玉白色	花瓣颜色：白色	果皮颜色：黄棕色
嫩叶颜色：紫绿色	萼片绒毛：有	果面特征：糠秕
老叶颜色：深绿色	雌雄蕊相对高度：雌高	平均单果重（g）：76.84
叶　　形：椭圆形	花柱裂位：中裂、浅裂	种皮颜色：黑色、棕褐色
叶缘特征：平	柱头裂数：2	鲜出籽率（%）：25.99
叶尖形状：渐尖	子房绒毛：有	

482 高油－长坡镇样24号

资源编号：440981_006_0117	归属物种：*Camellia gauchowensis* Chang	
资源类型：野生资源（特异单株）	主要用途：油用栽培，遗传育种材料	
保存地点：广东省高州市	保存方式：原地保存、保护	
性 状 特 征		
资源特点：高产果量		
树　　姿：开张	平均叶长（cm）：8.30	平均叶宽（cm）：3.96
嫩枝绒毛：无	叶基形状：楔形	果熟日期：10月中旬
芽 绒 毛：有	盛 花 期：11月下旬	果　　形：扁圆球形
芽鳞颜色：玉白色	花瓣颜色：白色	果皮颜色：黄棕色
嫩叶颜色：紫绿色	萼片绒毛：有	果面特征：糠秕
老叶颜色：中绿色	雌雄蕊相对高度：雌高	平均单果重（g）：66.98
叶　　形：椭圆形	花柱裂位：浅裂	种皮颜色：棕褐色、黑色
叶缘特征：平	柱头裂数：2	鲜出籽率（%）：24.60
叶尖形状：渐尖	子房绒毛：有	

高油-长坡镇样5号

资源编号：440981_006_0118	归属物种：*Camellia gauchowensis* Chang	
资源类型：野生资源（特异单株）	主要用途：油用栽培、遗传育种材料	
保存地点：广东省高州市	保存方式：原地保存、保护	
性状特征		
资源特点：高产果量		
树　　姿：直立	平均叶长（cm）：8.60	平均叶宽（cm）：4.25
嫩枝绒毛：无	叶基形状：近圆形	果熟日期：10月中旬
芽 绒 毛：有	盛 花 期：11月下旬	果　　形：扁圆球形
芽鳞颜色：玉白色	花瓣颜色：白色	果皮颜色：青色
嫩叶颜色：紫绿色	萼片绒毛：有	果面特征：糠秕
老叶颜色：中绿色	雌雄蕊相对高度：雌高或雄高	平均单果重（g）：78.03
叶　　形：椭圆形	花柱裂位：浅裂	种皮颜色：褐色
叶缘特征：平	柱头裂数：2	鲜出籽率（%）：25.29
叶尖形状：钝尖	子房绒毛：有	

高油-长坡镇样优3号

资源编号：440981_006_0119	归属物种：*Camellia gauchowensis* Chang	
资源类型：野生资源（特异单株）	主要用途：油用栽培，遗传育种材料	
保存地点：广东省高州市	保存方式：原地保存、保护	
	性 状 特 征	
资源特点：高产果量		
树　　姿：开张	平均叶长（cm）：10.05	平均叶宽（cm）：3.98
嫩枝绒毛：无	叶基形状：楔形	果熟日期：10月中旬
芽 绒 毛：有	盛 花 期：11月下旬	果　　形：圆球形
芽鳞颜色：玉白色	花瓣颜色：白色	果皮颜色：青色
嫩叶颜色：紫绿色	萼片绒毛：有	果面特征：糠秕
老叶颜色：深绿色	雌雄蕊相对高度：雌高	平均单果重（g）：69.07
叶　　形：椭圆形	花柱裂位：浅裂	种皮颜色：黑色、棕褐色
叶缘特征：平	柱头裂数：2	鲜出籽率（%）：22.09
叶尖形状：渐尖	子房绒毛：有	

485

高油-长坡镇旺沙优1号

资源编号：440981_006_0128	归属物种：*Camellia gauchowensis* Chang	
资源类型：野生资源（特异单株）	主要用途：油用栽培，遗传育种材料	
保存地点：广东省高州市	保存方式：原地保存、保护	
	性状特征	
资源特点：高产果量		
树　　姿：半开张	平均叶长（cm）：10.82	平均叶宽（cm）：2.79
嫩枝绒毛：无	叶基形状：楔形	果熟日期：10月中旬
芽 绒 毛：有	盛 花 期：12月中旬	果　　形：扁圆球形
芽鳞颜色：玉白色	花瓣颜色：白色	果皮颜色：黄棕色
嫩叶颜色：淡绿色	萼片绒毛：有	果面特征：糠秕
老叶颜色：深绿色	雌雄蕊相对高度：雄高	平均单果重（g）：75.42
叶　　形：披针形	花柱裂位：中裂	种皮颜色：黑色、棕褐色
叶缘特征：平	柱头裂数：3	鲜出籽率（%）：25.46
叶尖形状：渐尖	子房绒毛：有	

高油－长坡镇旺沙优2号

资源编号：440981_006_0130	归属物种：*Camellia gauchowensis* Chang	
资源类型：野生资源（特异单株）	主要用途：油用栽培，遗传育种材料	
保存地点：广东省高州市	保存方式：原地保存、保护	
性状特征		
资源特点：高产果量		
树　　姿：直立	平均叶长（cm）：9.80	平均叶宽（cm）：4.18
嫩枝绒毛：无	叶基形状：近圆形、楔形	果熟日期：10月中旬
芽 绒 毛：有	盛 花 期：12月中旬	果　　形：扁圆球形
芽鳞颜色：玉白色	花瓣颜色：白色	果皮颜色：黄棕色
嫩叶颜色：紫绿色	萼片绒毛：有	果面特征：糠秕
老叶颜色：深绿色	雌雄蕊相对高度：雌高	平均单果重（g）：77.04
叶　　形：椭圆形	花柱裂位：中裂、全裂	种皮颜色：黑色、棕褐色
叶缘特征：平	柱头裂数：2	鲜出籽率（%）：22.88
叶尖形状：钝尖	子房绒毛：有	

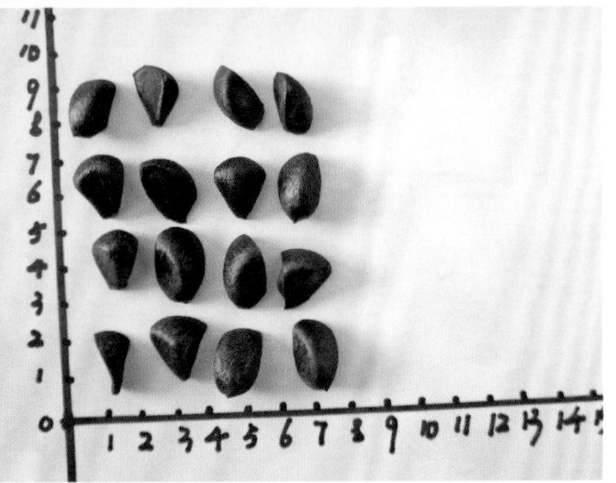

487 高油-长坡镇旺沙优4号

资源编号：440981_006_0132	归属物种：*Camellia gauchowensis* Chang	
资源类型：野生资源（特异单株）	主要用途：油用栽培，遗传育种材料	
保存地点：广东省高州市	保存方式：原地保存、保护	
	性状特征	
资源特点：高产果量		
树　　姿：开张	平均叶长（cm）：9.44	平均叶宽（cm）：4.33
嫩枝绒毛：无	叶基形状：近圆形、楔形	果熟日期：10月中旬
芽 绒 毛：有	盛 花 期：12月中旬	果　　形：倒卵球形
芽鳞颜色：玉白色	花瓣颜色：白色	果皮颜色：黄棕色
嫩叶颜色：紫绿色	萼片绒毛：有	果面特征：糠秕
老叶颜色：中绿色	雌雄蕊相对高度：雌高	平均单果重（g）：71.09
叶　　形：椭圆形	花柱裂位：中裂	种皮颜色：黑色、棕褐色
叶缘特征：平	柱头裂数：2	鲜出籽率（%）：22.20
叶尖形状：钝尖	子房绒毛：有	

488 高油-长坡镇旺沙优6号

资源编号：440981_006_0134	归属物种：*Camellia gauchowensis* Chang	
资源类型：野生资源（特异单株）	主要用途：油用栽培，遗传育种材料	
保存地点：广东省高州市	保存方式：原地保存、保护	
	性状特征	
资源特点：高产果量		
树　　姿：半开张	平均叶长（cm）：10.51	平均叶宽（cm）：4.79
嫩枝绒毛：无	叶基形状：楔形	果熟日期：10月中旬
芽 绒 毛：有	盛 花 期：12月中旬	果　　形：扁圆球形
芽鳞颜色：玉白色	花瓣颜色：白色	果皮颜色：黄棕色
嫩叶颜色：紫绿色	萼片绒毛：有	果面特征：糠秕
老叶颜色：深绿色	雌雄蕊相对高度：雌高	平均单果重（g）：74.10
叶　　形：椭圆形	花柱裂位：浅裂、中裂	种皮颜色：黑色、棕褐色
叶缘特征：平	柱头裂数：3	鲜出籽率（%）：24.16
叶尖形状：渐尖	子房绒毛：有	

489 高油－长坡镇旺沙优7号

资源编号：440981_006_0135	归属物种：*Camellia gauchowensis* Chang	
资源类型：野生资源（特异单株）	主要用途：油用栽培，遗传育种材料	
保存地点：广东省高州市	保存方式：原地保存、保护	
	性状特征	
资源特点：高产果量		
树　　姿：半开张	平均叶长（cm）：8.96	平均叶宽（cm）：4.14
嫩枝绒毛：无	叶基形状：近圆形、楔形	果熟日期：10月中旬
芽 绒 毛：有	盛 花 期：12月上旬	果　　形：扁圆球形
芽鳞颜色：玉白色	花瓣颜色：白色	果皮颜色：青色
嫩叶颜色：紫绿色	萼片绒毛：有	果面特征：糠秕
老叶颜色：深绿色	雌雄蕊相对高度：雌高	平均单果重（g）：42.24
叶　　形：椭圆形	花柱裂位：浅裂、中裂	种皮颜色：棕褐色
叶缘特征：平	柱头裂数：3	鲜出籽率（%）：28.48
叶尖形状：渐尖	子房绒毛：有	

490

高油-长坡镇样1号

资源编号：440981_006_0138	归属物种：*Camellia gauchowensis* Chang	
资源类型：野生资源（特异单株）	主要用途：油用栽培，遗传育种材料	
保存地点：广东省高州市	保存方式：原地保存、保护	
性状特征		
资源特点：高产果量		
树　　姿：开张	平均叶长（cm）：9.78	平均叶宽（cm）：3.52
嫩枝绒毛：无	叶基形状：楔形	果熟日期：10月中旬
芽 绒 毛：有	盛 花 期：12月上旬	果　　形：圆球形
芽鳞颜色：玉白色	花瓣颜色：白色	果皮颜色：黄棕色
嫩叶颜色：紫绿色	萼片绒毛：有	果面特征：糠秕
老叶颜色：黄绿色	雌雄蕊相对高度：雌高	平均单果重（g）：72.78
叶　　形：长椭圆形	花柱裂位：中裂	种皮颜色：黑色
叶缘特征：平	柱头裂数：2	鲜出籽率（%）：19.68
叶尖形状：渐尖	子房绒毛：有	

高油-长坡镇样优28号

资源编号：440981_006_0140	归属物种：*Camellia gauchowensis* Chang	
资源类型：野生资源（特异单株）	主要用途：油用栽培，遗传育种材料	
保存地点：广东省高州市	保存方式：原地保存、保护	
	性状特征	
资源特点：高产果量		
树　　姿：开张	平均叶长（cm）：8.13	平均叶宽（cm）：3.98
嫩枝绒毛：无	叶基形状：近圆形	果熟日期：10月中旬
芽 绒 毛：有	盛 花 期：11月中旬	果　　形：扁圆球形
芽鳞颜色：玉白色	花瓣颜色：白色	果皮颜色：青色
嫩叶颜色：紫绿色	萼片绒毛：有	果面特征：糠秕
老叶颜色：深绿色	雌雄蕊相对高度：雌高	平均单果重（g）：52.28
叶　　形：椭圆形	花柱裂位：浅裂、中裂	种皮颜色：黑色
叶缘特征：平	柱头裂数：2	鲜出籽率（%）：26.74
叶尖形状：钝尖	子房绒毛：有	

高油-长坡镇样33号

资源编号：440981_006_0141	归属物种：*Camellia gauchowensis* Chang	
资源类型：野生资源（特异单株）	主要用途：油用栽培，遗传育种材料	
保存地点：广东省高州市	保存方式：原地保存、保护	
性状特征		
资源特点：高产果量		
树　　姿：半开张	平均叶长（cm）：9.56	平均叶宽（cm）：3.82
嫩枝绒毛：无	叶基形状：楔形	果熟日期：10月中旬
芽 绒 毛：有	盛 花 期：11月中旬	果　　形：圆球形
芽鳞颜色：玉白色	花瓣颜色：白色	果皮颜色：青色
嫩叶颜色：紫绿色	萼片绒毛：有	果面特征：糠秕
老叶颜色：中绿色	雌雄蕊相对高度：雌高	平均单果重（g）：78.27
叶　　形：椭圆形	花柱裂位：浅裂、中裂	种皮颜色：褐色
叶缘特征：平	柱头裂数：4	鲜出籽率（%）：25.42
叶尖形状：渐尖	子房绒毛：有	

493 高油-长坡镇旺沙优11号

资源编号：440981_006_0144	归属物种：*Camellia gauchowensis* Chang	
资源类型：野生资源（特异单株）	主要用途：油用栽培，遗传育种材料	
保存地点：广东省高州市	保存方式：原地保存、保护	
性状特征		
资源特点：高产果量		
树　　姿：半开张	平均叶长（cm）：10.46	平均叶宽（cm）：4.62
嫩枝绒毛：无	叶基形状：楔形	果熟日期：10月中旬
芽 绒 毛：有	盛 花 期：11月下旬	果　　形：圆球形
芽鳞颜色：玉白色	花瓣颜色：白色	果皮颜色：黄棕色
嫩叶颜色：紫绿色	萼片绒毛：有	果面特征：糠秕
老叶颜色：深绿色	雌雄蕊相对高度：雌高	平均单果重（g）：63.73
叶　　形：椭圆形	花柱裂位：浅裂、中裂	种皮颜色：黑色
叶缘特征：平	柱头裂数：2	鲜出籽率（%）：18.63
叶尖形状：渐尖	子房绒毛：有	

高油-长坡镇旺沙优19号

资源编号：440981_006_0148	归属物种：*Camellia gauchowensis* Chang	
资源类型：野生资源（特异单株）	主要用途：油用栽培，遗传育种材料	
保存地点：广东省高州市	保存方式：原地保存、保护	
	性状特征	
资源特点：高产果量		
树　　姿：开张	平均叶长（cm）：10.04	平均叶宽（cm）：3.78
嫩枝绒毛：无	叶基形状：楔形	果熟日期：10月中旬
芽 绒 毛：有	盛 花 期：11月下旬	果　　形：扁圆球形
芽鳞颜色：玉白色	花瓣颜色：白色	果皮颜色：黄棕色
嫩叶颜色：紫绿色	萼片绒毛：有	果面特征：糠秕
老叶颜色：深绿色	雌雄蕊相对高度：雌高	平均单果重（g）：68.76
叶　　形：长椭圆形	花柱裂位：浅裂、中裂	种皮颜色：黑色、棕褐色
叶缘特征：平	柱头裂数：3	鲜出籽率（%）：25.67
叶尖形状：渐尖	子房绒毛：有	

495 高油-长坡镇旺沙优17号

资源编号：440981_006_0157	归属物种：*Camellia gauchowensis* Chang	
资源类型：野生资源（特异单株）	主要用途：油用栽培，遗传育种材料	
保存地点：广东省高州市	保存方式：原地保存、保护	
	性 状 特 征	
资源特点：高产果量		
树　　姿：半开张	平均叶长（cm）：8.51	平均叶宽（cm）：2.96
嫩枝绒毛：无	叶基形状：楔形	果熟日期：10月中旬
芽 绒 毛：有	盛 花 期：11月上旬	果　　形：扁圆球形
芽鳞颜色：黄绿色	花瓣颜色：白色	果皮颜色：黄棕色
嫩叶颜色：紫绿色	萼片绒毛：无	果面特征：糠秕
老叶颜色：中绿色	雌雄蕊相对高度：雌高	平均单果重（g）：71.29
叶　　形：长椭圆形	花柱裂位：浅裂、中裂	种皮颜色：黑色、棕褐色
叶缘特征：波状	柱头裂数：2	鲜出籽率（%）：27.59
叶尖形状：渐尖	子房绒毛：无	

496

高油-长坡镇林邓优1号

资源编号：440981_006_0158	归属物种：*Camellia gauchowensis* Chang	
资源类型：野生资源（特异单株）	主要用途：油用栽培，遗传育种材料	
保存地点：广东省高州市	保存方式：原地保存、保护	
性状特征		
资源特点：高产果量		
树　　姿：半开张	平均叶长（cm）：7.26	平均叶宽（cm）：3.57
嫩枝绒毛：无	叶基形状：楔形	果熟日期：10月中旬
芽 绒 毛：有	盛 花 期：11月中旬	果　　形：圆球形
芽鳞颜色：玉白色	花瓣颜色：白色	果皮颜色：黄棕色
嫩叶颜色：淡绿色	萼片绒毛：有	果面特征：糠秕
老叶颜色：中绿色	雌雄蕊相对高度：雌高	平均单果重（g）：65.53
叶　　形：椭圆形	花柱裂位：中裂、深裂	种皮颜色：黑色
叶缘特征：平	柱头裂数：2	鲜出籽率（%）：23.16
叶尖形状：钝尖	子房绒毛：有	

497 高油-水口镇1号

资源编号：440983_006_0001	归属物种：*Camellia gauchowensis* Chang	
资源类型：野生资源（特异单株）	主要用途：油用栽培，遗传育种材料	
保存地点：广东省信宜市	保存方式：原地保存、保护	
	性状特征	
资源特点：高产果量		
树　　姿：开张	平均叶长（cm）：7.11	平均叶宽（cm）：2.99
嫩枝绒毛：无	叶基形状：楔形、近圆形	果熟日期：9～10月
芽 绒 毛：有	盛 花 期：12月中下旬	果　　形：扁圆球形
芽鳞颜色：绿色	花瓣颜色：白色	果皮颜色：青色
嫩叶颜色：绿色	萼片绒毛：有	果面特征：光滑
老叶颜色：深绿色	雌雄蕊相对高度：雄高或雌高	平均单果重（g）：34.54
叶　　形：椭圆形	花柱裂位：深裂、中裂	种皮颜色：棕褐色
叶缘特征：平、波状	柱头裂数：3	鲜出籽率（%）：19.40
叶尖形状：渐尖	子房绒毛：有	

高油-水口镇5号

资源编号：440983_006_0005	归属物种：*Camellia gauchowensis* Chang	
资源类型：野生资源（特异单株）	主要用途：油用栽培，遗传育种材料	
保存地点：广东省信宜市	保存方式：原地保存、保护	
	性状特征	
资源特点：高产果量		
树　　姿：开张	平均叶长（cm）：7.20	平均叶宽（cm）：2.75
嫩枝绒毛：无	叶基形状：近圆形、楔形	果熟日期：9～10月
芽 绒 毛：有	盛 花 期：12月中下旬	果　　形：扁圆球形
芽鳞颜色：绿色	花瓣颜色：白色	果皮颜色：青黄色
嫩叶颜色：中绿色	萼片绒毛：有	果面特征：光滑
老叶颜色：中绿色、深绿色	雌雄蕊相对高度：雄高或雌高	平均单果重（g）：48.48
叶　　形：长椭圆形	花柱裂位：中裂、深裂	种皮颜色：棕褐色
叶缘特征：平、波状	柱头裂数：3	鲜出籽率（%）：28.55
叶尖形状：渐尖、钝尖	子房绒毛：有	

高油-水口镇6号

资源编号：440983_006_0006	归属物种：*Camellia gauchowensis* Chang	
资源类型：野生资源（特异单株）	主要用途：油用栽培，遗传育种材料	
保存地点：广东省信宜市	保存方式：原地保存、保护	
性状特征		
资源特点：高产果量		
树　　姿：半开张	平均叶长（cm）：8.44	平均叶宽（cm）：3.80
嫩枝绒毛：无	叶基形状：近圆形、楔形	果熟日期：9～10月
芽 绒 毛：有	盛 花 期：12月中下旬	果　　形：倒卵球形
芽鳞颜色：绿色	花瓣颜色：白色	果皮颜色：青黄色
嫩叶颜色：中绿色	萼片绒毛：有	果面特征：光滑、凹凸
老叶颜色：中绿色、绿色	雌雄蕊相对高度：雌高或雄高	平均单果重（g）：26.72
叶　　形：椭圆形	花柱裂位：深裂、中裂	种皮颜色：褐色、黄棕色
叶缘特征：平、波状	柱头裂数：3	鲜出籽率（%）：27.40
叶尖形状：钝尖、渐尖	子房绒毛：有	

高油-水口镇7号

资源编号：440983_006_0007	归属物种：*Camellia gauchowensis* Chang	
资源类型：野生资源（特异单株）	主要用途：油用栽培，遗传育种材料	
保存地点：广东省信宜市	保存方式：原地保存、保护	
性状特征		
资源特点：高产果量		
树　　姿：开张	平均叶长（cm）：8.43	平均叶宽（cm）：3.34
嫩枝绒毛：无	叶基形状：近圆形、楔形	果熟日期：9～10月
芽 绒 毛：有	盛 花 期：12月中下旬	果　　形：倒卵球形
芽鳞颜色：绿色	花瓣颜色：白色	果皮颜色：青黄色
嫩叶颜色：淡绿色	萼片绒毛：有	果面特征：光滑
老叶颜色：中绿色、绿色、黄绿色	雌雄蕊相对高度：雌高或雄高	平均单果重（g）：28.75
叶　　形：椭圆形	花柱裂位：深裂	种皮颜色：棕褐色
叶缘特征：平、波状	柱头裂数：4	鲜出籽率（%）：20.45
叶尖形状：渐尖、钝尖	子房绒毛：有	

高油-水口镇8号

资源编号：440983_006_0008	归属物种：*Camellia gauchowensis* Chang	
资源类型：野生资源（特异单株）	主要用途：油用栽培，遗传育种材料	
保存地点：广东省信宜市	保存方式：原地保存、保护	
	性状特征	
资源特点：高产果量		
树　　姿：开张	平均叶长（cm）：8.56	平均叶宽（cm）：3.68
嫩枝绒毛：无	叶基形状：楔形、近圆形	果熟日期：9～10月
芽 绒 毛：有	盛 花 期：12月中下旬	果　　形：扁圆球形
芽鳞颜色：绿色	花瓣颜色：白色	果皮颜色：青色
嫩叶颜色：淡绿色	萼片绒毛：有	果面特征：光滑
老叶颜色：中绿色	雌雄蕊相对高度：雌高或雄高	平均单果重（g）：23.62
叶　　形：椭圆形	花柱裂位：浅裂、深裂	种皮颜色：褐色
叶缘特征：波状、平	柱头裂数：3	鲜出籽率（%）：22.57
叶尖形状：渐尖、钝尖	子房绒毛：有	

高油-水口镇9号

资源编号：440983_006_0009	归属物种：*Camellia gauchowensis* Chang	
资源类型：野生资源（特异单株）	主要用途：油用栽培，遗传育种材料	
保存地点：广东省信宜市	保存方式：原地保存、保护	
	性状特征	
资源特点：高产果量		
树　　姿：开张	平均叶长（cm）：8.25	平均叶宽（cm）：3.58
嫩枝绒毛：无	叶基形状：楔形、近圆形	果熟日期：9～10月
芽 绒 毛：有	盛 花 期：12月中下旬	果　　形：圆球形
芽鳞颜色：黄绿色	花瓣颜色：白色	果皮颜色：青黄色
嫩叶颜色：淡绿色	萼片绒毛：有	果面特征：光滑
老叶颜色：绿色、中绿色	雌雄蕊相对高度：雌高或雄高	平均单果重（g）：26.81
叶　　形：椭圆形	花柱裂位：浅裂、中裂、深裂	种皮颜色：棕褐色
叶缘特征：平、波状	柱头裂数：3	鲜出籽率（%）：29.88
叶尖形状：渐尖、圆尖	子房绒毛：有	

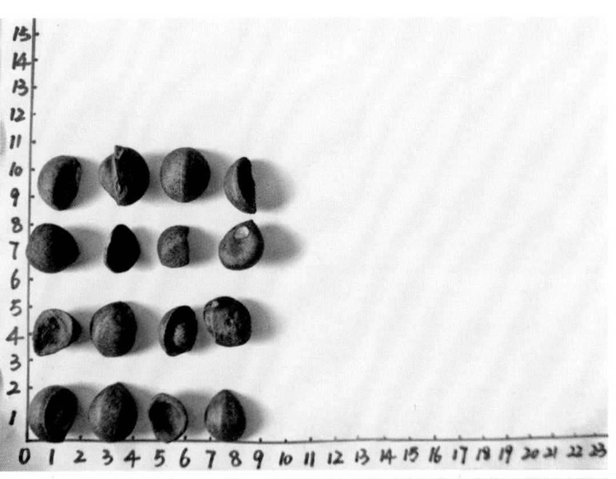

高油-水口镇10号

资源编号：440983_006_0010	归属物种：*Camellia gauchowensis* Chang	
资源类型：野生资源（特异单株）	主要用途：油用栽培，遗传育种材料	
保存地点：广东省信宜市	保存方式：原地保存、保护	
	性状特征	
资源特点：高产果量		
树　　姿：开张	平均叶长（cm）：7.87	平均叶宽（cm）：3.40
嫩枝绒毛：无	叶基形状：近圆形、楔形	果熟日期：9～10月
芽 绒 毛：有	盛 花 期：12月中下旬	果　　形：圆球形
芽鳞颜色：绿色	花瓣颜色：白色	果皮颜色：青黄色
嫩叶颜色：绿色	萼片绒毛：有	果面特征：光滑
老叶颜色：中绿色	雌雄蕊相对高度：雌高或雄高	平均单果重（g）：28.63
叶　　形：椭圆形	花柱裂位：深裂、中裂	种皮颜色：棕褐色
叶缘特征：平、波状	柱头裂数：3	鲜出籽率（%）：24.28
叶尖形状：钝尖、渐尖	子房绒毛：有	

高油-水口镇11号

资源编号：440983_006_0011	归属物种：*Camellia gauchowensis* Chang	
资源类型：野生资源（特异单株）	主要用途：油用栽培，遗传育种材料	
保存地点：广东省信宜市	保存方式：原地保存、保护	
性 状 特 征		
资源特点：高产果量		
树　　姿：开张	平均叶长（cm）：6.64	平均叶宽（cm）：2.93
嫩枝绒毛：无	叶基形状：楔形、近圆形	果熟日期：9～10月
芽 绒 毛：有	盛 花 期：12月中下旬	果　　形：卵球形、扁圆球形
芽鳞颜色：绿色	花瓣颜色：白色	果皮颜色：褐色、黄棕色
嫩叶颜色：绿色	萼片绒毛：有	果面特征：糠秕、光滑
老叶颜色：中绿色	雌雄蕊相对高度：雌高或雄高	平均单果重（g）：37.66
叶　　形：椭圆形	花柱裂位：深裂、中裂	种皮颜色：黑色、棕褐色
叶缘特征：波状、平	柱头裂数：3	鲜出籽率（%）：26.71
叶尖形状：钝尖、圆尖、渐尖	子房绒毛：有	

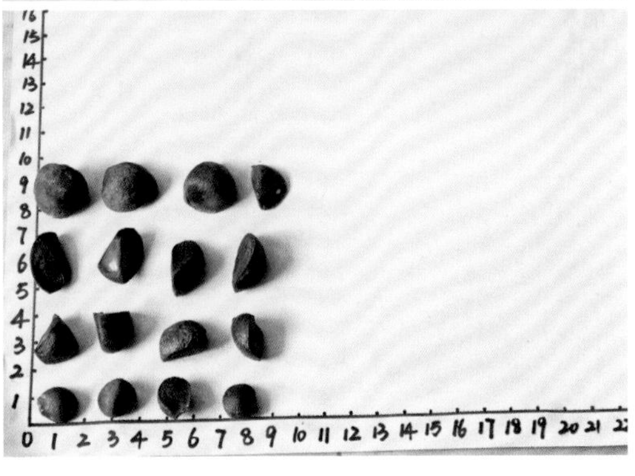

505 高油-水口镇12号

资源编号：440983_006_0012	归属物种：*Camellia gauchowensis* Chang	
资源类型：野生资源（特异单株）	主要用途：油用栽培，遗传育种材料	
保存地点：广东省信宜市	保存方式：原地保存、保护	
性状特征		
资源特点：高产果量		
树　　姿：开张	平均叶长（cm）：7.70	平均叶宽（cm）：3.69
嫩枝绒毛：无	叶基形状：近圆形、楔形	果熟日期：9～10月
芽 绒 毛：有	盛 花 期：12月中下旬	果　　形：卵球形、扁圆球形
芽鳞颜色：绿色	花瓣颜色：白色	果皮颜色：褐色、黄棕色、青色
嫩叶颜色：绿色	萼片绒毛：有	果面特征：糠秕、光滑
老叶颜色：中绿色	雌雄蕊相对高度：雄高或雌高	平均单果重（g）：38.61
叶　　形：椭圆形	花柱裂位：深裂、中裂	种皮颜色：棕褐色、黑色
叶缘特征：波状、平	柱头裂数：3	鲜出籽率（%）：26.88
叶尖形状：钝尖、渐尖、圆尖	子房绒毛：有	

高油-水口镇14号

资源编号：440983_006_0014	归属物种：*Camellia gauchowensis* Chang	
资源类型：野生资源（特异单株）	主要用途：油用栽培，遗传育种材料	
保存地点：广东省信宜市	保存方式：原地保存、保护	
	性 状 特 征	
资源特点：高产果量		
树　　姿：开张	平均叶长（cm）：7.02	平均叶宽（cm）：2.96
嫩枝绒毛：无	叶基形状：近圆形	果熟日期：9～10月
芽 绒 毛：有	盛 花 期：12月中下旬	果　　形：扁圆球形
芽鳞颜色：绿色	花瓣颜色：白色	果皮颜色：褐色、黄棕色
嫩叶颜色：绿色	萼片绒毛：有	果面特征：糠秕
老叶颜色：中绿色	雌雄蕊相对高度：雄高或雌高	平均单果重（g）：35.11
叶　　形：椭圆形	花柱裂位：浅裂、中裂	种皮颜色：褐色
叶缘特征：平	柱头裂数：3	鲜出籽率（%）：29.91
叶尖形状：钝尖	子房绒毛：有	

507

高油-水口镇15号

资源编号：440983_006_0015	归属物种：*Camellia gauchowensis* Chang	
资源类型：野生资源（特异单株）	主要用途：油用栽培，遗传育种材料	
保存地点：广东省信宜市	保存方式：原地保存、保护	
性状特征		
资源特点：高产果量		
树　　姿：半开张	平均叶长（cm）：6.09	平均叶宽（cm）：2.42
嫩枝绒毛：无	叶基形状：楔形、近圆形	果熟日期：9～10月
芽 绒 毛：有	盛 花 期：12月中下旬	果　　形：扁圆球形
芽鳞颜色：绿色	花瓣颜色：白色	果皮颜色：黄棕色
嫩叶颜色：绿色	萼片绒毛：有	果面特征：光滑
老叶颜色：中绿色、黄绿色	雌雄蕊相对高度：雌高或雄高	平均单果重（g）：56.22
叶　　形：椭圆形	花柱裂位：浅裂、中裂、深裂	种皮颜色：褐黑色
叶缘特征：平、波状	柱头裂数：3	鲜出籽率（%）：12.88
叶尖形状：渐尖、圆尖、钝尖	子房绒毛：有	

508 高油-水口镇16号

资源编号：440983_006_0016		归属物种：*Camellia gauchowensis* Chang
资源类型：野生资源（特异单株）		主要用途：油用栽培，遗传育种材料
保存地点：广东省信宜市		保存方式：原地保存、保护
	性 状 特 征	
资源特点：高产果量		
树　　姿：直立	平均叶长（cm）：6.57	平均叶宽（cm）：2.84
嫩枝绒毛：无	叶基形状：楔形、近圆形	果熟日期：9～10月
芽 绒 毛：有	盛 花 期：12月中下旬	果　　形：卵球形、扁圆球形
芽鳞颜色：绿色	花瓣颜色：白色	果皮颜色：黄棕色、褐色
嫩叶颜色：中绿色	萼片绒毛：有	果面特征：光滑、糠秕
老叶颜色：中绿色	雌雄蕊相对高度：雌高或雄高	平均单果重（g）：36.35
叶　　形：椭圆形	花柱裂位：中裂、深裂	种皮颜色：棕褐色、黑色
叶缘特征：平、波状	柱头裂数：3	鲜出籽率（%）：18.93
叶尖形状：钝尖、渐尖、圆尖	子房绒毛：有	

509 高油-水口镇17号

资源编号：440983_006_0017	归属物种：*Camellia gauchowensis* Chang	
资源类型：野生资源（特异单株）	主要用途：油用栽培，遗传育种材料	
保存地点：广东省信宜市	保存方式：原地保存、保护	
	性状特征	
资源特点：高产果量		
树　　姿：开张	平均叶长（cm）：6.94	平均叶宽（cm）：3.30
嫩枝绒毛：无	叶基形状：近圆形、楔形	果熟日期：9～10月
芽 绒 毛：有	盛 花 期：12月中下旬	果　　形：扁圆球形、卵球形
芽鳞颜色：绿色	花瓣颜色：白色	果皮颜色：黄棕色、褐色
嫩叶颜色：中绿色	萼片绒毛：有	果面特征：糠秕、光滑
老叶颜色：中绿色	雌雄蕊相对高度：雌高或雄高	平均单果重（g）：49.69
叶　　形：椭圆形	花柱裂位：深裂、中裂	种皮颜色：棕色、棕褐色
叶缘特征：波状、平	柱头裂数：3	鲜出籽率（%）：19.08
叶尖形状：钝尖、渐尖	子房绒毛：有	

高油-水口镇18号

资源编号：440983_006_0018	归属物种：*Camellia gauchowensis* Chang	
资源类型：野生资源（特异单株）	主要用途：油用栽培，遗传育种材料	
保存地点：广东省信宜市	保存方式：原地保存、保护	
	性状特征	
资源特点：高产果量		
树　　姿：开张	平均叶长（cm）：7.90	平均叶宽（cm）：3.49
嫩枝绒毛：无	叶基形状：楔形、近圆形	果熟日期：9～10月
芽 绒 毛：有	盛 花 期：12月中下旬	果　　形：扁圆球形、圆球形
芽鳞颜色：绿色	花瓣颜色：白色	果皮颜色：黄棕色、褐色
嫩叶颜色：绿色	萼片绒毛：有	果面特征：糠秕、光滑
老叶颜色：中绿色	雌雄蕊相对高度：雌高或雄高	平均单果重（g）：45.23
叶　　形：椭圆形	花柱裂位：浅裂、深裂、中裂	种皮颜色：棕褐色、棕色
叶缘特征：波状、平	柱头裂数：3	鲜出籽率（%）：22.64
叶尖形状：钝尖、渐尖	子房绒毛：有	

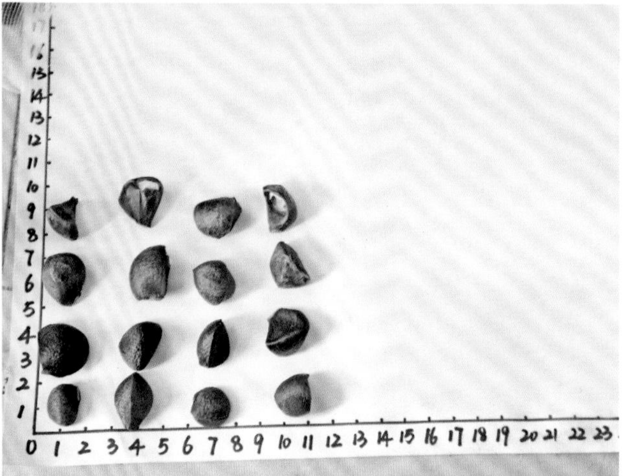

511 高油-水口镇19号

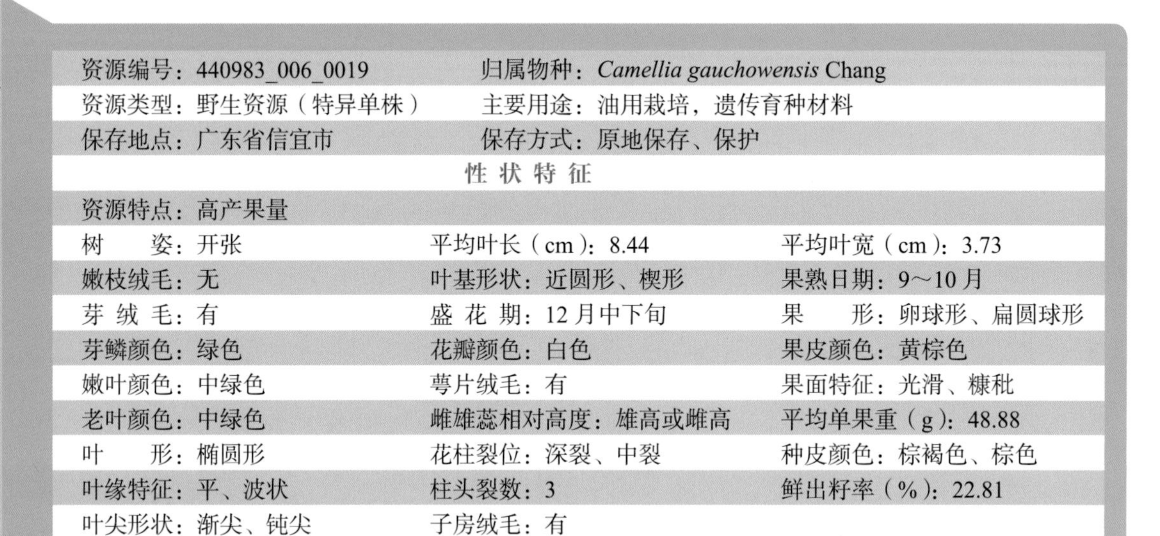

资源编号：440983_006_0019	归属物种：*Camellia gauchowensis* Chang	
资源类型：野生资源（特异单株）	主要用途：油用栽培，遗传育种材料	
保存地点：广东省信宜市	保存方式：原地保存、保护	
性状特征		
资源特点：高产果量		
树　　姿：开张	平均叶长（cm）：8.44	平均叶宽（cm）：3.73
嫩枝绒毛：无	叶基形状：近圆形、楔形	果熟日期：9～10月
芽 绒 毛：有	盛 花 期：12月中下旬	果　　形：卵球形、扁圆球形
芽鳞颜色：绿色	花瓣颜色：白色	果皮颜色：黄棕色
嫩叶颜色：中绿色	萼片绒毛：有	果面特征：光滑、糠秕
老叶颜色：中绿色	雌雄蕊相对高度：雄高或雌高	平均单果重（g）：48.88
叶　　形：椭圆形	花柱裂位：深裂、中裂	种皮颜色：棕褐色、棕色
叶缘特征：平、波状	柱头裂数：3	鲜出籽率（%）：22.81
叶尖形状：渐尖、钝尖	子房绒毛：有	

512 高油-水口镇20号

资源编号：440983_006_0020	归属物种：*Camellia gauchowensis* Chang	
资源类型：野生资源（特异单株）	主要用途：油用栽培，遗传育种材料	
保存地点：广东省信宜市	保存方式：原地保存、保护	
性状特征		
资源特点：高产果量		
树　　姿：开张	平均叶长（cm）：8.15	平均叶宽（cm）：3.35
嫩枝绒毛：无	叶基形状：楔形、近圆形	果熟日期：9～10月
芽 绒 毛：有	盛 花 期：12月中下旬	果　　形：扁圆球形、卵球形
芽鳞颜色：绿色	花瓣颜色：白色	果皮颜色：青色、褐色、黄棕色
嫩叶颜色：中绿色	萼片绒毛：有	果面特征：糠秕、光滑
老叶颜色：中绿色	雌雄蕊相对高度：雌高或雄高	平均单果重（g）：37.70
叶　　形：椭圆形	花柱裂位：深裂、中裂、浅裂	种皮颜色：棕褐色、棕色
叶缘特征：平、波状	柱头裂数：3	鲜出籽率（%）：16.66
叶尖形状：渐尖、钝尖、圆尖	子房绒毛：有	

高油-水口镇21号

资源编号：440983_006_0021	归属物种：*Camellia gauchowensis* Chang	
资源类型：野生资源（特异单株）	主要用途：油用栽培，遗传育种材料	
保存地点：广东省信宜市	保存方式：原地保存、保护	
性状特征		
资源特点：高产果量		
树　　姿：半开张	平均叶长（cm）：7.91	平均叶宽（cm）：3.37
嫩枝绒毛：无	叶基形状：近圆形、楔形	果熟日期：9～10月
芽 绒 毛：有	盛 花 期：12月中下旬	果　　形：卵球形、扁圆球形
芽鳞颜色：绿色	花瓣颜色：白色	果皮颜色：黄棕色、褐色
嫩叶颜色：绿色	萼片绒毛：有	果面特征：糠秕
老叶颜色：中绿色	雌雄蕊相对高度：雄高或雌高	平均单果重（g）：44.91
叶　　形：椭圆形	花柱裂位：深裂、浅裂、中裂	种皮颜色：棕褐色
叶缘特征：平、波状	柱头裂数：3	鲜出籽率（%）：25.43
叶尖形状：渐尖、钝尖	子房绒毛：有	

高油-水口镇22号

资源编号：440983_006_0022	归属物种：*Camellia gauchowensis* Chang	
资源类型：野生资源（特异单株）	主要用途：油用栽培，遗传育种材料	
保存地点：广东省信宜市	保存方式：原地保存、保护	
性状特征		
资源特点：高产果量		
树　　姿：开张	平均叶长（cm）：8.55	平均叶宽（cm）：3.75
嫩枝绒毛：无	叶基形状：近圆形、楔形	果熟日期：9～10月
芽 绒 毛：有	盛 花 期：12月中下旬	果　　形：卵球形、扁圆球形
芽鳞颜色：绿色	花瓣颜色：白色	果皮颜色：黄棕色、褐色
嫩叶颜色：绿色	萼片绒毛：有	果面特征：糠秕、光滑
老叶颜色：中绿色	雌雄蕊相对高度：雄高或雌高	平均单果重（g）：55.62
叶　　形：椭圆形	花柱裂位：深裂、浅裂、中裂	种皮颜色：黑色、棕褐色
叶缘特征：平、波状	柱头裂数：3	鲜出籽率（%）：25.06
叶尖形状：渐尖、钝尖	子房绒毛：有	

515 高油-水口镇23号

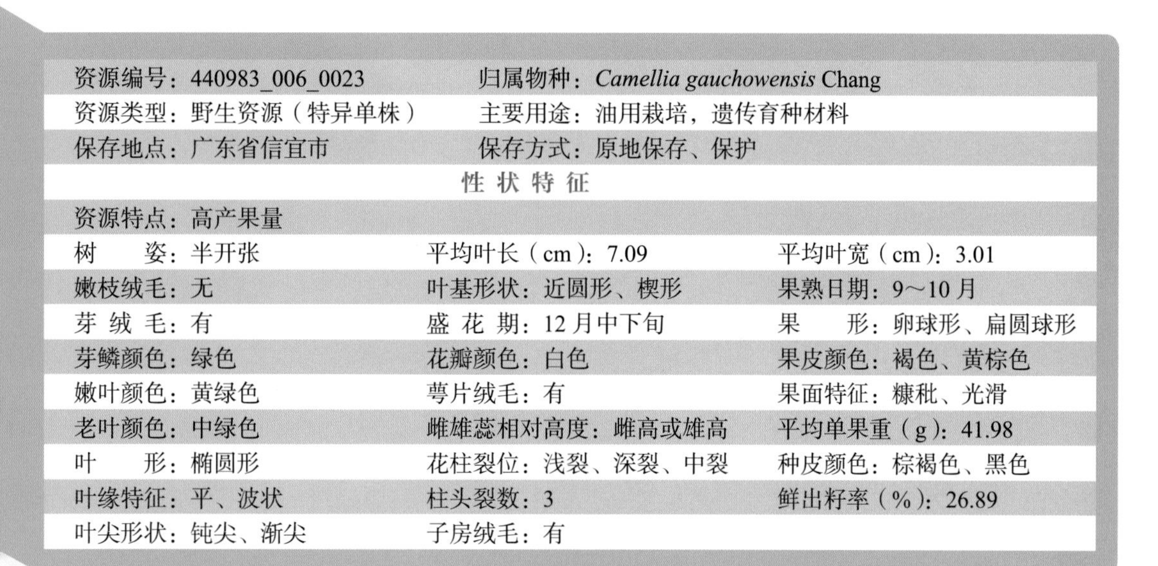

资源编号：440983_006_0023	归属物种：*Camellia gauchowensis* Chang	
资源类型：野生资源（特异单株）	主要用途：油用栽培，遗传育种材料	
保存地点：广东省信宜市	保存方式：原地保存、保护	
性状特征		
资源特点：高产果量		
树　　姿：半开张	平均叶长（cm）：7.09	平均叶宽（cm）：3.01
嫩枝绒毛：无	叶基形状：近圆形、楔形	果熟日期：9～10月
芽 绒 毛：有	盛 花 期：12月中下旬	果　　形：卵球形、扁圆球形
芽鳞颜色：绿色	花瓣颜色：白色	果皮颜色：褐色、黄棕色
嫩叶颜色：黄绿色	萼片绒毛：有	果面特征：糠秕、光滑
老叶颜色：中绿色	雌雄蕊相对高度：雌高或雄高	平均单果重（g）：41.98
叶　　形：椭圆形	花柱裂位：浅裂、深裂、中裂	种皮颜色：棕褐色、黑色
叶缘特征：平、波状	柱头裂数：3	鲜出籽率（%）：26.89
叶尖形状：钝尖、渐尖	子房绒毛：有	

高油-水口镇24号

资源编号：440983_006_0024	归属物种：*Camellia gauchowensis* Chang	
资源类型：野生资源（特异单株）	主要用途：油用栽培，遗传育种材料	
保存地点：广东省信宜市	保存方式：原地保存、保护	
	性状特征	
资源特点：高产果量		
树　　姿：半开张	平均叶长（cm）：7.45	平均叶宽（cm）：3.01
嫩枝绒毛：无	叶基形状：近圆形、楔形	果熟日期：9～10月
芽 绒 毛：有	盛 花 期：12月中下旬	果　　形：卵球形
芽鳞颜色：绿色	花瓣颜色：白色	果皮颜色：褐色、黄棕色
嫩叶颜色：中绿色	萼片绒毛：有	果面特征：糠秕、光滑
老叶颜色：中绿色	雌雄蕊相对高度：雄高或雌高	平均单果重（g）：40.43
叶　　形：椭圆形	花柱裂位：深裂、浅裂、中裂	种皮颜色：棕褐色、棕色
叶缘特征：平、波状	柱头裂数：3	鲜出籽率（%）：26.49
叶尖形状：渐尖、钝尖	子房绒毛：有	

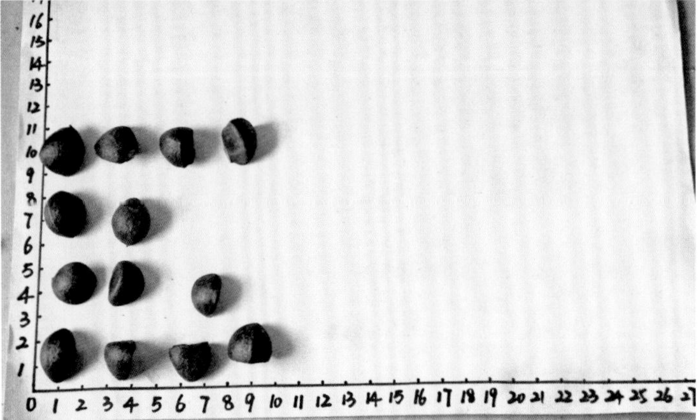

高油-水口镇25号

资源编号：440983_006_0025	归属物种：*Camellia gauchowensis* Chang	
资源类型：野生资源（特异单株）	主要用途：油用栽培，遗传育种材料	
保存地点：广东省信宜市	保存方式：原地保存、保护	
	性 状 特 征	
资源特点：高产果量		
树　　姿：开张	平均叶长（cm）：7.60	平均叶宽（cm）：3.23
嫩枝绒毛：无	叶基形状：近圆形、楔形	果熟日期：9～10月
芽 绒 毛：有	盛 花 期：12月中下旬	果　　形：卵球形
芽鳞颜色：绿色	花瓣颜色：白色	果皮颜色：黄棕色、褐色、青色
嫩叶颜色：中绿色	萼片绒毛：有	果面特征：糠秕、光滑
老叶颜色：中绿色	雌雄蕊相对高度：雌高或雄高	平均单果重（g）：38.63
叶　　形：椭圆形	花柱裂位：深裂、浅裂	种皮颜色：棕褐色、黑色
叶缘特征：平、波状	柱头裂数：3	鲜出籽率（%）：29.98
叶尖形状：钝尖、渐尖	子房绒毛：有	

高油-水口镇26号

资源编号：440983_006_0026	归属物种：*Camellia gauchowensis* Chang	
资源类型：野生资源（特异单株）	主要用途：油用栽培，遗传育种材料	
保存地点：广东省信宜市	保存方式：原地保存、保护	
	性 状 特 征	
资源特点：高产果量		
树　　姿：开张	平均叶长（cm）：7.19	平均叶宽（cm）：3.17
嫩枝绒毛：无	叶基形状：近圆形、楔形	果熟日期：9～10月
芽 绒 毛：有	盛 花 期：12月中下旬	果　　形：卵球形、扁圆球形
芽鳞颜色：绿色	花瓣颜色：白色	果皮颜色：黄棕色、褐色、青色
嫩叶颜色：中绿色	萼片绒毛：有	果面特征：糠秕、光滑
老叶颜色：中绿色	雌雄蕊相对高度：雌高或雄高	平均单果重（g）：25.16
叶　　形：椭圆形	花柱裂位：深裂、浅裂、中裂	种皮颜色：棕褐色、黑色
叶缘特征：平、波状	柱头裂数：3	鲜出籽率（%）：19.36
叶尖形状：钝尖、渐尖	子房绒毛：有	

519

高油-水口镇27号

资源编号：440983_006_0027		归属物种：*Camellia gauchowensis* Chang
资源类型：野生资源（特异单株）		主要用途：油用栽培，遗传育种材料
保存地点：广东省信宜市		保存方式：原地保存、保护
	性状特征	
资源特点：高产果量		
树　　姿：开张	平均叶长（cm）：8.00	平均叶宽（cm）：3.53
嫩枝绒毛：无	叶基形状：近圆形、楔形	果熟日期：9～10月
芽 绒 毛：有	盛 花 期：12月中下旬	果　　形：扁圆球形、球形
芽鳞颜色：绿色	花瓣颜色：白色	果皮颜色：黄棕色、青色
嫩叶颜色：中绿色	萼片绒毛：有	果面特征：糠秕、光滑
老叶颜色：中绿色	雌雄蕊相对高度：雄高或雌高	平均单果重（g）：31.01
叶　　形：椭圆形	花柱裂位：深裂、中裂、浅裂	种皮颜色：黑色、棕褐色
叶缘特征：平、波状	柱头裂数：3	鲜出籽率（%）：23.57
叶尖形状：钝尖、渐尖	子房绒毛：有	

高油-水口镇28号

资源编号：440983_006_0028	归属物种：*Camellia gauchowensis* Chang	
资源类型：野生资源（特异单株）	主要用途：油用栽培，遗传育种材料	
保存地点：广东省信宜市	保存方式：原地保存、保护	
性状特征		
资源特点：高产果量		
树　　姿：开张	平均叶长（cm）：8.54	平均叶宽（cm）：3.57
嫩枝绒毛：无	叶基形状：近圆形、楔形	果熟日期：9～10月
芽 绒 毛：有	盛 花 期：12月中下旬	果　　形：圆球形、扁圆球形
芽鳞颜色：绿色	花瓣颜色：白色	果皮颜色：黄棕色、褐色
嫩叶颜色：中绿色	萼片绒毛：有	果面特征：糠秕、光滑
老叶颜色：中绿色	雌雄蕊相对高度：雄高或雌高	平均单果重（g）：43.23
叶　　形：椭圆形	花柱裂位：中裂、深裂、浅裂	种皮颜色：棕褐色、黑色
叶缘特征：平	柱头裂数：3	鲜出籽率（%）：27.92
叶尖形状：渐尖、钝尖	子房绒毛：有	

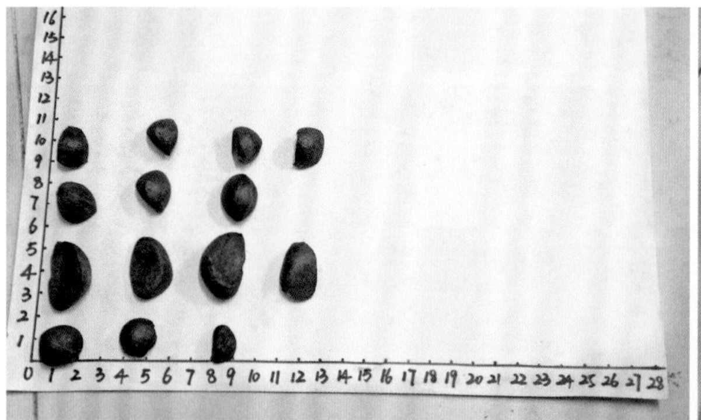

高油-水口镇29号

资源编号：440983_006_0029	归属物种：*Camellia gauchowensis* Chang	
资源类型：野生资源（特异单株）	主要用途：油用栽培，遗传育种材料	
保存地点：广东省信宜市	保存方式：原地保存、保护	
	性 状 特 征	
资源特点：高产果量		
树　　姿：开张	平均叶长（cm）：7.90	平均叶宽（cm）：3.62
嫩枝绒毛：无	叶基形状：近圆形、楔形	果熟日期：9～10月
芽 绒 毛：有	盛 花 期：12月中下旬	果　　形：扁圆球形
芽鳞颜色：绿色	花瓣颜色：白色	果皮颜色：黄棕色、青色、褐色
嫩叶颜色：中绿色	萼片绒毛：有	果面特征：糠秕、光滑
老叶颜色：中绿色	雌雄蕊相对高度：雌高或雄高	平均单果重（g）：58.64
叶　　形：椭圆形	花柱裂位：深裂、中裂、浅裂	种皮颜色：棕褐色、黑色
叶缘特征：平、波状	柱头裂数：3	鲜出籽率（%）：29.55
叶尖形状：钝尖、渐尖	子房绒毛：有	

高油-水口镇30号

资源编号：440983_006_0030	归属物种：*Camellia gauchowensis* Chang	
资源类型：野生资源（特异单株）	主要用途：油用栽培，遗传育种材料	
保存地点：广东省信宜市	保存方式：原地保存、保护	
	性状特征	
资源特点：高产果量		
树　　姿：开张	平均叶长（cm)：8.13	平均叶宽（cm)：3.59
嫩枝绒毛：无	叶基形状：近圆形、楔形	果熟日期：9～10月
芽 绒 毛：有	盛 花 期：12月中下旬	果　　形：卵球形
芽鳞颜色：绿色	花瓣颜色：白色	果皮颜色：褐色、黄棕色、青色
嫩叶颜色：中绿色	萼片绒毛：有	果面特征：糠秕、光滑
老叶颜色：中绿色	雌雄蕊相对高度：雄高或雌高	平均单果重（g)：47.64
叶　　形：椭圆形	花柱裂位：深裂、浅裂、中裂	种皮颜色：黑色、棕褐色
叶缘特征：平、波状	柱头裂数：3	鲜出籽率（%)：29.68
叶尖形状：渐尖、钝尖	子房绒毛：有	

523

高油–地派镇G4号

资源编号：441324_006_0001	归属物种：*Camellia gauchowensis* Chang	
资源类型：野生资源（特异单株）	主要用途：油用、观赏栽培，遗传育种材料	
保存地点：广东省龙门县	保存方式：原地保存、保护	
性状特征		
资源特点：高产果量		
树　　姿：直立	平均叶长（cm）：7.33	平均叶宽（cm）：3.43
嫩枝绒毛：无	叶基形状：楔形	果熟日期：10月上旬
芽 绒 毛：有	盛 花 期：11月中旬	果　　形：圆球形
芽鳞颜色：黄绿色	花瓣颜色：白色	果皮颜色：黄棕色
嫩叶颜色：中绿色	萼片绒毛：有	果面特征：糠秕
老叶颜色：深绿色	雌雄蕊相对高度：雌高	平均单果重（g）：59.52
叶　　形：椭圆形	花柱裂位：深裂	种皮颜色：棕褐色
叶缘特征：波状	柱头裂数：4	鲜出籽率（%）：22.78
叶尖形状：钝尖、渐尖	子房绒毛：有	

高油－连平林科所1号

资源编号：441623_006_0001	归属物种：*Camellia gauchowensis* Chang	
资源类型：野生资源（特异单株）	主要用途：油用栽培，遗传育种材料	
保存地点：广东省连平县	保存方式：原地保存、保护	
性状特征		
资源特点：高产果量		
树　　姿：半开张	平均叶长（cm）：6.14	平均叶宽（cm）：3.23
嫩枝绒毛：无	叶基形状：近圆形、楔形	果熟日期：10月中下旬
芽 绒 毛：有	盛 花 期：11月下旬	果　　形：扁圆球形
芽鳞颜色：黄绿色	花瓣颜色：白色	果皮颜色：青色
嫩叶颜色：绿色	萼片绒毛：有	果面特征：糠秕
老叶颜色：中绿色、黄绿色	雌雄蕊相对高度：雌高	平均单果重（g）：62.51
叶　　形：近圆形、椭圆形	花柱裂位：中裂、浅裂	种皮颜色：褐色
叶缘特征：平	柱头裂数：3	鲜出籽率（%）：24.11
叶尖形状：渐尖	子房绒毛：有	

高油-连平林科所3号

资源编号：441623_006_0003	归属物种：*Camellia gauchowensis* Chang	
资源类型：野生资源（特异单株）	主要用途：油用栽培，遗传育种材料	
保存地点：广东省连平县	保存方式：原地保存、保护	
	性 状 特 征	
资源特点：高产果量		
树　　姿：半开张	平均叶长（cm）：8.39	平均叶宽（cm）：3.89
嫩枝绒毛：无	叶基形状：楔形、近圆形	果熟日期：10月中下旬
芽 绒 毛：有	盛 花 期：11月下旬	果　　形：扁圆球形
芽鳞颜色：黄绿色	花瓣颜色：白色	果皮颜色：青色
嫩叶颜色：绿色	萼片绒毛：有	果面特征：糠秕
老叶颜色：中绿色	雌雄蕊相对高度：雌高	平均单果重（g）：39.79
叶　　形：椭圆形、近圆形	花柱裂位：浅裂、中裂	种皮颜色：白色
叶缘特征：波状	柱头裂数：3	鲜出籽率（%）：25.76
叶尖形状：渐尖	子房绒毛：有	

526

高油-溪山镇2号

资源编号：441623_006_0012	归属物种：*Camellia gauchowensis* Chang	
资源类型：野生资源（特异单株）	主要用途：油用栽培，遗传育种材料	
保存地点：广东省连平县	保存方式：原地保存、保护	
性状特征		
资源特点：高产果量		
树　　姿：半开张	平均叶长（cm）：8.31	平均叶宽（cm）：4.02
嫩枝绒毛：无	叶基形状：楔形	果熟日期：11月上旬
芽 绒 毛：有	盛 花 期：11月下旬	果　　形：扁圆球形
芽鳞颜色：黄绿色	花瓣颜色：白色	果皮颜色：青色
嫩叶颜色：绿色	萼片绒毛：有	果面特征：光滑
老叶颜色：中绿色	雌雄蕊相对高度：雄高	平均单果重（g）：40.99
叶　　形：椭圆形、近圆形	花柱裂位：中裂、浅裂	种皮颜色：黑色
叶缘特征：平	柱头裂数：3	鲜出籽率（%）：24.96
叶尖形状：钝尖	子房绒毛：有	

高油-溪山镇4号

资源编号：441623_006_0014	归属物种：*Camellia gauchowensis* Chang	
资源类型：野生资源（特异单株）	主要用途：油用栽培，遗传育种材料	
保存地点：广东省连平县	保存方式：原地保存、保护	
性状特征		
资源特点：高产果量		
树　　姿：半开张	平均叶长（cm）：7.60	平均叶宽（cm）：4.39
嫩枝绒毛：无	叶基形状：近圆形、楔形	果熟日期：11月上旬
芽 绒 毛：有	盛 花 期：11月下旬	果　　形：扁圆球形
芽鳞颜色：黄绿色	花瓣颜色：白色	果皮颜色：青色
嫩叶颜色：绿色	萼片绒毛：有	果面特征：光滑
老叶颜色：中绿色	雌雄蕊相对高度：雄高	平均单果重（g）：76.16
叶　　形：近圆形、椭圆形	花柱裂位：中裂、浅裂	种皮颜色：白色
叶缘特征：平	柱头裂数：3	鲜出籽率（%）：28.34
叶尖形状：渐尖	子房绒毛：有	

528 高油-白沙镇YJ13号

资源编号：441702_006_0006	归属物种：*Camellia gauchowensis* Chang	
资源类型：野生资源（特异单株）	主要用途：油用栽培，遗传育种材料	
保存地点：广东省阳江市江城区	保存方式：原地保存、保护	
	性状特征	
资源特点：高产果量		
树　　姿：直立	平均叶长（cm）：6.82	平均叶宽（cm）：2.92
嫩枝绒毛：无	叶基形状：楔形	果熟日期：10月上旬
芽 绒 毛：有	盛 花 期：12月中旬	果　　形：扁圆球形
芽鳞颜色：浅绿色	花瓣颜色：白色	果皮颜色：青色、黄棕色
嫩叶颜色：黄绿色	萼片绒毛：有	果面特征：糠秕
老叶颜色：深绿色	雌雄蕊相对高度：雄高或雌高	平均单果重（g）：42.29
叶　　形：椭圆形	花柱裂位：浅裂、中裂	种皮颜色：褐色
叶缘特征：平	柱头裂数：3	鲜出籽率（%）：26.74
叶尖形状：渐尖	子房绒毛：有	

529 高油-白沙镇YJ19号

资源编号：441702_006_0007	归属物种：*Camellia gauchowensis* Chang	
资源类型：野生资源（特异单株）	主要用途：油用栽培，遗传育种材料	
保存地点：广东省阳江市江城区	保存方式：原地保存、保护	
	性状特征	
资源特点：高产果量		
树　　姿：半开张	平均叶长（cm）：9.72	平均叶宽（cm）：3.64
嫩枝绒毛：无	叶基形状：楔形	果熟日期：10月上旬
芽 绒 毛：有	盛 花 期：12月中旬	果　　形：倒卵球形、扁圆球形
芽鳞颜色：浅绿色	花瓣颜色：白色	果皮颜色：青色
嫩叶颜色：黄绿色	萼片绒毛：有	果面特征：糠秕
老叶颜色：深绿色	雌雄蕊相对高度：雄高	平均单果重（g）：56.97
叶　　形：长椭圆形	花柱裂位：浅裂	种皮颜色：褐色
叶缘特征：波状、平	柱头裂数：3	鲜出籽率（%）：29.49
叶尖形状：渐尖	子房绒毛：有	

高油-白沙镇YJ22号

资源编号：441702_006_0009	归属物种：*Camellia gauchowensis* Chang	
资源类型：野生资源（特异单株）	主要用途：油用栽培，遗传育种材料	
保存地点：广东省阳江市江城区	保存方式：原地保存、保护	
性状特征		
资源特点：高产果量		
树　　姿：半开张	平均叶长（cm）：8.64	平均叶宽（cm）：3.71
嫩枝绒毛：无	叶基形状：近圆形、楔形	果熟日期：10月上旬
芽 绒 毛：有	盛 花 期：12月中旬	果　　形：扁圆球形
芽鳞颜色：浅绿色	花瓣颜色：白色	果皮颜色：青色
嫩叶颜色：黄绿色	萼片绒毛：有	果面特征：糠秕
老叶颜色：中绿色	雌雄蕊相对高度：雌高	平均单果重（g）：37.51
叶　　形：椭圆形	花柱裂位：深裂	种皮颜色：褐色
叶缘特征：平	柱头裂数：3	鲜出籽率（%）：28.74
叶尖形状：渐尖、钝尖	子房绒毛：有	

3. 浙江红山茶 *Camellia chekiangoleosa* Hu

（1）具高产果量、大果、高出籽率、高含油率、高油酸资源

531 浙江红山茶-遂昌优株23号

资源编号：331123_102_0023	归属物种：*Camellia chekiangoleosa* Hu	
资源类型：野生资源（特异单株）	主要用途：油用栽培，遗传育种材料	
保存地点：浙江省遂昌县	保存方式：原地保存、保护	
性状特征		
资源特点：高产果量，大果，高出籽率，高含油率，高油酸		
树　　姿：半开张	盛 花 期：3月上旬	果面特征：光滑
嫩枝绒毛：无	花瓣颜色：红色	平均单果重（g）：105.47
芽鳞颜色：黄绿色	萼片绒毛：有	鲜出籽率（%）：26.07
芽 绒 毛：无	雌雄蕊相对高度：等高	种皮颜色：黑色
嫩叶颜色：中绿色	花柱裂位：浅裂	种仁含油率（%）：57.38
老叶颜色：深绿色	柱头裂数：3或4	
叶　　形：长椭圆形	子房绒毛：无	油酸含量（%）：86.01
叶缘特征：平	果熟日期：8月下旬	亚油酸含量（%）：2.92
叶尖形状：渐尖	果　　形：卵球形	亚麻酸含量（%）：0.18
叶基形状：楔形	果皮颜色：青色	硬脂酸含量（%）：2.73
平均叶长（cm）：9.71	平均叶宽（cm）：3.84	棕榈酸含量（%）：7.77

（2）具高产果量、高出籽率、高含油率、高油酸资源

532 浙江红山茶-青田优株12号

资源编号：331121_102_0012	归属物种：*Camellia chekiangoleosa* Hu	
资源类型：野生资源（特异单株）	主要用途：油用栽培，遗传育种材料	
保存地点：浙江省青田县	保存方式：原地保存、保护	
性状特征		
资源特点：高产果量，高出籽率，高含油率，高油酸		
树　　姿：半开张	盛花期：3月上中旬	果面特征：光滑
嫩枝绒毛：无	花瓣颜色：红色	平均单果重（g）：62.89
芽鳞颜色：黄色	萼片绒毛：有	鲜出籽率（%）：25.60
芽绒毛：无	雌雄蕊相对高度：雌高	种皮颜色：黑色
嫩叶颜色：黄绿色	花柱裂位：浅裂	种仁含油率（%）：63.44
老叶颜色：深绿色	柱头裂数：4	
叶　　形：椭圆形	子房绒毛：无	油酸含量（%）：85.94
叶缘特征：平	果熟日期：8月下旬至9月上旬	亚油酸含量（%）：3.68
叶尖形状：渐尖	果　　形：卵球形	亚麻酸含量（%）：0.16
叶基形状：楔形	果皮颜色：红色	硬脂酸含量（%）：2.37
平均叶长（cm）：11.14	平均叶宽（cm）：5.97	棕榈酸含量（%）：7.23

533

浙江红山茶-青田优株35号

资源编号：331121_102_0035	归属物种：*Camellia chekiangoleosa* Hu	
资源类型：野生资源（特异单株）	主要用途：油用栽培，遗传育种材料	
保存地点：浙江省青田县	保存方式：原地保存、保护	
性状特征		
资源特点：高产果量，高出籽率，高含油率，高油酸		
树　　姿：半开张	盛 花 期：3月上中旬	果面特征：光滑
嫩枝绒毛：无	花瓣颜色：红色	平均单果重（g）：51.78
芽鳞颜色：黄绿色	萼片绒毛：有	鲜出籽率（%）：31.07
芽 绒 毛：无	雌雄蕊相对高度：雌高	种皮颜色：褐色
嫩叶颜色：黄绿色	花柱裂位：浅裂	种仁含油率（%）：55.76
老叶颜色：深绿色	柱头裂数：3	
叶　　形：椭圆形	子房绒毛：无	油酸含量（%）：85.39
叶缘特征：平	果熟日期：8月下旬至9月上旬	亚油酸含量（%）：3.84
叶尖形状：渐尖	果　　形：卵球形	亚麻酸含量（%）：0.15
叶基形状：楔形	果皮颜色：青色	硬脂酸含量（%）：2.53
平均叶长（cm）：10.70	平均叶宽（cm）：4.81	棕榈酸含量（%）：7.48

浙江红山茶-缙云优株10号

资源编号：331122_102_0010	归属物种：*Camellia chekiangoleosa* Hu	
资源类型：野生资源（特异单株）	主要用途：油用栽培，遗传育种材料	
保存地点：浙江省缙云县	保存方式：原地保存、保护	
性状特征		
资源特点：高产果量，高出籽率，高含油率，高油酸		
树　　姿：半开张	盛 花 期：3月上中旬	果面特征：光滑
嫩枝绒毛：无	花瓣颜色：红色	平均单果重（g）：54.51
芽鳞颜色：绿色	萼片绒毛：有	鲜出籽率（%）：31.76
芽 绒 毛：无	雌雄蕊相对高度：雌高	种皮颜色：黑色
嫩叶颜色：绿色	花柱裂位：浅裂	种仁含油率（%）：59.18
老叶颜色：中绿色	柱头裂数：3	
叶　　形：椭圆形	子房绒毛：无	油酸含量（%）：85.09
叶缘特征：平	果熟日期：8月下旬至9月上旬	亚油酸含量（%）：4.45
叶尖形状：渐尖	果　　形：扁圆球形	亚麻酸含量（%）：0.20
叶基形状：楔形	果皮颜色：青色	硬脂酸含量（%）：2.05
平均叶长（cm）：13.11	平均叶宽（cm）：5.89	棕榈酸含量（%）：7.40

(3)具高产果量、大果、高含油率资源

浙江红山茶-青田优株39号

资源编号：331121_102_0039	归属物种：*Camellia chekiangoleosa* Hu	
资源类型：野生资源（特异单株）	主要用途：油用栽培，遗传育种材料	
保存地点：浙江省青田县	保存方式：原地保存、保护	
性 状 特 征		
资源特点：高产果量，大果，高含油率		
树　　姿：半开张	盛 花 期：3月上中旬	果面特征：光滑
嫩枝绒毛：无	花瓣颜色：红色	平均单果重（g）：105.56
芽鳞颜色：绿色	萼片绒毛：有	鲜出籽率（%）：17.54
芽 绒 毛：无	雌雄蕊相对高度：雌高	种皮颜色：棕色
嫩叶颜色：黄绿色	花柱裂位：浅裂	种仁含油率（%）：57.37
老叶颜色：深绿色	柱头裂数：4	
叶　　形：椭圆形	子房绒毛：无	油酸含量（%）：81.24
叶缘特征：平	果熟日期：8月下旬至9月上旬	亚油酸含量（%）：6.85
叶尖形状：渐尖	果　　形：卵球形	亚麻酸含量（%）：0.25
叶基形状：近圆形	果皮颜色：青色	硬脂酸含量（%）：2.18
平均叶长（cm）：10.96	平均叶宽（cm）：4.82	棕榈酸含量（%）：8.84

536

浙江红山茶-遂昌优株3号

资源编号：331123_102_0003	归属物种：*Camellia chekiangoleosa* Hu	
资源类型：野生资源（特异单株）	主要用途：油用栽培，遗传育种材料	
保存地点：浙江省遂昌县	保存方式：原地保存、保护	
性状特征		
资源特点：高产果量，大果，高含油率		
树　　姿：开张	盛 花 期：3月上旬	果面特征：光滑
嫩枝绒毛：无	花瓣颜色：红色	平均单果重（g）：119.80
芽鳞颜色：黄绿色	萼片绒毛：有	鲜出籽率（%）：13.42
芽 绒 毛：无	雌雄蕊相对高度：等高	种皮颜色：棕色
嫩叶颜色：中绿色	花柱裂位：浅裂	种仁含油率（%）：61.20
老叶颜色：深绿色	柱头裂数：3	
叶　　形：长椭圆形	子房绒毛：无	油酸含量（%）：82.76
叶缘特征：平	果熟日期：8月下旬	亚油酸含量（%）：4.21
叶尖形状：钝尖	果　　形：圆球形	亚麻酸含量（%）：0.16
叶基形状：楔形	果皮颜色：青色	硬脂酸含量（%）：2.98
平均叶长（cm）：12.64	平均叶宽（cm）：4.29	棕榈酸含量（%）：9.24

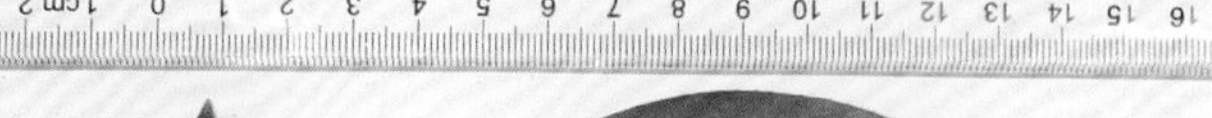

浙江红山茶－遂昌优株7号

资源编号：331123_102_0007	归属物种：*Camellia chekiangoleosa* Hu	
资源类型：野生资源（特异单株）	主要用途：油用栽培，遗传育种材料	
保存地点：浙江省遂昌县	保存方式：原地保存、保护	
性状特征		
资源特点：高产果量，大果，高含油率		
树　　姿：直立	盛花期：3月上旬	果面特征：光滑
嫩枝绒毛：无	花瓣颜色：红色	平均单果重（g）：101.59
芽鳞颜色：黄绿色	萼片绒毛：有	鲜出籽率（%）：19.41
芽绒毛：无	雌雄蕊相对高度：雌高	种皮颜色：褐色
嫩叶颜色：中绿色	花柱裂位：浅裂	种仁含油率（%）：58.79
老叶颜色：深绿色	柱头裂数：3	
叶　　形：长椭圆形	子房绒毛：无	油酸含量（%）：81.21
叶缘特征：平	果熟日期：8月下旬	亚油酸含量（%）：5.39
叶尖形状：渐尖	果　　形：卵球形	亚麻酸含量（%）：0.19
叶基形状：楔形	果皮颜色：红色	硬脂酸含量（%）：3.84
平均叶长（cm）：11.47	平均叶宽（cm）：4.39	棕榈酸含量（%）：8.78

538 浙江红山茶-遂昌优株21号

资源编号：331123_102_0021	归属物种：*Camellia chekiangoleosa* Hu	
资源类型：野生资源（特异单株）	主要用途：油用栽培，遗传育种材料	
保存地点：浙江省遂昌县	保存方式：原地保存、保护	
	性状特征	
资源特点：高产果量，大果，高含油率		
树　　姿：直立	盛 花 期：3月上旬	果面特征：光滑
嫩枝绒毛：无	花瓣颜色：红色	平均单果重（g）：131.89
芽鳞颜色：黄绿色	萼片绒毛：有	鲜出籽率（%）：15.73
芽 绒 毛：无	雌雄蕊相对高度：雄高	种皮颜色：黑色
嫩叶颜色：中绿色	花柱裂位：浅裂	种仁含油率（%）：55.70
老叶颜色：深绿色	柱头裂数：3	
叶　　形：披针形、圆球形	子房绒毛：无	油酸含量（%）：81.25
叶缘特征：平	果熟日期：8月下旬	亚油酸含量（%）：6.34
叶尖形状：渐尖	果　　形：卵球形	亚麻酸含量（%）：0.21
叶基形状：楔形	果皮颜色：青色	硬脂酸含量（%）：2.56
平均叶长（cm）：10.43	平均叶宽（cm）：3.46	棕榈酸含量（%）：9.01

（4）具高产果量、高出籽率、高含油率资源

539 浙江红山茶-青田优株7号

资源编号：331121_102_0007	归属物种：*Camellia chekiangoleosa* Hu	
资源类型：野生资源（特异单株）	主要用途：油用栽培，遗传育种材料	
保存地点：浙江省青田县	保存方式：原地保存、保护	
性状特征		
资源特点：高产果量，高出籽率，高含油率		
树　　姿：直立	盛 花 期：3月上中旬	果面特征：光滑
嫩枝绒毛：无	花瓣颜色：红色	平均单果重（g）：35.32
芽鳞颜色：黄色	萼片绒毛：有	鲜出籽率（%）：28.79
芽 绒 毛：无	雌雄蕊相对高度：雄高	种皮颜色：黑色
嫩叶颜色：中绿色	花柱裂位：浅裂	种仁含油率（%）：55.15
老叶颜色：深绿色	柱头裂数：3	
叶　　形：椭圆形	子房绒毛：无	油酸含量（%）：84.07
叶缘特征：平	果熟日期：8月下旬至9月上旬	亚油酸含量（%）：5.16
叶尖形状：渐尖	果　　形：卵球形	亚麻酸含量（%）：0.15
叶基形状：近圆形	果皮颜色：青色	硬脂酸含量（%）：2.29
平均叶长（cm）：9.68	平均叶宽（cm）：4.30	棕榈酸含量（%）：7.64

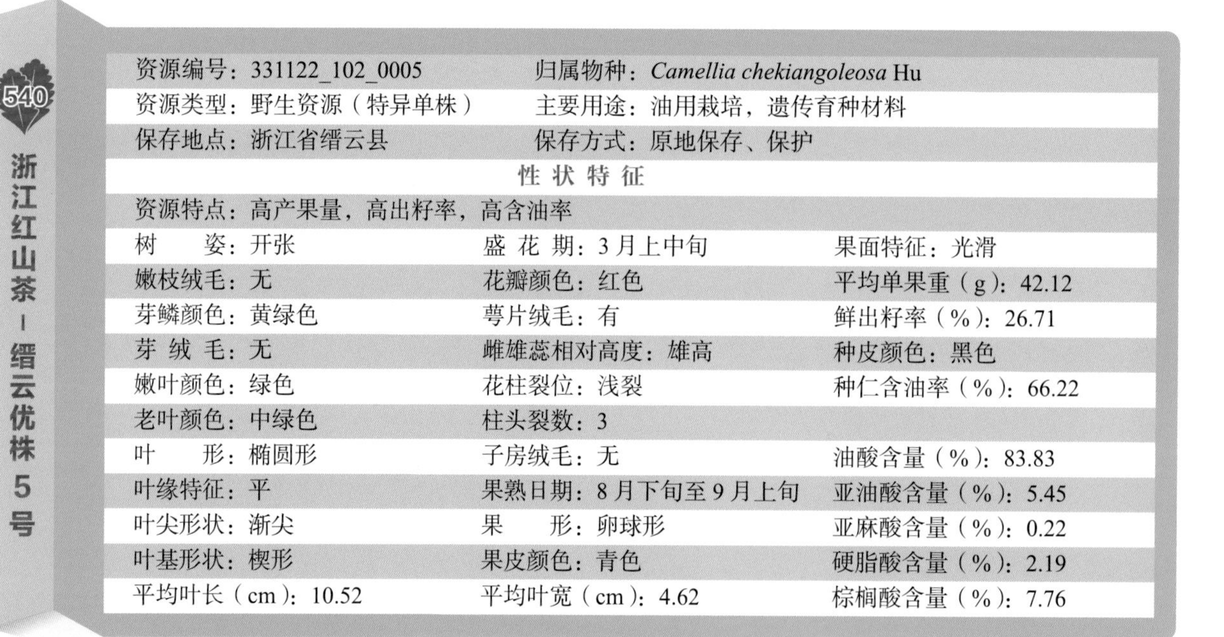

540 浙江红山茶-缙云优株5号

资源编号：331122_102_0005	归属物种：*Camellia chekiangoleosa* Hu	
资源类型：野生资源（特异单株）	主要用途：油用栽培，遗传育种材料	
保存地点：浙江省缙云县	保存方式：原地保存、保护	
	性 状 特 征	
资源特点：高产果量，高出籽率，高含油率		
树　　姿：开张	盛 花 期：3月上中旬	果面特征：光滑
嫩枝绒毛：无	花瓣颜色：红色	平均单果重（g）：42.12
芽鳞颜色：黄绿色	萼片绒毛：有	鲜出籽率（%）：26.71
芽 绒 毛：无	雌雄蕊相对高度：雄高	种皮颜色：黑色
嫩叶颜色：绿色	花柱裂位：浅裂	种仁含油率（%）：66.22
老叶颜色：中绿色	柱头裂数：3	
叶　　形：椭圆形	子房绒毛：无	油酸含量（%）：83.83
叶缘特征：平	果熟日期：8月下旬至9月上旬	亚油酸含量（%）：5.45
叶尖形状：渐尖	果　　形：卵球形	亚麻酸含量（%）：0.22
叶基形状：楔形	果皮颜色：青色	硬脂酸含量（%）：2.19
平均叶长（cm）：10.52	平均叶宽（cm）：4.62	棕榈酸含量（%）：7.76

（5）具高产果量、大果资源

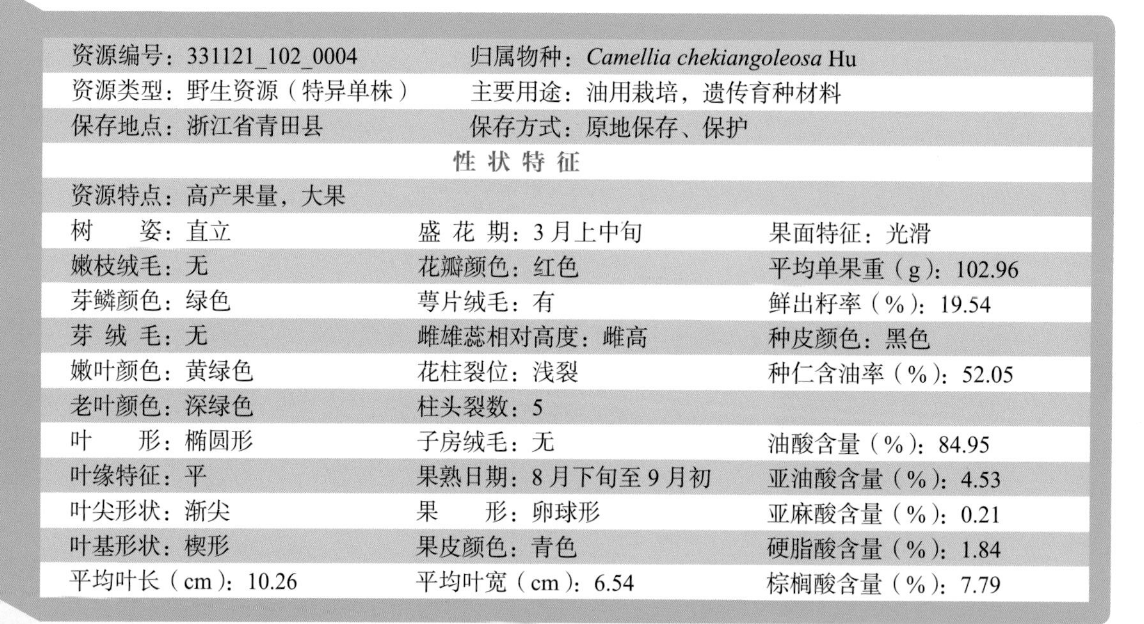

541 浙江红山茶-青田优株4号

资源编号：331121_102_0004	归属物种：*Camellia chekiangoleosa* Hu	
资源类型：野生资源（特异单株）	主要用途：油用栽培，遗传育种材料	
保存地点：浙江省青田县	保存方式：原地保存、保护	
	性 状 特 征	
资源特点：高产果量，大果		
树　　姿：直立	盛 花 期：3月上中旬	果面特征：光滑
嫩枝绒毛：无	花瓣颜色：红色	平均单果重（g）：102.96
芽鳞颜色：绿色	萼片绒毛：有	鲜出籽率（%）：19.54
芽 绒 毛：无	雌雄蕊相对高度：雌高	种皮颜色：黑色
嫩叶颜色：黄绿色	花柱裂位：浅裂	种仁含油率（%）：52.05
老叶颜色：深绿色	柱头裂数：5	
叶　　形：椭圆形	子房绒毛：无	油酸含量（%）：84.95
叶缘特征：平	果熟日期：8月下旬至9月初	亚油酸含量（%）：4.53
叶尖形状：渐尖	果　　形：卵球形	亚麻酸含量（%）：0.21
叶基形状：楔形	果皮颜色：青色	硬脂酸含量（%）：1.84
平均叶长（cm）：10.26	平均叶宽（cm）：6.54	棕榈酸含量（%）：7.79

542 浙江红山茶－青田优株45号

资源编号：331121_102_0045	归属物种：*Camellia chekiangoleosa* Hu	
资源类型：野生资源（特异单株）	主要用途：油用栽培，遗传育种材料	
保存地点：浙江省青田县	保存方式：原地保存、保护	
	性状特征	
资源特点：高产果量，大果		
树　　姿：半开张	盛 花 期：3月上中旬	果面特征：光滑
嫩枝绒毛：无	花瓣颜色：红色	平均单果重（g）：106.49
芽鳞颜色：绿色	萼片绒毛：有	鲜出籽率（%）：20.60
芽 绒 毛：有	雌雄蕊相对高度：雄高	种皮颜色：棕褐色
嫩叶颜色：黄绿色	花柱裂位：中裂	种仁含油率（%）：46.80
老叶颜色：深绿色	柱头裂数：3	
叶　　形：椭圆形	子房绒毛：无	油酸含量（%）：83.60
叶缘特征：平	果熟日期：8月下旬至9月初	亚油酸含量（%）：5.60
叶尖形状：渐尖	果　　形：扁圆球形	亚麻酸含量（%）：0.20
叶基形状：楔形	果皮颜色：青色	硬脂酸含量（%）：2.40
平均叶长（cm）：10.31	平均叶宽（cm）：6.47	棕榈酸含量（%）：7.50

浙江红山茶-遂昌优株8号

资源编号：331123_102_0008	归属物种：*Camellia chekiangoleosa* Hu	
资源类型：野生资源（特异单株）	主要用途：油用栽培，遗传育种材料	
保存地点：浙江省遂昌县	保存方式：原地保存、保护	
	性状特征	
资源特点：高产果量，大果		
树　　姿：半开张	盛 花 期：3月上旬	果面特征：光滑
嫩枝绒毛：无	花瓣颜色：红色	平均单果重（g）：117.10
芽鳞颜色：黄绿色	萼片绒毛：有	鲜出籽率（%）：22.33
芽 绒 毛：无	雌雄蕊相对高度：雌高	种皮颜色：褐色
嫩叶颜色：中绿色	花柱裂位：浅裂	种仁含油率（%）：46.30
老叶颜色：深绿色	柱头裂数：3或4	
叶　　形：长椭圆形	子房绒毛：无	油酸含量（%）：81.20
叶缘特征：平	果熟日期：8月下旬	亚油酸含量（%）：5.70
叶尖形状：平	果　　形：卵球形	亚麻酸含量（%）：0.20
叶基形状：楔形	果皮颜色：青色	硬脂酸含量（%）：3.10
平均叶长（cm）：10.65	平均叶宽（cm）：3.93	棕榈酸含量（%）：9.20

544

浙江红山茶-遂昌优株13号

资源编号：331123_102_0013	归属物种：*Camellia chekiangoleosa* Hu	
资源类型：野生资源（特异单株）	主要用途：油用栽培，遗传育种材料	
保存地点：浙江省遂昌县	保存方式：原地保存、保护	
	性状特征	
资源特点：高产果量，大果		
树　　姿：半开张	盛花期：3月上旬	果面特征：光滑
嫩枝绒毛：无	花瓣颜色：红色	平均单果重（g）：103.12
芽鳞颜色：黄绿色	萼片绒毛：有	鲜出籽率（%）：23.84
芽绒毛：无	雌雄蕊相对高度：雄高	种皮颜色：黑色
嫩叶颜色：中绿色	花柱裂位：中裂	种仁含油率（%）：54.64
老叶颜色：深绿色	柱头裂数：5	
叶　　形：长椭圆形	子房绒毛：无	油酸含量（%）：83.03
叶缘特征：平	果熟日期：8月下旬	亚油酸含量（%）：4.09
叶尖形状：渐尖	果　　形：卵球形	亚麻酸含量（%）：0.16
叶基形状：楔形	果皮颜色：红色	硬脂酸含量（%）：3.72
平均叶长（cm）：10.36	平均叶宽（cm）：3.99	棕榈酸含量（%）：8.31

545 浙江红山茶-遂昌优株14号

资源编号：331123_102_0014	归属物种：*Camellia chekiangoleosa* Hu	
资源类型：野生资源（特异单株）	主要用途：油用栽培，遗传育种材料	
保存地点：浙江省遂昌县	保存方式：原地保存、保护	
	性状特征	
资源特点：高产果量，大果		
树　　姿：开张	盛 花 期：3月上旬	果面特征：光滑
嫩枝绒毛：无	花瓣颜色：红色	平均单果重（g）：101.51
芽鳞颜色：黄绿色	萼片绒毛：有	鲜出籽率（%）：13.70
芽 绒 毛：无	雌雄蕊相对高度：雌高	种皮颜色：黑色
嫩叶颜色：中绿色	花柱裂位：浅裂	种仁含油率（%）：52.86
老叶颜色：深绿色	柱头裂数：3	
叶　　形：长椭圆形	子房绒毛：无	油酸含量（%）：82.37
叶缘特征：平	果熟日期：8月下旬	亚油酸含量（%）：5.40
叶尖形状：渐尖	果　　形：卵球形	亚麻酸含量（%）：0.18
叶基形状：楔形	果皮颜色：红色	硬脂酸含量（%）：3.25
平均叶长（cm）：9.05	平均叶宽（cm）：3.26	棕榈酸含量（%）：8.13

546

浙江红山茶-遂昌优株15号

资源编号：331123_102_0015	归属物种：*Camellia chekiangoleosa* Hu	
资源类型：野生资源（特异单株）	主要用途：油用栽培，遗传育种材料	
保存地点：浙江省遂昌县	保存方式：原地保存、保护	
性状特征		
资源特点：高产果量，大果		
树　　姿：直立	盛 花 期：3月上旬	果面特征：光滑
嫩枝绒毛：无	花瓣颜色：红色	平均单果重（g）：108.75
芽鳞颜色：黄绿色	萼片绒毛：有	鲜出籽率（%）：17.15
芽 绒 毛：无	雌雄蕊相对高度：雄高	种皮颜色：黑色
嫩叶颜色：中绿色	花柱裂位：浅裂	种仁含油率（%）：54.06
老叶颜色：深绿色	柱头裂数：3或4	
叶　　形：长椭圆形	子房绒毛：无	油酸含量（%）：83.47
叶缘特征：平	果熟日期：8月下旬	亚油酸含量（%）：5.02
叶尖形状：渐尖	果　　形：卵球形	亚麻酸含量（%）：0.19
叶基形状：楔形	果皮颜色：青色	硬脂酸含量（%）：2.55
平均叶长（cm）：8.51	平均叶宽（cm）：2.99	棕榈酸含量（%）：8.24

浙江红山茶-遂昌优株19号

资源编号：331123_102_0019	归属物种：*Camellia chekiangoleosa* Hu	
资源类型：野生资源（特异单株）	主要用途：油用栽培，遗传育种材料	
保存地点：浙江省遂昌县	保存方式：原地保存、保护	
	性状特征	
资源特点：高产果量，大果		
树　　姿：直立	盛 花 期：3月上旬	果面特征：光滑
嫩枝绒毛：无	花瓣颜色：红色	平均单果重（g）：129.60
芽鳞颜色：黄绿色	萼片绒毛：有	鲜出籽率（%）：21.45
芽 绒 毛：无	雌雄蕊相对高度：雄高	种皮颜色：黑色
嫩叶颜色：中绿色	花柱裂位：浅裂	种仁含油率（%）：52.86
老叶颜色：深绿色	柱头裂数：3	
叶　　形：长椭圆形	子房绒毛：无	油酸含量（%）：83.37
叶缘特征：平	果熟日期：8月下旬	亚油酸含量（%）：4.49
叶尖形状：渐尖	果　　形：卵球形	亚麻酸含量（%）：0.18
叶基形状：楔形	果皮颜色：青色	硬脂酸含量（%）：2.89
平均叶长（cm）：9.49	平均叶宽（cm）：3.61	棕榈酸含量（%）：8.39

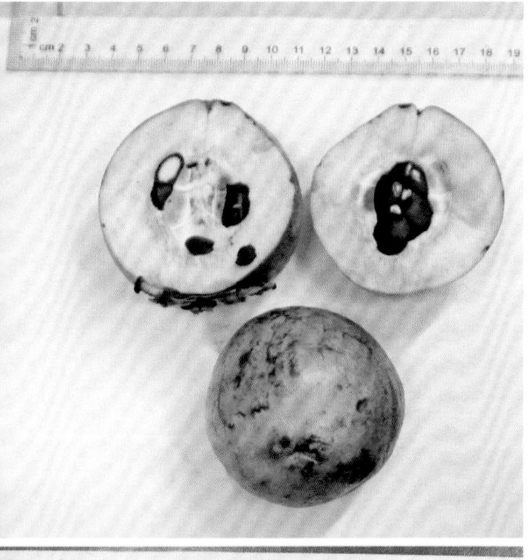

548

浙江红山茶-遂昌优株22号

资源编号：331123_102_0022	归属物种：*Camellia chekiangoleosa* Hu	
资源类型：野生资源（特异单株）	主要用途：油用栽培，遗传育种材料	
保存地点：浙江省遂昌县	保存方式：原地保存、保护	
	性状特征	
资源特点：高产果量，大果		
树　　姿：直立	盛 花 期：3月上旬	果面特征：光滑
嫩枝绒毛：无	花瓣颜色：红色	平均单果重（g）：133.71
芽鳞颜色：黄绿色	萼片绒毛：有	鲜出籽率（%）：13.51
芽 绒 毛：无	雌雄蕊相对高度：等高	种皮颜色：褐色
嫩叶颜色：中绿色	花柱裂位：浅裂	种仁含油率（%）：42.80
老叶颜色：深绿色	柱头裂数：3	
叶　　形：长椭圆形	子房绒毛：无	油酸含量（%）：82.30
叶缘特征：平	果熟日期：8月下旬	亚油酸含量（%）：5.70
叶尖形状：渐尖	果　　形：卵球形	亚麻酸含量（%）：0.20
叶基形状：楔形	果皮颜色：青色	硬脂酸含量（%）：2.50
平均叶长（cm）：10.72	平均叶宽（cm）：4.09	棕榈酸含量（%）：8.80

（6）具高产果量、高出籽率资源

549 浙江红山茶－青田优株3号

资源编号：331121_102_0003	归属物种：*Camellia chekiangoleosa* Hu	
资源类型：野生资源（特异单株）	主要用途：油用栽培，遗传育种材料	
保存地点：浙江省青田县	保存方式：原地保存、保护	
性状特征		
资源特点：高产果量，高出籽率		
树　　姿：开张	盛 花 期：3月上中旬	果面特征：光滑
嫩枝绒毛：无	花瓣颜色：红色	平均单果重（g）：34.64
芽鳞颜色：绿色	萼片绒毛：有	鲜出籽率（%）：35.94
芽 绒 毛：无	雌雄蕊相对高度：雄高	种皮颜色：褐色
嫩叶颜色：绿色	花柱裂位：中裂	种仁含油率（%）：49.20
老叶颜色：深绿色	柱头裂数：3	
叶　　形：椭圆形	子房绒毛：无	油酸含量（%）：84.50
叶缘特征：平	果熟日期：8月下旬至9月上旬	亚油酸含量（%）：3.80
叶尖形状：圆尖	果　　形：卵球形	亚麻酸含量（%）：0.20
叶基形状：近圆形	果皮颜色：青色	硬脂酸含量（%）：3.00
平均叶长（cm）：10.16	平均叶宽（cm）：5.02	棕榈酸含量（%）：7.70

550 浙江红山茶-青田优株18号

资源编号：331121_102_0018	归属物种：*Camellia chekiangoleosa* Hu	
资源类型：野生资源（特异单株）	主要用途：油用栽培，遗传育种材料	
保存地点：浙江省青田县	保存方式：原地保存、保护	
性状特征		
资源特点：高产果量，高出籽率		
树　　姿：开张	盛 花 期：3月上中旬	果面特征：光滑
嫩枝绒毛：无	花瓣颜色：红色	平均单果重（g）：34.66
芽鳞颜色：黄绿色	萼片绒毛：有	鲜出籽率（%）：31.74
芽 绒 毛：无	雌雄蕊相对高度：雌高	种皮颜色：黑色
嫩叶颜色：黄绿色	花柱裂位：浅裂	种仁含油率（%）：34.50
老叶颜色：深绿色	柱头裂数：3	
叶　　形：椭圆形	子房绒毛：无	油酸含量（%）：82.00
叶缘特征：平	果熟日期：8月下旬至9月初	亚油酸含量（%）：7.40
叶尖形状：渐尖	果　　形：卵球形	亚麻酸含量（%）：0.20
叶基形状：楔形	果皮颜色：青色	硬脂酸含量（%）：1.90
平均叶长（cm）：10.12	平均叶宽（cm）：6.33	棕榈酸含量（%）：7.80

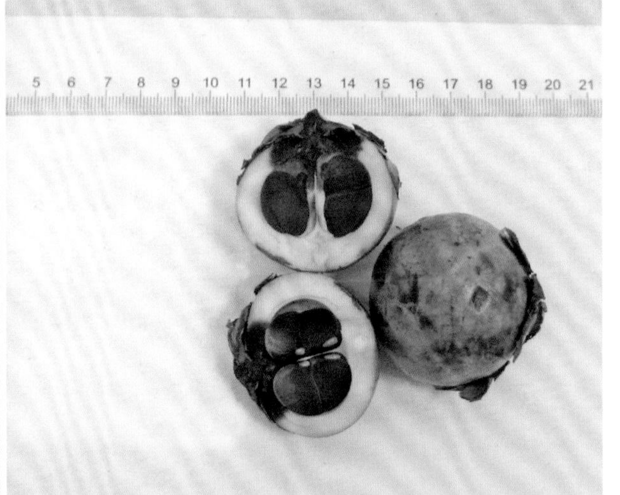

551 浙江红山茶-青田优株19号

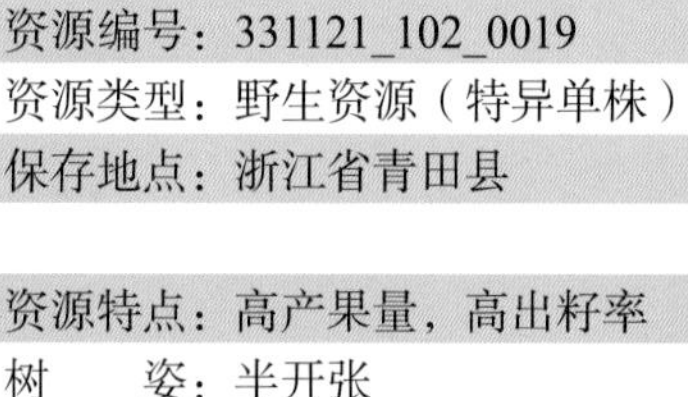

资源编号：331121_102_0019	归属物种：*Camellia chekiangoleosa* Hu	
资源类型：野生资源（特异单株）	主要用途：油用栽培，遗传育种材料	
保存地点：浙江省青田县	保存方式：原地保存、保护	
	性状特征	
资源特点：高产果量，高出籽率		
树　　姿：半开张	盛 花 期：3月上中旬	果面特征：光滑
嫩枝绒毛：无	花瓣颜色：红色	平均单果重（g）：51.15
芽鳞颜色：黄色	萼片绒毛：有	鲜出籽率（%）：38.26
芽 绒 毛：无	雌雄蕊相对高度：雌高	种皮颜色：黑色
嫩叶颜色：黄绿色	花柱裂位：浅裂	种仁含油率（%）：39.30
老叶颜色：深绿色	柱头裂数：3	
叶　　形：椭圆形	子房绒毛：无	油酸含量（%）：81.40
叶缘特征：平	果熟日期：8月下旬至9月初	亚油酸含量（%）：7.10
叶尖形状：渐尖	果　　形：卵球形	亚麻酸含量（%）：0.30
叶基形状：楔形	果皮颜色：青色	硬脂酸含量（%）：1.80
平均叶长（cm）：9.68	平均叶宽（cm）：4.70	棕榈酸含量（%）：8.80

552

浙江红山茶-青田优株20号

资源编号：331121_102_0020	归属物种：*Camellia chekiangoleosa* Hu	
资源类型：野生资源（特异单株）	主要用途：油用栽培，遗传育种材料	
保存地点：浙江省青田县	保存方式：原地保存、保护	
性状特征		
资源特点：高产果量，高出籽率		
树　　姿：直立	盛 花 期：3月上中旬	果面特征：光滑
嫩枝绒毛：无	花瓣颜色：红色	平均单果重（g）：62.48
芽鳞颜色：绿色	萼片绒毛：有	鲜出籽率（%）：29.55
芽 绒 毛：无	雌雄蕊相对高度：雄高	种皮颜色：黑色
嫩叶颜色：中绿色	花柱裂位：中裂	种仁含油率（%）：44.50
老叶颜色：深绿色	柱头裂数：3	
叶　　形：椭圆形	子房绒毛：无	油酸含量（%）：83.50
叶缘特征：平	果熟日期：8月下旬至9月初	亚油酸含量（%）：5.90
叶尖形状：渐尖	果　　形：卵球形	亚麻酸含量（%）：0.20
叶基形状：近圆形	果皮颜色：青色	硬脂酸含量（%）：2.10
平均叶长（cm）：10.19	平均叶宽（cm）：5.15	棕榈酸含量（%）：7.50

浙江红山茶-青田优株26号

资源编号：331121_102_0026	归属物种：*Camellia chekiangoleosa* Hu	
资源类型：野生资源（特异单株）	主要用途：油用栽培，遗传育种材料	
保存地点：浙江省青田县	保存方式：原地保存、保护	
性状特征		
资源特点：高产果量，高出籽率		
树　　姿：半开张	盛花期：3月上中旬	果面特征：光滑
嫩枝绒毛：无	花瓣颜色：红色	平均单果重（g）：74.75
芽鳞颜色：绿色	萼片绒毛：有	鲜出籽率（%）：25.89
芽绒毛：无	雌雄蕊相对高度：雌高	种皮颜色：褐黑色
嫩叶颜色：黄绿色	花柱裂位：浅裂	种仁含油率（%）：50.45
老叶颜色：深绿色	柱头裂数：4	
叶　　形：椭圆形	子房绒毛：无	油酸含量（%）：83.66
叶缘特征：平	果熟日期：8月下旬至9月初	亚油酸含量（%）：5.01
叶尖形状：渐尖	果　　形：卵球形	亚麻酸含量（%）：0.17
叶基形状：楔形	果皮颜色：青色	硬脂酸含量（%）：3.04
平均叶长（cm）：11.14	平均叶宽（cm）：5.58	棕榈酸含量（%）：7.50

浙江红山茶-青田优株33号

资源编号：331121_102_0033	归属物种：*Camellia chekiangoleosa* Hu	
资源类型：野生资源（特异单株）	主要用途：油用栽培，遗传育种材料	
保存地点：浙江省青田县	保存方式：原地保存、保护	
	性状特征	
资源特点：高产果量，高出籽率		
树　　姿：下垂	盛花期：3月上中旬	果面特征：光滑
嫩枝绒毛：无	花瓣颜色：红色	平均单果重（g）：54.31
芽鳞颜色：黄绿色	萼片绒毛：有	鲜出籽率（%）：31.39
芽绒毛：无	雌雄蕊相对高度：雌高	种皮颜色：棕色
嫩叶颜色：黄色	花柱裂位：中裂	种仁含油率（%）：31.70
老叶颜色：深绿色	柱头裂数：3	
叶　　形：椭圆形	子房绒毛：无	油酸含量（%）：83.40
叶缘特征：平	果熟日期：8月下旬至9月初	亚油酸含量（%）：5.40
叶尖形状：渐尖	果　　形：柿形	亚麻酸含量（%）：0.20
叶基形状：近圆形	果皮颜色：青色	硬脂酸含量（%）：2.30
平均叶长（cm）：7.50	平均叶宽（cm）：3.98	棕榈酸含量（%）：8.10

555 浙江红山茶-青田优株47号

资源编号：331121_102_0047	归属物种：*Camellia chekiangoleosa* Hu	
资源类型：野生资源（特异单株）	主要用途：油用栽培，遗传育种材料	
保存地点：浙江省青田县	保存方式：原地保存、保护	
性状特征		
资源特点：高产果量，高出籽率		
树　　姿：半开张	盛 花 期：3月上中旬	果面特征：光滑
嫩枝绒毛：无	花瓣颜色：红色	平均单果重（g）：46.39
芽鳞颜色：黄色	萼片绒毛：有	鲜出籽率（%）：31.58
芽 绒 毛：无	雌雄蕊相对高度：雌高	种皮颜色：棕色
嫩叶颜色：黄绿色	花柱裂位：浅裂	种仁含油率（%）：52.64
老叶颜色：深绿色	柱头裂数：4	
叶　　形：椭圆形	子房绒毛：无	油酸含量（%）：84.16
叶缘特征：平	果熟日期：8月下旬至9月初	亚油酸含量（%）：4.79
叶尖形状：渐尖	果　　形：卵球形	亚麻酸含量（%）：0.17
叶基形状：楔形	果皮颜色：青色	硬脂酸含量（%）：2.72
平均叶长（cm）：9.34	平均叶宽（cm）：4.58	棕榈酸含量（%）：7.41

556 浙江红山茶－遂昌优株18号

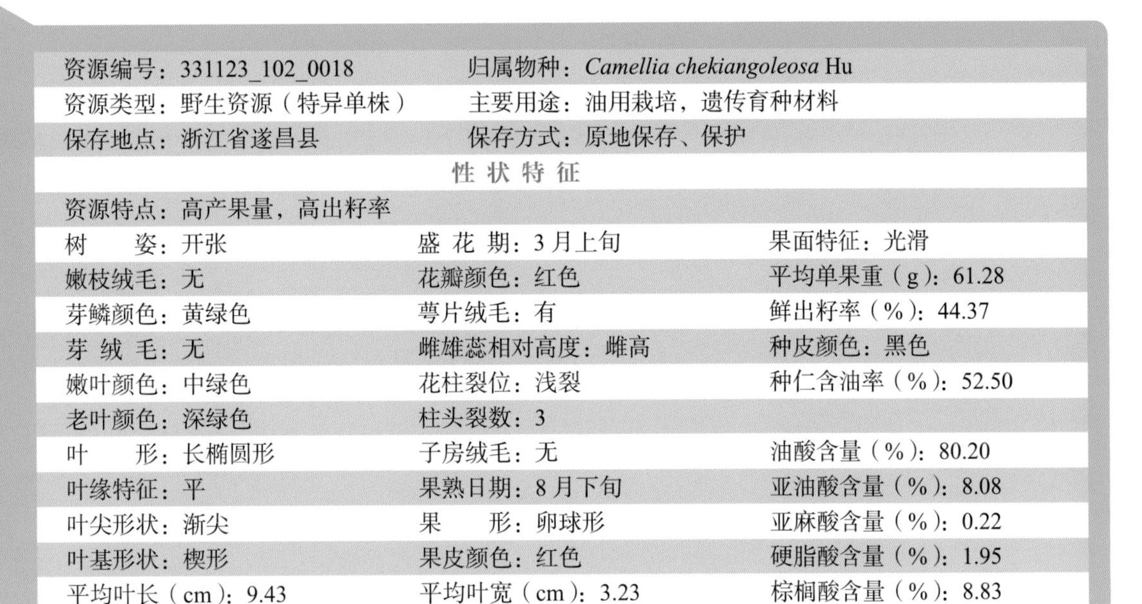

资源编号：331123_102_0018	归属物种：*Camellia chekiangoleosa* Hu	
资源类型：野生资源（特异单株）	主要用途：油用栽培，遗传育种材料	
保存地点：浙江省遂昌县	保存方式：原地保存、保护	
	性状特征	
资源特点：高产果量，高出籽率		
树　　姿：开张	盛 花 期：3月上旬	果面特征：光滑
嫩枝绒毛：无	花瓣颜色：红色	平均单果重（g）：61.28
芽鳞颜色：黄绿色	萼片绒毛：有	鲜出籽率（%）：44.37
芽 绒 毛：无	雌雄蕊相对高度：雌高	种皮颜色：黑色
嫩叶颜色：中绿色	花柱裂位：浅裂	种仁含油率（%）：52.50
老叶颜色：深绿色	柱头裂数：3	
叶　　形：长椭圆形	子房绒毛：无	油酸含量（%）：80.20
叶缘特征：平	果熟日期：8月下旬	亚油酸含量（%）：8.08
叶尖形状：渐尖	果　　形：卵球形	亚麻酸含量（%）：0.22
叶基形状：楔形	果皮颜色：红色	硬脂酸含量（%）：1.95
平均叶长（cm）：9.43	平均叶宽（cm）：3.23	棕榈酸含量（%）：8.83

557 浙江红山茶－青田优株10号

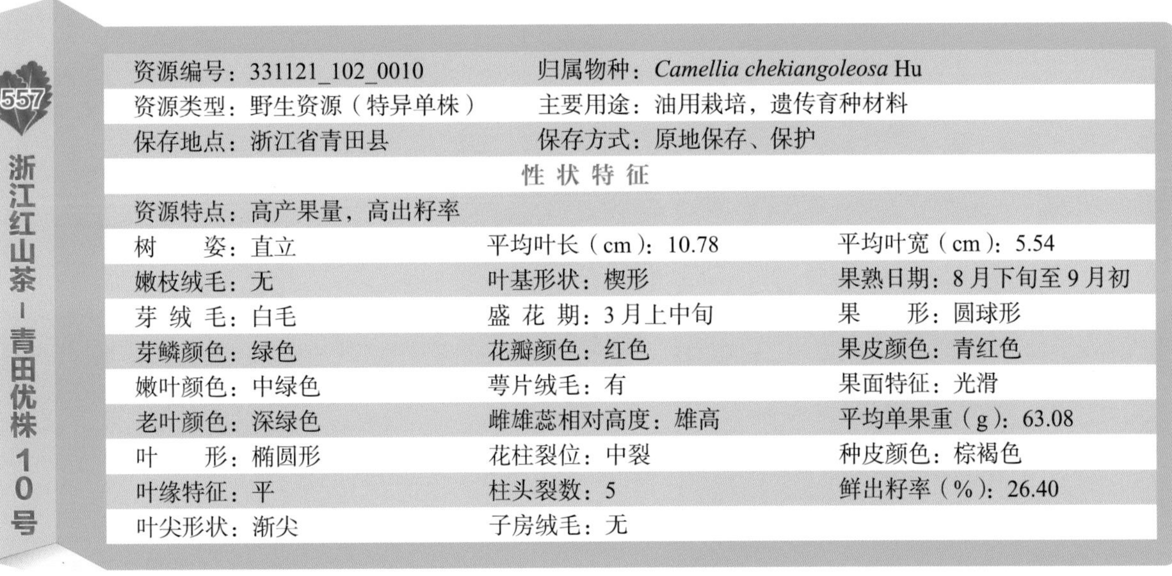

资源编号：331121_102_0010	归属物种：*Camellia chekiangoleosa* Hu	
资源类型：野生资源（特异单株）	主要用途：油用栽培，遗传育种材料	
保存地点：浙江省青田县	保存方式：原地保存、保护	
	性状特征	
资源特点：高产果量，高出籽率		
树　　姿：直立	平均叶长（cm）：10.78	平均叶宽（cm）：5.54
嫩枝绒毛：无	叶基形状：楔形	果熟日期：8月下旬至9月初
芽 绒 毛：白毛	盛 花 期：3月上中旬	果　　形：圆球形
芽鳞颜色：绿色	花瓣颜色：红色	果皮颜色：青红色
嫩叶颜色：中绿色	萼片绒毛：有	果面特征：光滑
老叶颜色：深绿色	雌雄蕊相对高度：雄高	平均单果重（g）：63.08
叶　　形：椭圆形	花柱裂位：中裂	种皮颜色：棕褐色
叶缘特征：平	柱头裂数：5	鲜出籽率（%）：26.40
叶尖形状：渐尖	子房绒毛：无	

558

浙江红山茶-青田优株21号

资源编号：331121_102_0021	归属物种：*Camellia chekiangoleosa* Hu	
资源类型：野生资源（特异单株）	主要用途：油用栽培，遗传育种材料	
保存地点：浙江省青田县	保存方式：原地保存、保护	
	性状特征	
资源特点：高产果量，高出籽率		
树　　姿：半开张	平均叶长（cm）：9.86	平均叶宽（cm）：4.84
嫩枝绒毛：无	叶基形状：楔形	果熟日期：8月下旬至9月初
芽 绒 毛：无	盛 花 期：3月上中旬	果　　形：圆球形
芽鳞颜色：黄绿色	花瓣颜色：红色	果皮颜色：青色
嫩叶颜色：黄色	萼片绒毛：有	果面特征：光滑
老叶颜色：深绿色	雌雄蕊相对高度：雄高	平均单果重（g）：50.88
叶　　形：椭圆形	花柱裂位：中裂	种皮颜色：黑色
叶缘特征：平	柱头裂数：3	鲜出籽率（%）：27.63
叶尖形状：渐尖	子房绒毛：无	

559 浙江红山茶－赣上江湾001号

资源编号：361130_102_0001	归属物种：*Camellia chekiangoleosa* Hu	
资源类型：野生资源（特异单株）	主要用途：油用栽培，遗传育种材料	
保存地点：江西省婺源县	保存方式：原地保存、保护	
	性状特征	
资源特点：高产果量，高出籽率		
树　　姿：半开张	平均叶长（cm）：5.78	平均叶宽（cm）：2.53
嫩枝绒毛：无	叶基形状：楔形	果熟日期：9月上旬
芽 绒 毛：有	盛 花 期：2月中下旬	果　　形：圆球形
芽鳞颜色：紫绿色	花瓣颜色：白色	果皮颜色：红色
嫩叶颜色：绿色	萼片绒毛：有	果面特征：光滑
老叶颜色：中绿色	雌雄蕊相对高度：雌高	平均单果重（g）：18.15
叶　　形：椭圆形	花柱裂位：中裂	种皮颜色：棕色
叶缘特征：平	柱头裂数：4	鲜出籽率（%）：52.99
叶尖形状：渐尖	子房绒毛：有	

（7）具高产果量、高含油率资源

560 浙江红山茶-青田优株6号

资源编号：331121_102_0006	归属物种：*Camellia chekiangoleosa* Hu	
资源类型：野生资源（特异单株）	主要用途：油用栽培，遗传育种材料	
保存地点：浙江省青田县	保存方式：原地保存、保护	
	性状特征	
资源特点：高产果量，高含油率		
树　　姿：直立	盛 花 期：3月上中旬	果面特征：光滑
嫩枝绒毛：无	花瓣颜色：红色	平均单果重（g）：51.59
芽鳞颜色：绿色	萼片绒毛：有	鲜出籽率（%）：22.72
芽 绒 毛：无	雌雄蕊相对高度：雄高	种皮颜色：黑色
嫩叶颜色：中绿色	花柱裂位：中裂	种仁含油率（%）：59.66
老叶颜色：深绿色	柱头裂数：3	
叶　　形：椭圆形	子房绒毛：无	油酸含量（%）：82.34
叶缘特征：平	果熟日期：8月下旬至9月初	亚油酸含量（%）：6.13
叶尖形状：渐尖	果　　形：圆球形	亚麻酸含量（%）：0.18
叶基形状：近圆形	果皮颜色：青色	硬脂酸含量（%）：2.28
平均叶长（cm）：8.66	平均叶宽（cm）：4.30	棕榈酸含量（%）：8.42

561 浙江红山茶－青田优株16号

资源编号：331121_102_0016	归属物种：*Camellia chekiangoleosa* Hu	
资源类型：野生资源（特异单株）	主要用途：油用栽培，遗传育种材料	
保存地点：浙江省青田县	保存方式：原地保存、保护	
性状特征		
资源特点：高产果量，高含油率		
树　　姿：直立	盛 花 期：3月上中旬	果面特征：光滑
嫩枝绒毛：无	花瓣颜色：红色	平均单果重（g）：74.41
芽鳞颜色：黄色	萼片绒毛：有	鲜出籽率（%）：24.14
芽 绒 毛：无	雌雄蕊相对高度：雄高	种皮颜色：黑色
嫩叶颜色：黄绿色	花柱裂位：中裂	种仁含油率（%）：57.49
老叶颜色：深绿色	柱头裂数：3	
叶　　形：椭圆形	子房绒毛：无	油酸含量（%）：83.83
叶缘特征：平	果熟日期：8月下旬至9月初	亚油酸含量（%）：4.97
叶尖形状：渐尖	果　　形：卵球形	亚麻酸含量（%）：0.17
叶基形状：近圆形	果皮颜色：青色	硬脂酸含量（%）：2.65
平均叶长（cm）：10.03	平均叶宽（cm）：4.66	棕榈酸含量（%）：7.63

562 浙江红山茶-青田优株49号

资源编号：331121_102_0049	归属物种：*Camellia chekiangoleosa* Hu	
资源类型：野生资源（特异单株）	主要用途：油用栽培，遗传育种材料	
保存地点：浙江省青田县	保存方式：原地保存、保护	
性状特征		
资源特点：高产果量，高含油率		
树　　姿：半开张	盛 花 期：3月上中旬	果面特征：光滑
嫩枝绒毛：无	花瓣颜色：红色	平均单果重（g）：78.02
芽鳞颜色：绿色	萼片绒毛：有	鲜出籽率（%）：16.24
芽 绒 毛：无	雌雄蕊相对高度：雌高	种皮颜色：棕色
嫩叶颜色：黄绿色	花柱裂位：浅裂	种仁含油率（%）：59.09
老叶颜色：深绿色	柱头裂数：4	
叶　　形：椭圆形	子房绒毛：无	油酸含量（%）：84.53
叶缘特征：平	果熟日期：8月下旬至9月初	亚油酸含量（%）：3.82
叶尖形状：渐尖	果　　形：圆球形	亚麻酸含量（%）：0.18
叶基形状：楔形	果皮颜色：青色	硬脂酸含量（%）：3.03
平均叶长（cm）：9.31	平均叶宽（cm）：4.76	棕榈酸含量（%）：7.69

563 浙江红山茶-缙云优株6号

资源编号：331122_102_0006	归属物种：*Camellia chekiangoleosa* Hu	
资源类型：野生资源（特异单株）	主要用途：油用栽培，遗传育种材料	
保存地点：浙江省缙云县	保存方式：原地保存、保护	
性状特征		
资源特点：高产果量，高含油率		
树　　姿：开张	盛 花 期：3月上中旬	果面特征：光滑
嫩枝绒毛：无	花瓣颜色：红色	平均单果重（g）：37.57
芽鳞颜色：绿色	萼片绒毛：有	鲜出籽率（%）：21.83
芽 绒 毛：无	雌雄蕊相对高度：雌高	种皮颜色：黑色
嫩叶颜色：绿色	花柱裂位：中裂	种仁含油率（%）：57.65
老叶颜色：中绿色	柱头裂数：3	
叶　　形：椭圆形	子房绒毛：无	油酸含量（%）：84.39
叶缘特征：平	果熟日期：8月下旬至9月初	亚油酸含量（%）：4.68
叶尖形状：渐尖	果　　形：卵球形	亚麻酸含量（%）：0.22
叶基形状：楔形	果皮颜色：红青色	硬脂酸含量（%）：2.38
平均叶长（cm）：10.66	平均叶宽（cm）：4.78	棕榈酸含量（%）：7.66

564 浙江红山茶-缙云优株13号

资源编号：331122_102_0013	归属物种：*Camellia chekiangoleosa* Hu	
资源类型：野生资源（特异单株）	主要用途：油用栽培，遗传育种材料	
保存地点：浙江省缙云县	保存方式：原地保存、保护	
	性状特征	
资源特点：高产果量，高含油率		
树　　姿：直立	盛 花 期：3月上中旬	果面特征：光滑
嫩枝绒毛：无	花瓣颜色：红色	平均单果重（g）：59.45
芽鳞颜色：绿色	萼片绒毛：有	鲜出籽率（%）：19.44
芽 绒 毛：无	雌雄蕊相对高度：雌高	种皮颜色：棕褐色
嫩叶颜色：绿色	花柱裂位：深裂	种仁含油率（%）：57.75
老叶颜色：中绿色	柱头裂数：3	
叶　　形：椭圆形	子房绒毛：无	油酸含量（%）：83.85
叶缘特征：平	果熟日期：8月下旬至9月初	亚油酸含量（%）：5.38
叶尖形状：渐尖	果　　形：卵球形	亚麻酸含量（%）：0.21
叶基形状：近圆形	果皮颜色：青红色	硬脂酸含量（%）：2.38
平均叶长（cm）：10.91	平均叶宽（cm）：4.45	棕榈酸含量（%）：7.49

565 浙江红山茶－遂昌优株17号

资源编号：331123_102_0017	归属物种：*Camellia chekiangoleosa* Hu	
资源类型：野生资源（特异单株）	主要用途：油用栽培，遗传育种材料	
保存地点：浙江省遂昌县	保存方式：原地保存、保护	
性状特征		
资源特点：高产果量，高含油率		
树　　姿：直立	盛 花 期：3月上旬	果面特征：光滑
嫩枝绒毛：无	花瓣颜色：红色	平均单果重（g）：78.49
芽鳞颜色：黄绿色	萼片绒毛：有	鲜出籽率（%）：18.27
芽 绒 毛：无	雌雄蕊相对高度：等高	种皮颜色：棕褐色
嫩叶颜色：中绿色	花柱裂位：浅裂	种仁含油率（%）：58.40
老叶颜色：深绿色	柱头裂数：3	
叶　　形：披针形	子房绒毛：无	油酸含量（%）：81.21
叶缘特征：平	果熟日期：8月下旬	亚油酸含量（%）：6.32
叶尖形状：渐尖	果　　形：卵球形	亚麻酸含量（%）：0.20
叶基形状：楔形	果皮颜色：红色	硬脂酸含量（%）：2.84
平均叶长（cm）：10.27	平均叶宽（cm）：3.28	棕榈酸含量（%）：8.93

566 浙江红山茶-遂昌优株25号

资源编号：331123_102_0025	归属物种：*Camellia chekiangoleosa* Hu	
资源类型：野生资源（特异单株）	主要用途：油用栽培，遗传育种材料	
保存地点：浙江省遂昌县	保存方式：原地保存、保护	
	性状特征	
资源特点：高产果量，高含油率		
树　　姿：半开张	盛 花 期：3月上旬	果面特征：光滑
嫩枝绒毛：无	花瓣颜色：红色	平均单果重（g）：92.64
芽鳞颜色：黄绿色	萼片绒毛：有	鲜出籽率（%）：22.57
芽 绒 毛：无	雌雄蕊相对高度：雄高	种皮颜色：黑色
嫩叶颜色：中绿色	花柱裂位：浅裂	种仁含油率（%）：58.00
老叶颜色：深绿色	柱头裂数：3	
叶　　形：长椭圆形	子房绒毛：无	油酸含量（%）：81.45
叶缘特征：平	果熟日期：8月下旬	亚油酸含量（%）：5.09
叶尖形状：渐尖	果　　形：卵球形	亚麻酸含量（%）：0.17
叶基形状：楔形	果皮颜色：青色	硬脂酸含量（%）：3.51
平均叶长（cm）：9.05	平均叶宽（cm）：3.60	棕榈酸含量（%）：9.16

567 泰红4号

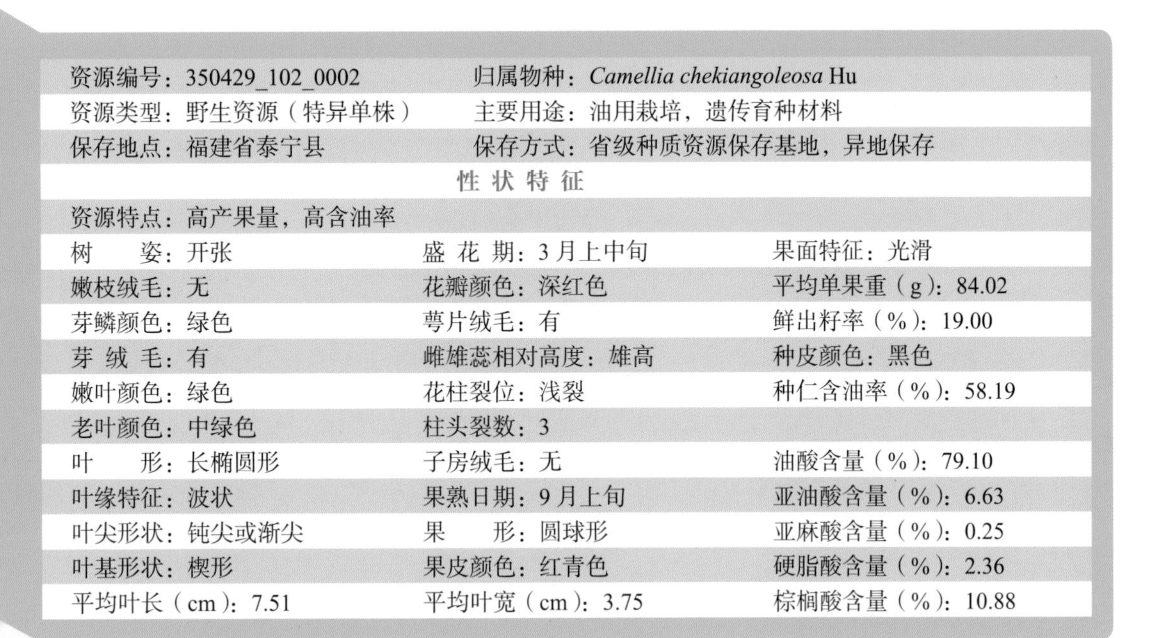

资源编号：350429_102_0002	归属物种：*Camellia chekiangoleosa* Hu	
资源类型：野生资源（特异单株）	主要用途：油用栽培，遗传育种材料	
保存地点：福建省泰宁县	保存方式：省级种质资源保存基地，异地保存	
	性状特征	
资源特点：高产果量，高含油率		
树　　姿：开张	盛 花 期：3月上中旬	果面特征：光滑
嫩枝绒毛：无	花瓣颜色：深红色	平均单果重（g）：84.02
芽鳞颜色：绿色	萼片绒毛：有	鲜出籽率（%）：19.00
芽 绒 毛：有	雌雄蕊相对高度：雄高	种皮颜色：黑色
嫩叶颜色：绿色	花柱裂位：浅裂	种仁含油率（%）：58.19
老叶颜色：中绿色	柱头裂数：3	
叶　　形：长椭圆形	子房绒毛：无	油酸含量（%）：79.10
叶缘特征：波状	果熟日期：9月上旬	亚油酸含量（%）：6.63
叶尖形状：钝尖或渐尖	果　　形：圆球形	亚麻酸含量（%）：0.25
叶基形状：楔形	果皮颜色：红青色	硬脂酸含量（%）：2.36
平均叶长（cm）：7.51	平均叶宽（cm）：3.75	棕榈酸含量（%）：10.88

（8）具高产果量、高油酸资源

568 浙江红山茶－青田优株23号

资源编号：331121_102_0023	归属物种：*Camellia chekiangoleosa* Hu	
资源类型：野生资源（特异单株）	主要用途：油用栽培，遗传育种材料	
保存地点：浙江省青田县	保存方式：原地保存、保护	
	性状特征	
资源特点：高产果量，高油酸		
树　　姿：半开张	盛 花 期：3月上中旬	果面特征：光滑
嫩枝绒毛：无	花瓣颜色：红色	平均单果重（g）：62.58
芽鳞颜色：黄绿色	萼片绒毛：有	鲜出籽率（%）：21.44
芽 绒 毛：无	雌雄蕊相对高度：雌高	种皮颜色：黑色
嫩叶颜色：黄绿色	花柱裂位：浅裂	种仁含油率（%）：52.40
老叶颜色：深绿色	柱头裂数：3	
叶　　形：椭圆形	子房绒毛：无	油酸含量（%）：85.20
叶缘特征：平	果熟日期：8月下旬至9月初	亚油酸含量（%）：4.77
叶尖形状：渐尖	果　　形：卵球形	亚麻酸含量（%）：0.18
叶基形状：近圆形	果皮颜色：青色	硬脂酸含量（%）：2.09
平均叶长（cm）：9.21	平均叶宽（cm）：10.68	棕榈酸含量（%）：7.03

569

浙江红山茶-青田优株44号

资源编号：331121_102_0044		归属物种：*Camellia chekiangoleosa* Hu
资源类型：野生资源（特异单株）		主要用途：油用栽培，遗传育种材料
保存地点：浙江省青田县		保存方式：原地保存、保护
	性 状 特 征	
资源特点：高产果量，高油酸		
树　　姿：半开张	盛 花 期：3月上中旬	果面特征：光滑
嫩枝绒毛：无	花瓣颜色：红色	平均单果重（g）：62.76
芽鳞颜色：黄绿色	萼片绒毛：有	鲜出籽率（%）：23.57
芽 绒 毛：无	雌雄蕊相对高度：雌高	种皮颜色：褐色
嫩叶颜色：黄绿色	花柱裂位：浅裂	种仁含油率（%）：50.50
老叶颜色：深绿色	柱头裂数：5	
叶　　形：椭圆形	子房绒毛：无	油酸含量（%）：85.30
叶缘特征：平	果熟日期：8月下旬至9月初	亚油酸含量（%）：4.10
叶尖形状：渐尖	果　　形：不规则	亚麻酸含量（%）：0.20
叶基形状：近圆形	果皮颜色：青色	硬脂酸含量（%）：2.50
平均叶长（cm）：9.72	平均叶宽（cm）：4.99	棕榈酸含量（%）：7.30

570 浙江红山茶-缙云优株12号

资源编号：331122_102_0012	归属物种：*Camellia chekiangoleosa* Hu	
资源类型：野生资源（特异单株）	主要用途：油用栽培，遗传育种材料	
保存地点：浙江省缙云县	保存方式：原地保存、保护	
	性状特征	
资源特点：高产果量，高油酸		
树　　姿：半开张	盛 花 期：3月上中旬	果面特征：光滑
嫩枝绒毛：无	花瓣颜色：红色	平均单果重（g）：71.51
芽鳞颜色：黄色	萼片绒毛：有	鲜出籽率（%）：16.52
芽 绒 毛：无	雌雄蕊相对高度：雌高	种皮颜色：黑色
嫩叶颜色：绿色	花柱裂位：浅裂	种仁含油率（%）：44.50
老叶颜色：中绿色	柱头裂数：3	
叶　　形：椭圆形	子房绒毛：无	油酸含量（%）：86.10
叶缘特征：平	果熟日期：8月下旬至9月初	亚油酸含量（%）：4.00
叶尖形状：渐尖	果　　形：卵球形	亚麻酸含量（%）：0.30
叶基形状：楔形	果皮颜色：青色	硬脂酸含量（%）：2.10
平均叶长（cm）：8.40	平均叶宽（cm）：4.89	棕榈酸含量（%）：6.90

571 浙江红山茶-缙云优株15号

资源编号：331122_102_0015	归属物种：*Camellia chekiangoleosa* Hu	
资源类型：野生资源（特异单株）	主要用途：油用栽培，遗传育种材料	
保存地点：浙江省缙云县	保存方式：原地保存、保护	
	性状特征	
资源特点：高产果量，高油酸		
树　　姿：开张	盛 花 期：3月上中旬	果面特征：光滑
嫩枝绒毛：无	花瓣颜色：红色	平均单果重（g）：49.53
芽鳞颜色：绿色	萼片绒毛：有	鲜出籽率（%）：18.90
芽 绒 毛：无	雌雄蕊相对高度：雌高	种皮颜色：褐色
嫩叶颜色：绿色	花柱裂位：浅裂	种仁含油率（%）：45.90
老叶颜色：中绿色	柱头裂数：3或4	
叶　　形：椭圆形	子房绒毛：无	油酸含量（%）：86.00
叶缘特征：平	果熟日期：8月下旬至9月初	亚油酸含量（%）：3.80
叶尖形状：渐尖	果　　形：扁圆球形	亚麻酸含量（%）：0.20
叶基形状：近圆形	果皮颜色：青色	硬脂酸含量（%）：2.20
平均叶长（cm）：9.49	平均叶宽（cm）：4.43	棕榈酸含量（%）：7.00

浙江红山茶－缙云优株16号

资源编号：331122_102_0016	归属物种：*Camellia chekiangoleosa* Hu	
资源类型：野生资源（特异单株）	主要用途：油用栽培，遗传育种材料	
保存地点：浙江省缙云县	保存方式：原地保存、保护	
	性状特征	
资源特点：高产果量，高油酸		
树　　姿：直立	盛 花 期：3月上中旬	果面特征：光滑
嫩枝绒毛：无	花瓣颜色：红色	平均单果重（g）：63.48
芽鳞颜色：黄绿色	萼片绒毛：有	鲜出籽率（%）：23.87
芽 绒 毛：无	雌雄蕊相对高度：雄高	种皮颜色：褐色
嫩叶颜色：绿色	花柱裂位：浅裂	种仁含油率（%）：53.40
老叶颜色：中绿色	柱头裂数：3或4	
叶　　形：椭圆形	子房绒毛：无	油酸含量（%）：85.49
叶缘特征：平	果熟日期：8月下旬至9月初	亚油酸含量（%）：4.18
叶尖形状：渐尖	果　　形：扁圆球形	亚麻酸含量（%）：0.19
叶基形状：近圆形	果皮颜色：青色	硬脂酸含量（%）：2.12
平均叶长（cm）：9.54	平均叶宽（cm）：4.02	棕榈酸含量（%）：7.35

573 浙江红山茶-缙云优株17号

资源编号：331122_102_0017	归属物种：*Camellia chekiangoleosa* Hu	
资源类型：野生资源（特异单株）	主要用途：油用栽培，遗传育种材料	
保存地点：浙江省缙云县	保存方式：原地保存、保护	
	性状特征	
资源特点：高产果量，高油酸		
树　　姿：直立	盛 花 期：3月上中旬	果面特征：光滑
嫩枝绒毛：无	花瓣颜色：红色	平均单果重（g）：54.14
芽鳞颜色：黄色	萼片绒毛：有	鲜出籽率（%）：19.17
芽 绒 毛：无	雌雄蕊相对高度：雄高	种皮颜色：棕黑色
嫩叶颜色：绿色	花柱裂位：中裂	种仁含油率（%）：52.98
老叶颜色：中绿色	柱头裂数：3或4	
叶　　形：椭圆形	子房绒毛：无	油酸含量（%）：85.76
叶缘特征：平	果熟日期：8月下旬至9月初	亚油酸含量（%）：4.05
叶尖形状：渐尖	果　　形：扁圆球形	亚麻酸含量（%）：0.23
叶基形状：楔形	果皮颜色：青色	硬脂酸含量（%）：2.48
平均叶长（cm）：11.15	平均叶宽（cm）：4.79	棕榈酸含量（%）：6.84

浙江红山茶－缙云优株18号

资源编号：331122_102_0018	归属物种：*Camellia chekiangoleosa* Hu	
资源类型：野生资源（特异单株）	主要用途：油用栽培，遗传育种材料	
保存地点：浙江省缙云县	保存方式：原地保存、保护	
性状特征		
资源特点：高产果量，高油酸		
树　　姿：直立	盛 花 期：3月上中旬	果面特征：光滑
嫩枝绒毛：无	花瓣颜色：红色	平均单果重（g）：58.53
芽鳞颜色：黄色	萼片绒毛：有	鲜出籽率（%）：23.58
芽 绒 毛：无	雌雄蕊相对高度：雄高	种皮颜色：棕黑色
嫩叶颜色：绿色	花柱裂位：中裂	种仁含油率（%）：51.64
老叶颜色：中绿色	柱头裂数：3或4	
叶　　形：椭圆形	子房绒毛：无	油酸含量（%）：85.14
叶缘特征：平	果熟日期：8月下旬至9月初	亚油酸含量（%）：3.90
叶尖形状：渐尖	果　　形：扁圆球形	亚麻酸含量（%）：0.26
叶基形状：楔形	果皮颜色：青色	硬脂酸含量（%）：2.39
平均叶长（cm）：13.14	平均叶宽（cm）：5.53	棕榈酸含量（%）：7.67

浙江红山茶－缙云优株20号

资源编号：331122_102_0020	归属物种：*Camellia chekiangoleosa* Hu	
资源类型：野生资源（特异单株）	主要用途：油用栽培，遗传育种材料	
保存地点：浙江省缙云县	保存方式：原地保存、保护	
	性状特征	
资源特点：高产果量，高油酸		
树　　姿：直立	盛 花 期：3月上中旬	果面特征：光滑
嫩枝绒毛：无	花瓣颜色：红色	平均单果重（g）：75.51
芽鳞颜色：黄绿色	萼片绒毛：有	鲜出籽率（%）：14.34
芽 绒 毛：无	雌雄蕊相对高度：雄高	种皮颜色：棕色
嫩叶颜色：绿色	花柱裂位：中裂	种仁含油率（%）：46.90
老叶颜色：中绿色	柱头裂数：3或4	
叶　　形：椭圆形	子房绒毛：无	油酸含量（%）：87.80
叶缘特征：平	果熟日期：8月下旬至9月初	亚油酸含量（%）：2.90
叶尖形状：渐尖	果　　形：扁圆球形	亚麻酸含量（%）：0.30
叶基形状：近圆形	果皮颜色：青色	硬脂酸含量（%）：2.20
平均叶长（cm）：11.85	平均叶宽（cm）：4.91	棕榈酸含量（%）：6.40

576

浙江红山茶-遂昌优株2号

资源编号：331123_102_0002	归属物种：*Camellia chekiangoleosa* Hu	
资源类型：野生资源（特异单株）	主要用途：油用栽培，遗传育种材料	
保存地点：浙江省遂昌县	保存方式：原地保存、保护	
性状特征		
资源特点：高产果量，高油酸		
树　　姿：直立	平均叶长（cm）：10.63	平均叶宽（cm）：3.72
嫩枝绒毛：无	叶基形状：楔形	果熟日期：8月下旬
芽绒毛：有	盛花期：3月上旬	果　　形：卵球形
芽鳞颜色：绿色	花瓣颜色：红色	果皮颜色：青色
嫩叶颜色：中绿色	萼片绒毛：有	果面特征：光滑
老叶颜色：深绿色	雌雄蕊相对高度：雄高	平均单果重（g）：80.93
叶　　形：长椭圆形	花柱裂位：浅裂	种皮颜色：棕色
叶缘特征：平	柱头裂数：3	鲜出籽率（%）：21.07
叶尖形状：渐尖	子房绒毛：无	种仁含油率（%）：41.80

（9）具高产果量资源

577

浙江红山茶-东阳优株8

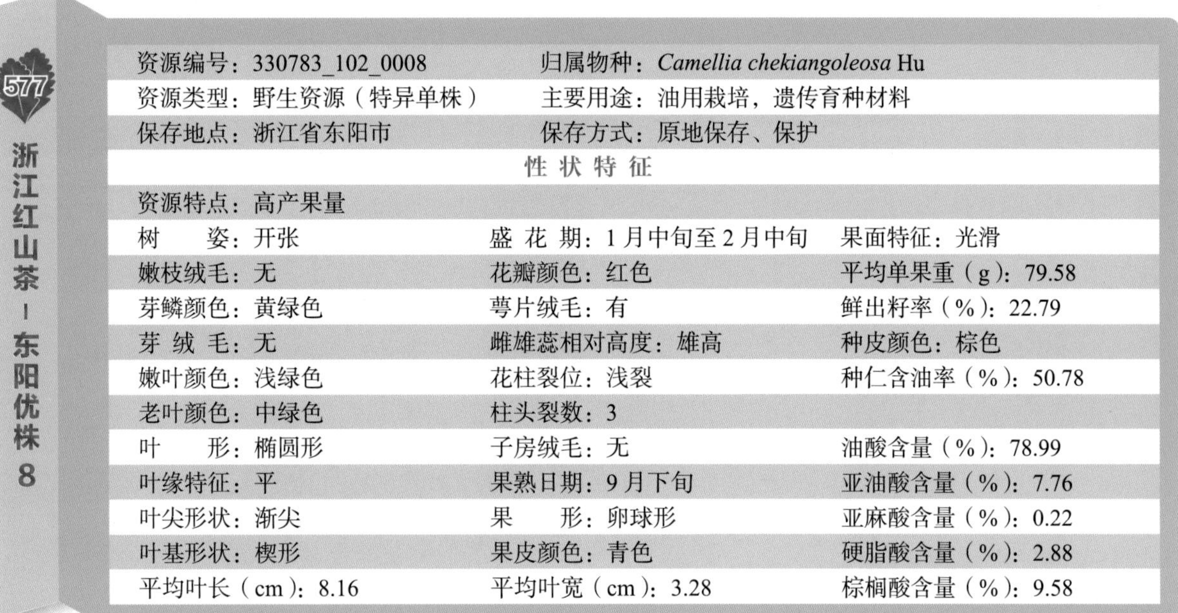

资源编号：330783_102_0008	归属物种：*Camellia chekiangoleosa* Hu	
资源类型：野生资源（特异单株）	主要用途：油用栽培，遗传育种材料	
保存地点：浙江省东阳市	保存方式：原地保存、保护	
	性 状 特 征	
资源特点：高产果量		
树　　姿：开张	盛 花 期：1月中旬至2月中旬	果面特征：光滑
嫩枝绒毛：无	花瓣颜色：红色	平均单果重（g）：79.58
芽鳞颜色：黄绿色	萼片绒毛：有	鲜出籽率（%）：22.79
芽 绒 毛：无	雌雄蕊相对高度：雄高	种皮颜色：棕色
嫩叶颜色：浅绿色	花柱裂位：浅裂	种仁含油率（%）：50.78
老叶颜色：中绿色	柱头裂数：3	
叶　　形：椭圆形	子房绒毛：无	油酸含量（%）：78.99
叶缘特征：平	果熟日期：9月下旬	亚油酸含量（%）：7.76
叶尖形状：渐尖	果　　形：卵球形	亚麻酸含量（%）：0.22
叶基形状：楔形	果皮颜色：青色	硬脂酸含量（%）：2.88
平均叶长（cm）：8.16	平均叶宽（cm）：3.28	棕榈酸含量（%）：9.58

578

浙江红山茶-东阳优株9

资源编号：330783_102_0009	归属物种：*Camellia chekiangoleosa* Hu	
资源类型：野生资源（特异单株）	主要用途：油用栽培，遗传育种材料	
保存地点：浙江省东阳市	保存方式：原地保存、保护	
性状特征		
资源特点：高产果量		
树　　姿：开张	盛 花 期：1月中旬至2月中旬	果面特征：光滑
嫩枝绒毛：无	花瓣颜色：红色	平均单果重（g）：74.92
芽鳞颜色：黄绿色	萼片绒毛：有	鲜出籽率（%）：21.60
芽 绒 毛：无	雌雄蕊相对高度：雄高	种皮颜色：黑色
嫩叶颜色：浅绿色	花柱裂位：浅裂	种仁含油率（%）：24.70
老叶颜色：中绿色	柱头裂数：3	
叶　　形：长椭圆形	子房绒毛：无	油酸含量（%）：76.80
叶缘特征：平	果熟日期：9月下旬	亚油酸含量（%）：10.70
叶尖形状：渐尖	果　　形：卵球形	亚麻酸含量（%）：0.30
叶基形状：楔形	果皮颜色：青色	硬脂酸含量（%）：1.70
平均叶长（cm）：6.80	平均叶宽（cm）：2.72	棕榈酸含量（%）：9.90

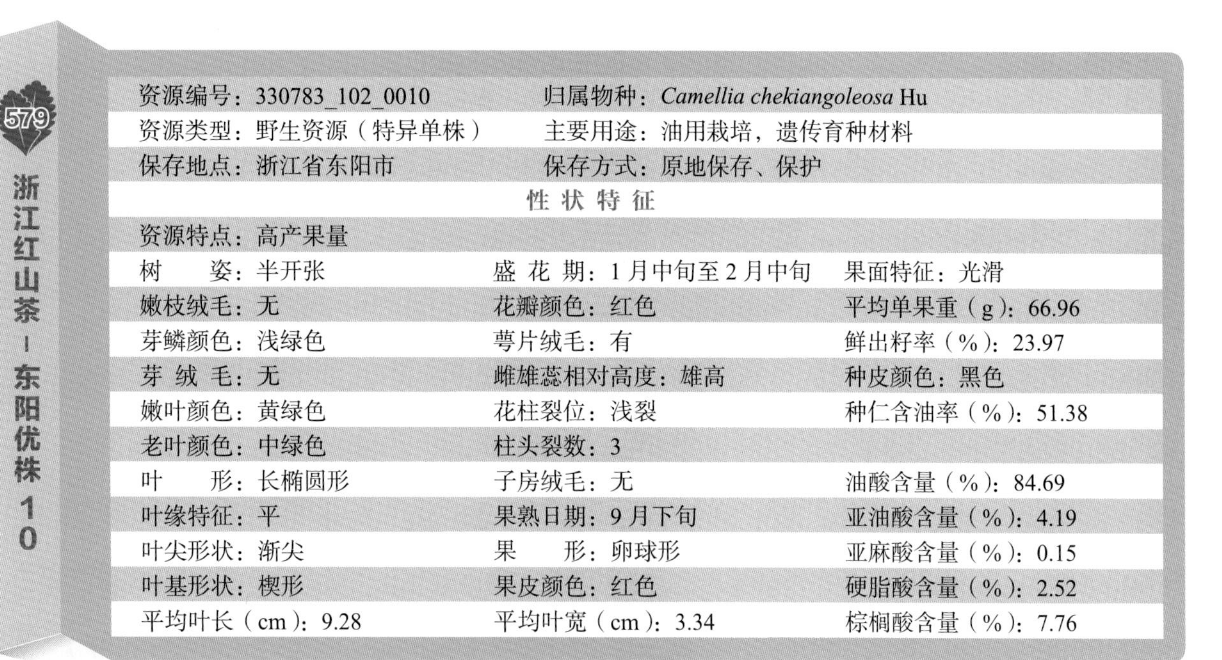

579 浙江红山茶-东阳优株10

资源编号：330783_102_0010	归属物种：*Camellia chekiangoleosa* Hu	
资源类型：野生资源（特异单株）	主要用途：油用栽培，遗传育种材料	
保存地点：浙江省东阳市	保存方式：原地保存、保护	
性状特征		
资源特点：高产果量		
树　　姿：半开张	盛 花 期：1月中旬至2月中旬	果面特征：光滑
嫩枝绒毛：无	花瓣颜色：红色	平均单果重（g）：66.96
芽鳞颜色：浅绿色	萼片绒毛：有	鲜出籽率（%）：23.97
芽 绒 毛：无	雌雄蕊相对高度：雄高	种皮颜色：黑色
嫩叶颜色：黄绿色	花柱裂位：浅裂	种仁含油率（%）：51.38
老叶颜色：中绿色	柱头裂数：3	
叶　　形：长椭圆形	子房绒毛：无	油酸含量（%）：84.69
叶缘特征：平	果熟日期：9月下旬	亚油酸含量（%）：4.19
叶尖形状：渐尖	果　　形：卵球形	亚麻酸含量（%）：0.15
叶基形状：楔形	果皮颜色：红色	硬脂酸含量（%）：2.52
平均叶长（cm）：9.28	平均叶宽（cm）：3.34	棕榈酸含量（%）：7.76

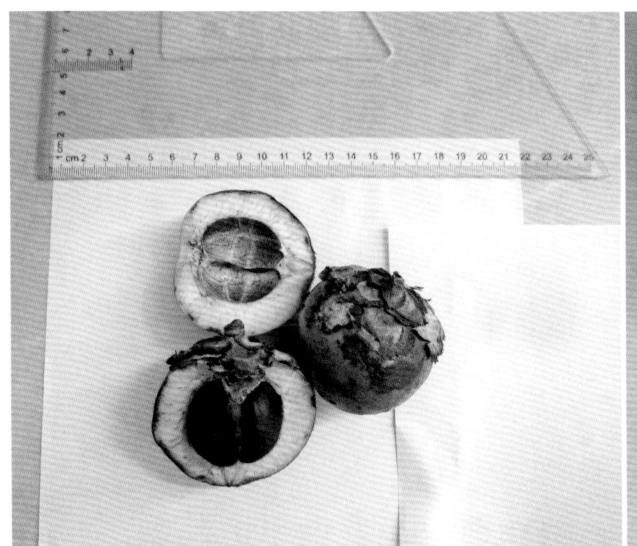

580 浙江红山茶-青田优株1号

资源编号：331121_102_0001	归属物种：*Camellia chekiangoleosa* Hu	
资源类型：野生资源（特异单株）	主要用途：油用栽培，遗传育种材料	
保存地点：浙江省青田县	保存方式：原地保存、保护	
	性状特征	
资源特点：高产果量		
树　　姿：直立	盛 花 期：3月上中旬	果面特征：光滑
嫩枝绒毛：无	花瓣颜色：红色	平均单果重（g）：63.40
芽鳞颜色：黄绿色	萼片绒毛：有	鲜出籽率（%）：22.49
芽 绒 毛：有	雌雄蕊相对高度：雌高	种皮颜色：黑色
嫩叶颜色：浅绿色	花柱裂位：浅裂	种仁含油率（%）：48.60
老叶颜色：深绿色	柱头裂数：3	
叶　　形：近圆形	子房绒毛：无	油酸含量（%）：84.20
叶缘特征：平	果熟日期：8月下旬至9月初	亚油酸含量（%）：4.80
叶尖形状：渐尖	果　　形：卵球形	亚麻酸含量（%）：0.20
叶基形状：楔形	果皮颜色：青色	硬脂酸含量（%）：2.70
平均叶长（cm）：9.51	平均叶宽（cm）：3.80	棕榈酸含量（%）：7.40

581

浙江红山茶-青田优株5号

资源编号：331121_102_0005	归属物种：*Camellia chekiangoleosa* Hu	
资源类型：野生资源（特异单株）	主要用途：油用栽培，遗传育种材料	
保存地点：浙江省青田县	保存方式：原地保存、保护	
	性 状 特 征	
资源特点：高产果量		
树　　姿：直立	盛 花 期：3月上中旬	果面特征：光滑
嫩枝绒毛：无	花瓣颜色：红色	平均单果重（g）：62.86
芽鳞颜色：黄色	萼片绒毛：有	鲜出籽率（%）：24.29
芽 绒 毛：无	雌雄蕊相对高度：雌高	种皮颜色：黑色
嫩叶颜色：中绿色	花柱裂位：浅裂	种仁含油率（%）：47.70
老叶颜色：深绿色	柱头裂数：4	
叶　　形：椭圆形	子房绒毛：无	油酸含量（%）：84.70
叶缘特征：平	果熟日期：8月下旬至9月初	亚油酸含量（%）：4.60
叶尖形状：渐尖	果　　形：卵球形	亚麻酸含量（%）：0.20
叶基形状：近圆形	果皮颜色：青色	硬脂酸含量（%）：2.20
平均叶长（cm）：9.46	平均叶宽（cm）：4.64	棕榈酸含量（%）：7.60

582 浙江红山茶-青田优株13号

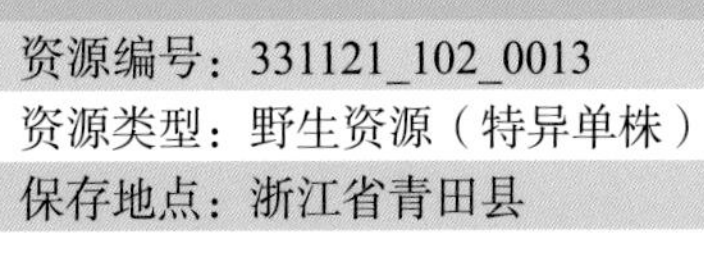

资源编号：331121_102_0013		归属物种：*Camellia chekiangoleosa* Hu			
资源类型：野生资源（特异单株）		主要用途：油用栽培，遗传育种材料			
保存地点：浙江省青田县		保存方式：原地保存、保护			
性状特征					
资源特点：高产果量					
树　　姿	直立	盛 花 期	3月上中旬	果面特征	光滑
嫩枝绒毛	无	花瓣颜色	红色	平均单果重（g）	65.71
芽鳞颜色	绿色	萼片绒毛	有	鲜出籽率（%）	18.34
芽 绒 毛	无	雌雄蕊相对高度	雌高	种皮颜色	黑色
嫩叶颜色	黄绿色	花柱裂位	浅裂	种仁含油率（%）	50.46
老叶颜色	深绿色	柱头裂数	3		
叶　　形	椭圆形	子房绒毛	无	油酸含量（%）	81.00
叶缘特征	平	果熟日期	8月下旬至9月初	亚油酸含量（%）	7.08
叶尖形状	尖	果　　形	卵球形	亚麻酸含量（%）	0.18
叶基形状	近圆形	果皮颜色	青色	硬脂酸含量（%）	2.56
平均叶长（cm）	10.54	平均叶宽（cm）	4.25	棕榈酸含量（%）	8.44

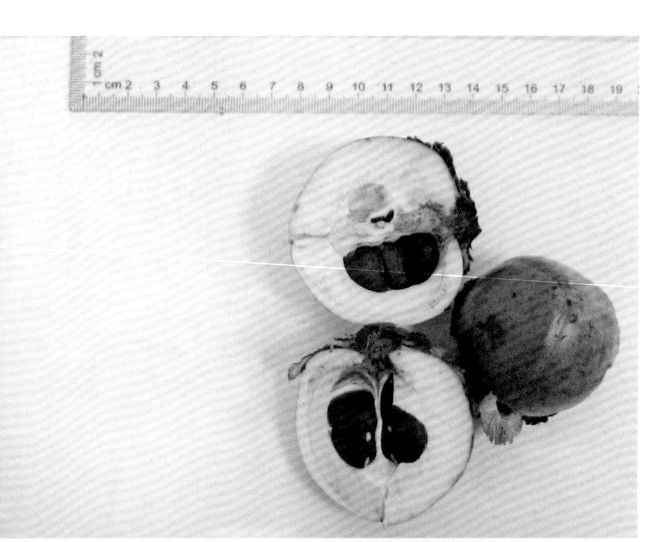

583 浙江红山茶-青田优株14号

资源编号：331121_102_0014	归属物种：*Camellia chekiangoleosa* Hu	
资源类型：野生资源（特异单株）	主要用途：油用栽培，遗传育种材料	
保存地点：浙江省青田县	保存方式：原地保存、保护	
性状特征		
资源特点：高产果量		
树　　姿：直立	盛 花 期：3月上中旬	果面特征：光滑
嫩枝绒毛：无	花瓣颜色：红色	平均单果重（g）：58.35
芽鳞颜色：黄绿色	萼片绒毛：有	鲜出籽率（%）：19.30
芽 绒 毛：无	雌雄蕊相对高度：雄高	种皮颜色：黑色
嫩叶颜色：黄绿色	花柱裂位：中裂	种仁含油率（%）：44.60
老叶颜色：深绿色	柱头裂数：5	
叶　　形：椭圆形	子房绒毛：无	油酸含量（%）：83.50
叶缘特征：平	果熟日期：8月下旬至9月初	亚油酸含量（%）：5.30
叶尖形状：尖	果　　形：卵球形	亚麻酸含量（%）：0.20
叶基形状：楔形	果皮颜色：青色	硬脂酸含量（%）：2.20
平均叶长（cm）：10.89	平均叶宽（cm）：4.57	棕榈酸含量（%）：8.20

584 浙江红山茶-青田优株15号

资源编号：331121_102_0015	归属物种：*Camellia chekiangoleosa* Hu	
资源类型：野生资源（特异单株）	主要用途：油用栽培，遗传育种材料	
保存地点：浙江省青田县	保存方式：原地保存、保护	
	性状特征	
资源特点：高产果量		
树　　姿：半开张	盛 花 期：3月上中旬	果面特征：光滑
嫩枝绒毛：无	花瓣颜色：红色	平均单果重（g）：64.81
芽鳞颜色：绿色	萼片绒毛：有	鲜出籽率（%）：24.67
芽 绒 毛：无	雌雄蕊相对高度：雌高	种皮颜色：黑色
嫩叶颜色：黄色	花柱裂位：浅裂	种仁含油率（%）：49.90
老叶颜色：深绿色	柱头裂数：4	
叶　　形：椭圆形	子房绒毛：无	油酸含量（%）：83.40
叶缘特征：平	果熟日期：8月下旬至9月初	亚油酸含量（%）：5.80
叶尖形状：渐尖	果　　形：卵球形	亚麻酸含量（%）：0.20
叶基形状：近圆形	果皮颜色：青色	硬脂酸含量（%）：2.00
平均叶长（cm）：8.65	平均叶宽（cm）：4.19	棕榈酸含量（%）：8.00

585 浙江红山茶－青田优株22号

资源编号：331121_102_0022	归属物种：*Camellia chekiangoleosa* Hu	
资源类型：野生资源（特异单株）	主要用途：油用栽培，遗传育种材料	
保存地点：浙江省青田县	保存方式：原地保存、保护	
性状特征		
资源特点：高产果量		
树　　姿：半开张	盛 花 期：3月上中旬	果面特征：光滑
嫩枝绒毛：无	花瓣颜色：红色	平均单果重（g）：—
芽鳞颜色：绿色	萼片绒毛：有	鲜出籽率（%）：—
芽 绒 毛：无	雌雄蕊相对高度：雌高	种皮颜色：黑色
嫩叶颜色：黄绿色	花柱裂位：浅裂	种仁含油率（%）：52.99
老叶颜色：深绿色	柱头裂数：3	
叶　　形：椭圆形	子房绒毛：无	油酸含量（%）：83.15
叶缘特征：平	果熟日期：8月下旬至9月初	亚油酸含量（%）：4.69
叶尖形状：渐尖	果　　形：卵球形	亚麻酸含量（%）：0.15
叶基形状：近圆形	果皮颜色：青色	硬脂酸含量（%）：2.81
平均叶长（cm）：12.16	平均叶宽（cm）：5.98	棕榈酸含量（%）：8.51

586 浙江红山茶-青田优株27号

资源编号：331121_102_0027	归属物种：*Camellia chekiangoleosa* Hu	
资源类型：野生资源（特异单株）	主要用途：油用栽培，遗传育种材料	
保存地点：浙江省青田县	保存方式：原地保存、保护	
	性状特征	
资源特点：高产果量		
树　　姿：直立	盛 花 期：3月上中旬	果面特征：光滑
嫩枝绒毛：无	花瓣颜色：红色	平均单果重（g）：89.93
芽鳞颜色：黄绿色	萼片绒毛：有	鲜出籽率（%）：21.55
芽 绒 毛：无	雌雄蕊相对高度：雄高	种皮颜色：黑色
嫩叶颜色：黄绿色	花柱裂位：浅裂	种仁含油率（%）：50.53
老叶颜色：深绿色	柱头裂数：3	
叶　　形：椭圆形	子房绒毛：无	油酸含量（%）：82.29
叶缘特征：平	果熟日期：8月下旬至9月初	亚油酸含量（%）：5.57
叶尖形状：尖	果　　形：卵球形	亚麻酸含量（%）：0.17
叶基形状：楔形	果皮颜色：青色	硬脂酸含量（%）：3.22
平均叶长（cm）：9.73	平均叶宽（cm）：4.70	棕榈酸含量（%）：8.05

587

浙江红山茶-青田优株31号

资源编号：331121_102_0031	归属物种：*Camellia chekiangoleosa* Hu	
资源类型：野生资源（特异单株）	主要用途：油用栽培，遗传育种材料	
保存地点：浙江省青田县	保存方式：原地保存、保护	
性状特征		
资源特点：高产果量		
树　　姿：半开张	盛 花 期：3月上中旬	果面特征：光滑
嫩枝绒毛：无	花瓣颜色：红色	平均单果重（g）：92.39
芽鳞颜色：黄色	萼片绒毛：有	鲜出籽率（%）：16.64
芽 绒 毛：无	雌雄蕊相对高度：雄高	种皮颜色：褐色
嫩叶颜色：黄绿色	花柱裂位：浅裂	种仁含油率（%）：39.30
老叶颜色：深绿色	柱头裂数：4	
叶　　形：椭圆形	子房绒毛：无	油酸含量（%）：84.40
叶缘特征：平	果熟日期：8月下旬至9月初	亚油酸含量（%）：4.30
叶尖形状：渐尖	果　　形：卵球形	亚麻酸含量（%）：0.20
叶基形状：楔形	果皮颜色：青色	硬脂酸含量（%）：2.70
平均叶长（cm）：10.09	平均叶宽（cm）：5.44	棕榈酸含量（%）：7.80

588 浙江红山茶－青田优株34号

资源编号：331121_102_0034	归属物种：*Camellia chekiangoleosa* Hu	
资源类型：野生资源（特异单株）	主要用途：油用栽培，遗传育种材料	
保存地点：浙江省青田县	保存方式：原地保存、保护	
性状特征		
资源特点：高产果量		
树　　姿：直立	盛 花 期：3月上中旬	果面特征：光滑
嫩枝绒毛：无	花瓣颜色：红色	平均单果重（g）：58.09
芽鳞颜色：绿色	萼片绒毛：有	鲜出籽率（%）：23.46
芽 绒 毛：无	雌雄蕊相对高度：雌高	种皮颜色：棕色
嫩叶颜色：黄绿色	花柱裂位：浅裂	种仁含油率（%）：45.50
老叶颜色：深绿色	柱头裂数：4	
叶　　形：椭圆形	子房绒毛：无	油酸含量（%）：84.80
叶缘特征：平	果熟日期：8月下旬至9月初	亚油酸含量（%）：4.20
叶尖形状：渐尖	果　　形：圆球形	亚麻酸含量（%）：0.20
叶基形状：楔形	果皮颜色：黄色	硬脂酸含量（%）：2.60
平均叶长（cm）：9.29	平均叶宽（cm）：4.79	棕榈酸含量（%）：7.60

589

浙江红山茶－青田优株37号

资源编号：331121_102_0037	归属物种：*Camellia chekiangoleosa* Hu	
资源类型：野生资源（特异单株）	主要用途：油用栽培，遗传育种材料	
保存地点：浙江省青田县	保存方式：原地保存、保护	
	性状特征	
资源特点：高产果量		
树　　姿：半开张	盛 花 期：3月上中旬	果面特征：光滑
嫩枝绒毛：无	花瓣颜色：红色	平均单果重（g）：63.04
芽鳞颜色：绿色	萼片绒毛：有	鲜出籽率（%）：21.64
芽 绒 毛：无	雌雄蕊相对高度：雄高	种皮颜色：棕色
嫩叶颜色：黄绿色	花柱裂位：中裂	种仁含油率（%）：28.10
老叶颜色：深绿色	柱头裂数：3	
叶　　形：椭圆形	子房绒毛：无	油酸含量（%）：80.40
叶缘特征：平	果熟日期：8月下旬至9月初	亚油酸含量（%）：7.50
叶尖形状：渐尖	果　　形：卵球形	亚麻酸含量（%）：0.20
叶基形状：楔形	果皮颜色：青色	硬脂酸含量（%）：2.90
平均叶长（cm）：10.88	平均叶宽（cm）：5.29	棕榈酸含量（%）：8.40

590

浙江红山茶-青田优株38号

资源编号：331121_102_0038	归属物种：*Camellia chekiangoleosa* Hu	
资源类型：野生资源（特异单株）	主要用途：油用栽培，遗传育种材料	
保存地点：浙江省青田县	保存方式：原地保存、保护	
性状特征		
资源特点：高产果量		
树　　姿：半开张	盛 花 期：3月上中旬	果面特征：光滑
嫩枝绒毛：无	花瓣颜色：红色	平均单果重（g）：72.15
芽鳞颜色：黄绿色	萼片绒毛：有	鲜出籽率（%）：16.30
芽 绒 毛：无	雌雄蕊相对高度：雄高	种皮颜色：棕色
嫩叶颜色：黄绿色	花柱裂位：浅裂	种仁含油率（%）：47.80
老叶颜色：深绿色	柱头裂数：3	
叶　　形：椭圆形	子房绒毛：无	油酸含量（%）：84.10
叶缘特征：平	果熟日期：8月下旬至9月初	亚油酸含量（%）：5.20
叶尖形状：尖	果　　形：扁圆球形	亚麻酸含量（%）：0.20
叶基形状：近圆形	果皮颜色：青色	硬脂酸含量（%）：2.30
平均叶长（cm）：10.70	平均叶宽（cm）：4.80	棕榈酸含量（%）：7.70

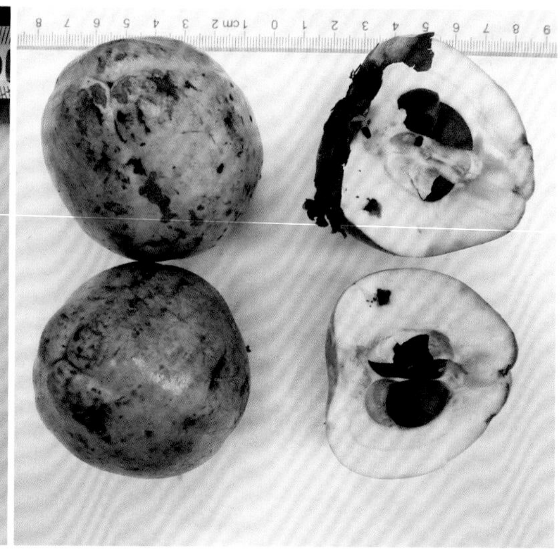

591 浙江红山茶-青田优株40号

资源编号：331121_102_0040		归属物种：*Camellia chekiangoleosa* Hu
资源类型：野生资源（特异单株）		主要用途：油用栽培，遗传育种材料
保存地点：浙江省青田县		保存方式：原地保存、保护
	性状特征	
资源特点：高产果量		
树　　姿：半开张	盛 花 期：3月上中旬	果面特征：光滑
嫩枝绒毛：无	花瓣颜色：红色	平均单果重（g）：49.78
芽鳞颜色：黄绿色	萼片绒毛：有	鲜出籽率（%）：17.92
芽 绒 毛：无	雌雄蕊相对高度：雌高	种皮颜色：棕黑色
嫩叶颜色：黄绿色	花柱裂位：浅裂	种仁含油率（%）：33.40
老叶颜色：深绿色	柱头裂数：3	
叶　　形：椭圆形	子房绒毛：无	油酸含量（%）：83.10
叶缘特征：平	果熟日期：8月下旬至9月初	亚油酸含量（%）：5.80
叶尖形状：渐尖	果　　形：扁圆球形	亚麻酸含量（%）：0.20
叶基形状：楔形	果皮颜色：青色	硬脂酸含量（%）：2.40
平均叶长（cm）：13.72	平均叶宽（cm）：6.86	棕榈酸含量（%）：7.80

592 浙江红山茶-青田优株41号

资源编号：331121_102_0041	归属物种：*Camellia chekiangoleosa* Hu	
资源类型：野生资源（特异单株）	主要用途：油用栽培，遗传育种材料	
保存地点：浙江省青田县	保存方式：原地保存、保护	
	性状特征	
资源特点：高产果量		
树　　姿：半开张	盛 花 期：3月上中旬	果面特征：光滑
嫩枝绒毛：无	花瓣颜色：红色	平均单果重（g）：49.98
芽鳞颜色：黄色	萼片绒毛：有	鲜出籽率（%）：21.17
芽 绒 毛：无	雌雄蕊相对高度：雄高	种皮颜色：棕黄色
嫩叶颜色：黄绿色	花柱裂位：中裂	种仁含油率（%）：29.00
老叶颜色：深绿色	柱头裂数：3	
叶　　形：椭圆形	子房绒毛：无	油酸含量（%）：81.40
叶缘特征：平	果熟日期：8月下旬至9月上旬	亚油酸含量（%）：5.80
叶尖形状：渐尖	果　　形：卵球形	亚麻酸含量（%）：0.20
叶基形状：近圆形	果皮颜色：黄色	硬脂酸含量（%）：1.60
平均叶长（cm）：13.52	平均叶宽（cm）：6.08	棕榈酸含量（%）：10.00

593 浙江红山茶-青田优株42号

资源编号：331121_102_0042	归属物种：*Camellia chekiangoleosa* Hu	
资源类型：野生资源（特异单株）	主要用途：油用栽培，遗传育种材料	
保存地点：浙江省青田县	保存方式：原地保存、保护	
性 状 特 征		
资源特点：高产果量		
树　　姿：半开张	盛 花 期：3月上中旬	果面特征：光滑
嫩枝绒毛：无	花瓣颜色：红色	平均单果重（g）：45.34
芽鳞颜色：黄绿色	萼片绒毛：有	鲜出籽率（%）：24.59
芽 绒 毛：无	雌雄蕊相对高度：雄高	种皮颜色：棕色
嫩叶颜色：黄绿色	花柱裂位：浅裂	种仁含油率（%）：48.50
老叶颜色：深绿色	柱头裂数：4	
叶　　形：椭圆形	子房绒毛：无	油酸含量（%）：81.90
叶缘特征：平	果熟日期：8月下旬至9月上旬	亚油酸含量（%）：6.40
叶尖形状：渐尖	果　　形：扁圆球形	亚麻酸含量（%）：0.20
叶基形状：楔形	果皮颜色：青色	硬脂酸含量（%）：2.40
平均叶长（cm）：9.33	平均叶宽（cm）：5.18	棕榈酸含量（%）：8.40

594

浙江红山茶-青田优株43号

资源编号：331121_102_0043	归属物种：*Camellia chekiangoleosa* Hu	
资源类型：野生资源（特异单株）	主要用途：油用栽培，遗传育种材料	
保存地点：浙江省青田县	保存方式：原地保存、保护	
性状特征		
资源特点：高产果量		
树　　姿：半开张	盛 花 期：3月上中旬	果面特征：光滑
嫩枝绒毛：无	花瓣颜色：红色	平均单果重（g）：81.09
芽鳞颜色：绿色	萼片绒毛：有	鲜出籽率（%）：15.51
芽 绒 毛：无	雌雄蕊相对高度：雌高	种皮颜色：浅棕色
嫩叶颜色：黄绿色	花柱裂位：浅裂	种仁含油率（%）：50.79
老叶颜色：深绿色	柱头裂数：3	
叶　　形：椭圆形	子房绒毛：无	油酸含量（%）：83.76
叶缘特征：平	果熟日期：8月下旬至9月上旬	亚油酸含量（%）：5.69
叶尖形状：渐尖	果　　形：扁圆球形	亚麻酸含量（%）：0.21
叶基形状：楔形	果皮颜色：青色	硬脂酸含量（%）：2.17
平均叶长（cm）：9.63	平均叶宽（cm）：5.39	棕榈酸含量（%）：7.52

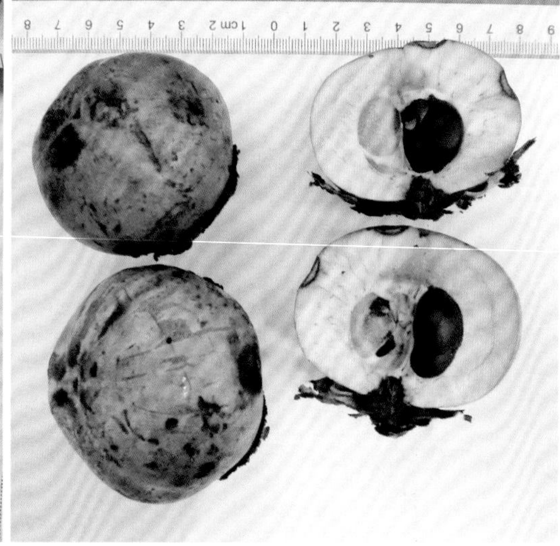

浙江红山茶-青田优株46号

资源编号：331121_102_0046	归属物种：*Camellia chekiangoleosa* Hu	
资源类型：野生资源（特异单株）	主要用途：油用栽培，遗传育种材料	
保存地点：浙江省青田县	保存方式：原地保存、保护	
	性状特征	
资源特点：高产果量		
树　　姿：半开张	盛 花 期：3月上中旬	果面特征：光滑
嫩枝绒毛：无	花瓣颜色：红色	平均单果重（g）：72.99
芽鳞颜色：黄绿色	萼片绒毛：有	鲜出籽率（%）：18.62
芽 绒 毛：有	雌雄蕊相对高度：雄高	种皮颜色：棕色
嫩叶颜色：黄绿色	花柱裂位：浅裂	种仁含油率（%）：54.83
老叶颜色：深绿色	柱头裂数：3	
叶　　形：椭圆形	子房绒毛：无	油酸含量（%）：84.69
叶缘特征：平	果熟日期：8月下旬至9月初	亚油酸含量（%）：4.19
叶尖形状：渐尖	果　　形：扁圆球形	亚麻酸含量（%）：0.15
叶基形状：楔形	果皮颜色：黄色	硬脂酸含量（%）：2.52
平均叶长（cm）：10.78	平均叶宽（cm）：6.54	棕榈酸含量（%）：7.76

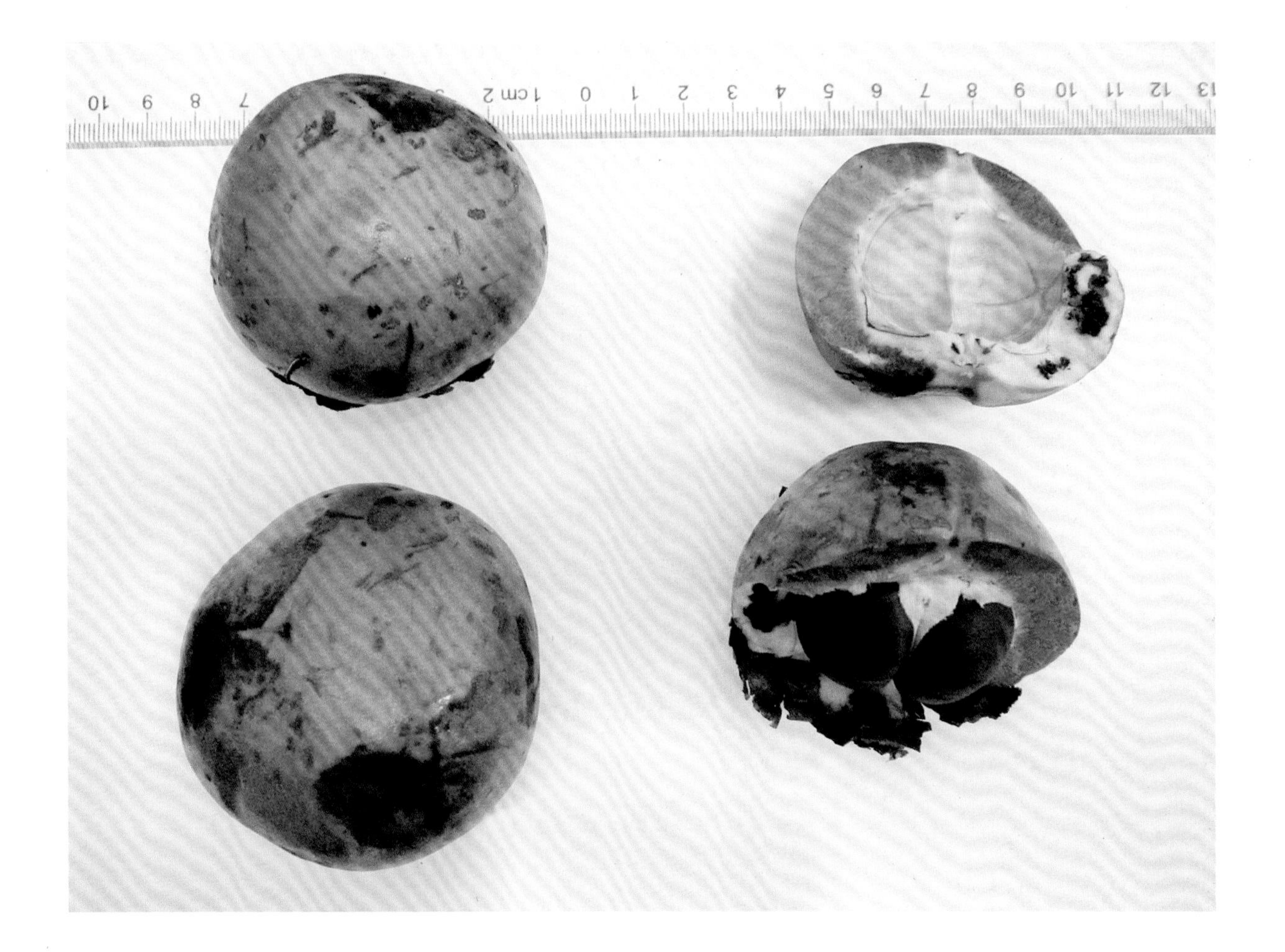

596

浙江红山茶-青田优株50号

资源编号：331121_102_0050	归属物种：*Camellia chekiangoleosa* Hu	
资源类型：野生资源（特异单株）	主要用途：油用栽培，遗传育种材料	
保存地点：浙江省青田县	保存方式：原地保存、保护	
	性 状 特 征	
资源特点：高产果量		
树　　姿：半开张	盛 花 期：3月上中旬	果面特征：光滑
嫩枝绒毛：无	花瓣颜色：红色	平均单果重（g）：80.37
芽鳞颜色：黄绿色	萼片绒毛：有	鲜出籽率（%）：15.09
芽 绒 毛：无	雌雄蕊相对高度：雌高	种皮颜色：棕色
嫩叶颜色：黄绿色	花柱裂位：浅裂	种仁含油率（%）：39.50
老叶颜色：深绿色	柱头裂数：3	
叶　　形：椭圆形	子房绒毛：无	油酸含量（%）：85.00
叶缘特征：平	果熟日期：8月下旬至9月初	亚油酸含量（%）：4.50
叶尖形状：渐尖	果　　形：卵球形	亚麻酸含量（%）：0.20
叶基形状：楔形	果皮颜色：黄绿色	硬脂酸含量（%）：1.80
平均叶长（cm）：10.78	平均叶宽（cm）：6.59	棕榈酸含量（%）：7.80

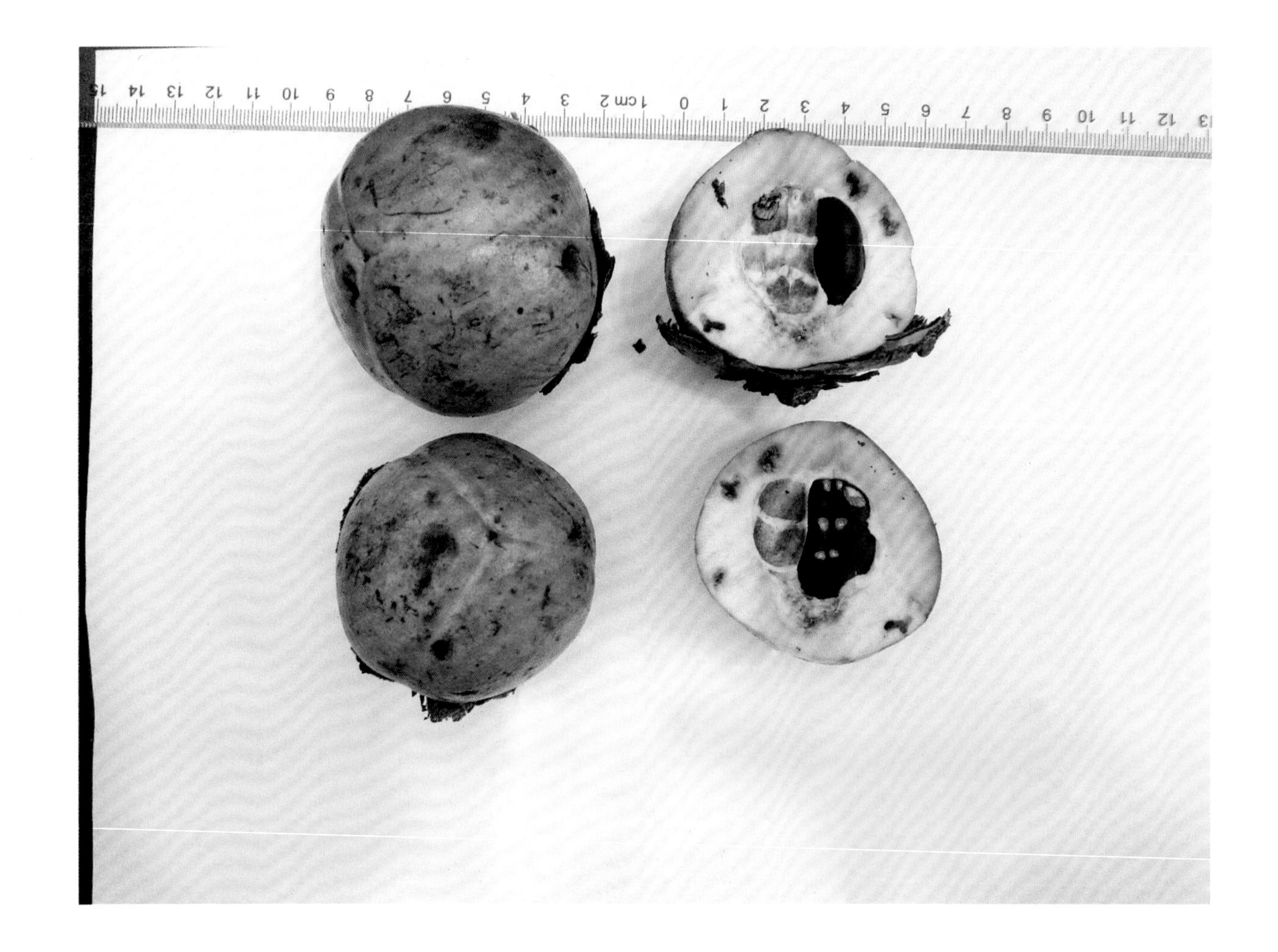

597

浙江红山茶-缙云优株9号

资源编号：331122_102_0009	归属物种：*Camellia chekiangoleosa* Hu	
资源类型：野生资源（特异单株）	主要用途：油用栽培，遗传育种材料	
保存地点：浙江省缙云县	保存方式：原地保存、保护	
	性状特征	
资源特点：高产果量		
树　　姿：开张	盛 花 期：3月上中旬	果面特征：光滑
嫩枝绒毛：无	花瓣颜色：红色	平均单果重（g）：51.14
芽鳞颜色：黄色	萼片绒毛：有	鲜出籽率（%）：21.47
芽 绒 毛：无	雌雄蕊相对高度：等高	种皮颜色：黑色
嫩叶颜色：绿色	花柱裂位：中裂	种仁含油率（%）：50.13
老叶颜色：中绿色	柱头裂数：3	
叶　　形：椭圆形	子房绒毛：无	油酸含量（%）：82.53
叶缘特征：平	果熟日期：8月下旬至9月初	亚油酸含量（%）：5.30
叶尖形状：渐尖	果　　形：圆球形	亚麻酸含量（%）：0.21
叶基形状：近圆形	果皮颜色：青色	硬脂酸含量（%）：2.47
平均叶长（cm）：10.05	平均叶宽（cm）：4.17	棕榈酸含量（%）：8.84

598 浙江红山茶-缙云优株19号

资源编号：331122_102_0019	归属物种：*Camellia chekiangoleosa* Hu	
资源类型：野生资源（特异单株）	主要用途：油用栽培，遗传育种材料	
保存地点：浙江省缙云县	保存方式：原地保存、保护	
性状特征		
资源特点：高产果量		
树　　姿：直立	盛 花 期：3月上中旬	果面特征：光滑
嫩枝绒毛：无	花瓣颜色：红色	平均单果重（g）：66.53
芽鳞颜色：绿色	萼片绒毛：有	鲜出籽率（%）：16.38
芽 绒 毛：无	雌雄蕊相对高度：雌高	种皮颜色：棕色
嫩叶颜色：绿色	花柱裂位：中裂	种仁含油率（%）：54.50
老叶颜色：中绿色	柱头裂数：3或4	
叶　　形：椭圆形	子房绒毛：无	油酸含量（%）：83.07
叶缘特征：平	果熟日期：8月下旬至9月初	亚油酸含量（%）：3.56
叶尖形状：渐尖	果　　形：卵球形	亚麻酸含量（%）：0.23
叶基形状：楔形	果皮颜色：青色	硬脂酸含量（%）：4.13
平均叶长（cm）：10.15	平均叶宽（cm）：4.27	棕榈酸含量（%）：8.15

599

浙江红山茶－缙云优株21号

资源编号：331122_102_0021	归属物种：*Camellia chekiangoleosa* Hu	
资源类型：野生资源（特异单株）	主要用途：油用栽培，遗传育种材料	
保存地点：浙江省缙云县	保存方式：原地保存、保护	
性状特征		
资源特点：高产果量		
树　　姿：直立	盛 花 期：3月上中旬	果面特征：光滑
嫩枝绒毛：无	花瓣颜色：红色	平均单果重（g）：76.87
芽鳞颜色：黄色	萼片绒毛：有	鲜出籽率（%）：17.55
芽 绒 毛：无	雌雄蕊相对高度：等高	种皮颜色：棕色
嫩叶颜色：绿色	花柱裂位：中裂	种仁含油率（%）：45.10
老叶颜色：中绿色	柱头裂数：3或4	
叶　　形：椭圆形	子房绒毛：无	油酸含量（%）：81.30
叶缘特征：平	果熟日期：8月下旬至9月初	亚油酸含量（%）：6.30
叶尖形状：渐尖	果　　形：卵球形	亚麻酸含量（%）：0.20
叶基形状：楔形	果皮颜色：青色	硬脂酸含量（%）：2.60
平均叶长（cm）：11.67	平均叶宽（cm）：6.14	棕榈酸含量（%）：9.00

浙江红山茶-遂昌优株6号

资源编号：331123_102_0006	归属物种：*Camellia chekiangoleosa* Hu	
资源类型：野生资源（特异单株）	主要用途：油用栽培，遗传育种材料	
保存地点：浙江省遂昌县	保存方式：原地保存、保护	
	性状特征	
资源特点：高产果量		
树　　姿：直立	盛 花 期：3月上旬	果面特征：光滑
嫩枝绒毛：无	花瓣颜色：红色	平均单果重（g）：68.94
芽鳞颜色：黄绿色	萼片绒毛：有	鲜出籽率（%）：24.22
芽 绒 毛：无	雌雄蕊相对高度：雌高	种皮颜色：黑色
嫩叶颜色：中绿色	花柱裂位：浅裂	种仁含油率（%）：45.90
老叶颜色：深绿色	柱头裂数：3	
叶　　形：长椭圆形	子房绒毛：无	油酸含量（%）：82.20
叶缘特征：平	果熟日期：8月下旬	亚油酸含量（%）：5.50
叶尖形状：渐尖	果　　形：卵球形	亚麻酸含量（%）：0.10
叶基形状：楔形	果皮颜色：青色	硬脂酸含量（%）：2.80
平均叶长（cm）：9.37	平均叶宽（cm）：3.76	棕榈酸含量（%）：8.80

601 浙江红山茶-遂昌优株9号

资源编号：331123_102_0009	归属物种：*Camellia chekiangoleosa* Hu	
资源类型：野生资源（特异单株）	主要用途：油用栽培，遗传育种材料	
保存地点：浙江省遂昌县	保存方式：原地保存、保护	
性状特征		
资源特点：高产果量		
树　　姿：开张	盛 花 期：3月上旬	果面特征：光滑
嫩枝绒毛：无	花瓣颜色：红色	平均单果重（g）：87.38
芽鳞颜色：黄绿色	萼片绒毛：有	鲜出籽率（%）：15.69
芽 绒 毛：无	雌雄蕊相对高度：雄高	种皮颜色：褐色
嫩叶颜色：中绿色	花柱裂位：中裂	种仁含油率（%）：53.74
老叶颜色：深绿色	柱头裂数：3或4	
叶　　形：长椭圆形	子房绒毛：无	油酸含量（%）：82.62
叶缘特征：平	果熟日期：8月下旬	亚油酸含量（%）：4.84
叶尖形状：渐尖	果　　形：卵球形	亚麻酸含量（%）：0.17
叶基形状：半圆形	果皮颜色：红色	硬脂酸含量（%）：3.15
平均叶长（cm）：10.15	平均叶宽（cm）：3.45	棕榈酸含量（%）：8.69

602 浙江红山茶－遂昌优株10号

资源编号：331123_102_0010	归属物种：*Camellia chekiangoleosa* Hu	
资源类型：野生资源（特异单株）	主要用途：油用栽培，遗传育种材料	
保存地点：浙江省遂昌县	保存方式：原地保存、保护	
	性状特征	
资源特点：高产果量		
树　　姿：开张	盛 花 期：3月上旬	果面特征：光滑
嫩枝绒毛：无	花瓣颜色：红色	平均单果重（g）：85.04
芽鳞颜色：黄绿色	萼片绒毛：有	鲜出籽率（%）：21.11
芽 绒 毛：无	雌雄蕊相对高度：雌高	种皮颜色：黑色
嫩叶颜色：中绿色	花柱裂位：中裂	种仁含油率（%）：50.38
老叶颜色：深绿色	柱头裂数：3或4	
叶　　形：椭圆形	子房绒毛：无	油酸含量（%）：82.06
叶缘特征：平	果熟日期：8月下旬	亚油酸含量（%）：5.59
叶尖形状：渐尖	果　　形：卵球形	亚麻酸含量（%）：0.20
叶基形状：圆球形	果皮颜色：黄棕色	硬脂酸含量（%）：2.93
平均叶长（cm）：11.51	平均叶宽（cm）：5.15	棕榈酸含量（%）：8.71

603

浙江红山茶-遂昌优株11号

资源编号：331123_102_0011	归属物种：*Camellia chekiangoleosa* Hu	
资源类型：野生资源（特异单株）	主要用途：油用栽培，遗传育种材料	
保存地点：浙江省遂昌县	保存方式：原地保存、保护	
性状特征		
资源特点：高产果量		
树　　姿：半开张	盛 花 期：3月上旬	果面特征：光滑
嫩枝绒毛：无	花瓣颜色：红色	平均单果重（g）：71.28
芽鳞颜色：黄绿色	萼片绒毛：有	鲜出籽率（%）：21.93
芽 绒 毛：无	雌雄蕊相对高度：雄高	种皮颜色：黑色
嫩叶颜色：中绿色	花柱裂位：中裂	种仁含油率（%）：48.60
老叶颜色：深绿色	柱头裂数：3	
叶　　形：长椭圆形	子房绒毛：无	油酸含量（%）：81.70
叶缘特征：平	果熟日期：8月下旬	亚油酸含量（%）：6.30
叶尖形状：渐尖	果　　形：卵球形	亚麻酸含量（%）：0.20
叶基形状：楔形	果皮颜色：青色	硬脂酸含量（%）：2.50
平均叶长（cm）：10.80	平均叶宽（cm）：3.66	棕榈酸含量（%）：8.60

604

浙江红山茶-遂昌优株12号

资源编号：331123_102_0012	归属物种：*Camellia chekiangoleosa* Hu	
资源类型：野生资源（特异单株）	主要用途：油用栽培，遗传育种材料	
保存地点：浙江省遂昌县	保存方式：原地保存、保护	
性状特征		
资源特点：高产果量		
树　　姿：直立	盛 花 期：3月上旬	果面特征：光滑
嫩枝绒毛：无	花瓣颜色：红色	平均单果重（g）：92.79
芽鳞颜色：黄绿色	萼片绒毛：有	鲜出籽率（%）：24.05
芽 绒 毛：无	雌雄蕊相对高度：雄高	种皮颜色：褐色
嫩叶颜色：中绿色	花柱裂位：中裂	种仁含油率（%）：44.50
老叶颜色：深绿色	柱头裂数：3	
叶　　形：长椭圆形	子房绒毛：无	油酸含量（%）：81.10
叶缘特征：平	果熟日期：8月下旬	亚油酸含量（%）：5.50
叶尖形状：渐尖	果　　形：卵球形	亚麻酸含量（%）：0.20
叶基形状：楔形	果皮颜色：青色	硬脂酸含量（%）：2.50
平均叶长（cm）：9.22	平均叶宽（cm）：3.61	棕榈酸含量（%）：10.10

605

浙江红山茶－遂昌优株16号

资源编号：331123_102_0016	归属物种：*Camellia chekiangoleosa* Hu	
资源类型：野生资源（特异单株）	主要用途：油用栽培，遗传育种材料	
保存地点：浙江省遂昌县	保存方式：原地保存、保护	
性状特征		
资源特点：高产果量		
树　　姿：直立	盛 花 期：3月上旬	果面特征：光滑
嫩枝绒毛：无	花瓣颜色：红色	平均单果重（g）：68.56
芽鳞颜色：黄绿色	萼片绒毛：有	鲜出籽率（%）：16.83
芽 绒 毛：无	雌雄蕊相对高度：等高	种皮颜色：黑色
嫩叶颜色：中绿色	花柱裂位：浅裂	种仁含油率（%）：48.10
老叶颜色：深绿色	柱头裂数：3	
叶　　形：长椭圆形	子房绒毛：无	油酸含量（%）：81.80
叶缘特征：平	果熟日期：8月下旬	亚油酸含量（%）：5.80
叶尖形状：渐尖	果　　形：卵球形	亚麻酸含量（%）：0.20
叶基形状：楔形	果皮颜色：青色	硬脂酸含量（%）：2.90
平均叶长（cm）：9.00	平均叶宽（cm）：3.06	棕榈酸含量（%）：8.60

浙江红山茶–遂昌优株20号

资源编号：331123_102_0020	归属物种：*Camellia chekiangoleosa* Hu	
资源类型：野生资源（特异单株）	主要用途：油用栽培，遗传育种材料	
保存地点：浙江省遂昌县	保存方式：原地保存、保护	
	性状特征	
资源特点：高产果量		
树　　姿：半开张	盛 花 期：3月上旬	果面特征：光滑
嫩枝绒毛：无	花瓣颜色：红色	平均单果重（g）：80.05
芽鳞颜色：黄绿色	萼片绒毛：有	鲜出籽率（%）：20.27
芽 绒 毛：无	雌雄蕊相对高度：雌高	种皮颜色：黑色
嫩叶颜色：中绿色	花柱裂位：浅裂	种仁含油率（%）：48.50
老叶颜色：深绿色	柱头裂数：3或4	
叶　　形：椭圆形	子房绒毛：无	油酸含量（%）：83.80
叶缘特征：平	果熟日期：8月下旬	亚油酸含量（%）：4.80
叶尖形状：渐尖	果　　形：卵球形	亚麻酸含量（%）：0.20
叶基形状：楔形	果皮颜色：红色	硬脂酸含量（%）：3.00
平均叶长（cm）：9.37	平均叶宽（cm）：3.77	棕榈酸含量（%）：7.70

607 浙江红山茶-遂昌优株24号

资源编号：331123_102_0024	归属物种：*Camellia chekiangoleosa* Hu	
资源类型：野生资源（特异单株）	主要用途：油用栽培，遗传育种材料	
保存地点：浙江省遂昌县	保存方式：原地保存、保护	
	性 状 特 征	
资源特点：高产果量		
树　　姿：半开张	盛 花 期：3月上旬	果面特征：光滑
嫩枝绒毛：无	花瓣颜色：红色	平均单果重（g）：68.82
芽鳞颜色：黄绿色	萼片绒毛：有	鲜出籽率（%）：22.99
芽 绒 毛：无	雌雄蕊相对高度：雌高	种皮颜色：黑色
嫩叶颜色：中绿色	花柱裂位：浅裂	种仁含油率（%）：29.80
老叶颜色：深绿色	柱头裂数：3	
叶　　形：长椭圆形	子房绒毛：无	油酸含量（%）：82.80
叶缘特征：平	果熟日期：8月下旬	亚油酸含量（%）：4.20
叶尖形状：渐尖	果　　形：卵球形	亚麻酸含量（%）：0.20
叶基形状：近圆形	果皮颜色：青色	硬脂酸含量（%）：3.00
平均叶长（cm）：7.78	平均叶宽（cm）：2.81	棕榈酸含量（%）：9.20

608 浙江红山茶-遂昌优株26号

资源编号：331123_102_0026	归属物种：*Camellia chekiangoleosa* Hu	
资源类型：野生资源（特异单株）	主要用途：油用栽培，遗传育种材料	
保存地点：浙江省遂昌县	保存方式：原地保存、保护	
	性状特征	
资源特点：高产果量		
树　　姿：直立	盛 花 期：3月上旬	果面特征：光滑
嫩枝绒毛：无	花瓣颜色：红色	平均单果重（g）：64.43
芽鳞颜色：绿色	萼片绒毛：有	鲜出籽率（%）：18.28
芽 绒 毛：无	雌雄蕊相对高度：雄高	种皮颜色：棕色
嫩叶颜色：红色	花柱裂位：浅裂	种仁含油率（%）：50.60
老叶颜色：深绿色	柱头裂数：3	
叶　　形：披针形、长椭圆形	子房绒毛：无	油酸含量（%）：83.30
叶缘特征：平	果熟日期：8月下旬	亚油酸含量（%）：5.70
叶尖形状：渐尖	果　　形：圆球形、橘形	亚麻酸含量（%）：0.20
叶基形状：楔形	果皮颜色：青色或向阳面红色	硬脂酸含量（%）：3.10
平均叶长（cm）：9.82	平均叶宽（cm）：2.99	棕榈酸含量（%）：7.40

浙江红山茶－赣景乐平003号

资源编号：360281_102_0003	归属物种：*Camellia chekiangoleosa* Hu	
资源类型：野生资源（特异单株）	主要用途：油用栽培，遗传育种材料	
保存地点：江西省乐平市	保存方式：原地保存、保护	
性 状 特 征		
资源特点：高产果量		
树　　姿：半开张	盛 花 期：3月中下旬	果面特征：光滑
嫩枝绒毛：无	花瓣颜色：红色	平均单果重（g）：57.33
芽鳞颜色：黄绿色	萼片绒毛：有	鲜出籽率（%）：14.53
芽 绒 毛：有	雌雄蕊相对高度：雌高	种皮颜色：褐色
嫩叶颜色：绿色	花柱裂位：浅裂	种仁含油率（%）：52.40
老叶颜色：深绿色	柱头裂数：3	
叶　　形：椭圆形	子房绒毛：无	油酸含量（%）：80.00
叶缘特征：波状	果熟日期：未知	亚油酸含量（%）：1.50
叶尖形状：渐尖	果　　形：扁圆球形	亚麻酸含量（%）：—
叶基形状：近圆形	果皮颜色：青色	硬脂酸含量（%）：4.80
平均叶长（cm）：8.88	平均叶宽（cm）：3.70	棕榈酸含量（%）：10.40

浙江红山茶－赣九涂埠002号

资源编号：360425_102_0002	归属物种：*Camellia chekiangoleosa* Hu	
资源类型：野生资源（特异单株）	主要用途：油用栽培，遗传育种材料	
保存地点：江西省永修县	保存方式：原地保存、保护	
性 状 特 征		
资源特点：高产果量		
树　　姿：半开张	盛 花 期：10月中旬	果面特征：光滑
嫩枝绒毛：无	花瓣颜色：淡红色	平均单果重（g）：35.05
芽鳞颜色：黄绿色	萼片绒毛：有	鲜出籽率（%）：10.84
芽 绒 毛：有	雌雄蕊相对高度：雄高	种皮颜色：棕褐色
嫩叶颜色：绿色	花柱裂位：浅裂	种仁含油率（%）：52.00
老叶颜色：中绿色	柱头裂数：3	
叶　　形：椭圆形	子房绒毛：有	油酸含量（%）：81.60
叶缘特征：平	果熟日期：10月中旬	亚油酸含量（%）：1.00
叶尖形状：渐尖	果　　形：卵球形	亚麻酸含量（%）：—
叶基形状：楔形	果皮颜色：青色	硬脂酸含量（%）：2.20
平均叶长（cm）：10.22	平均叶宽（cm）：4.03	棕榈酸含量（%）：11.50

浙江红山茶–青田优株25号

资源编号：331121_102_0025	归属物种：*Camellia chekiangoleosa* Hu	
资源类型：野生资源（特异单株）	主要用途：油用栽培，遗传育种材料	
保存地点：浙江省青田县	保存方式：原地保存、保护	
性状特征		
资源特点：高产果量		
树　　姿：直立	平均叶长（cm）：10.15	平均叶宽（cm）：4.85
嫩枝绒毛：无	叶基形状：近圆形	果熟日期：8月下旬至9月初
芽 绒 毛：无	盛 花 期：3月上中旬	果　　形：卵球形
芽鳞颜色：黄绿色	花瓣颜色：红色	果皮颜色：青色
嫩叶颜色：红色	萼片绒毛：有	果面特征：光滑
老叶颜色：深绿色	雌雄蕊相对高度：雌高	平均单果重（g）：56.28
叶　　形：椭圆形	花柱裂位：中裂	种皮颜色：棕褐色
叶缘特征：平	柱头裂数：3	鲜出籽率（%）：22.89
叶尖形状：渐尖	子房绒毛：无	种仁含油率（%）：20.40

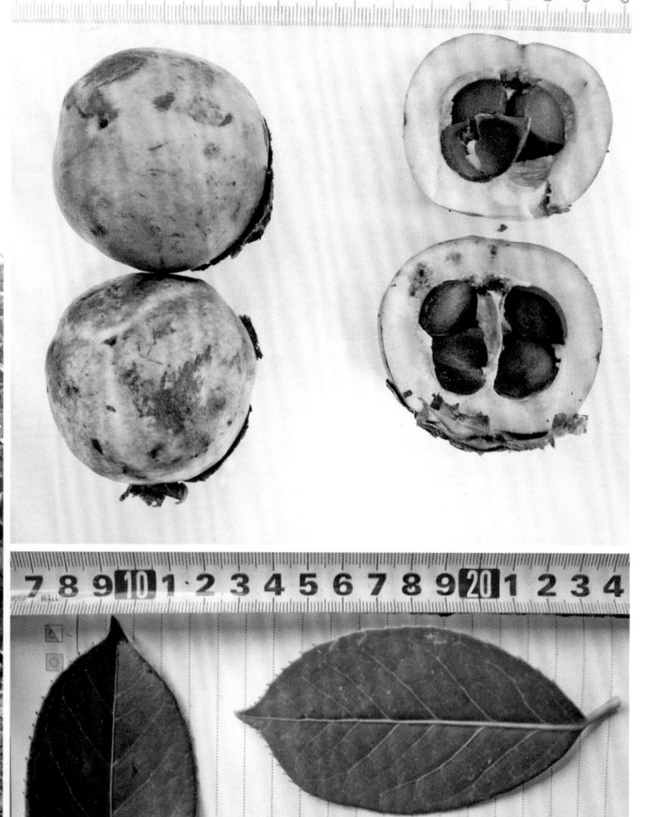

浙江红山茶-青田优株32号

资源编号：331121_102_0032	归属物种：*Camellia chekiangoleosa* Hu	
资源类型：野生资源（特异单株）	主要用途：油用栽培，遗传育种材料	
保存地点：浙江省青田县	保存方式：原地保存、保护	
	性状特征	
资源特点：高产果量		
树　　姿：下垂	平均叶长（cm）：9.81	平均叶宽（cm）：5.50
嫩枝绒毛：无	叶基形状：近圆形	果熟日期：8月下旬至9月初
芽 绒 毛：无	盛 花 期：3月上中旬	果　　形：卵球形
芽鳞颜色：绿色	花瓣颜色：红色	果皮颜色：青色
嫩叶颜色：黄色	萼片绒毛：有	果面特征：光滑
老叶颜色：深绿色	雌雄蕊相对高度：雄高	平均单果重（g）：74.97
叶　　形：椭圆形	花柱裂位：浅裂	种皮颜色：褐色
叶缘特征：平	柱头裂数：3	鲜出籽率（%）：20.13
叶尖形状：渐尖	子房绒毛：无	种仁含油率（%）：40.30

浙江红山茶-遂昌优株5号

资源编号：331123_102_0005	归属物种：*Camellia chekiangoleosa* Hu	
资源类型：野生资源（特异单株）	主要用途：油用栽培，遗传育种材料	
保存地点：浙江省遂昌县	保存方式：原地保存、保护	
	性状特征	
资源特点：高产果量		
树　　姿：开张	平均叶长（cm）：10.33	平均叶宽（cm）：3.78
嫩枝绒毛：无	叶基形状：楔形	果熟日期：8月下旬
芽 绒 毛：有	盛 花 期：3月上旬	果　　形：卵球形
芽鳞颜色：绿色	花瓣颜色：红色	果皮颜色：青色
嫩叶颜色：中绿色	萼片绒毛：有	果面特征：光滑
老叶颜色：深绿色	雌雄蕊相对高度：雌高	平均单果重（g）：84.27
叶　　形：长椭圆形	花柱裂位：浅裂	种皮颜色：褐色
叶缘特征：平	柱头裂数：3	鲜出籽率（%）：18.59
叶尖形状：渐尖	子房绒毛：无	种仁含油率（%）：41.20

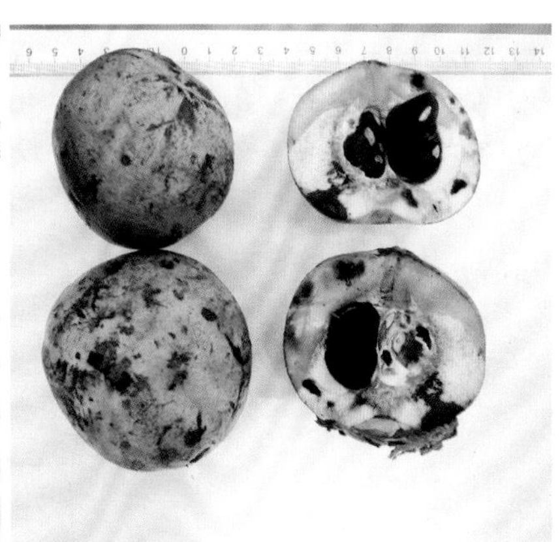

4. 南山茶（广宁红花油茶）*Camellia semiserrata* Chi

（1）具高产果量、大果、高出籽率、高含油率、高油酸资源

614 广红-朱村镇样11号

信据库编码：440183_066_0002	归属物种：*Camellia semiserrata* Chi	
资源类型：野生资源（特异单株）	主要用途：油用、观赏栽培，遗传育种材料	
保存地点：广东省广州市增城区	保存方式：原地保存、保护	
性状特征		
资源特点：高产果量，大果，高出籽率，高含油率，高油酸		
树　　姿：开张	盛 花 期：1月中旬	果面特征：光滑
嫩枝绒毛：有	花瓣颜色：淡红色	平均单果重（g）：405.38
芽鳞颜色：绿色	萼片绒毛：无	鲜出籽率（%）：15.99
芽 绒 毛：有	雌雄蕊相对高度：雄高或雌高	种皮颜色：黑色
嫩叶颜色：绿色	花柱裂位：浅裂	种仁含油率（%）：60.69
老叶颜色：中绿色	柱头裂数：4	
叶　　形：椭圆形	子房绒毛：有	油酸含量（%）：87.15
叶缘特征：平	果熟日期：10月中旬	亚油酸含量（%）：3.80
叶尖形状：渐尖	果　　形：扁圆球形	亚麻酸含量（%）：—
叶基形状：楔形	果皮颜色：青黄色、青红色	硬脂酸含量（%）：2.09
平均叶长（cm）：15.37	平均叶宽（cm）：6.77	棕榈酸含量（%）：5.81

(2)具高产果量、大果、高出籽率、高含油率资源

615

广红-南街镇G219号

资源编号：441223_066_0128	归属物种：*Camellia semiserrata* Chi	
资源类型：野生资源（特异单株）	主要用途：油用、观赏栽培，遗传育种材料	
保存地点：广东省广宁县	保存方式：原地保存、保护	
性状特征		
资源特点：高产果量，大果，高出籽率，高含油率		
树　　姿：开张	盛 花 期：12月下旬	果面特征：光滑
嫩枝绒毛：有	花瓣颜色：红色	平均单果重（g）：444.94
芽鳞颜色：红褐色	萼片绒毛：无	鲜出籽率（%）：18.05
芽 绒 毛：有	雌雄蕊相对高度：雄高	种皮颜色：黑色
嫩叶颜色：绿色	花柱裂位：浅裂	种仁含油率（%）：65.37
老叶颜色：深绿色	柱头裂数：5	
叶　　形：椭圆形	子房绒毛：有	油酸含量（%）：77.66
叶缘特征：平	果熟日期：10月中旬	亚油酸含量（%）：7.46
叶尖形状：渐尖	果　　形：圆球形	亚麻酸含量（%）：—
叶基形状：楔形、近圆形	果皮颜色：青黄色	硬脂酸含量（%）：5.39
平均叶长（cm）：14.13	平均叶宽（cm）：5.92	棕榈酸含量（%）：8.37

（3）具高产果量、高出籽率、高含油率、高油酸资源

616 广红-朱村镇样1号

资源编号：440183_066_0001	归属物种：*Camellia semiserrata* Chi	
资源类型：野生资源（特异单株）	主要用途：油用、观赏栽培，遗传育种材料	
保存地点：广东省广州市增城区	保存方式：原地保存、保护	
	性状特征	
资源特点：高产果量，高出籽率，高含油率，高油酸		
树　　姿：半开张	盛 花 期：1月下旬	果面特征：光滑
嫩枝绒毛：有	花瓣颜色：红色	平均单果重（g）：344.30
芽鳞颜色：绿色	萼片绒毛：无	鲜出籽率（%）：15.06
芽 绒 毛：有	雌雄蕊相对高度：雄高或雌高	种皮颜色：黑色
嫩叶颜色：绿色	花柱裂位：浅裂	种仁含油率（%）：66.18
老叶颜色：深绿色	柱头裂数：5	
叶　　形：椭圆形	子房绒毛：有	油酸含量（%）：85.75
叶缘特征：平	果熟日期：10月下旬	亚油酸含量（%）：3.79
叶尖形状：渐尖	果　　形：扁圆球形	亚麻酸含量（%）：—
叶基形状：楔形	果皮颜色：青黄色	硬脂酸含量（%）：3.32
平均叶长（cm）：15.35	平均叶宽（cm）：6.40	棕榈酸含量（%）：6.50

南山茶－广南优树1号

资源编号：532627_066_0001	归属物种：*Camellia semiserrata* Chi	
资源类型：野生资源（特异单株）	主要用途：油用栽培，遗传育种材料	
保存地点：云南省广南县	保存方式：原地保存、保护	
	性状特征	
资源特点：高产果量，高出籽率，高含油率，高油酸		
树　　姿：开张	盛 花 期：10月下旬	果面特征：光滑
嫩枝绒毛：有	花瓣颜色：深红色	平均单果重（g）：424.28
芽鳞颜色：绿色	萼片绒毛：有	鲜出籽率（%）：17.79
芽 绒 毛：有	雌雄蕊相对高度：雌高	种皮颜色：黑色
嫩叶颜色：红色	花柱裂位：中裂	种仁含油率（%）：66.7
老叶颜色：中绿色	柱头裂数：3	
叶　　形：长椭圆形	子房绒毛：有	油酸含量（%）：86.02
叶缘特征：平	果熟日期：10月中旬	亚油酸含量（%）：2.14
叶尖形状：渐尖	果　　形：圆球形	亚麻酸含量（%）：0.20
叶基形状：近圆形	果皮颜色：红色	硬脂酸含量（%）：4.36
平均叶长（cm）：12.50	平均叶宽（cm）：4.55	棕榈酸含量（%）：6.59

（4）具高产果量、大果、高出籽率资源

618 广红-南街镇GY1-3号

资源编号：441223_066_0141	归属物种：*Camellia semiserrata* Chi	
资源类型：野生资源（特异单株）	主要用途：油用、观赏栽培，遗传育种材料	
保存地点：广东省广宁县	保存方式：原地保存、保护	
性状特征		
资源特点：高产果量，大果，高出籽率		
树　　姿：半开张	平均叶长（cm）：11.85	平均叶宽（cm）：5.19
嫩枝绒毛：有	叶基形状：楔形	果熟日期：10月上旬
芽 绒 毛：有	盛 花 期：1月上旬	果　　形：圆球形
芽鳞颜色：青褐色	花瓣颜色：红色	果皮颜色：黄棕色
嫩叶颜色：绿色	萼片绒毛：无	果面特征：光滑
老叶颜色：中绿色	雌雄蕊相对高度：雌高	平均单果重（g）：406.00
叶　　形：椭圆形	花柱裂位：浅裂	种皮颜色：褐色
叶缘特征：平、波状	柱头裂数：5	鲜出籽率（%）：18.72
叶尖形状：渐尖	子房绒毛：无	

（5）具高产果量、大果、高含油率资源

619 广红–江屯镇GY10–2号

资源编号：441223_066_0005	归属物种：*Camellia semiserrata* Chi	
资源类型：野生资源（特异单株）	主要用途：油用、观赏栽培，遗传育种材料	
保存地点：广东省广宁县	保存方式：原地保存、保护	
性状特征		
资源特点：高产果量，大果，高含油率		
树　　姿：开张	盛 花 期：1月上旬	果面特征：光滑
嫩枝绒毛：有	花瓣颜色：红色	平均单果重（g）：422.29
芽鳞颜色：青色	萼片绒毛：无	鲜出籽率（%）：13.14
芽 绒 毛：有	雌雄蕊相对高度：雄高	种皮颜色：褐色
嫩叶颜色：绿色	花柱裂位：中裂	种仁含油率（%）：66.45
老叶颜色：中绿色	柱头裂数：5	
叶　　形：椭圆形	子房绒毛：有	油酸含量（%）：74.00
叶缘特征：平	果熟日期：10月中旬	亚油酸含量（%）：9.23
叶尖形状：渐尖	果　　形：圆球形	亚麻酸含量（%）：—
叶基形状：楔形	果皮颜色：红色	硬脂酸含量（%）：4.70
平均叶长（cm）：15.53	平均叶宽（cm）：6.52	棕榈酸含量（%）：11.13

620 广红-江屯镇GY9-1号

资源编号：441223_066_0007	归属物种：*Camellia semiserrata* Chi	
资源类型：野生资源（特异单株）	主要用途：油用、观赏栽培，遗传育种材料	
保存地点：广东省广宁县	保存方式：原地保存、保护	
性状特征		
资源特点：高产果量，大果，高含油率		
树　　姿：开张	盛 花 期：1月上旬	果面特征：光滑
嫩枝绒毛：有	花瓣颜色：红色	平均单果重（g）：400.98
芽鳞颜色：褐色	萼片绒毛：无	鲜出籽率（%）：13.45
芽 绒 毛：有	雌雄蕊相对高度：雌高	种皮颜色：棕色
嫩叶颜色：红色	花柱裂位：浅裂	种仁含油率（%）：55.98
老叶颜色：黄绿色	柱头裂数：5	
叶　　形：长椭圆形	子房绒毛：有	油酸含量（%）：77.59
叶缘特征：平	果熟日期：10月中旬	亚油酸含量（%）：6.53
叶尖形状：渐尖	果　　形：扁圆球形	亚麻酸含量（%）：—
叶基形状：楔形	果皮颜色：青红色	硬脂酸含量（%）：4.88
平均叶长（cm）：11.21	平均叶宽（cm）：3.82	棕榈酸含量（%）：10.00

621 广红-江屯镇GY9-3号

资源编号：441223_066_0008	归属物种：*Camellia semiserrata* Chi	
资源类型：野生资源（特异单株）	主要用途：油用、观赏栽培，遗传育种材料	
保存地点：广东省广宁县	保存方式：原地保存、保护	
性状特征		
资源特点：高产果量，大果，高含油率		
树　　姿：半开张	盛 花 期：1月上旬	果面特征：光滑
嫩枝绒毛：有	花瓣颜色：红色	平均单果重（g）：448.38
芽鳞颜色：青褐色	萼片绒毛：无	鲜出籽率（%）：10.61
芽 绒 毛：有	雌雄蕊相对高度：雄高	种皮颜色：褐色
嫩叶颜色：红色	花柱裂位：中裂	种仁含油率（%）：58.29
老叶颜色：黄绿色、中绿色	柱头裂数：5	
叶　　形：椭圆形	子房绒毛：有	油酸含量（%）：83.62
叶缘特征：平	果熟日期：10月中旬	亚油酸含量（%）：4.78
叶尖形状：渐尖	果　　形：圆球形	亚麻酸含量（%）：—
叶基形状：楔形	果皮颜色：红色	硬脂酸含量（%）：3.37
平均叶长（cm）：14.59	平均叶宽（cm）：6.04	棕榈酸含量（%）：7.87

（6）具高产果量、大果资源

622 广红-江屯镇GY11-9号

资源编号：441223_066_0016	归属物种：*Camellia semiserrata* Chi	
资源类型：野生资源（特异单株）	主要用途：油用、观赏栽培，遗传育种材料	
保存地点：广东省广宁县	保存方式：原地保存、保护	
	性状特征	
资源特点：高产果量，大果		
树　　姿：开张	平均叶长（cm）：10.80	平均叶宽（cm）：4.19
嫩枝绒毛：有	叶基形状：楔形	果熟日期：10月中旬
芽 绒 毛：有	盛 花 期：1月上旬	果　　形：倒卵球形
芽鳞颜色：红褐色	花瓣颜色：红色	果皮颜色：黄色
嫩叶颜色：红色	萼片绒毛：无	果面特征：光滑
老叶颜色：深绿色	雌雄蕊相对高度：雄高	平均单果重（g）：629.50
叶　　形：椭圆形	花柱裂位：中裂	种皮颜色：褐色
叶缘特征：平、波状	柱头裂数：3	鲜出籽率（%）：8.35
叶尖形状：渐尖	子房绒毛：无	

广红-坑口镇G118号

资源编号：441223_066_0017	归属物种：*Camellia semiserrata* Chi	
资源类型：野生资源（特异单株）	主要用途：油用、观赏栽培　遗传育种材料	
保存地点：广东省广宁县	保存方式：原地保存、保护	
	性状特征	
资源特点：高产果量，大果		
树　　姿：开张	平均叶长（cm）：13.59	平均叶宽（cm）：6.65
嫩枝绒毛：有	叶基形状：楔形	果熟日期：10月中旬
芽 绒 毛：有	盛 花 期：1月上旬	果　　形：圆球形
芽鳞颜色：青色	花瓣颜色：红色	果皮颜色：青黄色
嫩叶颜色：绿色	萼片绒毛：无	果面特征：光滑
老叶颜色：深绿色	雌雄蕊相对高度：雄高	平均单果重（g）：407.83
叶　　形：椭圆形	花柱裂位：浅裂	种皮颜色：黑色
叶缘特征：平、波状	柱头裂数：4	鲜出籽率（%）：11.72
叶尖形状：渐尖	子房绒毛：无	

广红-坑口镇GY3-10（G264）号

资源编号：441223_066_0044	归属物种：*Camellia semiserrata* Chi	
资源类型：野生资源（特异单株）	主要用途：油用、观赏栽培，遗传育种材料	
保存地点：广东省广宁县	保存方式：原地保存、保护	
	性状特征	
资源特点：高产果量，大果		
树　　姿：半开张	平均叶长（cm）：14.01	平均叶宽（cm）：6.19
嫩枝绒毛：有	叶基形状：楔形、近圆形	果熟日期：10月上旬
芽 绒 毛：有	盛 花 期：1月上旬	果　　形：圆球形
芽鳞颜色：青色	花瓣颜色：红色	果皮颜色：青黄色
嫩叶颜色：淡红色	萼片绒毛：无	果面特征：光滑
老叶颜色：深绿色、中绿色	雌雄蕊相对高度：雄高	平均单果重（g）：403.73
叶　　形：椭圆形	花柱裂位：浅裂	种皮颜色：黑色
叶缘特征：平、波状	柱头裂数：5	鲜出籽率（%）：9.94
叶尖形状：渐尖	子房绒毛：无	

625 广红－坑口镇GY3－6号

资源编号：441223_066_0048		归属物种：*Camellia semiserrata* Chi
资源类型：野生资源（特异单株）		主要用途：油用、观赏栽培，遗传育种材料
保存地点：广东省广宁县		保存方式：原地保存、保护
	性状特征	
资源特点：高产果量，大果		
树　　姿：开张	平均叶长（cm）：13.78	平均叶宽（cm）：6.77
嫩枝绒毛：有	叶基形状：楔形	果熟日期：10月上旬
芽 绒 毛：有	盛 花 期：1月上旬	果　　形：倒卵球形
芽鳞颜色：青色	花瓣颜色：红色	果皮颜色：红黄色
嫩叶颜色：红色	萼片绒毛：无	果面特征：光滑
老叶颜色：黄绿色	雌雄蕊相对高度：雌高	平均单果重（g）：455.06
叶　　形：椭圆形	花柱裂位：浅裂	种皮颜色：黑色
叶缘特征：平	柱头裂数：4	鲜出籽率（%）：9.35
叶尖形状：渐尖	子房绒毛：无	

626 广红-螺岗镇G321号

资源编号：441223_066_0079	归属物种：*Camellia semiserrata* Chi	
资源类型：野生资源（特异单株）	主要用途：油用、观赏栽培，遗传育种材料	
保存地点：广东省广宁县	保存方式：原地保存、保护	
	性状特征	
资源特点：高产果量，大果		
树　　姿：开张	平均叶长（cm）：11.71	平均叶宽（cm）：4.73
嫩枝绒毛：有	叶基形状：楔形	果熟日期：10月上旬
芽 绒 毛：有	盛 花 期：12月下旬	果　　形：圆球形
芽鳞颜色：青褐色	花瓣颜色：红色	果皮颜色：红黄色
嫩叶颜色：淡红色	萼片绒毛：无	果面特征：光滑
老叶颜色：深绿色	雌雄蕊相对高度：雌高或雄高	平均单果重（g）：400.99
叶　　形：椭圆形	花柱裂位：浅裂	种皮颜色：褐色
叶缘特征：平	柱头裂数：4	鲜出籽率（%）：9.56
叶尖形状：渐尖、钝尖	子房绒毛：无	

广红-螺岗镇G324号

资源编号：441223_066_0082		归属物种：*Camellia semiserrata* Chi
资源类型：野生资源（特异单株）		主要用途：油用、观赏栽培，遗传育种材料
保存地点：广东省广宁县		保存方式：原地保存、保护
	性状特征	
资源特点：高产果量，大果		
树　　姿：开张	平均叶长（cm）：11.90	平均叶宽（cm）：4.57
嫩枝绒毛：有	叶基形状：楔形、近圆形	果熟日期：10月上旬
芽 绒 毛：有	盛 花 期：12月下旬	果　　形：圆球形
芽鳞颜色：青褐色	花瓣颜色：红色	果皮颜色：红黄色
嫩叶颜色：淡红色	萼片绒毛：无	果面特征：光滑
老叶颜色：深绿色	雌雄蕊相对高度：雌高	平均单果重（g）：424.99
叶　　形：长椭圆形	花柱裂位：浅裂	种皮颜色：褐色
叶缘特征：平、波状	柱头裂数：4	鲜出籽率（%）：9.68
叶尖形状：渐尖	子房绒毛：无	

628

广红-螺岗镇G329号

资源编号：441223_066_0086	归属物种：*Camellia semiserrata* Chi	
资源类型：野生资源（特异单株）	主要用途：油用、观赏栽培，遗传育种材料	
保存地点：广东省广宁县	保存方式：原地保存、保护	
	性状特征	
资源特点：高产果量，大果		
树　　姿：开张	平均叶长（cm）：13.76	平均叶宽（cm）：6.30
嫩枝绒毛：有	叶基形状：近圆形、楔形	果熟日期：10月上旬
芽 绒 毛：有	盛 花 期：12月下旬	果　　形：倒卵球形
芽鳞颜色：红褐色	花瓣颜色：红色	果皮颜色：红黄色
嫩叶颜色：红色	萼片绒毛：无	果面特征：光滑
老叶颜色：深绿色	雌雄蕊相对高度：雄高	平均单果重（g）：641.01
叶　　形：椭圆形	花柱裂位：中裂	种皮颜色：黑色
叶缘特征：波状、平	柱头裂数：5	鲜出籽率（%）：8.67
叶尖形状：渐尖、钝尖	子房绒毛：无	

629 广红-螺岗镇G330号

资源编号：441223_066_0087	归属物种：*Camellia semiserrata* Chi	
资源类型：野生资源（特异单株）	主要用途：油用、观赏栽培，遗传育种材料	
保存地点：广东省广宁县	保存方式：原地保存、保护	
	性状特征	
资源特点：高产果量，大果		
树　　姿：开张	平均叶长（cm）：13.35	平均叶宽（cm）：5.54
嫩枝绒毛：有	叶基形状：楔形、近圆形	果熟日期：10月中旬
芽 绒 毛：有	盛 花 期：12月下旬	果　　形：圆球形
芽鳞颜色：青褐色	花瓣颜色：红色	果皮颜色：棕黄色
嫩叶颜色：红色	萼片绒毛：无	果面特征：光滑
老叶颜色：中绿色	雌雄蕊相对高度：雄高	平均单果重（g）：421.55
叶　　形：椭圆形	花柱裂位：浅裂	种皮颜色：棕色
叶缘特征：平	柱头裂数：5	鲜出籽率（%）：10.58
叶尖形状：渐尖	子房绒毛：无	

630 广红-螺岗镇G338号

资源编号：441223_066_0094	归属物种：*Camellia semiserrata* Chi	
资源类型：野生资源（特异单株）	主要用途：油用、观赏栽培，遗传育种材料	
保存地点：广东省广宁县	保存方式：原地保存、保护	
	性 状 特 征	
资源特点：高产果量，大果		
树　　姿：开张	平均叶长（cm）：14.19	平均叶宽（cm）：6.22
嫩枝绒毛：有	叶基形状：楔形	果熟日期：10月中旬
芽 绒 毛：有	盛 花 期：12月下旬	果　　形：圆球形
芽鳞颜色：青色	花瓣颜色：红色	果皮颜色：黄棕色
嫩叶颜色：黄绿色	萼片绒毛：无	果面特征：光滑
老叶颜色：深绿色、黄绿色	雌雄蕊相对高度：雄高或雌高	平均单果重（g）：420.35
叶　　形：椭圆形	花柱裂位：浅裂	种皮颜色：棕褐色
叶缘特征：平	柱头裂数：5	鲜出籽率（%）：10.55
叶尖形状：渐尖、钝尖	子房绒毛：无	

631 广红-螺岗镇GY5-3（G56）号

资源编号：441223_066_0101	归属物种：*Camellia semiserrata* Chi	
资源类型：野生资源（特异单株）	主要用途：油用、观赏栽培，遗传育种材料	
保存地点：广东省广宁县	保存方式：原地保存、保护	
	性 状 特 征	
资源特点：高产果量，大果		
树　　姿：开张	平均叶长（cm）：11.98	平均叶宽（cm）：4.84
嫩枝绒毛：有	叶基形状：楔形、近圆形	果熟日期：10月中旬
芽 绒 毛：有	盛 花 期：12月下旬	果　　形：圆球形
芽鳞颜色：青褐色	花瓣颜色：红色	果皮颜色：红黄色
嫩叶颜色：红色	萼片绒毛：无	果面特征：光滑
老叶颜色：中绿色、深绿色	雌雄蕊相对高度：雄高	平均单果重（g）：470.36
叶　　形：椭圆形	花柱裂位：浅裂	种皮颜色：黑色
叶缘特征：平	柱头裂数：5	鲜出籽率（%）：11.10
叶尖形状：渐尖	子房绒毛：无	

632 广红-排沙镇G231号

资源编号：441223_066_0145	归属物种：*Camellia semiserrata* Chi	
资源类型：野生资源（特异单株）	主要用途：油用、观赏栽培，遗传育种材料	
保存地点：广东省广宁县	保存方式：原地保存、保护	
	性状特征	
资源特点：高产果量，大果		
树　　姿：开张	平均叶长（cm）：12.67	平均叶宽（cm）：5.03
嫩枝绒毛：有	叶基形状：楔形	果熟日期：10月中旬
芽 绒 毛：有	盛 花 期：12月下旬	果　　形：圆球形
芽鳞颜色：暗红色	花瓣颜色：红色	果皮颜色：青色
嫩叶颜色：红褐色	萼片绒毛：无	果面特征：光滑
老叶颜色：深绿色	雌雄蕊相对高度：雌高	平均单果重（g）：468.50
叶　　形：椭圆形	花柱裂位：浅裂	种皮颜色：棕色
叶缘特征：平	柱头裂数：5	鲜出籽率（%）：12.08
叶尖形状：渐尖	子房绒毛：无	

广红－排沙镇G243号

资源编号：441223_066_0157	归属物种：*Camellia semiserrata* Chi	
资源类型：野生资源（特异单株）	主要用途：油用、观赏栽培，遗传育种材料	
保存地点：广东省广宁县	保存方式：原地保存、保护	
	性 状 特 征	
资源特点：高产果量，大果		
树　　姿：开张	平均叶长（cm）：12.44	平均叶宽（cm）：5.18
嫩枝绒毛：有	叶基形状：楔形	果熟日期：10月中旬
芽 绒 毛：有	盛 花 期：1月上旬	果　　形：圆球形
芽鳞颜色：绿色	花瓣颜色：红色	果皮颜色：青黄色
嫩叶颜色：黄绿色	萼片绒毛：无	果面特征：光滑
老叶颜色：中绿色	雌雄蕊相对高度：雌高或雄高	平均单果重（g）：405.38
叶　　形：椭圆形	花柱裂位：浅裂	种皮颜色：黑色
叶缘特征：平	柱头裂数：4	鲜出籽率（%）：11.52
叶尖形状：渐尖	子房绒毛：无	

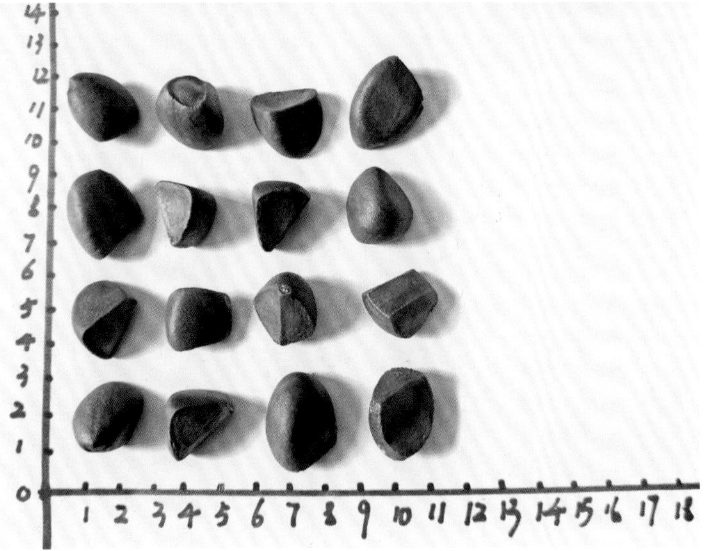

634 广红-排沙镇G255号

资源编号：441223_066_0170	归属物种：*Camellia semiserrata* Chi	
资源类型：野生资源（特异单株）	主要用途：油用、观赏栽培，遗传育种材料	
保存地点：广东省广宁县	保存方式：原地保存、保护	
	性状特征	
资源特点：高产果量，大果		
树　　姿：开张	平均叶长（cm）：11.58	平均叶宽（cm）：4.02
嫩枝绒毛：有	叶基形状：楔形	果熟日期：10月中旬
芽 绒 毛：有	盛 花 期：1月上旬	果　　形：圆球形
芽鳞颜色：红褐色	花瓣颜色：红色	果皮颜色：青黄色
嫩叶颜色：黄绿色	萼片绒毛：无	果面特征：光滑
老叶颜色：黄绿色	雌雄蕊相对高度：雌高或雄高	平均单果重（g）：505.69
叶　　形：长椭圆形	花柱裂位：中裂、浅裂	种皮颜色：黑色
叶缘特征：平	柱头裂数：4	鲜出籽率（%）：10.30
叶尖形状：渐尖	子房绒毛：无	

635 广红-潭布镇G296号

资源编号：441223_066_0189	归属物种：*Camellia semiserrata* Chi	
资源类型：野生资源（特异单株）	主要用途：油用、观赏栽培，遗传育种材料	
保存地点：广东省广宁县	保存方式：原地保存、保护	
性状特征		
资源特点：高产果量，大果		
树　　姿：开张	平均叶长（cm）：14.33	平均叶宽（cm）：6.57
嫩枝绒毛：有	叶基形状：楔形	果熟日期：10月中上旬
芽 绒 毛：有	盛 花 期：1月上旬	果　　形：倒卵球形
芽鳞颜色：红褐色	花瓣颜色：红色	果皮颜色：青色
嫩叶颜色：黄绿色	萼片绒毛：无	果面特征：光滑
老叶颜色：深绿色、中绿色	雌雄蕊相对高度：雄高	平均单果重（g）：448.85
叶　　形：椭圆形	花柱裂位：浅裂	种皮颜色：棕褐色
叶缘特征：平	柱头裂数：4	鲜出籽率（%）：9.41
叶尖形状：渐尖	子房绒毛：无	

636 广红-大埔林场1号

资源编号：441422_066_0002	归属物种：*Camellia semiserrata* Chi	
资源类型：野生资源（特异单株）	主要用途：油用、观赏栽培，遗传育种材料	
保存地点：广东省大埔县	保存方式：原地保存、保护	
	性状特征	
资源特点：高产果量，大果		
树　　姿：直立	平均叶长（cm）：11.85	平均叶宽（cm）：5.15
嫩枝绒毛：有	叶基形状：楔形	果熟日期：10月下旬
芽 绒 毛：有	盛 花 期：12月上旬	果　　形：圆球形
芽鳞颜色：绿色	花瓣颜色：红色	果皮颜色：青黄色
嫩叶颜色：绿色	萼片绒毛：有	果面特征：光滑
老叶颜色：深绿色	雌雄蕊相对高度：雄高	平均单果重（g）：402.65
叶　　形：椭圆形、长椭圆形	花柱裂位：浅裂	种皮颜色：黑色
叶缘特征：平	柱头裂数：4	鲜出籽率（%）：6.94
叶尖形状：钝尖	子房绒毛：有	

637

广红-大埔林场2号

资源编号：441422_066_0003	归属物种：*Camellia semiserrata* Chi	
资源类型：野生资源（特异单株）	主要用途：油用、观赏栽培，遗传育种材料	
保存地点：广东省大埔县	保存方式：原地保存、保护	
	性状特征	
资源特点：高产果量，大果		
树　　姿：直立	平均叶长（cm）：10.48	平均叶宽（cm）：4.34
嫩枝绒毛：有	叶基形状：楔形	果熟日期：11月上旬
芽 绒 毛：有	盛 花 期：12月上旬	果　　形：圆球形
芽鳞颜色：黄绿色	花瓣颜色：红色	果皮颜色：红色
嫩叶颜色：绿色	萼片绒毛：有	果面特征：光滑、糠秕
老叶颜色：深绿色	雌雄蕊相对高度：雄高	平均单果重（g）：436.06
叶　　形：椭圆形、长椭圆形	花柱裂位：浅裂	种皮颜色：棕色
叶缘特征：平	柱头裂数：4	鲜出籽率（%）：10.73
叶尖形状：钝尖	子房绒毛：有	

广红-大埔林场3号

资源编号：441422_066_0004		归属物种：*Camellia semiserrata* Chi
资源类型：野生资源（特异单株）		主要用途：油用、观赏栽培，遗传育种材料
保存地点：广东省大埔县		保存方式：原地保存、保护
	性 状 特 征	
资源特点：高产果量，大果		
树　　姿：直立	平均叶长（cm）：10.47	平均叶宽（cm）：4.04
嫩枝绒毛：有	叶基形状：楔形	果熟日期：11月上旬
芽 绒 毛：有	盛 花 期：12月上旬	果　　形：圆球形
芽鳞颜色：黄绿色	花瓣颜色：红色	果皮颜色：青色
嫩叶颜色：绿色	萼片绒毛：有	果面特征：光滑
老叶颜色：中绿色	雌雄蕊相对高度：雄高	平均单果重（g）：428.12
叶　　形：长椭圆形、椭圆形	花柱裂位：浅裂	种皮颜色：棕褐色
叶缘特征：平	柱头裂数：4	鲜出籽率（%）：10.90
叶尖形状：钝尖	子房绒毛：有	

广红-北斗桐子洋2号

资源编号：441423_066_0002		归属物种：*Camellia semiserrata* Chi
资源类型：野生资源（特异单株）		主要用途：油用、观赏栽培，遗传育种材料
保存地点：广东省丰顺县		保存方式：原地保存、保护
	性 状 特 征	
资源特点：高产果量，大果		
树　　姿：半开张	平均叶长（cm）：12.60	平均叶宽（cm）：6.10
嫩枝绒毛：有	叶基形状：近圆形	果熟日期：11月上旬
芽 绒 毛：有	盛 花 期：12月上旬	果　　形：卵球形
芽鳞颜色：紫红色	花瓣颜色：红色	果皮颜色：青红色
嫩叶颜色：绿色	萼片绒毛：有	果面特征：光滑
老叶颜色：黄绿色	雌雄蕊相对高度：雄高	平均单果重（g）：522.77
叶　　形：椭圆形、近圆形	花柱裂位：浅裂	种皮颜色：褐色
叶缘特征：平	柱头裂数：5	鲜出籽率（%）：11.18
叶尖形状：圆尖	子房绒毛：有	

广红-北斗桐子洋5号

资源编号：441423_066_0005	归属物种：*Camellia semiserrata* Chi	
资源类型：野生资源（特异单株）	主要用途：油用、观赏栽培，遗传育种材料	
保存地点：广东省丰顺县	保存方式：原地保存、保护	
性状特征		
资源特点：高产果量，大果		
树　　姿：半开张	平均叶长（cm）：11.20	平均叶宽（cm）：4.00
嫩枝绒毛：有	叶基形状：楔形	果熟日期：11月上旬
芽 绒 毛：有	盛 花 期：12月上旬	果　　形：倒卵球形
芽鳞颜色：浅红色	花瓣颜色：红色	果皮颜色：青红色
嫩叶颜色：绿色	萼片绒毛：有	果面特征：光滑
老叶颜色：中绿色	雌雄蕊相对高度：雄高	平均单果重（g）：409.68
叶　　形：长椭圆形、披针形	花柱裂位：浅裂	种皮颜色：棕色
叶缘特征：平	柱头裂数：5	鲜出籽率（%）：11.31
叶尖形状：钝尖	子房绒毛：有	

641 广红-连平林科所1号

资源编号：441623_066_0001	归属物种：*Camellia semiserrata* Chi	
资源类型：野生资源（特异单株）	主要用途：油用、观赏栽培，遗传育种材料	
保存地点：广东省连平县	保存方式：原地保存、保护	
	性状特征	
资源特点：高产果量，大果		
树　　姿：半开张	平均叶长（cm）：11.86	平均叶宽（cm）：5.46
嫩枝绒毛：有	叶基形状：楔形	果熟日期：11月下旬
芽 绒 毛：有	盛 花 期：1月上旬	果　　形：扁圆球形
芽鳞颜色：黄绿色	花瓣颜色：粉红色	果皮颜色：黄色
嫩叶颜色：黄绿色	萼片绒毛：无	果面特征：光滑
老叶颜色：中绿色	雌雄蕊相对高度：雄高	平均单果重（g）：421.94
叶　　形：椭圆形、长椭圆形	花柱裂位：浅裂、中裂	种皮颜色：褐色
叶缘特征：波状	柱头裂数：3	鲜出籽率（%）：11.44
叶尖形状：渐尖	子房绒毛：无	

广红-九连镇1号

资源编号：441623_066_0002	归属物种：*Camellia semiserrata* Chi	
资源类型：野生资源（特异单株）	主要用途：油用、观赏栽培，遗传育种材料	
保存地点：广东省连平县	保存方式：原地保存、保护	
	性状特征	
资源特点：高产果量，大果		
树　　姿：半张开	平均叶长（cm）：16.19	平均叶宽（cm）：7.25
嫩枝绒毛：有	叶基形状：楔形	果熟日期：10月中下旬
芽 绒 毛：有	盛 花 期：1月中下旬	果　　形：扁圆球形、卵球形
芽鳞颜色：黄绿色	花瓣颜色：粉红色	果皮颜色：青黄色、黄红色
嫩叶颜色：黄绿色	萼片绒毛：无	果面特征：光滑
老叶颜色：深绿色	雌雄蕊相对高度：雄高	平均单果重（g）：449.54
叶　　形：椭圆形	花柱裂位：浅裂、中裂	种皮颜色：棕色
叶缘特征：波状、平	柱头裂数：3	鲜出籽率（%）：10.19
叶尖形状：渐尖	子房绒毛：无	

（7）具高产果量、高出籽率资源

643

广红-四会林科所肇样2-3号

资源编号：441284_066_0003	归属物种：*Camellia semiserrata* Chi	
资源类型：野生资源（特异单株）	主要用途：油用、观赏栽培，遗传育种材料	
保存地点：广东省四会市	保存方式：原地保存、保护	
	性状特征	
资源特点：高产果量，高出籽率		
树　　姿：直立	平均叶长（cm）：13.09	平均叶宽（cm）：5.42
嫩枝绒毛：有	叶基形状：楔形	果熟日期：10月上旬
芽 绒 毛：有	盛 花 期：11月中旬	果　　形：卵球形、扁圆球形
芽鳞颜色：黄绿色	花瓣颜色：淡红色	果皮颜色：黄棕色、褐色
嫩叶颜色：浅绿色	萼片绒毛：无	果面特征：光滑
老叶颜色：中绿色、黄绿色	雌雄蕊相对高度：雄高	平均单果重（g）：262.74
叶　　形：椭圆形	花柱裂位：浅裂	种皮颜色：褐色、棕褐色
叶缘特征：波状	柱头裂数：5	鲜出籽率（%）：17.39
叶尖形状：渐尖	子房绒毛：无	

644 广红-龙华镇H10号

资源编号：441324_066_0001	归属物种：*Camellia semiserrata* Chi	
资源类型：野生资源（特异单株）	主要用途：油用、观赏栽培，遗传育种材料	
保存地点：广东省龙门县	保存方式：原地保存、保护	
性状特征		
资源特点：高产果量，高出籽率		
树　　姿：直立	平均叶长（cm）：11.04	平均叶宽（cm）：4.72
嫩枝绒毛：有	叶基形状：楔形	果熟日期：10月上旬
芽 绒 毛：有	盛 花 期：1月下旬	果　　形：倒卵球形
芽鳞颜色：黄绿色	花瓣颜色：红色	果皮颜色：黄棕色
嫩叶颜色：深绿色	萼片绒毛：有	果面特征：光滑
老叶颜色：黄绿色	雌雄蕊相对高度：雄高	平均单果重（g）：146.75
叶　　形：椭圆形	花柱裂位：浅裂	种皮颜色：棕褐色
叶缘特征：平、波状	柱头裂数：4	鲜出籽率（%）：17.68
叶尖形状：渐尖	子房绒毛：有	

（8）具高产果量、高含油率资源

645 广红-螺岗镇G322号

资源编号：441223_066_0080		归属物种：*Camellia semiserrata* Chi
资源类型：野生资源（特异单株）		主要用途：油用、观赏栽培，遗传育种材料
保存地点：广东省广宁县		保存方式：原地保存、保护
	性状特征	
资源特点：高产果量，高含油率		
树　　姿：半开张	盛 花 期：1月上旬	果面特征：光滑
嫩枝绒毛：有	花瓣颜色：红色	平均单果重（g）：248.44
芽鳞颜色：青褐色	萼片绒毛：无	鲜出籽率（%）：13.73
芽 绒 毛：有	雌雄蕊相对高度：雄高	种皮颜色：黑色
嫩叶颜色：浅绿色	花柱裂位：浅裂	种仁含油率（%）：61.83
老叶颜色：深绿色	柱头裂数：5	
叶　　形：长椭圆形	子房绒毛：有	油酸含量（%）：84.71
叶缘特征：波状	果熟日期：10月中旬	亚油酸含量（%）：4.08
叶尖形状：渐尖	果　　形：圆球形	亚麻酸含量（%）：—
叶基形状：楔形	果皮颜色：青黄色	硬脂酸含量（%）：3.21
平均叶长（cm）：10.19	平均叶宽（cm）：3.82	棕榈酸含量（%）：7.13

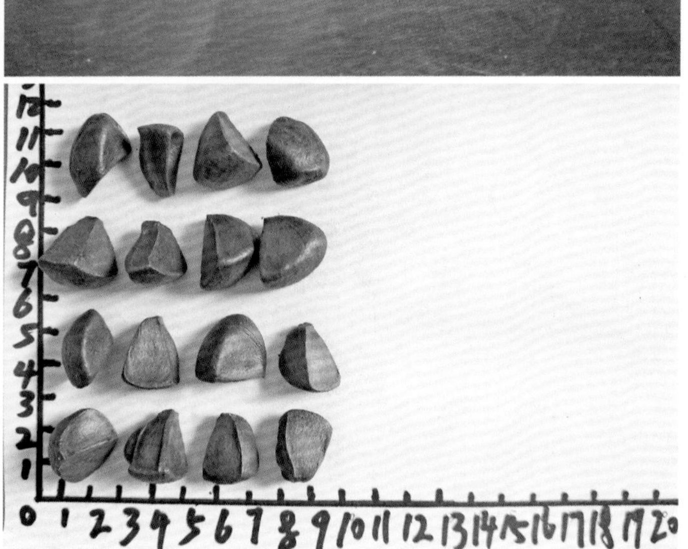

646 广红-螺岗镇G337号

资源编号：441223_066_0093	归属物种：*Camellia semiserrata* Chi	
资源类型：野生资源（特异单株）	主要用途：油用、观赏栽培，遗传育种材料	
保存地点：广东省广宁县	保存方式：原地保存、保护	
	性状特征	
资源特点：高产果量，高含油率		
树　　姿：开张	盛 花 期：12月下旬	果面特征：光滑
嫩枝绒毛：有	花瓣颜色：红色	平均单果重（g）：260.32
芽鳞颜色：青褐色	萼片绒毛：无	鲜出籽率（%）：13.01
芽 绒 毛：有	雌雄蕊相对高度：雄高或雌高	种皮颜色：黑色
嫩叶颜色：黄绿色	花柱裂位：浅裂	种仁含油率（%）：56.61
老叶颜色：深绿色	柱头裂数：4	
叶　　形：椭圆形	子房绒毛：有	油酸含量（%）：79.01
叶缘特征：平	果熟日期：10月中旬	亚油酸含量（%）：8.41
叶尖形状：渐尖	果　　形：圆球形	亚麻酸含量（%）：—
叶基形状：楔形、近圆形	果皮颜色：青黄色	硬脂酸含量（%）：2.83
平均叶长（cm）：11.85	平均叶宽（cm）：5.37	棕榈酸含量（%）：9.32

647 广红-排沙镇G252号

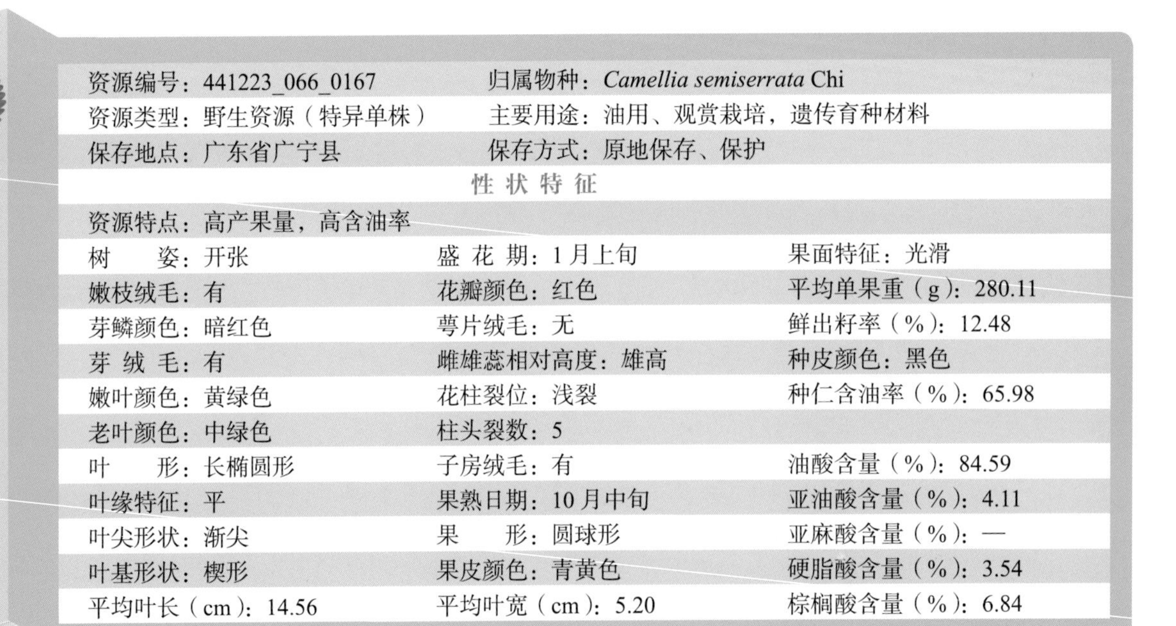

资源编号：441223_066_0167	归属物种：*Camellia semiserrata* Chi	
资源类型：野生资源（特异单株）	主要用途：油用、观赏栽培，遗传育种材料	
保存地点：广东省广宁县	保存方式：原地保存、保护	
	性状特征	
资源特点：高产果量，高含油率		
树　　姿：开张	盛 花 期：1月上旬	果面特征：光滑
嫩枝绒毛：有	花瓣颜色：红色	平均单果重（g）：280.11
芽鳞颜色：暗红色	萼片绒毛：无	鲜出籽率（%）：12.48
芽 绒 毛：有	雌雄蕊相对高度：雄高	种皮颜色：黑色
嫩叶颜色：黄绿色	花柱裂位：浅裂	种仁含油率（%）：65.98
老叶颜色：中绿色	柱头裂数：5	
叶　　形：长椭圆形	子房绒毛：有	油酸含量（%）：84.59
叶缘特征：平	果熟日期：10月中旬	亚油酸含量（%）：4.11
叶尖形状：渐尖	果　　形：圆球形	亚麻酸含量（%）：—
叶基形状：楔形	果皮颜色：青黄色	硬脂酸含量（%）：3.54
平均叶长（cm）：14.56	平均叶宽（cm）：5.20	棕榈酸含量（%）：6.84

648 广红-潭布镇GY4-7号

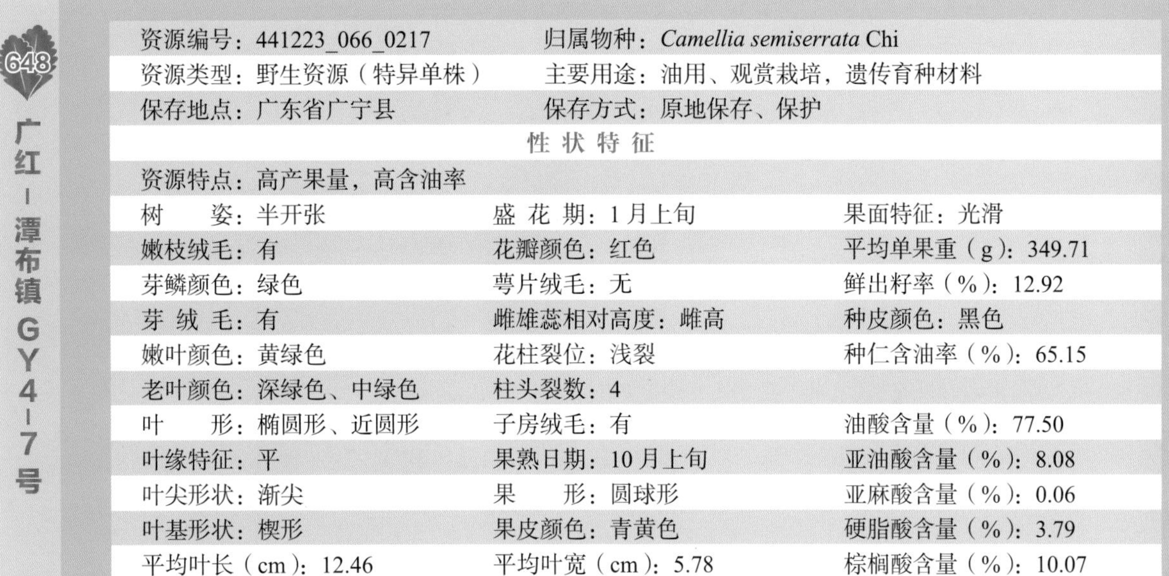

资源编号：441223_066_0217	归属物种：*Camellia semiserrata* Chi	
资源类型：野生资源（特异单株）	主要用途：油用、观赏栽培，遗传育种材料	
保存地点：广东省广宁县	保存方式：原地保存、保护	
	性 状 特 征	
资源特点：高产果量，高含油率		
树　　姿：半开张	盛 花 期：1月上旬	果面特征：光滑
嫩枝绒毛：有	花瓣颜色：红色	平均单果重（g）：349.71
芽鳞颜色：绿色	萼片绒毛：无	鲜出籽率（%）：12.92
芽 绒 毛：有	雌雄蕊相对高度：雌高	种皮颜色：黑色
嫩叶颜色：黄绿色	花柱裂位：浅裂	种仁含油率（%）：65.15
老叶颜色：深绿色、中绿色	柱头裂数：4	
叶　　形：椭圆形、近圆形	子房绒毛：有	油酸含量（%）：77.50
叶缘特征：平	果熟日期：10月上旬	亚油酸含量（%）：8.08
叶尖形状：渐尖	果　　形：圆球形	亚麻酸含量（%）：0.06
叶基形状：楔形	果皮颜色：青黄色	硬脂酸含量（%）：3.79
平均叶长（cm）：12.46	平均叶宽（cm）：5.78	棕榈酸含量（%）：10.07

（9）具高产果量资源

649 广红-朱村镇Z5（样8）号

资源编号：440183_066_0004	归属物种：*Camellia semiserrata* Chi	
资源类型：野生资源（特异单株）	主要用途：油用、观赏栽培，遗传育种材料	
保存地点：广东省广州市增城区	保存方式：原地保存、保护	
	性 状 特 征	
资源特点：高产果量		
树　　姿：开张	平均叶长（cm）：15.13	平均叶宽（cm）：6.37
嫩枝绒毛：有	叶基形状：楔形	果熟日期：10月下旬
芽 绒 毛：有	盛 花 期：1月下旬	果　　形：扁圆球形
芽鳞颜色：绿色	花瓣颜色：红色	果皮颜色：青红色
嫩叶颜色：绿色	萼片绒毛：无	果面特征：光滑
老叶颜色：中绿色、深绿色	雌雄蕊相对高度：雄高	平均单果重（g）：395.12
叶　　形：椭圆形	花柱裂位：浅裂	种皮颜色：黑色
叶缘特征：波状、平	柱头裂数：4	鲜出籽率（%）：10.27
叶尖形状：渐尖	子房绒毛：有	

650 广红-江屯镇GY10-17号

资源编号：441223_066_0004	归属物种：*Camellia semiserrata* Chi	
资源类型：野生资源（特异单株）	主要用途：油用、观赏栽培，遗传育种材料	
保存地点：广东省广宁县	保存方式：原地保存、保护	
性状特征		
资源特点：高产果量		
树　　姿：半开张	平均叶长（cm）：12.09	平均叶宽（cm）：5.29
嫩枝绒毛：有	叶基形状：楔形、近圆形	果熟日期：10月中旬
芽 绒 毛：有	盛 花 期：1月上旬	果　　形：圆球形
芽鳞颜色：青褐色	花瓣颜色：红色	果皮颜色：青色
嫩叶颜色：黄绿色	萼片绒毛：无	果面特征：光滑
老叶颜色：中绿色	雌雄蕊相对高度：雄高	平均单果重（g）：334.33
叶　　形：椭圆形	花柱裂位：中裂	种皮颜色：棕色
叶缘特征：平	柱头裂数：4	鲜出籽率（%）：11.59
叶尖形状：渐尖	子房绒毛：无	

651

广红-坑口镇G271号

资源编号：441223_066_0028	归属物种：*Camellia semiserrata* Chi	
资源类型：野生资源（特异单株）	主要用途：油用、观赏栽培，遗传育种材料	
保存地点：广东省广宁县	保存方式：原地保存、保护	
	性状特征	
资源特点：高产果量		
树　　姿：开张	平均叶长（cm）：14.27	平均叶宽（cm）：6.13
嫩枝绒毛：有	叶基形状：楔形、近圆形	果熟日期：10月中旬
芽 绒 毛：有	盛 花 期：1月上旬	果　　形：圆球形
芽鳞颜色：青色	花瓣颜色：红色	果皮颜色：青黄色
嫩叶颜色：黄绿色	萼片绒毛：无	果面特征：光滑
老叶颜色：深绿色	雌雄蕊相对高度：雄高	平均单果重（g）：326.61
叶　　形：椭圆形	花柱裂位：中裂	种皮颜色：黑色
叶缘特征：平	柱头裂数：5	鲜出籽率（%）：12.62
叶尖形状：渐尖	子房绒毛：无	

652 广红-坑口镇G272号

资源编号：441223_066_0029		归属物种：*Camellia semiserrata* Chi
资源类型：野生资源（特异单株）		主要用途：油用、观赏栽培，遗传育种材料
保存地点：广东省广宁县		保存方式：原地保存、保护
	性状特征	
资源特点：高产果量		
树　　姿：开张	平均叶长（cm）：13.90	平均叶宽（cm）：5.70
嫩枝绒毛：有	叶基形状：楔形	果熟日期：10月中旬
芽 绒 毛：有	盛 花 期：1月上旬	果　　形：圆球形
芽鳞颜色：青色	花瓣颜色：红色	果皮颜色：青黄色
嫩叶颜色：黄绿色	萼片绒毛：无	果面特征：光滑
老叶颜色：深绿色	雌雄蕊相对高度：雄高	平均单果重（g）：138.37
叶　　形：椭圆形	花柱裂位：浅裂	种皮颜色：褐色
叶缘特征：平、波状	柱头裂数：5	鲜出籽率（%）：8.96
叶尖形状：渐尖、圆尖	子房绒毛：无	

653 广红-坑口镇G275号

资源编号：441223_066_0032	归属物种：*Camellia semiserrata* Chi	
资源类型：野生资源（特异单株）	主要用途：油用、观赏栽培，遗传育种材料	
保存地点：广东省广宁县	保存方式：原地保存、保护	
性状特征		
资源特点：高产果量		
树　　姿：直立	平均叶长（cm）：12.38	平均叶宽（cm）：5.49
嫩枝绒毛：有	叶基形状：楔形、近圆形	果熟日期：10月中旬
芽 绒 毛：有	盛 花 期：1月上旬	果　　形：圆球形
芽鳞颜色：青色	花瓣颜色：红色	果皮颜色：青黄色
嫩叶颜色：黄绿色	萼片绒毛：无	果面特征：光滑
老叶颜色：中绿色	雌雄蕊相对高度：雄高	平均单果重（g）：192.57
叶　　形：椭圆形	花柱裂位：浅裂	种皮颜色：黑色
叶缘特征：平、波状	柱头裂数：5	鲜出籽率（%）：8.97
叶尖形状：渐尖	子房绒毛：无	

654 广红-坑口镇G278号

资源编号：441223_066_0035		归属物种：*Camellia semiserrata* Chi
资源类型：野生资源（特异单株）		主要用途：油用、观赏栽培，遗传育种材料
保存地点：广东省广宁县		保存方式：原地保存、保护
	性状特征	
资源特点：高产果量		
树　　姿：开张	平均叶长（cm）：13.48	平均叶宽（cm）：5.12
嫩枝绒毛：有	叶基形状：楔形	果熟日期：10月上旬
芽 绒 毛：有	盛 花 期：12月下旬	果　　形：圆球形
芽鳞颜色：青色	花瓣颜色：红色	果皮颜色：红黄色
嫩叶颜色：黄绿色	萼片绒毛：无	果面特征：光滑
老叶颜色：深绿色	雌雄蕊相对高度：雄高	平均单果重（g）：324.60
叶　　形：长椭圆形	花柱裂位：浅裂	种皮颜色：黑色
叶缘特征：平	柱头裂数：5	鲜出籽率（%）：11.78
叶尖形状：渐尖	子房绒毛：无	

655

广红-坑口镇G279号

资源编号：441223_066_0036	归属物种：*Camellia semiserrata* Chi	
资源类型：野生资源（特异单株）	主要用途：油用、观赏栽培，遗传育种材料	
保存地点：广东省广宁县	保存方式：原地保存、保护	
性状特征		
资源特点：高产果量		
树　　姿：直立	平均叶长（cm）：13.59	平均叶宽（cm）：5.17
嫩枝绒毛：有	叶基形状：楔形	果熟日期：10月上旬
芽 绒 毛：有	盛 花 期：12月下旬	果　　形：圆球形
芽鳞颜色：青色	花瓣颜色：红色	果皮颜色：红黄色
嫩叶颜色：青红色	萼片绒毛：无	果面特征：光滑
老叶颜色：深绿色	雌雄蕊相对高度：雄高	平均单果重（g）：214.13
叶　　形：长椭圆形	花柱裂位：浅裂	种皮颜色：黑色
叶缘特征：平、波状	柱头裂数：5	鲜出籽率（%）：10.96
叶尖形状：渐尖	子房绒毛：无	

广红-螺岗镇G320号

资源编号：441223_066_0078	归属物种：*Camellia semiserrata* Chi	
资源类型：野生资源（特异单株）	主要用途：油用、观赏栽培，遗传育种材料	
保存地点：广东省广宁县	保存方式：原地保存、保护	
	性状特征	
资源特点：高产果量		
树　　姿：开张	平均叶长（cm）：12.68	平均叶宽（cm）：5.13
嫩枝绒毛：有	叶基形状：楔形、近圆形	果熟日期：10月中旬
芽 绒 毛：有	盛 花 期：12月下旬	果　　形：圆球形
芽鳞颜色：青褐色	花瓣颜色：红色	果皮颜色：青色
嫩叶颜色：淡红色	萼片绒毛：无	果面特征：光滑
老叶颜色：深绿色	雌雄蕊相对高度：雌高	平均单果重（g）：319.24
叶　　形：椭圆形	花柱裂位：浅裂	种皮颜色：黑色
叶缘特征：平	柱头裂数：5	鲜出籽率（%）：11.28
叶尖形状：渐尖	子房绒毛：无	

657 广红-螺岗镇G336号

资源编号：441223_066_0092	归属物种：*Camellia semiserrata* Chi	
资源类型：野生资源（特异单株）	主要用途：油用、观赏栽培，遗传育种材料	
保存地点：广东省广宁县	保存方式：原地保存、保护	
	性状特征	
资源特点：高产果量		
树　　姿：半开张	平均叶长（cm）：15.34	平均叶宽（cm）：6.79
嫩枝绒毛：有	叶基形状：近圆形、楔形	果熟日期：10月中旬
芽 绒 毛：有	盛 花 期：1月上旬	果　　形：圆球形
芽鳞颜色：青褐色	花瓣颜色：红色	果皮颜色：青黄色
嫩叶颜色：浅绿色	萼片绒毛：无	果面特征：光滑
老叶颜色：深绿色	雌雄蕊相对高度：雌高或雄高	平均单果重（g）：312.44
叶　　形：椭圆形	花柱裂位：浅裂、中裂	种皮颜色：褐色
叶缘特征：平	柱头裂数：4	鲜出籽率（%）：13.34
叶尖形状：渐尖	子房绒毛：无	

658

广红-南街镇G217号

资源编号：441223_066_0126	归属物种：*Camellia semiserrata* Chi	
资源类型：野生资源（特异单株）	主要用途：油用、观赏栽培，遗传育种材料	
保存地点：广东省广宁县	保存方式：原地保存、保护	
	性状特征	
资源特点：高产果量		
树　　姿：半开张	平均叶长（cm）：14.59	平均叶宽（cm）：6.25
嫩枝绒毛：有	叶基形状：楔形	果熟日期：10月上旬
芽 绒 毛：有	盛 花 期：12月下旬	果　　形：圆球形
芽鳞颜色：青褐色	花瓣颜色：红色	果皮颜色：青黄色
嫩叶颜色：黄绿色	萼片绒毛：无	果面特征：光滑
老叶颜色：深绿色	雌雄蕊相对高度：雌高	平均单果重（g）：285.12
叶　　形：椭圆形	花柱裂位：浅裂	种皮颜色：黑色
叶缘特征：平、波状	柱头裂数：5	鲜出籽率（%）：8.02
叶尖形状：渐尖	子房绒毛：无	

659 广红－排沙镇G232号

资源编号：441223_066_0146	归属物种：*Camellia semiserrata* Chi	
资源类型：野生资源（特异单株）	主要用途：油用、观赏栽培，遗传育种材料	
保存地点：广东省广宁县	保存方式：原地保存、保护	
	性状特征	
资源特点：高产果量		
树　　姿：开张	平均叶长（cm）：12.93	平均叶宽（cm）：5.18
嫩枝绒毛：有	叶基形状：楔形	果熟日期：10月中旬
芽 绒 毛：有	盛 花 期：12月下旬	果　　形：圆球形
芽鳞颜色：绿色	花瓣颜色：红色	果皮颜色：黄红色
嫩叶颜色：黄绿色	萼片绒毛：无	果面特征：光滑
老叶颜色：中绿色、深绿色	雌雄蕊相对高度：雄高	平均单果重（g）：361.36
叶　　形：椭圆形	花柱裂位：浅裂	种皮颜色：黑色
叶缘特征：平	柱头裂数：5	鲜出籽率（%）：12.33
叶尖形状：渐尖	子房绒毛：无	

广红-排沙镇G234号

资源编号：441223_066_0148	归属物种：*Camellia semiserrata* Chi	
资源类型：野生资源（特异单株）	主要用途：油用、观赏栽培，遗传育种材料	
保存地点：广东省广宁县	保存方式：原地保存、保护	
	性状特征	
资源特点：高产果量		
树　　姿：开张	平均叶长（cm）：11.02	平均叶宽（cm）：4.75
嫩枝绒毛：有	叶基形状：楔形	果熟日期：10月中旬
芽 绒 毛：有	盛 花 期：12月下旬	果　　形：圆球形
芽鳞颜色：红褐色	花瓣颜色：红色	果皮颜色：青黄色
嫩叶颜色：黄绿色	萼片绒毛：无	果面特征：光滑
老叶颜色：中绿色	雌雄蕊相对高度：雄高	平均单果重（g）：200.38
叶　　形：椭圆形	花柱裂位：浅裂	种皮颜色：黑色
叶缘特征：波状	柱头裂数：4	鲜出籽率（%）：5.67
叶尖形状：渐尖	子房绒毛：无	

661 广红-排沙镇G236号

资源编号：441223_066_0150	归属物种：*Camellia semiserrata* Chi	
资源类型：野生资源（特异单株）	主要用途：油用、观赏栽培，遗传育种材料	
保存地点：广东省广宁县	保存方式：原地保存、保护	
	性状特征	
资源特点：高产果量		
树　　姿：开张	平均叶长（cm）：14.16	平均叶宽（cm）：5.93
嫩枝绒毛：有	叶基形状：楔形	果熟日期：10月中旬
芽 绒 毛：有	盛 花 期：1月上旬	果　　形：倒卵球形
芽鳞颜色：绿色	花瓣颜色：红色	果皮颜色：红黄色
嫩叶颜色：黄绿色	萼片绒毛：无	果面特征：光滑
老叶颜色：深绿色	雌雄蕊相对高度：雌高	平均单果重（g）：368.47
叶　　形：椭圆形	花柱裂位：浅裂	种皮颜色：黑色
叶缘特征：平	柱头裂数：5	鲜出籽率（%）：13.92
叶尖形状：渐尖	子房绒毛：无	

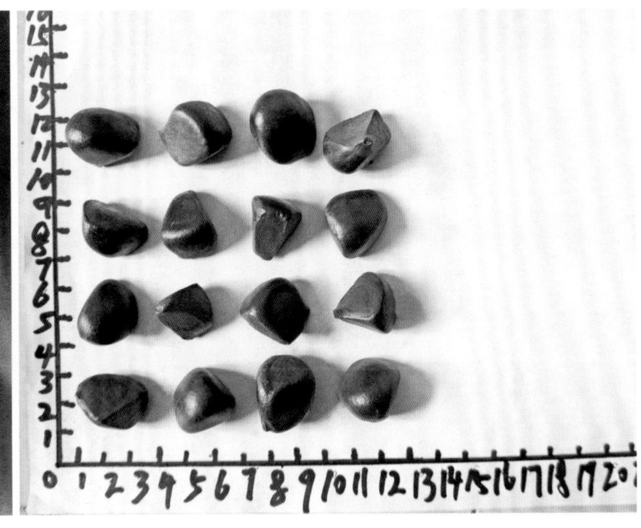

广红-排沙镇G239号

资源编号：441223_066_0153	归属物种：*Camellia semiserrata* Chi	
资源类型：野生资源（特异单株）	主要用途：油用、观赏栽培，遗传育种材料	
保存地点：广东省广宁县	保存方式：原地保存、保护	
	性状特征	
资源特点：高产果量		
树　　姿：开张	平均叶长（cm）：10.85	平均叶宽（cm）：4.06
嫩枝绒毛：有	叶基形状：楔形	果熟日期：10月中旬
芽 绒 毛：有	盛 花 期：1月上旬	果　　形：圆球形
芽鳞颜色：黄绿色	花瓣颜色：红色	果皮颜色：青黄色
嫩叶颜色：黄绿色	萼片绒毛：无	果面特征：光滑
老叶颜色：黄绿色	雌雄蕊相对高度：雄高	平均单果重（g）：294.80
叶　　形：长椭圆形	花柱裂位：浅裂	种皮颜色：黑色
叶缘特征：平	柱头裂数：5	鲜出籽率（%）：8.33
叶尖形状：渐尖	子房绒毛：无	

广红-排沙镇G256号

资源编号：441223_066_0171	归属物种：*Camellia semiserrata* Chi	
资源类型：野生资源（特异单株）	主要用途：油用、观赏栽培，遗传育种材料	
保存地点：广东省广宁县	保存方式：原地保存、保护	
	性状特征	
资源特点：高产果量		
树　　姿：半开张	平均叶长（cm）：13.53	平均叶宽（cm）：4.79
嫩枝绒毛：有	叶基形状：楔形	果熟日期：10月中旬
芽 绒 毛：有	盛 花 期：12月下旬	果　　形：倒卵球形
芽鳞颜色：暗红色	花瓣颜色：红色	果皮颜色：青黄色
嫩叶颜色：黄绿色	萼片绒毛：无	果面特征：光滑
老叶颜色：黄绿色	雌雄蕊相对高度：雄高或雌高	平均单果重（g）：179.39
叶　　形：长椭圆形	花柱裂位：浅裂、中裂	种皮颜色：黑色
叶缘特征：平	柱头裂数：4	鲜出籽率（%）：7.82
叶尖形状：渐尖	子房绒毛：无	

664 广红-潭布镇G154号

资源编号：441223_066_0182	归属物种：*Camellia semiserrata* Chi	
资源类型：野生资源（特异单株）	主要用途：油用、观赏栽培，遗传育种材料	
保存地点：广东省广宁县	保存方式：原地保存、保护	
性状特征		
资源特点：高产果量		
树　　姿：开张	平均叶长（cm）：13.83	平均叶宽（cm）：5.85
嫩枝绒毛：有	叶基形状：楔形、近圆形	果熟日期：10月中上旬
芽 绒 毛：有	盛 花 期：1月上旬	果　　形：倒卵球形
芽鳞颜色：红褐色	花瓣颜色：红色	果皮颜色：黄色
嫩叶颜色：黄绿色	萼片绒毛：无	果面特征：光滑
老叶颜色：深绿色	雌雄蕊相对高度：雌高	平均单果重（g）：368.58
叶　　形：椭圆形	花柱裂位：浅裂	种皮颜色：褐色
叶缘特征：平	柱头裂数：5	鲜出籽率（%）：10.84
叶尖形状：渐尖	子房绒毛：无	

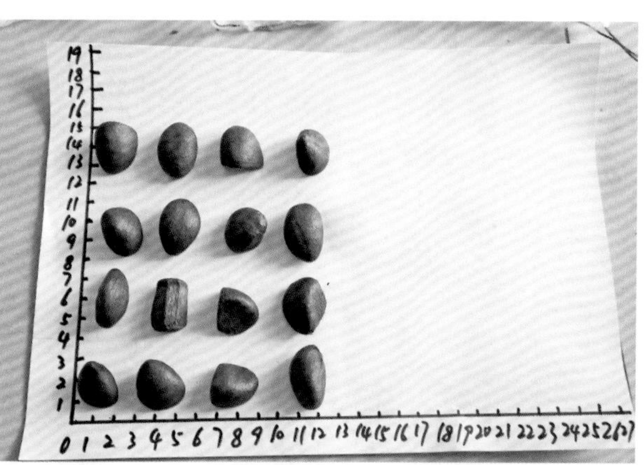

665 广红-潭布镇G297号

资源编号：441223_066_0190	归属物种：*Camellia semiserrata* Chi	
资源类型：野生资源（特异单株）	主要用途：油用、观赏栽培，遗传育种材料	
保存地点：广东省广宁县	保存方式：原地保存、保护	
	性状特征	
资源特点：高产果量		
树　　姿：开张	平均叶长（cm）：12.05	平均叶宽（cm）：4.96
嫩枝绒毛：有	叶基形状：楔形	果熟日期：10月中上旬
芽 绒 毛：有	盛 花 期：1月上旬	果　　形：倒卵球形
芽鳞颜色：红褐色	花瓣颜色：红色	果皮颜色：青色
嫩叶颜色：黄绿色	萼片绒毛：无	果面特征：光滑
老叶颜色：深绿色	雌雄蕊相对高度：雌高	平均单果重（g）：223.29
叶　　形：椭圆形	花柱裂位：浅裂	种皮颜色：棕褐色
叶缘特征：平、波状	柱头裂数：4	鲜出籽率（%）：10.56
叶尖形状：渐尖	子房绒毛：无	

666

广红-潭布镇G299号

资源编号：441223_066_0192	归属物种：*Camellia semiserrata* Chi	
资源类型：野生资源（特异单株）	主要用途：油用、观赏栽培，遗传育种材料	
保存地点：广东省广宁县	保存方式：原地保存、保护	
性状特征		
资源特点：高产果量		
树　　姿：开张	平均叶长（cm）：12.68	平均叶宽（cm）：5.13
嫩枝绒毛：有	叶基形状：楔形	果熟日期：10月中上旬
芽 绒 毛：有	盛 花 期：1月上旬	果　　形：圆球形
芽鳞颜色：红褐色	花瓣颜色：红色	果皮颜色：青黄色
嫩叶颜色：黄绿色	萼片绒毛：无	果面特征：光滑
老叶颜色：深绿色	雌雄蕊相对高度：雌高或雄高	平均单果重（g）：321.37
叶　　形：椭圆形	花柱裂位：浅裂、中裂	种皮颜色：黑色
叶缘特征：平	柱头裂数：4	鲜出籽率（%）：11.87
叶尖形状：渐尖	子房绒毛：无	

667

广红－潭布镇G301号

资源编号：441223_066_0194	归属物种：*Camellia semiserrata* Chi	
资源类型：野生资源（特异单株）	主要用途：油用、观赏栽培，遗传育种材料	
保存地点：广东省广宁县	保存方式：原地保存、保护	
	性状特征	
资源特点：高产果量		
树　　姿：开张	平均叶长（cm）：13.84	平均叶宽（cm）：5.88
嫩枝绒毛：有	叶基形状：楔形	果熟日期：10月中上旬
芽绒毛：有	盛花期：1月上旬	果　　形：圆球形
芽鳞颜色：红褐色	花瓣颜色：红色	果皮颜色：棕黄色
嫩叶颜色：黄绿色	萼片绒毛：无	果面特征：光滑
老叶颜色：中绿色	雌雄蕊相对高度：雌高	平均单果重（g）：277.18
叶　　形：椭圆形	花柱裂位：中裂	种皮颜色：棕褐色
叶缘特征：平	柱头裂数：4	鲜出籽率（%）：10.87
叶尖形状：渐尖	子房绒毛：无	

668 广红-潭布镇GY6-1（G291）号

资源编号：441223_066_0209	归属物种：*Camellia semiserrata* Chi	
资源类型：野生资源（特异单株）	主要用途：油用、观赏栽培，遗传育种材料	
保存地点：广东省广宁县	保存方式：原地保存、保护	
性状特征		
资源特点：高产果量		
树　　姿：半开张	平均叶长（cm）：13.68	平均叶宽（cm）：5.84
嫩枝绒毛：有	叶基形状：楔形、近圆形	果熟日期：10月中上旬
芽 绒 毛：有	盛 花 期：1月上旬	果　　形：圆球形
芽鳞颜色：绿色	花瓣颜色：红色	果皮颜色：黄棕色
嫩叶颜色：黄绿色	萼片绒毛：无	果面特征：光滑
老叶颜色：中绿色	雌雄蕊相对高度：雄高	平均单果重（g）：398.50
叶　　形：椭圆形	花柱裂位：浅裂	种皮颜色：褐色
叶缘特征：平	柱头裂数：4	鲜出籽率（%）：11.11
叶尖形状：渐尖	子房绒毛：无	

669 广红-潭布镇GY6-3号

资源编号：441223_066_0212	归属物种：*Camellia semiserrata* Chi	
资源类型：野生资源（特异单株）	主要用途：油用、观赏栽培，遗传育种材料	
保存地点：广东省广宁县	保存方式：原地保存、保护	
	性状特征	
资源特点：高产果量		
树　　姿：半开张	平均叶长（cm）：13.91	平均叶宽（cm）：5.28
嫩枝绒毛：有	叶基形状：楔形	果熟日期：10月中上旬
芽 绒 毛：有	盛 花 期：1月上旬	果　　形：圆球形
芽鳞颜色：红褐色	花瓣颜色：红色	果皮颜色：红色
嫩叶颜色：黄绿色	萼片绒毛：无	果面特征：光滑
老叶颜色：黄绿色	雌雄蕊相对高度：雄高	平均单果重（g）：337.50
叶　　形：长椭圆形	花柱裂位：浅裂	种皮颜色：黄褐色
叶缘特征：平	柱头裂数：5	鲜出籽率（%）：8.81
叶尖形状：渐尖	子房绒毛：无	

670 广红-潭布镇GY6-4号

资源编号：441223_066_0213	归属物种：*Camellia semiserrata* Chi	
资源类型：野生资源（特异单株）	主要用途：油用、观赏栽培，遗传育种材料	
保存地点：广东省广宁县	保存方式：原地保存、保护	
	性状特征	
资源特点：高产果量		
树　　姿：半开张	平均叶长（cm）：13.28	平均叶宽（cm）：4.63
嫩枝绒毛：有	叶基形状：楔形	果熟日期：10月中上旬
芽 绒 毛：有	盛 花 期：1月上旬	果　　形：圆球形
芽鳞颜色：红褐色	花瓣颜色：红色	果皮颜色：青色
嫩叶颜色：黄绿色	萼片绒毛：无	果面特征：光滑
老叶颜色：中绿色	雌雄蕊相对高度：雌高	平均单果重（g）：193.14
叶　　形：长椭圆形	花柱裂位：浅裂	种皮颜色：褐色
叶缘特征：平	柱头裂数：5	鲜出籽率（%）：12.50
叶尖形状：渐尖	子房绒毛：无	

671

广红-四会林科所肇样2-1号

资源编号：441284_066_0001	归属物种：*Camellia semiserrata* Chi	
资源类型：野生资源（特异单株）	主要用途：油用、观赏栽培，遗传育种材料	
保存地点：广东省四会市	保存方式：原地保存、保护	
	性状特征	
资源特点：高产果量		
树　　姿：直立	平均叶长（cm）：15.20	平均叶宽（cm）：6.43
嫩枝绒毛：有	叶基形状：楔形	果熟日期：10月上旬
芽 绒 毛：有	盛 花 期：11月中旬	果　　形：卵球形、倒卵球形
芽鳞颜色：黄绿色	花瓣颜色：淡红色	果皮颜色：黄棕色、褐色
嫩叶颜色：浅绿色	萼片绒毛：无	果面特征：光滑
老叶颜色：中绿色	雌雄蕊相对高度：雄高	平均单果重（g）：229.19
叶　　形：椭圆形	花柱裂位：浅裂	种皮颜色：棕褐色、褐色
叶缘特征：波状	柱头裂数：5	鲜出籽率（%）：12.12
叶尖形状：渐尖	子房绒毛：无	

广红-四会林科所肇样2-2号

资源编号：441284_066_0002	归属物种：*Camellia semiserrata* Chi	
资源类型：野生资源（特异单株）	主要用途：油用、观赏栽培，遗传育种材料	
保存地点：广东省四会市	保存方式：原地保存、保护	
	性状特征	
资源特点：高产果量		
树　　姿：直立	平均叶长（cm）：13.85	平均叶宽（cm）：6.13
嫩枝绒毛：有	叶基形状：楔形	果熟日期：10月上旬
芽 绒 毛：有	盛 花 期：11月中旬	果　　形：扁圆球形、卵球形
芽鳞颜色：黄绿色	花瓣颜色：淡红色	果皮颜色：黄棕色、褐色
嫩叶颜色：浅绿色	萼片绒毛：无	果面特征：糠秕
老叶颜色：中绿色、黄绿色	雌雄蕊相对高度：雄高	平均单果重（g）：263.71
叶　　形：椭圆形	花柱裂位：浅裂	种皮颜色：褐色
叶缘特征：波状	柱头裂数：5	鲜出籽率（%）：11.88
叶尖形状：渐尖	子房绒毛：无	

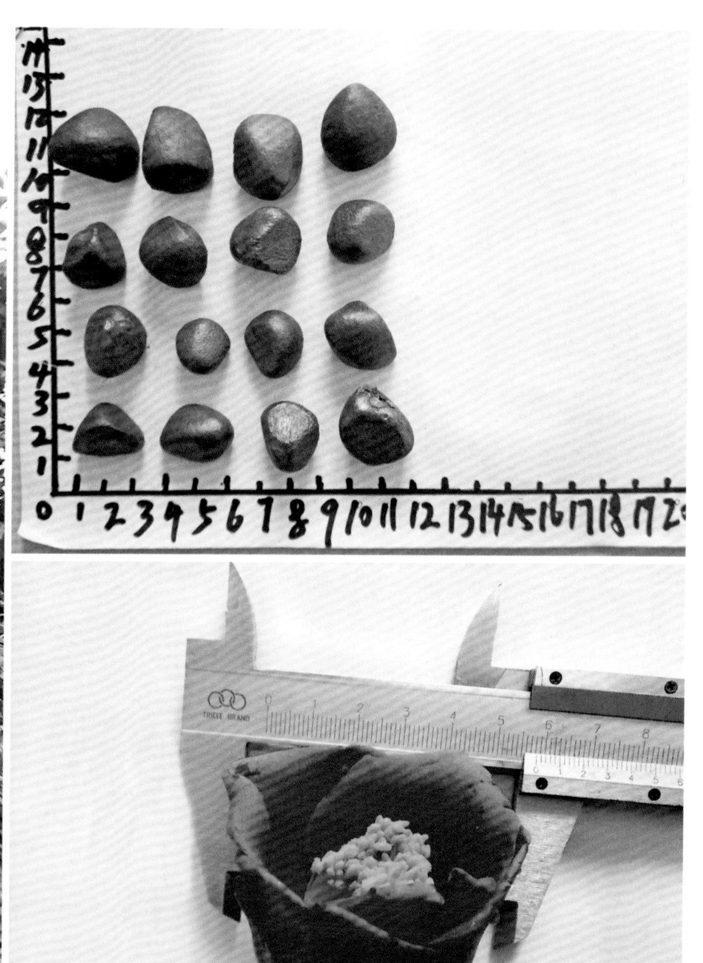

673

广红-四会林科所肇样2-4号

资源编号：441284_066_0004	归属物种：*Camellia semiserrata* Chi	
资源类型：野生资源（特异单株）	主要用途：油用、观赏栽培，遗传育种材料	
保存地点：广东省四会市	保存方式：原地保存、保护	
	性状特征	
资源特点：高产果量		
树　　姿：直立	平均叶长（cm）：12.16	平均叶宽（cm）：4.54
嫩枝绒毛：有	叶基形状：楔形	果熟日期：10月上旬
芽 绒 毛：有	盛 花 期：11月中旬	果　　形：倒卵球形、卵球形
芽鳞颜色：黄绿色	花瓣颜色：淡红色	果皮颜色：黄棕色、褐色
嫩叶颜色：绿色	萼片绒毛：无	果面特征：糠秕、光滑
老叶颜色：中绿色	雌雄蕊相对高度：雄高	平均单果重（g）：294.76
叶　　形：长椭圆形	花柱裂位：浅裂	种皮颜色：褐色、棕褐色
叶缘特征：波状	柱头裂数：5	鲜出籽率（%）：10.81
叶尖形状：渐尖	子房绒毛：无	

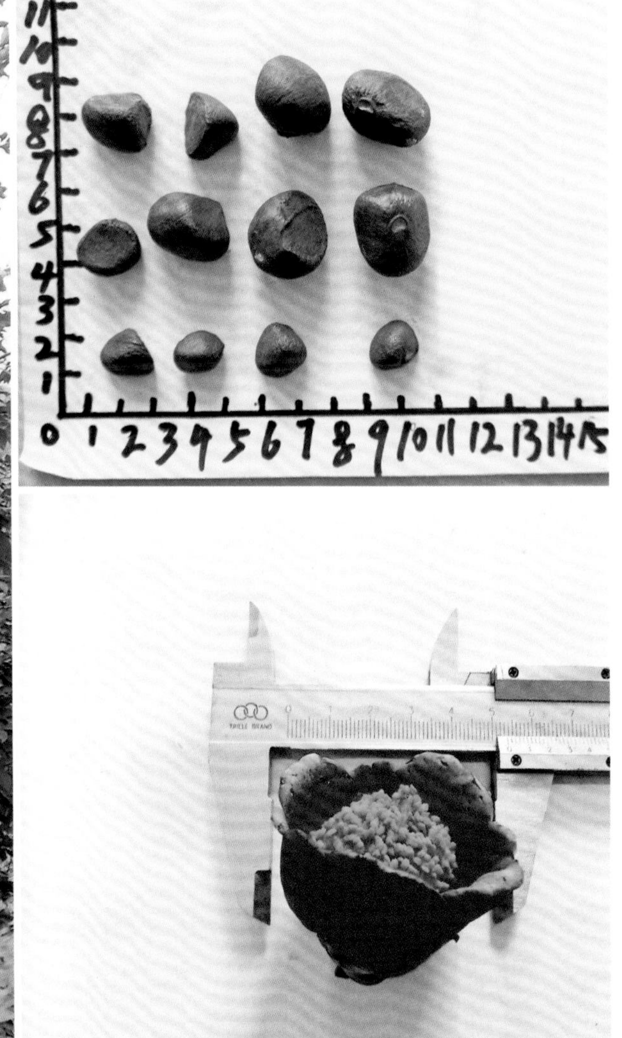

674

广红-四会林科所肇样2-5号

资源编号：441284_066_0005	归属物种：*Camellia semiserrata* Chi	
资源类型：野生资源（特异单株）	主要用途：油用、观赏栽培，遗传育种材料	
保存地点：广东省四会市	保存方式：原地保存、保护	
	性状特征	
资源特点：高产果量		
树　　姿：直立	平均叶长（cm）：13.40	平均叶宽（cm）：5.77
嫩枝绒毛：有	叶基形状：楔形	果熟日期：10月上旬
芽 绒 毛：有	盛 花 期：11月中旬	果　　形：扁圆球形、倒卵球形
芽鳞颜色：黄绿色	花瓣颜色：淡红色	果皮颜色：黄棕色、青色
嫩叶颜色：浅绿色	萼片绒毛：无	果面特征：光滑
老叶颜色：黄绿色	雌雄蕊相对高度：雄高	平均单果重（g）：259.81
叶　　形：椭圆形	花柱裂位：浅裂	种皮颜色：褐色
叶缘特征：波状	柱头裂数：5	鲜出籽率（%）：11.19
叶尖形状：渐尖	子房绒毛：无	

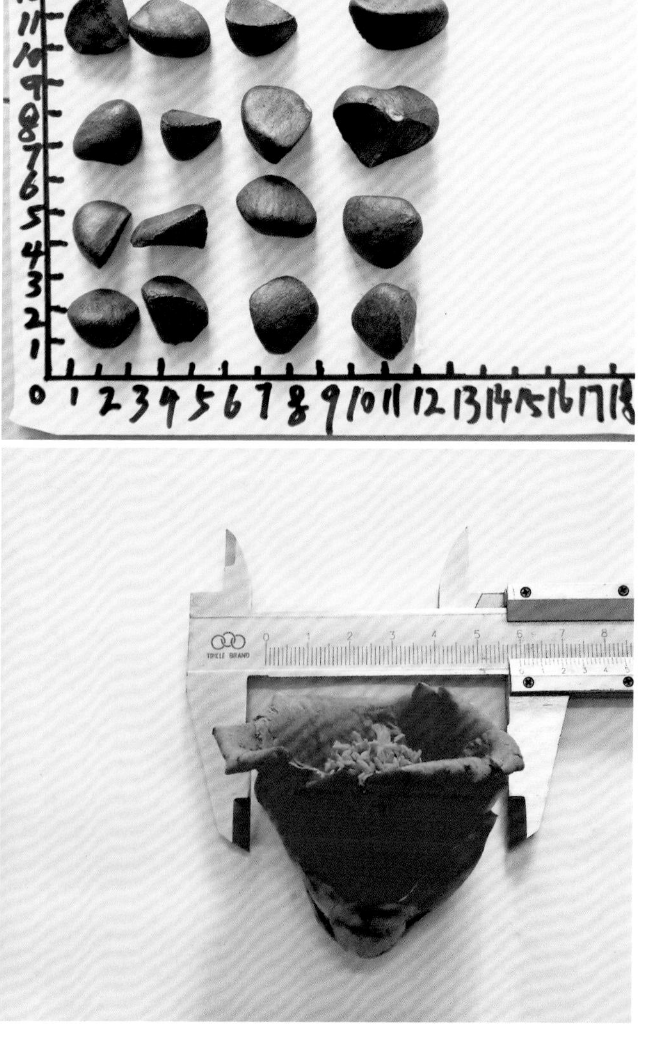

广红－西河镇岩上1号

资源编号：441422_066_0001	归属物种：*Camellia semiserrata* Chi	
资源类型：野生资源（特异单株）	主要用途：油用、观赏栽培，遗传育种材料	
保存地点：广东省大埔县	保存方式：原地保存、保护	
性状特征		
资源特点：高产果量		
树　　姿：直立	平均叶长（cm）：13.50	平均叶宽（cm）：7.09
嫩枝绒毛：有	叶基形状：楔形	果熟日期：10月下旬
芽 绒 毛：有	盛 花 期：12月上旬	果　　形：圆球形
芽鳞颜色：黄绿色	花瓣颜色：红色	果皮颜色：青色
嫩叶颜色：绿色	萼片绒毛：有	果面特征：光滑
老叶颜色：中绿色	雌雄蕊相对高度：雄高或雌高	平均单果重（g）：357.26
叶　　形：近圆形、椭圆形	花柱裂位：浅裂	种皮颜色：棕色
叶缘特征：平	柱头裂数：5	鲜出籽率（%）：7.37
叶尖形状：圆尖、钝尖	子房绒毛：有	

广红-大埔林场4号

资源编号：441422_066_0005	归属物种：*Camellia semiserrata* Chi	
资源类型：野生资源（特异单株）	主要用途：油用、观赏栽培，遗传育种材料	
保存地点：广东省大埔县	保存方式：原地保存、保护	
	性状特征	
资源特点：高产果量		
树　　姿：直立	平均叶长（cm）：10.32	平均叶宽（cm）：3.77
嫩枝绒毛：有	叶基形状：楔形	果熟日期：11月上旬
芽 绒 毛：有	盛 花 期：12月上旬	果　　形：扁圆球形
芽鳞颜色：绿色	花瓣颜色：红色	果皮颜色：青色
嫩叶颜色：绿色	萼片绒毛：有	果面特征：光滑
老叶颜色：深绿色	雌雄蕊相对高度：雄高	平均单果重（g）：376.09
叶　　形：长椭圆形	花柱裂位：浅裂	种皮颜色：黑色
叶缘特征：平	柱头裂数：4	鲜出籽率（%）：11.80
叶尖形状：钝尖	子房绒毛：有	

677 广红-北斗桐子洋1号

资源编号：441423_066_0001		归属物种：*Camellia semiserrata* Chi
资源类型：野生资源（特异单株）		主要用途：油用、观赏栽培，遗传育种材料
保存地点：广东省丰顺县		保存方式：原地保存、保护
	性状特征	
资源特点：高产果量		
树　　姿：直立	平均叶长（cm）：11.15	平均叶宽（cm）：4.25
嫩枝绒毛：有	叶基形状：楔形	果熟日期：11月上旬
芽 绒 毛：有	盛 花 期：12月上旬	果　　形：扁圆球形
芽鳞颜色：淡红色	花瓣颜色：红色	果皮颜色：黄棕色
嫩叶颜色：绿色	萼片绒毛：有	果面特征：光滑
老叶颜色：中绿色	雌雄蕊相对高度：雄高	平均单果重（g）：333.37
叶　　形：长椭圆形、椭圆形	花柱裂位：浅裂	种皮颜色：褐色
叶缘特征：平	柱头裂数：6	鲜出籽率（%）：10.06
叶尖形状：圆尖	子房绒毛：有	

广红-九连镇3号

资源编号：441623_066_0004		归属物种：*Camellia semiserrata* Chi
资源类型：野生资源（特异单株）		主要用途：油用、观赏栽培，遗传育种材料
保存地点：广东省连平县		保存方式：原地保存、保护
	性状特征	
资源特点：高产果量		
树　　姿：半开张	平均叶长（cm）：12.25	平均叶宽（cm）：5.24
嫩枝绒毛：有	叶基形状：楔形	果熟日期：10月中下旬
芽 绒 毛：有	盛 花 期：1月中下旬	果　　形：扁圆球形、卵球形
芽鳞颜色：黄绿色	花瓣颜色：粉红色	果皮颜色：青色、青黄色
嫩叶颜色：黄绿色	萼片绒毛：无	果面特征：光滑
老叶颜色：深绿色	雌雄蕊相对高度：雄高	平均单果重（g）：386.90
叶　　形：椭圆形、长椭圆形	花柱裂位：浅裂、中裂	种皮颜色：棕色
叶缘特征：平、波状	柱头裂数：3	鲜出籽率（%）：11.55
叶尖形状：渐尖	子房绒毛：无	

广红-九连镇4号

资源编号：441623_066_0005		归属物种：*Camellia semiserrata* Chi
资源类型：野生资源（特异单株）		主要用途：油用、观赏栽培，遗传育种材料
保存地点：广东省连平县		保存方式：原地保存、保护
	性状特征	
资源特点：高产果量		
树　　姿：半开张	平均叶长（cm）：11.33	平均叶宽（cm）：5.11
嫩枝绒毛：有	叶基形状：楔形、近圆形	果熟日期：10月中下旬
芽 绒 毛：有	盛 花 期：1月中下旬	果　　形：卵球形
芽鳞颜色：淡红色	花瓣颜色：粉红色	果皮颜色：青色、青黄色
嫩叶颜色：黄绿色	萼片绒毛：无	果面特征：光滑、糠秕
老叶颜色：深绿色	雌雄蕊相对高度：雄高	平均单果重（g）：353.64
叶　　形：椭圆形、近圆形	花柱裂位：浅裂、中裂	种皮颜色：棕色
叶缘特征：平、波状	柱头裂数：3	鲜出籽率（%）：11.10
叶尖形状：钝尖	子房绒毛：无	

680

广红－九连镇5号

资源编号：441623_066_0006	归属物种：*Camellia semiserrata* Chi	
资源类型：野生资源（特异单株）	主要用途：油用、观赏栽培，遗传育种材料	
保存地点：广东省连平县	保存方式：原地保存、保护	
	性 状 特 征	
资源特点：高产果量		
树　　姿：半开张	平均叶长（cm）：11.39	平均叶宽（cm）：5.05
嫩枝绒毛：有	叶基形状：楔形、近圆形	果熟日期：10月中下旬
芽 绒 毛：有	盛 花 期：1月中下旬	果　　形：卵球形、扁圆球形
芽鳞颜色：淡红色	花瓣颜色：粉红色	果皮颜色：青色、青红色
嫩叶颜色：黄绿色	萼片绒毛：无	果面特征：光滑
老叶颜色：深绿色	雌雄蕊相对高度：雄高	平均单果重（g）：398.28
叶　　形：椭圆形	花柱裂位：浅裂	种皮颜色：棕色
叶缘特征：平、波状	柱头裂数：3	鲜出籽率（%）：12.11
叶尖形状：渐尖	子房绒毛：无	

广红-龙颈镇Q4（P）号

资源编号：441827_066_0007	归属物种：*Camellia semiserrata* Chi	
资源类型：野生资源（特异单株）	主要用途：油用、观赏栽培，遗传育种材料	
保存地点：广东省清新区	保存方式：原地保存、保护	
性 状 特 征		
资源特点：高产果量		
树　　姿：半开张	平均叶长（cm）：14.37	平均叶宽（cm）：5.85
嫩枝绒毛：有	叶基形状：楔形	果熟日期：10月下旬
芽 绒 毛：有	盛 花 期：2月上中旬	果　　形：扁圆球形
芽鳞颜色：黄绿色	花瓣颜色：红色	果皮颜色：黄棕色
嫩叶颜色：黄绿色	萼片绒毛：有	果面特征：光滑
老叶颜色：深绿色	雌雄蕊相对高度：雄高	平均单果重（g）：308.53
叶　　形：椭圆形	花柱裂位：浅裂	种皮颜色：棕褐色
叶缘特征：平	柱头裂数：5	鲜出籽率（%）：9.30
叶尖形状：渐尖	子房绒毛：有	

5. 西南红山茶 *Camellia pitardii* Coh. St.

（1）具高产果量、大果、高出籽率、高含油率资源

682 西南红山茶－柏果选32号

资源编号：520222_079_0025	归属物种：*Camellia pitardii* Coh. St.	
资源类型：野生资源（特异单株）	主要用途：油用栽培，遗传育种材料	
保存地点：贵州省盘州市	保存方式：原地保存、保护	
性状特征		
资源特点：高产果量，大果，高出籽率，高含油率		
树　　姿：半开张	平均叶长（cm）：6.77	平均叶宽（cm）：1.83
嫩枝绒毛：无	叶基形状：楔形	果熟日期：9月中旬
芽 绒 毛：有	盛 花 期：2月中旬	果　　形：近圆球形
芽鳞颜色：黄绿色	花瓣颜色：粉红色	果皮颜色：青红色
嫩叶颜色：绿色	萼片绒毛：有	果面特征：糠秕
老叶颜色：深绿色	雌雄蕊相对高度：雄高	平均单果重（g）：33.44
叶　　形：长椭圆形	花柱裂位：浅裂	种皮颜色：黑色
叶缘特征：平	柱头裂数：3	鲜出籽率（%）：44.17
叶尖形状：渐尖	子房绒毛：无	种仁含油率（%）：50.58

（2）具高产果量、大果、高出籽率资源

683 西南红山茶－柏果选36号

资源编号：520222_079_0027	归属物种：*Camellia pitardii* Coh. St.	
资源类型：野生资源（特异单株）	主要用途：油用栽培，遗传育种材料	
保存地点：贵州省盘州市	保存方式：原地保存、保护	
性状特征		
资源特点：高产果量，大果，高出籽率		
树　　姿：半开张	盛 花 期：2月中下旬	果面特征：糠秕
嫩枝绒毛：无	花瓣颜色：红色	平均单果重（g）：30.38
芽鳞颜色：黄绿色	萼片绒毛：有	鲜出籽率（%）：47.60
芽 绒 毛：有	雌雄蕊相对高度：雄高	种皮颜色：黑色
嫩叶颜色：绿色	花柱裂位：浅裂	种仁含油率（%）：44.10
老叶颜色：深绿色	柱头裂数：3	
叶　　形：长椭圆形	子房绒毛：无	油酸含量（%）：78.60
叶缘特征：平	果熟日期：9月中旬	亚油酸含量（%）：8.40
叶尖形状：渐尖	果　　形：卵球形	亚麻酸含量（%）：0.40
叶基形状：楔形	果皮颜色：青红色	硬脂酸含量（%）：1.90
平均叶长（cm）：6.92	平均叶宽（cm）：1.87	棕榈酸含量（%）：10.20

（3）具高产果量、大果、高含油率资源

684 西南红山茶-柏果选16号

资源编号：520222_079_0013	归属物种：*Camellia pitardii* Coh. St.	
资源类型：野生资源（特异单株）	主要用途：油用栽培，遗传育种材料	
保存地点：贵州省盘州市	保存方式：原地保存、保护	
	性状特征	
资源特点：高产果量，大果，高含油率		
树　　姿：直立	盛 花 期：2月中下旬	果面特征：糠秕
嫩枝绒毛：无	花瓣颜色：粉红色	平均单果重（g）：34.69
芽鳞颜色：黄绿色	萼片绒毛：无	鲜出籽率（%）：30.38
芽 绒 毛：有	雌雄蕊相对高度：雄高	种皮颜色：黑色
嫩叶颜色：绿色	花柱裂位：浅裂	种仁含油率（%）：50.16
老叶颜色：深绿色	柱头裂数：3	
叶　　形：长椭圆形	子房绒毛：无	油酸含量（%）：80.40
叶缘特征：平	果熟日期：9月中旬	亚油酸含量（%）：6.50
叶尖形状：渐尖	果　　形：扁圆球形	亚麻酸含量（%）：0.40
叶基形状：楔形	果皮颜色：黄色	硬脂酸含量（%）：2.40
平均叶长（cm）：6.59	平均叶宽（cm）：1.78	棕榈酸含量（%）：9.90

685 西南红山茶-柏果选20号

资源编号：520222_079_0016	归属物种：*Camellia pitardii* Coh. St.	
资源类型：野生资源（特异单株）	主要用途：油用栽培，遗传育种材料	
保存地点：贵州省盘州市	保存方式：原地保存、保护	
	性状特征	
资源特点：高产果量，大果，高含油率		
树　　姿：开张	盛 花 期：2月中下旬	果面特征：糠秕
嫩枝绒毛：无	花瓣颜色：粉红色	平均单果重（g）：33.83
芽鳞颜色：绿色	萼片绒毛：无	鲜出籽率（%）：33.43
芽 绒 毛：有	雌雄蕊相对高度：雄高	种皮颜色：黑色
嫩叶颜色：绿色	花柱裂位：浅裂	种仁含油率（%）：52.42
老叶颜色：深绿色	柱头裂数：3	
叶　　形：长椭圆形	子房绒毛：无	油酸含量（%）：80.00
叶缘特征：平	果熟日期：9月中旬	亚油酸含量（%）：6.70
叶尖形状：渐尖	果　　形：扁圆球形	亚麻酸含量（%）：0.40
叶基形状：楔形	果皮颜色：青红色	硬脂酸含量（%）：2.60
平均叶长（cm）：6.87	平均叶宽（cm）：1.88	棕榈酸含量（%）：10.00

686 西南红山茶-柏果选24号

资源编号：520222_079_0019	归属物种：*Camellia pitardii* Coh. St.	
资源类型：野生资源（特异单株）	主要用途：油用栽培，遗传育种材料	
保存地点：贵州省盘州市	保存方式：原地保存、保护	
性状特征		
资源特点：高产果量，大果，高含油率		
树　　姿：直立	盛 花 期：12月上旬	果面特征：糠秕
嫩枝绒毛：无	花瓣颜色：淡红色	平均单果重（g）：41.63
芽鳞颜色：黄绿色	萼片绒毛：有	鲜出籽率（%）：37.81
芽 绒 毛：有	雌雄蕊相对高度：雌高	种皮颜色：褐色
嫩叶颜色：绿色	花柱裂位：浅裂	种仁含油率（%）：50.27
老叶颜色：深绿色	柱头裂数：3	
叶　　形：长椭圆形	子房绒毛：无	油酸含量（%）：77.90
叶缘特征：平	果熟日期：9月中旬	亚油酸含量（%）：8.00
叶尖形状：渐尖	果　　形：扁圆球形	亚麻酸含量（%）：5.00
叶基形状：楔形	果皮颜色：青色	硬脂酸含量（%）：2.20
平均叶长（cm）：6.79	平均叶宽（cm）：1.82	棕榈酸含量（%）：10.90

687 西南红山茶-柏果选28号

资源编号：520222_079_0021	归属物种：*Camellia pitardii* Coh. St.	
资源类型：野生资源（特异单株）	主要用途：油用栽培，遗传育种材料	
保存地点：贵州省盘州市	保存方式：原地保存、保护	
性状特征		
资源特点：高产果量，大果，高含油率		
树　　姿：直立	盛 花 期：10月下旬	果面特征：糠秕
嫩枝绒毛：无	花瓣颜色：淡红色	平均单果重（g）：42.97
芽鳞颜色：黄绿色	萼片绒毛：有	鲜出籽率（%）：38.40
芽 绒 毛：有	雌雄蕊相对高度：等高	种皮颜色：黑色
嫩叶颜色：绿色	花柱裂位：浅裂	种仁含油率（%）：50.65
老叶颜色：深绿色	柱头裂数：3	
叶　　形：长椭圆形	子房绒毛：无	油酸含量（%）：78.70
叶缘特征：平	果熟日期：9月中旬	亚油酸含量（%）：8.30
叶尖形状：渐尖	果　　形：近圆球形	亚麻酸含量（%）：0.50
叶基形状：楔形	果皮颜色：青红色	硬脂酸含量（%）：1.60
平均叶长（cm）：7.07	平均叶宽（cm）：2.04	棕榈酸含量（%）：10.10

688

西南红山茶-柏果选50号

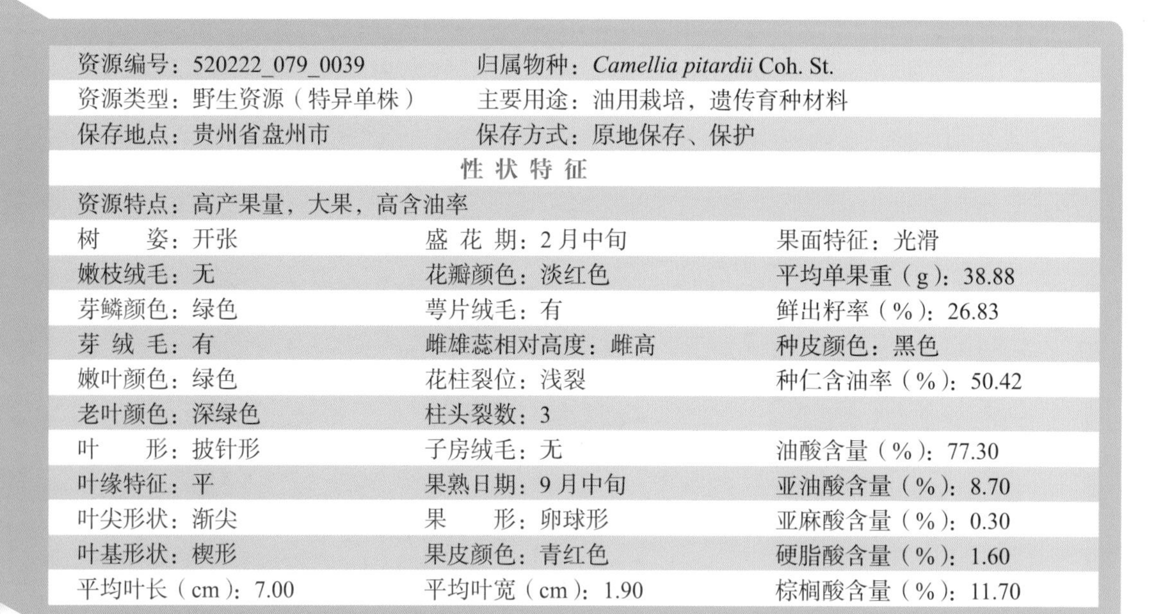

资源编号：520222_079_0039	归属物种：*Camellia pitardii* Coh. St.	
资源类型：野生资源（特异单株）	主要用途：油用栽培，遗传育种材料	
保存地点：贵州省盘州市	保存方式：原地保存、保护	
性状特征		
资源特点：高产果量，大果，高含油率		
树　　姿：开张	盛 花 期：2月中旬	果面特征：光滑
嫩枝绒毛：无	花瓣颜色：淡红色	平均单果重（g）：38.88
芽鳞颜色：绿色	萼片绒毛：有	鲜出籽率（%）：26.83
芽 绒 毛：有	雌雄蕊相对高度：雌高	种皮颜色：黑色
嫩叶颜色：绿色	花柱裂位：浅裂	种仁含油率（%）：50.42
老叶颜色：深绿色	柱头裂数：3	
叶　　形：披针形	子房绒毛：无	油酸含量（%）：77.30
叶缘特征：平	果熟日期：9月中旬	亚油酸含量（%）：8.70
叶尖形状：渐尖	果　　形：卵球形	亚麻酸含量（%）：0.30
叶基形状：楔形	果皮颜色：青红色	硬脂酸含量（%）：1.60
平均叶长（cm）：7.00	平均叶宽（cm）：1.90	棕榈酸含量（%）：11.70

689

西南红山茶-柏果选53号

资源编号：520222_079_0042	归属物种：*Camellia pitardii* Coh. St.	
资源类型：野生资源（特异单株）	主要用途：油用栽培，遗传育种材料	
保存地点：贵州省盘州市	保存方式：原地保存、保护	
性状特征		
资源特点：高产果量，大果，高含油率		
树　　姿：半开张	盛 花 期：2月中下旬	果面特征：糠秕
嫩枝绒毛：无	花瓣颜色：粉红色	平均单果重（g）：30.23
芽鳞颜色：绿色	萼片绒毛：无	鲜出籽率（%）：32.22
芽 绒 毛：有	雌雄蕊相对高度：等高	种皮颜色：黑色
嫩叶颜色：绿色	花柱裂位：浅裂	种仁含油率（%）：53.03
老叶颜色：深绿色	柱头裂数：3	
叶　　形：长椭圆形	子房绒毛：无	油酸含量（%）：78.10
叶缘特征：平	果熟日期：9月中旬	亚油酸含量（%）：7.40
叶尖形状：渐尖	果　　形：扁圆球形	亚麻酸含量（%）：0.40
叶基形状：楔形	果皮颜色：青红色	硬脂酸含量（%）：2.20
平均叶长（cm）：7.00	平均叶宽（cm）：1.90	棕榈酸含量（%）：11.50

（4）具高产果量、高出籽率、高含油率资源

690 西南红山茶-柏果选39号

资源编号：520222_079_0030	归属物种：*Camellia pitardii* Coh. St.	
资源类型：野生资源（特异单株）	主要用途：油用栽培，遗传育种材料	
保存地点：贵州省盘州市	保存方式：原地保存、保护	
性 状 特 征		
资源特点：高产果量，高出籽率，高含油率		
树　　姿：半开张	盛 花 期：2月中下旬	果面特征：光滑
嫩枝绒毛：无	花瓣颜色：红色	平均单果重（g）：23.33
芽鳞颜色：绿色	萼片绒毛：有	鲜出籽率（%）：53.24
芽 绒 毛：有	雌雄蕊相对高度：雌高或等高	种皮颜色：黑色
嫩叶颜色：绿色	花柱裂位：浅裂	种仁含油率（%）：50.57
老叶颜色：深绿色	柱头裂数：3	
叶　　形：长椭圆形	子房绒毛：无	油酸含量（%）：81.50
叶缘特征：平	果熟日期：9月中旬	亚油酸含量（%）：6.20
叶尖形状：渐尖	果　　形：近圆球形	亚麻酸含量（%）：0.40
叶基形状：楔形	果皮颜色：红色	硬脂酸含量（%）：3.10
平均叶长（cm）：7.17	平均叶宽（cm）：2.07	棕榈酸含量（%）：8.40

691 西南红山茶-柏果选23号

资源编号：520222_079_0018	归属物种：*Camellia pitardii* Coh. St.	
资源类型：野生资源（特异单株）	主要用途：油用栽培，遗传育种材料	
保存地点：贵州省盘州市	保存方式：原地保存、保护	
性 状 特 征		
资源特点：高产果量，高出籽率，高含油率		
树　　姿：直立	盛 花 期：12月上旬	果面特征：糠秕
嫩枝绒毛：无	花瓣颜色：白色	平均单果重（g）：23.58
芽鳞颜色：黄绿色	萼片绒毛：有	鲜出籽率（%）：40.42
芽 绒 毛：有	雌雄蕊相对高度：雌高	种皮颜色：黑色
嫩叶颜色：绿色	花柱裂位：浅裂	种仁含油率（%）：51.58
老叶颜色：深绿色	柱头裂数：3	
叶　　形：长椭圆形	子房绒毛：无	油酸含量（%）：81.80
叶缘特征：平	果熟日期：9月中旬	亚油酸含量（%）：5.90
叶尖形状：渐尖	果　　形：近圆球形	亚麻酸含量（%）：0.30
叶基形状：楔形	果皮颜色：青红色	硬脂酸含量（%）：2.70
平均叶长（cm）：6.89	平均叶宽（cm）：1.96	棕榈酸含量（%）：8.90

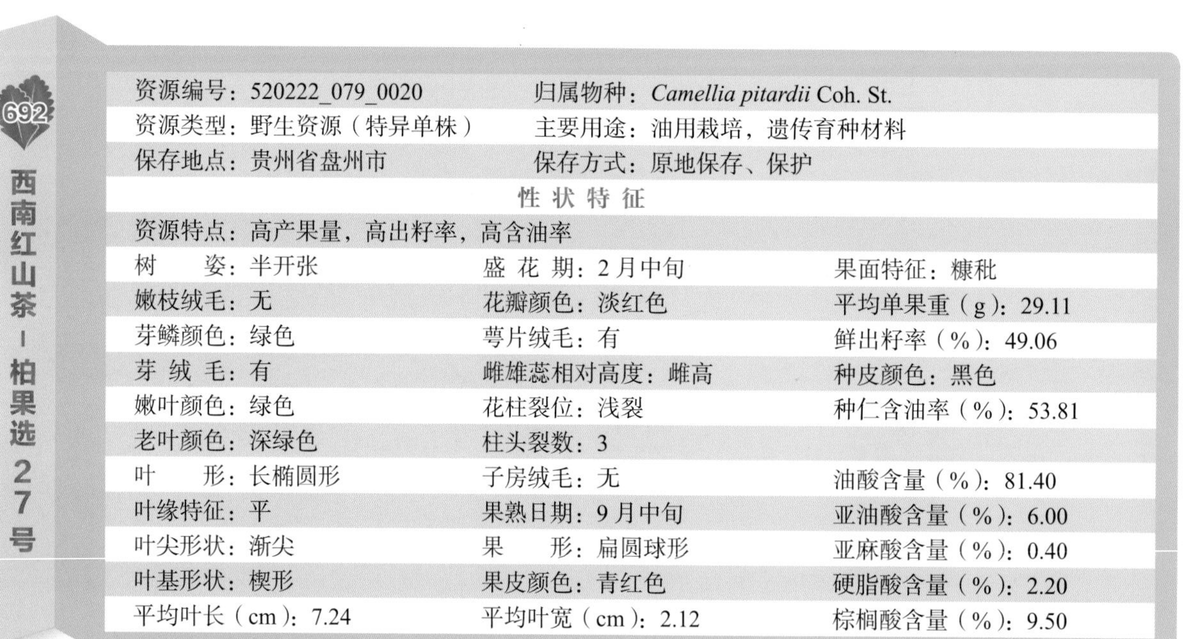

692 西南红山茶-柏果选27号

资源编号：520222_079_0020	归属物种：*Camellia pitardii* Coh. St.	
资源类型：野生资源（特异单株）	主要用途：油用栽培，遗传育种材料	
保存地点：贵州省盘州市	保存方式：原地保存、保护	
性状特征		
资源特点：高产果量，高出籽率，高含油率		
树　　姿：半开张	盛 花 期：2月中旬	果面特征：糠秕
嫩枝绒毛：无	花瓣颜色：淡红色	平均单果重（g）：29.11
芽鳞颜色：绿色	萼片绒毛：有	鲜出籽率（%）：49.06
芽 绒 毛：有	雌雄蕊相对高度：雌高	种皮颜色：黑色
嫩叶颜色：绿色	花柱裂位：浅裂	种仁含油率（%）：53.81
老叶颜色：深绿色	柱头裂数：3	
叶　　形：长椭圆形	子房绒毛：无	油酸含量（%）：81.40
叶缘特征：平	果熟日期：9月中旬	亚油酸含量（%）：6.00
叶尖形状：渐尖	果　　形：扁圆球形	亚麻酸含量（%）：0.40
叶基形状：楔形	果皮颜色：青红色	硬脂酸含量（%）：2.20
平均叶长（cm）：7.24	平均叶宽（cm）：2.12	棕榈酸含量（%）：9.50

693 西南红山茶-柏果选37号

资源编号：520222_079_0028	归属物种：*Camellia pitardii* Coh. St.	
资源类型：野生资源（特异单株）	主要用途：油用栽培，遗传育种材料	
保存地点：贵州省盘州市	保存方式：原地保存、保护	
性状特征		
资源特点：高产果量，高出籽率，高含油率		
树　　姿：直立	盛 花 期：12月上旬	果面特征：光滑
嫩枝绒毛：无	花瓣颜色：白色	平均单果重（g）：24.35
芽鳞颜色：绿色	萼片绒毛：有	鲜出籽率（%）：41.19
芽 绒 毛：无	雌雄蕊相对高度：等高	种皮颜色：黑色
嫩叶颜色：绿色	花柱裂位：浅裂	种仁含油率（%）：50.21
老叶颜色：深绿色	柱头裂数：3	
叶　　形：长椭圆形	子房绒毛：无	油酸含量（%）：81.50
叶缘特征：平	果熟日期：9月中旬	亚油酸含量（%）：6.10
叶尖形状：渐尖	果　　形：扁圆球形	亚麻酸含量（%）：0.40
叶基形状：楔形	果皮颜色：青红色	硬脂酸含量（%）：2.80
平均叶长（cm）：6.98	平均叶宽（cm）：1.92	棕榈酸含量（%）：8.80

694 西南红山茶-柏果选18号

资源编号：520222_079_0015	归属物种：*Camellia pitardii* Coh. St.	
资源类型：野生资源（特异单株）	主要用途：油用栽培，遗传育种材料	
保存地点：贵州省盘州市	保存方式：原地保存、保护	
性状特征		
资源特点：高产果量，高出籽率，高含油率		
树　　姿：直立	平均叶长（cm）：6.97	平均叶宽（cm）：1.96
嫩枝绒毛：无	叶基形状：楔形	果熟日期：9月中旬
芽 绒 毛：有	盛 花 期：2月中旬	果　　形：扁圆球形
芽鳞颜色：黄绿色	花瓣颜色：粉红色	果皮颜色：青红色
嫩叶颜色：绿色	萼片绒毛：有	果面特征：糠秕
老叶颜色：深绿色	雌雄蕊相对高度：雌高	平均单果重（g）：26.70
叶　　形：长椭圆形	花柱裂位：浅裂	种皮颜色：褐色
叶缘特征：平	柱头裂数：3	鲜出籽率（%）：45.58
叶尖形状：渐尖	子房绒毛：无	种仁含油率（%）：50.63

（5）具高产果量、大果资源

695 西南红山茶-柏果选2号

资源编号：520222_079_0004	归属物种：*Camellia pitardii* Coh. St.	
资源类型：野生资源（特异单株）	主要用途：油用栽培，遗传育种材料	
保存地点：贵州省盘州市	保存方式：原地保存、保护	
性状特征		
资源特点：高产果量，大果		
树　　姿：开张	盛 花 期：3月上中旬	果面特征：糠秕
嫩枝绒毛：无	花瓣颜色：粉红色	平均单果重（g）：30.59
芽鳞颜色：绿色	萼片绒毛：无	鲜出籽率（%）：37.14
芽 绒 毛：有	雌雄蕊相对高度：雌高	种皮颜色：黑色
嫩叶颜色：绿色	花柱裂位：浅裂	种仁含油率（%）：47.10
老叶颜色：深绿色	柱头裂数：3	
叶　　形：长椭圆形	子房绒毛：无	油酸含量（%）：78.70
叶缘特征：平	果熟日期：9月中旬	亚油酸含量（%）：7.00
叶尖形状：渐尖	果　　形：近圆球形	亚麻酸含量（%）：0.50
叶基形状：楔形	果皮颜色：红色	硬脂酸含量（%）：1.90
平均叶长（cm）：5.90	平均叶宽（cm）：1.64	棕榈酸含量（%）：11.40

696 西南红山茶-柏果选9号

资源编号：520222_079_0008	归属物种：*Camellia pitardii* Coh. St.	
资源类型：野生资源（特异单株）	主要用途：油用栽培，遗传育种材料	
保存地点：贵州省盘州市	保存方式：原地保存、保护	
性状特征		
资源特点：高产果量，大果		
树　　姿：半开张	盛 花 期：2月中下旬	果面特征：糠秕
嫩枝绒毛：无	花瓣颜色：粉红色	平均单果重（g）：31.20
芽鳞颜色：绿色	萼片绒毛：无	鲜出籽率（%）：29.33
芽 绒 毛：有	雌雄蕊相对高度：雄高	种皮颜色：黑色
嫩叶颜色：绿色	花柱裂位：浅裂	种仁含油率（%）：40.80
老叶颜色：深绿色	柱头裂数：3	
叶　　形：长椭圆形	子房绒毛：无	油酸含量（%）：78.50
叶缘特征：平	果熟日期：9月中旬	亚油酸含量（%）：8.10
叶尖形状：渐尖	果　　形：近圆球形	亚麻酸含量（%）：0.50
叶基形状：楔形	果皮颜色：黄色	硬脂酸含量（%）：2.10
平均叶长（cm）：6.10	平均叶宽（cm）：1.87	棕榈酸含量（%）：10.20

697 西南红山茶-柏果选11号

资源编号：520222_079_0009	归属物种：*Camellia pitardii* Coh. St.	
资源类型：野生资源（特异单株）	主要用途：油用栽培，遗传育种材料	
保存地点：贵州省盘州市	保存方式：原地保存、保护	
	性状特征	
资源特点：高产果量，大果		
树　　姿：直立	盛 花 期：2月中下旬	果面特征：糠秕
嫩枝绒毛：无	花瓣颜色：粉红色	平均单果重（g）：39.17
芽鳞颜色：绿色	萼片绒毛：无	鲜出籽率（%）：31.02
芽 绒 毛：有	雌雄蕊相对高度：雄高	种皮颜色：黑色
嫩叶颜色：绿色	花柱裂位：浅裂	种仁含油率（%）：45.60
老叶颜色：深绿色	柱头裂数：3	
叶　　形：长椭圆形	子房绒毛：无	油酸含量（%）：77.40
叶缘特征：平	果熟日期：9月中旬	亚油酸含量（%）：7.40
叶尖形状：渐尖	果　　形：近圆球形	亚麻酸含量（%）：0.40
叶基形状：楔形	果皮颜色：黄色	硬脂酸含量（%）：2.20
平均叶长（cm）：6.72	平均叶宽（cm）：1.82	棕榈酸含量（%）：12.20

资源编号：520222_079_0012	归属物种：*Camellia pitardii* Coh. St.	
资源类型：野生资源（特异单株）	主要用途：油用栽培，遗传育种材料	
保存地点：贵州省盘州市	保存方式：原地保存、保护	
	性状特征	
资源特点：高产果量，大果		
树　　姿：半开张	盛 花 期：2月中下旬	果面特征：光滑
嫩枝绒毛：无	花瓣颜色：粉红色	平均单果重（g）：30.70
芽鳞颜色：黄绿色	萼片绒毛：无	鲜出籽率（%）：31.24
芽 绒 毛：有	雌雄蕊相对高度：雄高	种皮颜色：黑色
嫩叶颜色：绿色	花柱裂位：浅裂	种仁含油率（%）：49.96
老叶颜色：深绿色	柱头裂数：3	
叶　　形：披针形	子房绒毛：无	油酸含量（%）：77.90
叶缘特征：平	果熟日期：9月中旬	亚油酸含量（%）：8.60
叶尖形状：渐尖	果　　形：近圆球形	亚麻酸含量（%）：0.40
叶基形状：楔形	果皮颜色：青红色	硬脂酸含量（%）：2.00
平均叶长（cm）：6.83	平均叶宽（cm）：1.92	棕榈酸含量（%）：10.90

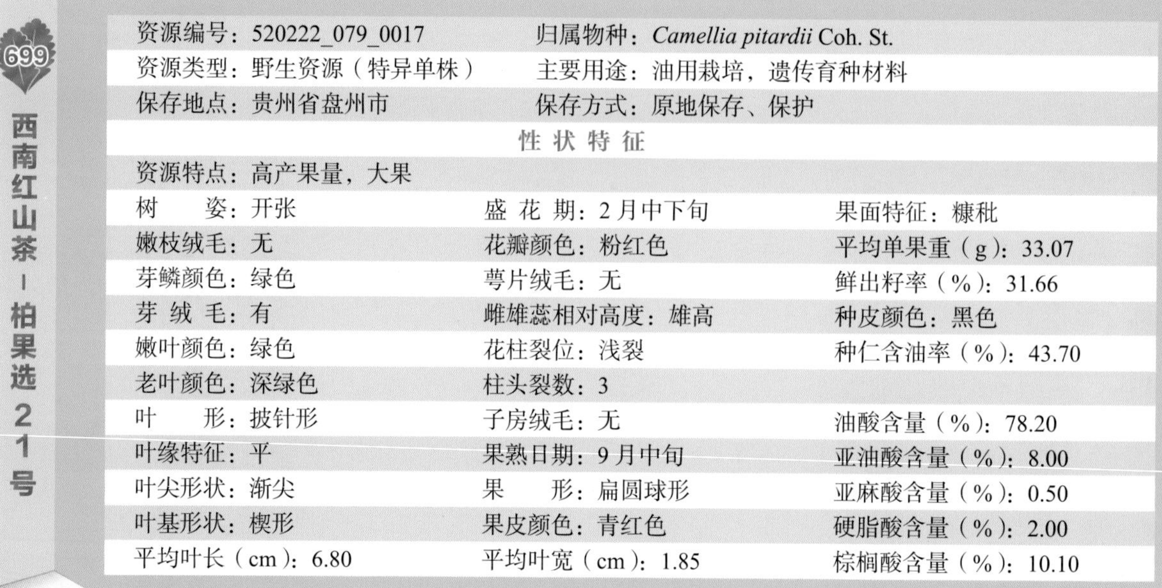

699 西南红山茶-柏果选21号

资源编号：520222_079_0017	归属物种：*Camellia pitardii* Coh. St.	
资源类型：野生资源（特异单株）	主要用途：油用栽培，遗传育种材料	
保存地点：贵州省盘州市	保存方式：原地保存、保护	
	性 状 特 征	
资源特点：高产果量，大果		
树　　姿：开张	盛 花 期：2月中下旬	果面特征：糠秕
嫩枝绒毛：无	花瓣颜色：粉红色	平均单果重（g）：33.07
芽鳞颜色：绿色	萼片绒毛：无	鲜出籽率（%）：31.66
芽 绒 毛：有	雌雄蕊相对高度：雄高	种皮颜色：黑色
嫩叶颜色：绿色	花柱裂位：浅裂	种仁含油率（%）：43.70
老叶颜色：深绿色	柱头裂数：3	
叶　　形：披针形	子房绒毛：无	油酸含量（%）：78.20
叶缘特征：平	果熟日期：9月中旬	亚油酸含量（%）：8.00
叶尖形状：渐尖	果　　形：扁圆球形	亚麻酸含量（%）：0.50
叶基形状：楔形	果皮颜色：青红色	硬脂酸含量（%）：2.00
平均叶长（cm）：6.80	平均叶宽（cm）：1.85	棕榈酸含量（%）：10.10

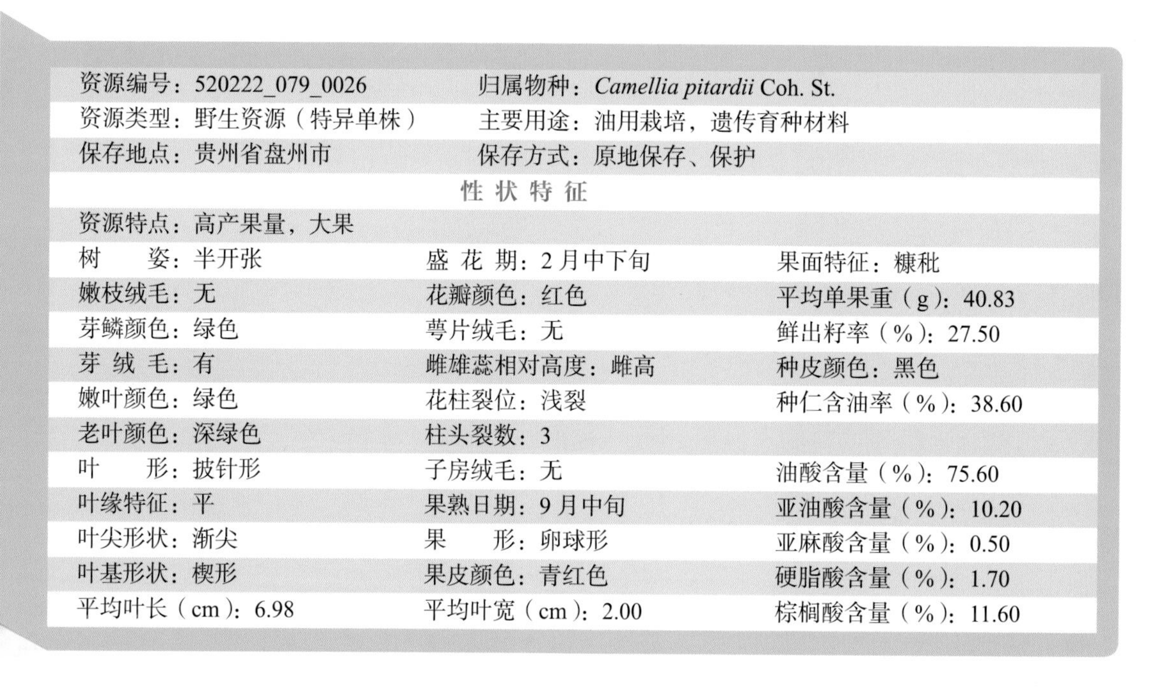

700 西南红山茶-柏果选34号

资源编号：520222_079_0026	归属物种：*Camellia pitardii* Coh. St.	
资源类型：野生资源（特异单株）	主要用途：油用栽培，遗传育种材料	
保存地点：贵州省盘州市	保存方式：原地保存、保护	
	性 状 特 征	
资源特点：高产果量，大果		
树　　姿：半开张	盛 花 期：2月中下旬	果面特征：糠秕
嫩枝绒毛：无	花瓣颜色：红色	平均单果重（g）：40.83
芽鳞颜色：绿色	萼片绒毛：无	鲜出籽率（%）：27.50
芽 绒 毛：有	雌雄蕊相对高度：雌高	种皮颜色：黑色
嫩叶颜色：绿色	花柱裂位：浅裂	种仁含油率（%）：38.60
老叶颜色：深绿色	柱头裂数：3	
叶　　形：披针形	子房绒毛：无	油酸含量（%）：75.60
叶缘特征：平	果熟日期：9月中旬	亚油酸含量（%）：10.20
叶尖形状：渐尖	果　　形：卵球形	亚麻酸含量（%）：0.50
叶基形状：楔形	果皮颜色：青红色	硬脂酸含量（%）：1.70
平均叶长（cm）：6.98	平均叶宽（cm）：2.00	棕榈酸含量（%）：11.60

701

西南红山茶-柏果选41号

资源编号：520222_079_0032	归属物种：*Camellia pitardii* Coh. St.	
资源类型：野生资源（特异单株）	主要用途：油用栽培，遗传育种材料	
保存地点：贵州省盘州市	保存方式：原地保存、保护	
	性 状 特 征	
资源特点：高产果量，大果		
树　　姿：半开张	盛 花 期：2月中旬	果面特征：糠秕
嫩枝绒毛：无	花瓣颜色：淡红色	平均单果重（g）：43.47
芽鳞颜色：绿色	萼片绒毛：有	鲜出籽率（%）：23.46
芽 绒 毛：有	雌雄蕊相对高度：雌高	种皮颜色：黑色
嫩叶颜色：绿色	花柱裂位：浅裂	种仁含油率（%）：45.50
老叶颜色：深绿色	柱头裂数：3	
叶　　形：长椭圆形	子房绒毛：无	油酸含量（%）：79.00
叶缘特征：平	果熟日期：9月中旬	亚油酸含量（%）：9.70
叶尖形状：渐尖	果　　形：近圆球形	亚麻酸含量（%）：0.40
叶基形状：楔形	果皮颜色：黄色	硬脂酸含量（%）：1.60
平均叶长（cm）：6.98	平均叶宽（cm）：2.00	棕榈酸含量（%）：8.80

资源编号：520222_079_0036	归属物种：*Camellia pitardii* Coh. St.	
资源类型：野生资源（特异单株）	主要用途：油用栽培，遗传育种材料	
保存地点：贵州省盘州市	保存方式：原地保存、保护	
	性 状 特 征	
资源特点：高产果量，大果		
树　　姿：开张	盛 花 期：2月中下旬	果面特征：糠秕
嫩枝绒毛：无	花瓣颜色：粉红色	平均单果重（g）：31.46
芽鳞颜色：绿色	萼片绒毛：无	鲜出籽率（%）：30.23
芽 绒 毛：有	雌雄蕊相对高度：雄高	种皮颜色：黑色
嫩叶颜色：绿色	花柱裂位：浅裂	种仁含油率（%）：44.70
老叶颜色：深绿色	柱头裂数：3	
叶　　形：长椭圆形	子房绒毛：无	油酸含量（%）：81.20
叶缘特征：平	果熟日期：9月中旬	亚油酸含量（%）：6.30
叶尖形状：渐尖	果　　形：近圆球形	亚麻酸含量（%）：0.40
叶基形状：楔形	果皮颜色：红色	硬脂酸含量（%）：3.20
平均叶长（cm）：7.10	平均叶宽（cm）：2.00	棕榈酸含量（%）：8.50

703 西南红山茶-柏果选49号

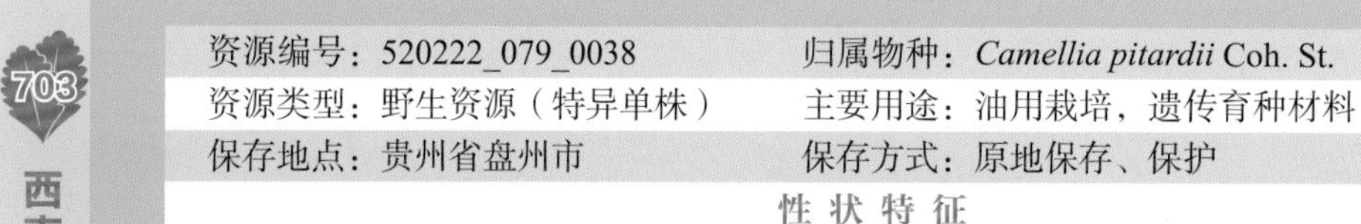

资源编号：520222_079_0038	归属物种：*Camellia pitardii* Coh. St.	
资源类型：野生资源（特异单株）	主要用途：油用栽培，遗传育种材料	
保存地点：贵州省盘州市	保存方式：原地保存、保护	
性状特征		
资源特点：高产果量，大果		
树　　姿：开张	盛 花 期：2月中下旬	果面特征：糠秕
嫩枝绒毛：无	花瓣颜色：红色	平均单果重（g）：35.78
芽鳞颜色：绿色	萼片绒毛：无	鲜出籽率（%）：27.98
芽 绒 毛：有	雌雄蕊相对高度：雌高	种皮颜色：棕褐色
嫩叶颜色：绿色	花柱裂位：浅裂	种仁含油率（%）：47.00
老叶颜色：深绿色	柱头裂数：3	
叶　　形：长椭圆形	子房绒毛：无	油酸含量（%）：79.00
叶缘特征：平	果熟日期：9月中旬	亚油酸含量（%）：8.20
叶尖形状：渐尖	果　　形：扁圆球形	亚麻酸含量（%）：0.40
叶基形状：楔形	果皮颜色：青红色	硬脂酸含量（%）：2.00
平均叶长（cm）：6.90	平均叶宽（cm）：1.80	棕榈酸含量（%）：10.00

704 西南红山茶-柏果选52号

资源编号：520222_079_0041	归属物种：*Camellia pitardii* Coh. St.	
资源类型：野生资源（特异单株）	主要用途：油用栽培，遗传育种材料	
保存地点：贵州省盘州市	保存方式：原地保存、保护	
性状特征		
资源特点：高产果量，大果		
树　　姿：半开张	盛 花 期：2月中下旬	果面特征：光滑
嫩枝绒毛：无	花瓣颜色：粉红色	平均单果重（g）：33.05
芽鳞颜色：绿色	萼片绒毛：无	鲜出籽率（%）：34.74
芽 绒 毛：有	雌雄蕊相对高度：雄高	种皮颜色：黑色
嫩叶颜色：绿色	花柱裂位：浅裂	种仁含油率（%）：46.10
老叶颜色：深绿色	柱头裂数：3	
叶　　形：披针形	子房绒毛：无	油酸含量（%）：75.00
叶缘特征：平	果熟日期：9月中旬	亚油酸含量（%）：10.50
叶尖形状：渐尖	果　　形：近圆球形	亚麻酸含量（%）：0.60
叶基形状：楔形	果皮颜色：青色	硬脂酸含量（%）：1.80
平均叶长（cm）：6.90	平均叶宽（cm）：1.80	棕榈酸含量（%）：11.70

西南红山茶-遵义选2号

资源编号：520321_079_0002	归属物种：*Camellia pitardii* Coh. St.	
资源类型：野生资源（特异单株）	主要用途：油用、观赏栽培，遗传育种材料	
保存地点：贵州省遵义市	保存方式：原地保存、保护	
	性 状 特 征	
资源特点：高产果量，大果		
树　　姿：半开张	平均叶长（cm）：10.93	平均叶宽（cm）：3.93
嫩枝绒毛：无	叶基形状：楔形	果熟日期：9月中旬
芽 绒 毛：有	盛 花 期：2月中旬	果　　形：近圆球形
芽鳞颜色：黄绿色	花瓣颜色：淡红色	果皮颜色：黄色
嫩叶颜色：绿色	萼片绒毛：有	果面特征：糠秕
老叶颜色：中绿色	雌雄蕊相对高度：等高	平均单果重（g）：34.00
叶　　形：长椭圆形	花柱裂位：浅裂	种皮颜色：褐色
叶缘特征：平	柱头裂数：3	鲜出籽率（%）：15.21
叶尖形状：渐尖	子房绒毛：无	

（6）具高产果量、高出籽率资源

西南红山茶-柏果选40号

资源编号：520222_079_0031	归属物种：*Camellia pitardii* Coh. St.	
资源类型：野生资源（特异单株）	主要用途：油用栽培，遗传育种材料	
保存地点：贵州省盘州市	保存方式：原地保存、保护	
	性 状 特 征	
资源特点：高产果量，高出籽率		
树　　姿：半开张	盛 花 期：12月中旬	果面特征：光滑
嫩枝绒毛：无	花瓣颜色：白色	平均单果重（g）：20.73
芽鳞颜色：绿色	萼片绒毛：有	鲜出籽率（%）：41.82
芽 绒 毛：有	雌雄蕊相对高度：等高	种皮颜色：黑色
嫩叶颜色：绿色	花柱裂位：浅裂	种仁含油率（%）：46.40
老叶颜色：深绿色	柱头裂数：3	
叶　　形：长椭圆形	子房绒毛：无	油酸含量（%）：81.50
叶缘特征：平	果熟日期：9月中旬	亚油酸含量（%）：4.90
叶尖形状：渐尖	果　　形：近圆球形	亚麻酸含量（%）：0.40
叶基形状：楔形	果皮颜色：青色	硬脂酸含量（%）：2.80
平均叶长（cm）：6.93	平均叶宽（cm）：1.96	棕榈酸含量（%）：10.00

西南红山茶-柏果选43号

资源编号：520222_079_0033	归属物种：*Camellia pitardii* Coh. St.	
资源类型：野生资源（特异单株）	主要用途：油用栽培，遗传育种材料	
保存地点：贵州省盘州市	保存方式：原地保存、保护	
	性状特征	
资源特点：高产果量，高出籽率		
树　　姿：开张	盛 花 期：2月上旬	果面特征：光滑
嫩枝绒毛：无	花瓣颜色：白色	平均单果重（g）：24.23
芽鳞颜色：绿色	萼片绒毛：有	鲜出籽率（%）：40.36
芽 绒 毛：有	雌雄蕊相对高度：雌高	种皮颜色：黑色
嫩叶颜色：绿色	花柱裂位：浅裂	种仁含油率（%）：43.80
老叶颜色：深绿色	柱头裂数：3	
叶　　形：长椭圆形	子房绒毛：无	油酸含量（%）：79.80
叶缘特征：平	果熟日期：9月中旬	亚油酸含量（%）：7.70
叶尖形状：渐尖	果　　形：近圆球形	亚麻酸含量（%）：0.50
叶基形状：楔形	果皮颜色：黄色	硬脂酸含量（%）：1.30
平均叶长（cm）：6.91	平均叶宽（cm）：1.91	棕榈酸含量（%）：10.30

西南红山茶-柏果选44号

资源编号：520222_079_0034	归属物种：*Camellia pitardii* Coh. St.	
资源类型：野生资源（特异单株）	主要用途：油用栽培，遗传育种材料	
保存地点：贵州省盘州市	保存方式：原地保存、保护	
	性状特征	
资源特点：高产果量，高出籽率		
树　　姿：半开张	平均叶长（cm）：6.94	平均叶宽（cm）：1.97
嫩枝绒毛：无	叶基形状：楔形	果熟日期：9月中旬
芽 绒 毛：有	盛 花 期：2月中旬	果　　形：卵球形
芽鳞颜色：黄绿色	花瓣颜色：粉红色	果皮颜色：红色
嫩叶颜色：绿色	萼片绒毛：有	果面特征：光滑
老叶颜色：深绿色	雌雄蕊相对高度：等高	平均单果重（g）：21.73
叶　　形：长椭圆形	花柱裂位：浅裂	种皮颜色：黑色
叶缘特征：平	柱头裂数：3	鲜出籽率（%）：43.86
叶尖形状：渐尖	子房绒毛：无	种仁含油率（%）：48.7

709 西南白山茶-松河选7号

资源编号：520222_079_0082	归属物种：*Camellia pitardii* Coh. St.	
资源类型：野生资源（特异单株）	主要用途：油用栽培，遗传育种材料	
保存地点：贵州省盘州市	保存方式：原地保存、保护	
	性 状 特 征	
资源特点：高产果量，高出籽率		
树　　姿：半开张	平均叶长（cm）：6.29	平均叶宽（cm）：2.41
嫩枝绒毛：有	叶基形状：楔形	果熟日期：9月下旬
芽 绒 毛：有	盛 花 期：2月中下旬	果　　形：近圆球形
芽鳞颜色：绿色	花瓣颜色：白色	果皮颜色：青红色
嫩叶颜色：绿色	萼片绒毛：有	果面特征：光滑
老叶颜色：深绿色	雌雄蕊相对高度：等高	平均单果重（g）：15.73
叶　　形：长椭圆形	花柱裂位：浅裂	种皮颜色：黑褐色
叶缘特征：平	柱头裂数：3	鲜出籽率（%）：47.23
叶尖形状：渐尖	子房绒毛：无	

（7）具高产果量、高含油率资源

西南红山茶-断江选1号

资源编号：520222_079_0001	归属物种：*Camellia pitardii* Coh. St.	
资源类型：野生资源（特异单株）	主要用途：油用栽培，遗传育种材料	
保存地点：贵州省盘州市	保存方式：原地保存、保护	
性状特征		
资源特点：高产果量，高含油率		
树　　姿：直立	盛 花 期：2月下旬	果面特征：光滑
嫩枝绒毛：无	花瓣颜色：淡红色	平均单果重（g）：23.00
芽鳞颜色：绿色	萼片绒毛：有	鲜出籽率（%）：30.43
芽 绒 毛：有	雌雄蕊相对高度：雄高	种皮颜色：黑色
嫩叶颜色：绿色	花柱裂位：浅裂	种仁含油率（%）：53.18
老叶颜色：深绿色	柱头裂数：3	
叶　　形：长椭圆形	子房绒毛：无	油酸含量（%）：81.10
叶缘特征：平	果熟日期：9月上旬	亚油酸含量（%）：7.50
叶尖形状：钝尖	果　　形：卵球形	亚麻酸含量（%）：0.40
叶基形状：楔形	果皮颜色：黄色	硬脂酸含量（%）：1.70
平均叶长（cm）：6.00	平均叶宽（cm）：2.20	棕榈酸含量（%）：9.00

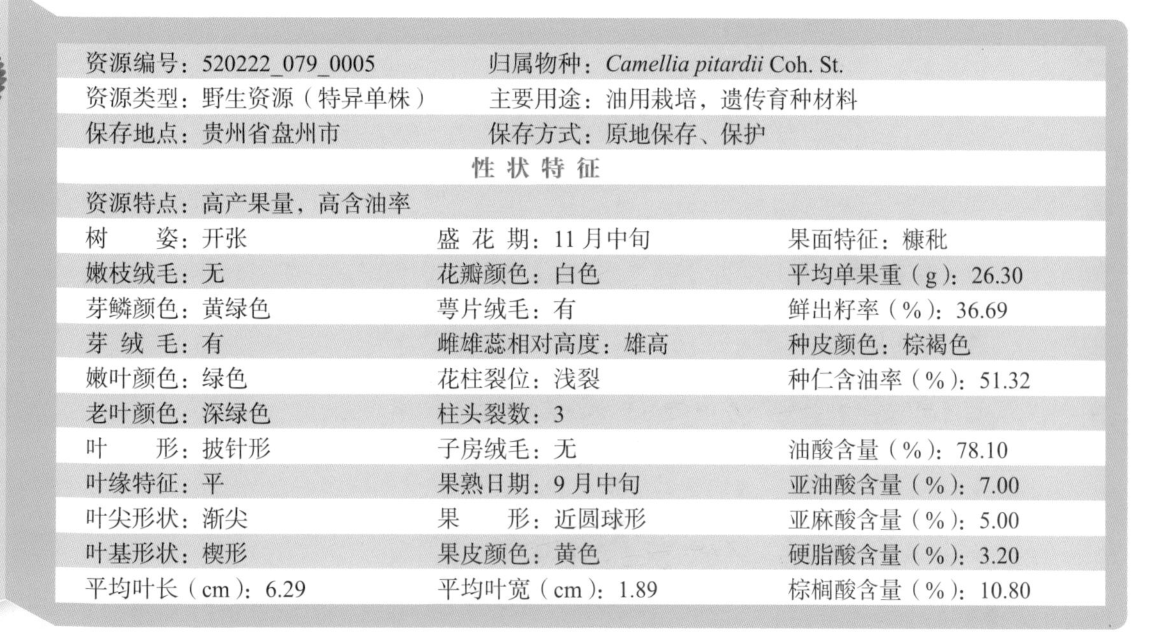

711 西南红山茶-柏果选3号

资源编号：520222_079_0005	归属物种：*Camellia pitardii* Coh. St.	
资源类型：野生资源（特异单株）	主要用途：油用栽培，遗传育种材料	
保存地点：贵州省盘州市	保存方式：原地保存、保护	
	性 状 特 征	
资源特点：高产果量，高含油率		
树　　姿：开张	盛 花 期：11月中旬	果面特征：糠秕
嫩枝绒毛：无	花瓣颜色：白色	平均单果重（g）：26.30
芽鳞颜色：黄绿色	萼片绒毛：有	鲜出籽率（%）：36.69
芽 绒 毛：有	雌雄蕊相对高度：雄高	种皮颜色：棕褐色
嫩叶颜色：绿色	花柱裂位：浅裂	种仁含油率（%）：51.32
老叶颜色：深绿色	柱头裂数：3	
叶　　形：披针形	子房绒毛：无	油酸含量（%）：78.10
叶缘特征：平	果熟日期：9月中旬	亚油酸含量（%）：7.00
叶尖形状：渐尖	果　　形：近圆球形	亚麻酸含量（%）：5.00
叶基形状：楔形	果皮颜色：黄色	硬脂酸含量（%）：3.20
平均叶长（cm）：6.29	平均叶宽（cm）：1.89	棕榈酸含量（%）：10.80

712 西南红山茶-柏果选5号

资源编号：520222_079_0007	归属物种：*Camellia pitardii* Coh. St.	
资源类型：野生资源（特异单株）	主要用途：油用栽培，遗传育种材料	
保存地点：贵州省盘州市	保存方式：原地保存、保护	
	性 状 特 征	
资源特点：高产果量，高含油率		
树　　姿：半开张	盛 花 期：2月中下旬	果面特征：糠秕
嫩枝绒毛：无	花瓣颜色：粉红色	平均单果重（g）：24.07
芽鳞颜色：绿色	萼片绒毛：无	鲜出籽率（%）：30.95
芽 绒 毛：有	雌雄蕊相对高度：雄高	种皮颜色：黑色
嫩叶颜色：绿色	花柱裂位：浅裂	种仁含油率（%）：53.45
老叶颜色：深绿色	柱头裂数：3	
叶　　形：长椭圆形	子房绒毛：无	油酸含量（%）：79.00
叶缘特征：平	果熟日期：9月中旬	亚油酸含量（%）：7.10
叶尖形状：渐尖	果　　形：近圆球形	亚麻酸含量（%）：0.40
叶基形状：楔形	果皮颜色：红色	硬脂酸含量（%）：2.30
平均叶长（cm）：6.92	平均叶宽（cm）：1.83	棕榈酸含量（%）：10.80

713 西南红山茶-柏果选55号

资源编号：520222_079_0044	归属物种：*Camellia pitardii* Coh. St.	
资源类型：野生资源（特异单株）	主要用途：油用栽培，遗传育种材料	
保存地点：贵州省盘州市	保存方式：原地保存、保护	
	性 状 特 征	
资源特点：高产果量，高含油率		
树　　姿：半开张	盛 花 期：2月中下旬	果面特征：光滑
嫩枝绒毛：无	花瓣颜色：粉红色	平均单果重（g）：26.24
芽鳞颜色：绿色	萼片绒毛：无	鲜出籽率（%）：31.10
芽 绒 毛：有	雌雄蕊相对高度：雄高	种皮颜色：黑色
嫩叶颜色：绿色	花柱裂位：浅裂	种仁含油率（%）：51.16
老叶颜色：深绿色	柱头裂数：3	
叶　　形：披针形	子房绒毛：无	油酸含量（%）：82.20
叶缘特征：平	果熟日期：9月中旬	亚油酸含量（%）：6.10
叶尖形状：渐尖	果　　形：扁圆球形	亚麻酸含量（%）：0.40
叶基形状：楔形	果皮颜色：青红色	硬脂酸含量（%）：2.60
平均叶长（cm）：7.10	平均叶宽（cm）：2.00	棕榈酸含量（%）：8.50

资源编号：520222_079_0045	归属物种：*Camellia pitardii* Coh. St.	
资源类型：野生资源（特异单株）	主要用途：油用栽培，遗传育种材料	
保存地点：贵州省盘州市	保存方式：原地保存、保护	
	性 状 特 征	
资源特点：高产果量，高含油率		
树　　姿：半开张	盛 花 期：2月中下旬	果面特征：糠秕
嫩枝绒毛：无	花瓣颜色：粉红色	平均单果重（g）：23.37
芽鳞颜色：黄绿色	萼片绒毛：无	鲜出籽率（%）：31.54
芽 绒 毛：有	雌雄蕊相对高度：雄高	种皮颜色：黑色
嫩叶颜色：绿色	花柱裂位：浅裂	种仁含油率（%）：50.14
老叶颜色：深绿色	柱头裂数：3	
叶　　形：长椭圆形	子房绒毛：无	油酸含量（%）：80.60
叶缘特征：平	果熟日期：9月中旬	亚油酸含量（%）：6.30
叶尖形状：渐尖	果　　形：扁圆球形	亚麻酸含量（%）：0.40
叶基形状：楔形	果皮颜色：青红色	硬脂酸含量（%）：2.10
平均叶长（cm）：6.80	平均叶宽（cm）：1.70	棕榈酸含量（%）：10.10

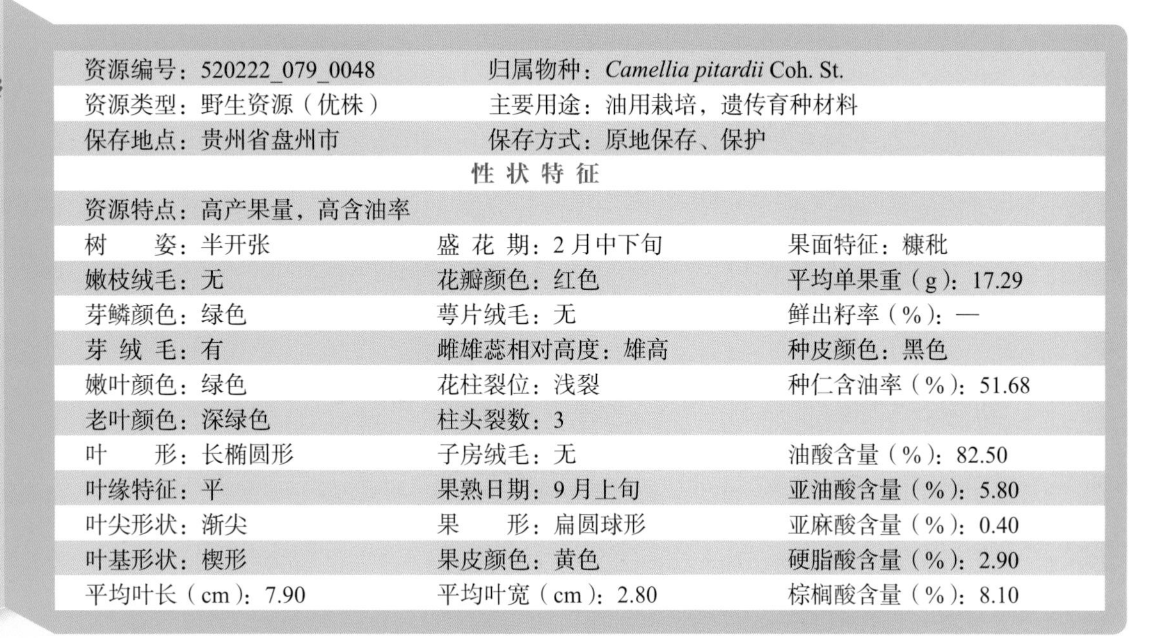

715 西南红山茶-大山选2号

资源编号：520222_079_0048	归属物种：*Camellia pitardii* Coh. St.	
资源类型：野生资源（优株）	主要用途：油用栽培，遗传育种材料	
保存地点：贵州省盘州市	保存方式：原地保存、保护	
性状特征		
资源特点：高产果量，高含油率		
树　　姿：半开张	盛 花 期：2月中下旬	果面特征：糠秕
嫩枝绒毛：无	花瓣颜色：红色	平均单果重（g）：17.29
芽鳞颜色：绿色	萼片绒毛：无	鲜出籽率（%）：—
芽 绒 毛：有	雌雄蕊相对高度：雄高	种皮颜色：黑色
嫩叶颜色：绿色	花柱裂位：浅裂	种仁含油率（%）：51.68
老叶颜色：深绿色	柱头裂数：3	
叶　　形：长椭圆形	子房绒毛：无	油酸含量（%）：82.50
叶缘特征：平	果熟日期：9月上旬	亚油酸含量（%）：5.80
叶尖形状：渐尖	果　　形：扁圆球形	亚麻酸含量（%）：0.40
叶基形状：楔形	果皮颜色：黄色	硬脂酸含量（%）：2.90
平均叶长（cm）：7.90	平均叶宽（cm）：2.80	棕榈酸含量（%）：8.10

716 西南红山茶-大山选4号

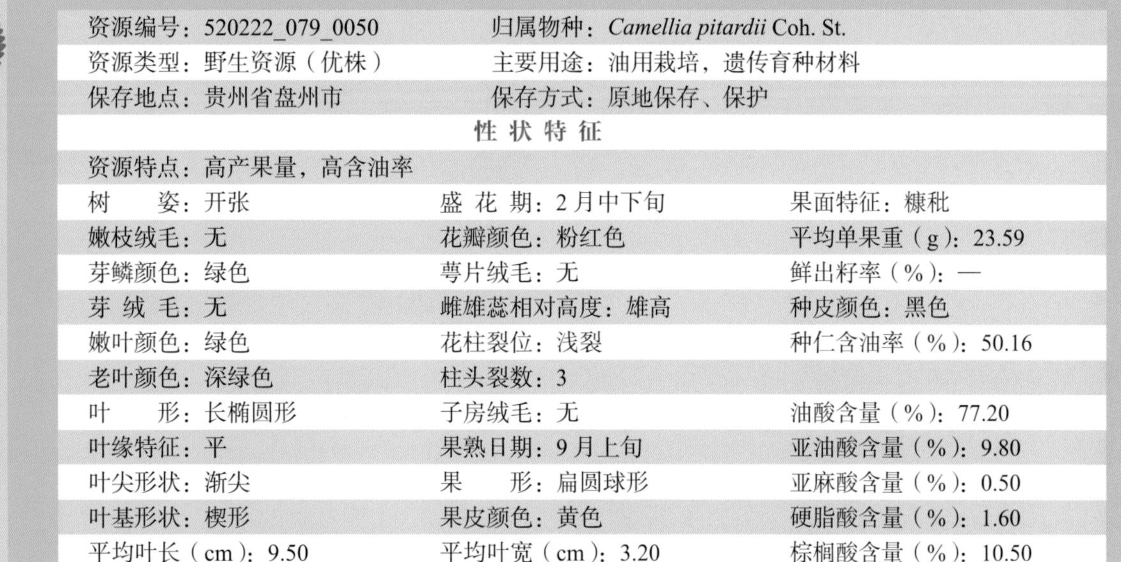

资源编号：520222_079_0050	归属物种：*Camellia pitardii* Coh. St.	
资源类型：野生资源（优株）	主要用途：油用栽培，遗传育种材料	
保存地点：贵州省盘州市	保存方式：原地保存、保护	
性状特征		
资源特点：高产果量，高含油率		
树　　姿：开张	盛 花 期：2月中下旬	果面特征：糠秕
嫩枝绒毛：无	花瓣颜色：粉红色	平均单果重（g）：23.59
芽鳞颜色：绿色	萼片绒毛：无	鲜出籽率（%）：—
芽 绒 毛：无	雌雄蕊相对高度：雄高	种皮颜色：黑色
嫩叶颜色：绿色	花柱裂位：浅裂	种仁含油率（%）：50.16
老叶颜色：深绿色	柱头裂数：3	
叶　　形：长椭圆形	子房绒毛：无	油酸含量（%）：77.20
叶缘特征：平	果熟日期：9月上旬	亚油酸含量（%）：9.80
叶尖形状：渐尖	果　　形：扁圆球形	亚麻酸含量（%）：0.50
叶基形状：楔形	果皮颜色：黄色	硬脂酸含量（%）：1.60
平均叶长（cm）：9.50	平均叶宽（cm）：3.20	棕榈酸含量（%）：10.50

717 西南红山茶-大山选9号

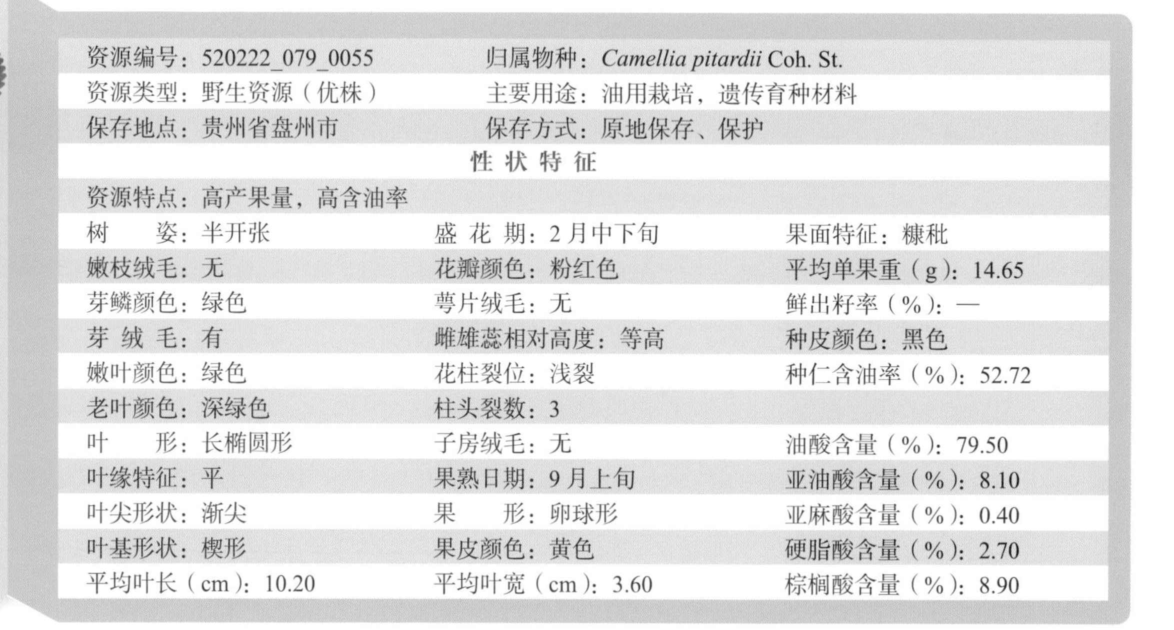

资源编号：520222_079_0055	归属物种：*Camellia pitardii* Coh. St.	
资源类型：野生资源（优株）	主要用途：油用栽培，遗传育种材料	
保存地点：贵州省盘州市	保存方式：原地保存、保护	
	性 状 特 征	
资源特点：高产果量，高含油率		
树　　姿：半开张	盛 花 期：2月中下旬	果面特征：糠秕
嫩枝绒毛：无	花瓣颜色：粉红色	平均单果重（g）：14.65
芽鳞颜色：绿色	萼片绒毛：无	鲜出籽率（%）：—
芽 绒 毛：有	雌雄蕊相对高度：等高	种皮颜色：黑色
嫩叶颜色：绿色	花柱裂位：浅裂	种仁含油率（%）：52.72
老叶颜色：深绿色	柱头裂数：3	
叶　　形：长椭圆形	子房绒毛：无	油酸含量（%）：79.50
叶缘特征：平	果熟日期：9月上旬	亚油酸含量（%）：8.10
叶尖形状：渐尖	果　　形：卵球形	亚麻酸含量（%）：0.40
叶基形状：楔形	果皮颜色：黄色	硬脂酸含量（%）：2.70
平均叶长（cm）：10.20	平均叶宽（cm）：3.60	棕榈酸含量（%）：8.90

718 西南红山茶-大山选14号

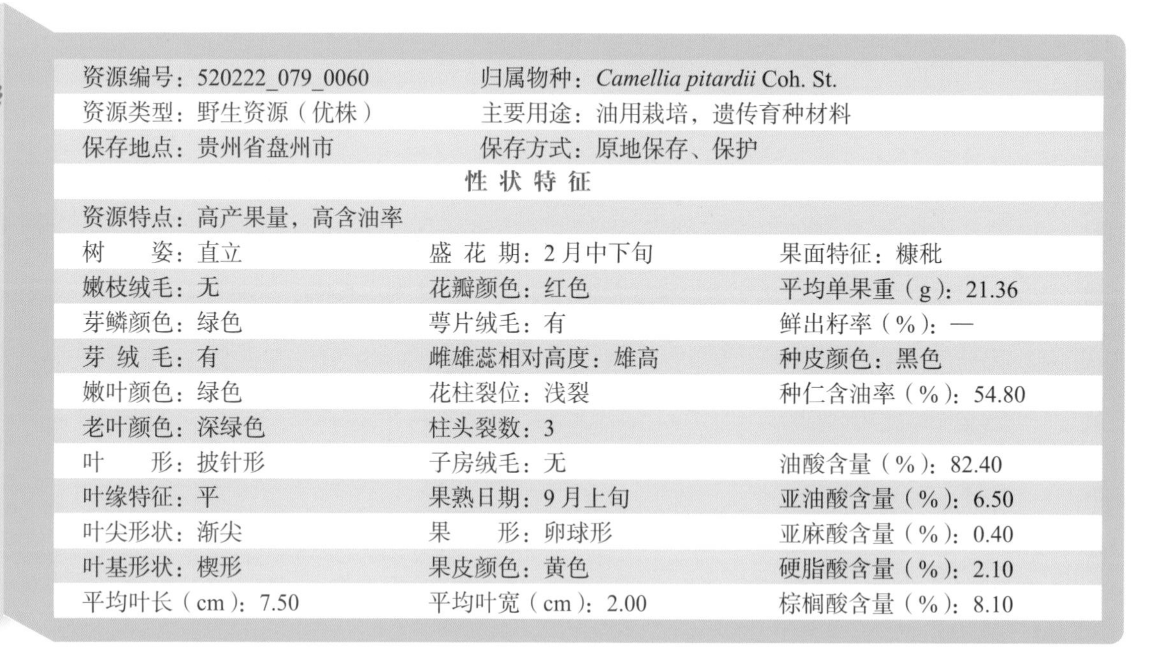

资源编号：520222_079_0060	归属物种：*Camellia pitardii* Coh. St.	
资源类型：野生资源（优株）	主要用途：油用栽培，遗传育种材料	
保存地点：贵州省盘州市	保存方式：原地保存、保护	
	性 状 特 征	
资源特点：高产果量，高含油率		
树　　姿：直立	盛 花 期：2月中下旬	果面特征：糠秕
嫩枝绒毛：无	花瓣颜色：红色	平均单果重（g）：21.36
芽鳞颜色：绿色	萼片绒毛：有	鲜出籽率（%）：—
芽 绒 毛：有	雌雄蕊相对高度：雄高	种皮颜色：黑色
嫩叶颜色：绿色	花柱裂位：浅裂	种仁含油率（%）：54.80
老叶颜色：深绿色	柱头裂数：3	
叶　　形：披针形	子房绒毛：无	油酸含量（%）：82.40
叶缘特征：平	果熟日期：9月上旬	亚油酸含量（%）：6.50
叶尖形状：渐尖	果　　形：卵球形	亚麻酸含量（%）：0.40
叶基形状：楔形	果皮颜色：黄色	硬脂酸含量（%）：2.10
平均叶长（cm）：7.50	平均叶宽（cm）：2.00	棕榈酸含量（%）：8.10

719 西南红山茶-大山选22号

资源编号：520222_079_0068	归属物种：*Camellia pitardii* Coh. St.	
资源类型：野生资源（优株）	主要用途：油用栽培，遗传育种材料	
保存地点：贵州省盘州市	保存方式：原地保存、保护	
	性 状 特 征	
资源特点：高产果量，高含油率		
树　　姿：直立	盛 花 期：2月中下旬	果面特征：糠秕
嫩枝绒毛：无	花瓣颜色：红色	平均单果重（g）：17.50
芽鳞颜色：黄绿色	萼片绒毛：无	鲜出籽率（%）：—
芽 绒 毛：有	雌雄蕊相对高度：雄高	种皮颜色：黑色
嫩叶颜色：绿色	花柱裂位：浅裂	种仁含油率（%）：50.71
老叶颜色：深绿色	柱头裂数：3	
叶　　形：长椭圆形	子房绒毛：无	油酸含量（%）：79.00
叶缘特征：平	果熟日期：9月上旬	亚油酸含量（%）：7.60
叶尖形状：渐尖	果　　形：扁圆球形	亚麻酸含量（%）：0.40
叶基形状：楔形	果皮颜色：黄色	硬脂酸含量（%）：2.50
平均叶长（cm）：8.60	平均叶宽（cm）：2.50	棕榈酸含量（%）：10.10

（8）具高产果量资源

720 西南红山茶-断江选2号

资源编号：520222_079_0002	归属物种：*Camellia pitardii* Coh. St.	
资源类型：野生资源（特异单株）	主要用途：油用栽培，遗传育种材料	
保存地点：贵州省盘州市	保存方式：原地保存、保护	
	性 状 特 征	
资源特点：高产果量		
树　　姿：半开张	盛 花 期：2月中旬	果面特征：糠秕
嫩枝绒毛：无	花瓣颜色：淡红色	平均单果重（g）：22.50
芽鳞颜色：绿色	萼片绒毛：有	鲜出籽率（%）：28.44
芽 绒 毛：有	雌雄蕊相对高度：雄高	种皮颜色：黑色
嫩叶颜色：绿色	花柱裂位：浅裂	种仁含油率（%）：39.90
老叶颜色：深绿色	柱头裂数：3	
叶　　形：长椭圆形	子房绒毛：无	油酸含量（%）：78.10
叶缘特征：平	果熟日期：9月中旬	亚油酸含量（%）：7.70
叶尖形状：渐尖	果　　形：卵球形	亚麻酸含量（%）：0.50
叶基形状：楔形	果皮颜色：青红色	硬脂酸含量（%）：2.70
平均叶长（cm）：5.60	平均叶宽（cm）：1.80	棕榈酸含量（%）：10.30

721 西南红山茶-柏果选1号

资源编号：520222_079_0003	归属物种：*Camellia pitardii* Coh. St.	
资源类型：野生资源（特异单株）	主要用途：油用栽培，遗传育种材料	
保存地点：贵州省盘州市	保存方式：原地保存、保护	
	性状特征	
资源特点：高产果量		
树　　姿：直立	盛 花 期：2月中下旬	果面特征：糠秕
嫩枝绒毛：无	花瓣颜色：粉红色	平均单果重（g）：23.77
芽鳞颜色：黄绿色	萼片绒毛：无	鲜出籽率（%）：32.10
芽 绒 毛：有	雌雄蕊相对高度：等高	种皮颜色：黑色
嫩叶颜色：绿色	花柱裂位：浅裂	种仁含油率（%）：43.80
老叶颜色：深绿色	柱头裂数：3	
叶　　形：长椭圆形	子房绒毛：无	油酸含量（%）：79.60
叶缘特征：平	果熟日期：9月中旬	亚油酸含量（%）：6.90
叶尖形状：渐尖	果　　形：近圆球形	亚麻酸含量（%）：0.50
叶基形状：楔形	果皮颜色：青红色	硬脂酸含量（%）：2.40
平均叶长（cm）：6.00	平均叶宽（cm）：1.61	棕榈酸含量（%）：10.20

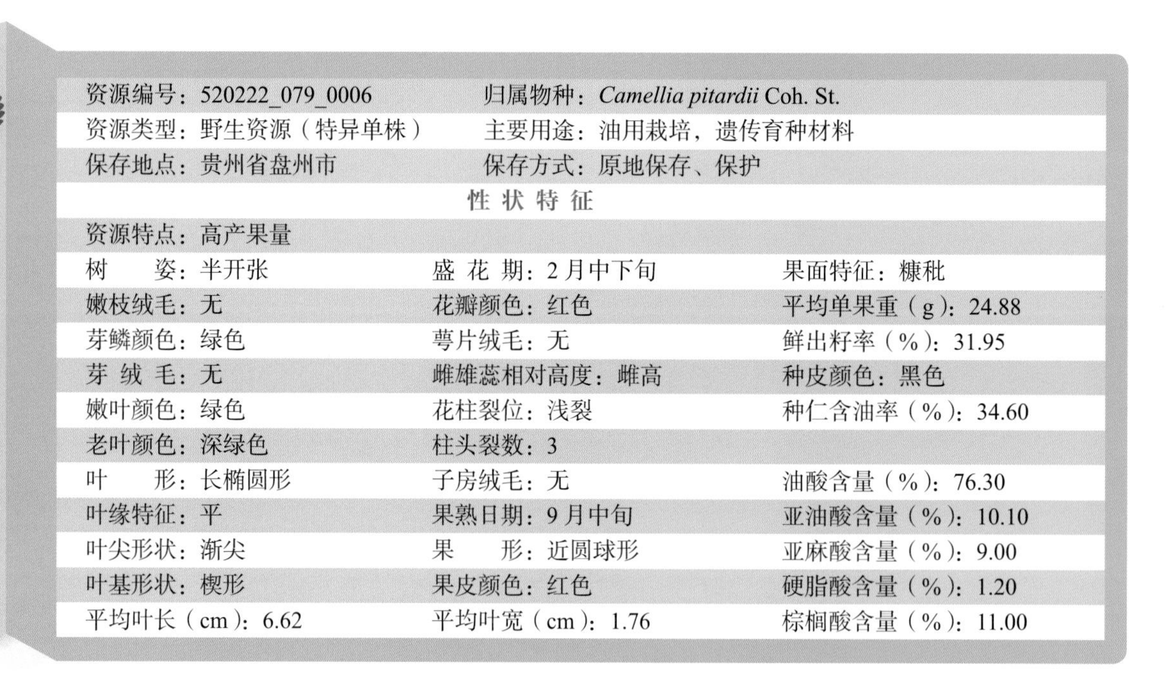

资源编号：520222_079_0006	归属物种：*Camellia pitardii* Coh. St.	
资源类型：野生资源（特异单株）	主要用途：油用栽培，遗传育种材料	
保存地点：贵州省盘州市	保存方式：原地保存、保护	
	性状特征	
资源特点：高产果量		
树　　姿：半开张	盛 花 期：2月中下旬	果面特征：糠秕
嫩枝绒毛：无	花瓣颜色：红色	平均单果重（g）：24.88
芽鳞颜色：绿色	萼片绒毛：无	鲜出籽率（%）：31.95
芽 绒 毛：无	雌雄蕊相对高度：雌高	种皮颜色：黑色
嫩叶颜色：绿色	花柱裂位：浅裂	种仁含油率（%）：34.60
老叶颜色：深绿色	柱头裂数：3	
叶　　形：长椭圆形	子房绒毛：无	油酸含量（%）：76.30
叶缘特征：平	果熟日期：9月中旬	亚油酸含量（%）：10.10
叶尖形状：渐尖	果　　形：近圆球形	亚麻酸含量（%）：9.00
叶基形状：楔形	果皮颜色：红色	硬脂酸含量（%）：1.20
平均叶长（cm）：6.62	平均叶宽（cm）：1.76	棕榈酸含量（%）：11.00

723 西南红山茶-柏果选12号

资源编号：520222_079_0010	归属物种：*Camellia pitardii* Coh. St.	
资源类型：野生资源（特异单株）	主要用途：油用栽培，遗传育种材料	
保存地点：贵州省盘州市	保存方式：原地保存、保护	
性状特征		
资源特点：高产果量		
树　　姿：半开张	盛 花 期：2月中旬	果面特征：糠秕
嫩枝绒毛：无	花瓣颜色：淡红色	平均单果重（g）：28.87
芽鳞颜色：绿色	萼片绒毛：有	鲜出籽率（%）：28.51
芽 绒 毛：有	雌雄蕊相对高度：雄高	种皮颜色：黑色
嫩叶颜色：绿色	花柱裂位：浅裂	种仁含油率（%）：45.10
老叶颜色：深绿色	柱头裂数：3	
叶　　形：长椭圆形	子房绒毛：无	油酸含量（%）：79.00
叶缘特征：平	果熟日期：9月中旬	亚油酸含量（%）：8.20
叶尖形状：渐尖	果　　形：近圆球形	亚麻酸含量（%）：0.50
叶基形状：楔形	果皮颜色：黄色	硬脂酸含量（%）：2.00
平均叶长（cm）：7.06	平均叶宽（cm）：2.02	棕榈酸含量（%）：9.90

724 西南红山茶-柏果选13号

资源编号：520222_079_0011	归属物种：*Camellia pitardii* Coh. St.	
资源类型：野生资源（特异单株）	主要用途：油用栽培，遗传育种材料	
保存地点：贵州省盘州市	保存方式：原地保存、保护	
性状特征		
资源特点：高产果量		
树　　姿：开张	盛 花 期：2月中下旬	果面特征：光滑
嫩枝绒毛：无	花瓣颜色：粉红色	平均单果重（g）：26.81
芽鳞颜色：绿色	萼片绒毛：无	鲜出籽率（%）：36.85
芽 绒 毛：有	雌雄蕊相对高度：雌高	种皮颜色：黑色
嫩叶颜色：绿色	花柱裂位：浅裂	种仁含油率（%）：32.20
老叶颜色：深绿色	柱头裂数：3	
叶　　形：长椭圆形	子房绒毛：无	油酸含量（%）：76.60
叶缘特征：平	果熟日期：9月中旬	亚油酸含量（%）：9.70
叶尖形状：渐尖	果　　形：近圆球形	亚麻酸含量（%）：8.00
叶基形状：楔形	果皮颜色：黄色	硬脂酸含量（%）：1.50
平均叶长（cm）：6.82	平均叶宽（cm）：1.88	棕榈酸含量（%）：11.00

725 西南红山茶-柏果选17号

资源编号：520222_079_0014	归属物种：*Camellia pitardii* Coh. St.	
资源类型：野生资源（特异单株）	主要用途：油用栽培，遗传育种材料	
保存地点：贵州省盘州市	保存方式：原地保存、保护	
	性 状 特 征	
资源特点：高产果量		
树　　姿：开张	盛 花 期：10月下旬	果面特征：糠秕
嫩枝绒毛：无	花瓣颜色：淡红色	平均单果重（g）：24.74
芽鳞颜色：绿色	萼片绒毛：有	鲜出籽率（%）：38.44
芽 绒 毛：有	雌雄蕊相对高度：等高	种皮颜色：黑色
嫩叶颜色：红色	花柱裂位：浅裂	种仁含油率（%）：44.50
老叶颜色：深绿色	柱头裂数：3	
叶　　形：长椭圆形	子房绒毛：无	油酸含量（%）：79.60
叶缘特征：平	果熟日期：9月中旬	亚油酸含量（%）：7.90
叶尖形状：渐尖	果　　形：扁圆球形	亚麻酸含量（%）：5.00
叶基形状：楔形	果皮颜色：青红色	硬脂酸含量（%）：2.40
平均叶长（cm）：6.60	平均叶宽（cm）：1.73	棕榈酸含量（%）：9.20

726 西南红山茶-柏果选29号

资源编号：520222_079_0022	归属物种：*Camellia pitardii* Coh. St.	
资源类型：野生资源（特异单株）	主要用途：油用栽培，遗传育种材料	
保存地点：贵州省盘州市	保存方式：原地保存、保护	
	性 状 特 征	
资源特点：高产果量		
树　　姿：半开张	盛 花 期：2月中下旬	果面特征：光滑
嫩枝绒毛：无	花瓣颜色：粉红色	平均单果重（g）：29.41
芽鳞颜色：绿色	萼片绒毛：无	鲜出籽率（%）：32.95
芽 绒 毛：有	雌雄蕊相对高度：雄高	种皮颜色：黑色
嫩叶颜色：绿色	花柱裂位：浅裂	种仁含油率（%）：40.60
老叶颜色：深绿色	柱头裂数：3	
叶　　形：长椭圆形	子房绒毛：无	油酸含量（%）：77.10
叶缘特征：平	果熟日期：9月中旬	亚油酸含量（%）：8.70
叶尖形状：渐尖	果　　形：卵球形	亚麻酸含量（%）：0.50
叶基形状：楔形	果皮颜色：青红色	硬脂酸含量（%）：2.10
平均叶长（cm）：6.95	平均叶宽（cm）：1.99	棕榈酸含量（%）：11.20

727 西南红山茶-柏果选30号

资源编号：520222_079_0023	归属物种：*Camellia pitardii* Coh. St.	
资源类型：野生资源（特异单株）	主要用途：油用栽培，遗传育种材料	
保存地点：贵州省盘州市	保存方式：原地保存、保护	
	性状特征	
资源特点：高产果量		
树　　姿：半开张	盛 花 期：11月中旬	果面特征：光滑
嫩枝绒毛：无	花瓣颜色：白色	平均单果重（g）：24.11
芽鳞颜色：绿色	萼片绒毛：有	鲜出籽率（%）：36.29
芽 绒 毛：有	雌雄蕊相对高度：雄高	种皮颜色：黑色
嫩叶颜色：绿色	花柱裂位：浅裂	种仁含油率（%）：49.99
老叶颜色：深绿色	柱头裂数：3	
叶　　形：长椭圆形	子房绒毛：无	油酸含量（%）：80.80
叶缘特征：平	果熟日期：9月中旬	亚油酸含量（%）：6.50
叶尖形状：渐尖	果　　形：近圆球形	亚麻酸含量（%）：0.40
叶基形状：楔形	果皮颜色：红色	硬脂酸含量（%）：2.30
平均叶长（cm）：6.74	平均叶宽（cm）：1.79	棕榈酸含量（%）：9.60

资源编号：520222_079_0024	归属物种：*Camellia pitardii* Coh. St.	
资源类型：野生资源（特异单株）	主要用途：油用栽培，遗传育种材料	
保存地点：贵州省盘州市	保存方式：原地保存、保护	
	性状特征	
资源特点：高产果量		
树　　姿：半开张	盛 花 期：2月中旬	果面特征：糠秕
嫩枝绒毛：无	花瓣颜色：淡红色	平均单果重（g）：27.63
芽鳞颜色：绿色	萼片绒毛：有	鲜出籽率（%）：27.65
芽 绒 毛：有	雌雄蕊相对高度：等高	种皮颜色：黑色
嫩叶颜色：绿色	花柱裂位：浅裂	种仁含油率（%）：47.50
老叶颜色：深绿色	柱头裂数：3	
叶　　形：长椭圆形	子房绒毛：无	油酸含量（%）：79.90
叶缘特征：平	果熟日期：9月中旬	亚油酸含量（%）：7.00
叶尖形状：渐尖	果　　形：扁圆球形	亚麻酸含量（%）：0.40
叶基形状：楔形	果皮颜色：红色	硬脂酸含量（%）：2.70
平均叶长（cm）：6.74	平均叶宽（cm）：1.79	棕榈酸含量（%）：9.60

729 西南红山茶-柏果选38号

资源编号：520222_079_0029	归属物种：*Camellia pitardii* Coh. St.	
资源类型：野生资源（特异单株）	主要用途：油用栽培，遗传育种材料	
保存地点：贵州省盘州市	保存方式：原地保存、保护	
	性状特征	
资源特点：高产果量		
树　　姿：半开张	盛花期：2月中下旬	果面特征：糠秕
嫩枝绒毛：无	花瓣颜色：粉红色	平均单果重（g）：26.17
芽鳞颜色：绿色	萼片绒毛：无	鲜出籽率（%）：35.84
芽绒毛：有	雌雄蕊相对高度：雌高	种皮颜色：黑色
嫩叶颜色：绿色	花柱裂位：浅裂	种仁含油率（%）：48.20
老叶颜色：深绿色	柱头裂数：3	
叶　　形：长椭圆形	子房绒毛：无	油酸含量（%）：79.80
叶缘特征：平	果熟日期：9月中旬	亚油酸含量（%）：7.60
叶尖形状：渐尖	果　　形：近圆球形	亚麻酸含量（%）：0.40
叶基形状：楔形	果皮颜色：青红色	硬脂酸含量（%）：1.70
平均叶长（cm）：6.84	平均叶宽（cm）：1.84	棕榈酸含量（%）：10.10

730 西南红山茶-柏果选45号

资源编号：520222_079_0035	归属物种：*Camellia pitardii* Coh. St.	
资源类型：野生资源（特异单株）	主要用途：油用栽培，遗传育种材料	
保存地点：贵州省盘州市	保存方式：原地保存、保护	
	性状特征	
资源特点：高产果量		
树　　姿：半开张	盛花期：2月中下旬	果面特征：糠秕
嫩枝绒毛：无	花瓣颜色：红色	平均单果重（g）：23.01
芽鳞颜色：黄绿色	萼片绒毛：无	鲜出籽率（%）：28.81
芽绒毛：有	雌雄蕊相对高度：雄高	种皮颜色：棕褐色
嫩叶颜色：绿色	花柱裂位：浅裂	种仁含油率（%）：49.80
老叶颜色：深绿色	柱头裂数：3	
叶　　形：长椭圆形	子房绒毛：无	油酸含量（%）：77.00
叶缘特征：平	果熟日期：9月中旬	亚油酸含量（%）：9.30
叶尖形状：渐尖	果　　形：卵球形	亚麻酸含量（%）：0.40
叶基形状：楔形	果皮颜色：青色	硬脂酸含量（%）：2.00
平均叶长（cm）：6.85	平均叶宽（cm）：1.89	棕榈酸含量（%）：10.90

731

西南红山茶-柏果选48号

资源编号：520222_079_0037	归属物种：*Camellia pitardii* Coh. St.	
资源类型：野生资源（特异单株）	主要用途：油用栽培，遗传育种材料	
保存地点：贵州省盘州市	保存方式：原地保存、保护	
	性 状 特 征	
资源特点：高产果量		
树　　姿：半开张	盛 花 期：2月中下旬	果面特征：光滑
嫩枝绒毛：无	花瓣颜色：粉红色	平均单果重（g）：28.18
芽鳞颜色：黄绿色	萼片绒毛：无	鲜出籽率（%）：34.28
芽 绒 毛：有	雌雄蕊相对高度：雄高	种皮颜色：黑色
嫩叶颜色：绿色	花柱裂位：浅裂	种仁含油率（%）：45.60
老叶颜色：深绿色	柱头裂数：3	
叶　　形：长椭圆形	子房绒毛：无	油酸含量（%）：81.50
叶缘特征：平	果熟日期：9月中旬	亚油酸含量（%）：6.80
叶尖形状：渐尖	果　　形：近圆球形	亚麻酸含量（%）：0.40
叶基形状：楔形	果皮颜色：青红色	硬脂酸含量（%）：1.80
平均叶长（cm）：6.80	平均叶宽（cm）：1.70	棕榈酸含量（%）：9.10

资源编号：520222_079_0040	归属物种：*Camellia pitardii* Coh. St.	
资源类型：野生资源（特异单株）	主要用途：油用栽培，遗传育种材料	
保存地点：贵州省盘州市	保存方式：原地保存、保护	
	性 状 特 征	
资源特点：高产果量		
树　　姿：半开张	盛 花 期：2月中下旬	果面特征：光滑
嫩枝绒毛：无	花瓣颜色：粉红色	平均单果重（g）：27.85
芽鳞颜色：绿色	萼片绒毛：无	鲜出籽率（%）：30.66
芽 绒 毛：有	雌雄蕊相对高度：等高	种皮颜色：黑色
嫩叶颜色：绿色	花柱裂位：浅裂	种仁含油率（%）：43.60
老叶颜色：深绿色	柱头裂数：3	
叶　　形：长椭圆形	子房绒毛：无	油酸含量（%）：79.90
叶缘特征：平	果熟日期：9月中旬	亚油酸含量（%）：7.40
叶尖形状：渐尖	果　　形：卵球形	亚麻酸含量（%）：0.40
叶基形状：楔形	果皮颜色：黄色	硬脂酸含量（%）：1.90
平均叶长（cm）：6.60	平均叶宽（cm）：1.70	棕榈酸含量（%）：10.10

733 西南红山茶-柏果选54号

资源编号：520222_079_0043	归属物种：*Camellia pitardii* Coh. St.	
资源类型：野生资源（特异单株）	主要用途：油用栽培，遗传育种材料	
保存地点：贵州省盘州市	保存方式：原地保存、保护	
	性 状 特 征	
资源特点：高产果量		
树　　姿：半开张	盛 花 期：2月中下旬	果面特征：糠秕
嫩枝绒毛：无	花瓣颜色：粉红色	平均单果重（g）：29.27
芽鳞颜色：黄绿色	萼片绒毛：无	鲜出籽率（%）：32.35
芽 绒 毛：有	雌雄蕊相对高度：雌高	种皮颜色：黑色
嫩叶颜色：绿色	花柱裂位：浅裂	种仁含油率（%）：47.60
老叶颜色：深绿色	柱头裂数：3	
叶　　形：长椭圆形	子房绒毛：无	油酸含量（%）：77.90
叶缘特征：平	果熟日期：9月中旬	亚油酸含量（%）：8.00
叶尖形状：渐尖	果　　形：扁圆球形	亚麻酸含量（%）：0.50
叶基形状：楔形	果皮颜色：青红色	硬脂酸含量（%）：1.90
平均叶长（cm）：6.80	平均叶宽（cm）：1.70	棕榈酸含量（%）：11.20

734

资源编号：520222_079_0046	归属物种：*Camellia pitardii* Coh. St.	
资源类型：野生资源（特异单株）	主要用途：油用栽培，遗传育种材料	
保存地点：贵州省盘州市	保存方式：原地保存、保护	
	性 状 特 征	
资源特点：高产果量		
树　　姿：半开张	盛 花 期：11月中旬	果面特征：糠秕
嫩枝绒毛：无	花瓣颜色：白色	平均单果重（g）：27.44
芽鳞颜色：绿色	萼片绒毛：有	鲜出籽率（%）：36.48
芽 绒 毛：有	雌雄蕊相对高度：雄高	种皮颜色：黑色
嫩叶颜色：绿色	花柱裂位：浅裂	种仁含油率（%）：33.30
老叶颜色：深绿色	柱头裂数：3	
叶　　形：长椭圆形	子房绒毛：无	油酸含量（%）：74.50
叶缘特征：平	果熟日期：9月中旬	亚油酸含量（%）：11.80
叶尖形状：渐尖	果　　形：扁圆球形	亚麻酸含量（%）：0.70
叶基形状：楔形	果皮颜色：黄色	硬脂酸含量（%）：1.50
平均叶长（cm）：7.00	平均叶宽（cm）：2.00	棕榈酸含量（%）：11.00

735 西南红山茶-大山选1号

资源编号：520222_079_0047	归属物种：*Camellia pitardii* Coh. St.	
资源类型：野生资源（优株）	主要用途：油用栽培，遗传育种材料	
保存地点：贵州省盘州市	保存方式：原地保存、保护	
	性状特征	
资源特点：高产果量		
树　　姿：半开张	盛 花 期：2月中旬	果面特征：糠秕
嫩枝绒毛：无	花瓣颜色：粉红色	平均单果重（g）：26.97
芽鳞颜色：黄绿色	萼片绒毛：有	鲜出籽率（%）：—
芽 绒 毛：有	雌雄蕊相对高度：雌高	种皮颜色：黑色
嫩叶颜色：绿色	花柱裂位：浅裂	种仁含油率（%）：46.4
老叶颜色：深绿色	柱头裂数：3	
叶　　形：长椭圆形	子房绒毛：无	油酸含量（%）：77.30
叶缘特征：平	果熟日期：9月上旬	亚油酸含量（%）：9.80
叶尖形状：渐尖	果　　形：扁圆球形	亚麻酸含量（%）：0.50
叶基形状：楔形	果皮颜色：黄色	硬脂酸含量（%）：2.00
平均叶长（cm）：8.50	平均叶宽（cm）：3.10	棕榈酸含量（%）：10.00

736 西南红山茶-大山选3号

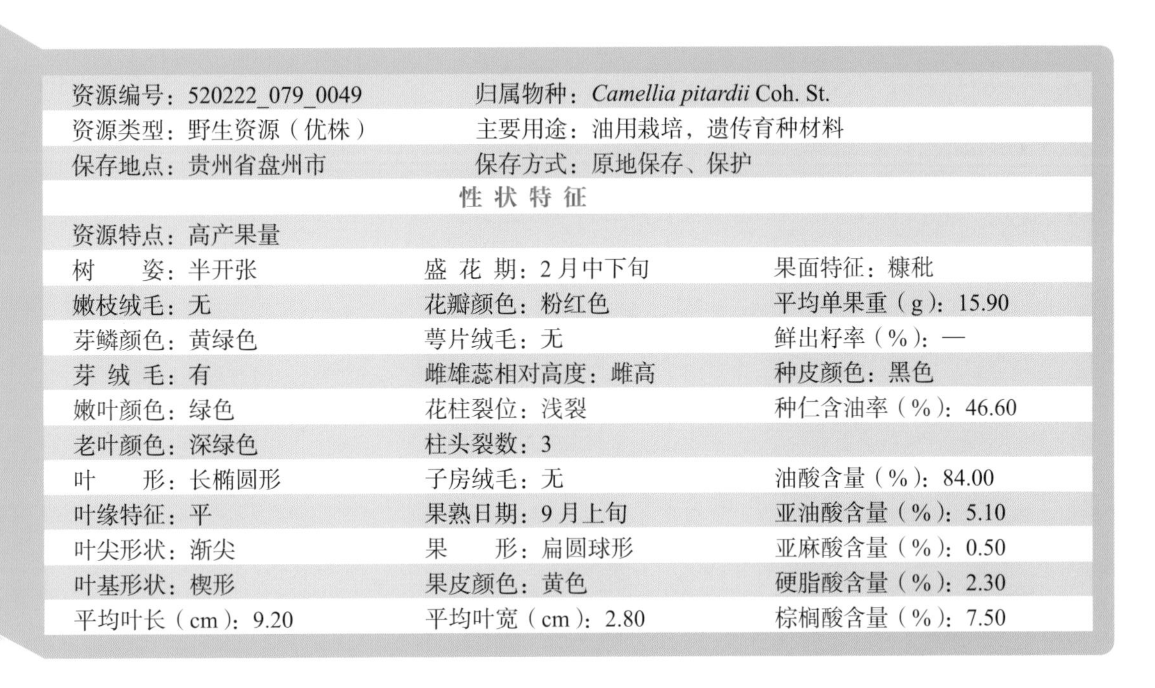

资源编号：520222_079_0049	归属物种：*Camellia pitardii* Coh. St.	
资源类型：野生资源（优株）	主要用途：油用栽培，遗传育种材料	
保存地点：贵州省盘州市	保存方式：原地保存、保护	
	性状特征	
资源特点：高产果量		
树　　姿：半开张	盛 花 期：2月中下旬	果面特征：糠秕
嫩枝绒毛：无	花瓣颜色：粉红色	平均单果重（g）：15.90
芽鳞颜色：黄绿色	萼片绒毛：无	鲜出籽率（%）：—
芽 绒 毛：有	雌雄蕊相对高度：雌高	种皮颜色：黑色
嫩叶颜色：绿色	花柱裂位：浅裂	种仁含油率（%）：46.60
老叶颜色：深绿色	柱头裂数：3	
叶　　形：长椭圆形	子房绒毛：无	油酸含量（%）：84.00
叶缘特征：平	果熟日期：9月上旬	亚油酸含量（%）：5.10
叶尖形状：渐尖	果　　形：扁圆球形	亚麻酸含量（%）：0.50
叶基形状：楔形	果皮颜色：黄色	硬脂酸含量（%）：2.30
平均叶长（cm）：9.20	平均叶宽（cm）：2.80	棕榈酸含量（%）：7.50

737 西南红山茶-大山选5号

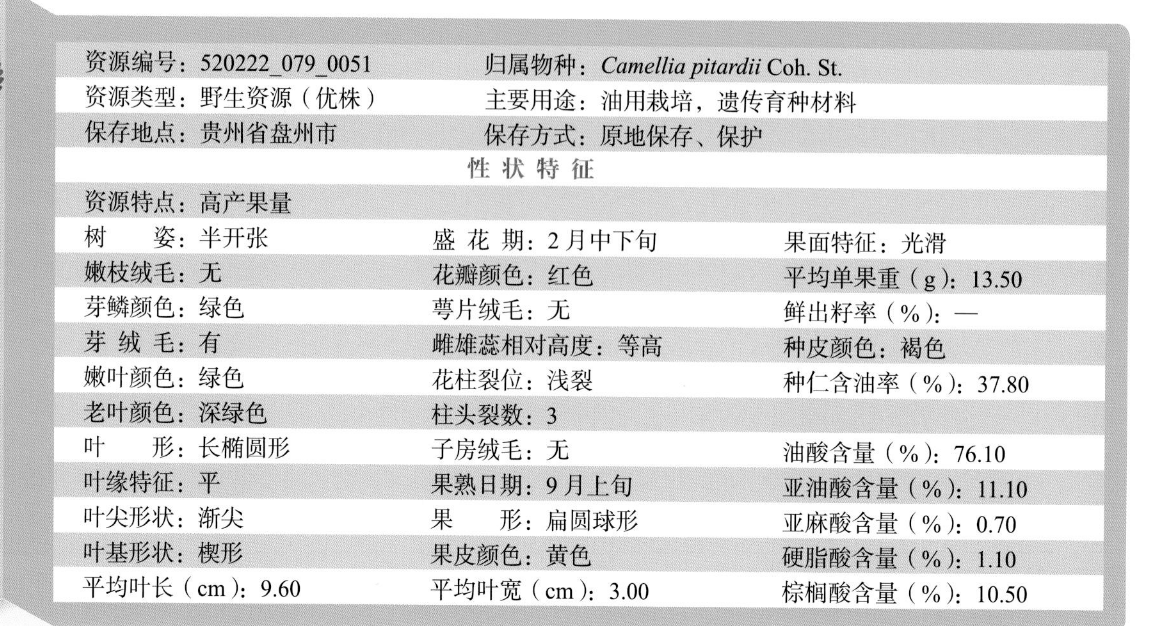

资源编号：520222_079_0051	归属物种：*Camellia pitardii* Coh. St.	
资源类型：野生资源（优株）	主要用途：油用栽培，遗传育种材料	
保存地点：贵州省盘州市	保存方式：原地保存、保护	
	性 状 特 征	
资源特点：高产果量		
树　　姿：半开张	盛 花 期：2月中下旬	果面特征：光滑
嫩枝绒毛：无	花瓣颜色：红色	平均单果重（g）：13.50
芽鳞颜色：绿色	萼片绒毛：无	鲜出籽率（%）：—
芽 绒 毛：有	雌雄蕊相对高度：等高	种皮颜色：褐色
嫩叶颜色：绿色	花柱裂位：浅裂	种仁含油率（%）：37.80
老叶颜色：深绿色	柱头裂数：3	
叶　　形：长椭圆形	子房绒毛：无	油酸含量（%）：76.10
叶缘特征：平	果熟日期：9月上旬	亚油酸含量（%）：11.10
叶尖形状：渐尖	果　　形：扁圆球形	亚麻酸含量（%）：0.70
叶基形状：楔形	果皮颜色：黄色	硬脂酸含量（%）：1.10
平均叶长（cm）：9.60	平均叶宽（cm）：3.00	棕榈酸含量（%）：10.50

738 西南红山茶-大山选6号

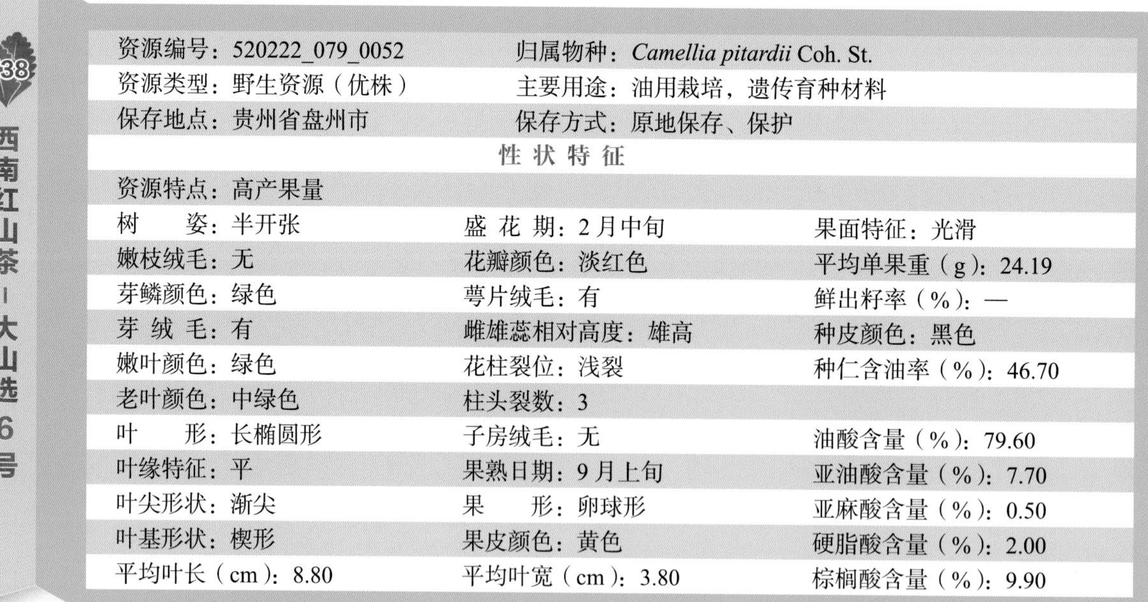

资源编号：520222_079_0052	归属物种：*Camellia pitardii* Coh. St.	
资源类型：野生资源（优株）	主要用途：油用栽培，遗传育种材料	
保存地点：贵州省盘州市	保存方式：原地保存、保护	
	性 状 特 征	
资源特点：高产果量		
树　　姿：半开张	盛 花 期：2月中旬	果面特征：光滑
嫩枝绒毛：无	花瓣颜色：淡红色	平均单果重（g）：24.19
芽鳞颜色：绿色	萼片绒毛：有	鲜出籽率（%）：—
芽 绒 毛：有	雌雄蕊相对高度：雄高	种皮颜色：黑色
嫩叶颜色：绿色	花柱裂位：浅裂	种仁含油率（%）：46.70
老叶颜色：中绿色	柱头裂数：3	
叶　　形：长椭圆形	子房绒毛：无	油酸含量（%）：79.60
叶缘特征：平	果熟日期：9月上旬	亚油酸含量（%）：7.70
叶尖形状：渐尖	果　　形：卵球形	亚麻酸含量（%）：0.50
叶基形状：楔形	果皮颜色：黄色	硬脂酸含量（%）：2.00
平均叶长（cm）：8.80	平均叶宽（cm）：3.80	棕榈酸含量（%）：9.90

739 西南红山茶-大山选7号

资源编号：520222_079_0053	归属物种：*Camellia pitardii* Coh. St.	
资源类型：野生资源（优株）	主要用途：油用栽培，遗传育种材料	
保存地点：贵州省盘州市	保存方式：原地保存、保护	
	性状特征	
资源特点：高产果量		
树　　姿：开张	盛 花 期：2月中下旬	果面特征：糠秕
嫩枝绒毛：无	花瓣颜色：粉红色	平均单果重（g）：19.07
芽鳞颜色：绿色	萼片绒毛：无	鲜出籽率（%）：—
芽 绒 毛：有	雌雄蕊相对高度：雌高	种皮颜色：黑色
嫩叶颜色：绿色	花柱裂位：浅裂	种仁含油率（%）：48.30
老叶颜色：深绿色	柱头裂数：3	
叶　　形：长椭圆形	子房绒毛：无	油酸含量（%）：78.80
叶缘特征：平	果熟日期：9月上旬	亚油酸含量（%）：7.90
叶尖形状：渐尖	果　　形：扁圆球形	亚麻酸含量（%）：0.50
叶基形状：楔形	果皮颜色：黄色	硬脂酸含量（%）：1.90
平均叶长（cm）：9.80	平均叶宽（cm）：3.50	棕榈酸含量（%）：10.60

资源编号：520222_079_0054	归属物种：*Camellia pitardii* Coh. St.	
资源类型：野生资源（优株）	主要用途：油用栽培，遗传育种材料	
保存地点：贵州省盘州市	保存方式：原地保存、保护	
	性状特征	
资源特点：高产果量		
树　　姿：半开张	盛 花 期：2月中下旬	果面特征：糠秕
嫩枝绒毛：无	花瓣颜色：粉红色	平均单果重（g）：20.79
芽鳞颜色：绿色	萼片绒毛：无	鲜出籽率（%）：—
芽 绒 毛：有	雌雄蕊相对高度：雄高	种皮颜色：棕褐色
嫩叶颜色：红色	花柱裂位：浅裂	种仁含油率（%）：44.50
老叶颜色：深绿色	柱头裂数：3	
叶　　形：长椭圆形	子房绒毛：无	油酸含量（%）：75.30
叶缘特征：平	果熟日期：9月上旬	亚油酸含量（%）：11.10
叶尖形状：渐尖	果　　形：扁圆球形	亚麻酸含量（%）：0.50
叶基形状：楔形	果皮颜色：黄色	硬脂酸含量（%）：2.40
平均叶长（cm）：7.70	平均叶宽（cm）：2.20	棕榈酸含量（%）：10.30

741 西南红山茶-大山选10号

资源编号：520222_079_0056	归属物种：*Camellia pitardii* Coh. St.	
资源类型：野生资源（优株）	主要用途：油用栽培，遗传育种材料	
保存地点：贵州省盘州市	保存方式：原地保存、保护	
	性状特征	
资源特点：高产果量		
树　　姿：半开张	盛 花 期：2月中下旬	果面特征：糠秕
嫩枝绒毛：无	花瓣颜色：粉红色	平均单果重（g）：23.89
芽鳞颜色：绿色	萼片绒毛：无	鲜出籽率（%）：—
芽 绒 毛：有	雌雄蕊相对高度：雄高	种皮颜色：黑色
嫩叶颜色：绿色	花柱裂位：浅裂	种仁含油率（%）：48.80
老叶颜色：深绿色	柱头裂数：3	
叶　　形：披针形	子房绒毛：无	油酸含量（%）：78.00
叶缘特征：平	果熟日期：9月上旬	亚油酸含量（%）：7.90
叶尖形状：渐尖	果　　形：扁圆球形	亚麻酸含量（%）：0.50
叶基形状：楔形	果皮颜色：黄色	硬脂酸含量（%）：2.40
平均叶长（cm）：7.50	平均叶宽（cm）：2.20	棕榈酸含量（%）：10.70

742 西南红山茶-大山选11号

资源编号：520222_079_0057	归属物种：*Camellia pitardii* Coh. St.	
资源类型：野生资源（优株）	主要用途：油用栽培，遗传育种材料	
保存地点：贵州省盘州市	保存方式：原地保存、保护	
	性状特征	
资源特点：高产果量		
树　　姿：开张	盛 花 期：2月中下旬	果面特征：光滑
嫩枝绒毛：无	花瓣颜色：粉红色	平均单果重（g）：21.05
芽鳞颜色：黄绿色	萼片绒毛：无	鲜出籽率（%）：—
芽 绒 毛：有	雌雄蕊相对高度：雄高	种皮颜色：黑色
嫩叶颜色：绿色	花柱裂位：浅裂	种仁含油率（%）：41.00
老叶颜色：深绿色	柱头裂数：3	
叶　　形：长椭圆形	子房绒毛：无	油酸含量（%）：75.10
叶缘特征：平	果熟日期：9月上旬	亚油酸含量（%）：10.50
叶尖形状：渐尖	果　　形：扁圆球形	亚麻酸含量（%）：0.60
叶基形状：楔形	果皮颜色：黄色	硬脂酸含量（%）：2.00
平均叶长（cm）：9.50	平均叶宽（cm）：3.20	棕榈酸含量（%）：11.40

743 西南红山茶-大山选12号

资源编号：520222_079_0058	归属物种：*Camellia pitardii* Coh. St.	
资源类型：野生资源（优株）	主要用途：油用栽培，遗传育种材料	
保存地点：贵州省盘州市	保存方式：原地保存、保护	
	性状特征	
资源特点：高产果量		
树　　姿：开张	盛 花 期：2月中下旬	果面特征：糠秕
嫩枝绒毛：无	花瓣颜色：粉红色	平均单果重（g）：15.99
芽鳞颜色：绿色	萼片绒毛：无	鲜出籽率（%）：—
芽 绒 毛：有	雌雄蕊相对高度：雄高	种皮颜色：黑色
嫩叶颜色：绿色	花柱裂位：浅裂	种仁含油率（%）：44.70
老叶颜色：深绿色	柱头裂数：3	
叶　　形：长椭圆形	子房绒毛：无	油酸含量（%）：78.10
叶缘特征：平	果熟日期：9月上旬	亚油酸含量（%）：10.30
叶尖形状：渐尖	果　　形：扁圆球形	亚麻酸含量（%）：0.50
叶基形状：楔形	果皮颜色：黄色	硬脂酸含量（%）：1.70
平均叶长（cm）：7.10	平均叶宽（cm）：1.90	棕榈酸含量（%）：9.00

744 西南红山茶-大山选13号

资源编号：520222_079_0059	归属物种：*Camellia pitardii* Coh. St.	
资源类型：野生资源（优株）	主要用途：油用栽培，遗传育种材料	
保存地点：贵州省盘州市	保存方式：原地保存、保护	
	性状特征	
资源特点：高产果量		
树　　姿：半开张	盛 花 期：2月中下旬	果面特征：糠秕
嫩枝绒毛：无	花瓣颜色：粉红色	平均单果重（g）：15.77
芽鳞颜色：绿色	萼片绒毛：无	鲜出籽率（%）：—
芽 绒 毛：有	雌雄蕊相对高度：雄高	种皮颜色：棕褐色
嫩叶颜色：红色	花柱裂位：浅裂	种仁含油率（%）：47.80
老叶颜色：中绿色	柱头裂数：3	
叶　　形：长椭圆形	子房绒毛：无	油酸含量（%）：76.80
叶缘特征：平	果熟日期：9月上旬	亚油酸含量（%）：9.40
叶尖形状：渐尖	果　　形：卵球形	亚麻酸含量（%）：0.50
叶基形状：楔形	果皮颜色：黄色	硬脂酸含量（%）：2.50
平均叶长（cm）：8.20	平均叶宽（cm）：2.30	棕榈酸含量（%）：10.50

745 西南红山茶-大山选15号

资源编号：520222_079_0061	归属物种：*Camellia pitardii* Coh. St.	
资源类型：野生资源（优株）	主要用途：油用栽培，遗传育种材料	
保存地点：贵州省盘州市	保存方式：原地保存、保护	
	性状特征	
资源特点：高产果量		
树　　姿：直立	盛花期：12月中旬	果面特征：糠秕
嫩枝绒毛：无	花瓣颜色：白色	平均单果重（g）：18.01
芽鳞颜色：黄绿色	萼片绒毛：有	鲜出籽率（%）：—
芽绒毛：有	雌雄蕊相对高度：雄高	种皮颜色：黑色
嫩叶颜色：绿色	花柱裂位：浅裂	种仁含油率（%）：48.60
老叶颜色：深绿色	柱头裂数：3	
叶　　形：长椭圆形	子房绒毛：无	油酸含量（%）：79.60
叶缘特征：平	果熟日期：9月上旬	亚油酸含量（%）：8.40
叶尖形状：渐尖	果　　形：扁圆球形	亚麻酸含量（%）：0.50
叶基形状：楔形	果皮颜色：黄色	硬脂酸含量（%）：1.70
平均叶长（cm）：8.00	平均叶宽（cm）：2.20	棕榈酸含量（%）：9.40

746 西南红山茶-大山选16号

资源编号：520222_079_0062	归属物种：*Camellia pitardii* Coh. St.	
资源类型：野生资源（优株）	主要用途：油用栽培，遗传育种材料	
保存地点：贵州省盘州市	保存方式：原地保存、保护	
	性状特征	
资源特点：高产果量		
树　　姿：开张	盛花期：2月中旬	果面特征：糠秕
嫩枝绒毛：无	花瓣颜色：淡红色	平均单果重（g）：14.01
芽鳞颜色：黄绿色	萼片绒毛：有	鲜出籽率（%）：—
芽绒毛：有	雌雄蕊相对高度：雄高	种皮颜色：黑色
嫩叶颜色：绿色	花柱裂位：浅裂	种仁含油率（%）：43.90
老叶颜色：深绿色	柱头裂数：3	
叶　　形：长椭圆形	子房绒毛：无	油酸含量（%）：78.90
叶缘特征：平	果熟日期：9月上旬	亚油酸含量（%）：8.00
叶尖形状：渐尖	果　　形：扁圆球形	亚麻酸含量（%）：0.50
叶基形状：楔形	果皮颜色：黄色	硬脂酸含量（%）：1.90
平均叶长（cm）：8.30	平均叶宽（cm）：2.40	棕榈酸含量（%）：10.50

747 西南红山茶-大山选17号

资源编号：520222_079_0063	归属物种：*Camellia pitardii* Coh. St.	
资源类型：野生资源（优株）	主要用途：油用栽培，遗传育种材料	
保存地点：贵州省盘州市	保存方式：原地保存、保护	
	性 状 特 征	
资源特点：高产果量		
树　　姿：半开张	盛 花 期：2月上旬	果面特征：光滑
嫩枝绒毛：无	花瓣颜色：白色	平均单果重（g）：17.26
芽鳞颜色：黄绿色	萼片绒毛：有	鲜出籽率（%）：—
芽 绒 毛：有	雌雄蕊相对高度：雄高	种皮颜色：棕褐色
嫩叶颜色：绿色	花柱裂位：浅裂	种仁含油率（%）：42.10
老叶颜色：深绿色	柱头裂数：3	
叶　　形：长椭圆形	子房绒毛：无	油酸含量（%）：75.10
叶缘特征：平	果熟日期：9月上旬	亚油酸含量（%）：9.70
叶尖形状：渐尖	果　　形：扁圆球形	亚麻酸含量（%）：0.60
叶基形状：楔形	果皮颜色：黄色	硬脂酸含量（%）：10.50
平均叶长（cm）：8.90	平均叶宽（cm）：2.40	棕榈酸含量（%）：12.80

748 西南红山茶-大山选18号

资源编号：520222_079_0064	归属物种：*Camellia pitardii* Coh. St.	
资源类型：野生资源（优株）	主要用途：油用栽培，遗传育种材料	
保存地点：贵州省盘州市	保存方式：原地保存、保护	
	性 状 特 征	
资源特点：高产果量		
树　　姿：半开张	盛 花 期：2月中旬	果面特征：糠秕
嫩枝绒毛：无	花瓣颜色：粉红色	平均单果重（g）：17.37
芽鳞颜色：黄绿色	萼片绒毛：有	鲜出籽率（%）：—
芽 绒 毛：有	雌雄蕊相对高度：雌高	种皮颜色：黑色
嫩叶颜色：绿色	花柱裂位：浅裂	种仁含油率（%）：43.70
老叶颜色：深绿色	柱头裂数：3	
叶　　形：长椭圆形	子房绒毛：无	油酸含量（%）：76.90
叶缘特征：平	果熟日期：9月上旬	亚油酸含量（%）：9.80
叶尖形状：渐尖	果　　形：扁圆球形	亚麻酸含量（%）：0.50
叶基形状：楔形	果皮颜色：黄色	硬脂酸含量（%）：1.90
平均叶长（cm）：9.20	平均叶宽（cm）：2.50	棕榈酸含量（%）：10.50

749 西南红山茶-大山选19号

资源编号：520222_079_0065	归属物种：*Camellia pitardii* Coh. St.	
资源类型：野生资源（优株）	主要用途：油用栽培，遗传育种材料	
保存地点：贵州省盘州市	保存方式：原地保存、保护	
	性状特征	
资源特点：高产果量		
树　　姿：半开张	盛 花 期：2月中下旬	果面特征：糠秕
嫩枝绒毛：无	花瓣颜色：红色	平均单果重（g）：11.10
芽鳞颜色：绿色	萼片绒毛：无	鲜出籽率（%）：—
芽 绒 毛：有	雌雄蕊相对高度：雄高	种皮颜色：黑色
嫩叶颜色：绿色	花柱裂位：浅裂	种仁含油率（%）：45.90
老叶颜色：深绿色	柱头裂数：3	
叶　　形：长椭圆形	子房绒毛：无	油酸含量（%）：81.00
叶缘特征：平	果熟日期：9月上旬	亚油酸含量（%）：7.20
叶尖形状：渐尖	果　　形：扁圆球形	亚麻酸含量（%）：0.50
叶基形状：楔形	果皮颜色：黄色	硬脂酸含量（%）：2.40
平均叶长（cm）：8.00	平均叶宽（cm）：2.00	棕榈酸含量（%）：8.60

资源编号：520222_079_0066	归属物种：*Camellia pitardii* Coh. St.	
资源类型：野生资源（优株）	主要用途：油用栽培，遗传育种材料	
保存地点：贵州省盘州市	保存方式：原地保存、保护	
	性状特征	
资源特点：高产果量		
树　　姿：半开张	盛 花 期：2月中下旬	果面特征：糠秕
嫩枝绒毛：无	花瓣颜色：粉红色	平均单果重（g）：20.59
芽鳞颜色：黄绿色	萼片绒毛：无	鲜出籽率（%）：—
芽 绒 毛：有	雌雄蕊相对高度：等高	种皮颜色：黑色
嫩叶颜色：绿色	花柱裂位：浅裂	种仁含油率（%）：48.20
老叶颜色：深绿色	柱头裂数：3	
叶　　形：长椭圆形	子房绒毛：无	油酸含量（%）：83.40
叶缘特征：平	果熟日期：9月上旬	亚油酸含量（%）：4.70
叶尖形状：渐尖	果　　形：扁圆球形	亚麻酸含量（%）：0.40
叶基形状：楔形	果皮颜色：黄色	硬脂酸含量（%）：3.90
平均叶长（cm）：7.60	平均叶宽（cm）：2.00	棕榈酸含量（%）：7.30

751 西南红山茶-大山选21号

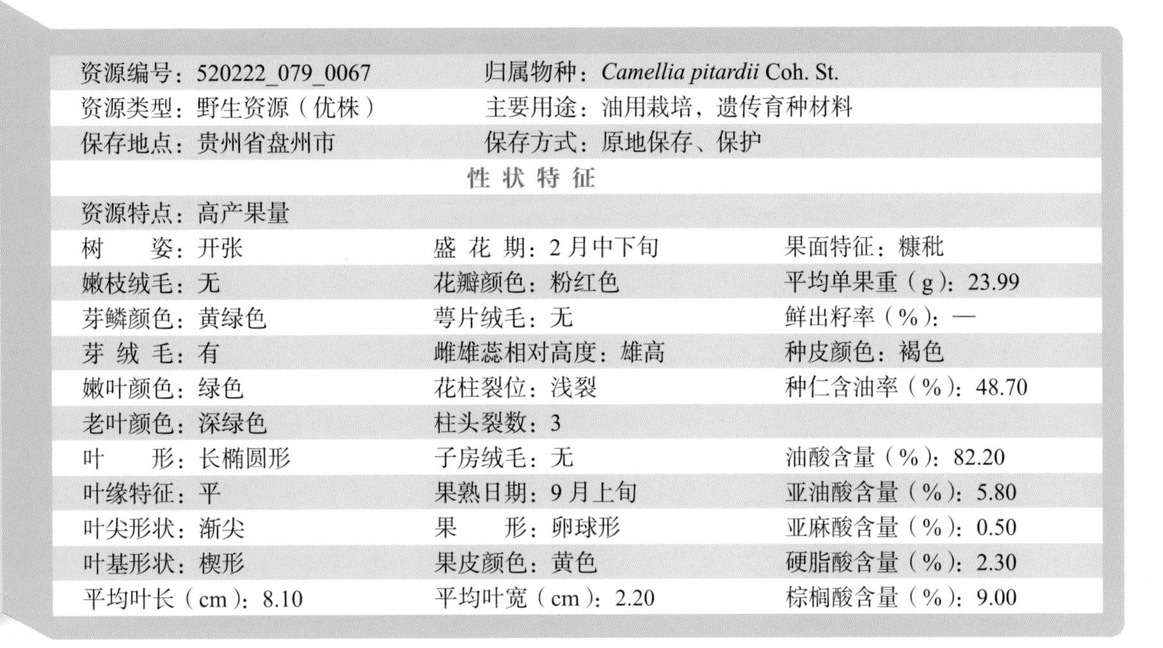

资源编号：520222_079_0067	归属物种：*Camellia pitardii* Coh. St.	
资源类型：野生资源（优株）	主要用途：油用栽培，遗传育种材料	
保存地点：贵州省盘州市	保存方式：原地保存、保护	
	性状特征	
资源特点：高产果量		
树　　姿：开张	盛 花 期：2月中下旬	果面特征：糠秕
嫩枝绒毛：无	花瓣颜色：粉红色	平均单果重（g）：23.99
芽鳞颜色：黄绿色	萼片绒毛：无	鲜出籽率（%）：—
芽 绒 毛：有	雌雄蕊相对高度：雄高	种皮颜色：褐色
嫩叶颜色：绿色	花柱裂位：浅裂	种仁含油率（%）：48.70
老叶颜色：深绿色	柱头裂数：3	
叶　　形：长椭圆形	子房绒毛：无	油酸含量（%）：82.20
叶缘特征：平	果熟日期：9月上旬	亚油酸含量（%）：5.80
叶尖形状：渐尖	果　　形：卵球形	亚麻酸含量（%）：0.50
叶基形状：楔形	果皮颜色：黄色	硬脂酸含量（%）：2.30
平均叶长（cm）：8.10	平均叶宽（cm）：2.20	棕榈酸含量（%）：9.00

752 西南红山茶-大山选23号

资源编号：520222_079_0069	归属物种：*Camellia pitardii* Coh. St.	
资源类型：野生资源（优株）	主要用途：油用栽培，遗传育种材料	
保存地点：贵州省盘州市	保存方式：原地保存、保护	
	性状特征	
资源特点：高产果量		
树　　姿：直立	盛 花 期：2月中旬	果面特征：糠秕
嫩枝绒毛：无	花瓣颜色：淡红色	平均单果重（g）：15.97
芽鳞颜色：黄绿色	萼片绒毛：有	鲜出籽率（%）：—
芽 绒 毛：有	雌雄蕊相对高度：雄高	种皮颜色：黑色
嫩叶颜色：绿色	花柱裂位：浅裂	种仁含油率（%）：47.70
老叶颜色：深绿色	柱头裂数：3	
叶　　形：长椭圆形	子房绒毛：无	油酸含量（%）：77.60
叶缘特征：平	果熟日期：9月上旬	亚油酸含量（%）：9.10
叶尖形状：渐尖	果　　形：扁圆球形	亚麻酸含量（%）：0.50
叶基形状：楔形	果皮颜色：黄色	硬脂酸含量（%）：2.20
平均叶长（cm）：9.30	平均叶宽（cm）：2.80	棕榈酸含量（%）：9.90

753 西南红山茶-大山选24号

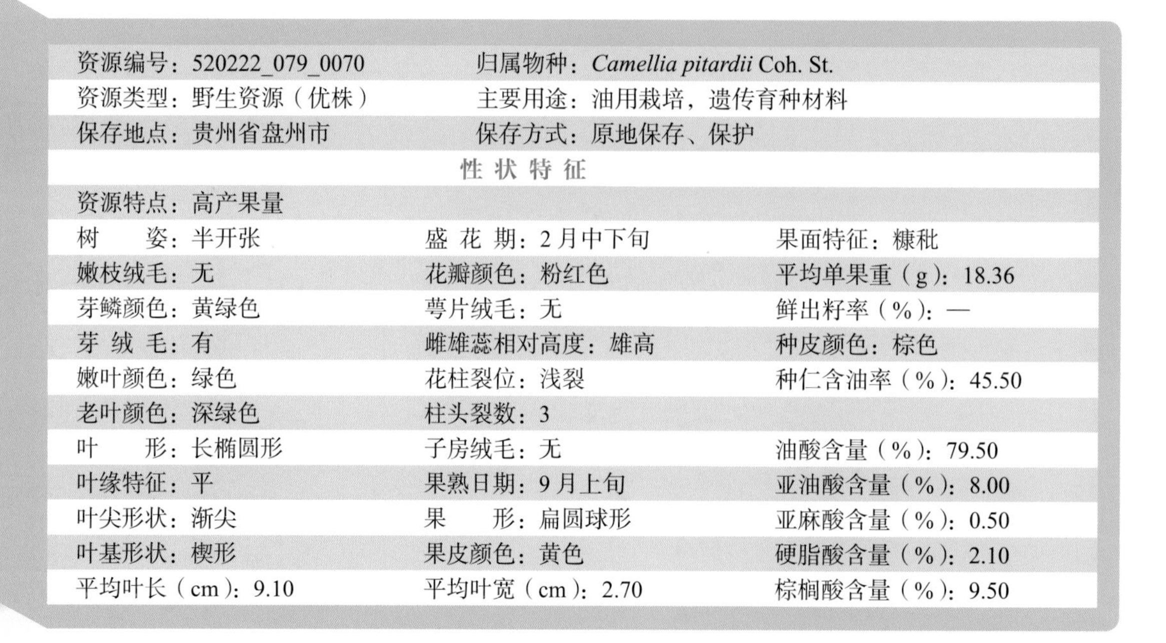

资源编号：520222_079_0070	归属物种：*Camellia pitardii* Coh. St.	
资源类型：野生资源（优株）	主要用途：油用栽培，遗传育种材料	
保存地点：贵州省盘州市	保存方式：原地保存、保护	
	性状特征	
资源特点：高产果量		
树　　姿：半开张	盛 花 期：2月中下旬	果面特征：糠秕
嫩枝绒毛：无	花瓣颜色：粉红色	平均单果重（g）：18.36
芽鳞颜色：黄绿色	萼片绒毛：无	鲜出籽率（%）：—
芽 绒 毛：有	雌雄蕊相对高度：雄高	种皮颜色：棕色
嫩叶颜色：绿色	花柱裂位：浅裂	种仁含油率（%）：45.50
老叶颜色：深绿色	柱头裂数：3	
叶　　形：长椭圆形	子房绒毛：无	油酸含量（%）：79.50
叶缘特征：平	果熟日期：9月上旬	亚油酸含量（%）：8.00
叶尖形状：渐尖	果　　形：扁圆球形	亚麻酸含量（%）：0.50
叶基形状：楔形	果皮颜色：黄色	硬脂酸含量（%）：2.10
平均叶长（cm）：9.10	平均叶宽（cm）：2.70	棕榈酸含量（%）：9.50

754 西南红山茶-老厂选1号

资源编号：520222_079_0071	归属物种：*Camellia pitardii* Coh. St.	
资源类型：野生资源（优株）	主要用途：油用栽培，遗传育种材料	
保存地点：贵州省盘州市	保存方式：原地保存、保护	
	性状特征	
资源特点：高产果量		
树　　姿：开张	盛 花 期：2月中下旬	果面特征：光滑
嫩枝绒毛：无	花瓣颜色：粉红色	平均单果重（g）：15.59
芽鳞颜色：绿色	萼片绒毛：无	鲜出籽率（%）：—
芽 绒 毛：有	雌雄蕊相对高度：雄高	种皮颜色：棕色
嫩叶颜色：绿色	花柱裂位：浅裂	种仁含油率（%）：45.90
老叶颜色：中绿色	柱头裂数：3	
叶　　形：长椭圆形	子房绒毛：无	油酸含量（%）：80.20
叶缘特征：平	果熟日期：9月中旬	亚油酸含量（%）：7.80
叶尖形状：渐尖	果　　形：卵球形	亚麻酸含量（%）：0.50
叶基形状：楔形	果皮颜色：黄色	硬脂酸含量（%）：2.00
平均叶长（cm）：8.10	平均叶宽（cm）：2.50	棕榈酸含量（%）：9.20

755 西南红山茶-老厂选2号

资源编号：520222_079_0072	归属物种：*Camellia pitardii* Coh. St.	
资源类型：野生资源（优株）	主要用途：油用栽培，遗传育种材料	
保存地点：贵州省盘州市	保存方式：原地保存、保护	
	性状特征	
资源特点：高产果量		
树　　姿：开张	盛 花 期：2月中下旬	果面特征：光滑
嫩枝绒毛：无	花瓣颜色：粉红色	平均单果重（g）：12.75
芽鳞颜色：绿色	萼片绒毛：无	鲜出籽率（%）：—
芽 绒 毛：有	雌雄蕊相对高度：雄高	种皮颜色：棕褐色
嫩叶颜色：绿色	花柱裂位：浅裂	种仁含油率（%）：37.70
老叶颜色：深绿色	柱头裂数：3	
叶　　形：长椭圆形	子房绒毛：无	油酸含量（%）：78.90
叶缘特征：平	果熟日期：9月中旬	亚油酸含量（%）：9.40
叶尖形状：渐尖	果　　形：扁圆球形	亚麻酸含量（%）：0.60
叶基形状：楔形	果皮颜色：黄色	硬脂酸含量（%）：1.60
平均叶长（cm）：8.20	平均叶宽（cm）：2.50	棕榈酸含量（%）：9.00

资源编号：520222_079_0073	归属物种：*Camellia pitardii* Coh. St.	
资源类型：野生资源（优株）	主要用途：油用栽培，遗传育种材料	
保存地点：贵州省盘州市	保存方式：原地保存、保护	
	性状特征	
资源特点：高产果量		
树　　姿：开张	盛 花 期：2月中下旬	果面特征：糠秕
嫩枝绒毛：无	花瓣颜色：粉红色	平均单果重（g）：16.76
芽鳞颜色：绿色	萼片绒毛：无	鲜出籽率（%）：—
芽 绒 毛：有	雌雄蕊相对高度：雄高	种皮颜色：棕色
嫩叶颜色：绿色	花柱裂位：浅裂	种仁含油率（%）：44.40
老叶颜色：深绿色	柱头裂数：3	
叶　　形：长椭圆形	子房绒毛：无	油酸含量（%）：77.40
叶缘特征：平	果熟日期：9月中旬	亚油酸含量（%）：9.50
叶尖形状：渐尖	果　　形：扁圆球形	亚麻酸含量（%）：0.60
叶基形状：楔形	果皮颜色：黄色	硬脂酸含量（%）：1.80
平均叶长（cm）：7.80	平均叶宽（cm）：2.30	棕榈酸含量（%）：10.20

757 西南红山茶-老厂选4号

资源编号：520222_079_0074	归属物种：*Camellia pitardii* Coh. St.	
资源类型：野生资源（优株）	主要用途：油用栽培，遗传育种材料	
保存地点：贵州省盘州市	保存方式：原地保存、保护	
	性状特征	
资源特点：高产果量		
树　　姿：开张	盛 花 期：2月中下旬	果面特征：凹凸
嫩枝绒毛：无	花瓣颜色：粉红色	平均单果重（g）：13.63
芽鳞颜色：黄绿色	萼片绒毛：无	鲜出籽率（%）：—
芽 绒 毛：有	雌雄蕊相对高度：雄高	种皮颜色：棕色
嫩叶颜色：绿色	花柱裂位：浅裂	种仁含油率（%）：39.90
老叶颜色：深绿色	柱头裂数：3	
叶　　形：长椭圆形	子房绒毛：无	油酸含量（%）：77.30
叶缘特征：平	果熟日期：9月中旬	亚油酸含量（%）：9.90
叶尖形状：渐尖	果　　形：卵球形	亚麻酸含量（%）：0.60
叶基形状：楔形	果皮颜色：青色	硬脂酸含量（%）：1.60
平均叶长（cm）：8.10	平均叶宽（cm）：2.50	棕榈酸含量（%）：10.30

758 西南红山茶-老厂选5号

资源编号：520222_079_0075	归属物种：*Camellia pitardii* Coh. St.	
资源类型：野生资源（优株）	主要用途：油用栽培，遗传育种材料	
保存地点：贵州省盘州市	保存方式：原地保存、保护	
	性状特征	
资源特点：高产果量		
树　　姿：半开张	盛 花 期：2月中下旬	果面特征：糠秕
嫩枝绒毛：无	花瓣颜色：粉红色	平均单果重（g）：23.12
芽鳞颜色：黄绿色	萼片绒毛：无	鲜出籽率（%）：—
芽 绒 毛：有	雌雄蕊相对高度：雄高	种皮颜色：棕色
嫩叶颜色：绿色	花柱裂位：浅裂	种仁含油率（%）：41.70
老叶颜色：深绿色	柱头裂数：3	
叶　　形：长椭圆形	子房绒毛：无	油酸含量（%）：78.40
叶缘特征：平	果熟日期：9月中旬	亚油酸含量（%）：9.70
叶尖形状：渐尖	果　　形：卵球形	亚麻酸含量（%）：0.60
叶基形状：楔形	果皮颜色：褐色	硬脂酸含量（%）：1.80
平均叶长（cm）：9.60	平均叶宽（cm）：2.80	棕榈酸含量（%）：9.00

西南红山茶-松河选1号

资源编号：520222_079_0076	归属物种：*Camellia pitardii* Coh. St.	
资源类型：野生资源（优株）	主要用途：油用栽培，遗传育种材料	
保存地点：贵州省盘州市	保存方式：原地保存、保护	
性状特征		
资源特点：高产果量		
树　　姿：半开张	盛 花 期：11 月中旬	果面特征：糠秕
嫩枝绒毛：无	花瓣颜色：白色	平均单果重（g）：28.72
芽鳞颜色：黄绿色	萼片绒毛：有	鲜出籽率（%）：—
芽 绒 毛：有	雌雄蕊相对高度：雄高	种皮颜色：棕色
嫩叶颜色：绿色	花柱裂位：浅裂	种仁含油率（%）：34.10
老叶颜色：深绿色	柱头裂数：3	
叶　　形：长椭圆形	子房绒毛：无	油酸含量（%）：77.00
叶缘特征：平	果熟日期：9 月中旬	亚油酸含量（%）：9.70
叶尖形状：渐尖	果　　形：扁圆球形	亚麻酸含量（%）：0.70
叶基形状：楔形	果皮颜色：黄色	硬脂酸含量（%）：2.00
平均叶长（cm）：9.50	平均叶宽（cm）：3.00	棕榈酸含量（%）：8.90

西南红山茶-松河选2号

资源编号：520222_079_0077	归属物种：*Camellia pitardii* Coh. St.	
资源类型：野生资源（优株）	主要用途：油用栽培，遗传育种材料	
保存地点：贵州省盘州市	保存方式：原地保存、保护	
性状特征		
资源特点：高产果量		
树　　姿：半开张	盛 花 期：2 月中旬	果面特征：糠秕
嫩枝绒毛：无	花瓣颜色：粉红色	平均单果重（g）：15.30
芽鳞颜色：黄绿色	萼片绒毛：有	鲜出籽率（%）：—
芽 绒 毛：有	雌雄蕊相对高度：雄高	种皮颜色：棕色
嫩叶颜色：绿色	花柱裂位：浅裂	种仁含油率（%）：36.00
老叶颜色：深绿色	柱头裂数：3	
叶　　形：长椭圆形	子房绒毛：无	油酸含量（%）：78.30
叶缘特征：平	果熟日期：9 月中旬	亚油酸含量（%）：8.90
叶尖形状：渐尖	果　　形：扁圆球形	亚麻酸含量（%）：0.60
叶基形状：楔形	果皮颜色：黄色	硬脂酸含量（%）：1.60
平均叶长（cm）：8.00	平均叶宽（cm）：2.50	棕榈酸含量（%）：10.40

西南红山茶-开阳选1号

资源编号：520121_079_0001	归属物种：*Camellia pitardii* Coh. St.	
资源类型：野生资源（特异单株）	主要用途：油用、观赏栽培，遗传育种材料	
保存地点：贵州省开阳县	保存方式：原地保存、保护	
	性状特征	
资源特点：高产果量		
树　　姿：半开张	平均叶长（cm）：12.32	平均叶宽（cm）：3.40
嫩枝绒毛：无	叶基形状：楔形	果熟日期：9月下旬
芽 绒 毛：有	盛 花 期：2月上中旬	果　　形：扁圆球形
芽鳞颜色：绿色	花瓣颜色：粉红色	果皮颜色：黄褐色
嫩叶颜色：红色	萼片绒毛：无	果面特征：糠秕
老叶颜色：中绿色	雌雄蕊相对高度：雌高	平均单果重（g）：28.77
叶　　形：长椭圆形	花柱裂位：浅裂	种皮颜色：棕色
叶缘特征：平	柱头裂数：3	鲜出籽率（%）：37.26
叶尖形状：渐尖	子房绒毛：有	

西南红山茶-开阳选2号

资源编号：520121_079_0002	归属物种：*Camellia pitardii* Coh. St.	
资源类型：野生资源（特异单株）	主要用途：油用、观赏栽培，遗传育种材料	
保存地点：贵州省开阳县	保存方式：原地保存、保护	
	性状特征	
资源特点：高产果量		
树　　姿：半开张	平均叶长（cm）：12.38	平均叶宽（cm）：4.11
嫩枝绒毛：无	叶基形状：楔形	果熟日期：9月下旬
芽 绒 毛：有	盛 花 期：2月上中旬	果　　形：近圆球形
芽鳞颜色：紫绿色	花瓣颜色：粉红色	果皮颜色：黄褐色
嫩叶颜色：红色	萼片绒毛：无	果面特征：糠秕
老叶颜色：中绿色	雌雄蕊相对高度：雌高	平均单果重（g）：22.26
叶　　形：披针形	花柱裂位：浅裂	种皮颜色：棕色
叶缘特征：平	柱头裂数：3	鲜出籽率（%）：25.83
叶尖形状：渐尖	子房绒毛：有	

763 西南红山茶-开阳选3号

资源编号：520121_079_0003	归属物种：*Camellia pitardii* Coh. St.	
资源类型：野生资源（特异单株）	主要用途：油用、观赏栽培，遗传育种材料	
保存地点：贵州省开阳县	保存方式：原地保存、保护	
	性状特征	
资源特点：高产果量		
树　　姿：半开张	平均叶长（cm）：12.34	平均叶宽（cm）：3.78
嫩枝绒毛：无	叶基形状：楔形	果熟日期：9月下旬
芽 绒 毛：有	盛 花 期：2月中旬	果　　形：近圆球形
芽鳞颜色：紫绿色	花瓣颜色：粉红色	果皮颜色：黄褐色
嫩叶颜色：红色	萼片绒毛：无	果面特征：糠秕
老叶颜色：中绿色	雌雄蕊相对高度：雌高	平均单果重（g）：21.55
叶　　形：披针形	花柱裂位：浅裂	种皮颜色：棕色
叶缘特征：平	柱头裂数：3	鲜出籽率（%）：23.11
叶尖形状：渐尖	子房绒毛：有	

764 西南红山茶-遵义选1号

资源编号：520321_079_0001	归属物种：*Camellia pitardii* Coh. St.	
资源类型：野生资源（特异单株）	主要用途：油用、观赏栽培，遗传育种材料	
保存地点：贵州省遵义市	保存方式：原地保存、保护	
	性状特征	
资源特点：高产果量		
树　　姿：半开张	平均叶长（cm）：11.49	平均叶宽（cm）：3.49
嫩枝绒毛：无	叶基形状：近圆形	果熟日期：9月下旬
芽 绒 毛：有	盛 花 期：2月中下旬	果　　形：近圆球形
芽鳞颜色：绿色	花瓣颜色：粉红色	果皮颜色：黄褐色
嫩叶颜色：红色	萼片绒毛：无	果面特征：光滑
老叶颜色：中绿色	雌雄蕊相对高度：雌高	平均单果重（g）：18.89
叶　　形：椭圆形	花柱裂位：浅裂	种皮颜色：棕色
叶缘特征：平	柱头裂数：3	鲜出籽率（%）：22.98
叶尖形状：渐尖	子房绒毛：无	

765 西南红山茶-赫章选1号

资源编号：522428_079_0002	归属物种：*Camellia pitardii* Coh. St.	
资源类型：野生资源（特异单株）	主要用途：油用栽培，遗传育种材料	
保存地点：贵州省赫章县	保存方式：原地保存、保护	
	性状特征	
资源特点：高产果量		
树　　姿：直立	平均叶长（cm）：5.18	平均叶宽（cm）：1.41
嫩枝绒毛：无	叶基形状：楔形	果熟日期：11月中旬
芽 绒 毛：无	盛 花 期：2月中下旬	果　　形：近圆球形
芽鳞颜色：绿色	花瓣颜色：粉红色	果皮颜色：青色
嫩叶颜色：绿色	萼片绒毛：无	果面特征：光滑
老叶颜色：深绿色	雌雄蕊相对高度：雌高	平均单果重（g）：5.09
叶　　形：披针形	花柱裂位：中裂	种皮颜色：黑色
叶缘特征：平	柱头裂数：3	鲜出籽率（%）：35.95
叶尖形状：渐尖	子房绒毛：有	

6．滇山茶（腾冲红花油茶）*Camellia reticulata* Lindl.

（1）具高产果量、大果、高含油率资源

766 滇山茶–盐边优树1号

资源编号：510422_076_0001	归属物种：*Camellia reticulata* Lindl.	
资源类型：野生资源（特异单株）	主要用途：油用、观赏栽培，遗传育种材料	
保存地点：四川省盐边县	保存方式：原地保存、保护	
	性 状 特 征	
资源特点：高产果量，大果，高含油率		
树　　姿：半开张	盛 花 期：2月上旬	果面特征：糠秕
嫩枝绒毛：无	花瓣颜色：浅红色	平均单果重（g）：108.61
芽鳞颜色：黄绿色	萼片绒毛：有	鲜出籽率（%）：—
芽 绒 毛：无	雌雄蕊相对高度：雄高	种皮颜色：褐色
嫩叶颜色：绿色	花柱裂位：浅裂	种仁含油率（%）：64.81
老叶颜色：深绿色	柱头裂数：3	
叶　　形：椭圆形	子房绒毛：有	油酸含量（%）：80.40
叶缘特征：波状	果熟日期：9月上旬	亚油酸含量（%）：7.26
叶尖形状：渐尖	果　　形：卵球形	亚麻酸含量（%）：5.82
叶基形状：楔形	果皮颜色：黄色	硬脂酸含量（%）：2.36
平均叶长（cm）：4.60	平均叶宽（cm）：1.90	棕榈酸含量（%）：8.37

767 滇山茶–楚雄优树3号

资源编号：532301_076_0003	归属物种：*Camellia reticulata* Lindl.	
资源类型：野生资源（特异单株）	主要用途：油用栽培，遗传育种材料	
保存地点：云南省楚雄市	保存方式：原地保存、保护	
	性 状 特 征	
资源特点：高产果量，大果，高含油率		
树　　姿：开张	盛 花 期：1～2月	果面特征：糠秕、凹凸
嫩枝绒毛：无	花瓣颜色：暗红色	平均单果重（g）：136.00
芽鳞颜色：黄绿色	萼片绒毛：有	鲜出籽率（%）：13.71
芽 绒 毛：有	雌雄蕊相对高度：雌高	种皮颜色：棕褐色
嫩叶颜色：绿色	花柱裂位：浅裂或中裂	种仁含油率（%）：59.00
老叶颜色：深绿色	柱头裂数：3	
叶　　形：长椭圆形	子房绒毛：有	油酸含量（%）：77.67
叶缘特征：平	果熟日期：9月	亚油酸含量（%）：7.96
叶尖形状：尾尖	果　　形：卵球形	亚麻酸含量（%）：0.50
叶基形状：楔形	果皮颜色：黄棕色	硬脂酸含量（%）：2.29
平均叶长（cm）：9.32	平均叶宽（cm）：3.20	棕榈酸含量（%）：10.71

（2）具高产果量、大果资源

滇山茶－楚雄优树2号

资源编号：532301_076_0002	归属物种：*Camellia reticulata* Lindl.	
资源类型：野生资源（特异单株）	主要用途：油用、观赏栽培，遗传育种材料	
保存地点：云南省楚雄市	保存方式：原地保存、保护	
	性状特征	
资源特点：高产果量，大果		
树　　姿：开张	盛 花 期：2月	果面特征：糠秕、凹凸
嫩枝绒毛：无	花瓣颜色：桃红色或大红色	平均单果重（g）：171.50
芽鳞颜色：黄绿色	萼片绒毛：有	鲜出籽率（%）：8.78
芽 绒 毛：有	雌雄蕊相对高度：雄高	种皮颜色：棕褐色
嫩叶颜色：绿色	花柱裂位：深裂	种仁含油率（%）：29.00
老叶颜色：深绿色	柱头裂数：5	
叶　　形：椭圆形	子房绒毛：有	油酸含量（%）：73.50
叶缘特征：平	果熟日期：10月上旬	亚油酸含量（%）：8.50
叶尖形状：尾尖	果　　形：扁圆球形	亚麻酸含量（%）：1.10
叶基形状：楔形	果皮颜色：黄棕色	硬脂酸含量（%）：3.40
平均叶长（cm）：9.46	平均叶宽（cm）：3.70	棕榈酸含量（%）：12.40

769 滇山茶-楚雄优树4号

资源编号：532301_076_0004	归属物种：*Camellia reticulata* Lindl.	
资源类型：野生资源（特异单株）	主要用途：油用栽培，遗传育种材料	
保存地点：云南省楚雄市	保存方式：原地保存、保护	
	性状特征	
资源特点：高产果量，大果		
树　　姿：开张	盛 花 期：1～2月	果面特征：糠秕、凹凸
嫩枝绒毛：无	花瓣颜色：暗红色	平均单果重（g）：119.00
芽鳞颜色：黄绿色	萼片绒毛：有	鲜出籽率（%）：10.10
芽 绒 毛：有	雌雄蕊相对高度：雌高	种皮颜色：棕褐色
嫩叶颜色：绿色	花柱裂位：浅裂或中裂	种仁含油率（%）：52.00
老叶颜色：深绿色	柱头裂数：3	
叶　　形：长椭圆形	子房绒毛：有	油酸含量（%）：82.72
叶缘特征：平	果熟日期：9月	亚油酸含量（%）：4.97
叶尖形状：尾尖	果　　形：卵球形	亚麻酸含量（%）：0.58
叶基形状：楔形	果皮颜色：黄棕色	硬脂酸含量（%）：2.96
平均叶长（cm）：11.10	平均叶宽（cm）：3.30	棕榈酸含量（%）：7.77

（3）具高产果量、高出籽率资源

770 滇山茶-保山变种

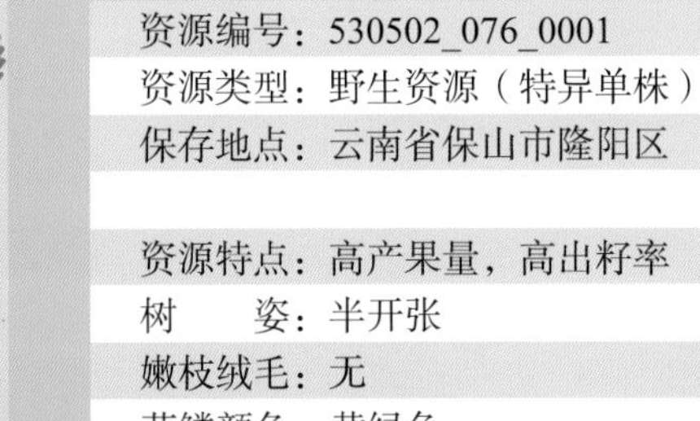

资源编号：530502_076_0001	归属物种：*Camellia reticulata* Lindl.	
资源类型：野生资源（特异单株）	主要用途：油用、观赏栽培，遗传育种材料	
保存地点：云南省保山市隆阳区	保存方式：原地保护，异地保存	
性状特征		
资源特点：高产果量，高出籽率		
树　　姿：半开张	盛 花 期：10月至翌年2月	果面特征：糠秕、凹凸
嫩枝绒毛：无	花瓣颜色：玫红色	平均单果重（g）：24.52
芽鳞颜色：黄绿色	萼片绒毛：有	鲜出籽率（%）：27.65
芽 绒 毛：有	雌雄蕊相对高度：雄高	种皮颜色：棕褐色
嫩叶颜色：绿色	花柱裂位：浅裂	种仁含油率（%）：53.50
老叶颜色：深绿色	柱头裂数：3	
叶　　形：长椭圆形	子房绒毛：有	油酸含量（%）：76.54
叶缘特征：平	果熟日期：10月	亚油酸含量（%）：8.09
叶尖形状：渐尖	果　　形：扁圆球形	亚麻酸含量（%）：0.60
叶基形状：楔形	果皮颜色：黄棕色	硬脂酸含量（%）：3.19
平均叶长（cm）：7.26	平均叶宽（cm）：3.39	棕榈酸含量（%）：10.88

滇山茶-腾冲优树2号

资源编号：530522_076_0006	归属物种：*Camellia reticulata* Lindl.	
资源类型：野生资源（特异单株）	主要用途：油用栽培，遗传育种材料	
保存地点：云南省腾冲市	保存方式：原地保护，异地保存	
	性状特征	
资源特点：高产果量，高出籽率		
树　　姿：半开张	盛 花 期：3月	果面特征：糠秕
嫩枝绒毛：无	花瓣颜色：深红色	平均单果重（g）：76.35
芽鳞颜色：绿色	萼片绒毛：有	鲜出籽率（%）：28.54
芽 绒 毛：有	雌雄蕊相对高度：雄高	种皮颜色：黑色
嫩叶颜色：嫩绿色	花柱裂位：浅裂	种仁含油率（%）：46.40
老叶颜色：深绿色	柱头裂数：4	
叶　　形：椭圆形	子房绒毛：有	油酸含量（%）：74.50
叶缘特征：平	果熟日期：9月中旬	亚油酸含量（%）：8.90
叶尖形状：渐尖	果　　形：近圆球形	亚麻酸含量（%）：0.60
叶基形状：楔形	果皮颜色：黄棕色	硬脂酸含量（%）：3.50
平均叶长（cm）：8.20	平均叶宽（cm）：3.90	棕榈酸含量（%）：12.20

滇山茶-腾冲优树4号

资源编号：530522_076_0008	归属物种：*Camellia reticulata* Lindl.	
资源类型：野生资源（特异单株）	主要用途：油用栽培，遗传育种材料	
保存地点：云南省腾冲市	保存方式：原地保护，异地保存	
	性 状 特 征	
资源特点：高产果量，高出籽率		
树　　姿：半开张	盛 花 期：2月	果面特征：糠秕
嫩枝绒毛：无	花瓣颜色：大红色	平均单果重（g）：59.26
芽鳞颜色：绿色	萼片绒毛：有	鲜出籽率（%）：29.63
芽 绒 毛：有	雌雄蕊相对高度：雌高	种皮颜色：黑色
嫩叶颜色：嫩红色	花柱裂位：浅裂	种仁含油率（%）：53.00
老叶颜色：深绿色	柱头裂数：3	
叶　　形：近圆形	子房绒毛：有	油酸含量（%）：71.30
叶缘特征：平	果熟日期：9月中旬	亚油酸含量（%）：10.00
叶尖形状：钝尖	果　　形：扁圆球形	亚麻酸含量（%）：0.60
叶基形状：近圆形	果皮颜色：黄棕色	硬脂酸含量（%）：3.00
平均叶长（cm）：8.90	平均叶宽（cm）：4.50	棕榈酸含量（%）：14.80

773 滇山茶-腾冲优树6号

资源编号：530522_076_0010	归属物种：*Camellia reticulata* Lindl.	
资源类型：野生资源（特异单株）	主要用途：油用栽培，遗传育种材料	
保存地点：云南省腾冲市	保存方式：原地保护，异地保存	
	性状特征	
资源特点：高产果量，高出籽率		
树　　姿：半开张	盛 花 期：2月	果面特征：糠秕
嫩枝绒毛：无	花瓣颜色：大红色	平均单果重（g）：38.65
芽鳞颜色：绿色	萼片绒毛：有	鲜出籽率（%）：29.16
芽 绒 毛：有	雌雄蕊相对高度：雌高	种皮颜色：黑色
嫩叶颜色：嫩绿色	花柱裂位：浅裂	种仁含油率（%）：46.20
老叶颜色：深绿色	柱头裂数：4	
叶　　形：椭圆形	子房绒毛：有	油酸含量（%）：72.30
叶缘特征：平	果熟日期：9月中旬	亚油酸含量（%）：9.50
叶尖形状：渐尖	果　　形：圆球形	亚麻酸含量（%）：0.60
叶基形状：楔形	果皮颜色：黄棕色	硬脂酸含量（%）：4.00
平均叶长（cm）：7.50	平均叶宽（cm）：3.30	棕榈酸含量（%）：13.20

774 滇山茶-腾冲优树8号

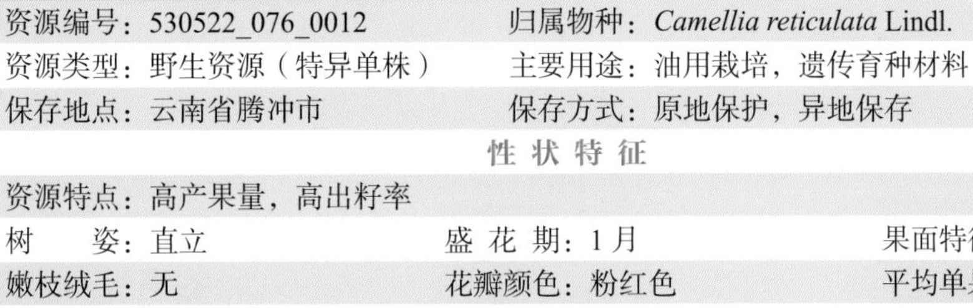

资源编号：530522_076_0012	归属物种：*Camellia reticulata* Lindl.	
资源类型：野生资源（特异单株）	主要用途：油用栽培，遗传育种材料	
保存地点：云南省腾冲市	保存方式：原地保护，异地保存	
性状特征		
资源特点：高产果量，高出籽率		
树　　姿：直立	盛 花 期：1月	果面特征：糠秕
嫩枝绒毛：无	花瓣颜色：粉红色	平均单果重（g）：61.69
芽鳞颜色：绿色	萼片绒毛：有	鲜出籽率（%）：28.81
芽 绒 毛：有	雌雄蕊相对高度：雌高	种皮颜色：黑色
嫩叶颜色：嫩绿色	花柱裂位：中裂	种仁含油率（%）：47.20
老叶颜色：深绿色	柱头裂数：3	
叶　　形：椭圆形	子房绒毛：有	油酸含量（%）：73.80
叶缘特征：平	果熟日期：9月中旬	亚油酸含量（%）：8.50
叶尖形状：钝尖	果　　形：扁圆球形	亚麻酸含量（%）：0.50
叶基形状：近圆形	果皮颜色：黄棕色	硬脂酸含量（%）：3.20
平均叶长（cm）：10.80	平均叶宽（cm）：5.10	棕榈酸含量（%）：13.70

滇山茶-腾冲优树9号

资源编号：530522_076_0013	归属物种：*Camellia reticulata* Lindl.	
资源类型：野生资源（特异单株）	主要用途：油用栽培，遗传育种材料	
保存地点：云南省腾冲市	保存方式：原地保护，异地保存	
	性状特征	
资源特点：高产果量，高出籽率		
树　　姿：半开张	盛 花 期：1月	果面特征：糠秕、凹凸
嫩枝绒毛：无	花瓣颜色：大红色	平均单果重（g）：44.74
芽鳞颜色：绿色	萼片绒毛：有	鲜出籽率（%）：27.09
芽 绒 毛：有	雌雄蕊相对高度：雌高	种皮颜色：黑色
嫩叶颜色：嫩黄绿色	花柱裂位：浅裂	种仁含油率（%）：40.00
老叶颜色：深绿色	柱头裂数：3	
叶　　形：长椭圆形	子房绒毛：有	油酸含量（%）：74.30
叶缘特征：平	果熟日期：9月中旬	亚油酸含量（%）：8.10
叶尖形状：渐尖	果　　形：圆球形	亚麻酸含量（%）：0.50
叶基形状：楔形	果皮颜色：黄棕色	硬脂酸含量（%）：3.80
平均叶长（cm）：10.10	平均叶宽（cm）：3.70	棕榈酸含量（%）：12.90

776 滇山茶-腾冲优树11号

资源编号：530522_076_0015	归属物种：*Camellia reticulata* Lindl.	
资源类型：野生资源（特异单株）	主要用途：油用栽培，遗传育种材料	
保存地点：云南省腾冲市	保存方式：原地保护，异地保存	
性状特征		
资源特点：高产果量，高出籽率		
树　　姿：直立	盛 花 期：1月	果面特征：糠秕
嫩枝绒毛：无	花瓣颜色：粉红色	平均单果重（g）：48.37
芽鳞颜色：绿色	萼片绒毛：有	鲜出籽率（%）：25.93
芽 绒 毛：有	雌雄蕊相对高度：雄高	种皮颜色：黑色
嫩叶颜色：嫩红色	花柱裂位：中裂	种仁含油率（%）：45.40
老叶颜色：深绿色	柱头裂数：3	
叶　　形：椭圆形	子房绒毛：有	油酸含量（%）：71.50
叶缘特征：平	果熟日期：9月中旬	亚油酸含量（%）：9.20
叶尖形状：渐尖	果　　形：扁圆球形	亚麻酸含量（%）：0.70
叶基形状：楔形	果皮颜色：黄棕色	硬脂酸含量（%）：4.50
平均叶长（cm）：8.70	平均叶宽（cm）：3.60	棕榈酸含量（%）：13.70

777 滇山茶-腾冲优树12号

资源编号：530522_076_0016	归属物种：*Camellia reticulata* Lindl.	
资源类型：野生资源（特异单株）	主要用途：油用栽培，遗传育种材料	
保存地点：云南省腾冲市	保存方式：原地保护，异地保存	
	性状特征	
资源特点：高产果量，高出籽率		
树　　姿：半开张	盛 花 期：2月	果面特征：糠秕
嫩枝绒毛：无	花瓣颜色：大红色	平均单果重（g）：45.54
芽鳞颜色：绿色	萼片绒毛：有	鲜出籽率（%）：25.91
芽 绒 毛：有	雌雄蕊相对高度：雌高	种皮颜色：黑色
嫩叶颜色：淡绿色	花柱裂位：浅裂	种仁含油率（%）：47.40
老叶颜色：深绿色	柱头裂数：4	
叶　　形：椭圆形	子房绒毛：有	油酸含量（%）：71.40
叶缘特征：波状	果熟日期：9月中旬	亚油酸含量（%）：10.50
叶尖形状：钝尖	果　　形：扁圆球形	亚麻酸含量（%）：0.70
叶基形状：楔形	果皮颜色：黄棕色	硬脂酸含量（%）：2.50
平均叶长（cm）：7.70	平均叶宽（cm）：3.40	棕榈酸含量（%）：14.50

滇山茶-腾冲优树14号

资源编号：530522_076_0018	归属物种：*Camellia reticulata* Lindl.	
资源类型：野生资源（特异单株）	主要用途：油用栽培，遗传育种材料	
保存地点：云南省腾冲市	保存方式：原地保护，异地保存	
性状特征		
资源特点：高产果量，高出籽率		
树　　姿：半开张	盛 花 期：2月	果面特征：糠秕
嫩枝绒毛：无	花瓣颜色：大红色	平均单果重（g）：62.89
芽鳞颜色：绿色	萼片绒毛：有	鲜出籽率（%）：25.70
芽 绒 毛：有	雌雄蕊相对高度：雌高	种皮颜色：黑色
嫩叶颜色：嫩绿色	花柱裂位：浅裂	种仁含油率（%）：48.00
老叶颜色：深绿色	柱头裂数：3	
叶　　形：近圆形	子房绒毛：有	油酸含量（%）：72.70
叶缘特征：平	果熟日期：9月中旬	亚油酸含量（%）：8.80
叶尖形状：渐尖	果　　形：圆球形	亚麻酸含量（%）：0.50
叶基形状：楔形	果皮颜色：黄棕色	硬脂酸含量（%）：3.30
平均叶长（cm）：8.10	平均叶宽（cm）：4.20	棕榈酸含量（%）：14.30

滇山茶-腾冲优树15号

资源编号：530522_076_0019	归属物种：*Camellia reticulata* Lindl.	
资源类型：野生资源（特异单株）	主要用途：油用栽培，遗传育种材料	
保存地点：云南省腾冲市	保存方式：原地保护，异地保存	
性 状 特 征		
资源特点：高产果量，高出籽率		
树　　姿：半开张	盛 花 期：2月	果面特征：糠秕
嫩枝绒毛：无	花瓣颜色：大红色	平均单果重（g）：48.98
芽鳞颜色：绿色	萼片绒毛：有	鲜出籽率（%）：30.99
芽 绒 毛：有	雌雄蕊相对高度：雄高	种皮颜色：黑色
嫩叶颜色：嫩绿色	花柱裂位：浅裂	种仁含油率（%）：40.70
老叶颜色：深绿色	柱头裂数：4	
叶　　形：椭圆形	子房绒毛：有	油酸含量（%）：72.50
叶缘特征：平	果熟日期：9月中旬	亚油酸含量（%）：10.20
叶尖形状：渐尖	果　　形：扁圆球形	亚麻酸含量（%）：0.70
叶基形状：楔形	果皮颜色：黄棕色	硬脂酸含量（%）：2.80
平均叶长（cm）：10.10	平均叶宽（cm）：4.90	棕榈酸含量（%）：13.40

780 滇山茶－腾冲优树16号

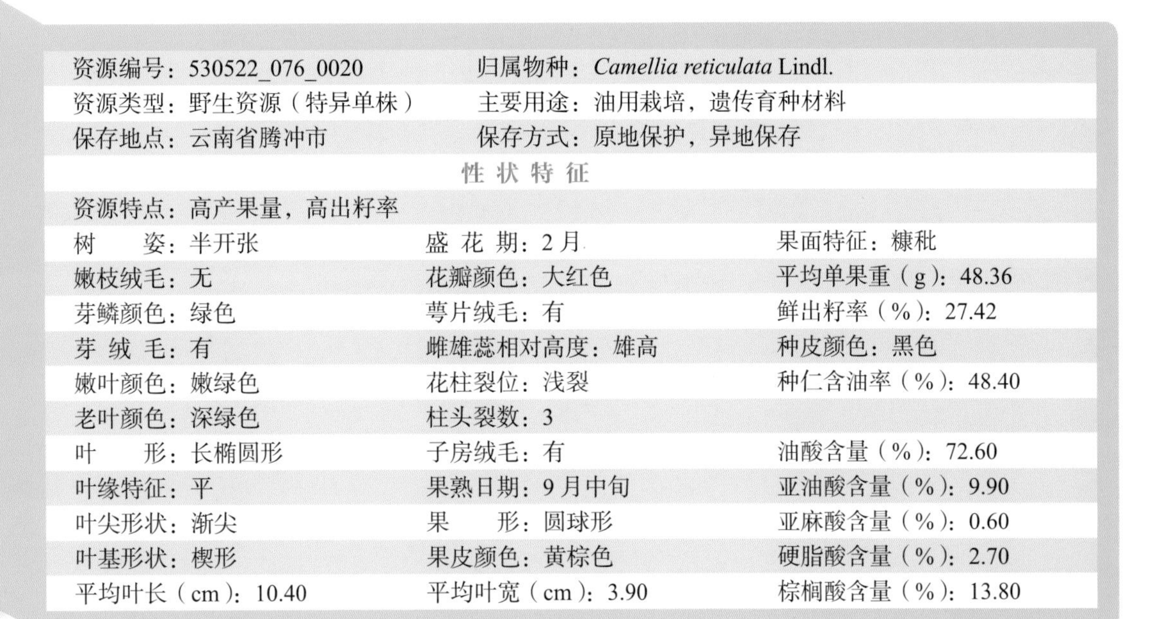

资源编号：530522_076_0020	归属物种：*Camellia reticulata* Lindl.	
资源类型：野生资源（特异单株）	主要用途：油用栽培，遗传育种材料	
保存地点：云南省腾冲市	保存方式：原地保护，异地保存	
性 状 特 征		
资源特点：高产果量，高出籽率		
树　　姿：半开张	盛 花 期：2月	果面特征：糠秕
嫩枝绒毛：无	花瓣颜色：大红色	平均单果重（g）：48.36
芽鳞颜色：绿色	萼片绒毛：有	鲜出籽率（%）：27.42
芽 绒 毛：有	雌雄蕊相对高度：雄高	种皮颜色：黑色
嫩叶颜色：嫩绿色	花柱裂位：浅裂	种仁含油率（%）：48.40
老叶颜色：深绿色	柱头裂数：3	
叶　　形：长椭圆形	子房绒毛：有	油酸含量（%）：72.60
叶缘特征：平	果熟日期：9月中旬	亚油酸含量（%）：9.90
叶尖形状：渐尖	果　　形：圆球形	亚麻酸含量（%）：0.60
叶基形状：楔形	果皮颜色：黄棕色	硬脂酸含量（%）：2.70
平均叶长（cm）：10.40	平均叶宽（cm）：3.90	棕榈酸含量（%）：13.80

（4）具高产果量、高含油率资源

滇山茶-楚雄优树1号

资源编号：532301_076_0001	归属物种：*Camellia reticulata* Lindl.	
资源类型：野生资源（特异单株）	主要用途：油用、观赏栽培，遗传育种材料	
保存地点：云南省楚雄市	保存方式：原地保存、保护	
	性状特征	
资源特点：高产果量，高含油率		
树　　姿：开张	盛 花 期：1月	果面特征：糠秕、凹凸
嫩枝绒毛：无	花瓣颜色：桃红色	平均单果重（g）：88.25
芽鳞颜色：黄绿色	萼片绒毛：有	鲜出籽率（%）：11.20
芽 绒 毛：有	雌雄蕊相对高度：雌高	种皮颜色：棕褐色
嫩叶颜色：绿色	花柱裂位：浅裂	种仁含油率（%）：57.50
老叶颜色：黄绿色	柱头裂数：3	
叶　　形：长椭圆形	子房绒毛：有	油酸含量（%）：79.88
叶缘特征：平	果熟日期：9月	亚油酸含量（%）：5.27
叶尖形状：尾尖	果　　形：扁圆球形	亚麻酸含量（%）：0.46
叶基形状：楔形	果皮颜色：黄棕色	硬脂酸含量（%）：3.13
平均叶长（cm）：9.80	平均叶宽（cm）：3.20	棕榈酸含量（%）：10.47

（5）具高产果量资源

滇山茶-腾冲优树1号

资源编号：530522_076_0005	归属物种：*Camellia reticulata* Lindl.	
资源类型：野生资源（特异单株）	主要用途：油用栽培，遗传育种材料	
保存地点：云南省腾冲市	保存方式：原地保护，异地保存	
	性状特征	
资源特点：高产果量		
树　　姿：半开张	盛 花 期：2月	果面特征：糠秕
嫩枝绒毛：无	花瓣颜色：大红色	平均单果重（g）：51.13
芽鳞颜色：绿色	萼片绒毛：有	鲜出籽率（%）：23.72
芽 绒 毛：有	雌雄蕊相对高度：雌高	种皮颜色：黑色
嫩叶颜色：淡绿色	花柱裂位：浅裂	种仁含油率（%）：48.00
老叶颜色：深绿色	柱头裂数：3	
叶　　形：椭圆形	子房绒毛：有	油酸含量（%）：75.40
叶缘特征：平	果熟日期：9月中旬	亚油酸含量（%）：7.50
叶尖形状：渐尖	果　　形：扁圆球形	亚麻酸含量（%）：0.50
叶基形状：楔形	果皮颜色：黄棕色	硬脂酸含量（%）：3.80
平均叶长（cm）：9.40	平均叶宽（cm）：4.40	棕榈酸含量（%）：12.40

滇山茶-腾冲优树3号

资源编号：530522_076_0007		归属物种：*Camellia reticulata* Lindl.
资源类型：野生资源（特异单株）		主要用途：油用栽培，遗传育种材料
保存地点：云南省腾冲市		保存方式：原地保护，异地保存
	性状特征	
资源特点：高产果量		
树　　姿：半开张	盛花期：2月	果面特征：糠秕、凹凸
嫩枝绒毛：无	花瓣颜色：粉红色	平均单果重（g）：77.46
芽鳞颜色：绿色	萼片绒毛：有	鲜出籽率（%）：24.41
芽绒毛：有	雌雄蕊相对高度：雄高	种皮颜色：黑色
嫩叶颜色：嫩黄绿色	花柱裂位：中裂	种仁含油率（%）：47.10
老叶颜色：深绿色	柱头裂数：3	
叶　　形：近圆形	子房绒毛：有	油酸含量（%）：72.60
叶缘特征：平	果熟日期：9月中旬	亚油酸含量（%）：9.30
叶尖形状：钝尖	果　　形：扁圆球形	亚麻酸含量（%）：0.60
叶基形状：近圆形	果皮颜色：黄棕色	硬脂酸含量（%）：3.20
平均叶长（cm）：10.50	平均叶宽（cm）：5.50	棕榈酸含量（%）：13.80

784

滇山茶-腾冲优树5号

资源编号：530522_076_0009	归属物种：*Camellia reticulata* Lindl.	
资源类型：野生资源（特异单株）	主要用途：油用栽培，遗传育种材料	
保存地点：云南省腾冲市	保存方式：原地保护，异地保存	
	性状特征	
资源特点：高产果量		
树　　姿：半开张	盛 花 期：2月	果面特征：糠秕、凹凸
嫩枝绒毛：无	花瓣颜色：大红色	平均单果重（g）：50.85
芽鳞颜色：绿色	萼片绒毛：有	鲜出籽率（%）：22.83
芽 绒 毛：有	雌雄蕊相对高度：雌高	种皮颜色：黑色
嫩叶颜色：嫩红色	花柱裂位：浅裂	种仁含油率（%）：47.60
老叶颜色：深绿色	柱头裂数：3	
叶　　形：椭圆形	子房绒毛：有	油酸含量（%）：72.30
叶缘特征：平	果熟日期：9月中旬	亚油酸含量（%）：9.00
叶尖形状：渐尖	果　　形：扁圆球形	亚麻酸含量（%）：0.50
叶基形状：楔形	果皮颜色：黄棕色	硬脂酸含量（%）：3.20
平均叶长（cm）：8.80	平均叶宽（cm）：4.30	棕榈酸含量（%）：14.50

785

滇山茶-腾冲优树7号

资源编号：530522_076_0011	归属物种：*Camellia reticulata* Lindl.	
资源类型：野生资源（特异单株）	主要用途：油用栽培，遗传育种材料	
保存地点：云南省腾冲市	保存方式：原地保护，异地保存	
	性状特征	
资源特点：高产果量		
树　　姿：半开张	盛 花 期：2月	果面特征：糠秕
嫩枝绒毛：无	花瓣颜色：大红色	平均单果重（g）：59.55
芽鳞颜色：绿色	萼片绒毛：有	鲜出籽率（%）：22.55
芽 绒 毛：有	雌雄蕊相对高度：雄高	种皮颜色：黑色
嫩叶颜色：嫩黄绿色	花柱裂位：浅裂	种仁含油率（%）：45.30
老叶颜色：深绿色	柱头裂数：3	
叶　　形：椭圆形	子房绒毛：有	油酸含量（%）：73.20
叶缘特征：平	果熟日期：9月中旬	亚油酸含量（%）：9.60
叶尖形状：渐尖	果　　形：圆球形	亚麻酸含量（%）：0.60
叶基形状：楔形	果皮颜色：黄棕色	硬脂酸含量（%）：2.80
平均叶长（cm）：9.10	平均叶宽（cm）：3.60	棕榈酸含量（%）：13.40

786 滇山茶-腾冲优树10号

资源编号：530522_076_0014	归属物种：*Camellia reticulata* Lindl.	
资源类型：野生资源（特异单株）	主要用途：油用栽培，遗传育种材料	
保存地点：云南省腾冲市	保存方式：原地保护，异地保存	
	性状特征	
资源特点：高产果量		
树　　姿：半开张	盛 花 期：1月	果面特征：糠秕
嫩枝绒毛：无	花瓣颜色：大红色	平均单果重（g）：52.08
芽鳞颜色：绿色	萼片绒毛：有	鲜出籽率（%）：23.41
芽 绒 毛：有	雌雄蕊相对高度：雌高	种皮颜色：黑色
嫩叶颜色：嫩黄绿色	花柱裂位：浅裂	种仁含油率（%）：42.50
老叶颜色：深绿色	柱头裂数：3	
叶　　形：近圆形	子房绒毛：有	油酸含量（%）：73.60
叶缘特征：平	果熟日期：9月中旬	亚油酸含量（%）：9.00
叶尖形状：渐尖	果　　形：扁圆球形	亚麻酸含量（%）：0.40
叶基形状：楔形	果皮颜色：黄棕色	硬脂酸含量（%）：3.20
平均叶长（cm）：6.60	平均叶宽（cm）：3.40	棕榈酸含量（%）：13.30

滇山茶-腾冲优树13号

资源编号：530522_076_0017	归属物种：*Camellia reticulata* Lindl.	
资源类型：野生资源（特异单株）	主要用途：油用栽培，遗传育种材料	
保存地点：云南省腾冲市	保存方式：原地保护，异地保存	
性 状 特 征		
资源特点：高产果量		
树　　姿：半开张	盛 花 期：2月	果面特征：糠秕
嫩枝绒毛：无	花瓣颜色：粉红色	平均单果重（g）：42.35
芽鳞颜色：绿色	萼片绒毛：有	鲜出籽率（%）：18.54
芽 绒 毛：有	雌雄蕊相对高度：雌高	种皮颜色：黑色
嫩叶颜色：淡绿色	花柱裂位：浅裂	种仁含油率（%）：49.00
老叶颜色：深绿色	柱头裂数：3	
叶　　形：椭圆形	子房绒毛：有	油酸含量（%）：75.20
叶缘特征：波状	果熟日期：9月中旬	亚油酸含量（%）：7.30
叶尖形状：渐尖	果　　形：圆球形	亚麻酸含量（%）：0.50
叶基形状：楔形	果皮颜色：黄棕色	硬脂酸含量（%）：3.80
平均叶长（cm）：9.90	平均叶宽（cm）：4.30	棕榈酸含量（%）：12.80

788 滇山茶－腾冲优树17号

资源编号：530522_076_0021	归属物种：*Camellia reticulata* Lindl.	
资源类型：野生资源（特异单株）	主要用途：油用栽培，遗传育种材料	
保存地点：云南省腾冲市	保存方式：原地保护，异地保存	
性状特征		
资源特点：高产果量		
树　　姿：半开张	盛 花 期：1月	果面特征：糠秕
嫩枝绒毛：无	花瓣颜色：大红色	平均单果重（g）：52.24
芽鳞颜色：绿色	萼片绒毛：有	鲜出籽率（%）：24.90
芽 绒 毛：有	雌雄蕊相对高度：雌高	种皮颜色：黑色
嫩叶颜色：嫩绿色	花柱裂位：浅裂	种仁含油率（%）：47.10
老叶颜色：深绿色	柱头裂数：3	
叶　　形：长椭圆形	子房绒毛：有	油酸含量（%）：70.60
叶缘特征：波状	果熟日期：9月中旬	亚油酸含量（%）：11.10
叶尖形状：渐尖	果　　形：卵球形	亚麻酸含量（%）：0.70
叶基形状：近圆形	果皮颜色：黄棕色	硬脂酸含量（%）：2.40
平均叶长（cm）：9.40	平均叶宽（cm）：5.40	棕榈酸含量（%）：14.70

滇山茶-华坪优树1号

资源编号：530723_076_0001	归属物种：*Camellia reticulata* Lindl.	
资源类型：野生资源（特异单株）	主要用途：油用栽培，遗传育种材料	
保存地点：云南省华坪县	保存方式：原地保存、保护	
	性状特征	
资源特点：高产果量		
树　　姿：开张	盛 花 期：2月中下旬	果面特征：光滑
嫩枝绒毛：无	花瓣颜色：红色	平均单果重（g）：90.83
芽鳞颜色：紫红色	萼片绒毛：有	鲜出籽率（%）：20.58
芽 绒 毛：无	雌雄蕊相对高度：雌高	种皮颜色：褐色
嫩叶颜色：红褐色	花柱裂位：浅裂	种仁含油率（%）：47.10
老叶颜色：深绿色	柱头裂数：3	
叶　　形：长椭圆形	子房绒毛：无	油酸含量（%）：75.30
叶缘特征：平	果熟日期：10月上中旬	亚油酸含量（%）：10.70
叶尖形状：渐尖	果　　形：近圆球形	亚麻酸含量（%）：0.40
叶基形状：楔形或近圆形	果皮颜色：青色或青红色	硬脂酸含量（%）：2.60
平均叶长（cm）：7.76	平均叶宽（cm）：3.45	棕榈酸含量（%）：1.00

7. 其他物种特异个体资源

(1) 具高产果量、高出籽率资源

790 龙游薄壳香－龙游优株1号

资源编号：330825_022_0001	归属物种：*Camellia grijsii* Hance	
资源类型：野生资源（特异单株）	主要用途：油用栽培，遗传育种材料	
保存地点：浙江省龙游县	保存方式：省级种质资源保存基地，异地保存	
	性状特征	
资源特点：高产果量，高出籽率		
树　　姿：半开张	盛 花 期：3月中下旬	果面特征：粗糙
嫩枝绒毛：有	花瓣颜色：白色	平均单果重（g）：6.39
芽鳞颜色：黄绿色	萼片绒毛：有	鲜出籽率（%）：60.41
芽 绒 毛：无	雌雄蕊相对高度：雄高	种皮颜色：棕色
嫩叶颜色：黄绿色	花柱裂位：浅裂	种仁含油率（%）：41.80
老叶颜色：深绿色	柱头裂数：3	
叶　　形：椭圆形	子房绒毛：有	油酸含量（%）：67.10
叶缘特征：平	果熟日期：11月下旬	亚油酸含量（%）：15.70
叶尖形状：钝尖	果　　形：扁圆球形	亚麻酸含量（%）：15.70
叶基形状：近圆形	果皮颜色：棕黄色	硬脂酸含量（%）：1.60
平均叶长（cm）：6.38	平均叶宽（cm）：3.14	棕榈酸含量（%）：14.50

791 龙游薄壳香－龙游优株2号

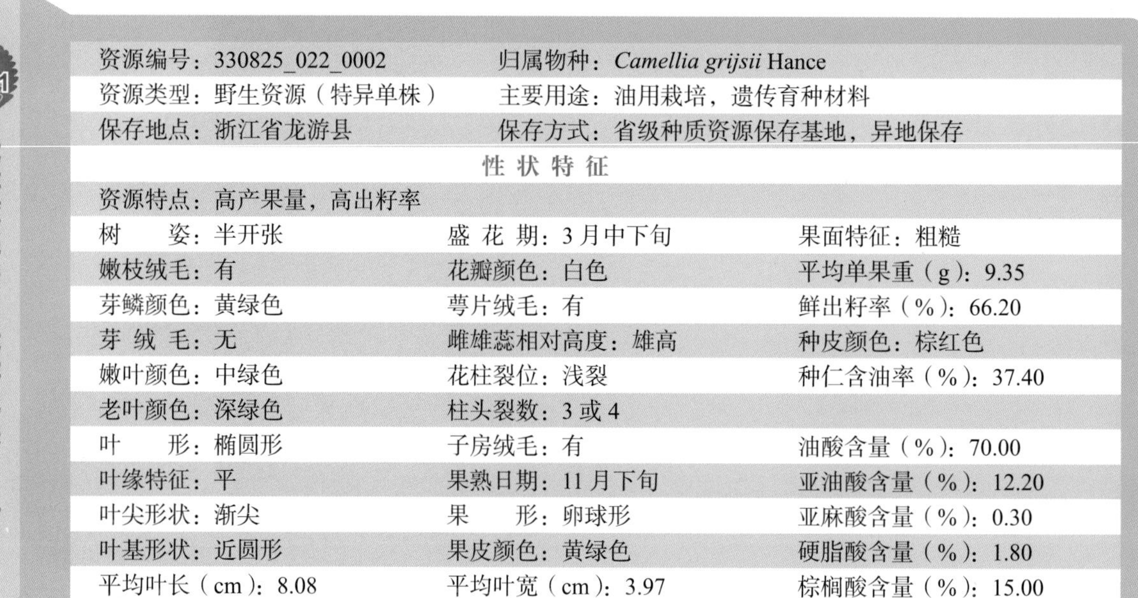

资源编号：330825_022_0002	归属物种：*Camellia grijsii* Hance
资源类型：野生资源（特异单株）	主要用途：油用栽培，遗传育种材料
保存地点：浙江省龙游县	保存方式：省级种质资源保存基地，异地保存

性状特征

资源特点：高产果量，高出籽率

树　　姿：半开张	盛 花 期：3月中下旬	果面特征：粗糙
嫩枝绒毛：有	花瓣颜色：白色	平均单果重（g）：9.35
芽鳞颜色：黄绿色	萼片绒毛：有	鲜出籽率（%）：66.20
芽 绒 毛：无	雌雄蕊相对高度：雄高	种皮颜色：棕红色
嫩叶颜色：中绿色	花柱裂位：浅裂	种仁含油率（%）：37.40
老叶颜色：深绿色	柱头裂数：3或4	
叶　　形：椭圆形	子房绒毛：有	油酸含量（%）：70.00
叶缘特征：平	果熟日期：11月下旬	亚油酸含量（%）：12.20
叶尖形状：渐尖	果　　形：卵球形	亚麻酸含量（%）：0.30
叶基形状：近圆形	果皮颜色：黄绿色	硬脂酸含量（%）：1.80
平均叶长（cm）：8.08	平均叶宽（cm）：3.97	棕榈酸含量（%）：15.00

792

龙游薄壳香 - 龙游优株 3 号

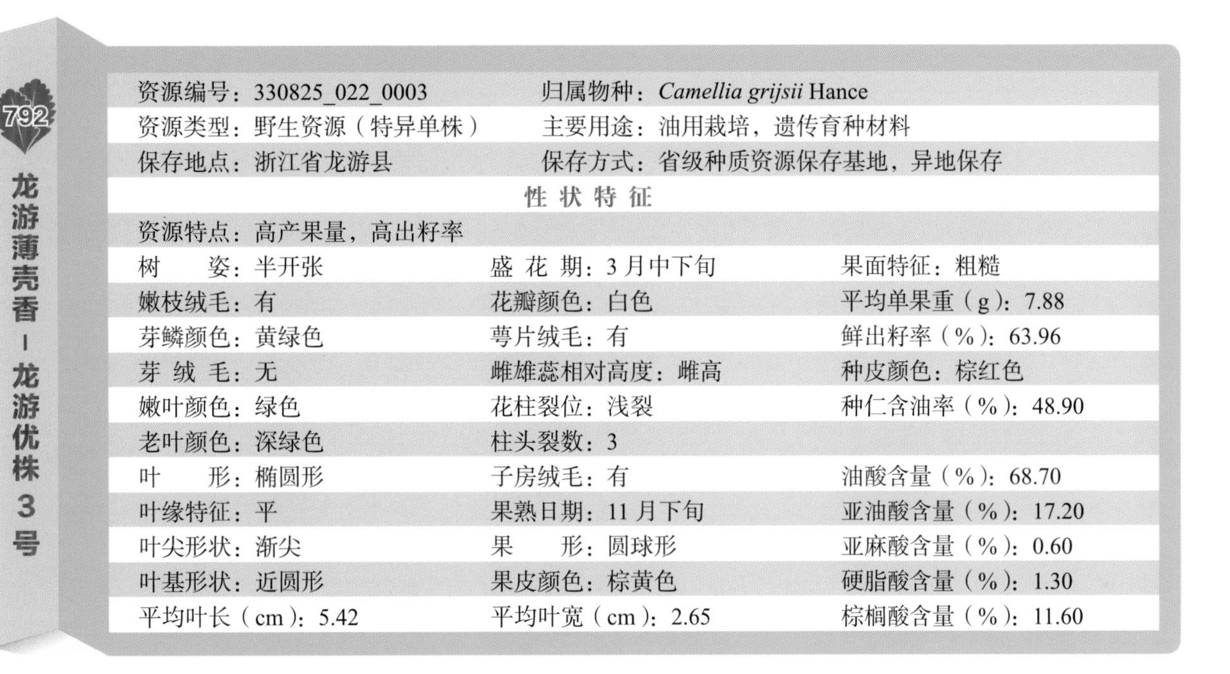

资源编号：330825_022_0003	归属物种：*Camellia grijsii* Hance	
资源类型：野生资源（特异单株）	主要用途：油用栽培，遗传育种材料	
保存地点：浙江省龙游县	保存方式：省级种质资源保存基地，异地保存	
	性 状 特 征	
资源特点：高产果量，高出籽率		
树　　姿：半开张	盛 花 期：3 月中下旬	果面特征：粗糙
嫩枝绒毛：有	花瓣颜色：白色	平均单果重（g）：7.88
芽鳞颜色：黄绿色	萼片绒毛：有	鲜出籽率（%）：63.96
芽 绒 毛：无	雌雄蕊相对高度：雌高	种皮颜色：棕红色
嫩叶颜色：绿色	花柱裂位：浅裂	种仁含油率（%）：48.90
老叶颜色：深绿色	柱头裂数：3	
叶　　形：椭圆形	子房绒毛：有	油酸含量（%）：68.70
叶缘特征：平	果熟日期：11 月下旬	亚油酸含量（%）：17.20
叶尖形状：渐尖	果　　形：圆球形	亚麻酸含量（%）：0.60
叶基形状：近圆形	果皮颜色：棕黄色	硬脂酸含量（%）：1.30
平均叶长（cm）：5.42	平均叶宽（cm）：2.65	棕榈酸含量（%）：11.60

793 龙游薄壳香-龙游优株4号

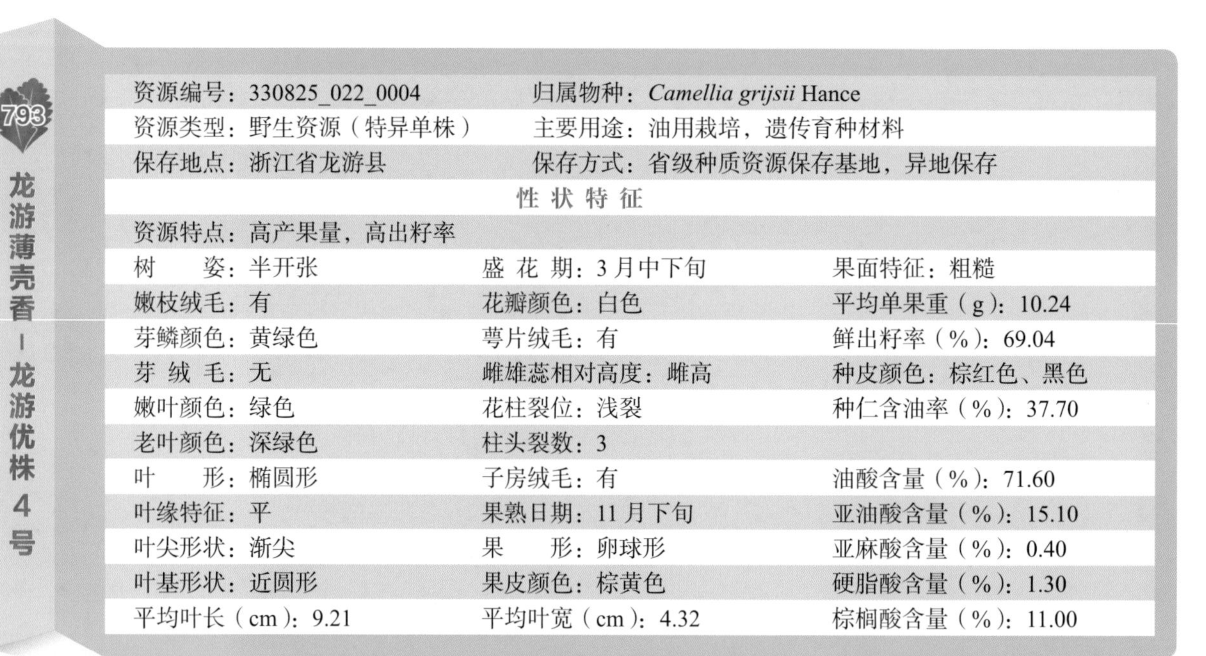

资源编号：330825_022_0004	归属物种：*Camellia grijsii* Hance	
资源类型：野生资源（特异单株）	主要用途：油用栽培，遗传育种材料	
保存地点：浙江省龙游县	保存方式：省级种质资源保存基地，异地保存	
	性 状 特 征	
资源特点：高产果量，高出籽率		
树　　姿：半开张	盛 花 期：3月中下旬	果面特征：粗糙
嫩枝绒毛：有	花瓣颜色：白色	平均单果重（g）：10.24
芽鳞颜色：黄绿色	萼片绒毛：有	鲜出籽率（%）：69.04
芽 绒 毛：无	雌雄蕊相对高度：雌高	种皮颜色：棕红色、黑色
嫩叶颜色：绿色	花柱裂位：浅裂	种仁含油率（%）：37.70
老叶颜色：深绿色	柱头裂数：3	
叶　　形：椭圆形	子房绒毛：有	油酸含量（%）：71.60
叶缘特征：平	果熟日期：11月下旬	亚油酸含量（%）：15.10
叶尖形状：渐尖	果　　形：卵球形	亚麻酸含量（%）：0.40
叶基形状：近圆形	果皮颜色：棕黄色	硬脂酸含量（%）：1.30
平均叶长（cm）：9.21	平均叶宽（cm）：4.32	棕榈酸含量（%）：11.00

794

龙游薄壳香-龙游优株5号

资源编号：330825_022_0005	归属物种：*Camellia grijsii* Hance	
资源类型：野生资源（特异单株）	主要用途：油用栽培，遗传育种材料	
保存地点：浙江省龙游县	保存方式：省级种质资源保存基地，异地保存	
性 状 特 征		
资源特点：高产果量，高出籽率		
树　　姿：半开张	盛 花 期：3月中下旬	果面特征：粗糙
嫩枝绒毛：有	花瓣颜色：白色	平均单果重（g）：7.39
芽鳞颜色：黄绿色	萼片绒毛：有	鲜出籽率（%）：60.22
芽 绒 毛：无	雌雄蕊相对高度：雌高	种皮颜色：棕黄色
嫩叶颜色：绿色	花柱裂位：浅裂	种仁含油率（%）：46.80
老叶颜色：深绿色	柱头裂数：3	
叶　　形：椭圆形	子房绒毛：有	油酸含量（%）：70.40
叶缘特征：平	果熟日期：11月下旬	亚油酸含量（%）：14.30
叶尖形状：渐尖	果　　形：卵球形	亚麻酸含量（%）：0.80
叶基形状：近圆形	果皮颜色：棕绿色	硬脂酸含量（%）：1.00
平均叶长（cm）：7.96	平均叶宽（cm）：4.52	棕榈酸含量（%）：12.90

（2）具高产果量、高含油率资源

795

大白-南丰镇肇样8-1号

资源编号：441284_002_0002	归属物种：*Camellia alboglgas* Hu	
资源类型：野生资源（特异单株）	主要用途：油用、观赏栽培，遗传育种材料	
保存地点：广东省肇庆市	保存方式：原地保存、保护	
性状特征		
资源特点：高产果量，高含油率		
树　　姿：直立	盛 花 期：12月上旬	果面特征：光滑
嫩枝绒毛：无	花瓣颜色：白色	平均单果重（g）：414.63
芽鳞颜色：绿色	萼片绒毛：有	鲜出籽率（%）：11.36
芽 绒 毛：有	雌雄蕊相对高度：雄高	种皮颜色：棕褐色
嫩叶颜色：浅绿色	花柱裂位：浅裂	种仁含油率（%）：65.97
老叶颜色：中绿色	柱头裂数：5	
叶　　形：椭圆形	子房绒毛：有	油酸含量（%）：76.03
叶缘特征：平、波状	果熟日期：10月下旬	亚油酸含量（%）：10.17
叶尖形状：渐尖	果　　形：倒卵球形	亚麻酸含量（%）：—
叶基形状：楔形	果皮颜色：黄棕色	硬脂酸含量（%）：3.66
平均叶长（cm）：13.64	平均叶宽（cm）：6.52	棕榈酸含量（%）：9.60

（3）具高产果量资源

796 猴子木－楚雄优树1号

资源编号：532301_003_0001	归属物种：*Camellia yunnanensis*（Pitard）Coh. St.	
资源类型：野生资源（特异单株）	主要用途：油用、观赏栽培，遗传育种材料	
保存地点：云南省楚雄市	保存方式：原地保存、保护	
性状特征		
资源特点：高产果量		
树　　姿：开张	盛 花 期：2月中旬	果面特征：光滑
嫩枝绒毛：长绒毛	花瓣颜色：白色	平均单果重（g）：133.81
芽鳞颜色：玉白色	萼片绒毛：有	鲜出籽率（%）：11.72
芽 绒 毛：有	雌雄蕊相对高度：雌高	种皮颜色：褐色
嫩叶颜色：绿色	花柱裂位：深裂	种仁含油率（%）：37.60
老叶颜色：深绿色	柱头裂数：3	
叶　　形：椭圆形	子房绒毛：有	油酸含量（%）：70.70
叶缘特征：平	果熟日期：9月上旬	亚油酸含量（%）：12.10
叶尖形状：尾尖	果　　形：圆球形	亚麻酸含量（%）：0.80
叶基形状：近圆形	果皮颜色：青色	硬脂酸含量（%）：6.50
平均叶长（cm）：8.54	平均叶宽（cm）：4.08	棕榈酸含量（%）：8.90

797 博白大果油茶－广南优树1号

资源编号：532627_015_0001	归属物种：*Camellia gigantocarpa* Hu	
资源类型：野生资源（特异单株）	主要用途：油用栽培，遗传育种材料	
保存地点：云南省广南县	保存方式：原地保存、保护	
	性 状 特 征	
资源特点：高产果量		
树　　姿：开张	盛 花 期：10月中旬	果面特征：粗糙、糠秕
嫩枝绒毛：有	花瓣颜色：白色	平均单果重（g）：567.23
芽鳞颜色：绿色	萼片绒毛：有	鲜出籽率（%）：6.50
芽 绒 毛：有	雌雄蕊相对高度：雌高	种皮颜色：棕黑色
嫩叶颜色：绿色	花柱裂位：中裂	种仁含油率（%）：51.00
老叶颜色：中绿色	柱头裂数：3	
叶　　形：长椭圆形	子房绒毛：有	油酸含量（%）：73.30
叶缘特征：平	果熟日期：10月中旬	亚油酸含量（%）：8.70
叶尖形状：渐尖	果　　形：圆球形	亚麻酸含量（%）：0.60
叶基形状：近圆形	果皮颜色：棕色	硬脂酸含量（%）：3.50
平均叶长（cm）：14.56	平均叶宽（cm）：6.84	棕榈酸含量（%）：0.10

参考文献

曹志华，束庆龙，曹翠萍，等. 2013. 安徽主要油茶良种的抗炭疽病鉴定和 AFLP 遗传多样性分析 // 全国油茶技术协作组油茶学术交流会.

曾范安，陈晓春，庄瑞林. 1994. 贵州山茶属植物种质资源调查研究. 贵州林业科技，22（2）：1-17.

陈亮，虞富莲，童启庆. 2000. 关于茶组植物分类与演化的讨论. 茶叶科学，20（2）：89-94.

陈永忠，张智俊，谭晓风. 2005. 油茶优良无性系的 RAPD 分子鉴别. 中南林业科技大学学报，25（4）：40-45.

代惠萍，赵桦，吴三桥，等. 2014. 秦巴山区油茶品种遗传多样性的 ISSR 分析. 西北林学院学报，29（2）：107-111.

范海艳，曹福祥，彭继庆，等. 2011. 博白大果油茶 ISSR-PCR 反应体系的建立与优化. 中南林业科技大学学报，31（4）：97-103.

高继银，Parks C R，杜跃强. 2005. 山茶属植物主要原种彩色图集. 杭州：浙江科学技术出版社.

黄永芳，吴雪辉，陈锡沐，等. 2005. 引物对油茶种质资源聚类分析结果的影响. 河南农业科学，34（10）：37-41.

金龙，刘冰，周明善，等. 2012. 油茶 AFLP 反应体系建立及其在遗传多样性研究上的应用. 安徽农业大学学报，39（4）：497-501.

李国帅. 2014. 5 种山茶属野生油茶 ISSR 亲缘关系研究及指纹图谱的构建. 中南林业科技大学博士学位论文.

李海波，丁红梅，陈友吾，等. 2017. 12 个油茶品种的 SSR 特征指纹鉴别. 中国粮油学报，32（10）：171-178.

林萍，姚小华，王开良，等. 2010. 油茶长林系列优良无性系的 SRAP 分子鉴别及遗传分析. 农业生物技术学报，18（2）：272-279.

马锦林，叶航，叶创兴. 2012. 香花油茶——山茶属短柱茶组一新种. 广西植物，32（6）：753-755.

闵天禄. 1996. 山茶属植物的进化与分布. 云南植物研究，18（1）：1-13.

闵天禄. 1997. 云南植物志（八卷）. 北京：科学出版社.

闵天禄. 1998. 山茶属山茶组的分类、分化和分布. 云南植物研究，20(2)：127-148.

闵天禄. 1999. 山茶属系统大纲. 云南植物研究，21(2)：149-159.

闵天禄. 2000. 世界山茶属的研究. 昆明：云南科学技术出版社.

闵天禄，张文驹. 1993. 山茶属古茶组和金花茶组的分类学问题. 云南植物研究，15（1）：1-15.

闵天禄，钟业聪. 1993. 山茶属瘤果茶组植物的订正. 云南植物研究，15（2）：123-130.

裘保林. 1997. 浙江植物志. 杭州：浙江科学技术出版社.

覃海宁，杨永，董仕勇，等. 2017. 中国高等植物受威胁物种名录. 生物多样性，25(7)：696-744.

谭晓风，漆龙霖，贺晶，等. 2005. 山茶属植物油茶组与金花茶组的分子分类. 中南林业科技大学学报，25（4）：31-34.

陶源，邓朝佐. 1994. 毛瓣金花茶与宛田红花油茶杂交育种成果初报. 北京林业大学学报，(3)：112-114.

王丛皎，樊国盛. 1988. 云南山茶属新植物. 植物分类与资源学报，10（3）：1-3.

王惠君，王文泉，李文彬，等. 2016. 海南油茶 AFLP 体系的建立及优化. 河北林业科技，(2)：1-4.

卫兆芬. 1986. 中国山茶属一新种. 植物研究，6（4）：141-143.

魏佳，陈小龙，孙华，等. 2012. 油用山茶属植物育种与利用研究进展. 浙江农业学报，24（3）：533-540.

温强，雷小林，叶金山，等. 2008. 油茶高产无性系的 ISSR 分子鉴别. 中南林业科技大学学报：自然科学版，28（1）：39-43.

闻丽，张日清，李建安，等. 2004. 油茶种质改良现状及其花药培养技术的应用前景. 经济林研究，22（4）：87-90.

谢一青. 2013. 小果油茶种内类型划分、评价及亲缘关系研究. 中国林业科学研究院博士学位论文.

许兆然，陈飞鹏，邓朝义. 1987. 瘤果茶一新种. 广西植物，7（1）：19-21.

姚小华. 2016. 中国油茶品种志. 北京：中国林业出版社.

姚小华，王开良，任华东，等. 2012. 油茶资源与科学利用研究. 北京：科学出版社.

叶创新，张宏达. 1997. 山茶科的系统发育诠析Ⅸ. 山茶属的原始特征及其演化趋向. 中山大学学报（自然科学版），36（3）：76-81.

叶创兴，郑新强. 2001. 毛药山茶——中国广东山茶属一新种. 植物分类学报，39（2）：160-162.

叶创兴. 1987. 山茶属三新种. 中山大学学报，(1)：17-20.

叶创兴. 1992. 关于金花茶组的研究. 中山大学学报，31（4）：69-71.

尹佟明，戴晓港，陈赢男，等．2014．油茶品种微卫星标记鉴别技术规程（LY/T 2305—2014）．国家林业局．

张国武，钟文斌，乌云塔娜，等．2007．油茶优良无性系 ISSR 分子鉴别．林业科学研究，20（2）：278-282．

张宏达．1981a．山茶属植物的系统研究．中山大学学报论丛，（1）：52-160．

张宏达．1981b．湖南山茶属三新种．植物分类学报，19（3）：364-366．

张宏达．1989．金沙江流域的红山茶新种．湖南山茶属三新种．中山大学学报（自然科学版），28（3）：50-58．

张宏达．1996．山茶科的系统发育诠析 Ⅰ．金花茶组与古茶组的比较研究．中山大学学报（自然科学版），35（1）：77-83．

张宏达．1996．山茶科的系统发育诠析 Ⅶ．山茶属秃茶组 *Glaberrima* 的系统分类问题．中山大学学报（自然科学版），35（5）：87-90．

张宏达．1998．中国植物志 第 49 卷．北京：科学出版社．

张宏达，任善湘．1996．山茶科的系统发育诠析 Ⅵ．瘤果茶组植物订正．中山大学学报论丛，（1）：55-59．

张宏达，杨成华．1997．贵州金花茶一新种．广西植物，7（4）：289-290．

张宏达，张润梅，叶创新．1996．山茶科的系统发育诠析 Ⅳ．关于山茶属茶组的订正．中山大学学报（自然科学版），35（3）：11-17．

张日清，丁植磊，张勖丽．2006．油茶育种研究进展．经济林研究，24（4）：41-45．

张婷，刘双青，梅辉，等．2011．湖北省不同地区油茶遗传多样性的 AFLP 分析．安徽农业科学，39（23）：14070-14071，14075．

张智俊．2003．油茶优良无性系组织培养、RAPD 分子鉴别和 cDNA 文库构建的研究．中南林学院博士学位论文．

庄瑞林．2008．中国油茶．第 2 版．北京：中国林业出版社．

庄瑞林，黄少莆，李康元．1982．油茶有性杂交试验．林业科技通讯，（12）：12-14．

附　　录

ICS 65.020.01
B65

中华人民共和国林业行业标准

LY/T 2247—2014

油茶遗传资源调查编目技术规程

Technical regulations for investigating and catalogue of
genetic resources on *Camellia* spp.

2014-08-21 发布　　2014-12-01 实施

国家林业局　发布

前　　言

本标准按照 GB/T 1.1—2009 给出的规则起草。

本规程由国家林业局科技发展中心提出。

本规程由国家林业局归口。

本规程起草单位：中国林业科学研究院亚热带林业研究所、中国林业科学研究院林业研究所、湖南林科院、江西林科院、广西林科院、中国林业科学研究院亚热带林业实验中心。

本规程主要起草人：王浩杰、姚小华、任华东、郑勇奇、王开良、陈永忠、徐林初、马锦林、李江南、李生、林萍、曹永庆、龙伟。

LY/T 2247—2014

油茶遗传资源调查编目技术规程

1　范围

本标准规定了山茶属（*Camellia*）油用植物遗传资源的术语和定义、调查对象、调查内容、调查方法及描述、遗传资源编目数据库系统建立及调查编目总结和档案管理等技术要求。

本标准适用于油茶遗传资源的植物学特征、生物学特性、品质性状的调查、测定与编目。

2　规范性引用文件

下列文件对于本文件的应用是必不可少的。凡是注日期的引用文件，仅注日期的版本适用于本文件。凡是不注日期的引用文件，其最新版本（包括所有的修改单）适用于本文件。

GB/T 14488.1 植物油料 含油量测定；

GB/T 17376 动植物油脂 脂肪酸甲酯制备；

GB/T 17377 动植物油脂 脂肪酸甲脂的气相色谱分析；

SN/T 0803.10 进出口油料出仁率检验方法。

3　术语和定义

下列术语和定义适用于本标准。

3.1

油茶 oil-tea camelia

山茶属油用物种的总称。

3.2

遗传资源 genetic resources

种及种以下具有不同遗传基础的各类遗传材料的总称。

3.3

油茶遗传资源数据库 database for oil-tea camellia genetic resources

采用标准数据库结构按字段描述遗传资源特征的电子数据文档。

3.4

叶面隆起性 foliar bulge

叶片表面凹凸特性。

3.5

鲜果出籽率 seed rate of fruit

鲜籽质量占鲜果质量的百分率。

3.6

干籽出仁率 kernel rate
烘干种子的种仁质量百分比。

3.7

干仁含油率 oil content
油脂占种仁的质量百分比。

4 调查对象与内容

4.1 调查对象

调查对象包括：
——审（认）定品种、农家品种、无性系、家系、古树名木；
——人工创制的遗传材料；
——天然和人工群体中的各类自然变异类型；
——各类 DNA 和 RNA 序列。

4.2 调查内容

4.2.1 调查项目

调查项目包括：
——资源的起源、分布、生境（地理位置、植物群落类型、土壤等环境因子）、利用历史；
——种群结构及生长状况；
——植物学形态特征；
——经济性状；
——抗逆性。

4.2.2 资源性状调查描述内容

4.2.2.1 共性指标

包括六类信息，即护照信息、标记信息、基本特征特性描述信息、其他信息、收藏单位信息和共享方式信息等（附录 A 表 A.1）。描述方法见附录 A 表 A.2。

4.2.2.2 个性指标

包括九类信息，即基本字段、选育地点生境条件、生物学特征、育种测定记载、资源收集与繁殖记录、抗性、油脂质量指标、保存库（点）观测记录、育种利用评价等。

目的遗传资源特征指标调查测定性状见表 1。

表1　油茶遗传资源个性指标调查内容

性状类别		指标项目
植物学特征	树体	生活型、树形、树姿、树高、地径、冠幅、冠高
	枝干	枝下高、枝干颜色（主干、新枝）、分枝角度、枝棱
	芽	芽体形状、芽绒毛、芽鳞颜色
	叶片	叶片着生状态、叶长、叶宽、叶形、侧脉对数、嫩叶颜色、叶面隆起性、叶片质地、叶齿锐度、叶齿密度、叶基、叶尖、叶缘形态
	花	初花期、盛花期、末花期、萼片数、萼片颜色、萼片绒毛、花冠直径、花瓣颜色、花瓣数、柱头开裂数、花柱裂位、雌雄蕊相对高度、香味
	果实	结果特性、成熟期、果皮颜色、果面糠皮、果实形状、果实大小、单果重、果皮厚度、种子数
	种子	种子形状、种皮颜色、千粒重，均匀度
经济特征	果实经济性状	鲜果出籽率、鲜籽含水率、干籽出仁率、干仁含油率
	油脂品质	油酸、亚油酸、亚麻酸、硬脂酸、棕榈酸
抗逆性特征	耐寒性	冻害指数
	抗病性	感病率
	抗虫性	虫害率

5　调查方法

5.1　调查季节

调查宜在花果期进行。

5.2　调查程序

5.2.1　调查准备

调查前应做好以下准备工作：

——成立技术调查队伍；

——收集文献资料，查询植物标本；

——制定调查实施方案，准备调查表格；

——培训调查人员；

——准备调查工具，包括不小于1：10 000地形图、照相机、GPS仪等。

5.2.2　野外调查

赴实地踏察、走访，选择调查对象，按技术要求调查，拍摄照片和标本采集等。

5.2.2.1　群落概况调查

采用GPS定位，获取资源所在地地理坐标，精确到秒后两位，写作“东经（E）××°（度）××′（分）××.××″（秒）”。按要求调查记载群落物种组成、面积、海拔、坡度、坡向、坡位、成土母岩类别、土壤类型、立地等级等生态因子，郁闭度及人为干扰情况等。

5.2.2.2 调查取样

应在盛果期及正常生长情况下取样或设置样方，调查样株或样方应具有代表性。调查取样依资源类别采取相应的方法：

——野生资源物种、农家品种。采用典型样方调查，样方设置为正方形，特殊情况下可设为长方形，样方面积不小于 $400m^2$（20m×20m）。

——经选育的良种。采用随机抽样调查，调查株数不少于 30 株。

——优树及特异个体。实行单株调查。

5.2.2.3 模式标本采集与照片拍摄要求

标本尽可能枝、叶、花、果、种子齐全，标签注明采集地、采集人及采集时间。

照片拍摄应具有代表性，选取典型个体拍摄目的资源的树形、枝条、芽、叶、花、果实及种子等彩色特征照片，采用 500 万像素以上的数码相机拍摄，照片应包含能反映拍摄对象大小的参照物或标尺。

5.2.3 内业整理与汇总

包括标本鉴定与处理；调查数据电脑录入，调查数据统计，照片整理；调查报告编制与存档等。

6 性状指标测定与描述方法

6.1 生活型

生活型分为灌木型（无主干）、小乔木型（基部主干明显，中上部不明显）、乔木型（从下部到中上部有明显主干）。

6.2 树形

树形分圆球形、圆柱形、塔形、伞形等。

6.3 树姿

树姿分为：

——直立：分枝角度≤30°；

——半开张：30°＜分枝角度≤60°；

——开张：分枝角度＞60°。

6.4 芽鳞颜色

芽鳞颜色分为白色、黄绿色、红色、紫绿色。

6.5 芽绒毛

芽绒毛分无、有。

6.6 叶片着生状态

叶片着生状态（图 1）分为：

——上斜：夹角＜60°；

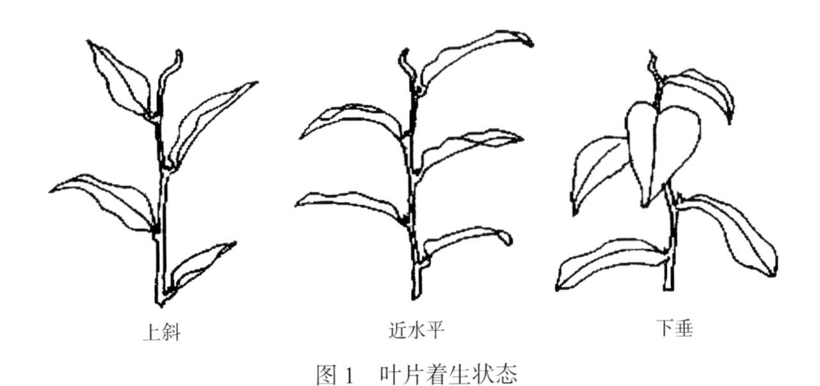

图 1　叶片着生状态

——近水平：60°≤夹角<90°；
——下垂：夹角≥90°。

6.7　叶长、叶宽

叶长为树冠中部成熟叶片基部至叶尖的长度，叶宽为叶片最宽处的长度。量测叶片数不少于 30 片，以平均值表示，精确到 0.1cm。

6.8　叶片大小

以叶长、叶宽、以及系数（0.7）的乘积值作为叶面积，并按叶面积确定叶片大小，叶片大小分为小叶（叶面积<20.0cm^2）、中叶（20.0cm^2≤叶面积<40.0cm^2）、大叶（40.0cm^2≤叶面积<60.0cm^2）和特大叶（叶面积≥60.0cm^2）。

6.9　叶形

根据叶片长宽比值确定叶形：
——近圆形（长宽比<2.0）；
——椭圆形（2.0≤长宽比<2.5，最宽处近中部）；
——长椭圆形（2.6≤长宽比<3.0，最宽处近中部）；
——披针形（长宽比≥3.0，最宽处近中部）。

6.10　叶片侧脉数

计数主脉两侧侧脉数。

6.11　叶色

观察成熟叶片正反两面的颜色。按最大相似原则确定叶色，正面叶色分黄绿色、中绿色、深绿色。

6.12　叶面隆起性

观察叶片正面的隆起状况，分为平、微隆起、隆起。

6.13 叶齿锐度

观察叶缘中部锯齿的锐利程度，叶齿锐度分为锐、中、钝。

6.14 叶齿密度

测量叶缘中部锯齿的密度，叶齿密度分为全缘、稀（密度＜2.5 个 /cm）、中（2.5 个 /cm≤密度＜5 个 /cm）、密（密度＞5 个 /cm）。

6.15 叶基形状

叶片基部分为楔形、近圆形。

6.16 叶尖

观察叶片端部的形态。按图 2 确定叶尖形态，叶尖分为渐尖、钝尖、圆尖。

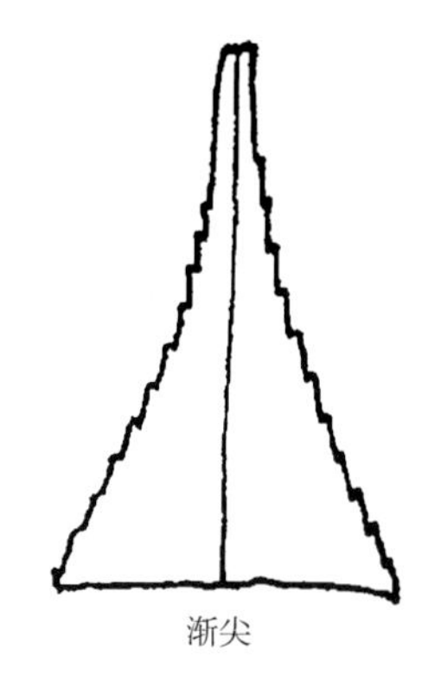

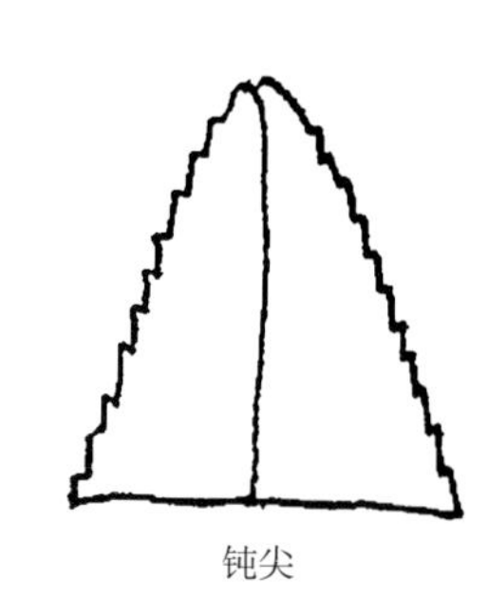

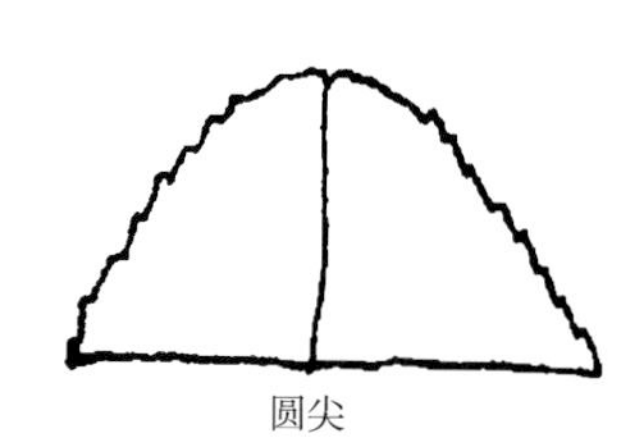

图 2　叶尖形状

6.17 叶缘形态

观察确定叶片边缘的形态，叶缘分为平、波。

6.18 花朵数

盛花期随机取 10 条标准开花枝，统计平均花朵数。

6.19 盛花期

于花期观察 6～15 年生自然生长油茶树，每株随机观察 100 朵花蕾，记录盛花期。

6.20 萼片颜色

观察典型花萼片的外部颜色，萼片颜色分为绿色、紫红色。

6.21 萼片绒毛

观察典型花萼片外部绒毛状况，以“无”“有”表示。

6.22　花冠大小

取典型花，“十”字形测量发育正常、花瓣已完全开放时的花冠大小，结果以平均值表示，精确到0.1cm。

6.23　花瓣颜色

观察典型花花瓣颜色，花瓣颜色分白色、粉红色、红色、深红、黄色。

6.24　花瓣数

用典型花为样本，计数每朵花的花瓣数，单位为枚，结果以平均值表示，精确到整位数。

6.25　子房绒毛

观察典型花子房绒毛状况，以“无”“有”表示。

6.26　花柱长度

测量10朵完全开放的正常花花柱基部至顶端的长度，结果以平均值表示，精确到0.1cm。

6.27　花柱开裂数

观察典型花柱头的开裂数，花柱开裂数分为2裂、3裂、4裂、5裂、5裂以上。

6.28　柱头裂位

观察典型花花柱开裂部位，柱头裂位分为浅裂（分裂部位长度占花柱全长＜1/3）、中等（1/3≤分裂部位长度占花柱全长＜2/3）、深裂（2/3≤分裂部位长度占花柱全长＜1）、全裂（分裂部位达到花柱基部）。

6.29　成熟期

目测植株果实，记录5%果实自然开裂的时期，以月/日表示。

6.30　结果量

随机测定5株（无性系）或者10株（农家品种、家系及野生资源）盛果期单株冠幅及果实产量，计算单位面积冠幅产量，结果以平均值表示，单位为kg/m^2，精确到0.1kg。

6.31　果实形状

在果实成熟期，随机选取发育正常的典型果实20个以上，观察果实形状，果实形状分为桔形、桃形、梨形、球形、卵形、橄榄形等。

6.32　果实大小

测量果实从径与横径，测定20个以上典型果，结果以平均值表示，精确到0.1cm。

6.33　果皮颜色

在果实成熟期观察成熟果表皮颜色，果皮颜色分为红、青、黄棕、褐。

6.34 果面

在果实成熟期观察果实表面，分为光滑、糠皮、凹凸。

6.35 单果重

随机测量20个以上典型果的重量，结果以平均值表示，精确到0.1g。

6.36 果皮厚度

成熟期采摘20个果，测量果实中部果皮厚度，结果以平均值表示，精确到0.1cm。

6.37 单果种子数

随机抽取20个正常果实，剖测每个果实含籽数，结果以平均数表示。

6.38 种子形状

果实采收后在室内阴凉处摊放，待自然开裂时随机选取典型饱满种子10粒，按图3确定种子形状，种子形状分为球形、半球形、锥形、似肾形、不规则形。

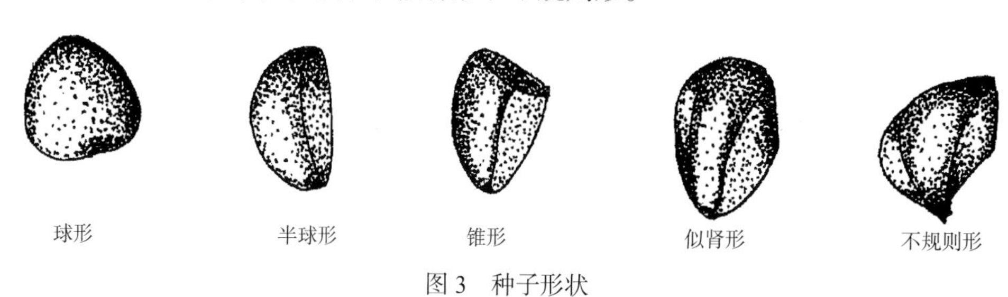

图3 种子形状

6.39 百粒重

随机选取3组成熟的典型饱满种子100粒，分别称量，结果以平均值表示，精确到0.1g。

6.40 种皮颜色

观察成熟饱满种子的种皮颜色，种皮颜色分为棕色、棕褐色、褐色、黑色。

6.41 干籽出仁率

烘干状态籽仁质量占种子质量的百分比，精确到0.1%。按SN/T 0803.10。

6.42 种子均匀度

随机称测30粒种子重量，计算种子间重量变异系数。

6.43 含油率

按GB/T 14488.1执行。

6.44 油脂成分

按GB/T 17376、GB/T 17377执行。

6.45　耐寒性

采用田间自然鉴定法：冬季遇冻害时，越冬后，以株（丛）为单位调查10株树冻害程度，凡中上部叶片1/3以上赤枯或青枯即为受冻叶，并按表2进行分级。

表2　冻害分级表

级别	0	1	2	3	4
受冻叶片比例	≤5%	6%～15%	16%～25%	26%～50%	＞50%

资源耐寒性指数按公式：$I=\sum(n_i \times x_i)/4N \times 100$ 计算，式中：I——冻害指数；n_i——各级受冻株数；x_i——各级冻害级数；N——调查总株数；4——最高受害级别。计算结果表示到整位数，按表3确定耐寒性。

表3　耐寒性分级表

耐寒性	强	较强	中	弱
冻害指数	≤10	11～20	21～50	＞50

6.46　抗病虫性

田间实测不少于30株样株的病害及虫害情况，计算感病率及虫害率，按百分比（%）表示，精确到0.1%。

7　编目数据库系统建立

7.1　数据库格式

数据库格式采用EXCEL或ACCESS格式文件。

7.2　数据库系统内容

数据库系统主要有数据采集、管理（包括维护及更新）、查询和输出四项基本功能。数据采集窗口由遗传资源基本信息、观测数据信息组成。

7.3　数据库维护与管理

7.3.1　数据库权限管理

将用户分为系统用户和数据用户。系统用户负责数据的录入及日常管理和维护，分为一般管理用户（即数据管理员）和超级管理用户（即系统管理员）。一般管理用户负责局部数据的录入及管理功能。超级管理用户负责全局数据和用户数据的管理功能。

7.3.2　数据库使用

数据用户赋予单项数据的使用权限，实行注册用户有限共享管理。

7.3.3 数据库备份

数据备份由专人负责。备份介质（磁带、移动硬盘、光盘等）应与服务器分别存放。

8 调查编目总结与档案管理

8.1 调查编目报告

报告主要包括以下几方面内容：

——调查工作情况：包括组织领导、人员培训、调查方法、野外调查情况、调查质量和取得的经验及存在的问题等。

——资源特征及分布：遗传资源种群数量、地理分布、生境状况、植物学特征、经济特征和抗性特征。

——保存管理现状：包括原地保存、异地保存等。原地保存说明各资源所在地、归属及是否有专门的保护管理机构等；异地保存说明保存地点、保存时间及保存单位等。

——开发利用现状：包括资源的研究进展、人工繁育及栽培情况等。

——资源评价：分别对各调查资源的育种价值及直接利用价值进行评价，并预测其利用前景。

——利用策略与措施：对各调查资源今后的保护管理工作和开发利用提出对策与措施。

8.2 资源分布图

用底图为 1∶10 000 的地形图绘制资源分布图。

8.3 植物照片

每份遗传资源需数码照片一套，包括树型、芽、叶、花、果、种子等。

8.4 调查表格整理及归档

相关文件及表格应及时整理并归档，归档表格包括：

——调查资源的所有原始野外调查表；

——调查资源的共性描述表（见附录 A 表 A.1）；

——调查资源的个性描述表（见附录 A 表 A.3）。

8.5 电子文档整理

电子文档包括：

——调查原始录入数据库文件；

——数码照片。

LY/T 2247—2014

附录 A
（规范性附录）
性状描述规范

表 A.1 给出了油茶遗传资源共性指标描述用表。

表 A.1　遗传资源共性指标描述表

<table>
<tr><td colspan="7">护照信息</td></tr>
<tr><td>平台资源号（1）</td><td colspan="2"></td><td colspan="2">资源编号（2）</td><td colspan="2"></td></tr>
<tr><td>种质名称（3）</td><td colspan="2"></td><td colspan="2">种质外文名（4）</td><td colspan="2"></td></tr>
<tr><td>科名（5）</td><td colspan="2"></td><td colspan="2">属名（6）</td><td colspan="2"></td></tr>
<tr><td>种名或亚种名（7）</td><td colspan="6"></td></tr>
<tr><td>原产地（8）</td><td></td><td>省（9）</td><td></td><td>国家（10）</td><td colspan="2"></td></tr>
<tr><td>来源地（11）</td><td colspan="6"></td></tr>
<tr><td colspan="7">标记信息（类型与特征信息）</td></tr>
<tr><td>资源归类编码（12）</td><td colspan="6"></td></tr>
<tr><td>资源类型（13）</td><td colspan="6">1：野生资源（群体）　2：野生资源（家系）　3：野生资源（个体）　4：地方品种　5：选育品种
6：品系　7：遗传材料　8：其他</td></tr>
<tr><td>主要特性（14）</td><td colspan="6">1：高产　2：优质　3：抗病　4：抗虫　5：抗逆　6：高效　7：其他</td></tr>
<tr><td>主要用途（15）</td><td colspan="6">1：食用油　2：工业用油　3：观赏　4：其他</td></tr>
<tr><td>气候带（16）</td><td colspan="6">1：热带　2：亚热带　3：温带　4：寒温带　5：寒带</td></tr>
<tr><td colspan="7">基本特征特性描述信息</td></tr>
<tr><td>生长习性（17）</td><td colspan="2"></td><td colspan="2">生育周期（18）</td><td colspan="2"></td></tr>
<tr><td>特征特性（19）</td><td colspan="6"></td></tr>
<tr><td>具体用途（20）</td><td colspan="2"></td><td colspan="2">观测地点（21）</td><td colspan="2"></td></tr>
<tr><td>系谱（22）</td><td colspan="2"></td><td colspan="2">繁殖方式（22′）</td><td colspan="2"></td></tr>
<tr><td>选育单位（23）</td><td colspan="2"></td><td colspan="2">选育年份（24）</td><td colspan="2"></td></tr>
<tr><td>海拔（25）</td><td></td><td>经度（26）</td><td colspan="2"></td><td>纬度（27）</td><td></td></tr>
<tr><td>土壤类型（28）</td><td colspan="2"></td><td colspan="3">生态系统类型（29）</td><td></td></tr>
<tr><td>年均温度（30）</td><td colspan="2"></td><td colspan="3">年均降雨量（31）</td><td></td></tr>
<tr><td colspan="7">其他描述信息</td></tr>
<tr><td>图像（32）</td><td></td><td>记录地址（33）</td><td colspan="4"></td></tr>
<tr><td colspan="7">收藏单位信息</td></tr>
<tr><td>保存单位（34）</td><td colspan="2"></td><td colspan="3">单位编号（35）</td><td></td></tr>
<tr><td>库编号（36）</td><td colspan="2"></td><td colspan="3">圃编号（37）</td><td></td></tr>
<tr><td>引种号（38）</td><td colspan="2"></td><td colspan="3">采集号（39）</td><td></td></tr>
<tr><td>保存资源类型（40）</td><td colspan="6">1：植株　2：种子　3：种茎　4：块根（茎）　5：花粉　6：培养物　7：DNA　8：其他</td></tr>
<tr><td>保存方式（41）</td><td colspan="6">1：原地保存　2：异地保存　3：设施（低温库）保存</td></tr>
<tr><td>实物状态（42）</td><td colspan="6">1：好　2：中　3：差　4：无实物</td></tr>
<tr><td colspan="7">共享方式</td></tr>
<tr><td>共享方式（43）</td><td colspan="6">1：公益性共享　2：公益性借用共享　3：合作研究共享　4：知识产权性交易共享
5：资源纯交易性共享　6：资源租赁性共享　7：资源交换性共享　8：收藏地共享　9：行政许可性共享</td></tr>
</table>

LY/T 2247—2014

表 A.2 给出了油茶遗传资源各共性指标描述规范说明。

表 A.2 油茶遗传资源共性描述规范说明简表

序号	类别编码	描述符	说明
1	101	资源号	1111C0003＋流水号（9 位）（从 XYY000001 开始）。流水号从左至右第 1 位（字节），X，为库类编号；第 2，3 位，YY，为库编号
2	102	资源编号	林木种质资源的全国统一编号。共 15 数（字节）（见资源编号标准细则）
3	103	资源名称	油茶遗传资源的中文名称。名称组成：树种名＋资源类型（或加特定产地或识别名称）＋编号。如：普通油茶无性系，又如：普通油茶长林 592 号
4	104	资源外文名	国外资源的外文名和国内植物种质的汉语拼音名，包含产地或种质类型名。需经 NFGRP 统一校对
5	105	科名	油茶遗传资源在植物分类学上的科名。统一选用中国树木志的名称，依次补缺选用：植物志、地方树木志、地方植物志等（下同）。格式：拉丁科名（中文科名），示例：Theaceae（山茶科）
6	106	属名	油茶遗传资源在植物分类学上的属名。 格式：拉丁属名（中文属名），示例：*Camellia*（山茶属）
7	107	种名或亚种名	油茶遗传资源在植物分类学上的种名或亚种名 格式：拉丁种名（中文种名），示例：*Camellia oleifera*（普通油茶）
8	108	原产地	油茶遗传资源的原产地。省以下的地方名，如县、乡等，或林业局、林场
9	109	省	油茶遗传资源原产省（市、区）份
10	110	国家	油茶遗传资源原产国家名称，地区名称或国际组织名称
11	111	来源地	油茶遗传资源收集、保存前的来源地
12	201	资源归类编码	国家自然科技资源平台林木种质资源分级归类编码标准中的编码（11 位）。见《国家自然科技资源平台林木种质资源分级归类与编码》（试行）2005 年修订（附录 2）
13	202	资源类型	油茶遗传资源的类型，如野生资源（群体）、野生资源（家系）、野生资源（无性系）、地方品种、选育品种、品系、遗传材料等。油茶遗传资源群体属性用保存方式加以区分，如野生群体原地保存或异地保存，家系与个体亦同。母树林若已审定为品种，即按品种（群体）归类，若未审定为品种，则按群体原地域异地保存归类等
14	203	主要特性	油茶遗传资源的主要特性。如高产、优质、抗病、抗虫、抗逆、高效、其他等
15	204	主要用途	遗传资源的主要用途。如食用油、工业用油、观赏、其他等
16	205	气候带	油茶遗传资源所属气候带。热带、亚热带、温带等。可增加南亚热带、中亚热带、北亚热带等
17	301	生长（适应）习性	油茶遗传资源的生长习性。资源在长期自然选择中表现的生长适应或喜好，如对光、热、水、肥等的习性与反应等。如喜光、喜水肥、耐干旱等
18	302	生育周期	油茶遗传资源的生育周期。开花结实周期等生育性能周期。如，多年生，2～3 年始花期，结实大小年周期 3～4 年等（见林木种质资源平台技术标准细则）
19	303	特征特性	油茶遗传资源的主要形态、特性等。特指可识别或独特性的形态（见林木种质资源平台技术标准细则）
20	304	具体用途	油茶遗传资源的具体用途在目前诸多性状中按重要程度排序，写出最主要的用途。如：油料生产、生态防护、园林景观绿化等（见林木种质资源平台技术标准细则）
21	305	观测地点	油茶遗传资源形态、特征特性观测的地点（保存地点或采集地点）
22	306	系谱	育种家育成的林木品种的杂交组合名称或家谱或家系（编号）
22a	306a	繁殖方式	指有性繁殖（种子等），无性繁殖（插条、嫁接、组培等）（见林木种质资源平台技术标准细则）
23	307	选育单位	选育品种的单位名称（全称）
24	308	育成年份	品种选育成功的年份。品种鉴定或品种审定的年份。示例：（普通油茶无性系 RISF01）2002
25	309	海拔	油茶遗传资源原产地的海拔高。单位：米（m）。示例：212
26	310	经度	油茶遗传资源原产地的经度。格式 DDDFF，其中 DDD 为度，FF 为分。示例 12011
27	311	纬度	油茶遗传资源原产地的纬度。格式 DDFF，其中 DD 为度，FF 为分。示例：3542

续表

序号	类别编码	描述符	说明
28	312	土壤类型	油茶遗传资源原产地的土壤类型。特指（森林）土壤名称。如，山地红壤（见林木种质资源平台技术标准细则）
29	313	生态系统类型	油茶遗传资源原产地的自然生态系统类型 （见林木种质资源技术标准的标准文集附录《中国植被分区》）
30	314	年均温度	油茶遗传资源原产地的年平均温度。通常用当地最近气象台站的近 30～50 年的年均温度（℃）。年均温（××℃），或年均温区间值的低值
31	315	年均降雨量	油茶遗传资源原产地的年均降雨量。通常用最近气象台站的 30～50 年的年均降水量
32	401	图像	油茶遗传资源的图像信息。图像文件名同"平台资源号"，jpg 格式，500K 以内，如 1111C000 3101000001.jpg
33	402	记录地址	提供油茶遗传资源详细信息的网址或数据库记录链接
34	501	保存单位	油茶遗传资源的保存单位名称（全称）
35	502	资源的单位编号	油茶遗传资源在保存单位中的编号。收集编号。 如保存单位未给出编码则由 NFGRP 根据该单位上报的资源顺序（流水号）给出 4 位数编码
36	503	库编号	油茶遗传资源在种质库中的编号。按 NFGRP 要求编号
37	504	圃编号	油茶遗传资源种质圃的编号，在林木种质中原则上归并到库编号。特殊需要时按省内编号填写
38	505	引种号	油茶遗传资源从国外引入时的编号。原始引种号
39	506	采集号	油茶遗传资源在野外采集时的编号。收集单位或组织单位在外业的编号
40	507	保存资源类型	保存的林木种质的类型。如植株、种子、穗条、花粉、培养物（组培材料）、其他等
41	508	保存方式	油茶遗传资源保存的方式。如原地保存、异地保存、设施（低温库）保存等
42	509	实物状态	油茶遗传资源实物的活体或繁殖体状态，如好、中、差、无实物等
43	601	共享方式	油茶遗传资源实施共享与保护相结合原则主要选择：公益性共享、资源交换性共享、资源纯交易性共享、行政许可性共享、合作研究共享
44	602	获取途径	邮件、现场获取、网上订购等
45	603	联系方式	联系人、单位、邮编、电话、Email 等。如：XXX，中国林业科学研究院亚热带林业研究所，311400，63310174，guXXXX@163.com
46	604	源数据主键	连接林木种质资源特性数据的主键值。采用"资源编号"作为源数据主键

表 A.3 给出油茶遗传资源个性调查记录规范用表。

表 A.3　油茶遗传资源个性描述表

类别				
A 类 基本信息	平台资源号：	资源编号：		
	种质名称：	保存日期：		
	保存单位：	保存编号：		
	科名：	属名：	种名：	树种拉丁名：
	种质来源：	选育地点：	选育方法：	
	选育单位：	选育日期：		
B 类 选育或调查地点生境条件	纬度：	经度：	海拔：	
	年均温：	年降水：		
	年生长日数：	地形：		
	坡向：	坡位：	坡度：	
	成土母岩类别：	土壤类别：	土层厚度：	
	排水状况：	立地指数（地位指数）：		

LY/T 2247—2014

续表

<table>
<tr><td rowspan="16">C类
植物学特征</td><td rowspan="2">物候</td><td>萌芽日期：</td><td>抽梢日期：</td><td>开花日期：</td><td>果熟日期：</td></tr>
<tr><td>初花期：</td><td>盛花期：</td><td>末花期：</td><td>封顶日期：</td></tr>
<tr><td rowspan="2">树体</td><td>生活型：</td><td>树形：</td><td>树姿：</td><td>树高：</td></tr>
<tr><td>地径：</td><td>枝下高：</td><td>冠幅：</td><td>嫩枝颜色：</td></tr>
<tr><td rowspan="4">芽叶</td><td>芽绒毛：</td><td>芽鳞颜色：</td><td colspan="2">叶片着生状态：</td></tr>
<tr><td>叶长：</td><td>叶宽：</td><td>叶形：</td><td>侧脉对数：</td></tr>
<tr><td>嫩叶颜色：</td><td>叶面隆起性：</td><td colspan="2">叶片质地：</td></tr>
<tr><td>叶齿锐度：</td><td>叶齿密度：</td><td>叶基：</td><td>叶尖形态：</td></tr>
<tr><td rowspan="3">花</td><td>萼片数：</td><td>萼片颜色：</td><td colspan="2">萼片绒毛：</td></tr>
<tr><td>花冠直径：</td><td>花瓣颜色：</td><td>花瓣数：</td><td>柱头开裂数：</td></tr>
<tr><td>花柱裂位：</td><td colspan="2">雌雄蕊相对高度：</td><td>香味：</td></tr>
<tr><td rowspan="2">果</td><td>结果特性：</td><td>果皮颜色：</td><td>果面糠皮：</td><td>果实形状：</td></tr>
<tr><td>果实纵径：</td><td>果实横径：</td><td>果皮厚度：</td><td>种子数：</td></tr>
<tr><td>籽</td><td>种子形状：</td><td>种皮颜色：</td><td>百粒重：</td><td>均匀度：</td></tr>
<tr><td rowspan="2">林学特性</td><td>喜光性：</td><td>喜水湿性：</td><td colspan="2">喜肥性：</td></tr>
<tr><td colspan="4">识别特征：</td></tr>
<tr><td colspan="2" rowspan="6">D类
育种测定记载</td><td>测定地点数：</td><td>林龄：</td><td>林分密度：</td><td>参试系数量：</td></tr>
<tr><td>林分树高：</td><td colspan="3">遗传资源树高：</td></tr>
<tr><td>林分地径：</td><td colspan="3">遗传资源地径：</td></tr>
<tr><td>林分冠幅：</td><td colspan="3">遗传资源冠幅：</td></tr>
<tr><td>测定林分产量：</td><td colspan="3">遗传资源产量：</td></tr>
<tr><td>选择强度：</td><td colspan="2">产量增益：</td><td>测定时间：</td></tr>
<tr><td colspan="2" rowspan="3">E类
资源收集与繁殖记录</td><td>采集地点：</td><td colspan="2">采集日期：</td><td>采集穗条量：</td></tr>
<tr><td>繁殖方法：</td><td colspan="3">繁殖成活率：</td></tr>
<tr><td colspan="4">资源独特性：</td></tr>
<tr><td colspan="2" rowspan="3">F类
抗性、适应性及遗传多样性</td><td>主要病害：</td><td>抗病性：</td><td>主要虫害：</td><td>抗虫性：</td></tr>
<tr><td>抗旱性：</td><td>抗寒性：</td><td>适应性：</td><td>稳定性：</td></tr>
<tr><td colspan="2">染色体组型：</td><td colspan="2">特殊性状：</td></tr>
<tr><td colspan="2" rowspan="7">G类
油脂质量指标</td><td colspan="2">干仁脂肪含量：</td><td colspan="2">折光指数：</td></tr>
<tr><td colspan="2">相对密度：</td><td colspan="2">碘值（I）：（g/100g）</td></tr>
<tr><td colspan="2">皂化值（KOH）：（mg/g）</td><td colspan="2">不皂化物：（g/kg）</td></tr>
<tr><td colspan="4">主要脂肪酸组成（%）：</td></tr>
<tr><td colspan="2">棕榈酸C16：0：</td><td colspan="2">硬脂酸C18：0：</td></tr>
<tr><td colspan="2">油酸C18：1：</td><td colspan="2">亚油酸C18：2：</td></tr>
<tr><td colspan="2">亚麻酸C18：3：</td><td colspan="2">其他脂肪酸：</td></tr>
<tr><td colspan="2" rowspan="5">H类
保存库（点）观测记录</td><td colspan="2">1年均苗高：</td><td colspan="2">1年高标准差：</td></tr>
<tr><td colspan="2">1年均地径：</td><td colspan="2">1年径标准差：</td></tr>
<tr><td colspan="2">5年均树高：</td><td colspan="2">5年高标准差</td></tr>
<tr><td colspan="2">5年均地径粗：</td><td colspan="2">5年地径标准差：</td></tr>
<tr><td colspan="2">造林成活率：</td><td colspan="2">5年保存率：</td></tr>
<tr><td colspan="2">I类
育种利用评价</td><td colspan="4"></td></tr>
</table>

油茶遗传资源调查表见表 A.4～表 A.7。

表 A.4　油茶遗传资源群落概况表

资源编号:							
分类地位:　亚属　组　种　品种（类型）							
拉丁名:　品种审（认）定号:							
地理坐标: 经度:　纬度:　海拔（m）:							
所在地点:　省（区）　县（市）　乡（镇）　村							
林班　小班							
群落名称:　群落面积（hm^2）:　伴生种:							
坡向:　坡度:　坡位: 1 上坡　2 中坡　3 下坡　郁闭度:							
土壤类型:　人为干扰方式:　人为干扰强度:							
喜光性: 2 喜光性　1 中性　0 不喜光湿　喜肥性: 4 极耐瘠薄　3 耐瘠薄　2 一般　1 不耐瘠薄　0 极不耐瘠薄							
喜水湿性: 4 极耐水湿　3 耐水湿　2 中等　1 不耐水湿　0 极不耐水湿							
识别特征:							
气候特征							
年平均气温 /℃	极端最高气温 /℃	极端最低气温 /℃	10℃年积温 /℃	年均降水量 /mm	年均蒸发量 /mm	年日照时数 /h	年总无霜期 /d
物候							
萌芽日期	抽梢日期	开花日期	果熟日期	初花期	盛花期	末花期	封顶日期

调查日期:　年　月　日　　调查人:

填表说明:

1. 分类地位: 包括中文正名、地方名和拉丁学名（按《中国植物志》填写，命名人可略。
2. 编号: 以省（自治区、直辖市）简称、县名及物种名称开头，三者之间用“—”分隔，顺序编号，如浙—富阳—普通油茶—001(002、003、004、005……)。
3. 地理坐标: 用 GPS 实测。
4. 地点: 除标明省、县、乡、村行政名外，还应标注相对于某一特定地标的方位、距离，如某山南 ×km，若在保护区（小区、点）内，应同时注明保护区（小区、点）全称。
5. 群落名称: 按《中国植被》分类标准划分到群系。
6. 群落面积: 在地形图、植被图或林相图上准确勾绘出目的物种所处群落的分布范围，经内业量算后填写。
7. 坡向、坡度: 用地质罗盘实测。

表 A.5　油茶遗传资源树体性状调查表

资源编号:		
遗传资源生活型: 1 乔木　2 小乔木　3 灌木	嫩枝颜色: 1 紫红色　2 红色　3 绿色	嫩叶颜色: 1 红色　2 绿色
叶形: 1 近圆形　2 椭圆形　3 长椭圆形　4 披针形	叶面: 1 平　2 微隆起　3 隆起	叶缘: 1 平　2 波
叶尖形状: 1 渐尖　2 钝尖　3 圆尖	叶基形状: 1 楔形　2 近圆形	叶颜色: 1 黄绿色　2 中绿色　3 深绿色
叶片着生状态: 1 上斜　2 近水平　3 下垂	侧脉对数:	叶片质地: 1 厚革质　2 薄革质
叶齿锐度: 1 锐　2 中　3 钝	叶齿密度: 1 稀　2 中　3 密	
芽绒毛: 1 有　2 无	芽鳞颜色: 1 玉白色　2 黄绿色　3 绿色　4 紫绿色	

LY/T 2247—2014

续表

树体性状								
株号	树形	树姿	高度 / m（cm）	枝下高 / m（cm）	地径 /cm	冠径 /m		结果数 / （个 /m^2）
						东西	南北	
1								
2								
3								
4								
5								
6								
7								
8								
9								
10								

叶片大小										
叶长 /cm										
叶宽 /cm										
叶长 /cm										
叶宽 /cm										

调查日期：　年　月　日　　　　　　调查人：

填表说明：

1. 目的物种生活型选相应备选项打“√”。

2. 叶片大小随机抽 4 株植株，每株测定 5 片叶测量叶长与叶宽。

3. 树形分为：1 圆球形　2 塔形　3 伞形　4 其他；树姿分为：1 直立　2 半开张　3 开张。把相应序号填入表格内，不符合任何备选项的填入描述性文字。

表 A.6　油茶资源种实性状测定表

资源编号___________　　　　株号___________

果形：1 桔形　2 桃形　3 梨形　4 球形　5 卵形　6 橄榄形　7 其他　　果皮颜色：1 红色　2 青色　3 黄棕色　4 褐色							
果面：1 光滑　2 糠皮　3 凹凸　　结实特性：1 特丰产　2 丰产　3 中等　4 少量　5 没果							
种子形状：1 球形　2 半球形　3 锥形　4 似肾形　5 不规则形							
种皮颜色：1 棕色　2 棕褐色　3 褐色　4 黑色							
单果指标测定							
果号	单果重 /g	果高 /cm	果径 /cm	果皮厚 /cm	籽数 / 粒	鲜籽重 / g	干籽重 /g	干籽出仁率 /%
1								
2								
3								
4								
5								
6								
7								
8								
9								
10								

续表

果号	单果重 /g	果高 /cm	果径 /cm	果皮厚 /cm	籽数 / 粒	鲜籽重 / g	干籽重 /g	干籽出仁率 /%
11								
12								
13								
14								
15								
16								
17								
18								
19								
20								

测定时间：　　年　　月　　日　　　　　　　　　　测定人：

注：干籽出仁率（%）：每果随机取 30 粒绝干籽测定。

表 A.7　油茶遗传资源开花性状调查表

<table>
<tr><td colspan="11">资源编号：</td></tr>
<tr><td colspan="11">香味：1 有　2 无　　　　萼片颜色：1 绿色　2 紫红色　　　　萼片绒毛：1 有　2 无</td></tr>
<tr><td colspan="11">花瓣颜色：1 白色　2 淡红色　3 红色　4 深红　5 黄色　　　　花瓣质地：1 薄　2 中　3 厚</td></tr>
<tr><td colspan="11">子房绒毛：1 有　2 无　　　　花柱裂位：1 浅裂　2 中等　3 深裂　4 全裂　　　　雌雄蕊相对高度：1 雌高　2 雄高　3 等高</td></tr>
<tr><td colspan="11">开花量</td></tr>
<tr><td>枝号
株号</td><td>1</td><td>2</td><td>3</td><td>4</td><td>5</td><td>6</td><td>7</td><td>8</td><td>9</td><td>10</td></tr>
<tr><td>1</td><td></td><td></td><td></td><td></td><td></td><td></td><td></td><td></td><td></td><td></td></tr>
<tr><td>2</td><td></td><td></td><td></td><td></td><td></td><td></td><td></td><td></td><td></td><td></td></tr>
<tr><td>3</td><td></td><td></td><td></td><td></td><td></td><td></td><td></td><td></td><td></td><td></td></tr>
</table>

<table>
<tr><td colspan="7">花性状</td></tr>
<tr><td>株号</td><td>序号</td><td>萼片数</td><td>花瓣数</td><td>花冠直径 /cm</td><td>花柱长度 /cm</td><td>柱头裂数</td></tr>
<tr><td rowspan="5">1</td><td>1</td><td></td><td></td><td></td><td></td><td></td></tr>
<tr><td>2</td><td></td><td></td><td></td><td></td><td></td></tr>
<tr><td>3</td><td></td><td></td><td></td><td></td><td></td></tr>
<tr><td>4</td><td></td><td></td><td></td><td></td><td></td></tr>
<tr><td>5</td><td></td><td></td><td></td><td></td><td></td></tr>
<tr><td rowspan="5">2</td><td>1</td><td></td><td></td><td></td><td></td><td></td></tr>
<tr><td>2</td><td></td><td></td><td></td><td></td><td></td></tr>
<tr><td>3</td><td></td><td></td><td></td><td></td><td></td></tr>
<tr><td>4</td><td></td><td></td><td></td><td></td><td></td></tr>
<tr><td>5</td><td></td><td></td><td></td><td></td><td></td></tr>
<tr><td rowspan="5">3</td><td>1</td><td></td><td></td><td></td><td></td><td></td></tr>
<tr><td>2</td><td></td><td></td><td></td><td></td><td></td></tr>
<tr><td>3</td><td></td><td></td><td></td><td></td><td></td></tr>
<tr><td>4</td><td></td><td></td><td></td><td></td><td></td></tr>
<tr><td>5</td><td></td><td></td><td></td><td></td><td></td></tr>
</table>

调查日期：　年　月　日　　　　　　　　　　调查人：

附录 B
（规范性附录）
油茶遗传资源个性性状指标描述格式

B.1 A 类：基本信息

B.1.1 平台资源号：（见共性描述要求）。
B.1.2 资源编号：（见共性描述要求）。
B.1.3 种质名称：（见共性描述要求）。
B.1.4 保存日期：格式如 1992/09/23。
B.1.5 保存单位：专题收集前的保存单位（限 34 个字节＝17 个汉字）。
B.1.6 保存编号：即保存单位对材料的编号。
B.1.7 科名：（限 12 个字节＝6 个汉字）。
B.1.8 属名：（限 12 个字节＝6 个汉字）。
B.1.9 种名：（限 12 个字节＝6 个汉字）。
B.1.10 译名：拉丁名或英文名（限 30 个字节）。
B.1.11 种质来源：按实际来源填写，如：引进、优树选择、杂交后代等。
B.1.12 选育地点：格式为省名＋县局名＋场乡名。
B.1.13 选育单位：（限 40 个字节）。
B.1.14 选育编号：即选育单位对材料的编号。
B.1.15 选育日期：格式如 1988/01/13。

B.2 B 类：生境信息

B.2.1 纬度：格式为 ××°××′[××××—表示应该填写数值的位（往下类同）]，例：38°30′。
B.2.2 经度：格式为 ××°××′例：108°30′。
B.2.3 海拔高：格式为 ××××m。
B.2.4 年均温：格式为 ××.××℃。
B.2.5 年降水：格式为 ××××mm。
B.2.6 年均湿度：××%。
B.2.7 年生长日数：格式为 ××× 天。
B.2.8 地形：包括山地、丘陵、平原、岗地等（限 4 个字节）。
B.2.9 坡向：包括东、南、西、北、东南、东北、西南、西北 8 种方位。
B.2.10 坡位：分为上坡、中坡、下坡三类。
B.2.11 坡度：格式为 ××°××′。
B.2.12 成土母岩类别：母岩名称。
B.2.13 土壤：根据中国土壤分类系统，记载到土类（限 16 个字节）。
B.2.14 土层厚度：格式为 ×××cm。
B.2.15 排水状况：分为较好—3、中等—2、较差—1，共 3 级 [填写时可以填代号（往下类同）]。
B.2.16 立地指数（地位指数）：格式为树种名＋××m（限 9 个字节）。

B.3　C类：植物学特征

B.3.1　萌芽日期：格式如05/20［先月后日（往下类同）］。
B.3.2　抽梢日期：格式如05/20。开花日期：格式如05/20。
B.3.3　果熟日期：格式如05/20。
B.3.4　封顶日期：格式如05/20。
B.3.5　分枝角度：格式如××°（指1、2级大枝的分枝角度）。
B.3.6　冠幅大小：分为较大—3、中等—2、较小—1，共3级。
B.3.7　自然整枝：分为好—4、较好—3、中等—2、较差—1、差—0，共5级。
B.3.8　枝下高：格式为××.×m。
B.3.9　树体、叶、花、果、籽、油质等性状测定（见正文6.3节的测定方法）。
B.3.10　喜光性：分为喜光—2、中性—1、不喜光—0，共3级。
B.3.11　喜水湿性：分为极耐水湿—4、耐水湿—3、中等—2、不耐水湿—1、极不耐水湿—0，共5级。
B.3.12　喜肥性：分为极耐瘠薄—4、耐瘠薄—3、一般—2、不耐瘠薄—1、极不耐瘠薄—0，共5级。
B.3.13　识别特征：举典型的特征1～2个（限12个字节）。

B.4　D类：育种测定信息

B.4.1　测定地点数：格式为××个。
B.4.2　林龄：格式为×××年。
B.4.3　参试系数量：指同一试验中无性系个数，格式为××个。
B.4.4　林分树高：格式为××.×m遗传资源树高为××.×m。
B.4.5　林分地径：格式为××.×cm遗传资源地径：格式为××.×cm。
B.4.6　林分冠幅：分为较大—3、中等—2、较小—1，共3级。
B.4.7　遗传资源冠幅：分为较大—3、中等—2、较小—1，共3级。
B.4.8　林分冠幅产量：格式为××.×kg/m^2遗传资源冠幅产量：格式为××.×kg/m^2。
B.4.9　选择强度：格式为0.××或1/××。

B.5　E类：收集与繁殖信息

B.5.1　采集地点：省＋县＋地方名。
B.5.2　采集日期：格式如1993/09/20。
B.5.3　采集穗条量：格式为××××根。
B.5.4　繁殖方法：包括扦插、嫁接等（限8个字节）。
B.5.5　繁殖成活率：格式为××. ××%。
B.5.6　资源独特性：指有别于其他的独特性状、功能或用途（限12字）。

B.6 F 类：抗性、适应性

B.6.1 主要病害：填写 1~2 种（字长限 18 个字节）。
B.6.2 抗病性：分为极抗—4、抗—3、一般—2、感染—1、严重感染—0，共 5 级。
B.6.3 主要虫害：填写 1～2 种（字长限 18 个字节）。
B.6.4 抗虫性：分为极抗—4、抗—3、一般—2、感染—1、严重感染—0，共 5 级。
B.6.5 抗旱性：分为强—4、较强—3、中—2、较弱—1、弱—0，共 5 级。
B.6.6 抗寒性：分为强—4、较强—3、中—2、较弱—1、弱—0，共 5 级。
B.6.7 适应性：分为好—4、较好—3、中—2、较差—1、差—0，共 5 级。
B.6.8 遗传稳定性：分为好—4、较好—3、中—2、较差—1、差—0，共 5 级。
B.6.9 染色体组型：（限 12 个字节）。
B.6.10 特殊性状：（限 12 个字节）。

B.7 G 类：经济性状特征信息

B.7.1 干仁含油率：格式为 ××.×%。
B.7.2 折光指数：×.×。
B.7.3 相对密度：格式为 ××.×。
B.7.4 碘值（I）：格式为 ××.×（g/100g）。
B.7.5 皂化值（KOH）：格式为 ××.×（mg/g）。
B.7.6 不皂化物：格式为 ××.×（g/kg）。
B.7.7 主要脂肪酸组成（%）：
B.7.8 棕榈酸：格式为 ××.×%。
B.7.9 硬脂酸 C18：0：格式为 ××.×%。
B.7.10 油酸 C18：1：格式为 ××.×%。
B.7.11 亚油酸 C18：2：格式为 ××.×%。
B.7.12 亚麻酸 C18：3：格式为 ××.×%。

B.8 H 类：保存观测记录信息

B.8.1 1 年均苗高：格式为 ×××cm。
B.8.2 1 年高标准差：格式为 ××.××cm。
B.8.3 1 年均地径：格式为 ××.××cm。
B.8.4 1 年径标准差：格式为 ××.×××cm。
B.8.5 5 年均树高：格式为 ×××cm。
B.8.6 5 年高标准差：格式为 ××.××cm。
B.8.7 5 年均胸径：格式为 ××.××cm。
B.8.8 5 年径标准差：格式为 ××.××cm。
B.8.9 造林成活率：格式为 ××.××%。
B.8.10 5 年保存率：格式为 ××.××%。

B.9　I类：育种价值评价

育种利用评价：根据保存林评分，提出可利用良种生产（α），或提供选育种材料（β），或直接选育品种（γ）的可能性，每种可能分：4、3、2、1、0，写成$\alpha\times\beta\times\gamma$。

资源名中文索引

H

J

Q

T

W

X

Y

Z